室内设计与施工节点手册

三维可视化设计与工艺解析

Interior Design
and Construction Nodes

腔调软装·黄小宝 编著

化学工业出版社
·北京·

本书为一本内容翔实、形式丰富、通俗易懂的室内设计工艺可视化图集。全书分为十章，包括室内主控线放样三维系统可视化、室内土建工艺三维系统可视化、室内管道筑砌工艺三维系统可视化、室内六面空间全景放样三维系统可视化、室内机电管线放样三维系统可视化、室内机电管线施工工艺三维系统可视化、室内防水施工工艺三维系统可视化、室内瓦工施工工艺三维系统可视化、室内木工施工工艺三维系统可视化、室内涂料施工工艺三维系统可视化等内容。本书按照设计说明、思维导图、各项施工工艺讲解、节点图详解的顺序对室内设计各项工艺进行详细剖析，同时针对重点施工节点，配有二十一个视频解读，让读者能直观地了解到节点的具体做法。

本书适合建筑工程设计人员，施工、监理等领域的从业人员使用，也可为家装业主提供一定的参考。

图书在版编目（CIP）数据

室内设计与施工节点手册：三维可视化设计与工艺解析/腔调软装，黄小宝编著．—北京：化学工业出版社，2019.3（2020.9重印）
ISBN 978-7-122-33823-5

Ⅰ．①室… Ⅱ．①腔…②黄… Ⅲ．①室内装饰设计-手册 Ⅳ．①TU238.2-62

中国版本图书馆CIP数据核字（2019）第020245号

责任编辑：彭明兰　王　斌　　　装帧设计：王晓宇
责任校对：杜杏然

出版发行：化学工业出版社（北京市东城区青年湖南街13号　邮政编码100011）
印　　装：北京瑞禾彩色印刷有限公司
787mm×1092mm 1/16 印张21 插页4 字数525千字 2020年9月北京第1版第3次印刷

购书咨询：010-64518888　　　售后服务：010-64518899
网　　址：http://www.cip.com.cn
凡购买本书，如有缺损质量问题，本社销售中心负责调换。

定　　价：128.00元

前 言

家庭装修需要好的设计方案，更需要好的施工工艺来实现，科学、严谨的施工工艺在整个装修过程中至关重要。在施工过程中，每一道工序之间的紧密配合，不仅仅决定了施工过程是否顺畅，更对工艺品质产生直接的影响，有序的施工组织和每个工种验收时缜密的配合，可以有效地杜绝后续施工环节的隐患。这不仅决定了最终装修的呈现效果，更关乎业主入住后的生活品质，系统的施工工艺能为业主打造绿色、环保、实用、安全、稳固的家。

作为室内设计师，需要监督工程是否按照设计理念执行，需要与客户沟通，完工后则要验收。因而很多室内设计公司都是随着工程进度不断调整设计，慢慢整理出自己的一套设计与施工工艺的工作流程，这对员工的教育和训练刚入行的新人和想入行的人来说是很好的指引。所以整理出一套工作流程系统，可以提升工作效率，也是行业内设计师、施工员、行业新人、业主一直期待的事情。

本书是作者多年室内设计实战经验的总结，旨在让刚入行的新人了解：室内设计师到底该做些什么？该掌握什么？一个设计方案从零到有的过程是什么？可以怎么做？相关工艺工法有哪些？……本书可以让他们快速了解室内设计与施工工艺的工作中需要具备的基本功，对于有经验的室内设计师也是一本很好的工具书。

本书根据室内装饰施工的规范要求，结合以往室内装修工程施工中的经验以及现场各班组工法施工中常出现的问题进行改良，并在此基础上用一套居家空间来模拟整个设计与施工过程。本书具有以下特点。

1. 内容全面。完整地诠释了装饰节点以及室内装饰工艺的具体做法。

2. 节点图解。针对每个工艺节点进行三维可视化展示，透析节点构造。

3. 视频解读。针对重点施工节点，配有二十一个视频解读，读者可以通过扫描二维码直接观看，方便快捷。

本书插图内容包括装饰构造图和可视化全景施工工艺工法图两种，装饰构造图和施工工艺可视化模拟是本书的特色，也是首次尝试设计与工艺相结合。如有不妥之处请读者纠正，以便再版时调整，在此先表示感谢。

本书由腔调软装黄小宝编著，由刘真、黄海春制图；

陈慧敏、曾建国、王文存录制现场视频；

张飞燕、吴昊、袁浪、杨柳、王静宇、李幽、杨莹、任雪东参与整理工作。

由于本人水平有限，加之时间仓促，书中不妥之处在所难免，恳请广大读者批评指正。

编著者

2018 年 11 月

目录
CONTENTS

第1章

室内主控线放样三维系统可视化

1.1　全景放样设计说明

1.1.1　全景放样的定义

全景放样是将施工图纸上的图形以二维的方式提前实现在客户的面前，采用 1：1 等比例的线条模型可以将一套设计好的房子更形象、直观地展现给业主和施工人员。简单来说就是将设计图纸表现在屋内地面、墙面、天花板等六面空间内，让业主可以很直观地看到装修后的效果。利用这个全景放样技术，提前确认空间布局、墙面及吊顶造型、物体摆放、墙体粉刷、面板布置等，让设计与施工真正做到无缝对接，让施工人员可以根据实体放样现场施工。当然，也可以根据实体放样现场提前调整或者修改装修方案，更直观、更放心，不仅可以保证施工的准确性，也可以让客户在装修前就能清晰、立体地感受到房间装修出来的效果。

1.1.2　全景放样的作用

（1）全景放样是根据设计好的全套施工图纸，在现场做的一次施工模拟示范，让设计方案更直观地在现场有效核对，能有效规避设计方案中存在的工艺问题。业主、设计师、施工人员三方确认放样结果，也能提前预览设计成果，并且避免出现返工误工等现象。

（2）做好的全景放样现场，能更加迅速地辨别、更为清晰地理解现在的设计，业主也能根据这些设计，提出想要的改进，顺利打造属于自己的温馨舒适的家。

（3）在规定的工作范围内，线与线之间按比例、成直线的关系，按照既定的标准和规范的要求进行操作，因而全景放样可以让工艺师傅按照比例线条和既定的标准进行施工，尽可能地减少工艺失误。

总的来说，全景放样可以让业主更加客观、迅速、深层次地理解案例的设计理念，也能根据案例的设计，提出想要的改进。而全景放样可以在规定范围内按标准去施工，尽可能地减少人为误差和节省材料成本，加快施工进度。

1.2 全景放样思维导图

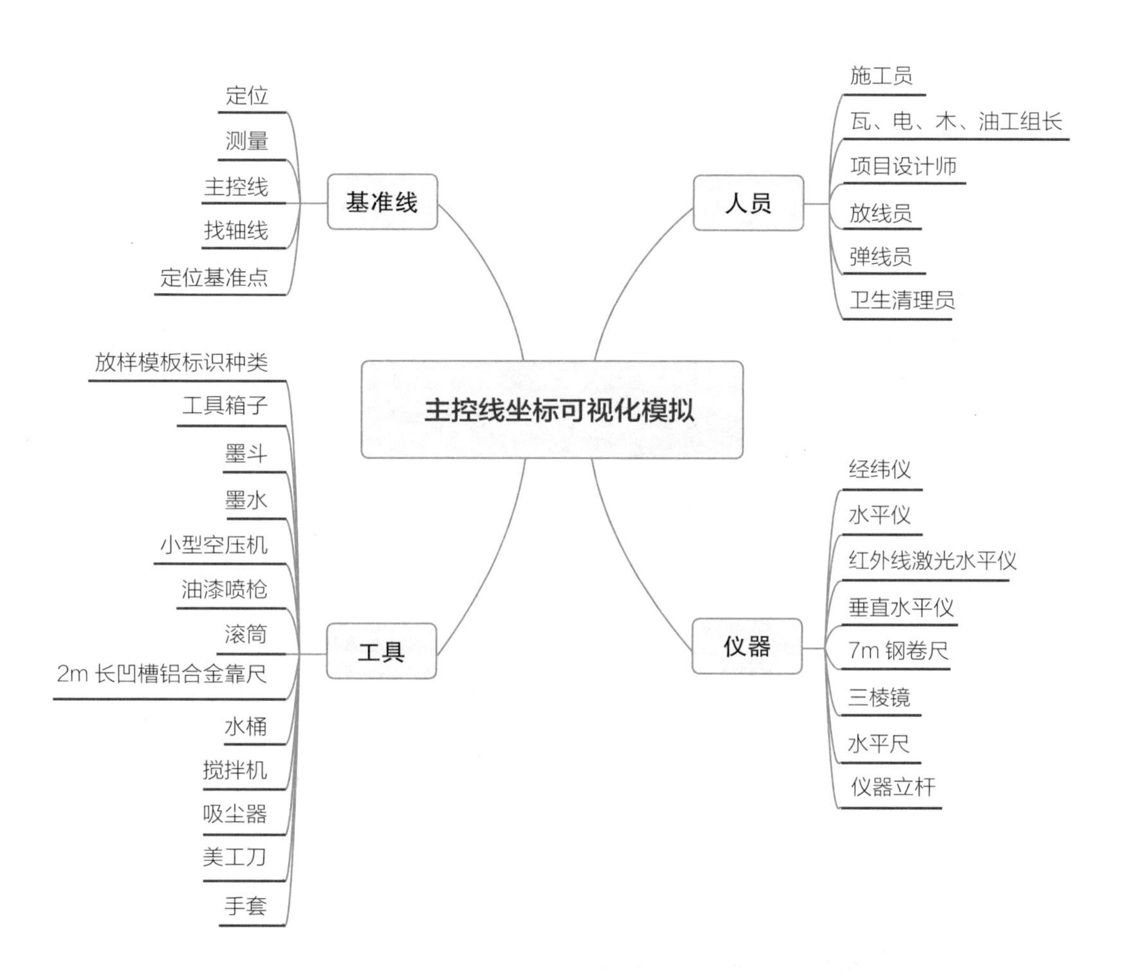
主控线坐标可视化模拟
基准线
定位
测量
主控线
找轴线
定位基准点
人员
施工员
瓦、电、木、油工组长
项目设计师
放线员
弹线员
卫生清理员
工具
放样模板标识种类
工具箱子
墨斗
墨水
小型空压机
油漆喷枪
滚筒
2m 长凹槽铝合金靠尺
水桶
搅拌机
吸尘器
美工刀
手套
仪器
经纬仪
水平仪
红外线激光水平仪
垂直水平仪
7m 钢卷尺
三棱镜
水平尺
仪器立杆

1.3 室内全景放样三维可视化（附视频）

1.3.1 室内总平面图功能区放线

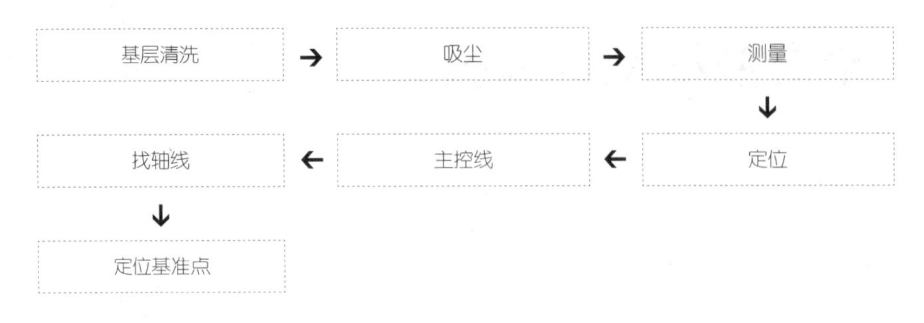

基层清洗
吸尘
测量
定位
主控线
找轴线
定位基准点

• 操作流程

（1）平面纵向中间的这根主控线是 Y 轴坐标线，横向是 X 轴坐标线。

（2）平面图中的轴线是主控线的理论尺寸，都是由 X、Y 轴平行过来的主控线。

（3）土建提供的主控线平移至门中，为室内规划的总平面各功能区主控线，以主控线得出轴线，再从轴线减 1m 定墙体。

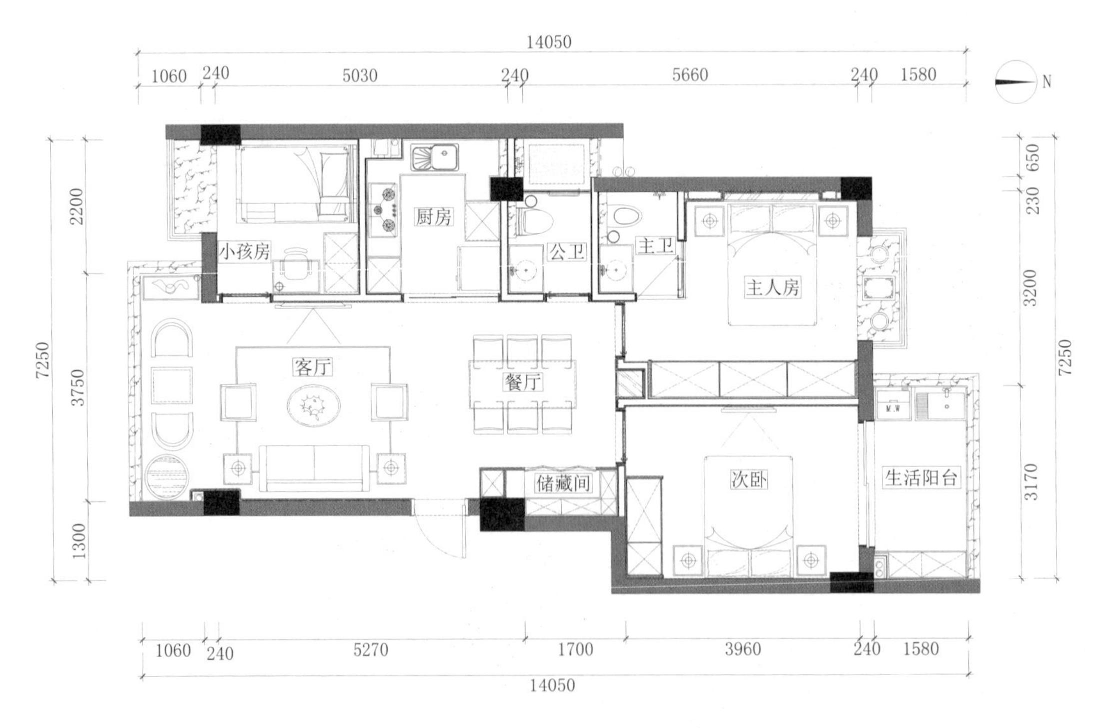

14050
1060
240
5030
240
5660
240
1580
N
2200
3750
1300
7250
650
230
3200
3170
7250
小孩房
厨房
公卫
主卫
主人房
客厅
餐厅
储藏间
次卧
生活阳台
1060
240
5270
1700
3960
240
1580
14050

• 平面功能布置图

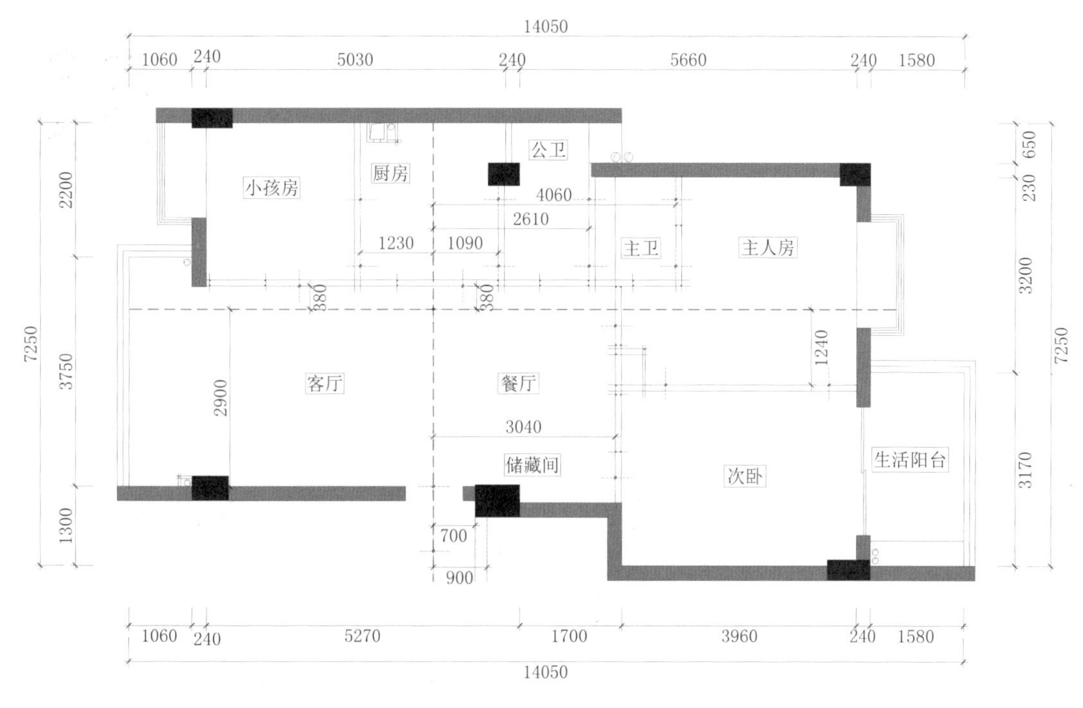
14050
1060
240
5030
240
5660
240
1580
小孩房
厨房
公卫
4060
2610
1230
1090
主卫
主人房
380
380
客厅
餐厅
2900
1240
3040
储藏间
次卧
生活阳台
700
900
2200
3750
1300
7250
650
230
3200
3170
7250
1060
240
5270
1700
3960
240
1580
14050

• 主控线放样示意图

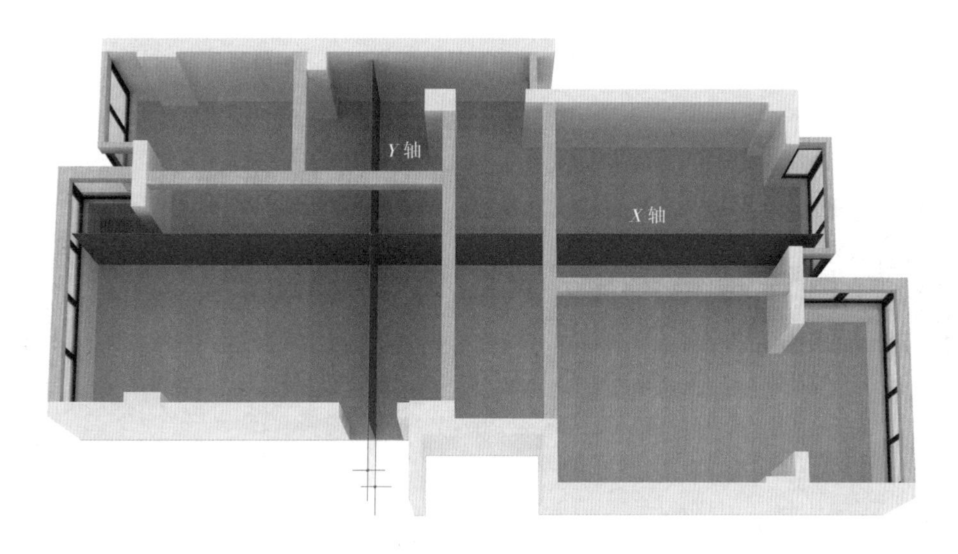
Y轴
X轴

• 主控线坐标放样示意图

设 计

施工解读

1. 为设计施工图纸提供有效精确的数据依据。
2. 审核设计施工图尺寸与现场实际尺寸是否吻合。
3. 根据设计施工图放线，在现场可以准确定位各功能区各工种的施工定位完成面。
4. 复核现场能有效确定各工种相互关联的位置。
5. 全景放线能有效控制施工质量与进度，减少施工耗材。

1.3.2 新砌墙体控制线放样模拟步骤（附视频）

扫码看视频

新砌墙体控制线放样模拟步骤

（1）定位出主控线与墙面 1m 标高标准线（参照线）。

（2）定位出 X 轴新砌地面、墙面、顶面放线。

（3）Y 轴新砌地面、墙面、顶面放线。

（4）定位 X 轴与 Y 轴区域的房门位置地面、顶面固定点。

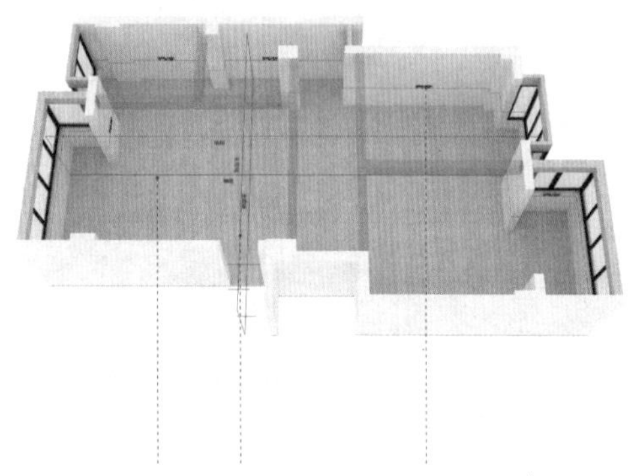
轴线
主控线
标准线（参照）
±1.000

• **主控线与墙面 1m 标高标准线**

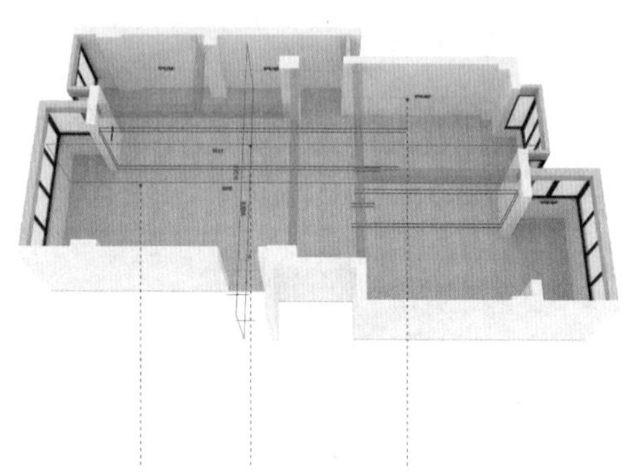
轴线
主控线
标准线（参照）
±1.000

• **预演 X 轴放线**

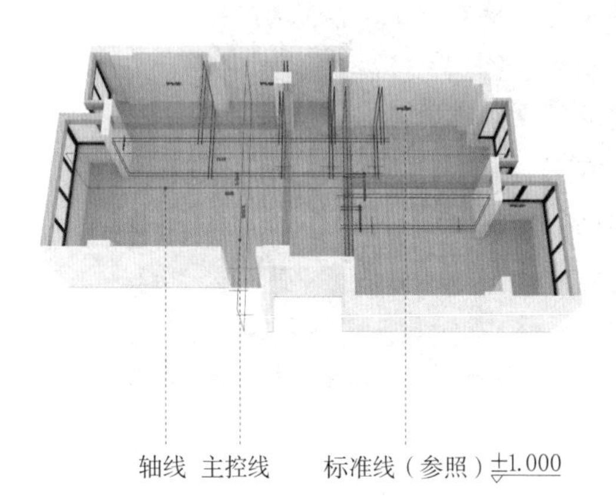
轴线
主控线
标准线（参照）
±1.000

• **预演 Y 轴放线**

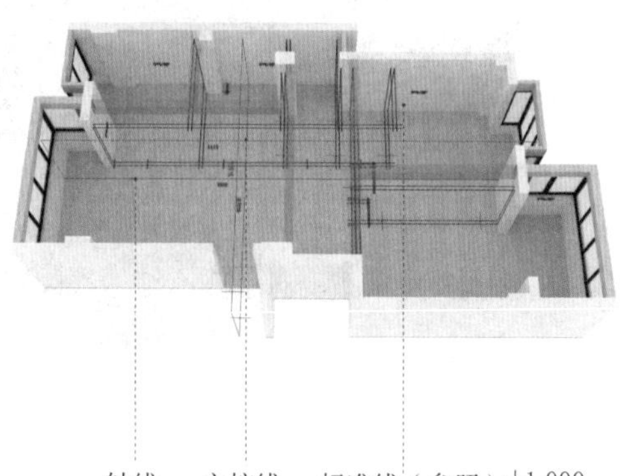
轴线
主控线
标准线（参照）
±1.000

• **定位 X 轴与 Y 轴区域的房门位置地面、顶面固定点**

设 计

施工解读

在电脑里模拟室内各功能区坐标控制线，定位坐标控制线地面固定点。

第2章

室内土建工艺三维系统可视化

2.1 室内土建工艺三维系统可视化说明

2.1.1 施工准备

2.1.1.1 技术准备

（1）施工前要完成室内轴线复测，熟悉图纸，做好施工平面布置、划分好施工段、安排好施工流水、工序交叉衔接安排等工作。

（2）编制工程材料、机具、施工人员的需求计划。

（3）完成进场材料的检查、检验及砌墙砂浆的试配工作。

（4）组织施工人员进行技术质量、安全生产、文明施工交底。

（5）弹好轴线及墙身砌墙线，根据进场新砌墙的实际规格尺寸，弹出门窗洞口及需要倒反梁的位置线，经放线符合设计要求，办完预检手续。

（6）按设计标高要求做好施工准备。

2.1.1.2 材料准备

（1）空心砌块，砖的品种、规格、强度、容重、放射性等必须符合设计要求，规格应一致，要有出厂证明、试验报告单。

（2）一般用 32.5 级矿渣硅酸盐水泥或普通硅酸盐水泥，要有出厂证明、复试报告。

（3）砂：宜用中砂，过 5mm 孔径筛子，砂含泥量不超过 5%，不含草根、块状泥等杂物。

（4）掺合料：石灰要充分熟化，禁止使用脱水硬化的石灰膏。

（5）水：用自来水或不含有害物质的洁净水。

（6）其他材料：拉结钢筋、预埋件、木砖。

2.1.1.3 作业条件

（1）主体分部中框架部分已施工完毕，垃圾等清理干净。

（2）已弹好轴线、墙线、门窗洞口线、标高线等。

（3）所施工面拉结钢筋已经植筋完毕，经试拉检验合格。

（4）常温天气在砌筑前一天将砖浇水湿润。

（5）砂浆配合比已经试验室确定，试模已备好。

2.1.2 施工操作工艺

砂浆搅拌
作业准备
砌筑墙体
排砖撂底
检查验收

• 工艺流程图

2.1.2.1 拌制砂浆

（1）砂浆配合比按质量比，计量度：水泥为 ±2%，砂及掺合料为 ±5%。

（2）砂浆应随拌随用，水泥在拌和 3~4h 内应用完，严禁使用过夜砂浆。

2.1.2.2 砌筑墙体

（1）组砌方法应正确，砌筑时要“对孔、错缝反砌”，砌筑操作时要采用“三一”砌法，即“一铲灰、一块砖、一挤压”。

（2）水平灰缝控制在 15mm 厚以内，同时砂浆应饱满，平直通顺，主缝用砂浆填实。

（3）在地面或楼面上先砌 30cm 高实心砖。在砌筑主梁或楼板下时，可用实心砖斜砌挤紧，并用砂浆填实，7d 后，待砂浆硬化沉淀后方可砌筑。

（4）施工需要在砖墙中留置的临时洞口，其侧边离交接处的墙面距离不小于 500mm，洞口顶部应设置过梁。

（5）门窗框两侧用实心砖砌筑。

（6）拉通线砌筑时，随砌、随吊、随靠，保证墙体垂直、平整，不允许砸砖修墙。

（7）砖提前 1~2d 浇水湿润。以阴湿进砖表面 5mm 为佳。

（8）砌筑前应抄平线、立皮数杆、对照地面线确定门窗洞口排砖撂底、均好砖缝。

（9）砖砌体的灰缝应横平竖直、薄厚均匀，并填满砂浆。

（10）埋入砖砌体中的拉结筋，要安置正确、平直，不得任意弯折。

（11）砖砌体要上下错缝、内外搭接。实心砌砖体一般采用一顺一丁的砌筑形式，不得“游丁走缝”，不应有小于三分头的砖渣。砌体砖水平灰缝的砂浆要饱满，实心砌体砖砂浆饱满度不得低于 80%。

（12）竖向灰缝宜采用挤浆或加浆的方法，使其砂浆饱满。砖砌体的水平灰缝宽度一般为 9 ~ 11mm，立缝为 6 ~ 8mm。

（13）砌砖体的转角处和交接处同时砌筑，临时间断处砌成踏步槎（不允许全部留直槎）。接槎时，必须将接槎处的表面清洗干净，浇水湿润，填实砂浆，保持灰缝平直。抗震地区按设计要求有墙压筋 500mm 一道，组合柱处 5 出 5 进留马牙槎。

（14）框架结构房屋的填充墙与框架中预埋拉结筋应相互连接。

（15）每层承重墙的最上一皮砖、梁或梁垫的下面、砌体的台阶水平面上以及砌砖体的挑出层（挑檐、腰线等）应为整砖丁砌层。

2.2 室内土建施工工艺思维导图

室内土建施工工艺三维可视化工艺思维导图详见本书附图 1。

2.3 止水反梁三维可视化工艺（附视频）

2.3.1 地面止水反梁放样

止水反梁一般是指在厨房、卫生间等处有水房间与外界隔离时，在墙根部设置的上翻梁或上反素混凝土止水带。类似部位还有外雨篷内侧、女儿墙根部、出屋面的楼梯间墙根部等。

地梁倒 200mm 高
地梁倒 200mm 高
地梁倒 200mm 高
厨房
公卫
主卫
320
630
1810
1150
2670
2570
170
260
790
1690
1000
2320
1420
1350
2490
710
1710
690
830
720
830
2950
3280
700
地梁倒 200mm 高
地梁倒 50mm 高

• 止水反梁放样示意图

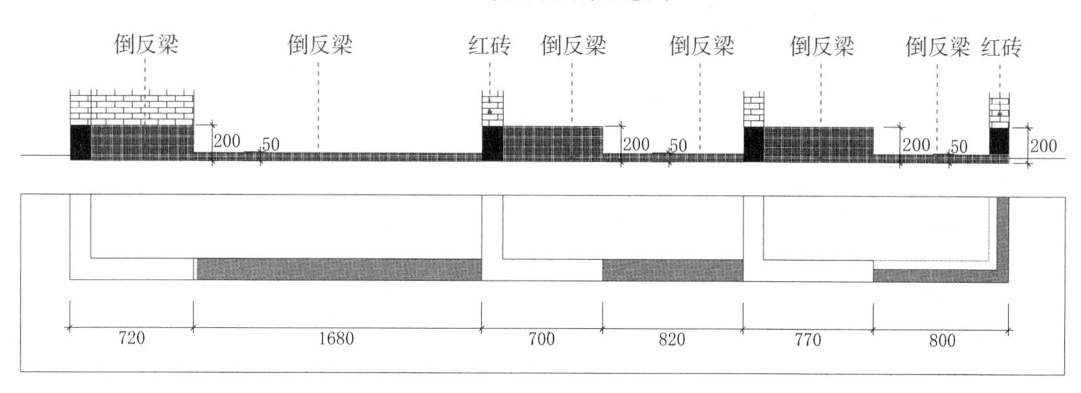
倒反梁
倒反梁
红砖
倒反梁
倒反梁
倒反梁
倒反梁
红砖
200
50
200
50
200
50
200
720
1680
700
820
770
800

• 止水反梁剖面示意图

设 计

施工解读

要先在电脑里定位室内规划的总平面图各功能区示意现场，确认止水反梁定位图。

2.3.2 地面止水反梁施工流程（附视频）

扫码看视频
地面止水反梁施工流程

定位
放线
切割
吸尘
防水
布筋
制模板
水泥砂浆搅拌
倒水泥砂浆
拆模板
质量检查 / 修补
养护

• 工艺流程图

2.3.2.1 定位、放线

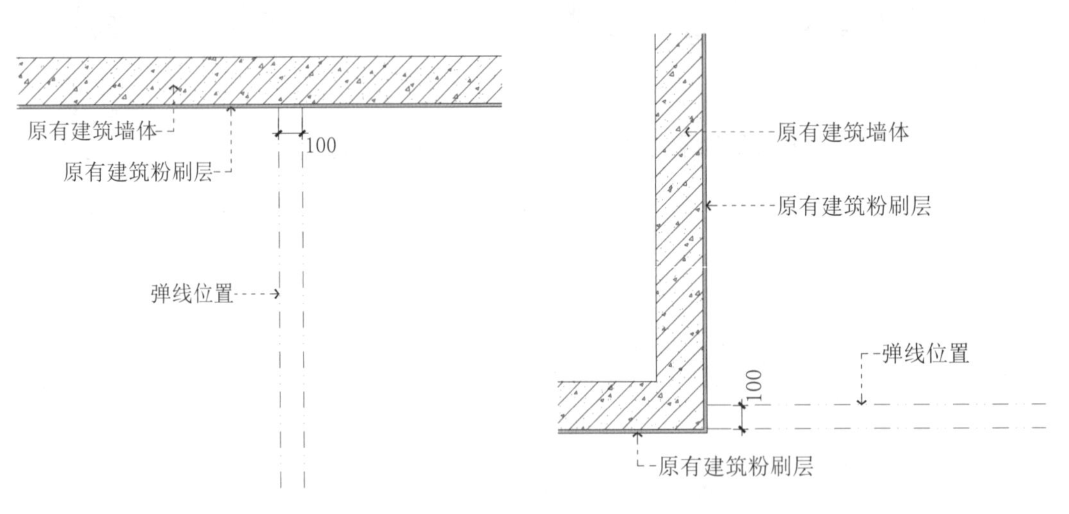
原有建筑墙体
原有建筑粉刷层
100
弹线位置
原有建筑墙体
原有建筑粉刷层
弹线位置
100
原有建筑粉刷层

• 定位、放线时地面与墙面参照图

• 定位、放线时地面与墙面阳角参照图

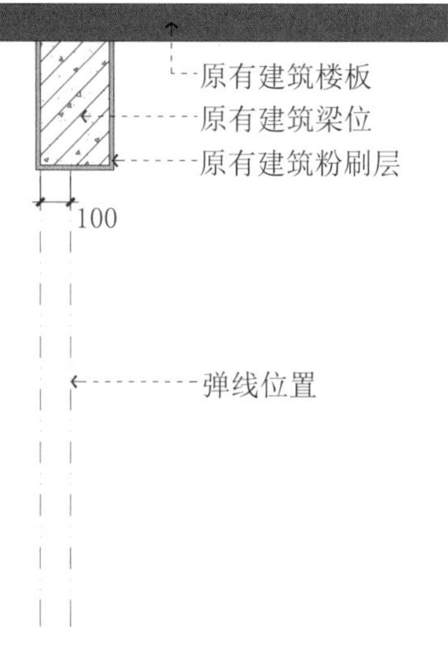
原有建筑楼板
原有建筑梁位
原有建筑粉刷层
100
弹线位置

• 定位、放线时墙面与梁位参照图

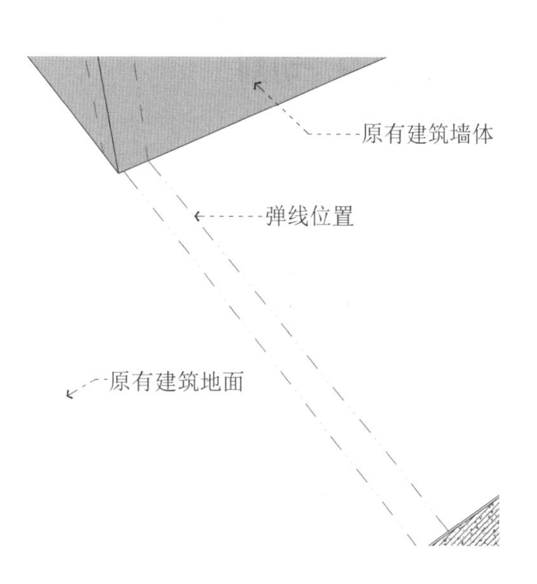
原有建筑墙体
弹线位置
原有建筑地面

• 定位、放线时地面与墙面透视图

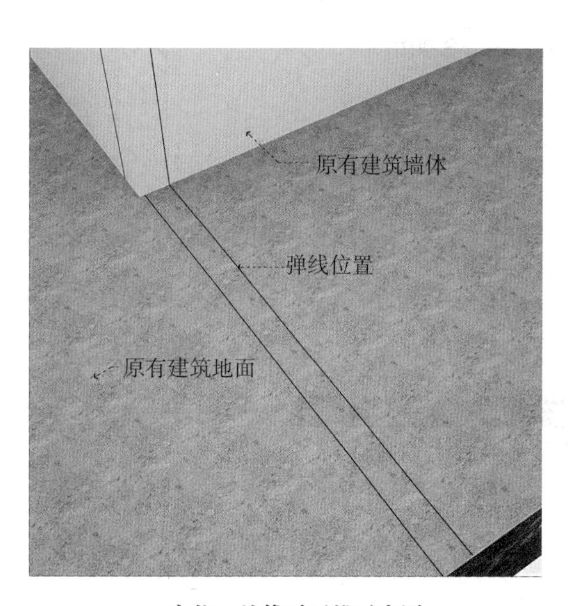
原有建筑墙体
弹线位置
原有建筑地面

• 定位、放线时三维示意图

设 计

施工解读

在现场做一次施工放线预演，是对设计方案很好的一次校对。在放地面与墙面及顶面线时，要把卫生间及厨房或有防潮区域的墙体上要做止水带处的位置线放好、放准确。

2.3.2.2 切割

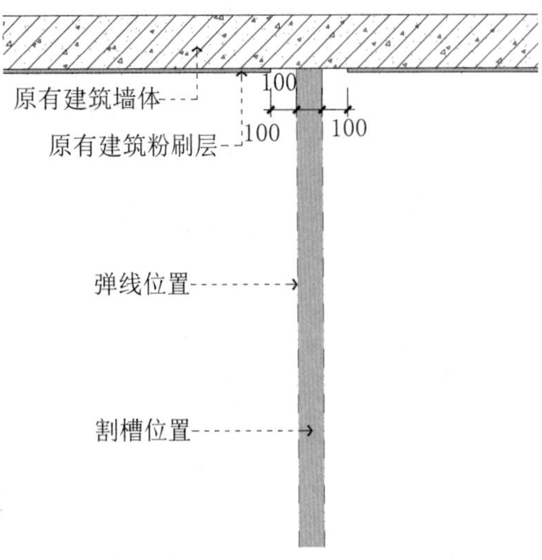
原有建筑墙体
原有建筑粉刷层
100
100
100
100
弹线位置
割槽位置

• 切割时地面与墙面参照图

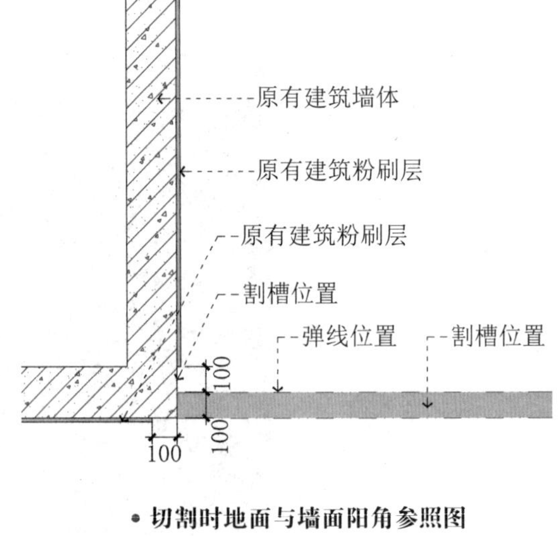
原有建筑墙体
原有建筑粉刷层
原有建筑粉刷层
割槽位置
弹线位置
割槽位置
100
100
100

• 切割时地面与墙面阳角参照图

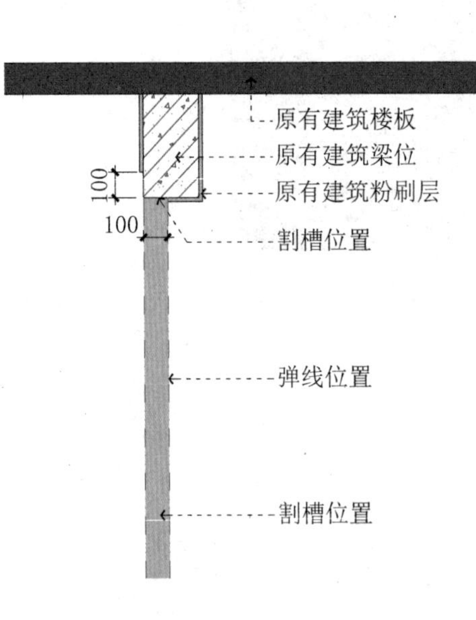
原有建筑楼板
原有建筑梁位
原有建筑粉刷层
100
100
割槽位置
弹线位置
割槽位置

• 切割时墙面与梁位参照图

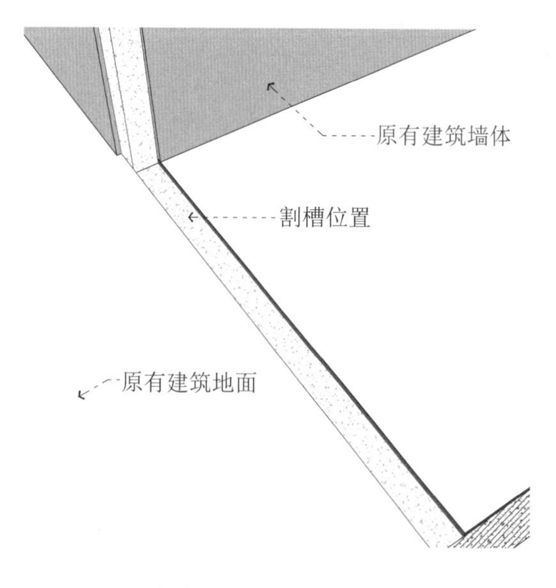
原有建筑墙体
割槽位置
原有建筑地面

• 切割时地面与墙面透视图

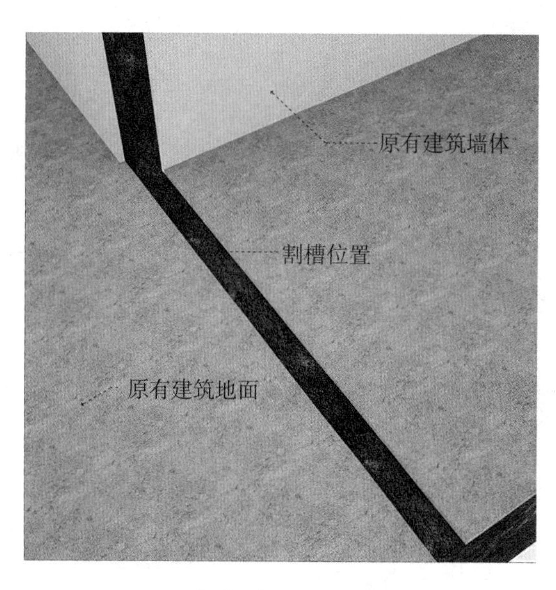
原有建筑墙体
割槽位置
原有建筑地面

• 切割时三维示意图

设计

施工解读

在止水带与墙面及顶面交接处用自动切割机在对应位置切割止水带，在切割时须切割地面原有建筑找平层、墙面原有建筑粉刷层以及顶面梁位原有建筑粉刷层，这样可以有效预防止水带跑位。

2.3.2.3 防水

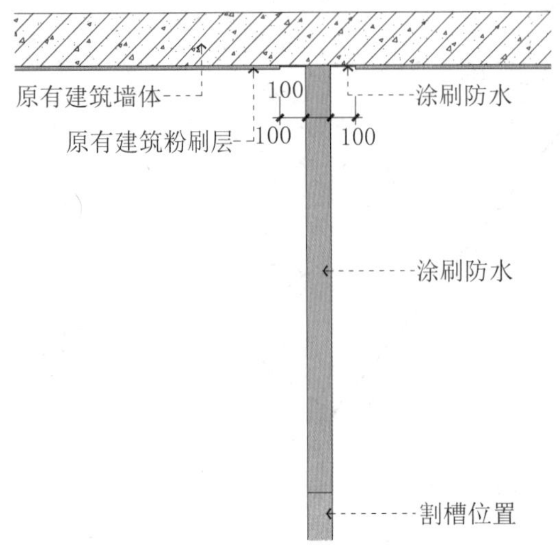
原有建筑墙体
原有建筑粉刷层
100
100
100
涂刷防水
涂刷防水
割槽位置

• 做防水时地面与墙面参照图

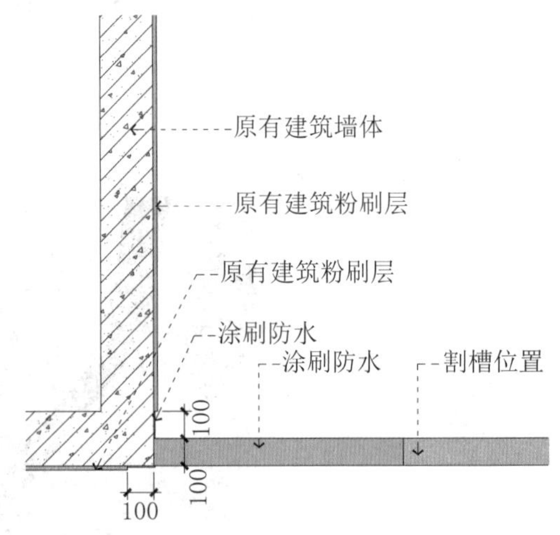
原有建筑墙体
原有建筑粉刷层
原有建筑粉刷层
涂刷防水
涂刷防水
割槽位置
100
100
100

• 做防水时地面与墙面阳角参照图

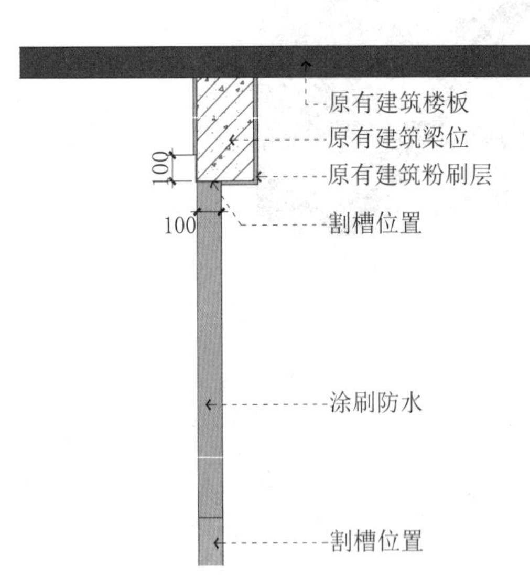
原有建筑楼板
原有建筑梁位
原有建筑粉刷层
割槽位置
100
100
涂刷防水
割槽位置

• 做防水时墙面与梁位参照图

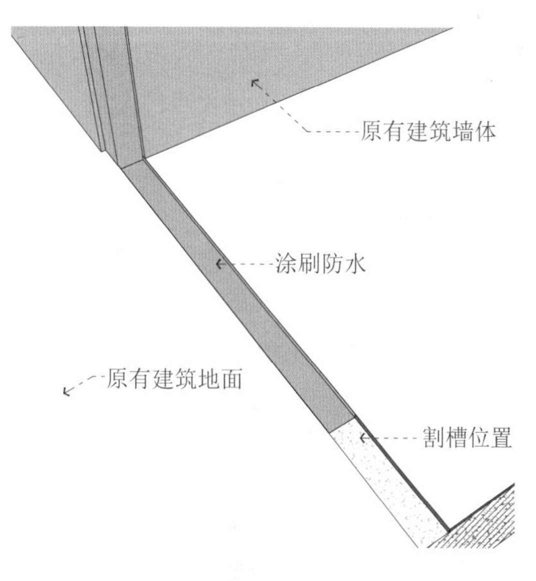
原有建筑墙体
涂刷防水
原有建筑地面
割槽位置

• 做防水时地面与墙面透视图

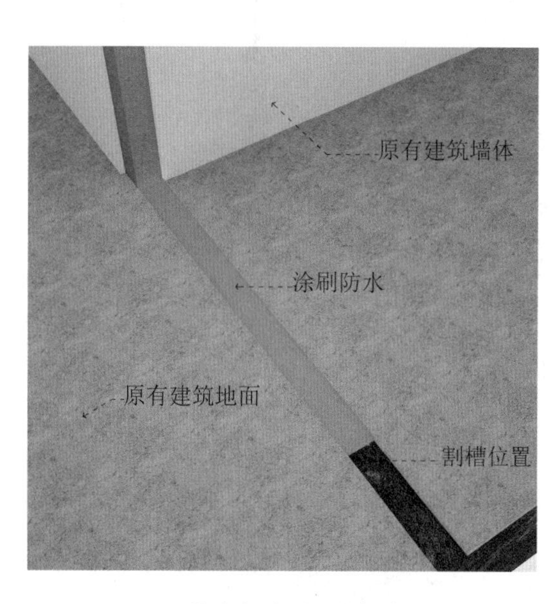
原有建筑墙体
涂刷防水
原有建筑地面
割槽位置

• 做防水时三维示意图

设 计

施工解读

将止水带切割后的楼板墙面槽内的基层表面清扫干净，不得有浮尘、杂物等影响防水层质量的缺陷。在已切割的墙面或地面涂刮基层防水处理剂，要求涂刷均匀。

2.3.2.4 布筋

（1）打孔。按照设计图纸要求的尺寸钻孔。

（2）孔内清理。在打好的孔内用高压气枪吹掉孔内泥灰，再用专用毛刷刷掉孔壁表面松动的混凝土，再用高压气枪将孔清理干净。

（3）孔内注胶。将胶瓶装上专用胶枪，匀速挤出胶液，把注胶嘴插入孔底，边打胶边缓慢外提式注胶，正常注胶量为孔体积的 2/3。

（4）植筋。在注完胶后将螺纹钢筋顺时针方向缓慢旋转入孔底，有少许胶溢出来为好。

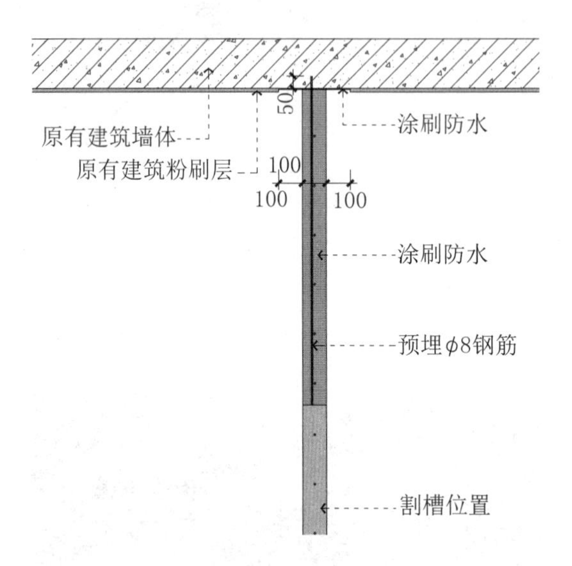
50
涂刷防水
原有建筑墙体
原有建筑粉刷层
100
100
100
涂刷防水
预埋ϕ8钢筋
割槽位置

• 布筋时地面与墙面参照图

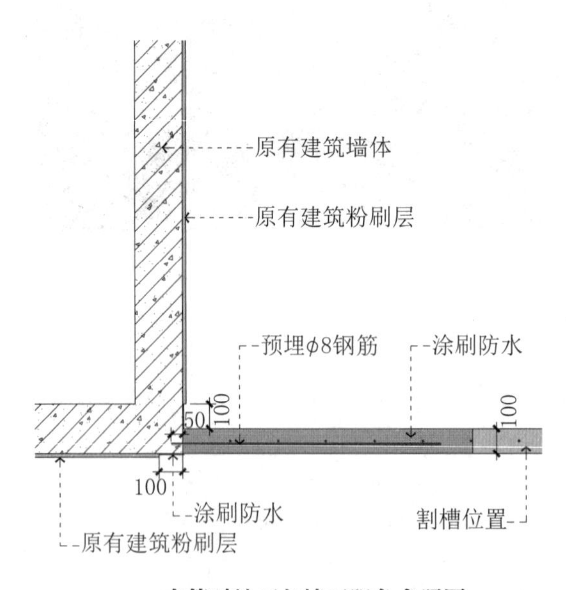
原有建筑墙体
原有建筑粉刷层
预埋ϕ8钢筋
涂刷防水
100
50
100
100
涂刷防水
割槽位置
原有建筑粉刷层

• 布筋时地面与墙面阳角参照图

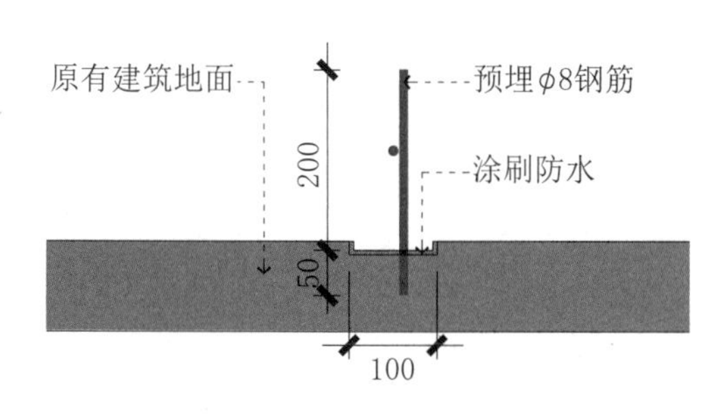
原有建筑地面
预埋φ8钢筋
200
涂刷防水
50
100

• 布筋时地面剖面参照图

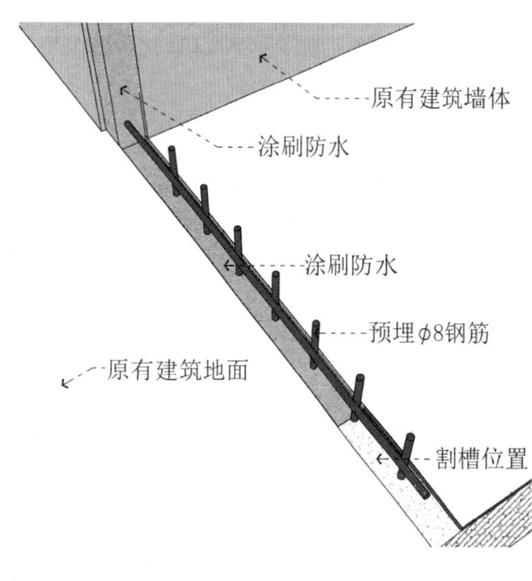
原有建筑墙体
涂刷防水
涂刷防水
预埋φ8钢筋
原有建筑地面
割槽位置

• 布筋时地面与墙面透视图

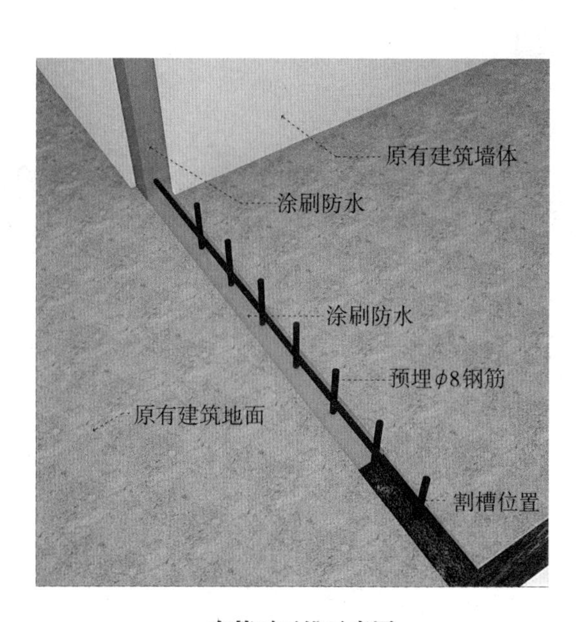
原有建筑墙体
涂刷防水
涂刷防水
预埋φ8钢筋
原有建筑地面
割槽位置

• 布筋时三维示意图

设 计

施工解读

布筋时遇到与旧墙体交接处时，必须铲除原有墙体粉刷层，在地面打孔布筋时，直筋与直筋的距离宽度为200mm，在旧墙体与地面打孔布筋时，直筋高度为150mm；倒反梁高度为180~300mm，门洞下倒反梁高度为40~50mm，确保让倒反梁与地面、旧墙体连接更加牢固，后期不会出现开裂。

2.3.2.5 制作模板倒水泥砂浆

（1）根据反梁模板平面图标注好的尺寸和模板数量，遵循节约用料的原则，合理搭配使用原材料，尽量少裁原材料。每一段止水带反梁配制一整块模板，两块模板阴角处做成企口状，确定模板是否按净空尺寸制作，其厚薄要一致，截面尺寸要准确，标高、轴线位置符合图纸要求。

（2）倒水泥砂浆要先将基层上的垃圾清净，墙边角配合人工剔凿干净，浮灰清扫干净。要求垫层必须具有粗糙、洁净和潮湿的表面。

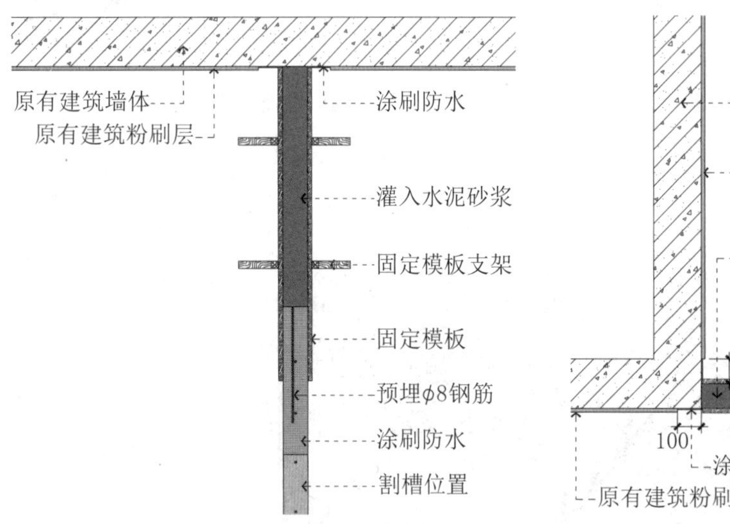
原有建筑墙体
原有建筑粉刷层
涂刷防水
灌入水泥砂浆
固定模板支架
固定模板
预埋ϕ8钢筋
涂刷防水
割槽位置

• 制作模板时地面与墙面参照图

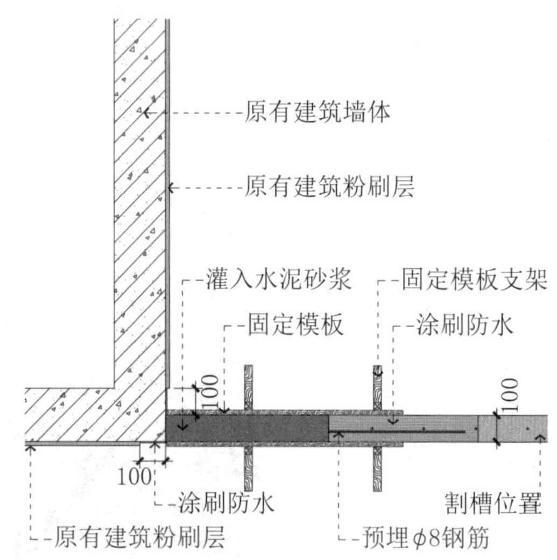
原有建筑墙体
原有建筑粉刷层
灌入水泥砂浆
固定模板支架
固定模板
涂刷防水
100
100
100
涂刷防水
割槽位置
原有建筑粉刷层
预埋ϕ8钢筋

• 制作模板时地面与墙面阳角参照图

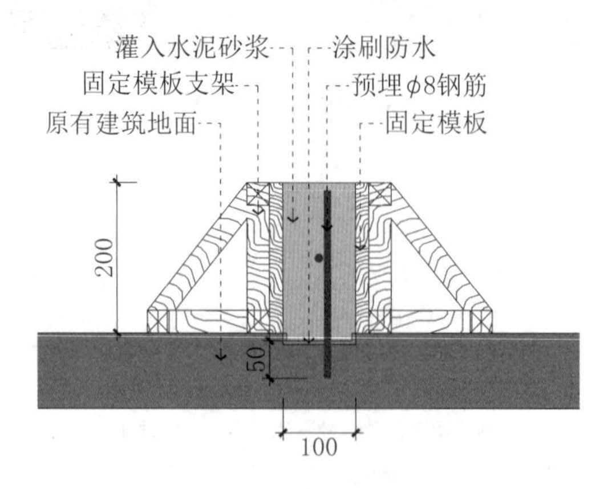
灌入水泥砂浆
涂刷防水
固定模板支架
预埋ϕ8钢筋
原有建筑地面
固定模板
200
50
100

• 制作模板时地面剖面参照图

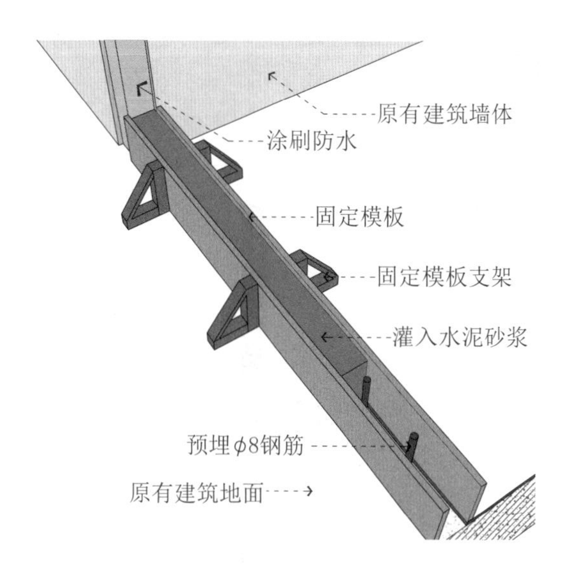
原有建筑墙体
涂刷防水
固定模板
固定模板支架
灌入水泥砂浆
预埋φ8钢筋
原有建筑地面

• 制作模板时地面与墙面透视图

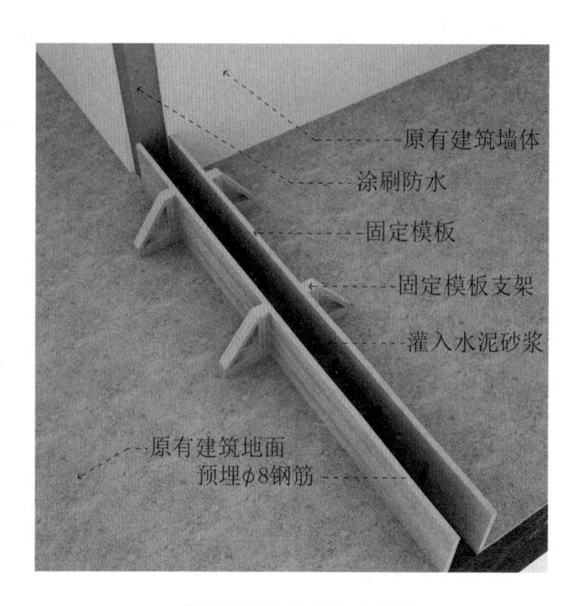
原有建筑墙体
涂刷防水
固定模板
固定模板支架
灌入水泥砂浆
原有建筑地面
预埋φ8钢筋

• 制作模板时三维示意图

设　计

施工解读

1. 模板上口要设拉结固定，防止上口尺寸偏大。

2. 模板表面必须清理干净，保证无污染。模板内的杂物应清理干净，与混凝土的接触面应清理干净并涂刷隔离剂，其模板的接缝不应漏浆。

3. 水泥砂浆配制比例按 1：2 配制，要求拌和均匀、颜色一致。

4. 在浇筑混凝土前，木模板应浇水湿润，但模板内不应有积水。

5. 水泥砂浆面层浇筑完成后，表面层如出现过干现象时应及时浇水，浇水时要特别注意，不得浇水过早或过晚，以免出现过早浇水起浆，过晚则出现干裂缝。

2.3.2.6 拆模板

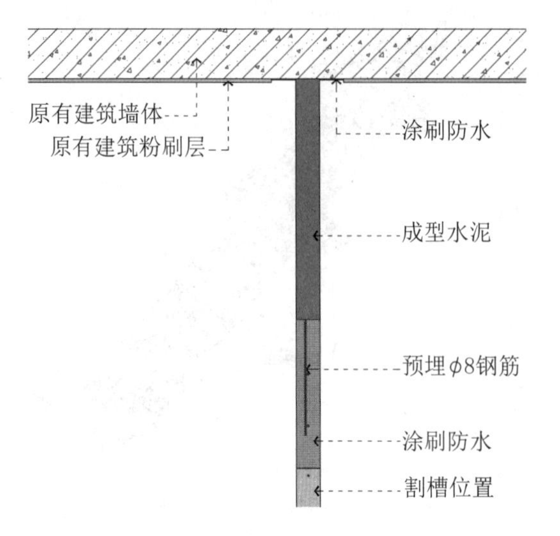
原有建筑墙体
原有建筑粉刷层
涂刷防水
成型水泥
预埋ϕ8钢筋
涂刷防水
割槽位置

• 拆模板时地面与墙面参照图

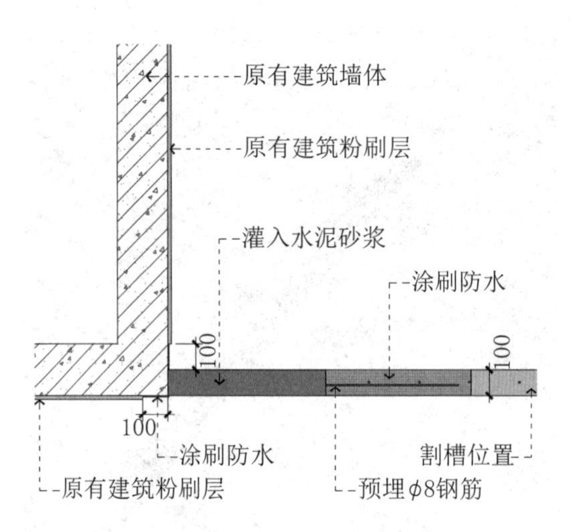
原有建筑墙体
原有建筑粉刷层
灌入水泥砂浆
涂刷防水
100
100
100
涂刷防水
割槽位置
原有建筑粉刷层
预埋ϕ8钢筋

• 拆模板时地面与墙面阳角参照图

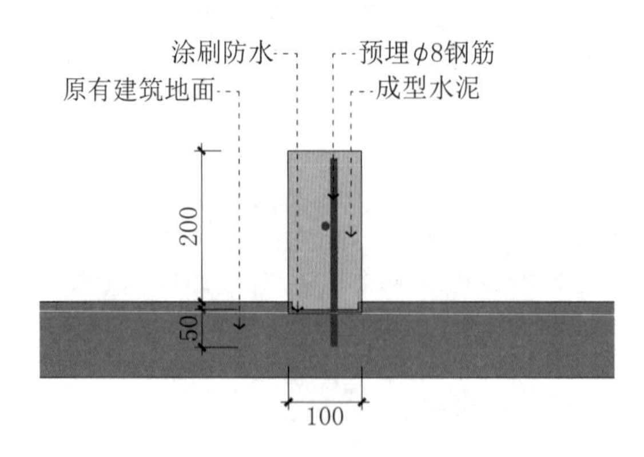
涂刷防水
预埋ϕ8钢筋
原有建筑地面
成型水泥
200
50
100

• 拆模板时地面剖面参照图

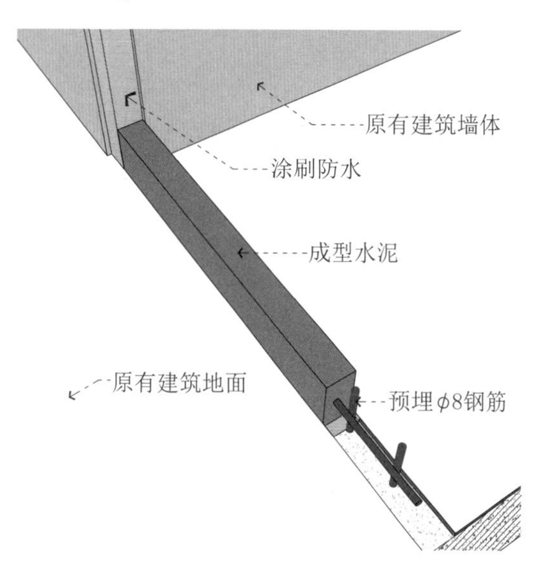
原有建筑墙体
涂刷防水
成型水泥
原有建筑地面
预埋ϕ8钢筋

• **拆模板时地面与墙面透视模拟图**

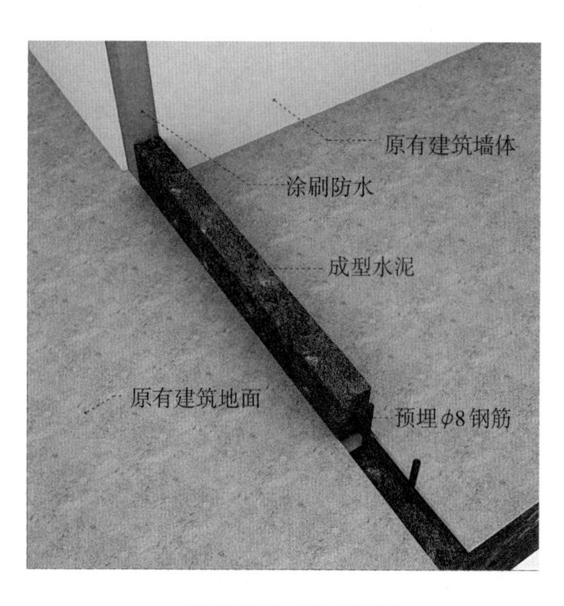
原有建筑墙体
涂刷防水
成型水泥
原有建筑地面
预埋ϕ8钢筋

• **拆模板时三维示意图**

设 计

施工解读

1. 拆除模板的顺序与安装模板顺序相反，先支的模板后拆，后支的先拆。严禁站在已拆或松动的模板上进行拆除作业。
2. 拆除模板时，严禁用铁锤或铁棍乱砸。

2.4 新砌墙体三维可视化工艺（附视频）

2.4.1 新砌墙体工艺流程（附视频）

扫码看视频

新砌墙体砌筑工艺流程

扫码看视频

新砌墙体粉刷工艺

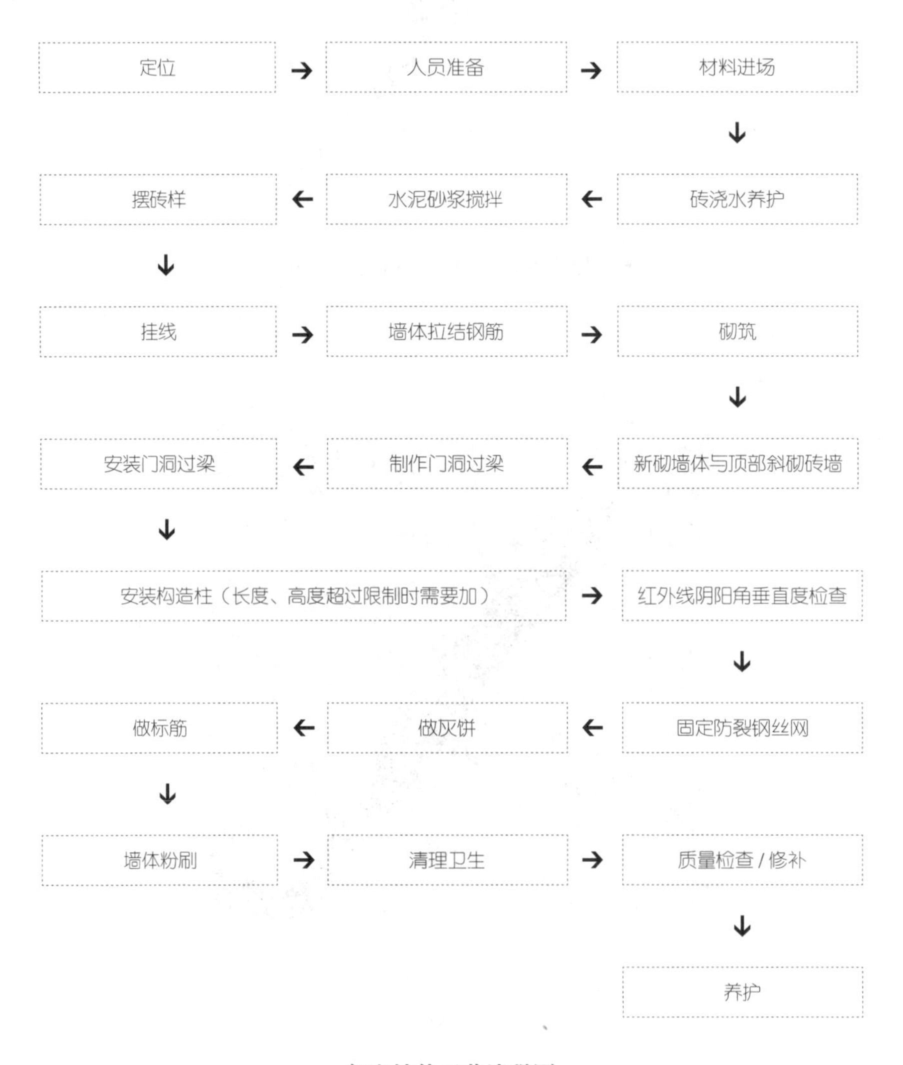
定位
人员准备
材料进场
砖浇水养护
水泥砂浆搅拌
摆砖样
挂线
墙体拉结钢筋
砌筑
新砌墙体与顶部斜砌砖墙
制作门洞过梁
安装门洞过梁
安装构造柱（长度、高度超过限制时需要加）
红外线阴阳角垂直度检查
固定防裂钢丝网
做灰饼
做标筋
墙体粉刷
清理卫生
质量检查 / 修补
养护

• 新砌墙体工艺流程图

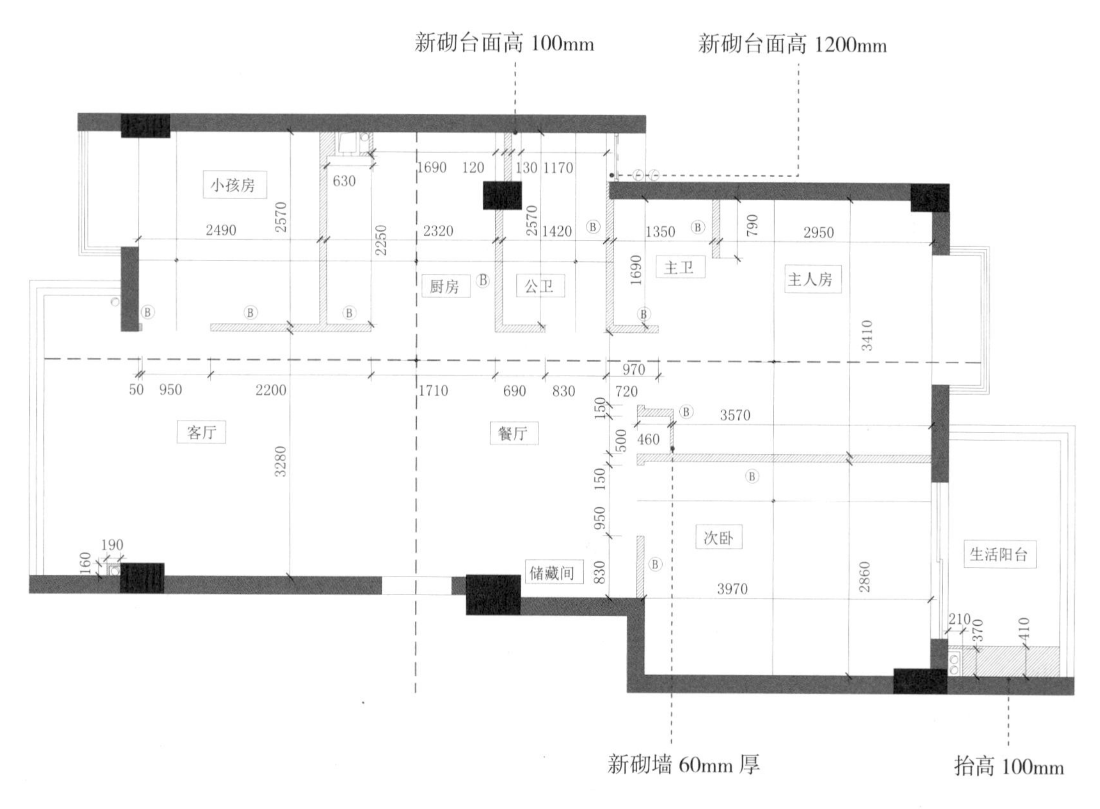
新砌台面高 100mm
新砌台面高 1200mm
小孩房
厨房
公卫
主卫
主人房
客厅
餐厅
次卧
储藏间
生活阳台
新砌墙 60mm 厚
抬高 100mm

• 新砌墙体放样图

2.4.1.1 拌制砂浆

（1）砂浆配合比应采用质量比，并由实验室确定，水泥计量精度为 ±29%，砂掺合料为 ±5%。宜用机械搅拌，投料顺序为砂—水泥—掺合料—水，搅拌时间不少于 15min。

（2）砂浆应随拌随用，一般水泥砂浆和水泥混合砂浆需在拌成后 3h 或 4h 内使用完，不允许使用过夜砂浆。

2.4.1.2 挂线

在预计施工的区域设置垂直和水平的基准线，为确保砌砖过程中不会倾斜的环节叫挂线，挂线流程如下。

（1）定出垂直基准线。在墙面的头尾两侧利用激光水平仪将垂直线定出，竖线是保证墙体及阴阳角的垂直度。

（2）定出水平线。固定水平线，横线是用来找平找直的。

（3）挂线

① 砌筑一砖厚混水墙时宜采用外手挂线，可照顾砖墙两面平整，为下道工序控制抹灰厚度奠定基础。砌一砖厚清水墙与混水墙体的时候，应挂外手线进行砌筑。如果工作面长，几个人使

用一根通线时，工作面的中间应设挑线点；此挑线点应以两端盘角点或“起墙”点贯通，穿线看齐；水平灰缝应均匀一致、平直通顺。

② 砌筑一砖半墙必须双面挂线，中间应设几个支线点，小线要拉紧，每层砖都要穿线看平，使水平缝均匀一致、平直通顺。

③ 砌筑一砖半及其以上厚墙体时，应及时双面挂线进行砌筑。

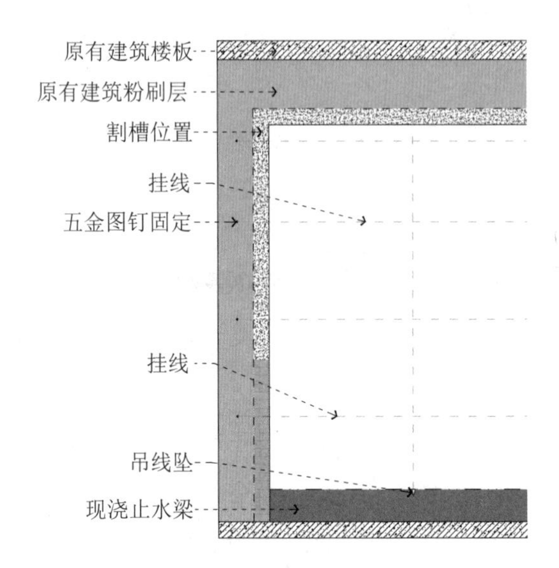
原有建筑楼板
原有建筑粉刷层
割槽位置
挂线
五金图钉固定
挂线
吊线坠
现浇止水梁

• 挂线时立面施工示意

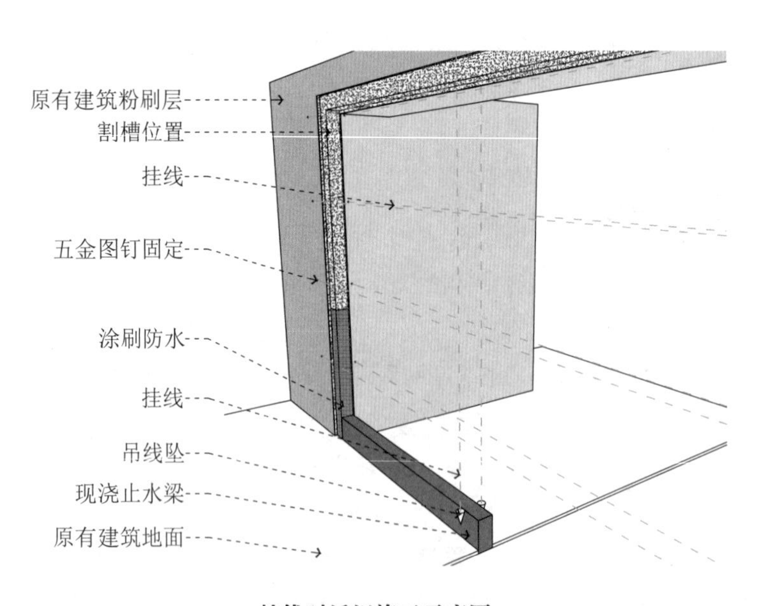
原有建筑粉刷层
割槽位置
挂线
五金图钉固定
涂刷防水
挂线
吊线坠
现浇止水梁
原有建筑地面

• 挂线时透视施工示意图

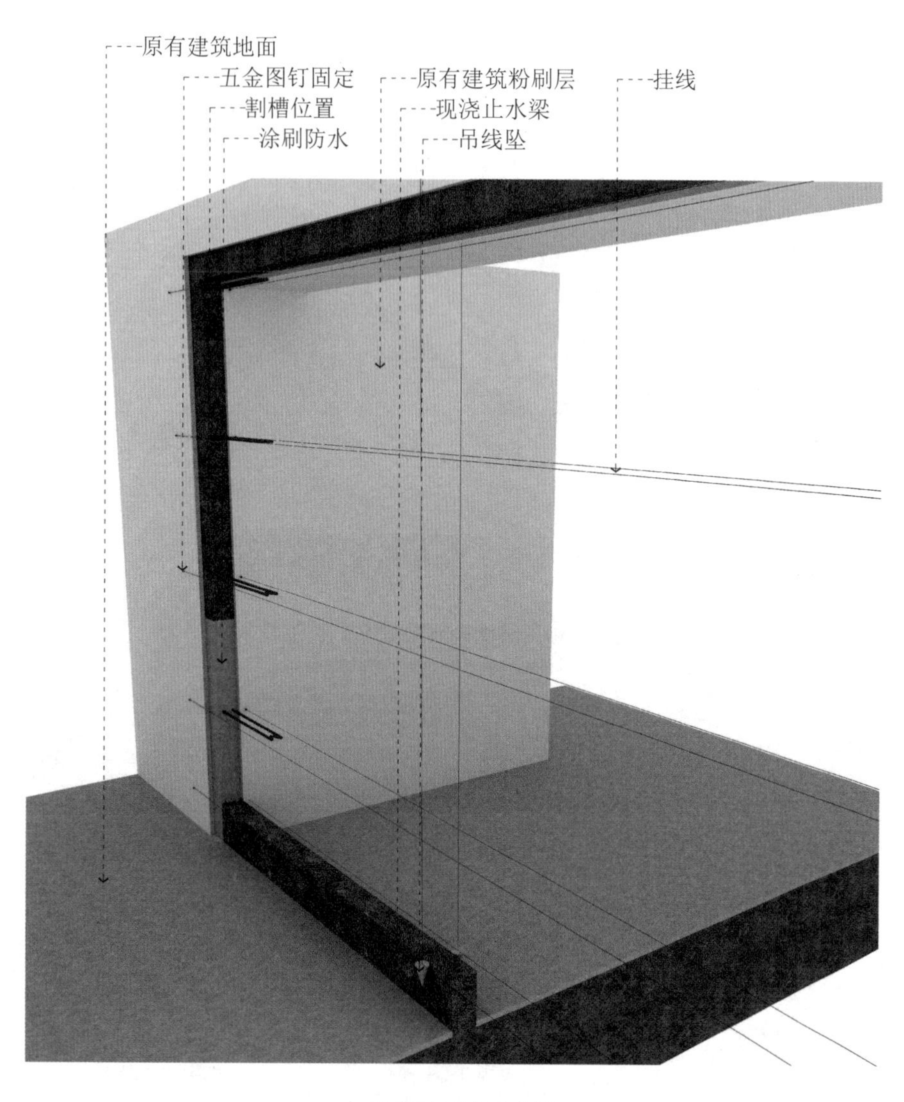
原有建筑地面
五金图钉固定
割槽位置
涂刷防水
原有建筑粉刷层
现浇止水梁
吊线坠
挂线

• 挂线时三维示意图

设 计

施工解读

在操作过程中，要认真进行自检，如出现有偏差，应随时纠正，不得在上部任意变活、乱缝，严禁事后砸墙。

2.4.1.3 墙体拉结钢筋

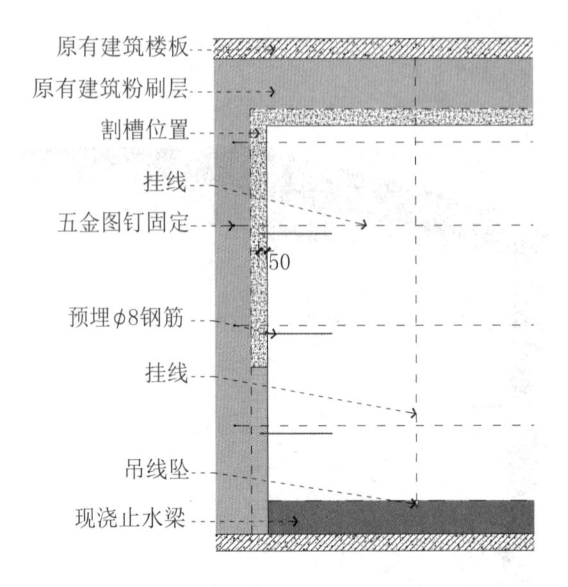
原有建筑楼板
原有建筑粉刷层
割槽位置
挂线
五金图钉固定
50
预埋ϕ8钢筋
挂线
吊线坠
现浇止水梁

• 墙体拉结钢筋时立面施工示意图

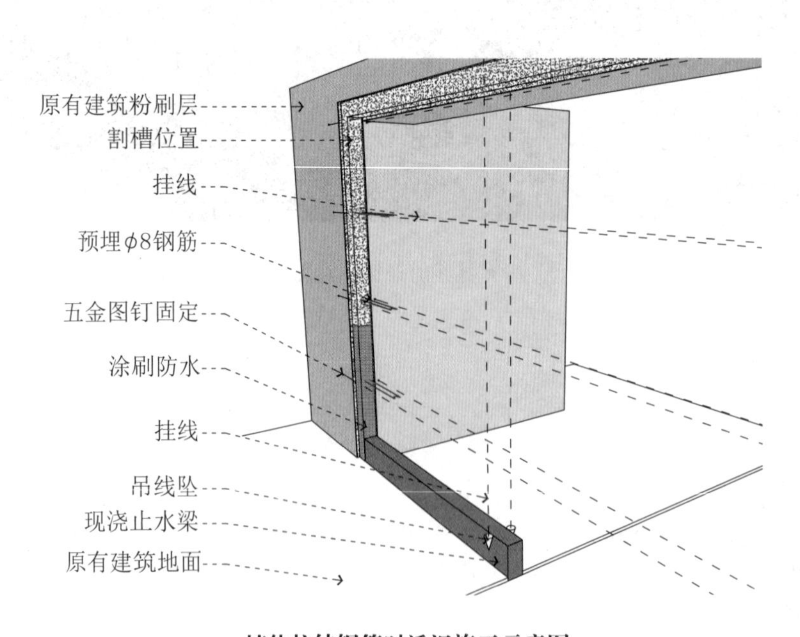
原有建筑粉刷层
割槽位置
挂线
预埋ϕ8钢筋
五金图钉固定
涂刷防水
挂线
吊线坠
现浇止水梁
原有建筑地面

• 墙体拉结钢筋时透视施工示意图

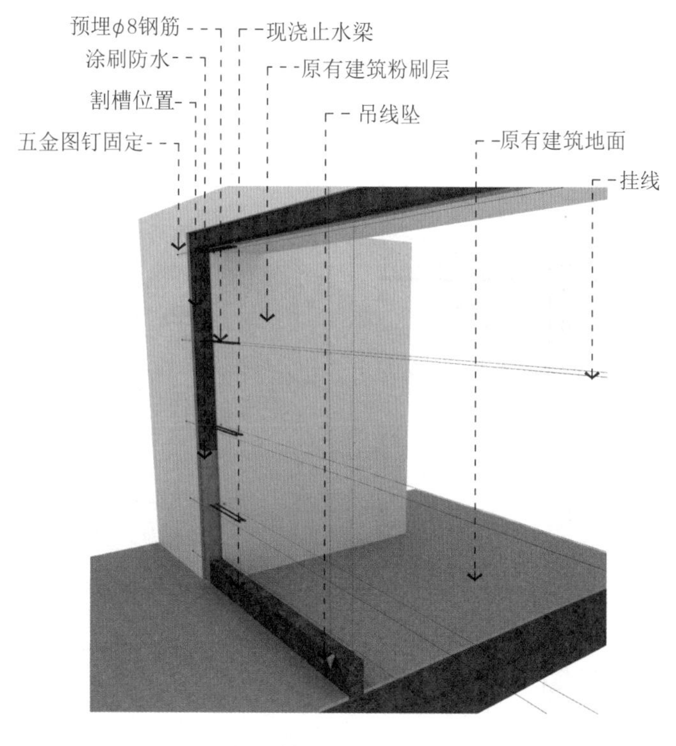
预埋φ8钢筋
现浇止水梁
涂刷防水
原有建筑粉刷层
割槽位置
吊线坠
五金图钉固定
原有建筑地面
挂线

• 墙体拉结钢筋时三维示意图

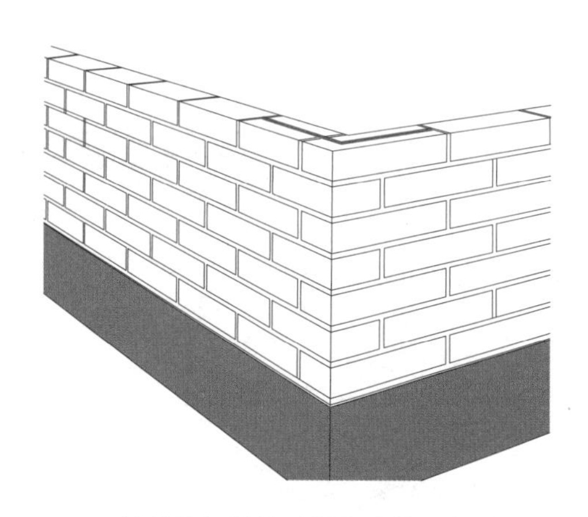

• 墙体拉结钢筋时转角连接示意图

设 计

施工解读

1. 新砌墙体时，从下至上每隔 60cm 处，在原墙体上植入一道直筋（2 根），布入新墙中不小于 500mm。

2. 新砌砖墙与旧砖墙转角 90° 连接时，需要在转角 90° 交接处每隔 2~3 层砖处用 L 形钢筋连接固定。

2.4.1.4 砌筑

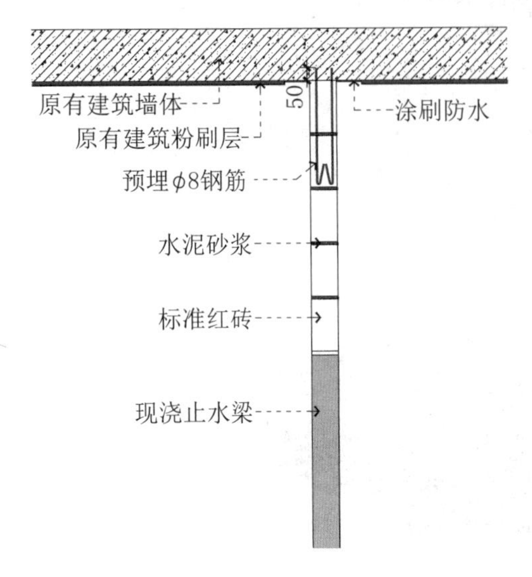
原有建筑墙体
原有建筑粉刷层
50
涂刷防水
预埋φ8钢筋
水泥砂浆
标准红砖
现浇止水梁

• 砌筑时剖面施工示意图

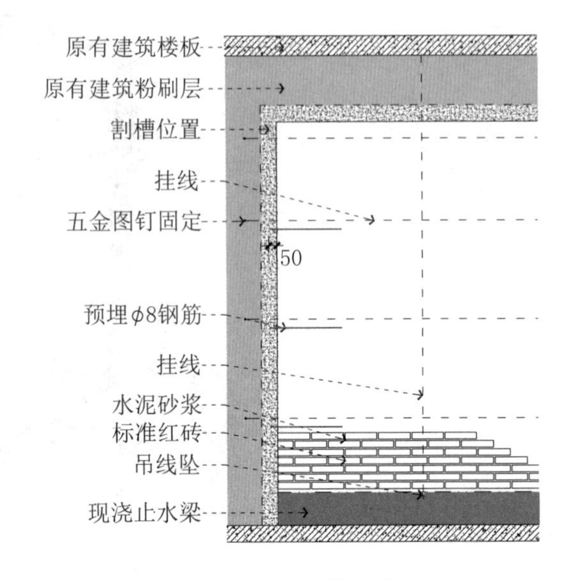
原有建筑楼板
原有建筑粉刷层
割槽位置
挂线
五金图钉固定
50
预埋φ8钢筋
挂线
水泥砂浆
标准红砖
吊线坠
现浇止水梁

• 砌筑时立面施工示意图

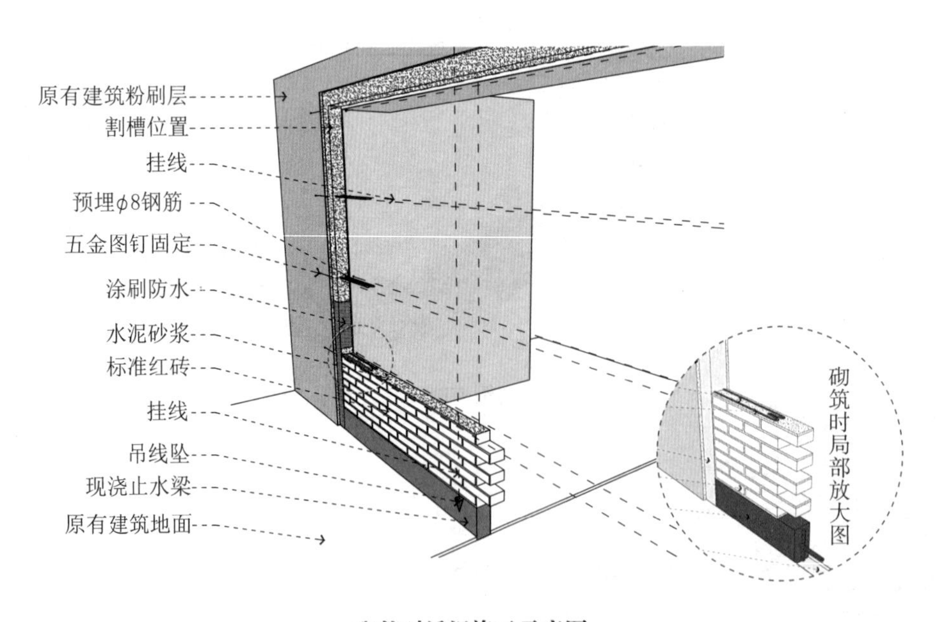
原有建筑粉刷层
割槽位置
挂线
预埋φ8钢筋
五金图钉固定
涂刷防水
水泥砂浆
标准红砖
挂线
吊线坠
现浇止水梁
原有建筑地面
砌筑时局部放大图

• 砌筑时透视施工示意图

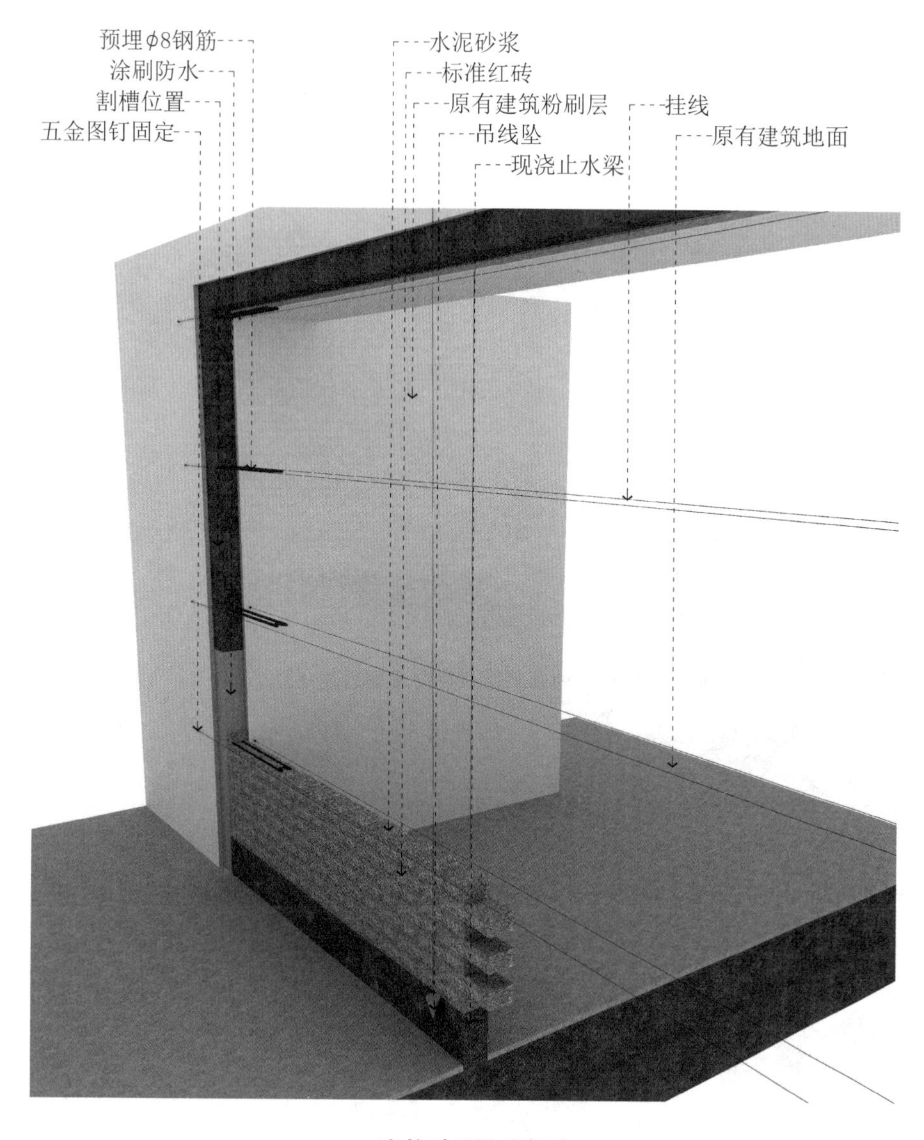
预埋φ8钢筋
涂刷防水
割槽位置
五金图钉固定
水泥砂浆
标准红砖
原有建筑粉刷层
吊线坠
现浇止水梁
挂线
原有建筑地面

● 砌筑时三维示意图

设计

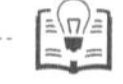

施工解读

1. 砌砖时砖要放平。里手高，墙面就要张（墙面向外倾斜）；里手低，墙面就要背（墙面向内倾斜）。砌砖一定要跟线，保证“上跟线，下跟棱，左右相邻要对平”。
2. 组砌方法应正确，一般采用满丁满条。
3. 里外咬槎，上下层错缝，采用“三一”砌砖法（即一铲灰，一块砖，一挤揉），严禁用水冲砂浆灌缝的方法。

2.4.1.5 新砌墙体与顶部斜砌砖墙

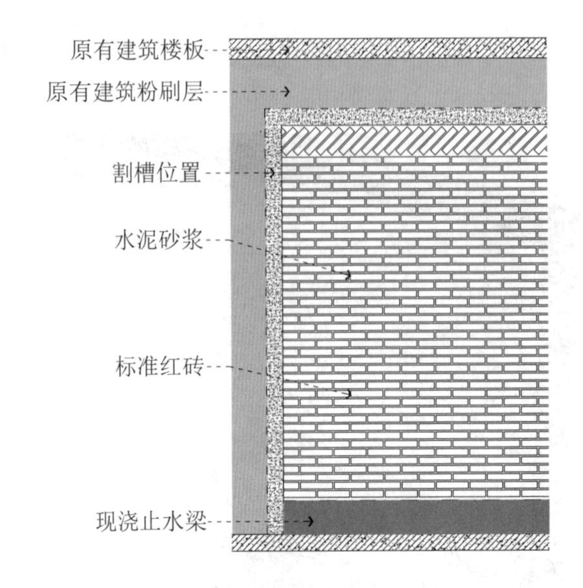
原有建筑楼板
原有建筑粉刷层
割槽位置
水泥砂浆
标准红砖
现浇止水梁

• 新砌墙体与顶部斜砌砖墙时立面施工示意图

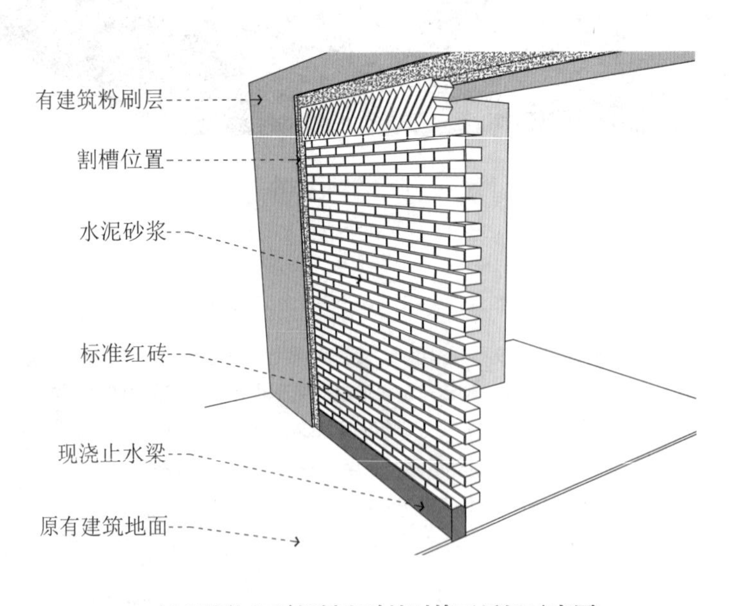
有建筑粉刷层
割槽位置
水泥砂浆
标准红砖
现浇止水梁
原有建筑地面

• 新砌墙体与顶部斜砌砖墙时施工透视示意图

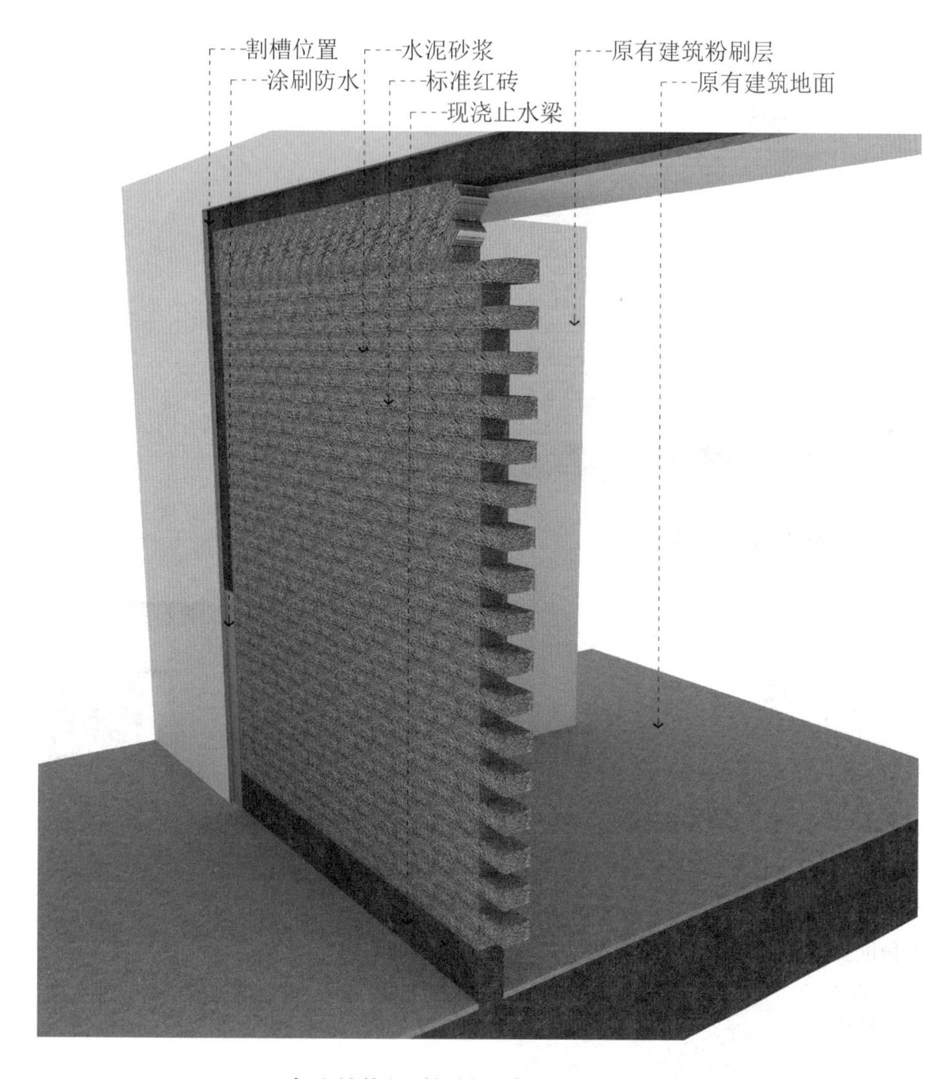
割槽位置
涂刷防水
水泥砂浆
标准红砖
现浇止水梁
原有建筑粉刷层
原有建筑地面

• 新砌墙体与顶部斜砌砖墙时三维示意图

设 计

施工解读

1. 墙体下部做防潮止梁，潮湿区域高度为 300mm，非潮湿区域高度 180~200mm，不仅提高墙体的稳定性，还解决了地面与墙体下部防潮、防渗、发霉的问题。
2. 楼板或梁位处采用顶部砖斜砌工艺，不仅可以提高墙体的稳定性，还解决了墙体上部易开裂的问题。
3. 新砌的墙体要求横平竖直、抹灰饱满，顶部使用红砖斜砌，确保新墙体的牢固性与安全性。
4. 砖块本身较重，每日最好砌墙面的 1/2 高度即可，尽量不要去加快砌墙时间，会导致墙面倾斜或倒塌的可能性。

2.4.1.6 安装门洞过梁

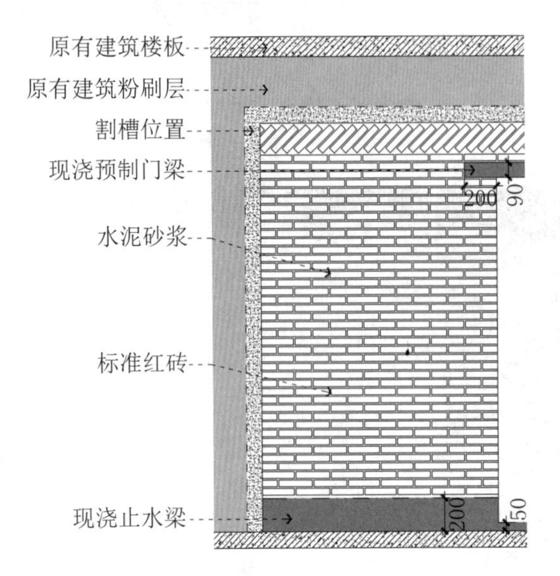
原有建筑楼板
原有建筑粉刷层
割槽位置
现浇预制门梁
200
90
水泥砂浆
标准红砖
现浇止水梁
200
50

• 安装门洞过梁时立面施工示意图

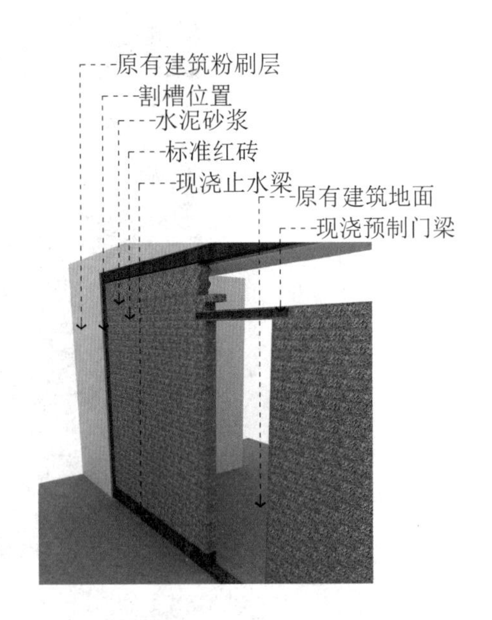
原有建筑粉刷层
割槽位置
水泥砂浆
标准红砖
现浇止水梁
原有建筑地面
现浇预制门梁

• 安装门洞过梁时三维示意图

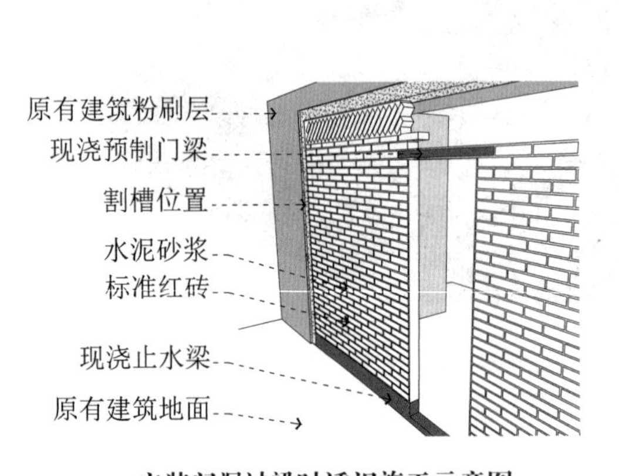
原有建筑粉刷层
现浇预制门梁
割槽位置
水泥砂浆
标准红砖
现浇止水梁
原有建筑地面

• 安装门洞过梁时透视施工示意图

设 计

施工解读

1. 新砌墙体门洞必须使用预制过梁或者现浇过梁内置钢筋，与梁柱墙体连接不得少于 150mm，确保不会因为门头下沉造成门闭合不畅。
2. 安装过梁、梁垫时，其标高、位置及型号必须准确，两端支承点的长度应一致。

2.4.1.7 安装构造柱（附视频）

扫码看视频
安装构造柱

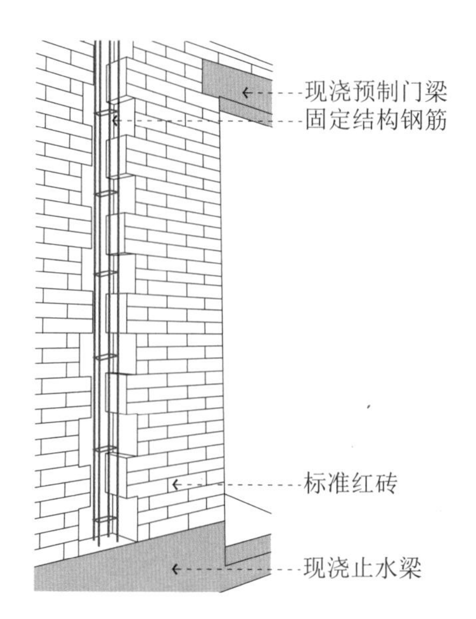

现浇预制门梁
固定结构钢筋
标准红砖
现浇止水梁

• 安装构造柱时固定钢筋施工示意图

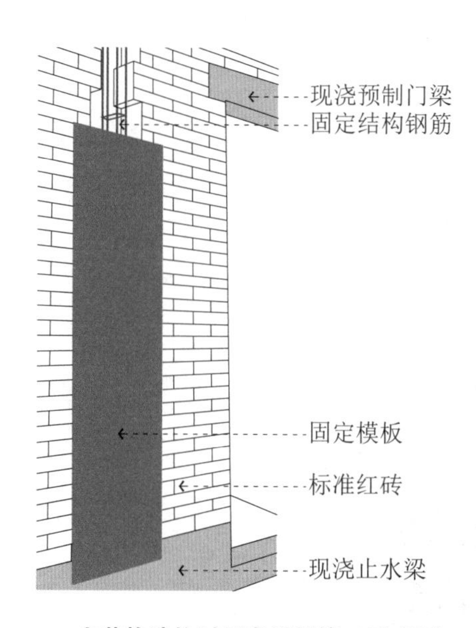

现浇预制门梁
固定结构钢筋
固定模板
标准红砖
现浇止水梁

• 安装构造柱时固定模板施工示意图

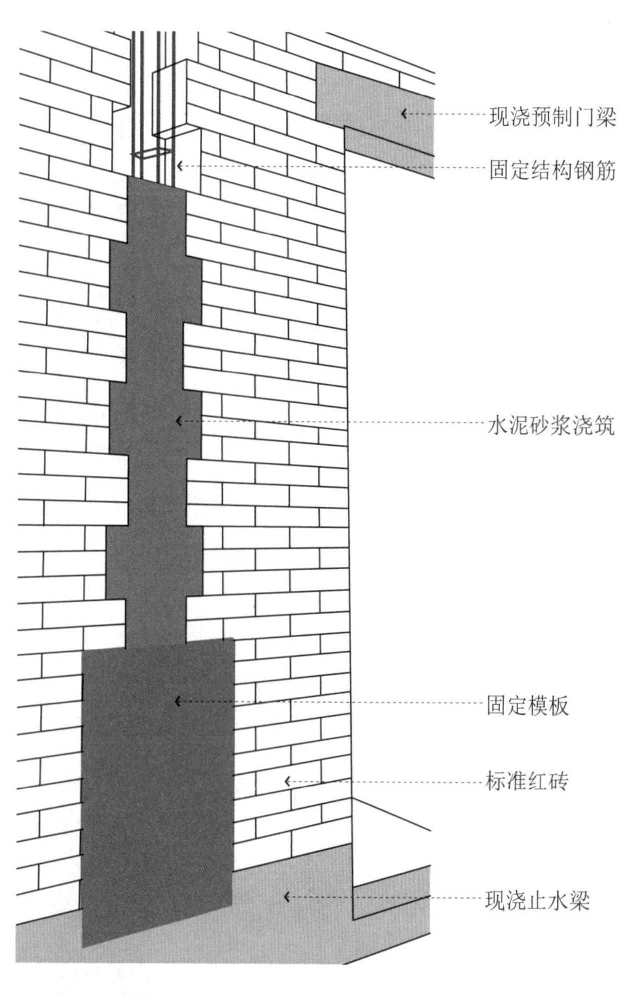

现浇预制门梁
固定结构钢筋
水泥砂浆浇筑
固定模板
标准红砖
现浇止水梁

• 安装构造柱时浇筑水泥砂浆施工示意图

设 计

施工解读

为了提高新建墙体的稳定性，当新砌墙体长度超过 4m 时，还要增设构造柱，新砌墙体高度高度超过 3m 时，要在门洞上方增设圈梁。

2.4.1.8 固定防裂钢丝网

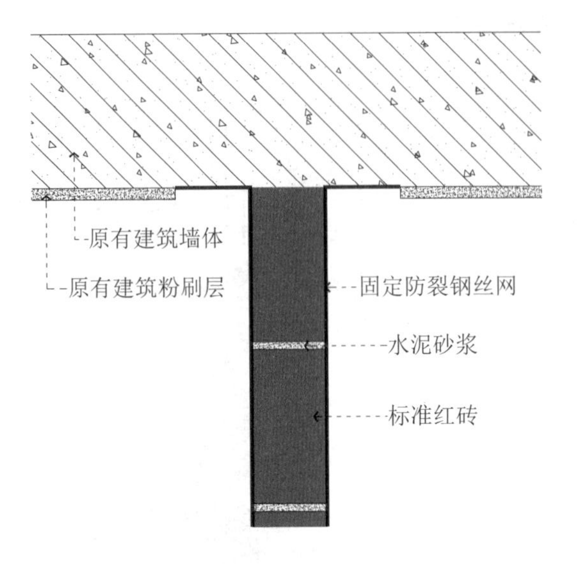
原有建筑墙体
原有建筑粉刷层
固定防裂钢丝网
水泥砂浆
标准红砖

• 固定防裂钢丝网时剖面施工示意图

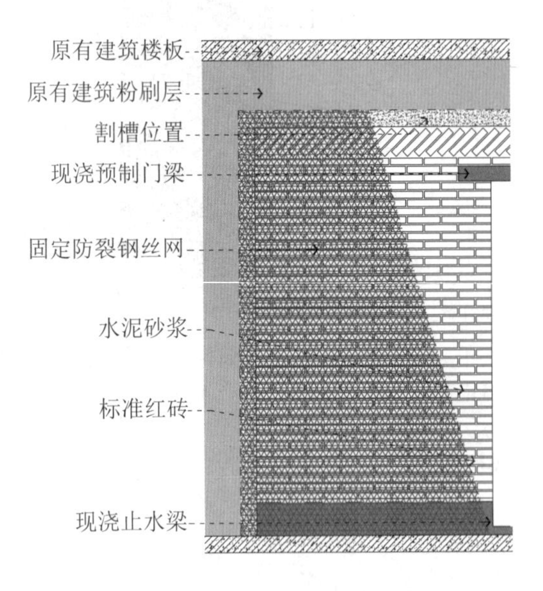
原有建筑楼板
原有建筑粉刷层
割槽位置
现浇预制门梁
固定防裂钢丝网
水泥砂浆
标准红砖
现浇止水梁

• 固定防裂钢丝网时立面施工示意图

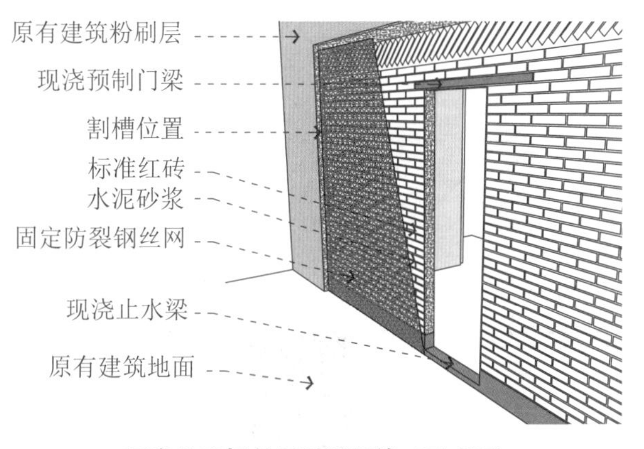
原有建筑粉刷层
现浇预制门梁
割槽位置
标准红砖
水泥砂浆
固定防裂钢丝网
现浇止水梁
原有建筑地面

• 固定防裂钢丝网时透视施工示意图

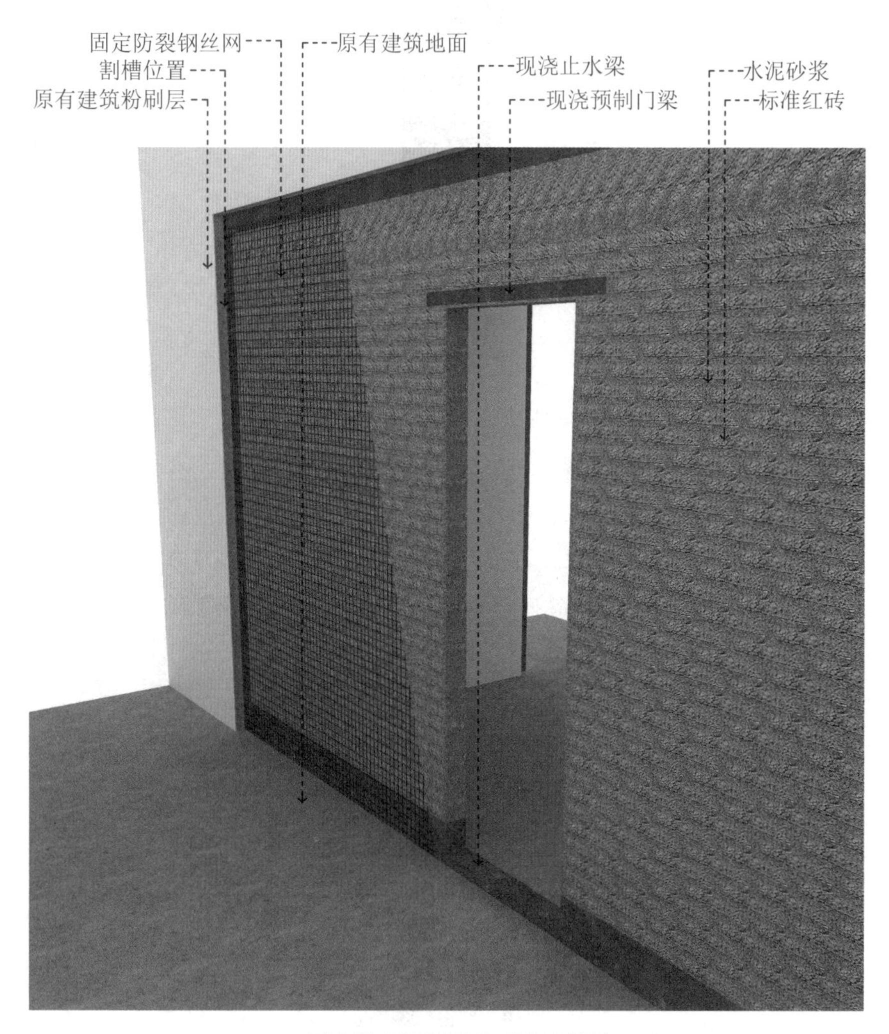
固定防裂钢丝网
割槽位置
原有建筑粉刷层
原有建筑地面
现浇止水梁
现浇预制门梁
水泥砂浆
标准红砖

• 固定防裂钢丝网时三维示意图

2.4.1.9 做灰饼

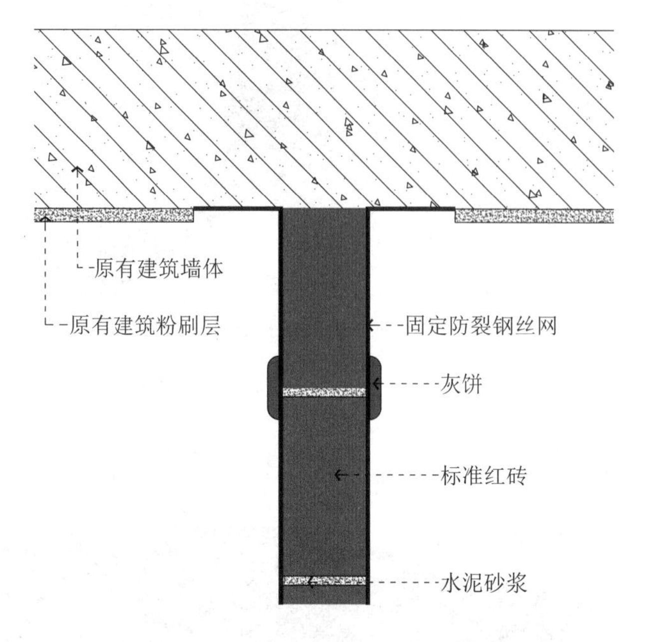
原有建筑墙体
原有建筑粉刷层
固定防裂钢丝网
灰饼
标准红砖
水泥砂浆

• 做灰饼时剖面施工示意图

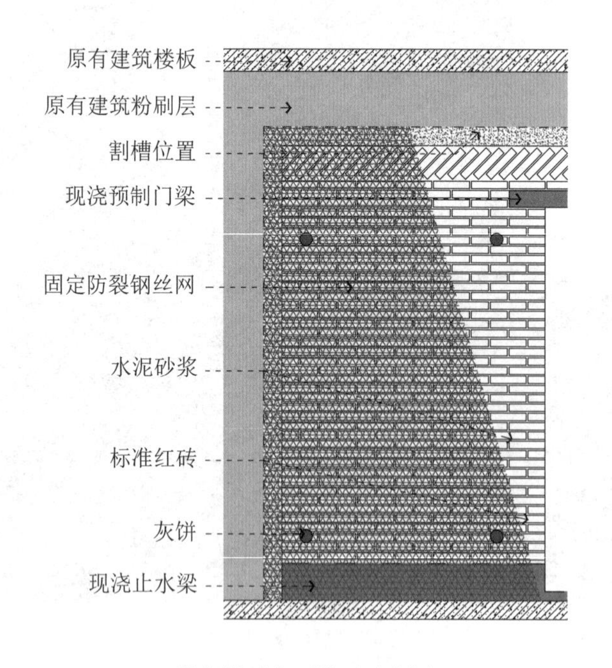
原有建筑楼板
原有建筑粉刷层
割槽位置
现浇预制门梁
固定防裂钢丝网
水泥砂浆
标准红砖
灰饼
现浇止水梁

• 做灰饼时立面施工示意图

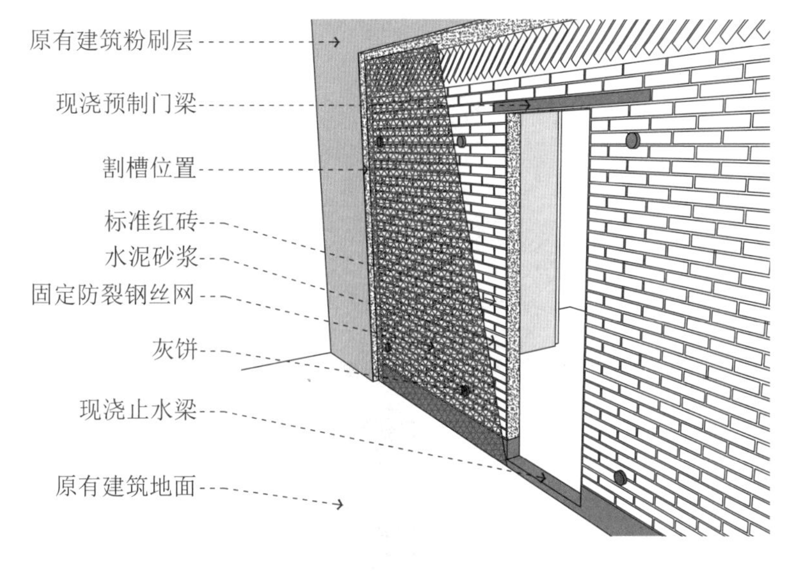
原有建筑粉刷层
现浇预制门梁
割槽位置
标准红砖
水泥砂浆
固定防裂钢丝网
灰饼
现浇止水梁
原有建筑地面

• 做灰饼时透视施工示意图

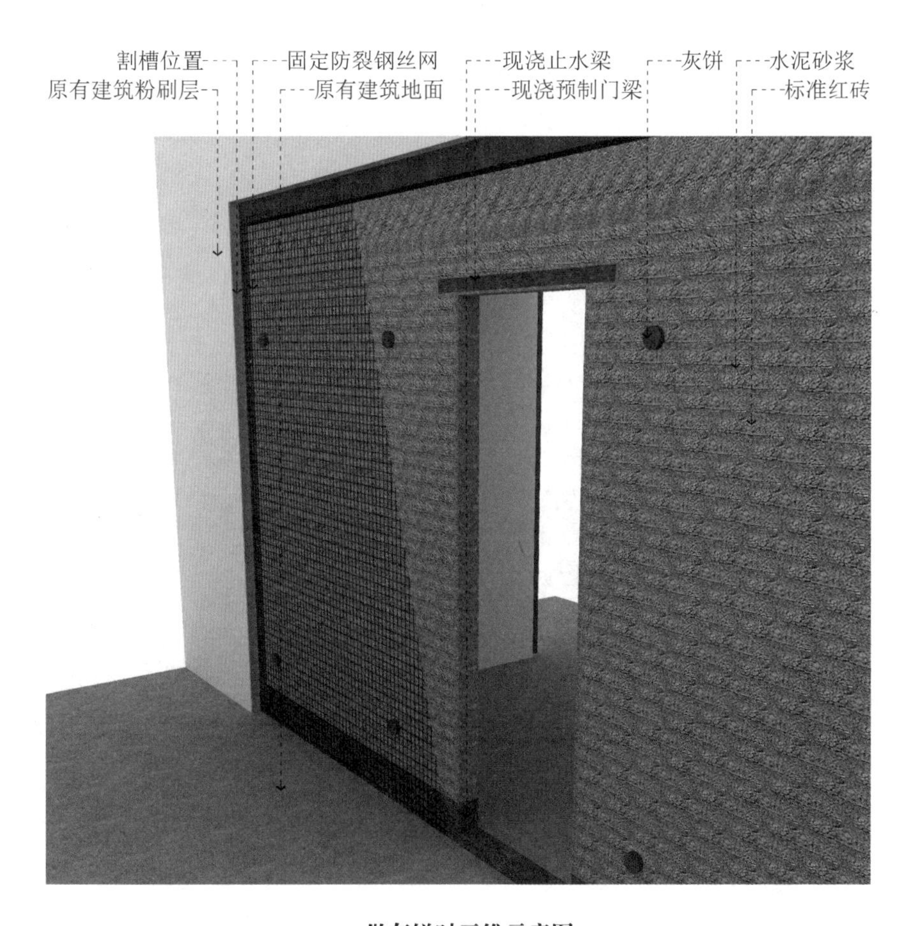
割槽位置
原有建筑粉刷层
固定防裂钢丝网
原有建筑地面
现浇止水梁
现浇预制门梁
灰饼
水泥砂浆
标准红砖

• 做灰饼时三维示意图

2.4.1.10 做标筋

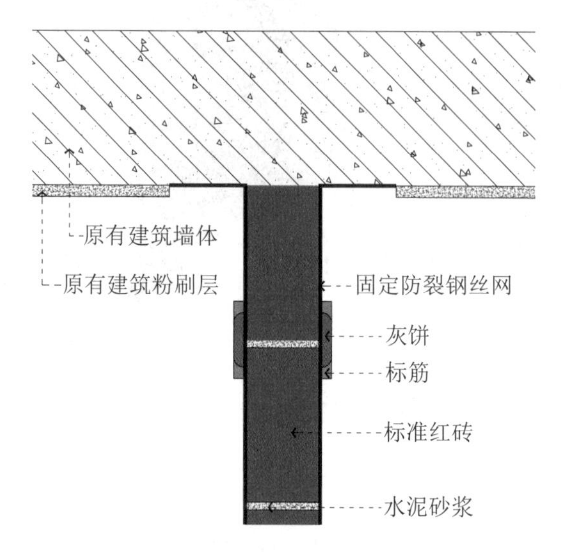

原有建筑墙体
原有建筑粉刷层
固定防裂钢丝网
灰饼
标筋
标准红砖
水泥砂浆

• 做标筋时剖面施工示意图

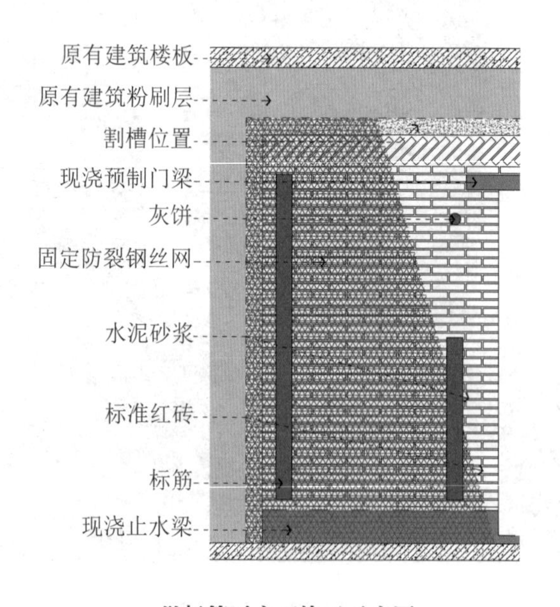

原有建筑楼板
原有建筑粉刷层
割槽位置
现浇预制门梁
灰饼
固定防裂钢丝网
水泥砂浆
标准红砖
标筋
现浇止水梁

• 做标筋时立面施工示意图

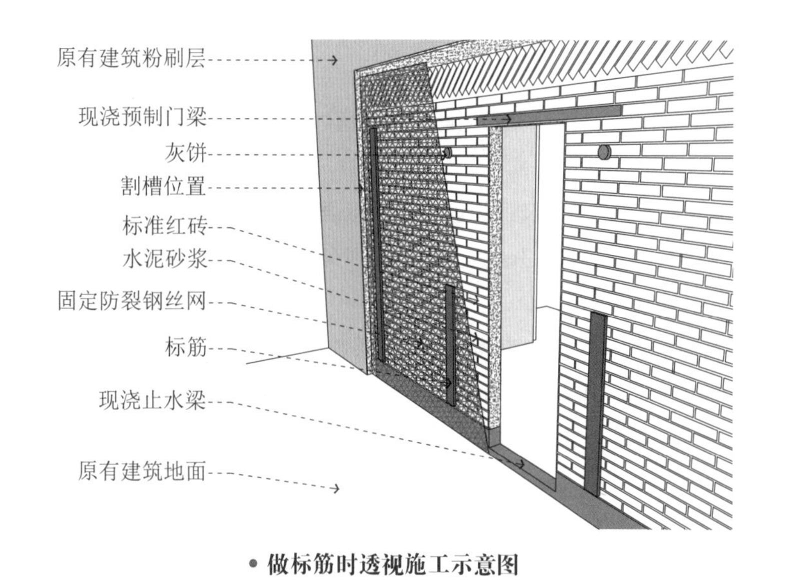
原有建筑粉刷层
现浇预制门梁
灰饼
割槽位置
标准红砖
水泥砂浆
固定防裂钢丝网
标筋
现浇止水梁
原有建筑地面

• 做标筋时透视施工示意图

割槽位置
原有建筑粉刷层
固定防裂钢丝网
原有建筑地面
现浇止水梁
现浇预制门梁
灰饼
标筋
水泥砂浆
标准红砖

• 做标筋时三维示意图

2.4.1.11 墙体粉刷

（1）基层处理

① 为了避免抹灰层可能出现的空鼓、脱落，基层处理是确保抹灰的浆与基层黏结牢固的重要工序。

② 新建墙面与旧墙面切割层及顶梁连接处切割层同时张贴一层防裂铁丝网，确保新老墙体及梁连接更加牢固，避免后期出现开裂现象。

（2）找规矩

① 做灰饼：用标杆对抹灰墙体表面进行垂直平整度检验，决定抹灰厚度，然后在 2m 左右高度、在距离墙两边阴角 10~20cm 处，用底层抹灰砂浆，按抹灰厚度各做一个标志块（灰饼），其大小在 7cm 左右。

② 制标筋：在上下两个标志块之间先抹出一条长标筋，其宽度为 10cm 左右，厚度与标志块相平，作为墙面抹底子灰填平的标准。

③ 阴阳角对角：在用阳角两边都要做标志块和标筋，以便于做角和保证阴阳角方正垂直。

④ 门窗洞口做护角：墙面、柱面的阳角和门窗洞口的阳角做护角是为了阳角坚固，并防止碰坏。

（3）抹灰

① 抹底层及中层灰：在标志块、标筋及门窗口做好护角后进行，底层要低于标筋，待收水后再进行中层抹灰，其厚度以垫平标筋为准，标筋抹完就可以装档刮平，这种做法叫装档或刮糙。

② 抹面层灰：面层抹灰又叫抹罩面灰，一般在中层灰稍干（约七成干）后进行。

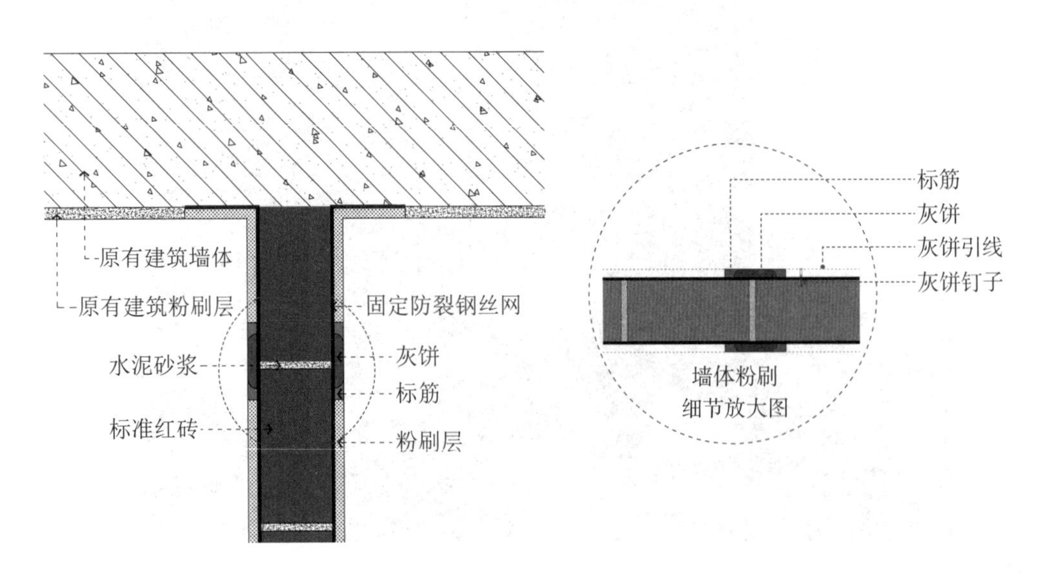
原有建筑墙体
原有建筑粉刷层
固定防裂钢丝网
水泥砂浆
灰饼
标筋
标准红砖
粉刷层
标筋
灰饼
灰饼引线
灰饼钉子
墙体粉刷
细节放大图

• 墙体粉刷时剖面施工示意图

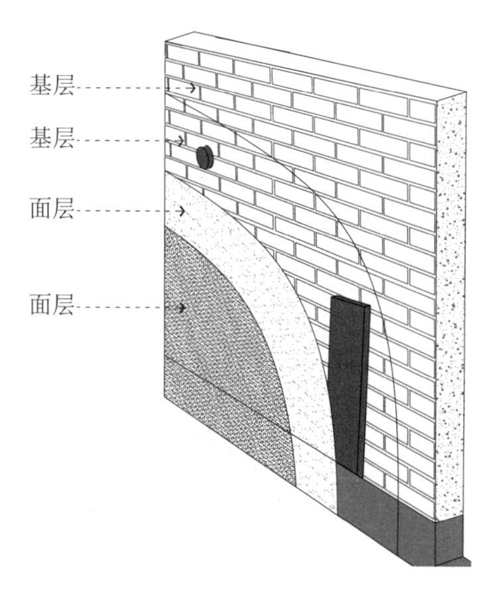
基层
基层
面层
面层

• 做标筋或灰饼时透视示意图

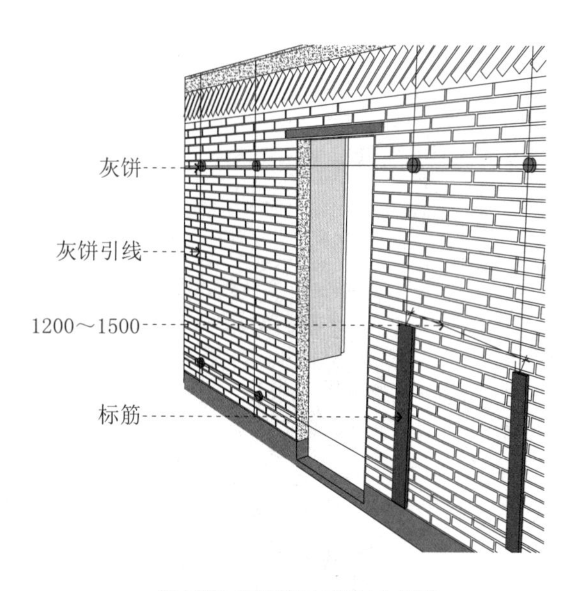
灰饼
灰饼引线
1200～1500
标筋

• 做标筋或灰饼时三维示意图

设 计

施工解读

1. 砌砖完工后，需要等待 3~5d 让水泥砂浆与砖墙结构稳固，再进行下一道粉刷。
2. 墙体水泥砂浆粉刷是为了提高墙面的平整度。
3. 新砌墙体粉刷前做标筋或灰饼是为了增强墙面粉刷的平整度。
4. 用灰饼及标筋时以水平仪和尼龙线定出粉刷完成面水平和垂直参考线，做出厚度定位、门和窗四边转角处等，并确保阴阳角面的垂直度。

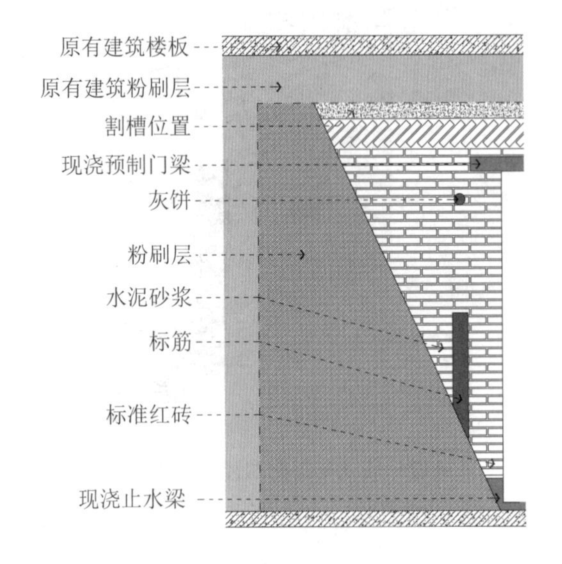
原有建筑楼板
原有建筑粉刷层
割槽位置
现浇预制门梁
灰饼
粉刷层
水泥砂浆
标筋
标准红砖
现浇止水梁

• 墙体粉刷时立面施工示意图

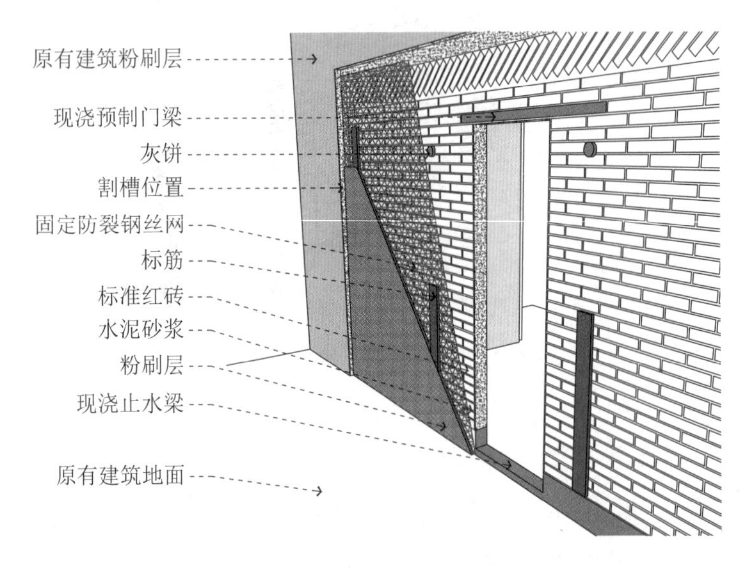
原有建筑粉刷层
现浇预制门梁
灰饼
割槽位置
固定防裂钢丝网
标筋
标准红砖
水泥砂浆
粉刷层
现浇止水梁
原有建筑地面

• 墙体粉刷时透视施工示意图

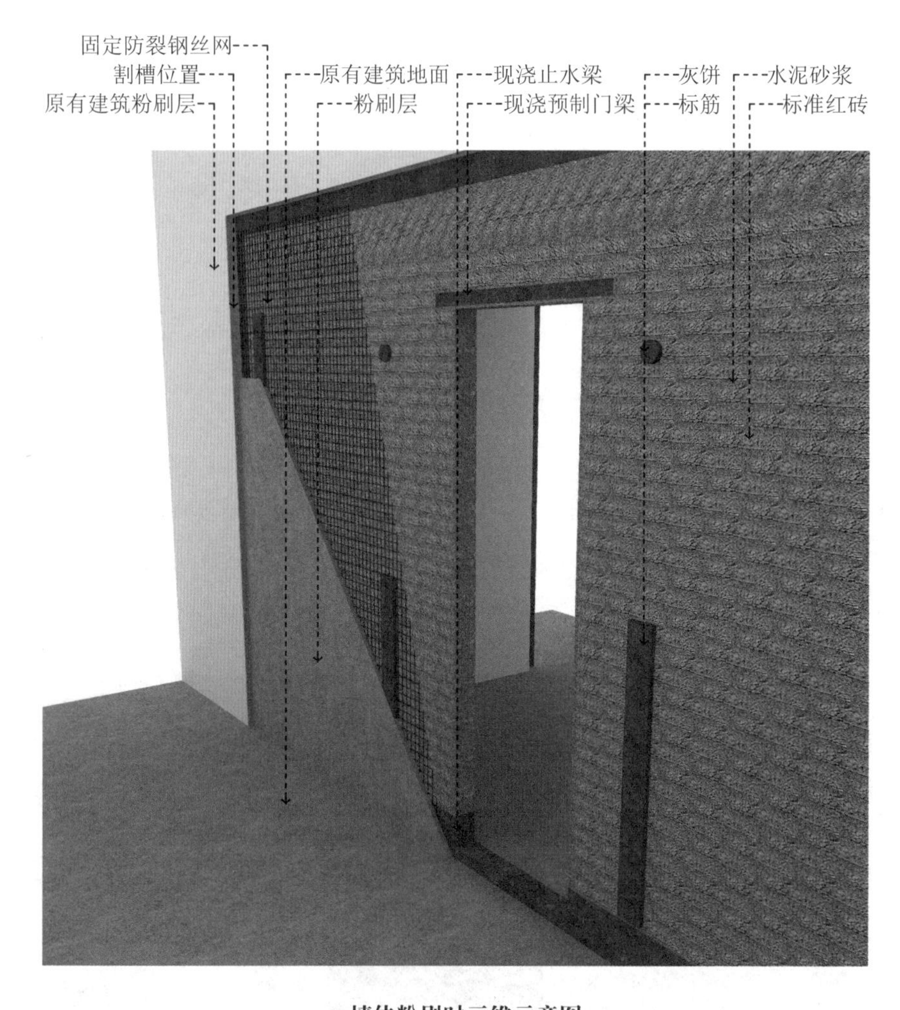
固定防裂钢丝网
割槽位置
原有建筑粉刷层
原有建筑地面
粉刷层
现浇止水梁
现浇预制门梁
灰饼
标筋
水泥砂浆
标准红砖

• 墙体粉刷时三维示意图

设 计

施工解读

1. 用铝合金靠尺检查粉刷后的墙面，若发现墙面有波浪或不平整时，需要调整至完全平整。
2. 粉刷完成后要进行墙面浇水养护。
3. 基准线定位要精准，否则会造成墙面不平整。

2.4.2 新墙与旧墙交接

2.4.2.1 切割开槽

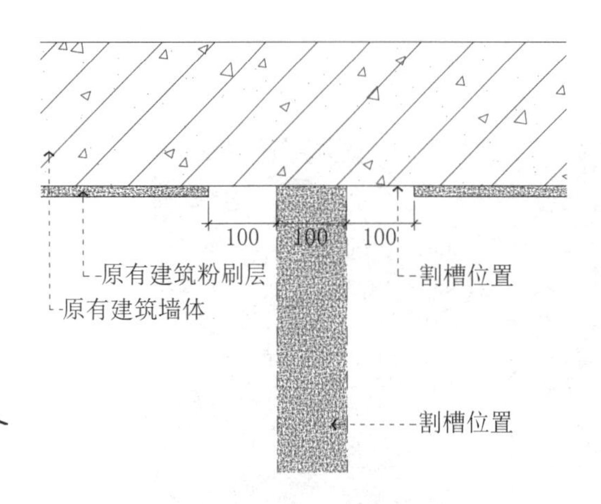
100
100
100
-原有建筑粉刷层
-割槽位置
-原有建筑墙体
割槽位置

• 切割开槽时地面与墙面参照图

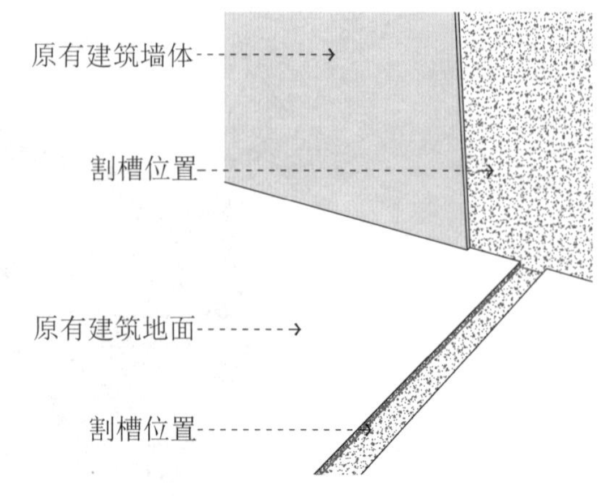
原有建筑墙体
割槽位置
原有建筑地面
割槽位置

• 切割开槽时地面与墙面透视图

原有建筑墙体
割槽位置
割槽位置
原有建筑地面

• 切割开槽时三维示意图

2.4.2.2 墙体拉结钢筋

（1）垂直交接

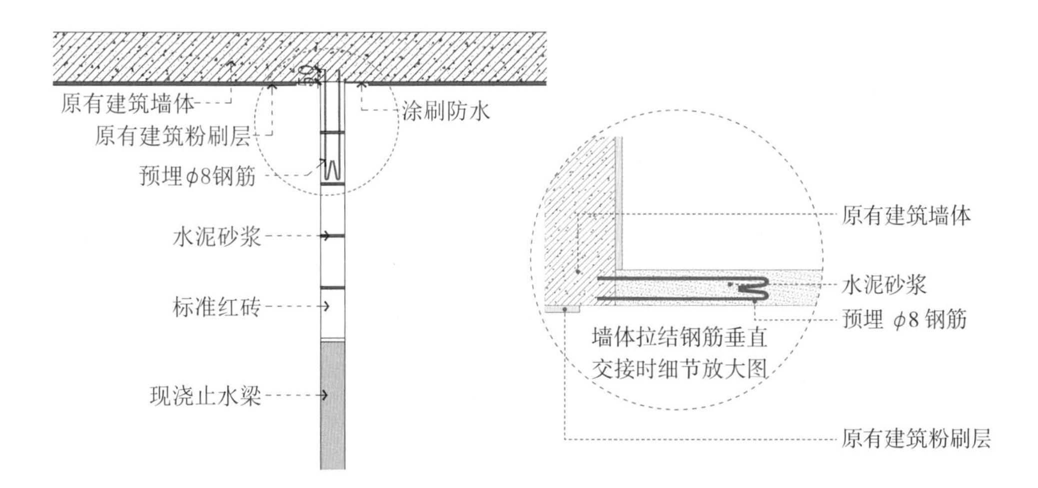
原有建筑墙体
原有建筑粉刷层
预埋ϕ8钢筋
水泥砂浆
标准红砖
现浇止水梁
涂刷防水
原有建筑墙体
水泥砂浆
预埋 ϕ8 钢筋
墙体拉结钢筋垂直
交接时细节放大图
原有建筑粉刷层

• 墙体拉结钢筋垂直交接时剖面施工示意图

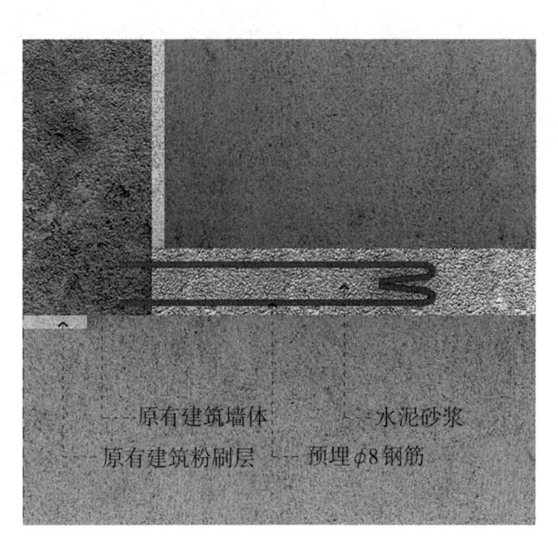
原有建筑墙体
水泥砂浆
原有建筑粉刷层
预埋ϕ8钢筋

• 墙体拉结钢筋垂直交接时三维示意图

设 计

施工解读

在遇到有新老墙体交接处时，必须铲除原有墙体粉刷层，并在新砌墙体每隔600mm 高度与原墙打孔布筋；新砌墙体挂钢丝网与原结构搭接 100cm 以上，后按照程序抹灰处理，确保让新老墙体连接更加牢固，后期不会出现开裂。

（2）平行交接

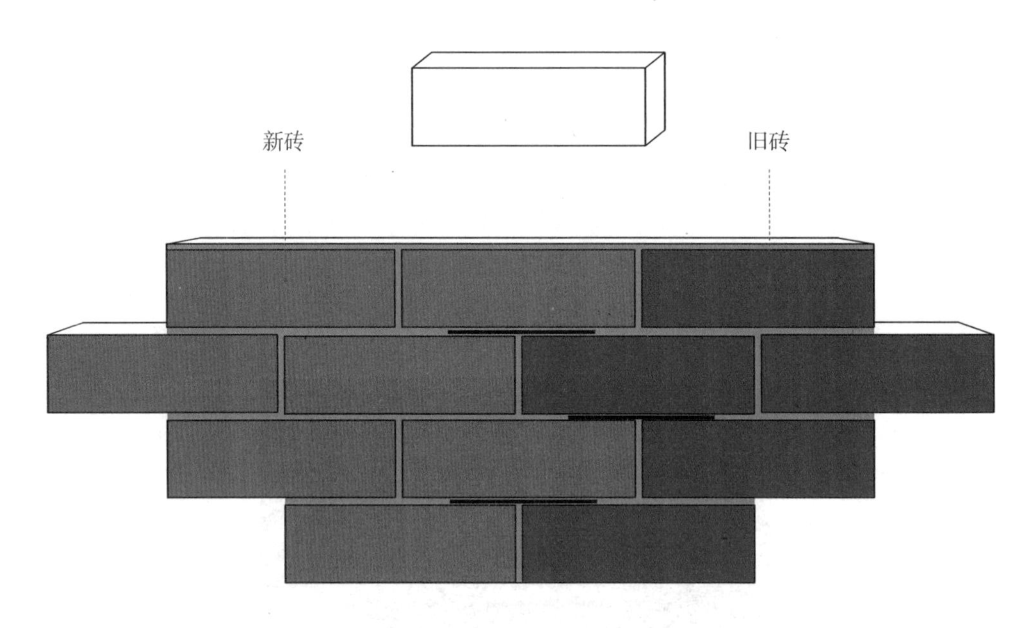
新砖
旧砖

• 平行交接时钢筋位置示意图

设计

施工解读

新砌砖墙与旧砖墙连接时，需要在交接处每隔 2~3 层砖处用钢筋连接固定。新旧墙交错连接时，新砖需插入原有墙体，插入范围应大于 50mm。

2.4.3 新墙与顶梁交接

2.4.3.1 切割开槽

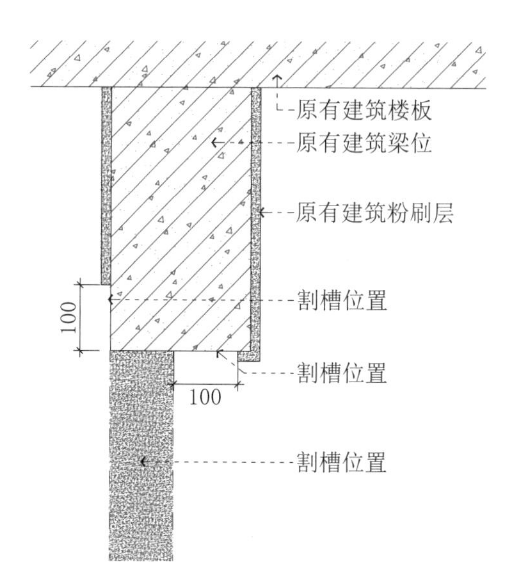

原有建筑楼板
原有建筑梁位
原有建筑粉刷层
割槽位置
100
割槽位置
100
割槽位置

• 切割开槽时地面与墙面参照图

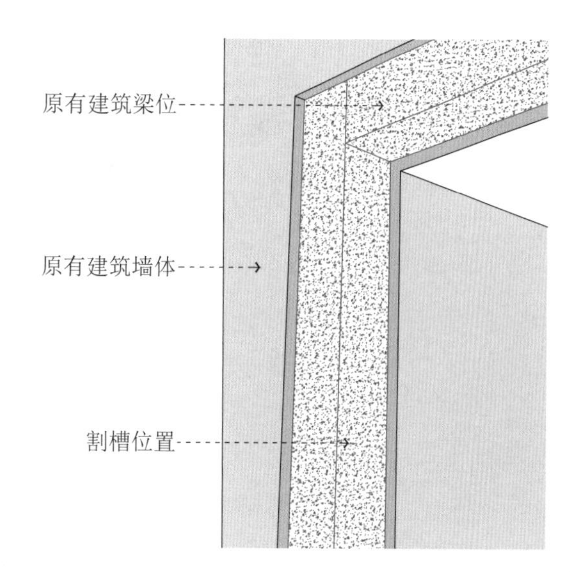

原有建筑梁位
原有建筑墙体
割槽位置

• 切割开槽时透视图

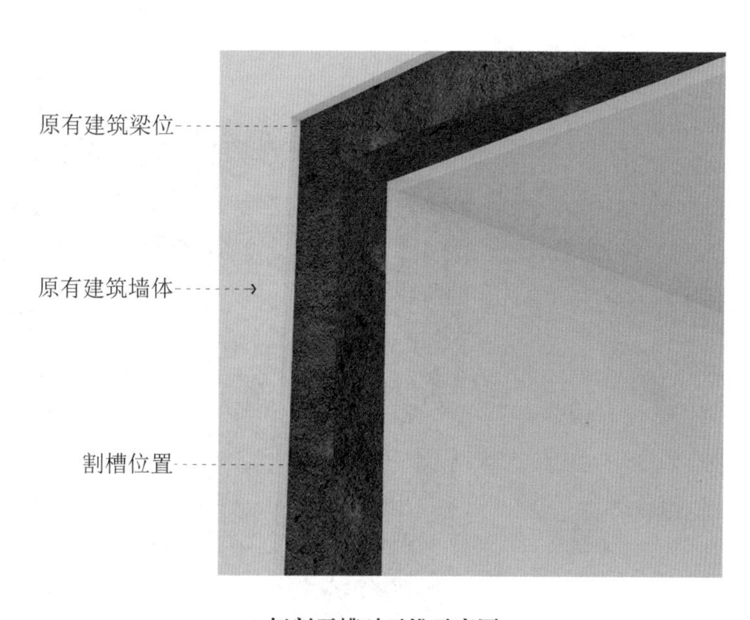

原有建筑梁位
原有建筑墙体
割槽位置

• 切割开槽时三维示意图

2.4.3.2 砌筑新墙

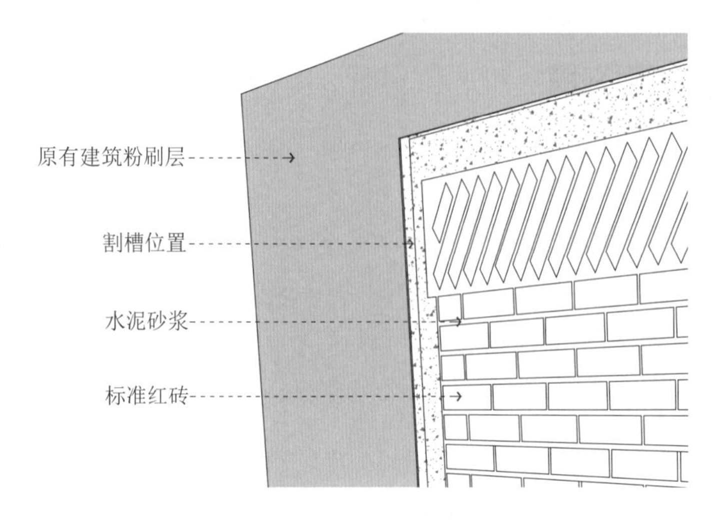
原有建筑粉刷层
割槽位置
水泥砂浆
标准红砖

• 砌筑新墙时透视示意图

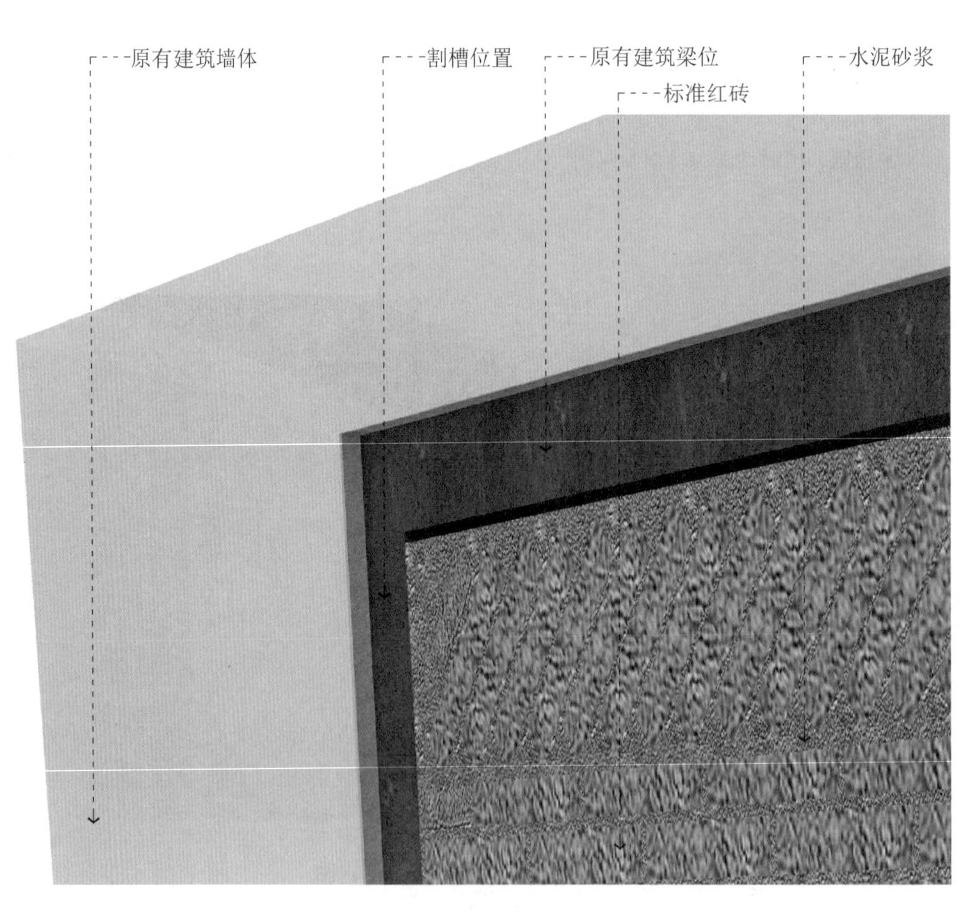
原有建筑墙体
割槽位置
原有建筑梁位
标准红砖
水泥砂浆

• 砌筑新墙时三维示意图

第3章

室内管道砌筑工艺三维系统可视化

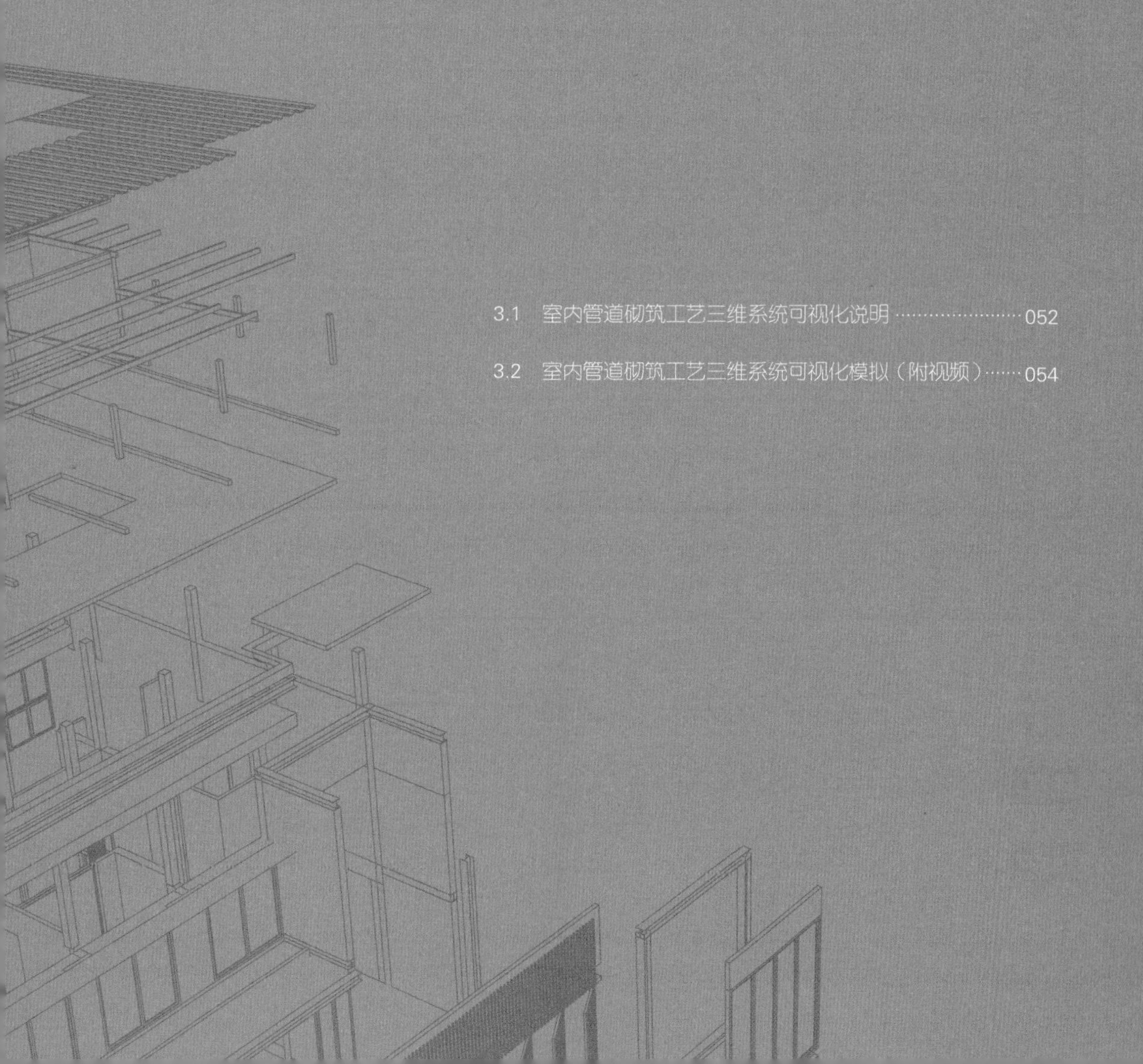

3.1 室内管道砌筑工艺三维系统可视化说明

包管道井是指给所有上下水管做好防结露、保温处理，所有排水管做好隔音处理。其目的一是美观，二是隔音。

3.1.1 施工工艺

施工工艺如下表所示。

主要工艺	工艺说明
放管道井位置线	根据设计施工图，在地、墙、顶上放出包管井位置线
地面基座施工	在卫生间防水、防潮层施工前将地面凿毛、清扫并洒水湿润后倒反梁基础。高度一般为 100~200mm。砌砖外边线与管井龙骨外边线齐
包管的常用材料	泥工包管常用材料为红砖、钢筋、不锈钢丝网、水泥砂浆
填塞玻璃丝棉、包塑料膜	将玻璃丝棉裁成需要大小填塞在骨架内，并包上塑料膜
砌筑砖墙	阳角处上下层交叉压缝，与原墙面接口处打孔，插入钢筋并与砖墙连接在一起固定
基座部分粉刷	水泥砂浆抹灰层应与砌砖面平，并压实赶光
抹灰	包管墙体外立面挂网抹灰处理，抹灰层阴干后可铺贴墙砖，如不贴墙砖做乳胶漆，还需做石膏找平打底处理

注意： 包管检查项目包括垂直度、阴阳角方正度、表面平整度。

特点： 采用砌砖法包立管，隔音性好、比较结实、不易变形，贴完瓷砖后也不容易炸缝。但是存在比较厚、占用空间较多的问题。

3.1.2 包厨卫管道工序

（1）厨卫管道表面应清理干净。

（2）聚氨酯发泡保温胶套或保温软胶板缠裹管道。

（3）专用捆扎绷带缠绕两遍。

（4）施工方法：竖管道镶包宜采用厚度为 60mm 的轻体加气砖以 1：3 水泥砂浆垒砌。

① 砖块使用前用水浸湿后横竖方向垒砌，每层之间立缝应错开。

② 预砌墙与原墙面相交处应以水淋湿，并用水泥素浆通刮。

③ 预砌墙在与原墙体相交的两个阴角处弹划出垂直标线，阳角处应吊挂线坠。

④ 砖块水平面与原墙体交接阴角处用水泥钢钉加固。

⑤ 墙体完成后用素水泥浆对整体墙面抹刮一遍。

⑥ 抹灰时应以铝合金靠尺板施抹找平层，并将抹灰层表面搓毛，抹灰砂浆按 1：2.5 配比。

注：

工艺标准：墙体牢固、平整，阴阳角线垂直、方正。

工艺说明：本工艺适用于墙体表面镶贴饰面砖工程。

3.1.3 包管道井工艺流程

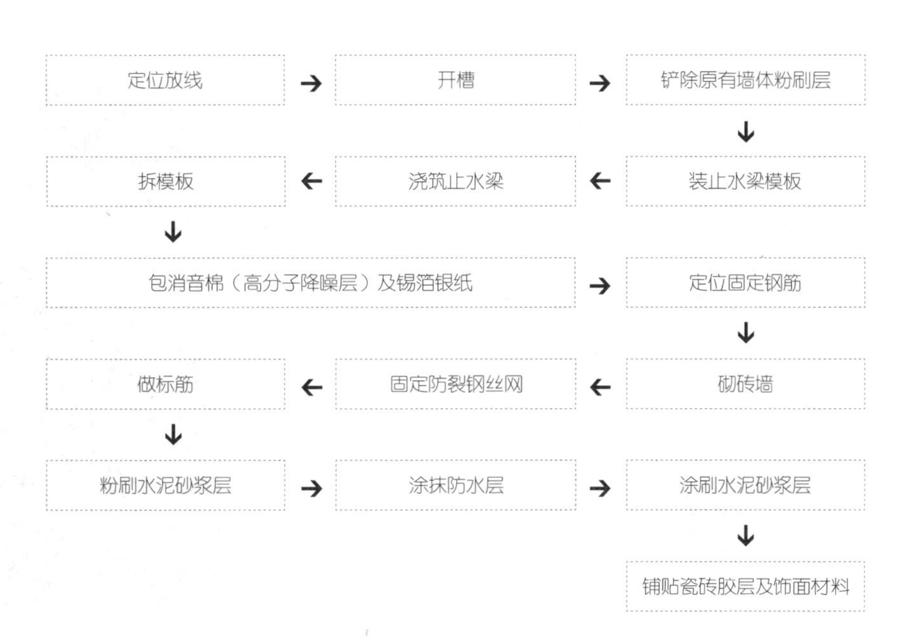
定位放线
开槽
铲除原有墙体粉刷层
装止水梁模板
浇筑止水梁
拆模板
包消音棉（高分子降噪层）及锡箔银纸
定位固定钢筋
砌砖墙
固定防裂钢丝网
做标筋
粉刷水泥砂浆层
涂抹防水层
涂刷水泥砂浆层
铺贴瓷砖胶层及饰面材料

• 施工流程图

3.2 室内管道砌筑工艺三维系统可视化模拟（附视频）

扫码看视频
管道井砌筑
包管工序

3.2.1 管道井砌筑包管工序（附视频）

3.2.1.1 开槽

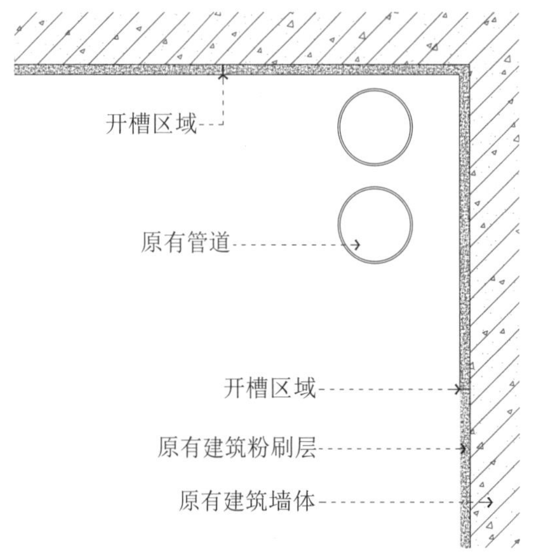
开槽区域
原有管道
开槽区域
原有建筑粉刷层
原有建筑墙体

• 开槽施工剖面示意图

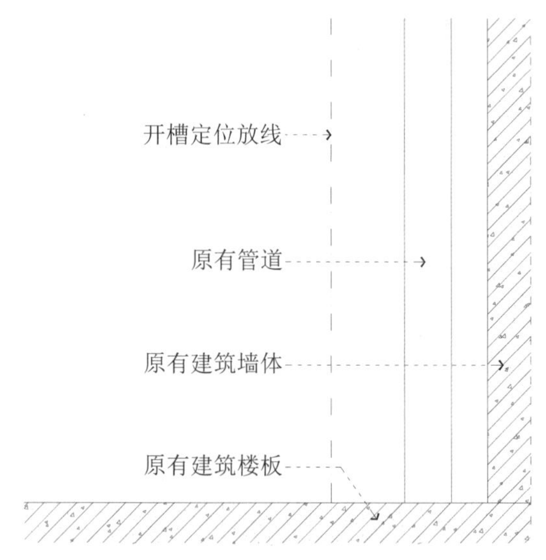
开槽定位放线
原有管道
原有建筑墙体
原有建筑楼板

• 开槽施工立面示意图

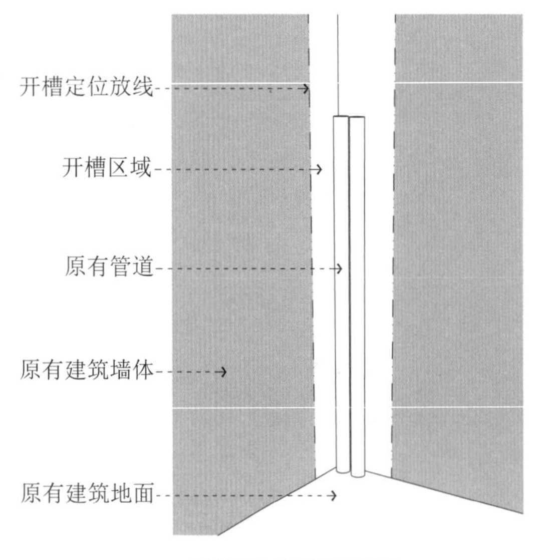
开槽定位放线
开槽区域
原有管道
原有建筑墙体
原有建筑地面

• 开槽施工透视示意图

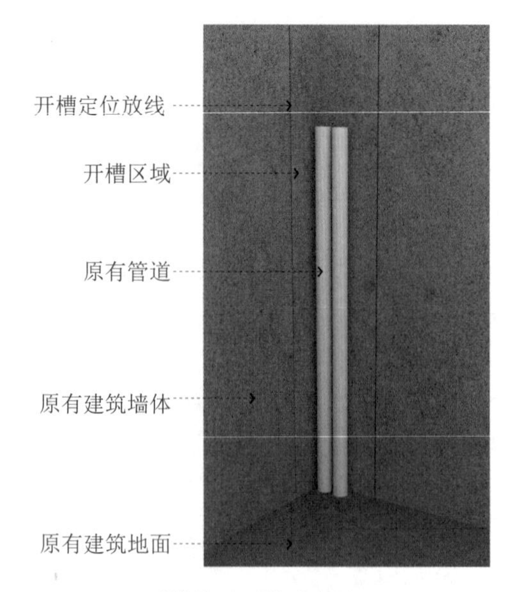
开槽定位放线
开槽区域
原有管道
原有建筑墙体
原有建筑地面

• 开槽施工三维示意图

3.2.1.2 浇筑止水梁

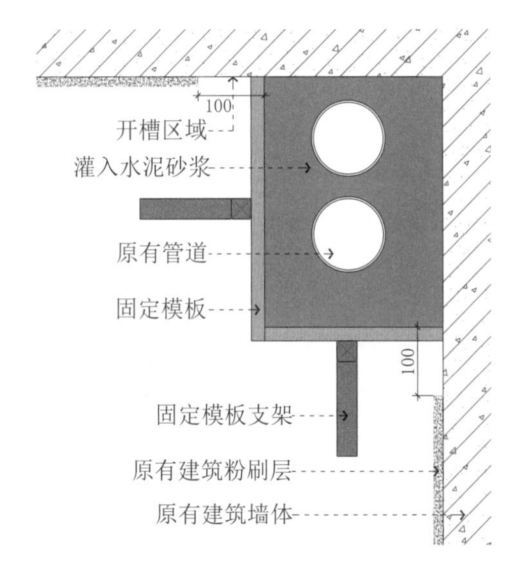
100
开槽区域
灌入水泥砂浆
原有管道
固定模板
100
固定模板支架
原有建筑粉刷层
原有建筑墙体

• 浇筑止水梁施工剖面示意图

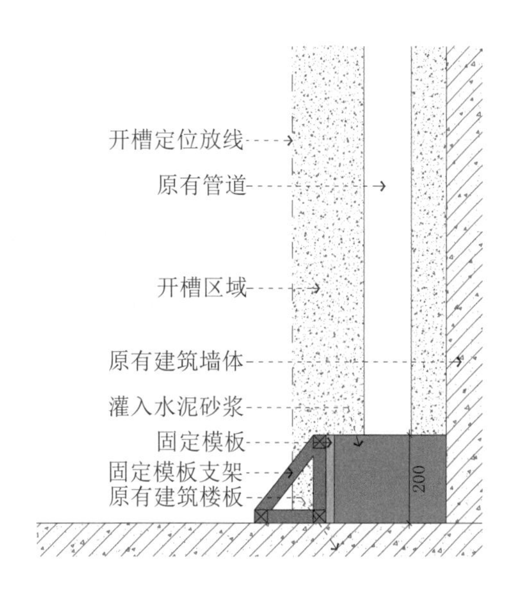
开槽定位放线
原有管道
开槽区域
原有建筑墙体
灌入水泥砂浆
固定模板
固定模板支架
原有建筑楼板
200

• 浇筑止水梁施工立面示意图

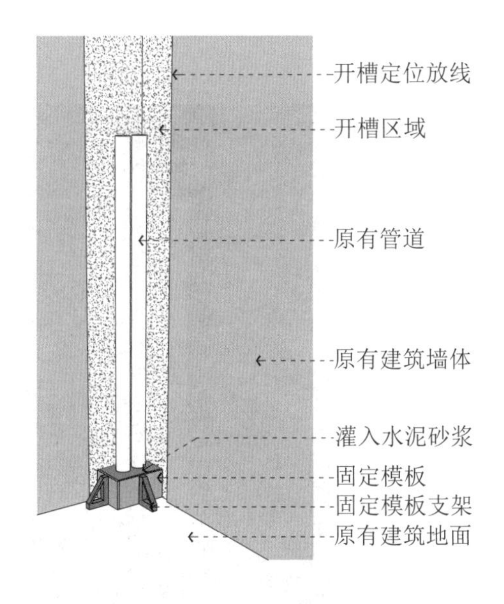
开槽定位放线
开槽区域
原有管道
原有建筑墙体
灌入水泥砂浆
固定模板
固定模板支架
原有建筑地面

• 浇筑止水梁施工透视示意图

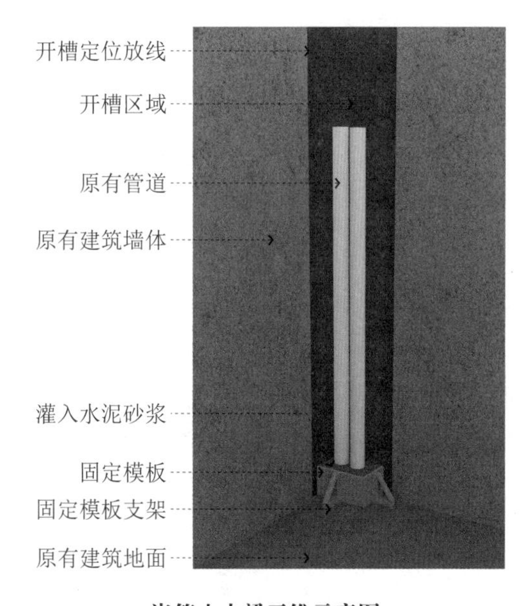
开槽定位放线
开槽区域
原有管道
原有建筑墙体
灌入水泥砂浆
固定模板
固定模板支架
原有建筑地面

• 浇筑止水梁三维示意图

设 计

施工解读

管道井筑砌包管工艺按墙体厚度和位置用水泥砂浆浇筑反梁并进行维护。

3.2.1.3 拆模板

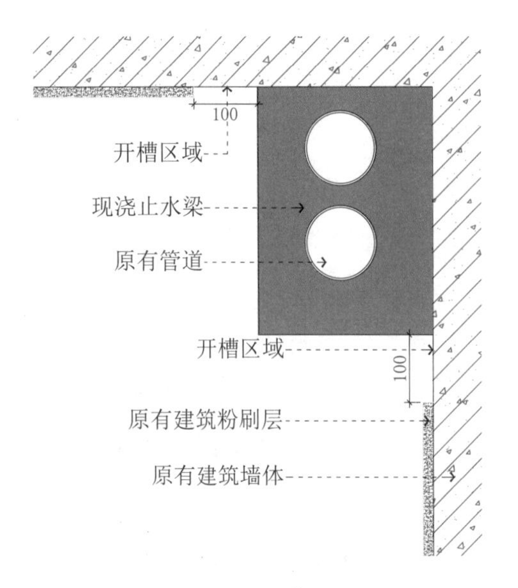
100
开槽区域
现浇止水梁
原有管道
开槽区域
100
原有建筑粉刷层
原有建筑墙体

• 拆模板施工剖面示意图

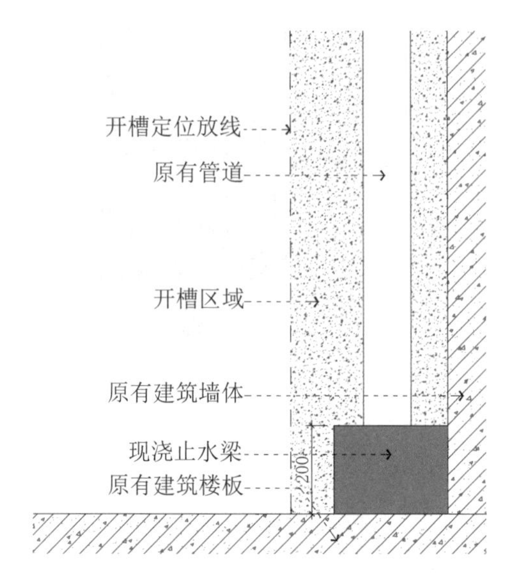
开槽定位放线
原有管道
开槽区域
原有建筑墙体
现浇止水梁
原有建筑楼板
200

• 拆模板施工立面示意图

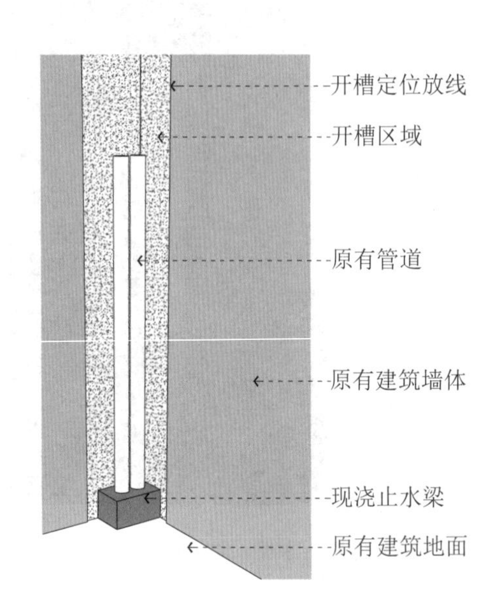
开槽定位放线
开槽区域
原有管道
原有建筑墙体
现浇止水梁
原有建筑地面

• 拆模板施工透视示意图

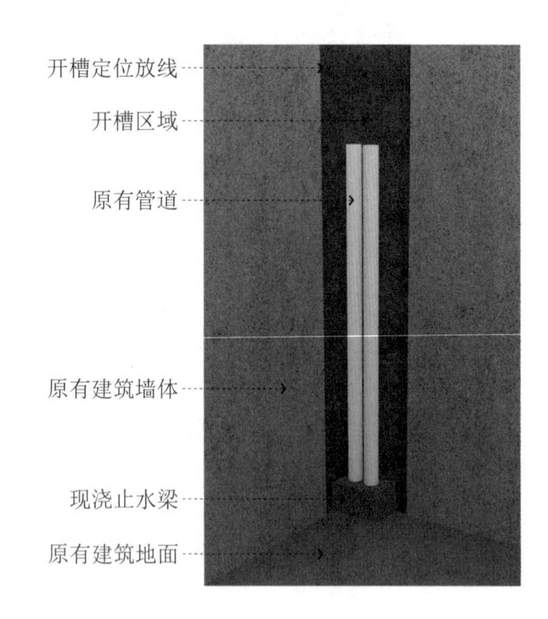
开槽定位放线
开槽区域
原有管道
原有建筑墙体
现浇止水梁
原有建筑地面

• 拆模板三维示意图

3.2.1.4 包消音棉（高分子降噪层）及锡箔银纸

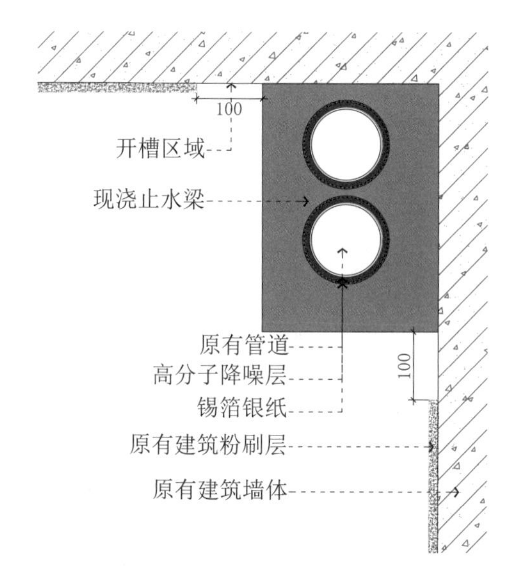
100
开槽区域
现浇止水梁
原有管道
高分子降噪层
锡箔银纸
原有建筑粉刷层
原有建筑墙体
100

• **包消音棉（高分子降噪层）及锡箔银纸施工剖面示意图**

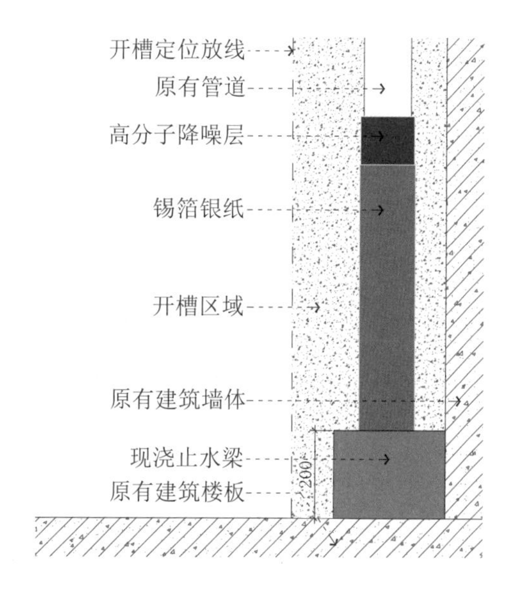
开槽定位放线
原有管道
高分子降噪层
锡箔银纸
开槽区域
原有建筑墙体
现浇止水梁
原有建筑楼板
200

• **包消音棉（高分子降噪层）及锡箔银纸施工立面示意图**

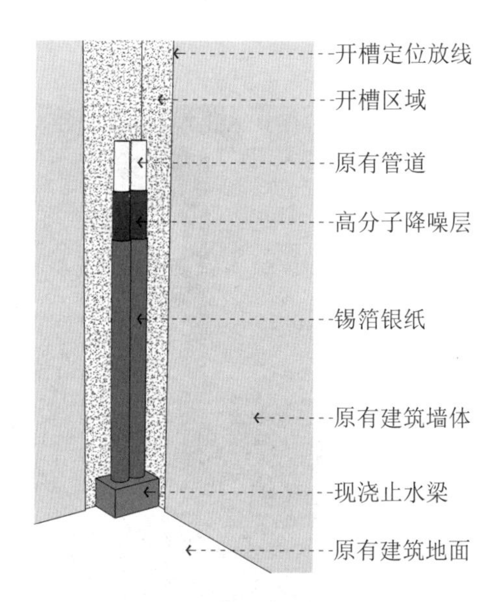
开槽定位放线
开槽区域
原有管道
高分子降噪层
锡箔银纸
原有建筑墙体
现浇止水梁
原有建筑地面

• **包消音棉（高分子降噪层）及锡箔银纸施工透视示意图**

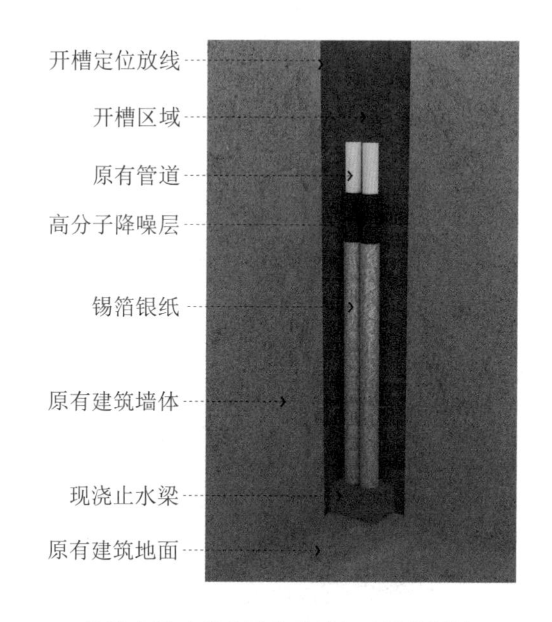
开槽定位放线
开槽区域
原有管道
高分子降噪层
锡箔银纸
原有建筑墙体
现浇止水梁
原有建筑地面

• **包消音棉（高分子降噪层）及锡箔银纸三维示意图**

设 计

施工解读

1. 大多数的包管施工工艺有两种：一是使用红砖包上即可；二是在红砖砌筑之前，使用隔声棉包裹，以消除楼上下水声音对于楼下生活的干扰。
2. 包立管的工艺为：楼上下水管路使用隔声棉包裹，保留下水检修口；使用柔性绷带，再次包缠已隔声处理的下水管，固定隔声棉，以防止日久脱落；红砖砌筑包围下水立管。

3.2.1.5 定位固定钢筋

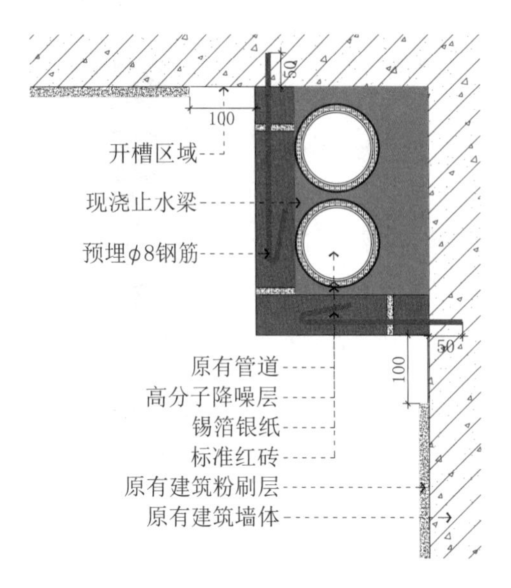
50
100
开槽区域
现浇止水梁
预埋φ8钢筋
原有管道
高分子降噪层
锡箔银纸
标准红砖
原有建筑粉刷层
原有建筑墙体
50
100

• 定位固定钢筋施工剖面示意图

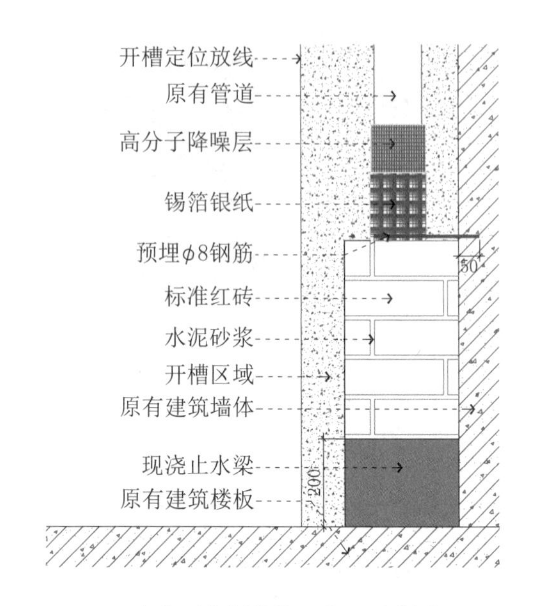
开槽定位放线
原有管道
高分子降噪层
锡箔银纸
预埋φ8钢筋
50
标准红砖
水泥砂浆
开槽区域
原有建筑墙体
现浇止水梁
原有建筑楼板
200

• 定位固定钢筋施工立面示意图

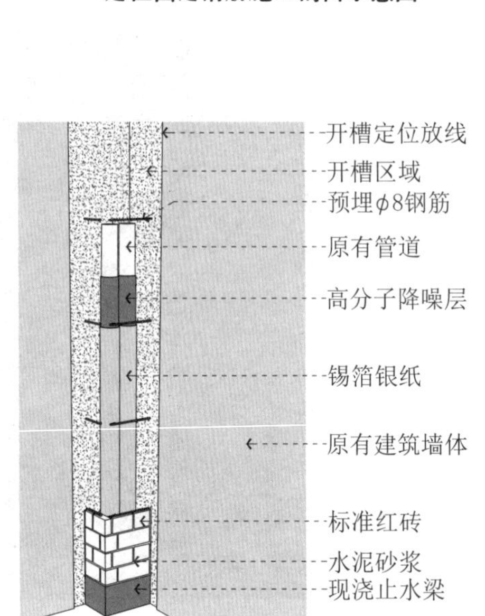
开槽定位放线
开槽区域
预埋φ8钢筋
原有管道
高分子降噪层
锡箔银纸
原有建筑墙体
标准红砖
水泥砂浆
现浇止水梁
原有建筑地面

• 定位固定钢筋施工透视示意图

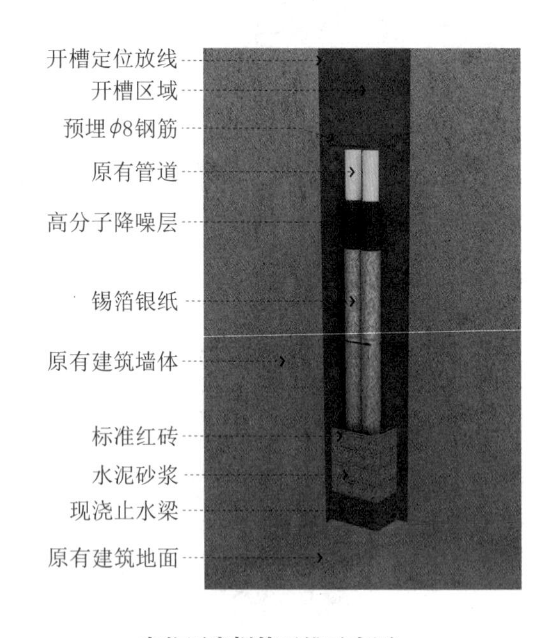
开槽定位放线
开槽区域
预埋φ8钢筋
原有管道
高分子降噪层
锡箔银纸
原有建筑墙体
标准红砖
水泥砂浆
现浇止水梁
原有建筑地面

• 定位固定钢筋三维示意图

3.2.1.6 砌砖墙

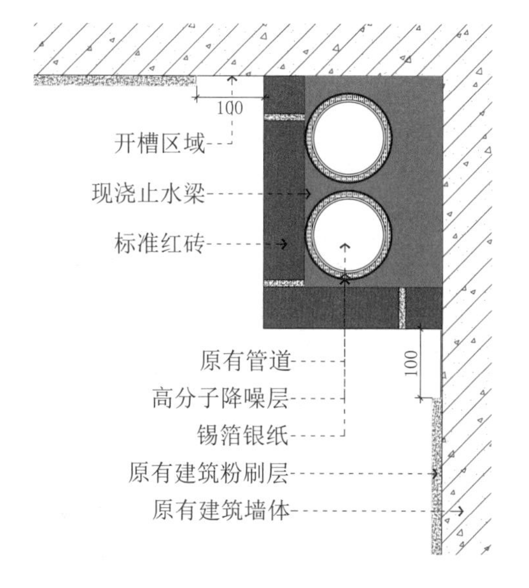
100
开槽区域
现浇止水梁
标准红砖
原有管道
高分子降噪层
锡箔银纸
原有建筑粉刷层
原有建筑墙体
100

• 砌砖墙施工剖面示意图

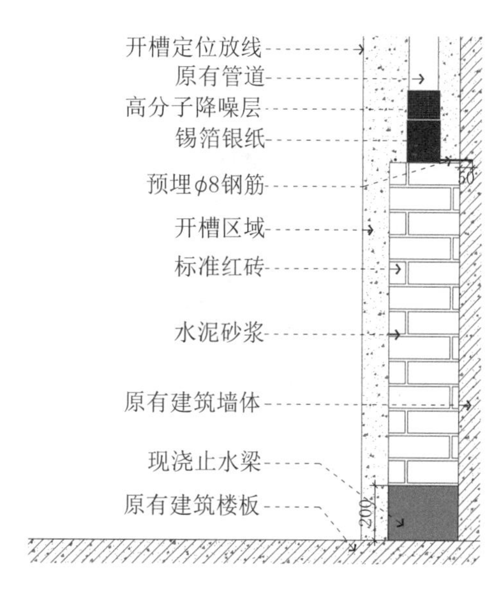
开槽定位放线
原有管道
高分子降噪层
锡箔银纸
预埋φ8钢筋
50
开槽区域
标准红砖
水泥砂浆
原有建筑墙体
现浇止水梁
原有建筑楼板
200

• 砌砖墙施工立面示意图

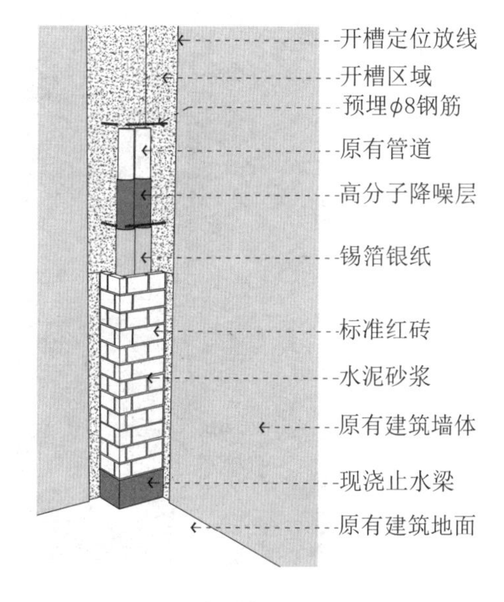
开槽定位放线
开槽区域
预埋φ8钢筋
原有管道
高分子降噪层
锡箔银纸
标准红砖
水泥砂浆
原有建筑墙体
现浇止水梁
原有建筑地面

• 砌砖墙施工透视示意图

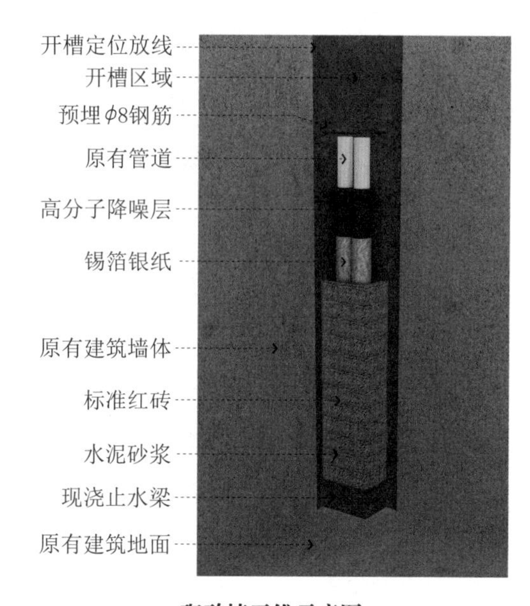
开槽定位放线
开槽区域
预埋φ8钢筋
原有管道
高分子降噪层
锡箔银纸
原有建筑墙体
标准红砖
水泥砂浆
现浇止水梁
原有建筑地面

• 砌砖墙三维示意图

设 计

施工解读

1. 基层清理时轻体砖和基层应提前湿水。
2. 严禁使用碎砖块与水泥砂浆直接填塞缝隙的方式包管道。
3. 轻体砖内侧贴管道错缝砌筑，直角处用轻体砖槎接；各交界面灰浆应填充饱满；管道有检修口处应预留检修孔。

3.2.1.7 固定防裂钢丝网

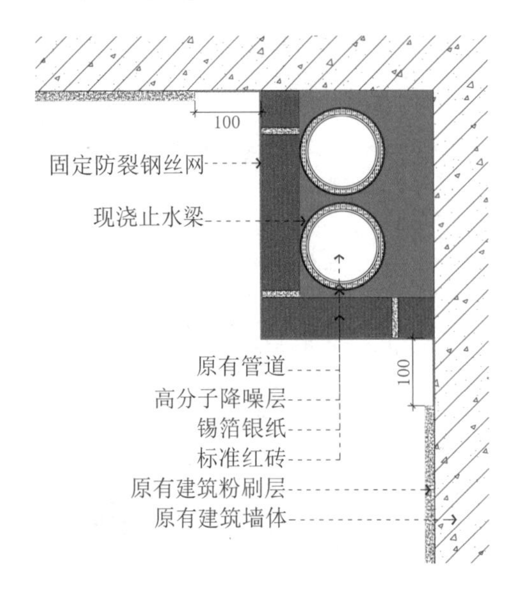
100
固定防裂钢丝网
现浇止水梁
原有管道
高分子降噪层
锡箔银纸
标准红砖
原有建筑粉刷层
原有建筑墙体
100

• 固定防裂钢丝网施工剖面示意图

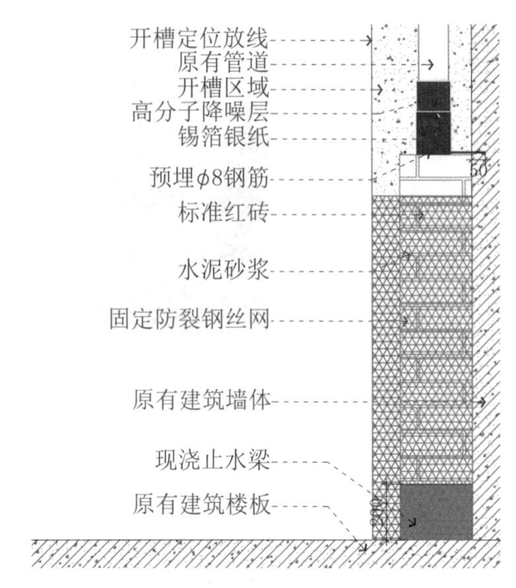
开槽定位放线
原有管道
开槽区域
高分子降噪层
锡箔银纸
预埋ϕ8钢筋
50
标准红砖
水泥砂浆
固定防裂钢丝网
原有建筑墙体
现浇止水梁
原有建筑楼板
200

• 固定防裂钢丝网施工立面示意图

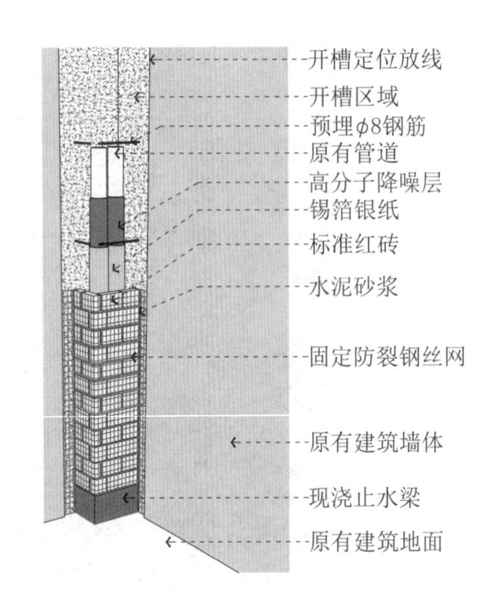
开槽定位放线
开槽区域
预埋ϕ8钢筋
原有管道
高分子降噪层
锡箔银纸
标准红砖
水泥砂浆
固定防裂钢丝网
原有建筑墙体
现浇止水梁
原有建筑地面

• 固定防裂钢丝网施工透视示意图

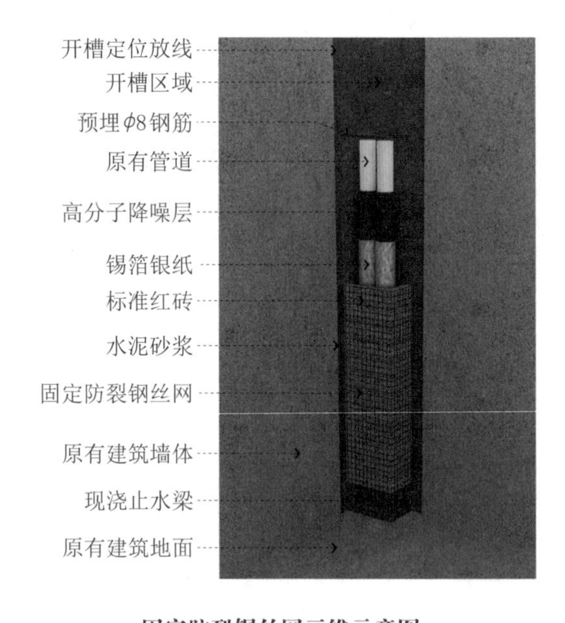
开槽定位放线
开槽区域
预埋ϕ8钢筋
原有管道
高分子降噪层
锡箔银纸
标准红砖
水泥砂浆
固定防裂钢丝网
原有建筑墙体
现浇止水梁
原有建筑地面

• 固定防裂钢丝网三维示意图

设 计

施工解读

砌体与原墙交接处或阴角处钢网搭接宽度不小于 100mm。

3.2.1.8 做标筋

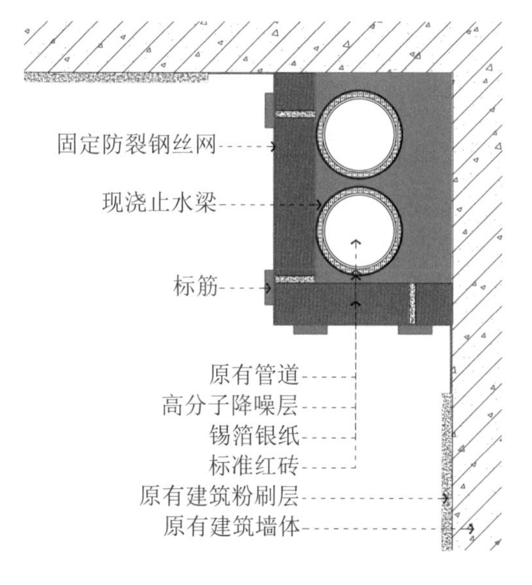
固定防裂钢丝网
现浇止水梁
标筋
原有管道
高分子降噪层
锡箔银纸
标准红砖
原有建筑粉刷层
原有建筑墙体

• 做标筋施工剖面示意图

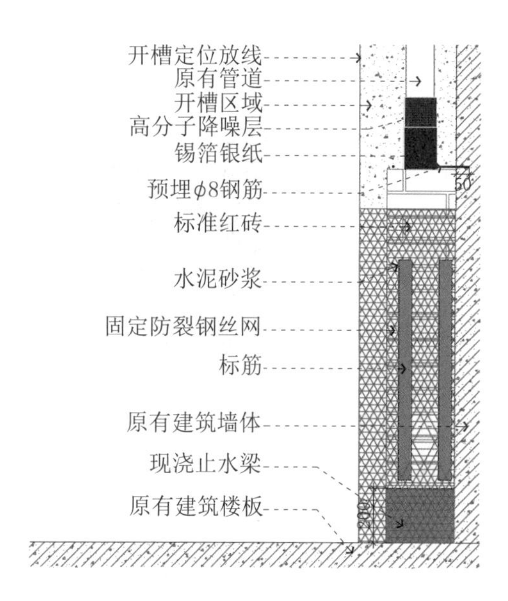
开槽定位放线
原有管道
开槽区域
高分子降噪层
锡箔银纸
预埋φ8钢筋
标准红砖
水泥砂浆
固定防裂钢丝网
标筋
原有建筑墙体
现浇止水梁
原有建筑楼板
50
200

• 做标筋施工立面示意图

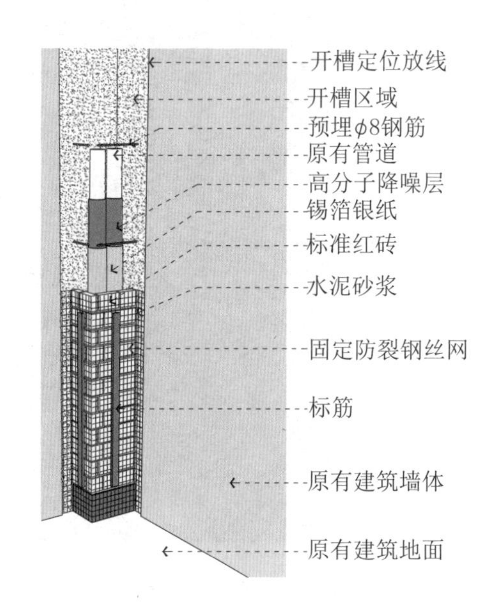
开槽定位放线
开槽区域
预埋φ8钢筋
原有管道
高分子降噪层
锡箔银纸
标准红砖
水泥砂浆
固定防裂钢丝网
标筋
原有建筑墙体
原有建筑地面

• 做标筋施工透视示意图

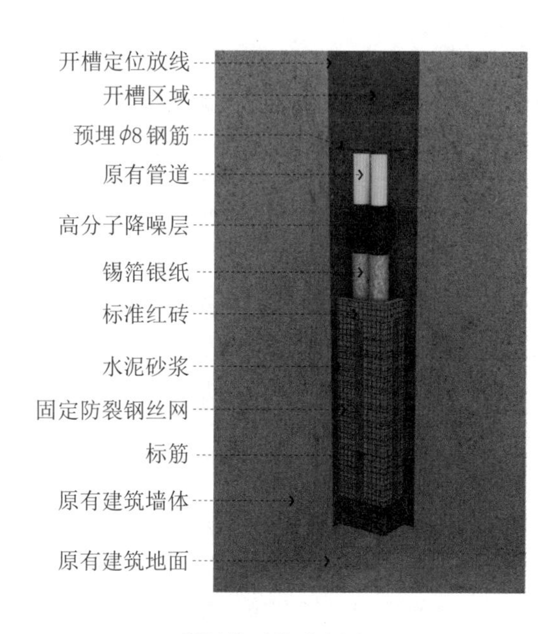
开槽定位放线
开槽区域
预埋φ8 钢筋
原有管道
高分子降噪层
锡箔银纸
标准红砖
水泥砂浆
固定防裂钢丝网
标筋
原有建筑墙体
原有建筑地面

• 做标筋三维示意图

3.2.1.9 粉刷水泥砂浆层

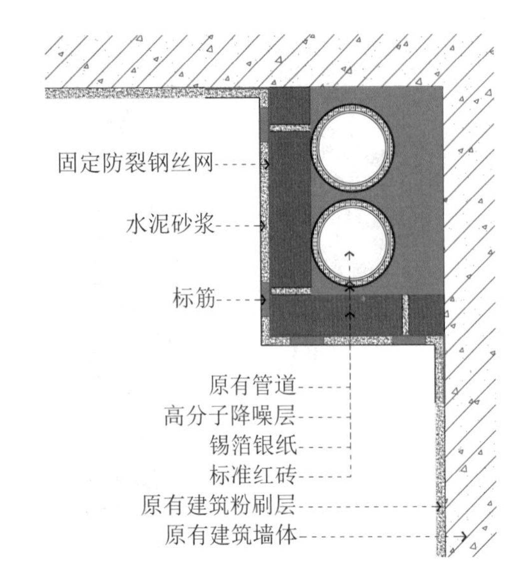
固定防裂钢丝网
水泥砂浆
标筋
原有管道
高分子降噪层
锡箔银纸
标准红砖
原有建筑粉刷层
原有建筑墙体

• 粉刷水泥砂浆层施工剖面示意图

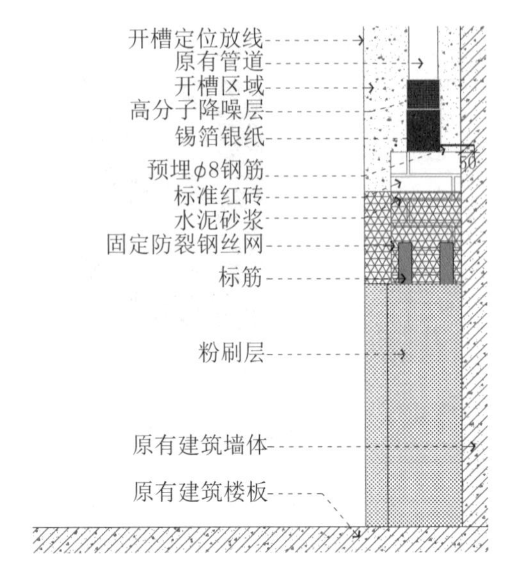
开槽定位放线
原有管道
开槽区域
高分子降噪层
锡箔银纸
预埋ϕ8钢筋
标准红砖
水泥砂浆
固定防裂钢丝网
标筋
粉刷层
原有建筑墙体
原有建筑楼板
50

• 粉刷水泥砂浆层施工立面示意图

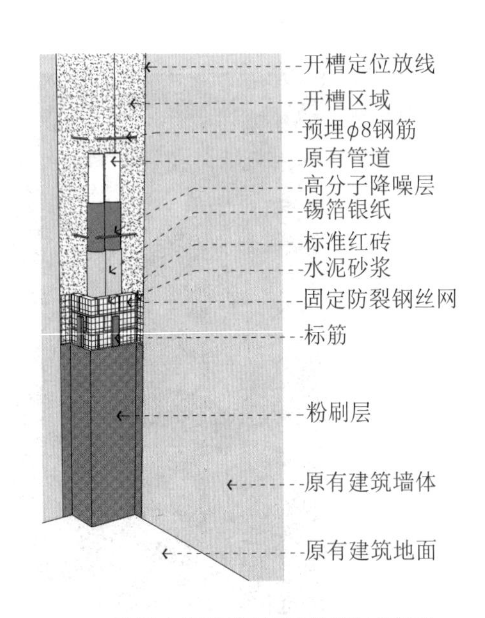
开槽定位放线
开槽区域
预埋ϕ8钢筋
原有管道
高分子降噪层
锡箔银纸
标准红砖
水泥砂浆
固定防裂钢丝网
标筋
粉刷层
原有建筑墙体
原有建筑地面

• 粉刷水泥砂浆层施工透视示意图

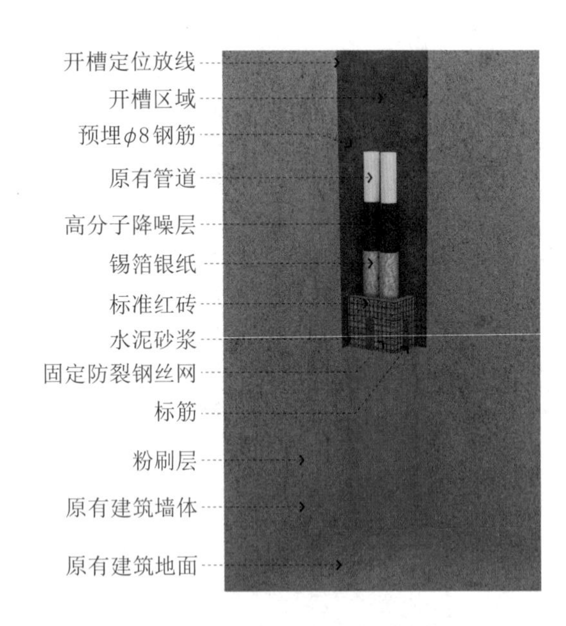
开槽定位放线
开槽区域
预埋ϕ8钢筋
原有管道
高分子降噪层
锡箔银纸
标准红砖
水泥砂浆
固定防裂钢丝网
标筋
粉刷层
原有建筑墙体
原有建筑地面

• 粉刷水泥砂浆层三维示意图

3.2.1.10 涂抹防水层

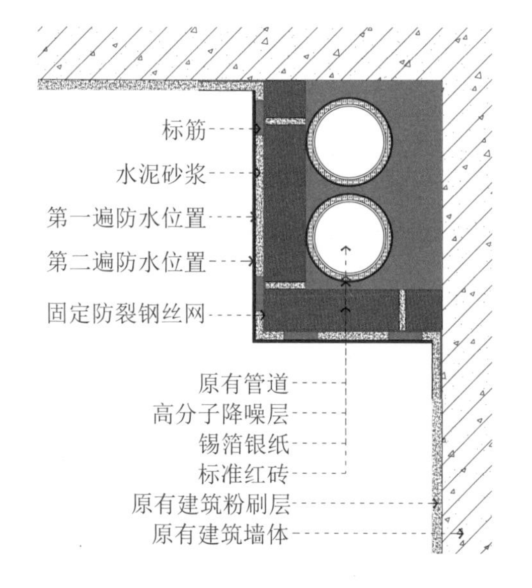
标筋
水泥砂浆
第一遍防水位置
第二遍防水位置
固定防裂钢丝网
原有管道
高分子降噪层
锡箔银纸
标准红砖
原有建筑粉刷层
原有建筑墙体

• 涂抹防水层施工剖面示意图

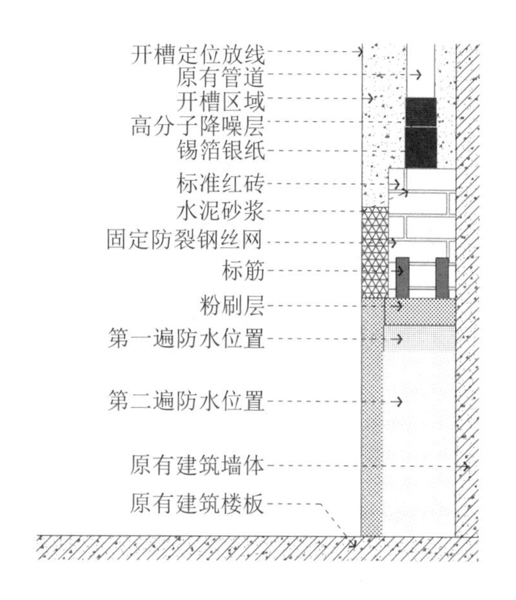
开槽定位放线
原有管道
开槽区域
高分子降噪层
锡箔银纸
标准红砖
水泥砂浆
固定防裂钢丝网
标筋
粉刷层
第一遍防水位置
第二遍防水位置
原有建筑墙体
原有建筑楼板

• 涂抹防水层施工立面示意图

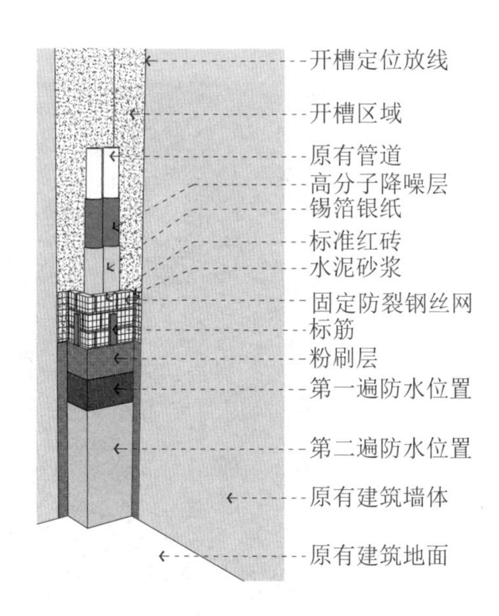
开槽定位放线
开槽区域
原有管道
高分子降噪层
锡箔银纸
标准红砖
水泥砂浆
固定防裂钢丝网
标筋
粉刷层
第一遍防水位置
第二遍防水位置
原有建筑墙体
原有建筑地面

• 涂抹防水层施工透视示意图

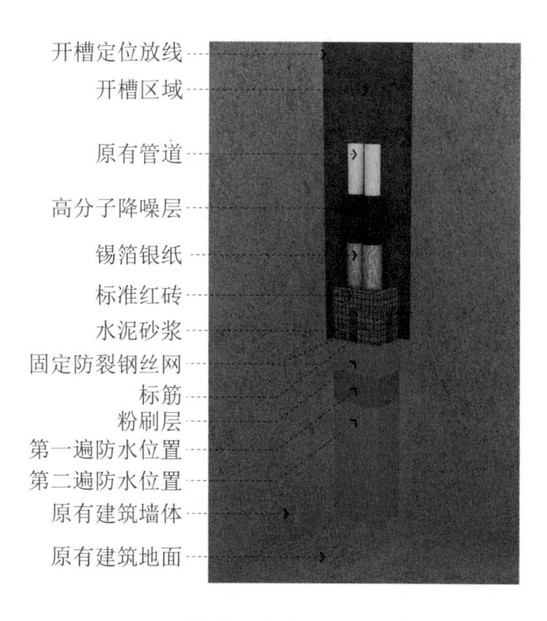
开槽定位放线
开槽区域
原有管道
高分子降噪层
锡箔银纸
标准红砖
水泥砂浆
固定防裂钢丝网
标筋
粉刷层
第一遍防水位置
第二遍防水位置
原有建筑墙体
原有建筑地面

• 涂抹防水层三维示意图

3.2.1.11 涂刷水泥砂浆层

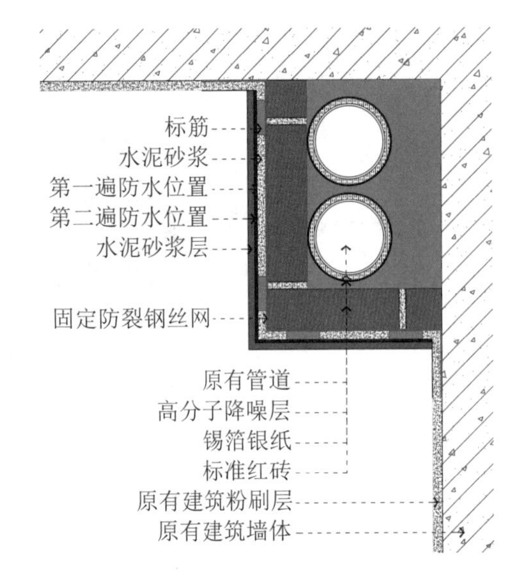

标筋
水泥砂浆
第一遍防水位置
第二遍防水位置
水泥砂浆层
固定防裂钢丝网
原有管道
高分子降噪层
锡箔银纸
标准红砖
原有建筑粉刷层
原有建筑墙体

• 涂刷水泥砂浆层施工剖面示意图

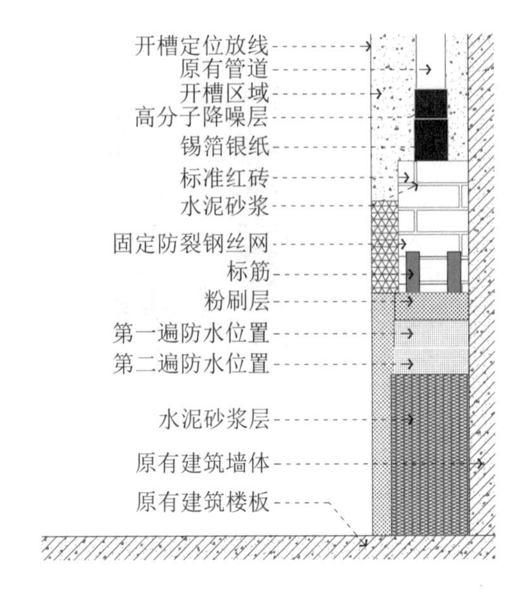

开槽定位放线
原有管道
开槽区域
高分子降噪层
锡箔银纸
标准红砖
水泥砂浆
固定防裂钢丝网
标筋
粉刷层
第一遍防水位置
第二遍防水位置
水泥砂浆层
原有建筑墙体
原有建筑楼板

• 涂刷水泥砂浆层施工立面示意图

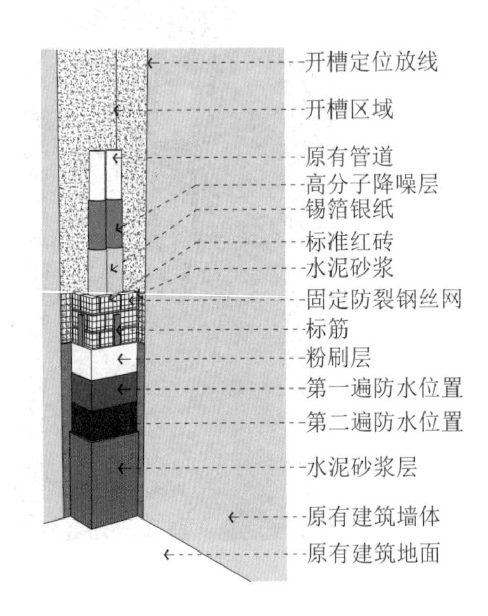

开槽定位放线
开槽区域
原有管道
高分子降噪层
锡箔银纸
标准红砖
水泥砂浆
固定防裂钢丝网
标筋
粉刷层
第一遍防水位置
第二遍防水位置
水泥砂浆层
原有建筑墙体
原有建筑地面

• 涂刷水泥砂浆层施工透视示意图

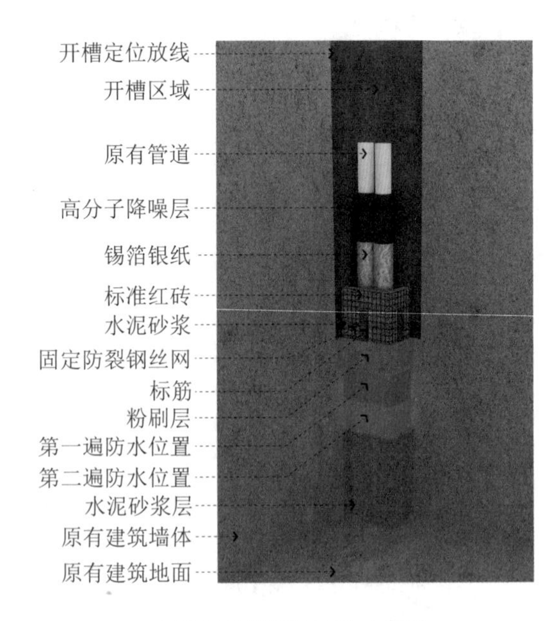

开槽定位放线
开槽区域
原有管道
高分子降噪层
锡箔银纸
标准红砖
水泥砂浆
固定防裂钢丝网
标筋
粉刷层
第一遍防水位置
第二遍防水位置
水泥砂浆层
原有建筑墙体
原有建筑地面

• 涂刷水泥砂浆层三维示意图

3.2.1.12 铺贴瓷砖

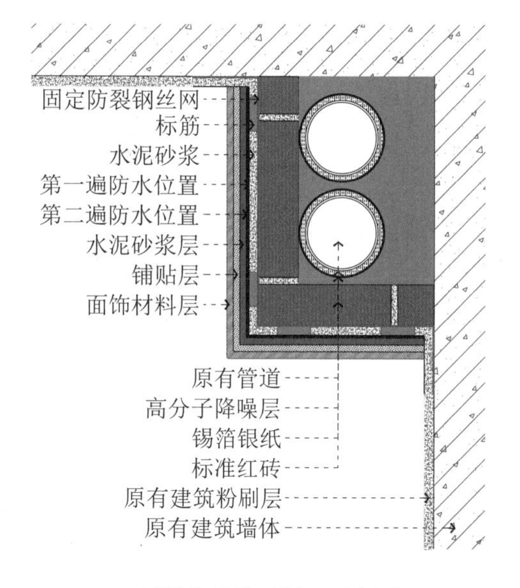
固定防裂钢丝网
标筋
水泥砂浆
第一遍防水位置
第二遍防水位置
水泥砂浆层
铺贴层
面饰材料层
原有管道
高分子降噪层
锡箔银纸
标准红砖
原有建筑粉刷层
原有建筑墙体

• 铺贴瓷砖施工剖面示意图

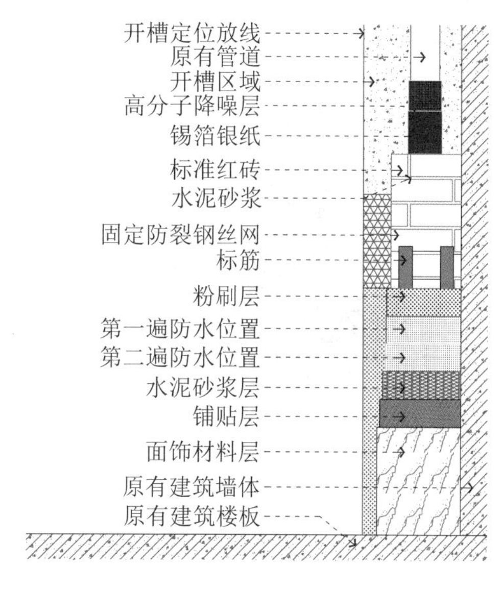
开槽定位放线
原有管道
开槽区域
高分子降噪层
锡箔银纸
标准红砖
水泥砂浆
固定防裂钢丝网
标筋
粉刷层
第一遍防水位置
第二遍防水位置
水泥砂浆层
铺贴层
面饰材料层
原有建筑墙体
原有建筑楼板

• 铺贴瓷砖施工立面示意图

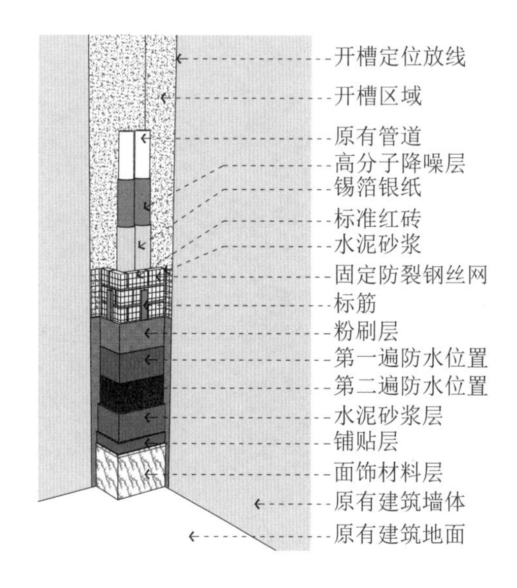
开槽定位放线
开槽区域
原有管道
高分子降噪层
锡箔银纸
标准红砖
水泥砂浆
固定防裂钢丝网
标筋
粉刷层
第一遍防水位置
第二遍防水位置
水泥砂浆层
铺贴层
面饰材料层
原有建筑墙体
原有建筑地面

• 铺贴瓷砖施工透视示意图

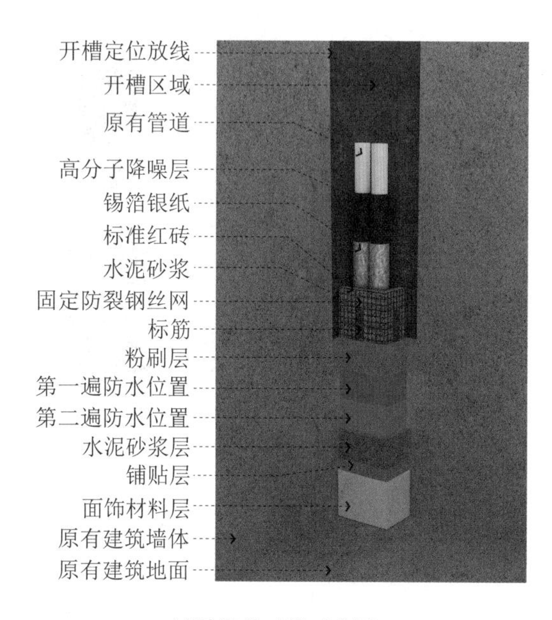
开槽定位放线
开槽区域
原有管道
高分子降噪层
锡箔银纸
标准红砖
水泥砂浆
固定防裂钢丝网
标筋
粉刷层
第一遍防水位置
第二遍防水位置
水泥砂浆层
铺贴层
面饰材料层
原有建筑墙体
原有建筑地面

• 铺贴瓷砖三维示意图

3.2.2 厨房排烟包管（附视频）

扫码看视频

厨房排烟包管

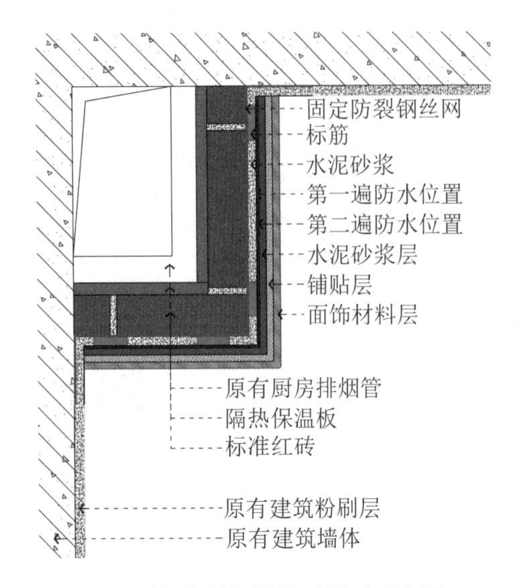
固定防裂钢丝网
标筋
水泥砂浆
第一遍防水位置
第二遍防水位置
水泥砂浆层
铺贴层
面饰材料层
原有厨房排烟管
隔热保温板
标准红砖
原有建筑粉刷层
原有建筑墙体

• 厨房排烟包管施工剖面示意图

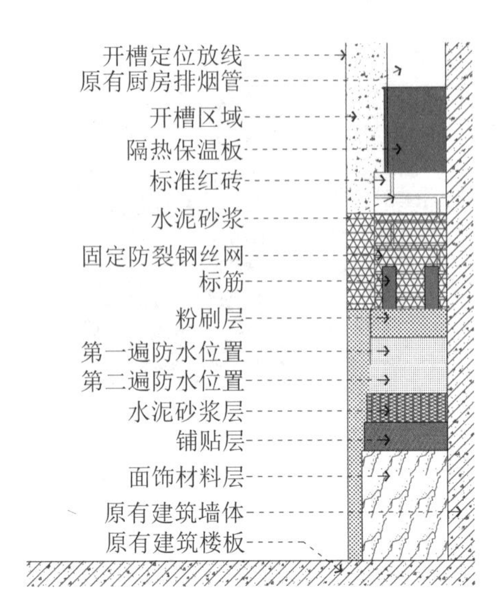
开槽定位放线
原有厨房排烟管
开槽区域
隔热保温板
标准红砖
水泥砂浆
固定防裂钢丝网
标筋
粉刷层
第一遍防水位置
第二遍防水位置
水泥砂浆层
铺贴层
面饰材料层
原有建筑墙体
原有建筑楼板

• 厨房排烟包管施工立面示意图

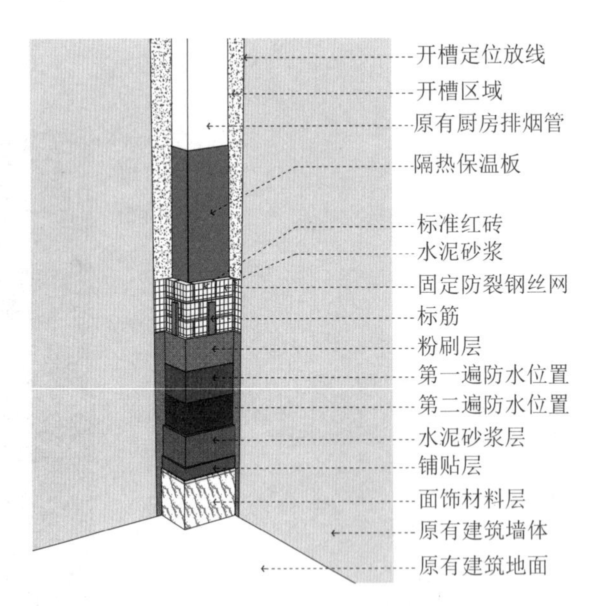
开槽定位放线
开槽区域
原有厨房排烟管
隔热保温板
标准红砖
水泥砂浆
固定防裂钢丝网
标筋
粉刷层
第一遍防水位置
第二遍防水位置
水泥砂浆层
铺贴层
面饰材料层
原有建筑墙体
原有建筑地面

• 厨房排烟包管施工透视示意图

设 计

施工解读

厨房排烟管道须先用隔热保温板固定处理，以防受热开裂。

第4章

室内六面空间全景放样三维系统可视化

4.1 全景放样步骤

第一步：定位套内地面、顶面、墙面主控线（横线与竖线）。

第二步：定位阴角、阳角垂直施工线（主要检查墙体是否垂直）。

第三步：定位 7 条水平线（1m 标准线、地面完成线、插座线、开关线、门头线、吊顶底位完成线、吊顶高位完成线）。

第四步：定位软装、活动家具摆设区域线。

第五步：定位顶面与墙面隐蔽工程机电部分施工线（强电、弱电、给排水、空调、新风系统线等）。

第六步：定位墙面设计造型、吊顶造型施工线（地面、墙面、顶面造型施工投影线）。

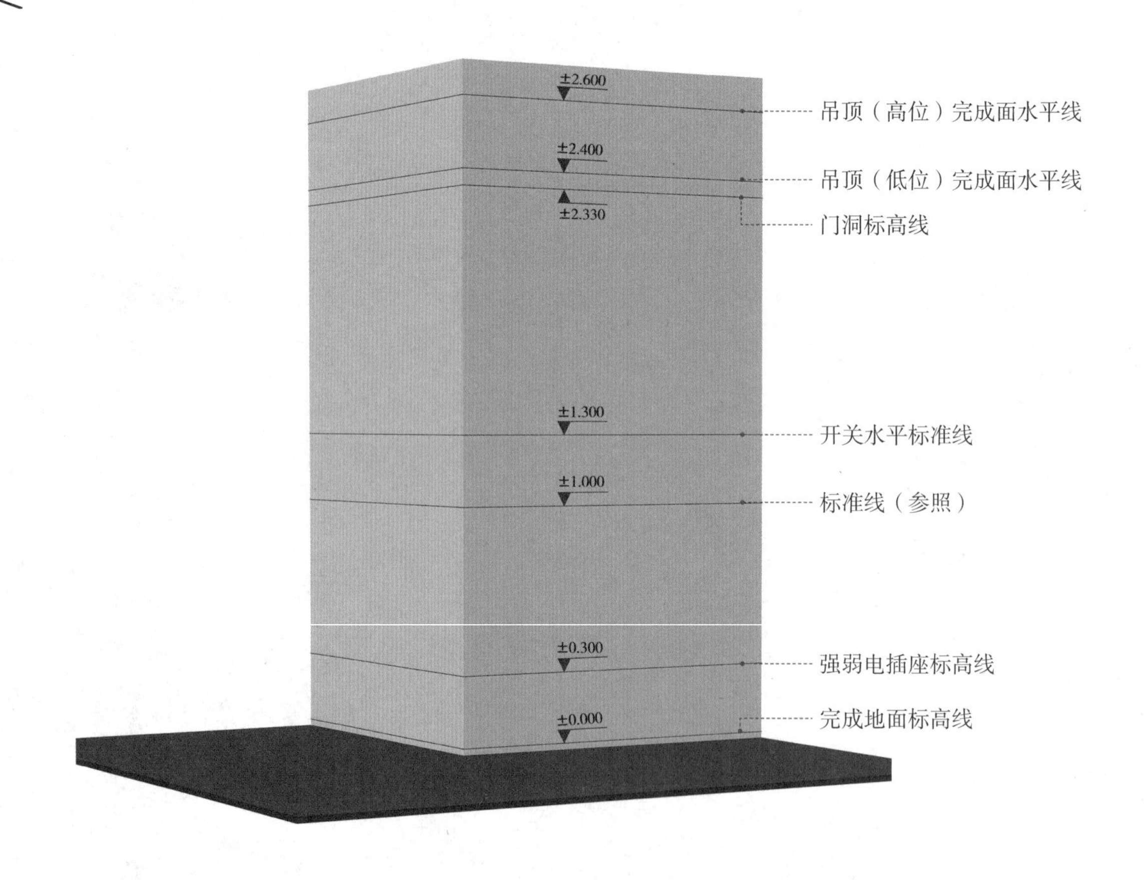
±2.600
吊顶（高位）完成面水平线
±2.400
吊顶（低位）完成面水平线
±2.330
门洞标高线
±1.300
开关水平标准线
±1.000
标准线（参照）
±0.300
强弱电插座标高线
±0.000
完成地面标高线

4.2 室内六面空间思维导图

室内六面空间全景放样三维可视化工艺思维导图详见本书附图 2。

4.3 地面家具与顶面造型全景放样定位（附视频）

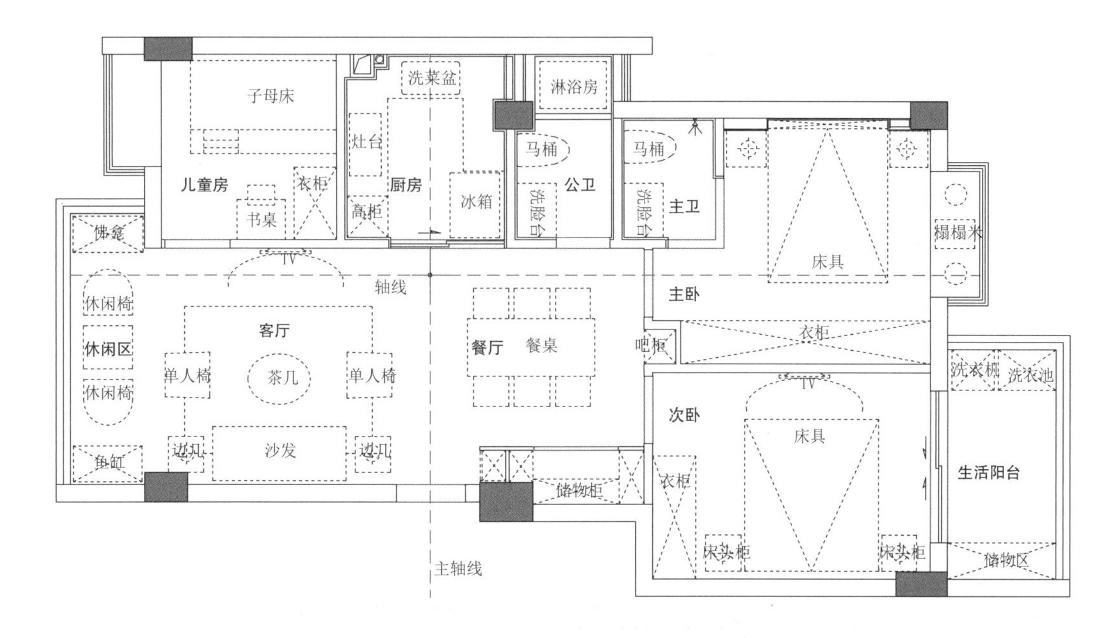
子母床
洗菜盆
淋浴房
灶台
马桶
马桶
儿童房
衣柜
厨房
冰箱
公卫
洗脸台
洗脸台
主卫
书桌
高柜
榻榻米
佛龛
TV
床具
轴线
休闲椅
主卧
客厅
休闲区
餐厅
餐桌
吧柜
衣柜
洗衣机
洗衣池
单人椅
茶几
单人椅
休闲椅
TV
次卧
床具
边几
沙发
边几
鱼缸
衣柜
生活阳台
储物柜
床头柜
床头柜
储物区
主轴线

• 地面活动及固定家具位置图

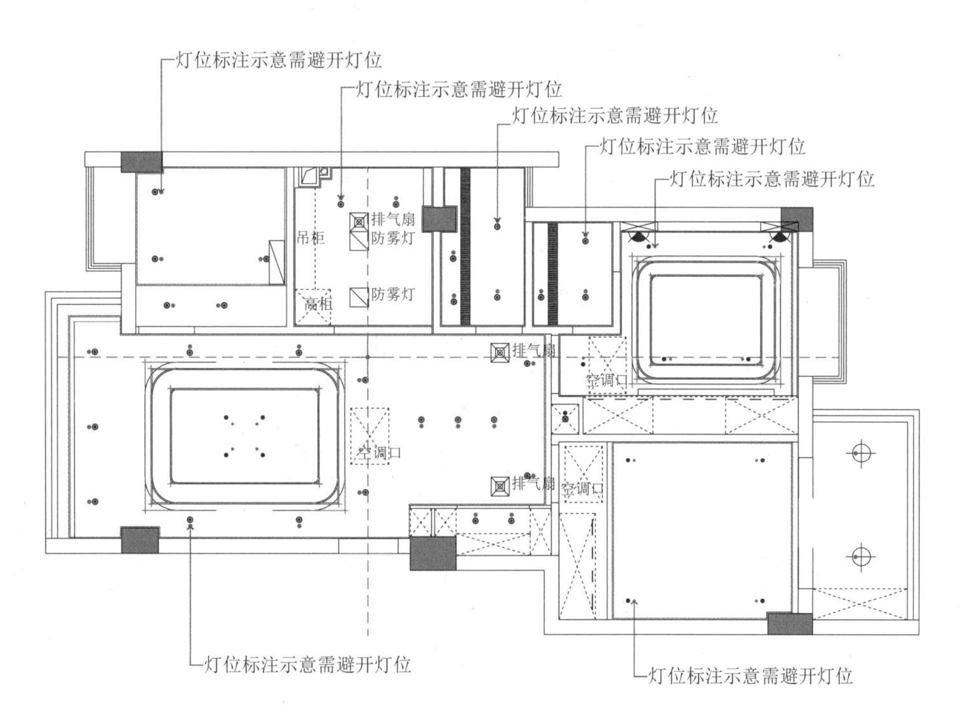
灯位标注示意需避开灯位
灯位标注示意需避开灯位
灯位标注示意需避开灯位
灯位标注示意需避开灯位
灯位标注示意需避开灯位
排气扇
吊柜
防雾灯
高柜
防雾灯
排气扇
空调口
空调口
排气扇
空调口
灯位标注示意需避开灯位
灯位标注示意需避开灯位

• 吊顶造型与机电位置图

4.3.1　公共区全景放样（附视频）

扫码看视频
公共区全景放样

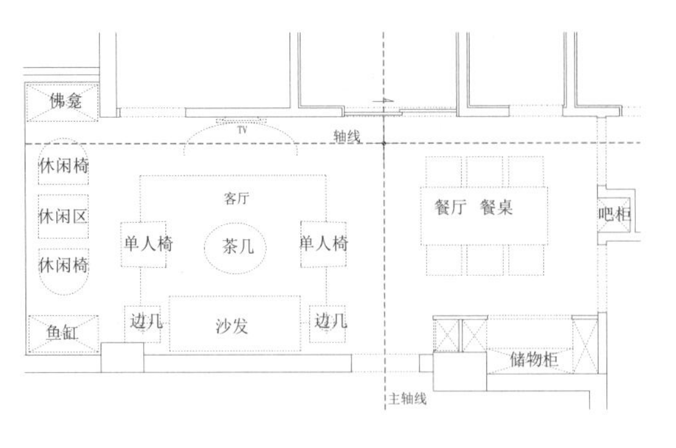
佛龛
TV
轴线
休闲椅
休闲区
休闲椅
客厅
单人椅
茶几
单人椅
边几
沙发
边几
鱼缸
餐厅　餐桌
吧柜
储物柜
主轴线

• 公共区地面活动及固定家具位置图

轴线
排气扇
排气扇
主轴线
灯位标注示意需避开灯位

• 公共区吊顶造型与机电位置图

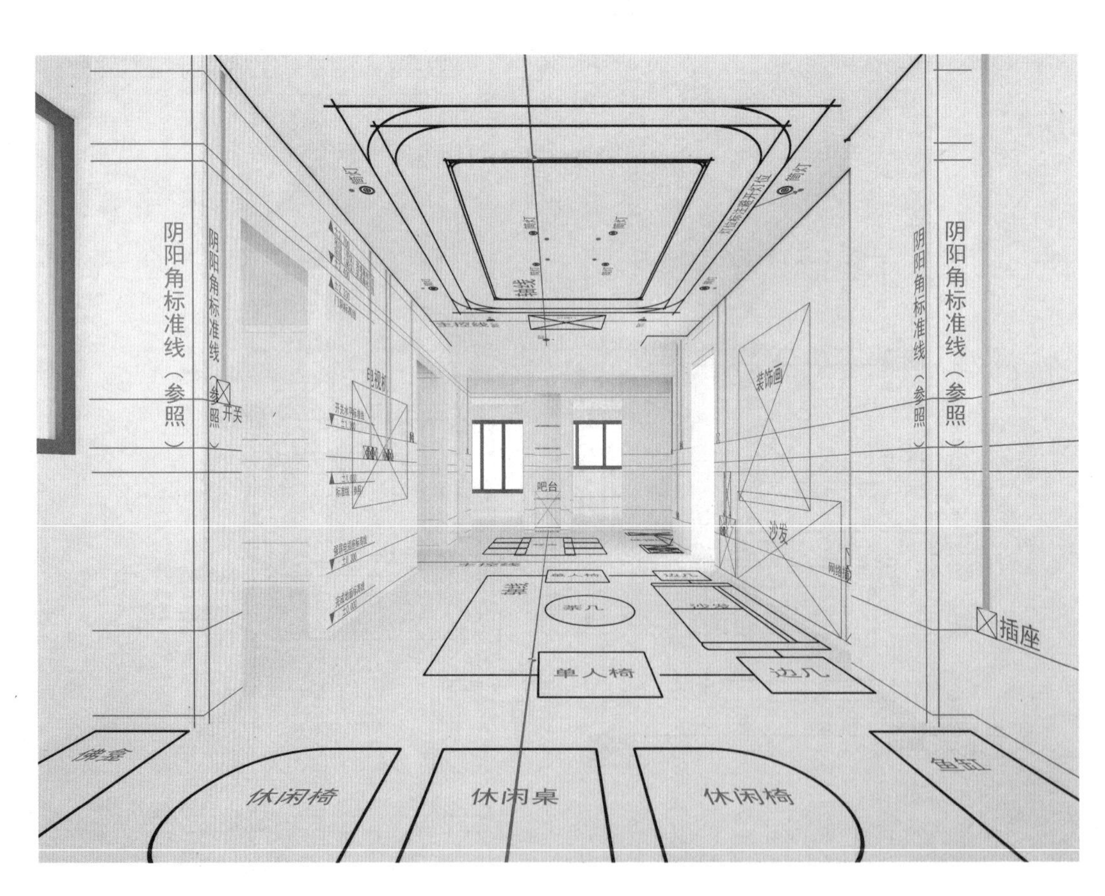
阴阳角标准线（参照）
阴阳角标准线（参照）
开关
电视机
装饰画
吧台
沙发
茶几
单人椅
边几
插座
阴阳角标准线（参照）
阴阳角标准线（参照）
佛龛
休闲椅
休闲桌
休闲椅
鱼缸

• 公共区三维示意图

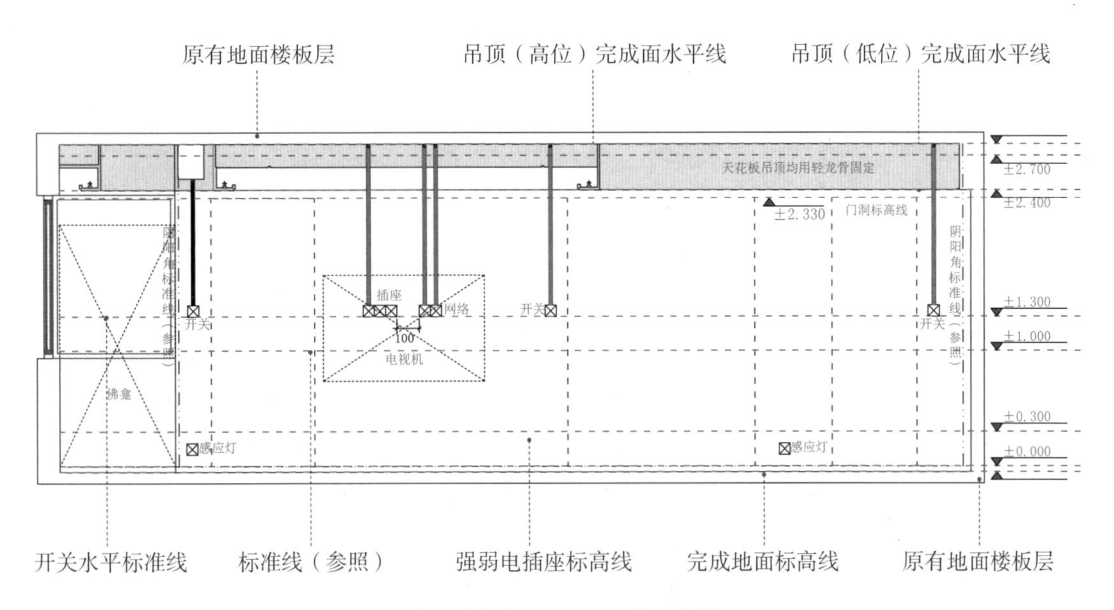
原有地面楼板层
吊顶（高位）完成面水平线
吊顶（低位）完成面水平线
天花板吊顶均用轻龙骨固定
±2.700
±2.400
±2.330
门洞标高线
阴阳角标准线（参照）
插座
网络
开关
100
电视机
佛龛
感应灯
±1.300
±1.000
±0.300
±0.000
开关水平标准线
标准线（参照）
强弱电插座标高线
完成地面标高线
原有地面楼板层

• 公共区墙面造型与机电控制线位置图（一）

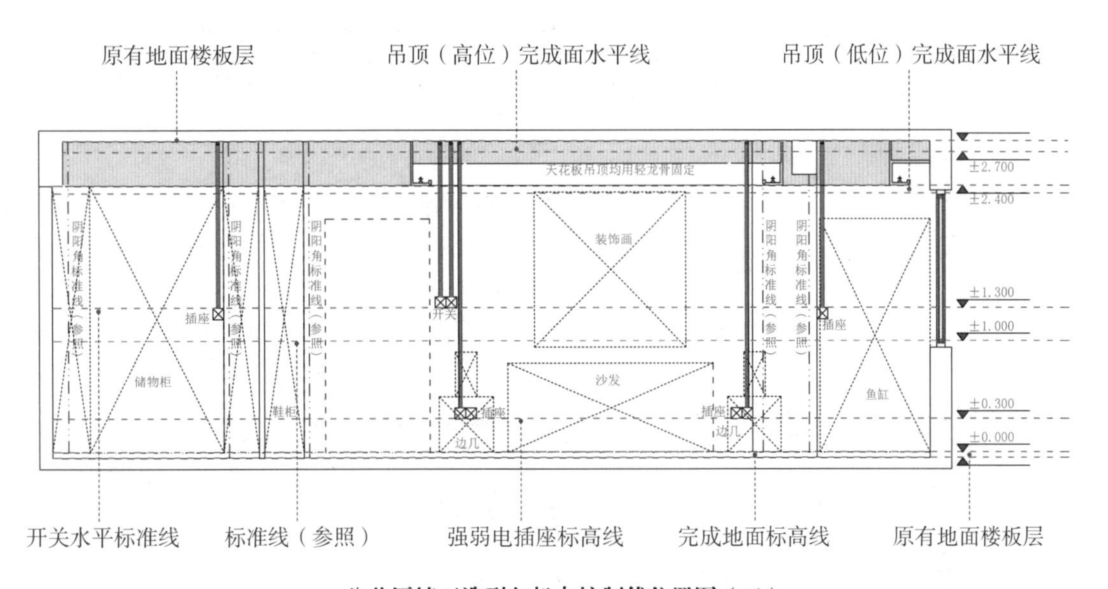
原有地面楼板层
吊顶（高位）完成面水平线
吊顶（低位）完成面水平线
天花板吊顶均用轻龙骨固定
±2.700
±2.400
阴阳角标准线（参照）
装饰画
插座
开关
储物柜
鞋柜
沙发
边几
鱼缸
±1.300
±1.000
±0.300
±0.000
开关水平标准线
标准线（参照）
强弱电插座标高线
完成地面标高线
原有地面楼板层

• 公共区墙面造型与机电控制线位置图（二）

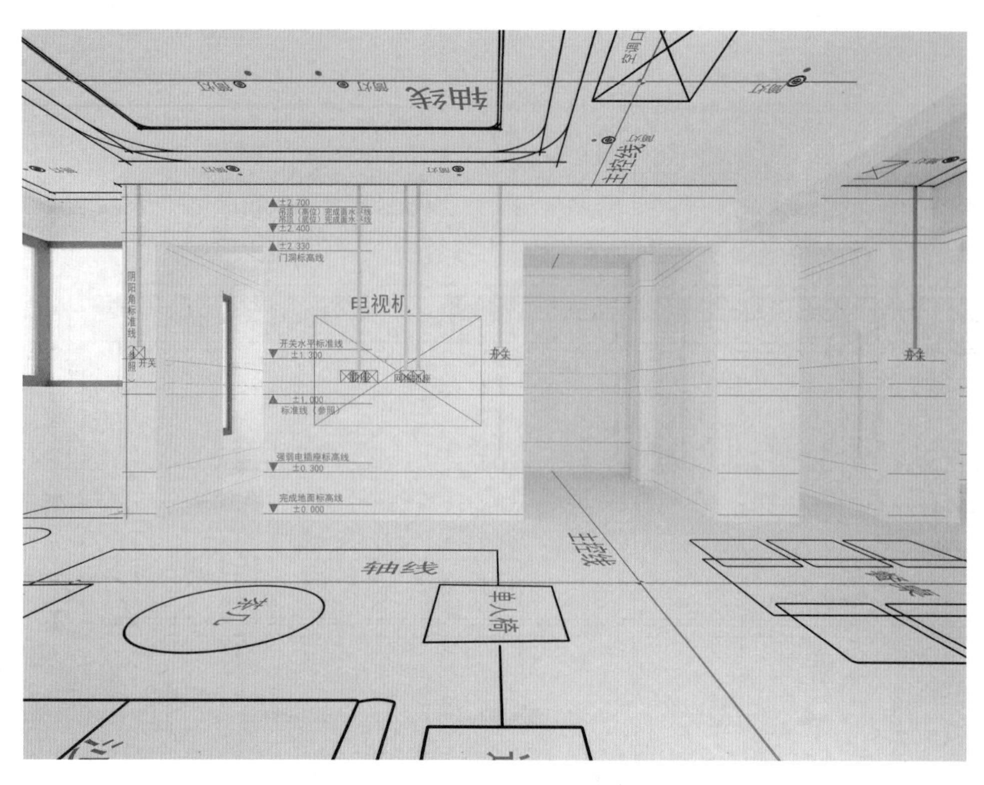
筒灯
轴线
空调口
主控线
±2.700
±2.400
±2.330
门洞标高线
电视机
阴阳角标准线（参照）
开关
开关水平标准线
±1.300
±1.000
标准线（参照）
±0.300
完成地面标高线
±0.000
茶几
单人椅

• 公共区三维示意图（一）

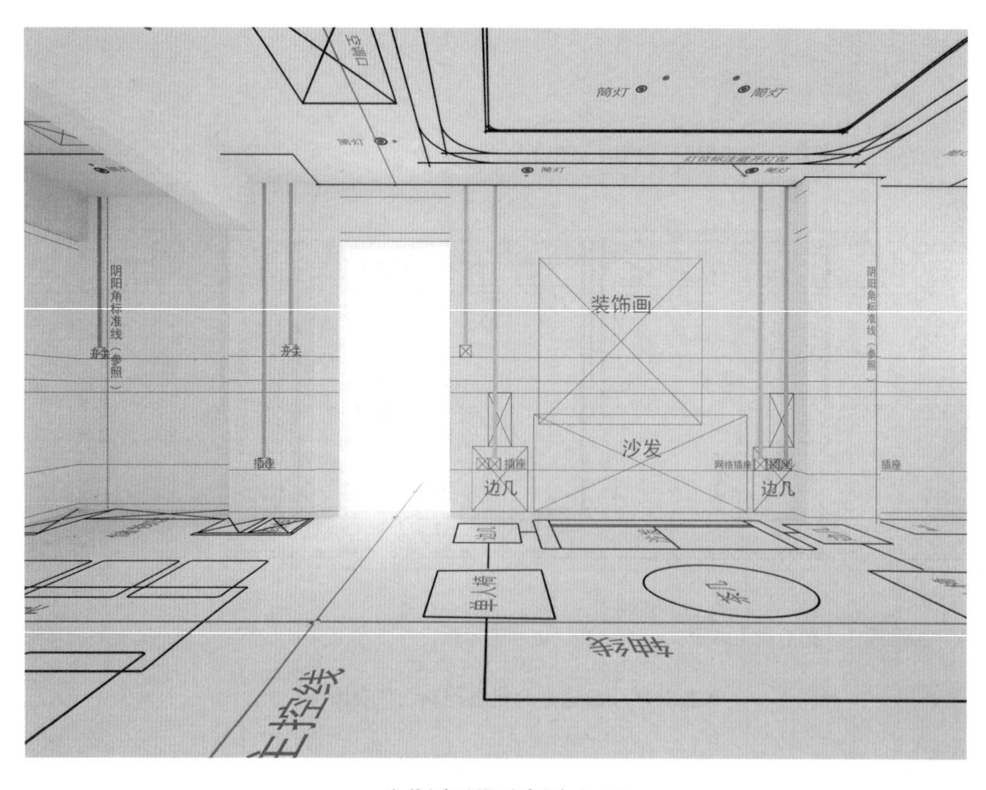
空调口
筒灯
阴阳角标准线（参照）
开关
装饰画
沙发
插座
网络插座
边几
单人椅
茶几
轴线
主控线

• 公共区三维示意图（二）

4.3.2 卧室区全景放样

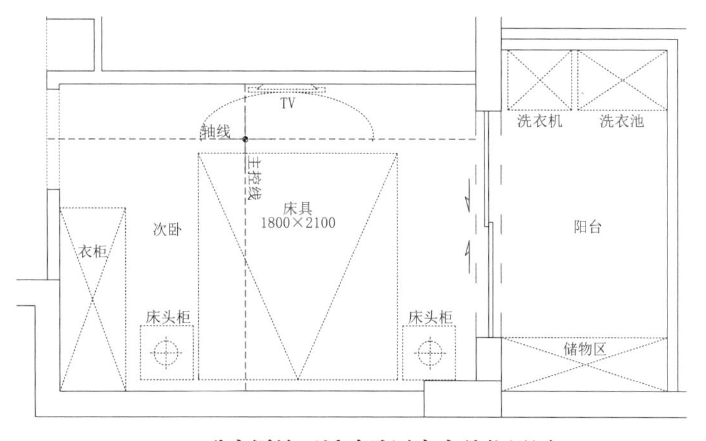

TV
轴线
主控线
床具
1800×2100
次卧
衣柜
床头柜
床头柜
洗衣机
洗衣池
阳台
储物区

• 卧室区地面活动及固定家具位置图

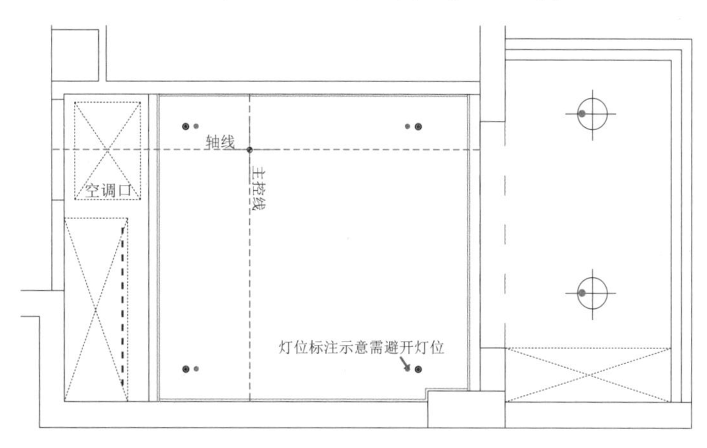

轴线
主控线
空调口
灯位标注示意需避开灯位

• 卧室区吊顶造型与机电位置图

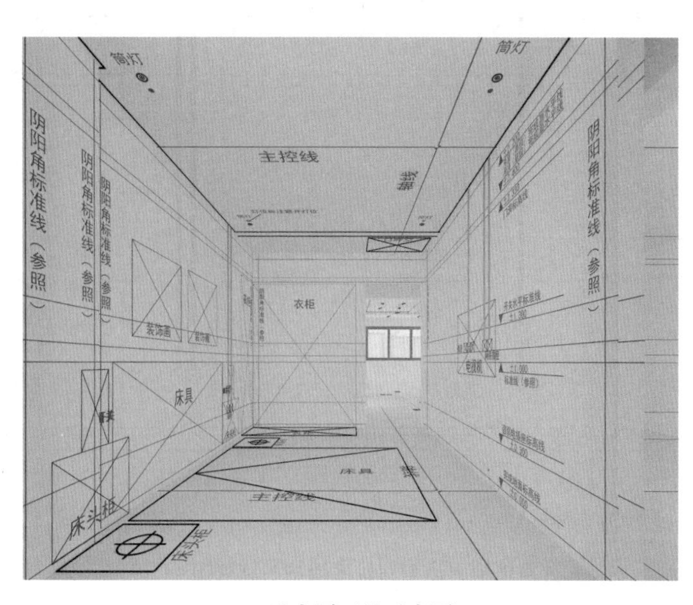

筒灯
筒灯
阴阳角标准线（参照）
阴阳角标准线（参照）
阴阳角标准线（参照）
阴阳角标准线（参照）
主控线
衣柜
床具
床具
主控线
床头柜

• 卧室区三维示意图

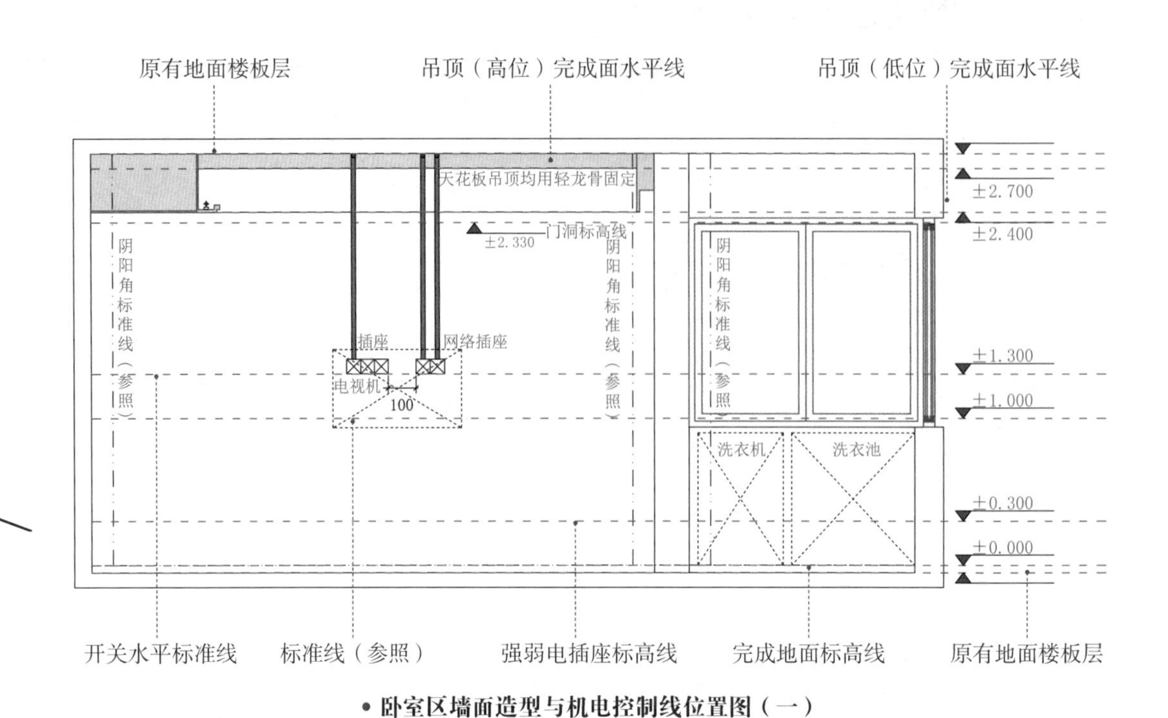
原有地面楼板层
吊顶（高位）完成面水平线
吊顶（低位）完成面水平线
天花板吊顶均用轻龙骨固定
门洞标高线
±2.330
阴阳角标准线（参照）
插座
网络插座
电视机
100
洗衣机
洗衣池
±2.700
±2.400
±1.300
±1.000
±0.300
±0.000
开关水平标准线
标准线（参照）
强弱电插座标高线
完成地面标高线
原有地面楼板层

• 卧室区墙面造型与机电控制线位置图（一）

原有地面楼板层
吊顶（高位）完成面水平线
吊顶（低位）完成面水平线
天花板吊顶均用轻龙骨固定
±2.700
±2.400
阴阳角标准线（参照）
装饰画
装饰画
衣柜
±1.300
±1.000
储物区
床具
开关
开关
插座
床头柜
插座
床头柜
±0.300
±0.000
开关水平标准线
标准线（参照）
强弱电插座标高线
完成地面标高线
原有地面楼板层

• 卧室区墙面造型与机电控制线位置图（二）

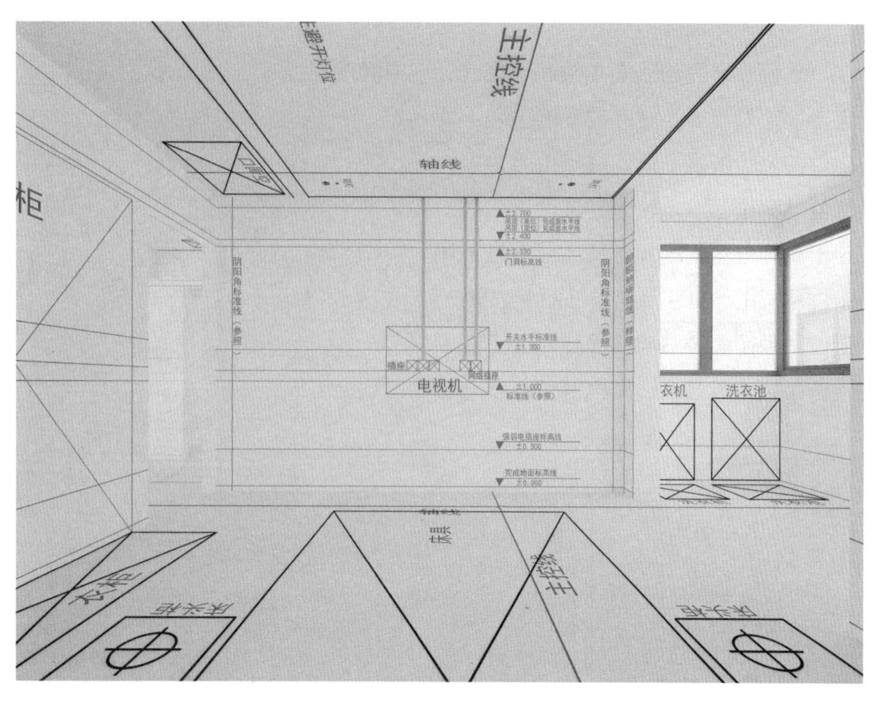
主控线
轴线
柜
阴阳角标准线（参照）
±2.330
门洞标高线
开关水平标准线
±1.200
插座
网络插座
电视机
±1.000
标准线（参照）
强弱电插座标高线
±0.300
完成地面标高线
±0.000
衣机
洗衣池
床头柜

• 卧室区三维示意图（一）

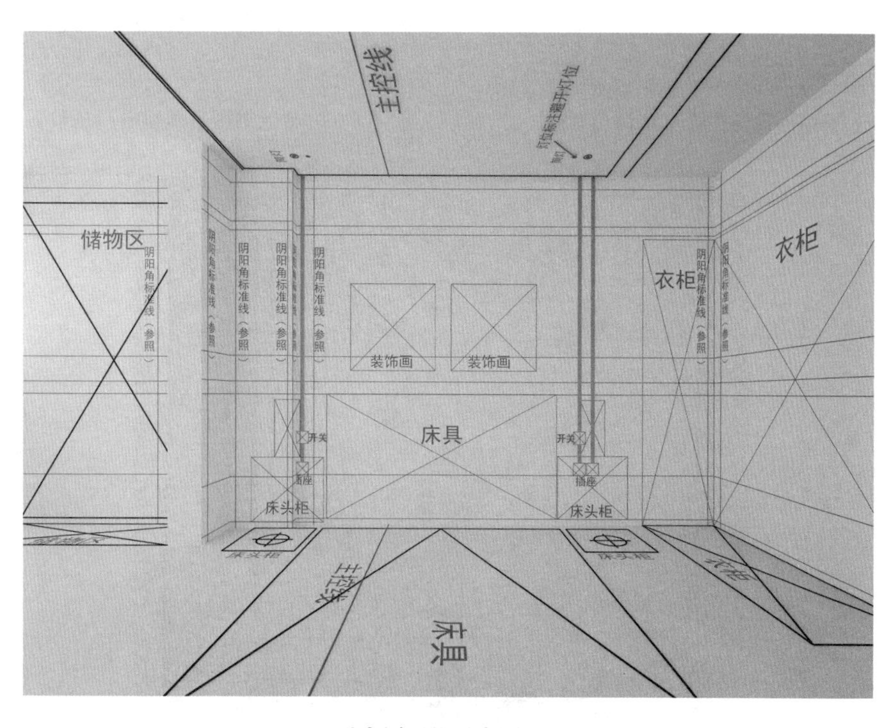
主控线
储物区
阴阳角标准线（参照）
衣柜
装饰画
装饰画
床具
开关
插座
床头柜
主控线
床具

• 卧室区三维示意图（二）

4.3.3 卫浴区全景放样

（1）定位地面、墙面与顶面主控线、轴线、完成面控制线。

（2）定出墙面贴砖或石材完成面施工线。

（3）定位卫浴功能区洁具、淋浴位置。

（4）定位地面排污排水位置完成面施工线。

（5）定出墙面进水与排水位置完成面施工线。

（6）定位吊顶造型施工底面、顶面完成面施工线。

（7）定位吊顶照明位置与墙面控制施工线。

（8）定位吊顶新风管道、排气等位置线与墙面控制施工线。

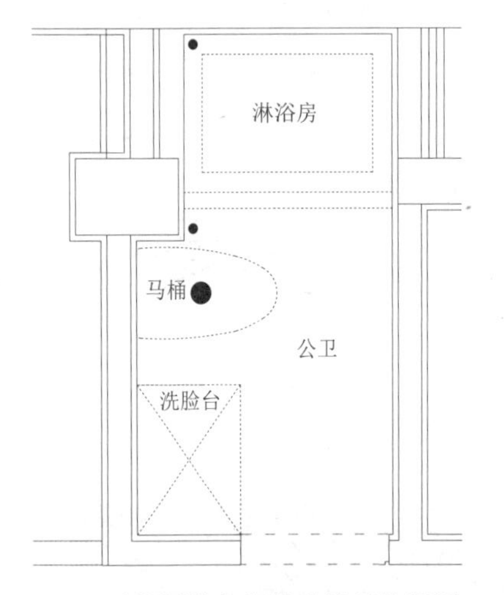
淋浴房
马桶
公卫
洗脸台

• 卫浴区设备与排水排污位置图

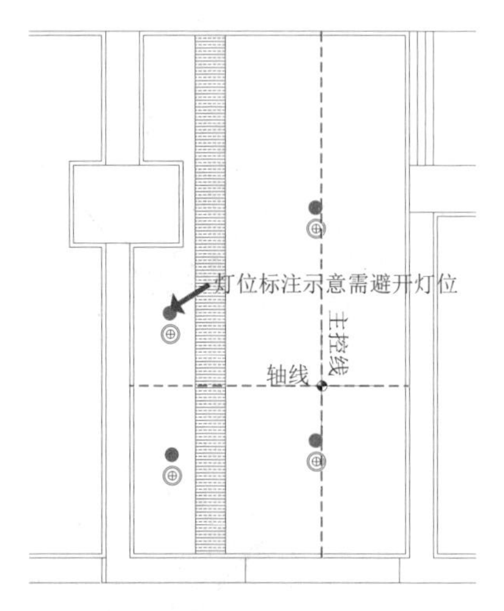
灯位标注示意需避开灯位
主控线
轴线

• 卫浴区吊顶机电设备位置图

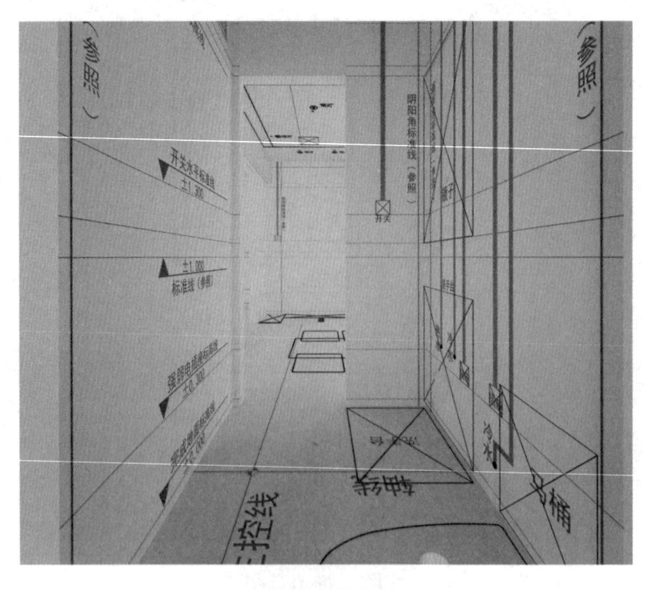
（参照）
（参照）
开关水平标准线
±1.300
±1.000
标准线（参照）
阴阳角标准线（参照）
开关
主控线
马桶

• 卫浴区三维示意图

①原有地面楼板层　②吊顶（高位）完成面水平线　③吊顶（低位）完成面水平线
④开关水平标准线　⑤标准线（参照）　⑥强弱电插座标高线
⑦完成地面标高线　⑧原有地面楼板层

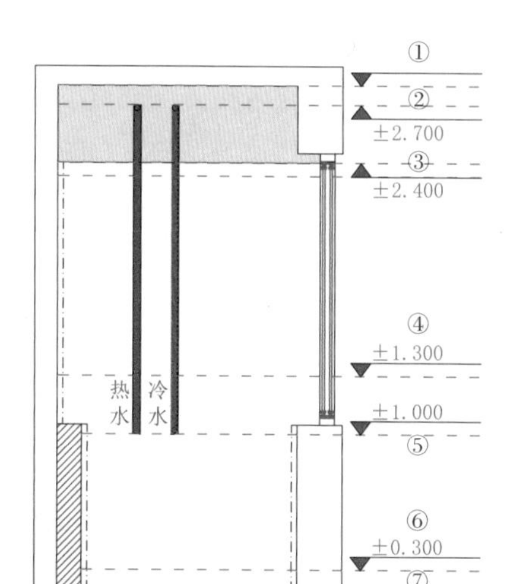
①
②
±2.700
③
±2.400
④
±1.300
热水
冷水
±1.000
⑤
⑥
±0.300
⑦
±0.000
⑧

• 卫浴区材料完成面与机电控制线位置图（一）

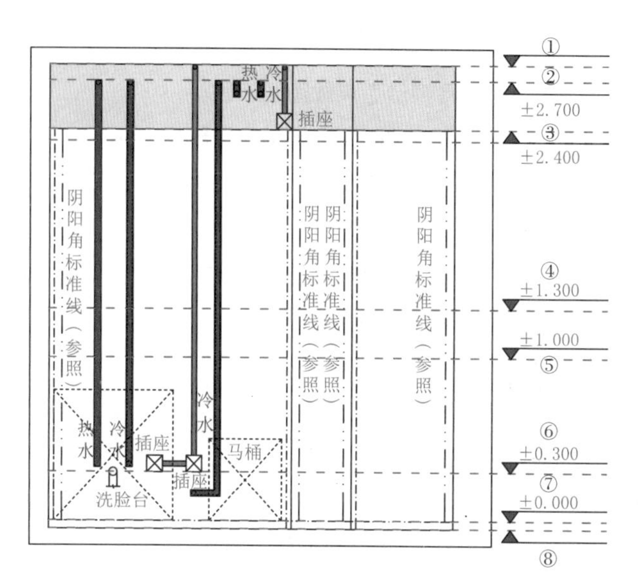
热水
冷水
插座
①
②
±2.700
③
±2.400
阴阳角标准线（参照）
阴阳角标准线（参照）
阴阳角标准线（参照）
阴阳角标准线（参照）
④
±1.300
±1.000
⑤
热水
冷水
插座
冷水
插座
马桶
洗脸台
⑥
±0.300
⑦
±0.000
⑧

• 卫浴区材料完成面与机电控制线位置图（二）

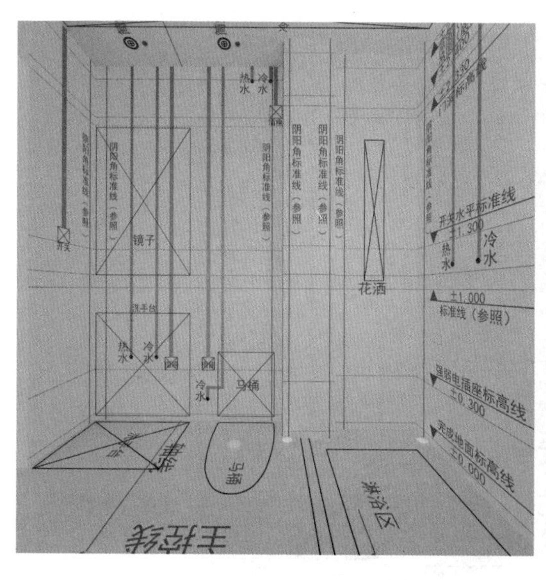
热水
冷水
阴阳角标准线（参照）
镜子
开关水平标准线
±1.300
热水
冷水
花洒
±1.000
标准线（参照）
洗手台
热水
冷水
冷水
马桶
强弱电插座标高线
±0.300
完成地面标高线
±0.000
马桶
淋浴区
主控线

• 卫浴区三维示意图（一）

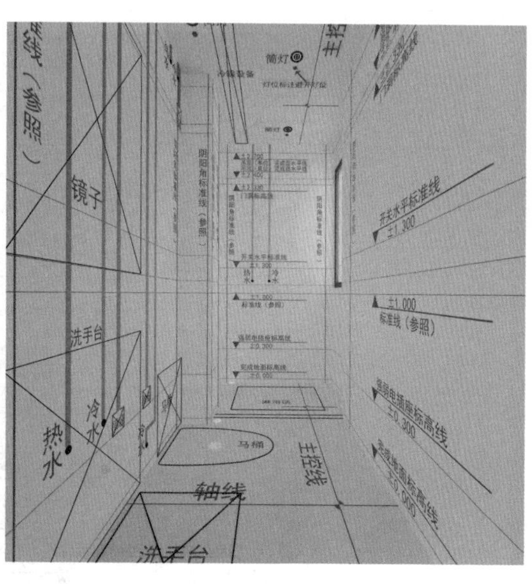
线（参照）
筒灯
镜子
开关水平标准线
±1.300
±1.000
标准线（参照）
洗手台
强弱电插座标高线
±0.300
完成地面标高线
±0.000
冷水
热水
马桶
主控线
轴线
洗手台

• 卫浴区三维示意图（二）

4.3.4 厨房区全景放样

（1）定位地面、墙面与顶面主控线、轴线、完成面控制线。

（2）定出墙面贴砖或石材完成面施工线。

（3）定位厨房功能区电器位置。

（4）定位地面排污、排水位置完成面施工线。

（5）定出墙面进水与排水位置完成面施工线。

（6）定位吊顶造型完成面施工线。

（7）定位吊顶照明位置与墙面控制施工线。

（8）定位吊顶排气等位置线与墙面控制施工线。

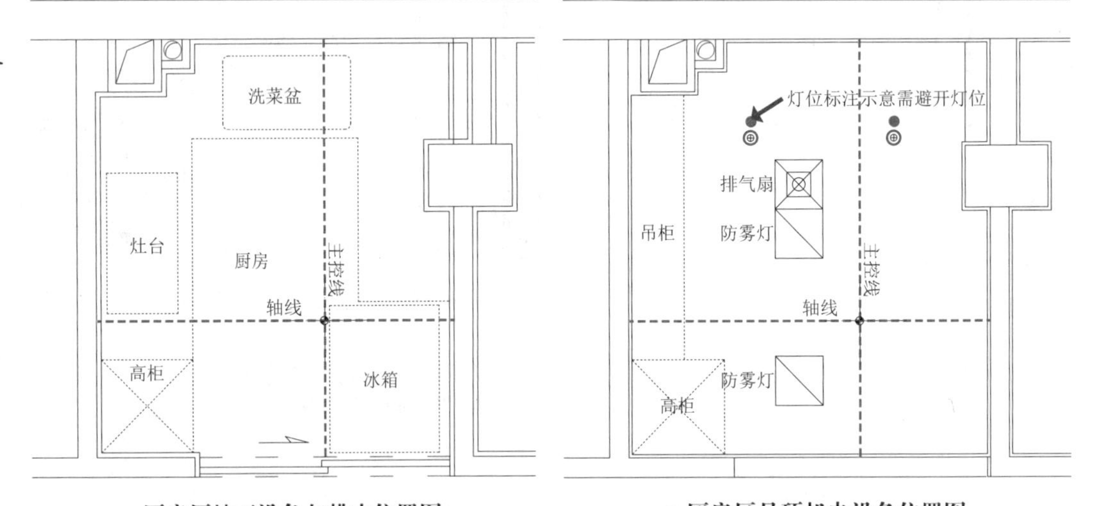
洗菜盆
灶台
厨房
主控线
轴线
高柜
冰箱
灯位标注示意需避开灯位
排气扇
防雾灯
吊柜
主控线
轴线
防雾灯
高柜

• 厨房区地面设备与排水位置图

• 厨房区吊顶机电设备位置图

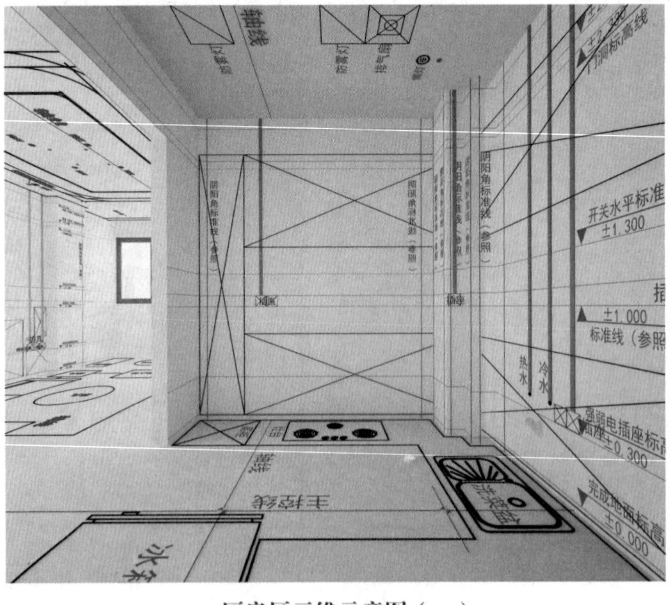
轴线
阴阳角标准线（参照）
开关水平标准
±1.300
±1.000
标准线（参照
热水
冷水
±0.000

• 厨房区三维示意图（一）

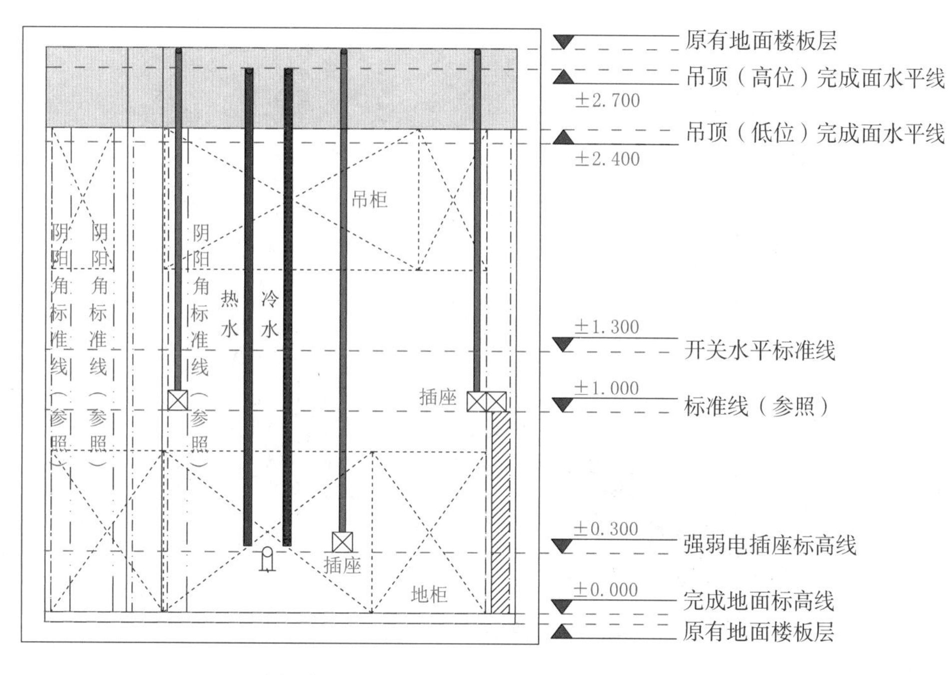
原有地面楼板层
吊顶（高位）完成面水平线
±2.700
吊顶（低位）完成面水平线
±2.400
吊柜
阴阳角标准线（参照）
阴阳角标准线（参照）
阴阳角标准线（参照）
热水
冷水
±1.300
开关水平标准线
插座
±1.000
标准线（参照）
±0.300
强弱电插座标高线
插座
地柜
±0.000
完成地面标高线
原有地面楼板层

• 厨房区墙面材料完成面与机电控制线位置图（一）

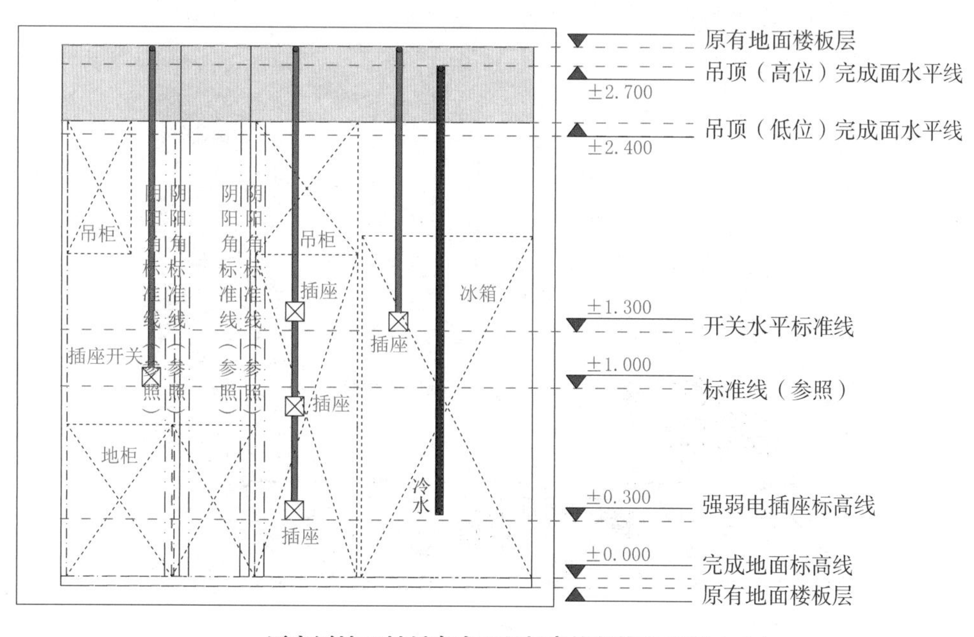
原有地面楼板层
吊顶（高位）完成面水平线
±2.700
吊顶（低位）完成面水平线
±2.400
吊柜
阴阳角标准线（参照）
阴阳角标准线（参照）
阴阳角标准线（参照）
阴阳角标准线（参照）
吊柜
插座
冰箱
±1.300
开关水平标准线
插座开关
插座
±1.000
标准线（参照）
插座
地柜
冷水
±0.300
强弱电插座标高线
插座
±0.000
完成地面标高线
原有地面楼板层

• 厨房区墙面材料完成面与机电控制线位置图（二）

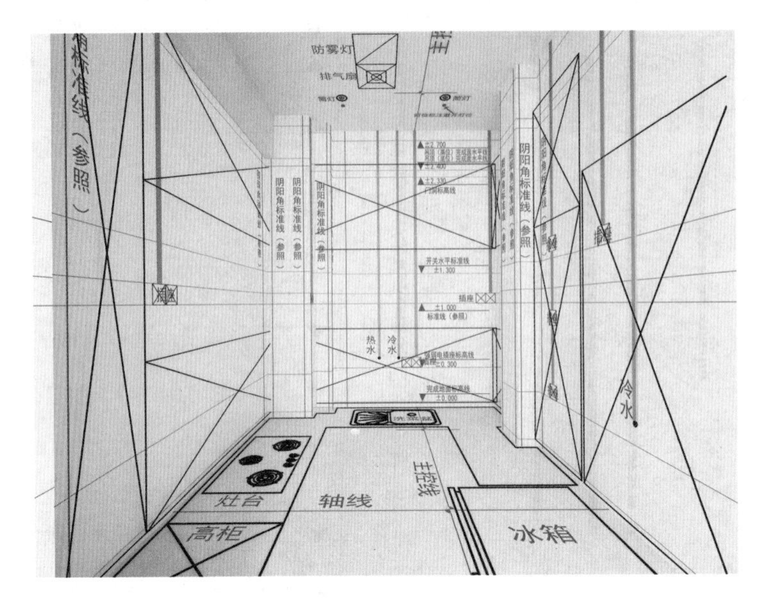
防雾灯
排气扇
阴阳角标准线（参照）
阴阳角标准线（参照）
阴阳角标准线（参照）
开关水平标准线
±1.300
插座
±1.000
标准线（参照）
热水
冷水
±0.000
灶台
轴线
主控线
高柜
冰箱
冷水

• 厨房区三维示意图（一）

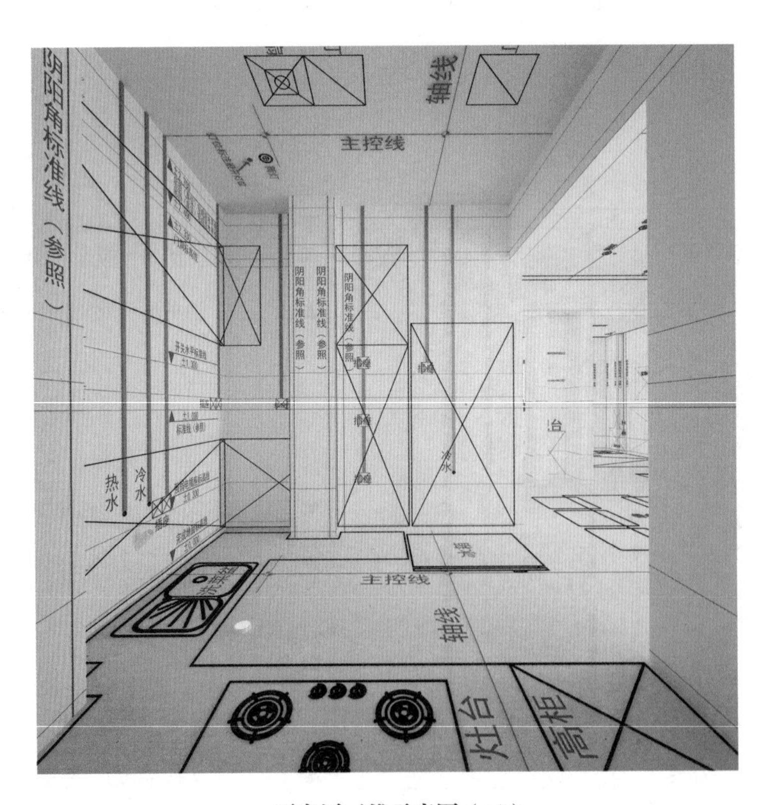
阴阳角标准线（参照）
轴线
主控线
阴阳角标准线（参照）
阴阳角标准线（参照）
阴阳角标准线（参照）
热水
冷水
冷水
主控线
轴线
灶台
高柜

• 厨房区三维示意图（二）

第5章

室内机电管线放样三维系统可视化

5.1　机电设备吊顶全景放样说明

全景放样是在传统放样工艺的基础上，设计更为科学的作业步骤，配合使用高精仪器，可以提高放样精度。根据施工图纸，采用1：1现场3D模型放样和配套工具把客厅、餐厅、厨房、卫生间、卧室里面各施工节点完成情况和机电部分吊顶走线及后期的家具、电器摆放提前呈现出来，是对于工地形象和施工管理及细化都比较好的方式。

技术人员可以根据实体放样的现场施工，解决工人部分施工疑问。业主可以很直观地看到装修后的效果，根据实体放样现场提前调整或者修改装修方案。

5.2　注意事项

（1）对即将施工的水电位置进行系统的定位，通过放样对比图纸，防止出现插座位置被床头柜遮挡掩住或者开关位置同门套线位置冲突等具体问题。

（2）定位卧室的床与柜子位置后，确认还有多少活动空间，床头柜的位置与开关的位置是否合理，对衣柜所占空间和整体的高度以及与床、床头柜之间的距离，衣柜的内部布局尺寸等有更直观的了解。

（3）厨房台面的高度和抽油烟机的位置是否合理，会不会碰头，在1：1放样中得到完美地呈现。

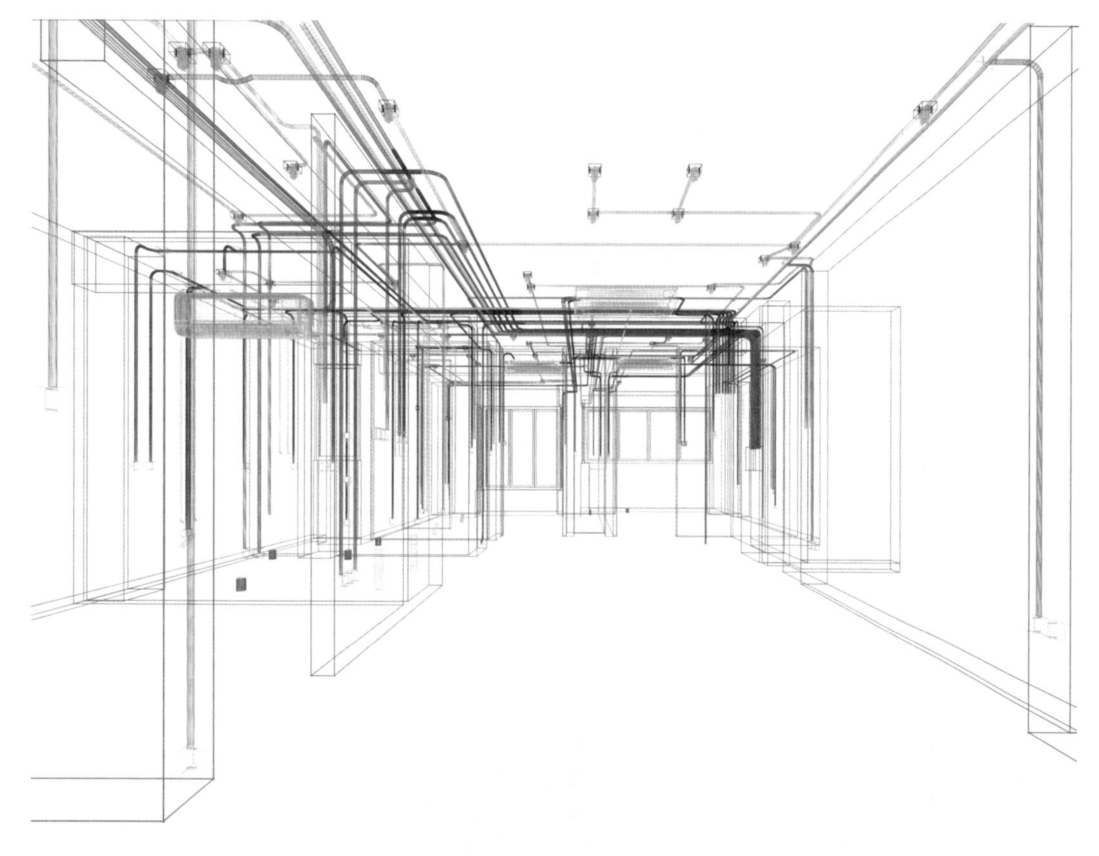

• 室内机电管线示意图

5.3 室内机电管线放样思维导图

室内机电管线放样三维可视化工艺思维导图详见本书附图 3。

5.4 吊顶与墙面机电管线

（1）模拟定位地面、墙面与顶面主控线、轴线、完成面控制线。

（2）模拟定出各功能区墙面造型位置施工线。

（3）模拟定位厨房、卫浴、生活阳台墙面与地面贴砖或石材完成面施工线。

（4）模拟定位厨房功能区电器位置。

（5）模拟定位卫浴功能区洁具、淋浴位置。

（6）模拟定位厨房、卫浴、生活阳台地面排污、排水位置完成面施工线。

（7）模拟定位墙面进水与排水位置完成面施工线。

（8）模拟定位吊顶造型施工底面、顶面完成面施工线。

（9）模拟定位吊顶照明位置与墙面控制施工线。

（10）模拟定位吊顶空调、新风管道、排气等位置线与墙面控制施工线。

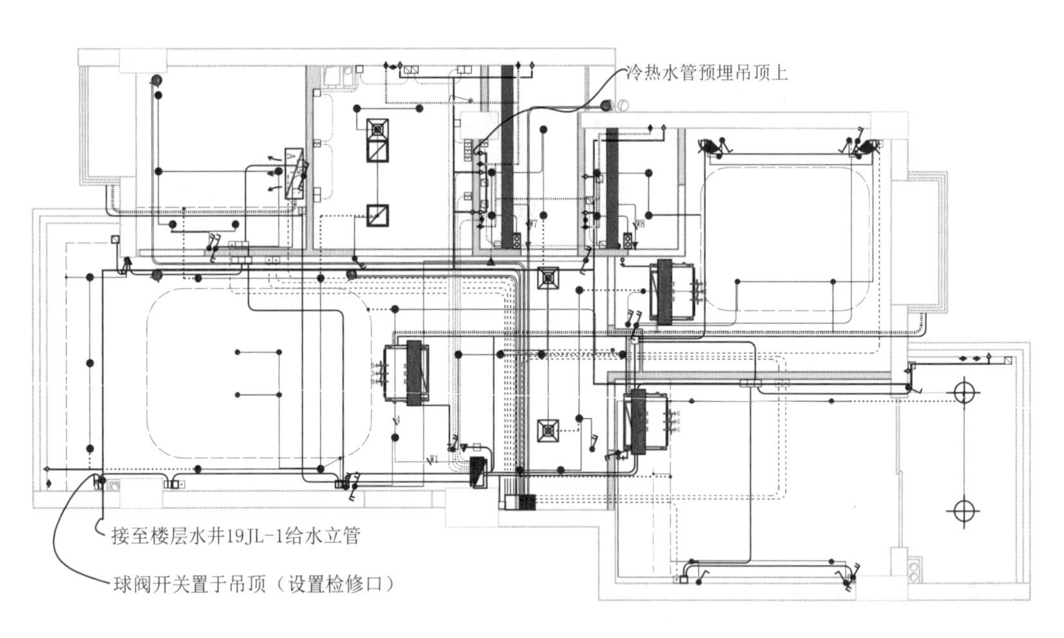
冷热水管预埋吊顶上
接至楼层水井19JL-1给水立管
球阀开关置于吊顶（设置检修口）

• 吊顶与墙面机电管线施工位置定位图

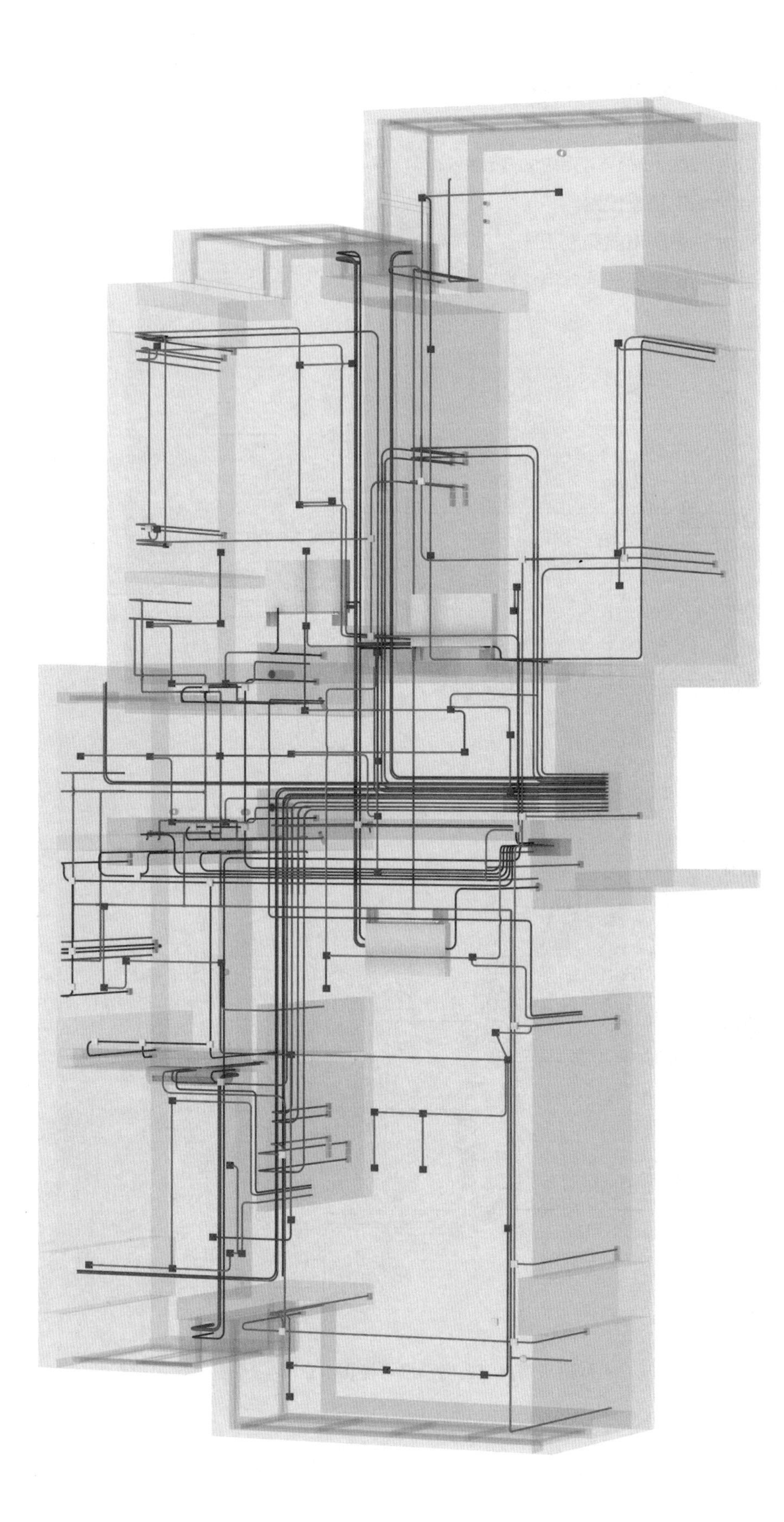

• 吊顶与墙面机电管线透视示意图

5.4.1 吊顶与墙面强弱电

（1）模拟定出主控线、轴线、完成面控制线。

（2）模拟定出强弱电插座位置。

（3）模拟定出吊顶强弱电插座施工线。

（4）模拟定出各功能区墙面强弱电位置施工线。

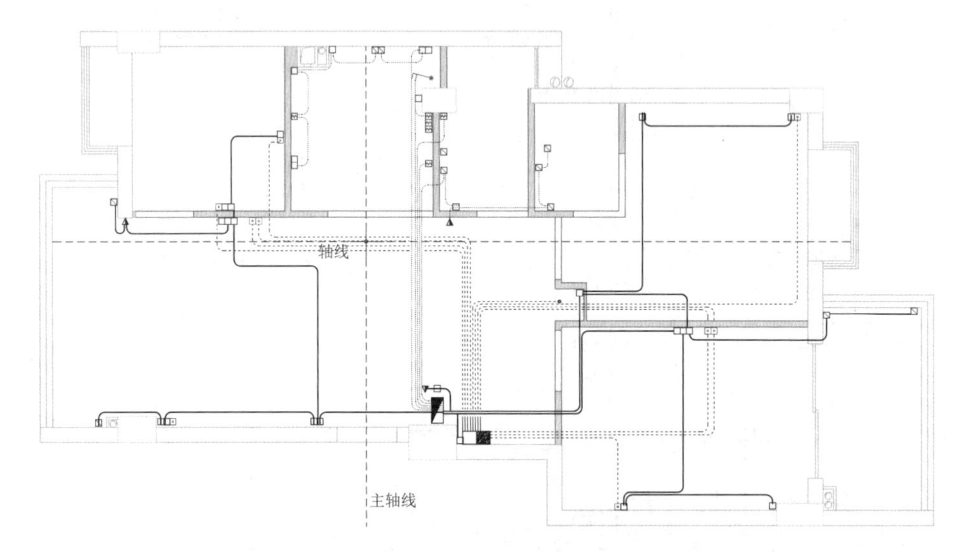
轴线
主轴线

• 吊顶与墙面强弱电施工位置定位图

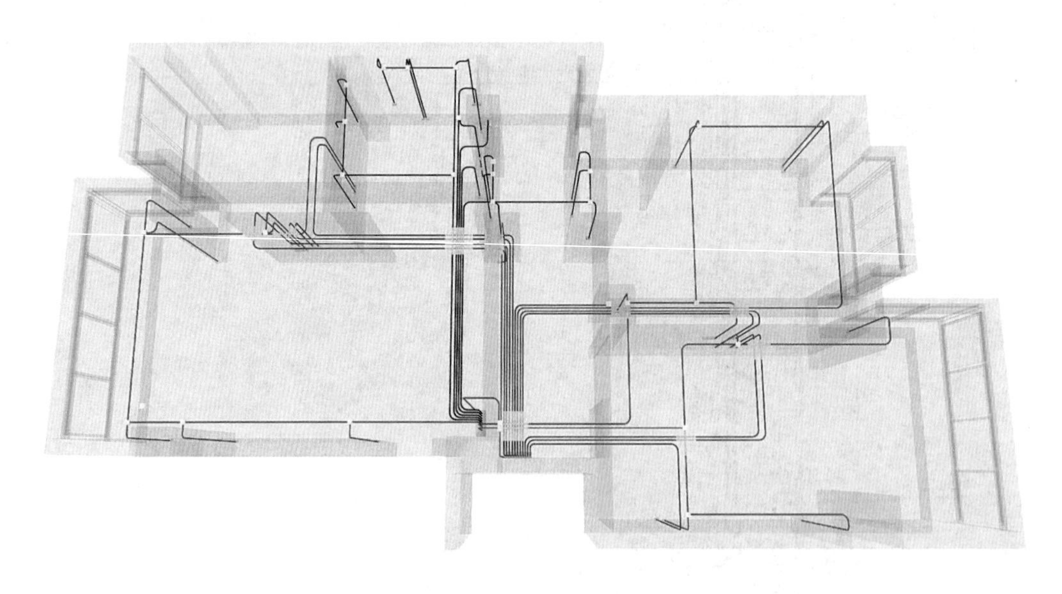

• 吊顶与墙面强弱电三维可视化示意图

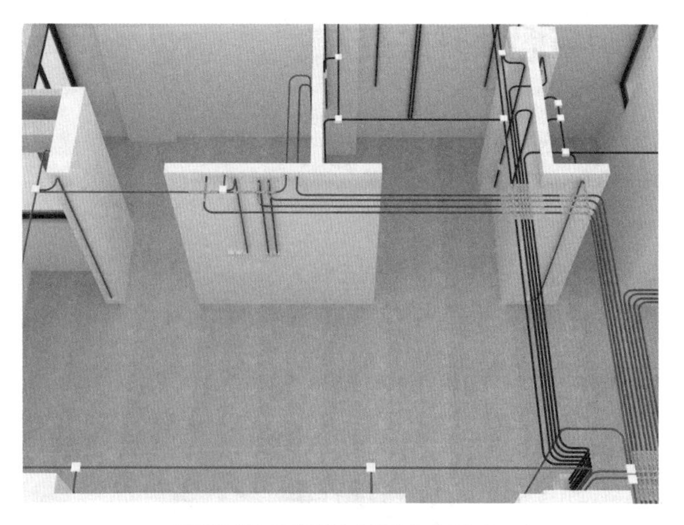

• 吊顶与墙面强弱电细节放大图（一）

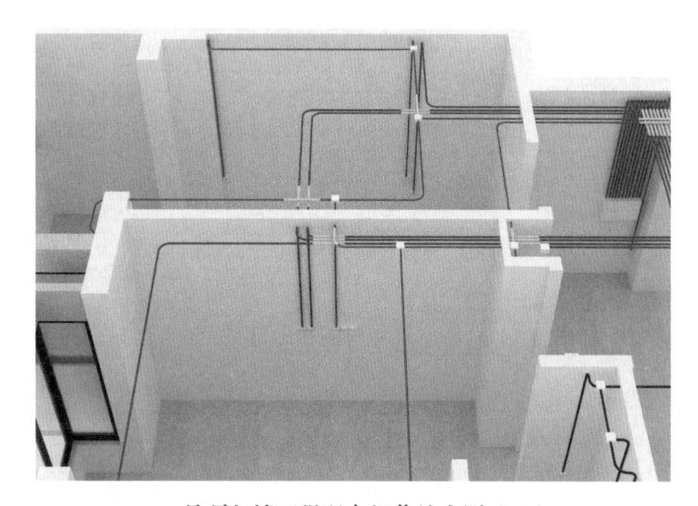

• 吊顶与墙面强弱电细节放大图（二）

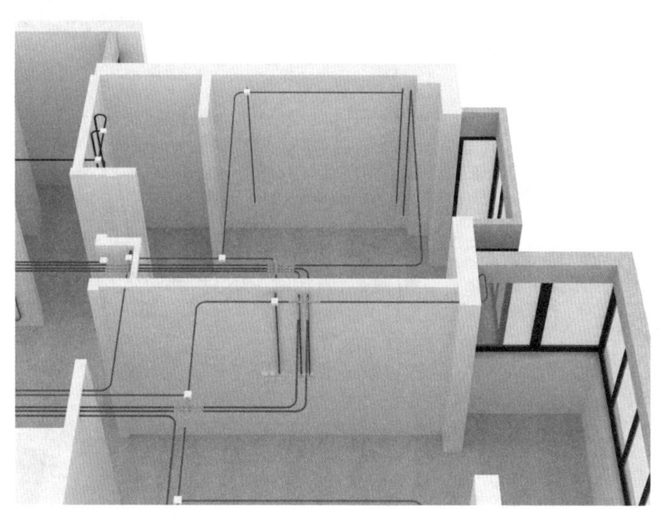

• 吊顶与墙面强弱电细节放大图（三）

5.4.2 吊顶照明与墙面开关控制

（1）模拟定出主控线、轴线、完成面控制线。

（2）模拟定出吊顶照明与墙面开关控制位置。

（3）模拟定出吊顶、墙面照明施工线。

（4）模拟定出各功能区墙面开关控制位置施工线。

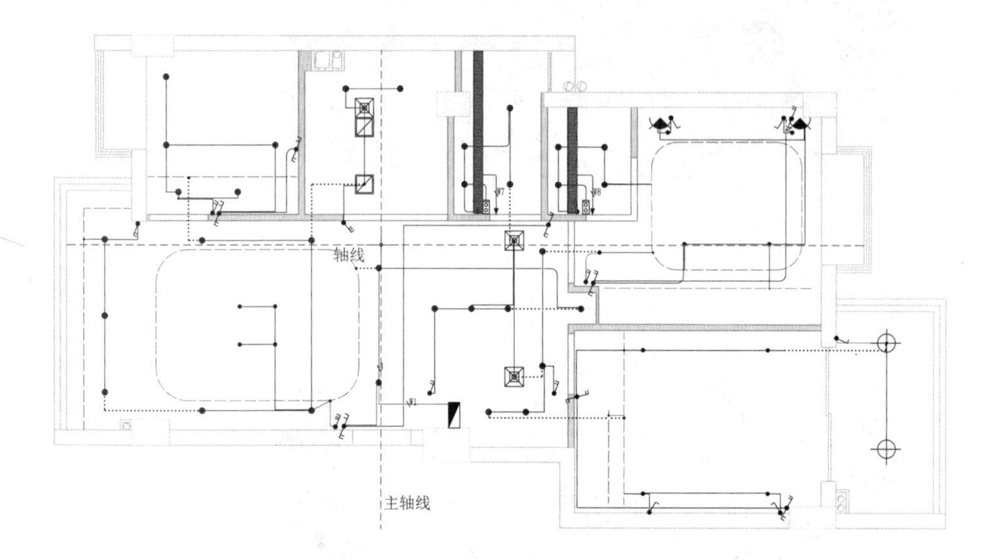
轴线
主轴线

• 吊顶照明与墙面开关施工位置定位图

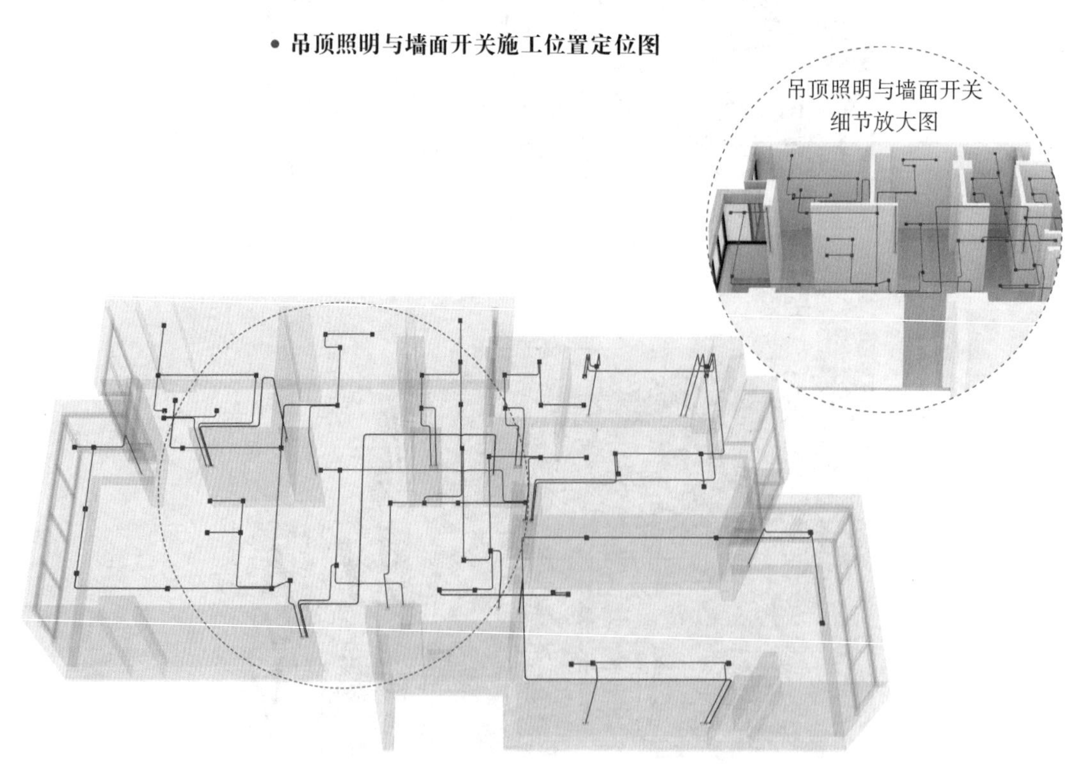
吊顶照明与墙面开关
细节放大图

• 吊顶照明与墙面开关三维可视化示意图

5.4.3 吊顶空调、监控与墙面控制面板

（1）模拟定出主控线、轴线、完成面控制线。

（2）模拟定出吊顶空调、智能监控位置。

（3）模拟定出吊顶空调、智能监控施工线。

（4）模拟定出各功能区墙面空调开关控制位置施工线。

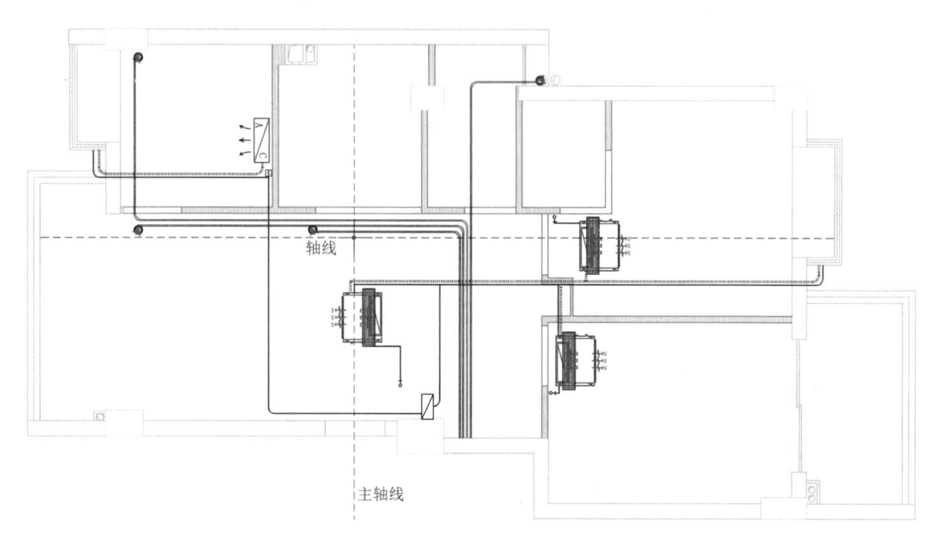
轴线
主轴线

• 吊顶空调、监控与墙面控制面板施工位置定位图

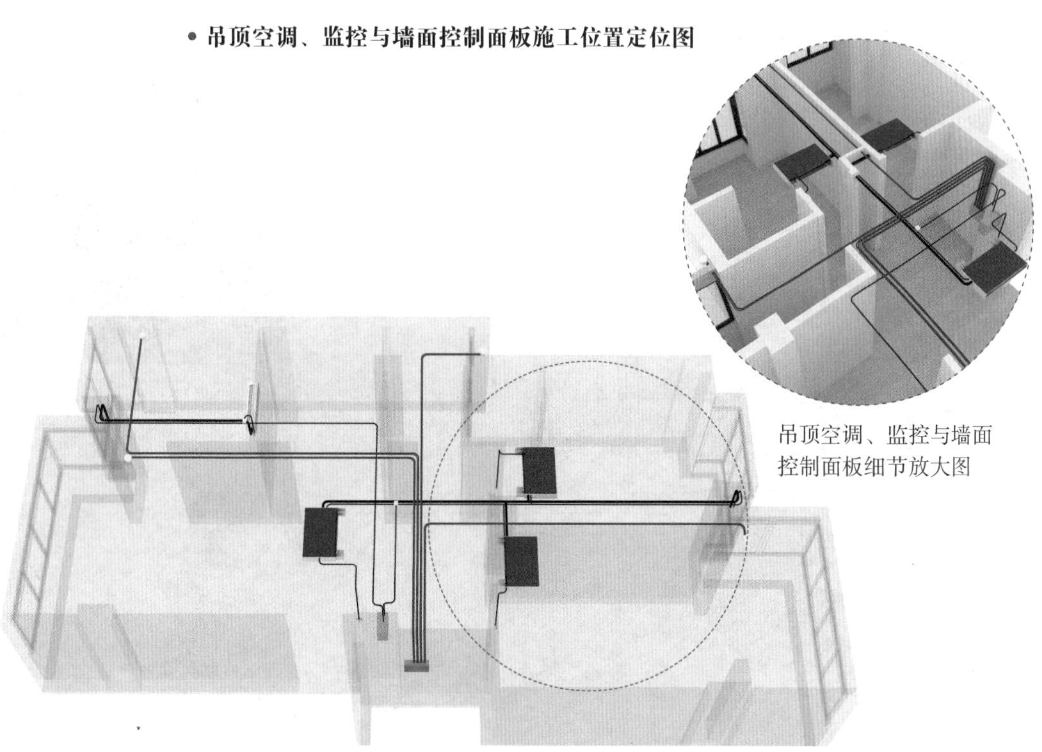

吊顶空调、监控与墙面控制面板细节放大图

• 吊顶空调、监控与墙面控制面板三维可视化示意图

5.4.4 吊顶与墙面的给水管

（1）模拟定出主控线轴线、完成面控制线。

（2）模拟定出吊顶与各区域墙面给水管位置。

（3）模拟定出吊顶给水管施工线。

（4）模拟定出各功能区墙面给水管位置施工线。

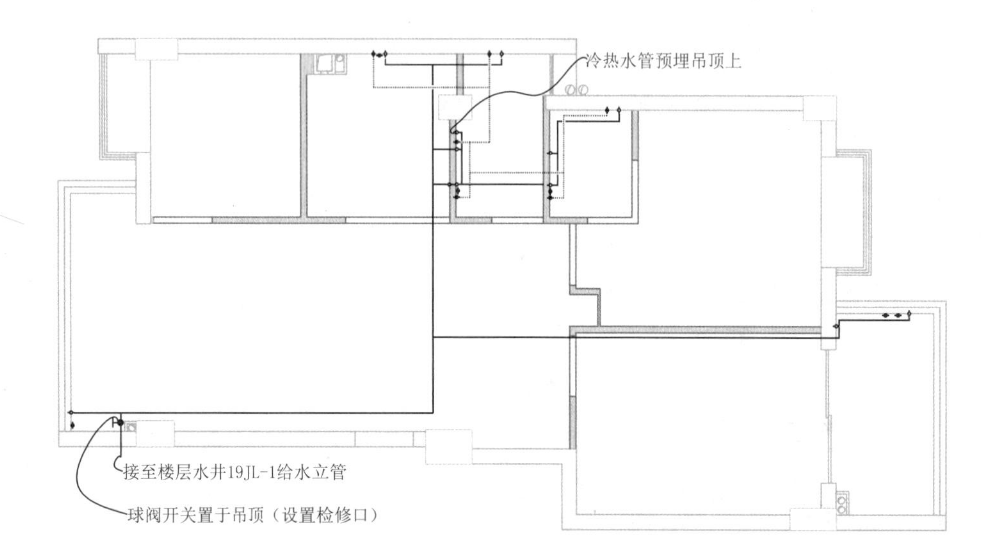

冷热水管预埋吊顶上
接至楼层水井19JL-1给水立管
球阀开关置于吊顶（设置检修口）

• 吊顶与墙面给水管施工位置定位图

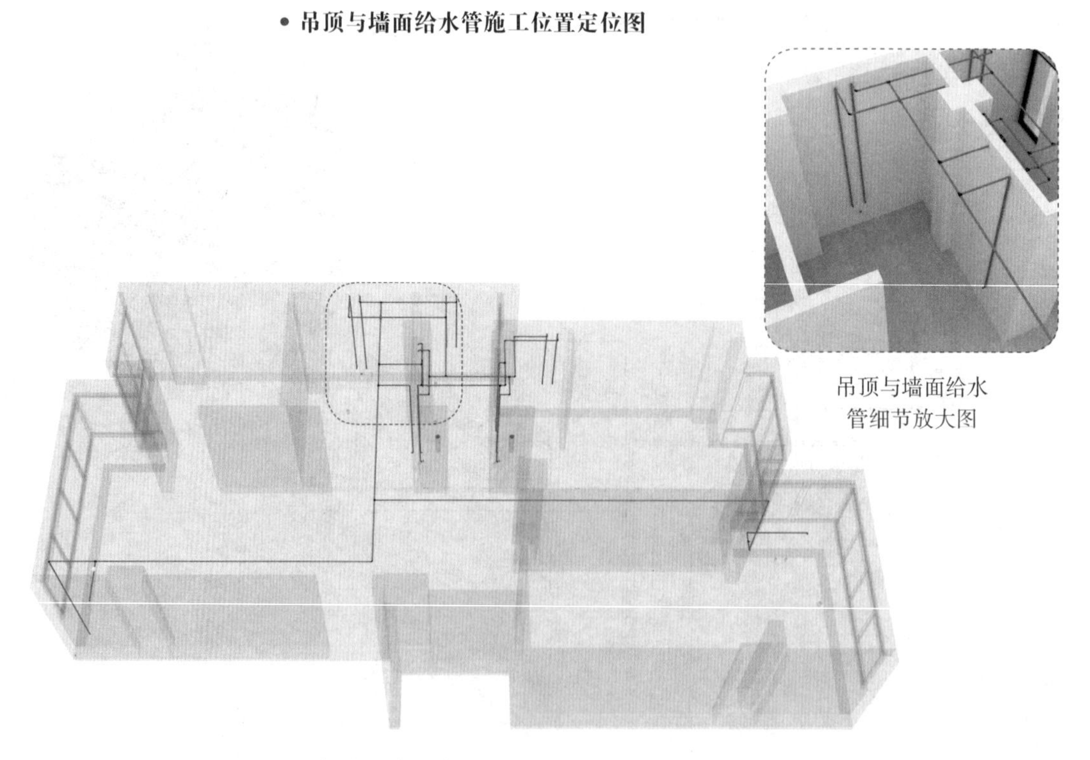

吊顶与墙面给水管细节放大图

• 吊顶与墙面给水管三维可视化示意图

第 6 章

室内机电管线施工工艺三维系统可视化

6.1 室内机电管线施工工艺说明

6.1.1 室内电路管线施工工艺说明

电路设计要多路化，做到空调、厨房、卫生间、客厅、卧室、计算机及大功率电器分路布线；插座、开关分开，除一般照明、挂壁空调外各回路应独立使用漏电保护器；强、弱电分开，音响、电话、多媒体、宽带网等弱电线路设计应合理规范开工。

6.1.1.1 电路设计流程

（1）定位

① 核对施工图与现场实际情况是否相符，以便及时发现问题后更改。

② 到现场观察房型情况，对梁、柱、承重墙、燃气管、冷热水管如何绕道走线做到心中有数。

③ 检查进户线，不适宜的进户线应通知业主，拿出相应的措施与业主沟通后再进行施工。

④ 依据施工图合同对插座、开关、电视、电话、电脑、音响、空调、冰箱等电器及各种灯具定位，并在相应的位置做好标记。

⑤ 装好漏电开关，接好配电盘准备前期工作。

⑥ 墙身、地面开线槽之前用墨盒弹线，以便定位。管面与墙面应留 15mm 左右粉灰层，以防止墙面开裂。

⑦ 未经允许不许随意破坏、更改公共电气设施，如避雷地线、保护接地等。

⑧ 电源线管暗埋时，应考虑与弱电管线等保持 500mm 以上的距离，电线管与热水管、燃气管之间的平行距离不小于 300mm。

⑨ 墙面线管走向尽可能减少转弯且要避开家具的安装位置。

⑩ 如无特殊要求，在同一套房内，开关离地的距离为 1200~1500mm，距门边 150~200mm，插座离地 300mm 左右，插座开关各在同一水平线上，高度差小于 8mm，并列安装时高度差小于 1mm，并且不被推拉门、家具等物遮挡。

⑪ 各种强弱电插座接口宁多勿缺，床头两侧应设置电源插座及一个电话插座，电脑桌附近、客厅电视柜背景墙上都应设置三个以上的电源插座，并设置相应的电视、电话、多媒体、宽带网等插座。音响、电视、电话、多媒体、宽带网等弱电线路的铺设方法及要求与电源线的铺设方法相同，但强弱电线路不允许共用一个套管。

⑫ 所有入墙电线采用 ϕ16 以上的 PVC 阻燃管埋设，导线占的空间应小于 40% 的管径，与盒底连接使用专用接口件。

⑬ 使用导线管时，从地面穿出的线管应做合理的转弯半径，在地面下必须用套管并加胶紧密连接。地面没有封闭之前，要保护好 PVC 管套，不允许有破裂损伤。铺地板砖时 PVC 套管应被水泥砂浆完全覆盖。

（2）切槽

① 根据已确定的各种电器位置和线路走向打好水平线后进行切槽。

② 切槽时应做到横平竖直、美观规范、深度适宜，电工预埋管完成后低于墙面 1cm 为宜。

③ 切底盒槽孔时应方正平直，不得打穿墙体。

④ 埋设强电箱时不得打孔穿洞，承重结构梁、柱等不得打孔穿洞。

（3）配管

① 线管敷设应排列整齐，用线码或扎丝每隔 50cm 固定一个线管。

② 管与底盒以及强弱电箱接口处应用阻燃锁扣连接，地面线管接口要上好胶水。

③ 墙、地面、天花，管与管交叉处应全部采用弯管。

④ 当金属电线保护管与金属盒箱连接时必须与保护地线（PE 线）可靠连接。

⑤ 底盒埋设通常用底盒 86 型，应先上好锁头，湿润盒槽，用水泥砂浆固定，底盒应平行墙面。

⑥ 插座离地面以 300mm 为准，开关高度离地面以 1300mm 为准。

⑦ 电视、电话、电脑线应单独敷设，禁止与电源线同管、槽，并与导线管相隔 100mm 为宜。强电与燃气管分隔：同一平面宽度应距离 150mm 以上；不同平面宽度应距离 100mm 以上。

⑧ 承重结构及顶棚走线时应用黄蜡管进行保护，天花上的灯位出线用波纹管及软管保护，不得裸露。

（4）布线

① 布线应分色。相线为红色、零线为蓝色、地线为黄绿色、灯线及双控线为绿色，所有照明灯线都要放地线。

② 严禁回路借线、中途接线、借用原有老线管。

③ 空调器、热水器、烤箱等功率较大的设备应设专线。

④ 20mm 管内不能超过 5 根 2.5mm^2 线、3 根 4mm^2 线；25mm 管内不能超过 7 根 2.5mm^2 线、5 根 4mm^2 线。天花过线盒不能有接口，所有应全部放在灯位上。

⑤ 电视、电话、电脑、音响要专线专用，不能并线，杜绝半路接头，电脑实际使用的 4 条线颜色分别为：白橙、橙、白绿、绿。

⑥ 布线完工后，应进行各回路线与线间的绝缘检查，绝缘电阻值应符合公司标准，画好墙、地面线管走向示意图，并做好自检记录。

⑦ 布线完工后，经质检员检测合格装好底盒保护盖板后方可封槽，封槽前应洒水湿润槽内，砂浆表面应平整，不得高出墙面，也不得露线管。

（5）电气检测

① 所有接线完毕后，必须对强电箱、插座、开关进行线路检查测试。

② 所有电气完工后进行通电检测，漏电开关应动作正常，插座开关试电良好。

6.1.1.2 插座接线安装

（1）单相两孔插座中，面对插座的右孔或上孔与相线相接，左孔或下孔与零线相接；单相三孔插座，面对插座的右孔与相线相接，左孔与零线相接，上孔与地线连接。

（2）单相三孔、三相四孔及三相五孔插座的接地线或接零线均应接在上孔。

（3）电视、电话、电脑等插座，应用万用表测量线路合格后再进行接线安装。

（4）暗装的插座开关应采用 86 盒，专用盒的四周不应有空隙，且盖板端正，紧贴墙面。

6.1.1.3 灯具安装

（1）灯具及其配件应齐全，无机械损伤、变形、油漆剥落和灯罩破裂等缺陷。

（2）接线时相线进开关，通过开关进灯头，零线直接进灯头，地线进灯座。

（3）灯具应固定可靠，大吊灯应在混凝土顶棚上打膨胀螺栓，其他顶棚也应用加长螺栓固定灯座，避免掉落。

（4）成排的筒灯、射灯，其中心线偏差不应大于 5mm。

（5）灯具安装完工后必须进行保护，避免交付前被损坏、弄脏。

6.1.1.4 强电箱安装

（1）强电箱内应设置漏电断路，漏电动作电流不应大于 30mA，应有超负荷保护功能，并分出多路出线，分别控制照明、空调、插座，其回路应确保负荷正常使用。

（2）三相四线出线分配。要算出各回路的功率，平均分好每组回路，保持三相用电平衡，注意各回路相与相之间并头，每相出线尾端一定要与其他回路分隔开。

（3）照明及电热负荷线径截面的选择应使导线的安全流量大于该分路内所有电器额定电流之和，各分路线的容量不允许超过进户线的容量。

（4）强电箱内，应分别设置零线与保护地线（PE）汇流排，零线和保护线就在汇流排上连接，不得绞接，并应有编号。

（5）强电箱内的强电开关和空气开关应排列整齐，并标明各回路控制照明、空调、插座的用电回路名称及编号。

（6）电工作业后期完工后，应对插座、开关、灯具等进行检查试用，应符合电气安置、安装工程电气设备交接试验标准的有关规定，并做好记录，通过公司质检员检测验收合格后，方可交付使用。

6.1.1.5 临时用电

（1）施工现场临时用电应有完整的插头、开关、插座、漏电断路器，临时用电必须使用电缆线。

（2）进场时把空气开关的电线全部卸下来，然后从总进线接到临时配线电箱。工程队应自带强电箱，包括漏电开关、空气开关及带保护装置的插座，电缆线应完好无损。

（3）包括切割机、角磨机、电据、手电钻、冲击钻等电动工具，经检验绝缘性能应完好无损，使用时安全可靠，操作方法应正确。

6.1.2 室内水路管线施工工艺说明

（1）室内给水管铺设顺序应先干管、后支管。

（2）给水管暗铺时应尽量减少接头，穿越墙体需预设套管，套管内不得有接头，套管内用防火泥封堵。

（3）给水管铺设应固定牢固。

6.2 室内机电管线施工工艺思维导图

室内机电管线施工三维可视化工艺思维导图详见本书附图4。

6.3 吊顶、墙面的机电管施工工艺

6.3.1 吊顶线管铺设工艺

6.3.1.1 吊顶、墙面机电管线与管卡安装

（1）PVC86盒距管卡距离为200mm，管卡与管卡的距离为500mm，现场弯管时根据管径选择助弯弹簧弯曲，转弯半径不应小于管径的6倍。转弯处的管卡应≥200mm，管卡用6mm尼龙膨胀螺管固定，禁用木榫替代。

（2）PVC接线盒与线管用胶水连接。从接线盒引出的导线应用金属软管保护至灯位，防止导线裸露在平顶内。

（3）PVC接线盒盖板与金属软管需用尼龙接头连接，金属软管长度不得超过1000 mm。

（4）线管敷设必须横平竖直，应尽可能减少弯曲次数。

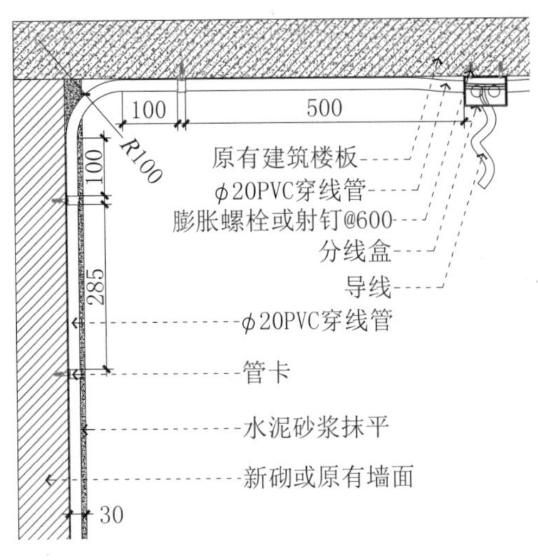
100
500
R100
100
285
30
原有建筑楼板
φ20PVC穿线管
膨胀螺栓或射钉@600
分线盒
导线
φ20PVC穿线管
管卡
水泥砂浆抹平
新砌或原有墙面

• 管线与管卡安装示意图

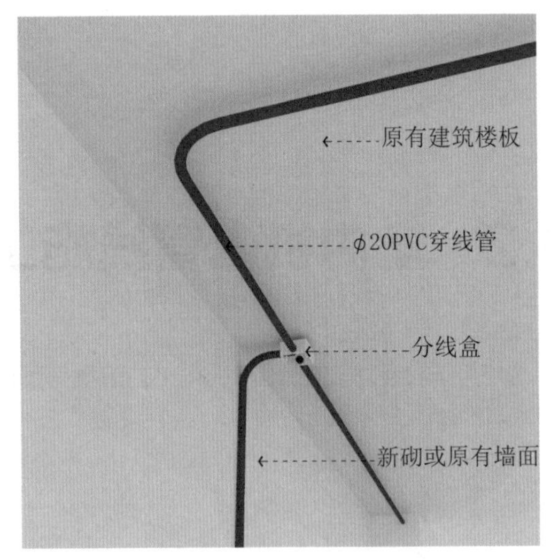
原有建筑楼板
φ20PVC穿线管
分线盒
新砌或原有墙面

• 管线与管卡安装三维示意图

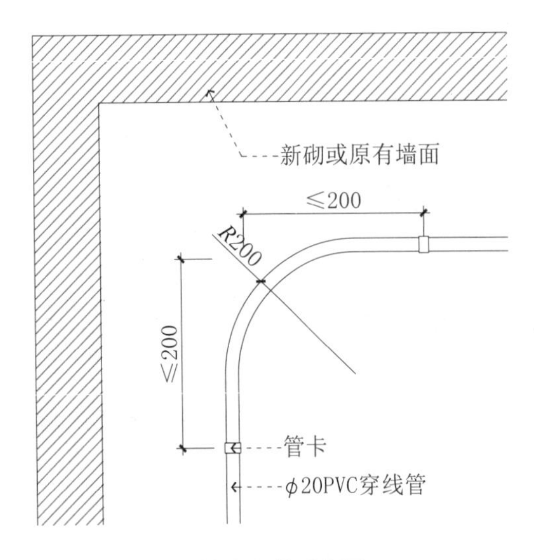
新砌或原有墙面
≤200
R200
≤200
管卡
φ20PVC穿线管

• 管卡安装示意图

6.3.1.2 分线盒管线安装

所有灯头线必须预留 50cm 并卷成弹簧状，确保后期灯具安装时有足够的电线长度，零相线必须使用压线帽，确保现场用电安全。顶面管线用管卡固定，管长与分线盒间距在 200mm 以内。

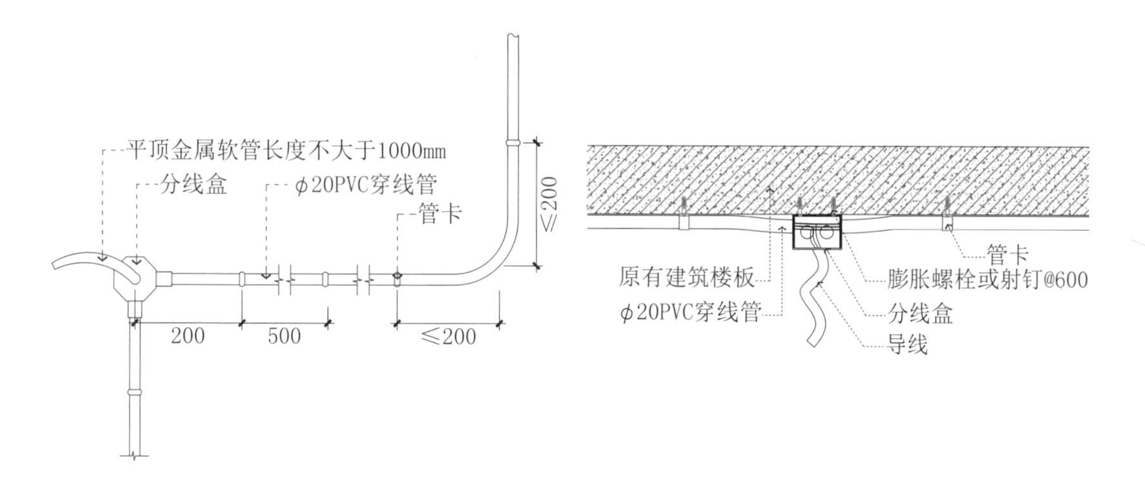
平顶金属软管长度不大于1000mm
分线盒
ϕ20PVC穿线管
管卡
≤200
200
500
≤200
原有建筑楼板
ϕ20PVC穿线管
管卡
膨胀螺栓或射钉@600
分线盒
导线

• 分线盒管线安装示意图　　• 分线盒管线剖面示意图

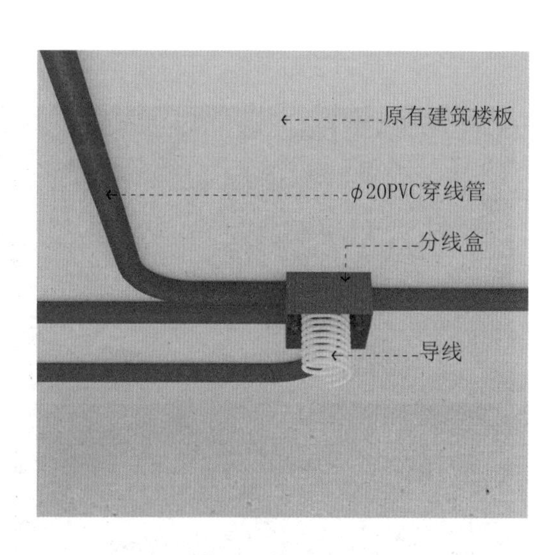
原有建筑楼板
ϕ20PVC穿线管
分线盒
导线

• 分线盒管线三维示意图

设 计

施工解读

线路长度超过 15m，或转弯超过 3 处应设置分线盒隐蔽线路，这样施工也是为了方便检修。

6.3.1.3　吊顶管线过桥做法

（1）PVC 管道如遇交叉处，需要做过桥弯管，两边用管卡固定。过桥弯曲有两种方式：一种是管道向下弯曲（适合顶面有足够的高度）；另一种是在顶面开槽预埋，预埋的管道应与顶面相平（适合顶面未做吊顶）。

（2）敷设 2 根或 2 根以上线管时不能并排紧贴，管与管的间距不得小于 20mm。

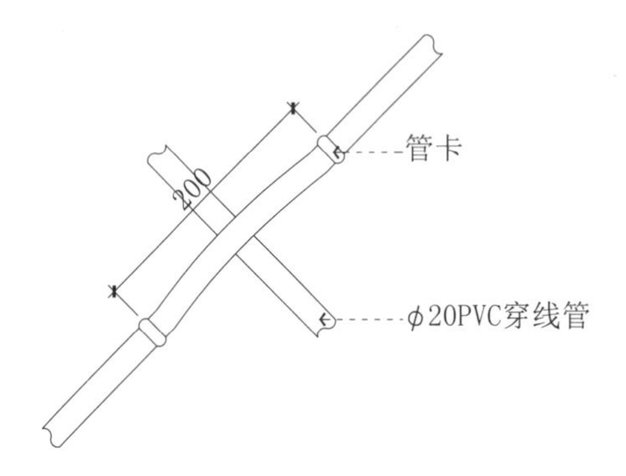

200
管卡
φ20PVC穿线管

• 吊顶管线过桥安装示意图

强电线管
原有建筑楼板
水泥砂浆抹平
固定防裂钢丝网
开槽位置
标准红砖

• 吊顶管线过桥三维示意图

6.3.1.4 吊顶与墙面排管布线做法

（1）排管布线应遵循横平竖直的原则，管内电线不超过 3 根，让线路散热快，不过热，也为了电线能抽动便于后期检修。

（2）底盒、转角 150~200mm 处设置管卡，管卡间距不大于 800mm，应布置均匀。

（3）墙面、顶面用管卡固定，2 根以上线管应平行布置，线管间距不小于 10mm，这样固定线管，不仅牢固，也可避免后续施工碰脱线管，保证强弱线路质量，而且后期不论找平、抹灰还是铺砖，水泥砂浆都能透过缝隙与墙面接触，不会产生空鼓，经得起时间的考验。

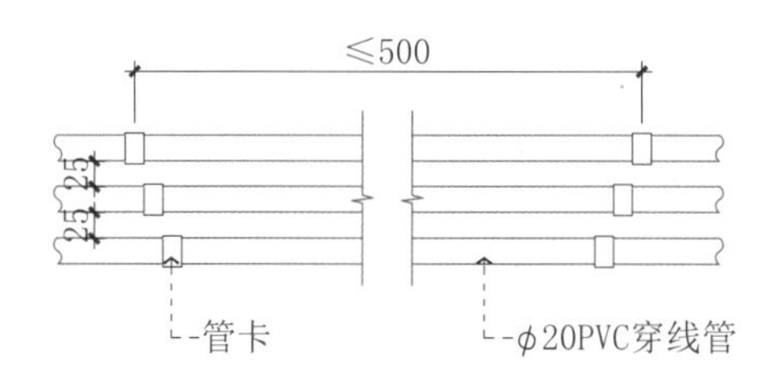
≤500
25
25
管卡
φ20PVC穿线管

• 顶面多管线做法示意图

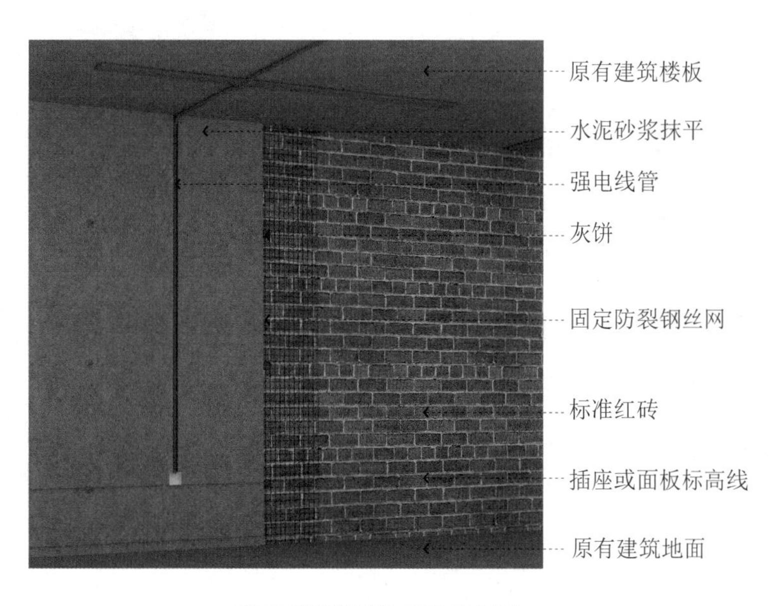
原有建筑楼板
水泥砂浆抹平
强电线管
灰饼
固定防裂钢丝网
标准红砖
插座或面板标高线
原有建筑地面

• 顶面多管线做法三维示意图

6.3.2 墙面管线铺设工艺

（1）按照电器施工图，在墙面确定开关插座位置及线管走向，弹线后沿线割槽，割槽深度应为相应线管敷设完成后管壁距水泥砂浆粉刷完成面的距离再加上 5mm 为宜。

（2）槽内线管应用铁丝固定。

（3）墙面开关插座线管施工步骤：①墙面管线放线；②开线槽；布管预埋暗盒；③穿线；④封管保护管线。

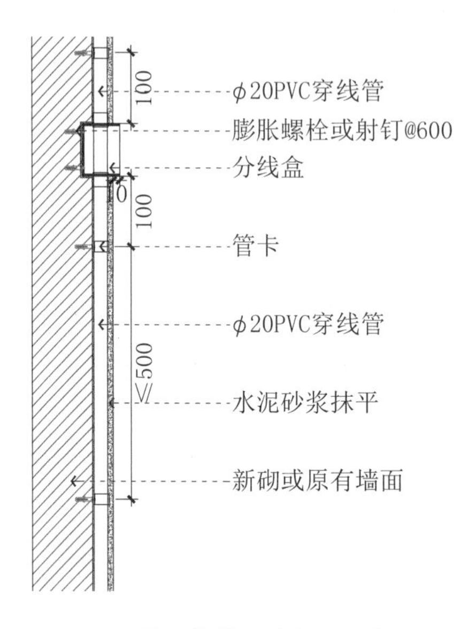
100
ϕ20PVC穿线管
膨胀螺栓或射钉@600
分线盒
10
100
管卡
ϕ20PVC穿线管
≤500
水泥砂浆抹平
新砌或原有墙面

• 墙面管线铺设剖面示意图

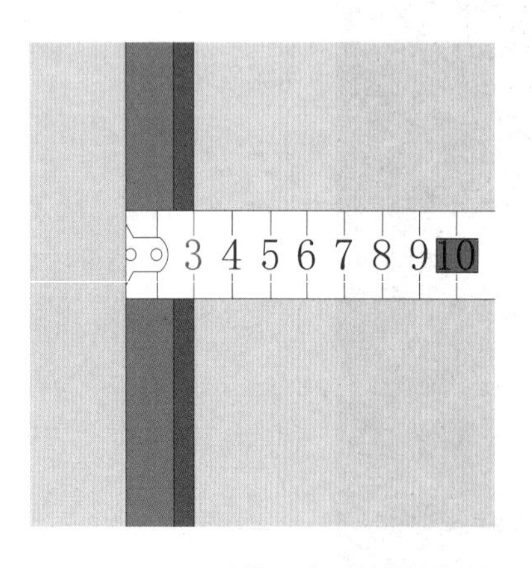
3 4 5 6 7 8 9 10

• 开槽深度示意图

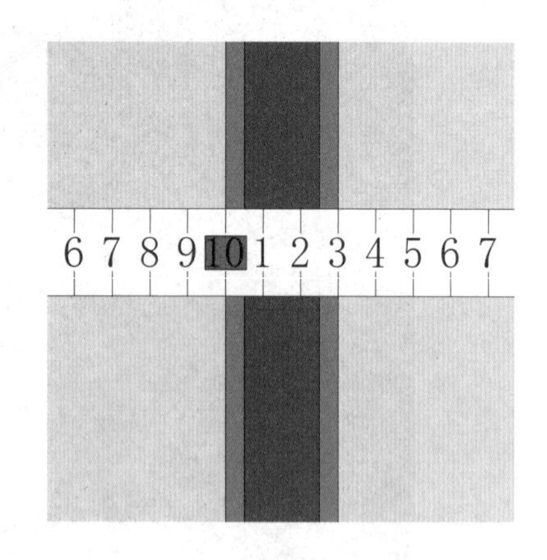
6 7 8 9 10 1 2 3 4 5 6 7

• 开槽宽度示意图

设 计

施工解读

1. 开槽深度：16 管开槽深度不少于 3cm，20 管开槽深度不少于 3.5cm；确保水泥砂浆厚度不低于 1.5cm，并应保证开槽处水泥层不会裂开。

2. 开槽宽度：穿线管开槽单线管宽度不少于 3cm，双线管宽度不少于 6cm，确保线管和线槽之间有足够的空间填充水泥砂浆，并应保证开槽处水泥层不会裂开。

6.4 强弱电箱分布安装

6.4.1 认识强弱电箱

（1）弱电箱是用于通信、智能控制等用途的箱式设备，网线、电视线、电话线等都可以放置于其中。

（2）强电箱是用于电能输送，分管各路插座、灯、空调等用电设备，以及最关键的漏电保护部分。

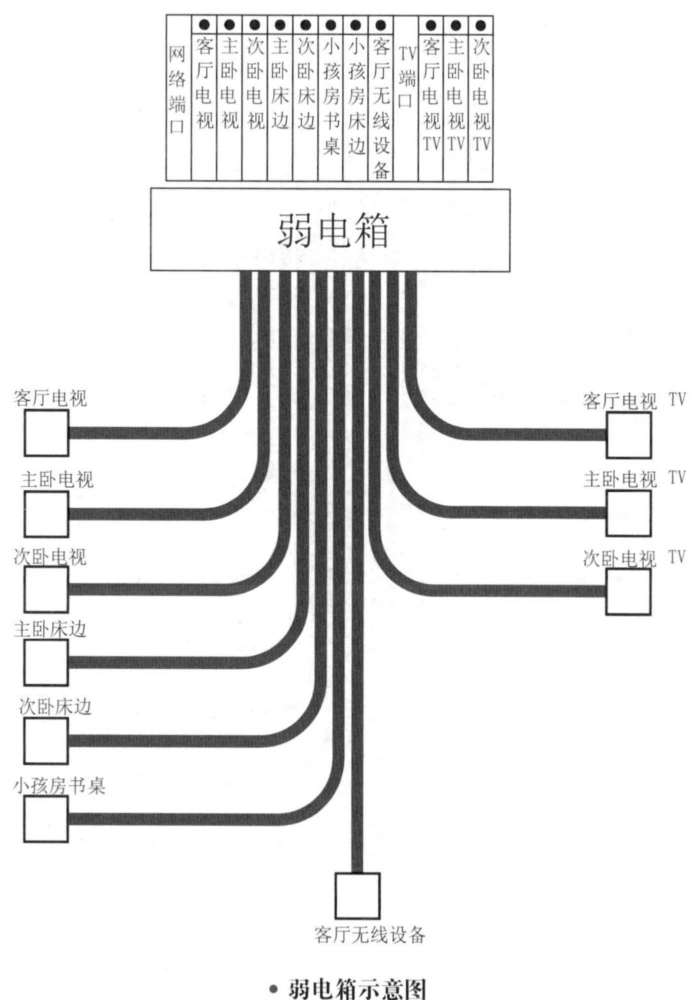
网络端口
客厅电视
主卧电视
次卧电视
主卧床边
次卧床边
小孩房书桌
小孩房床边
客厅无线设备
TV端口
客厅电视TV
主卧电视TV
次卧电视TV
弱电箱
客厅电视
主卧电视
次卧电视
主卧床边
次卧床边
小孩房书桌
客厅电视 TV
主卧电视 TV
次卧电视 TV
客厅无线设备

• 弱电箱示意图

设　计

施工解读

强弱电箱距完成地面 1800mm 以上，应避免儿童接触，并设漏电保护，同时总开关应设置过压延时保护。

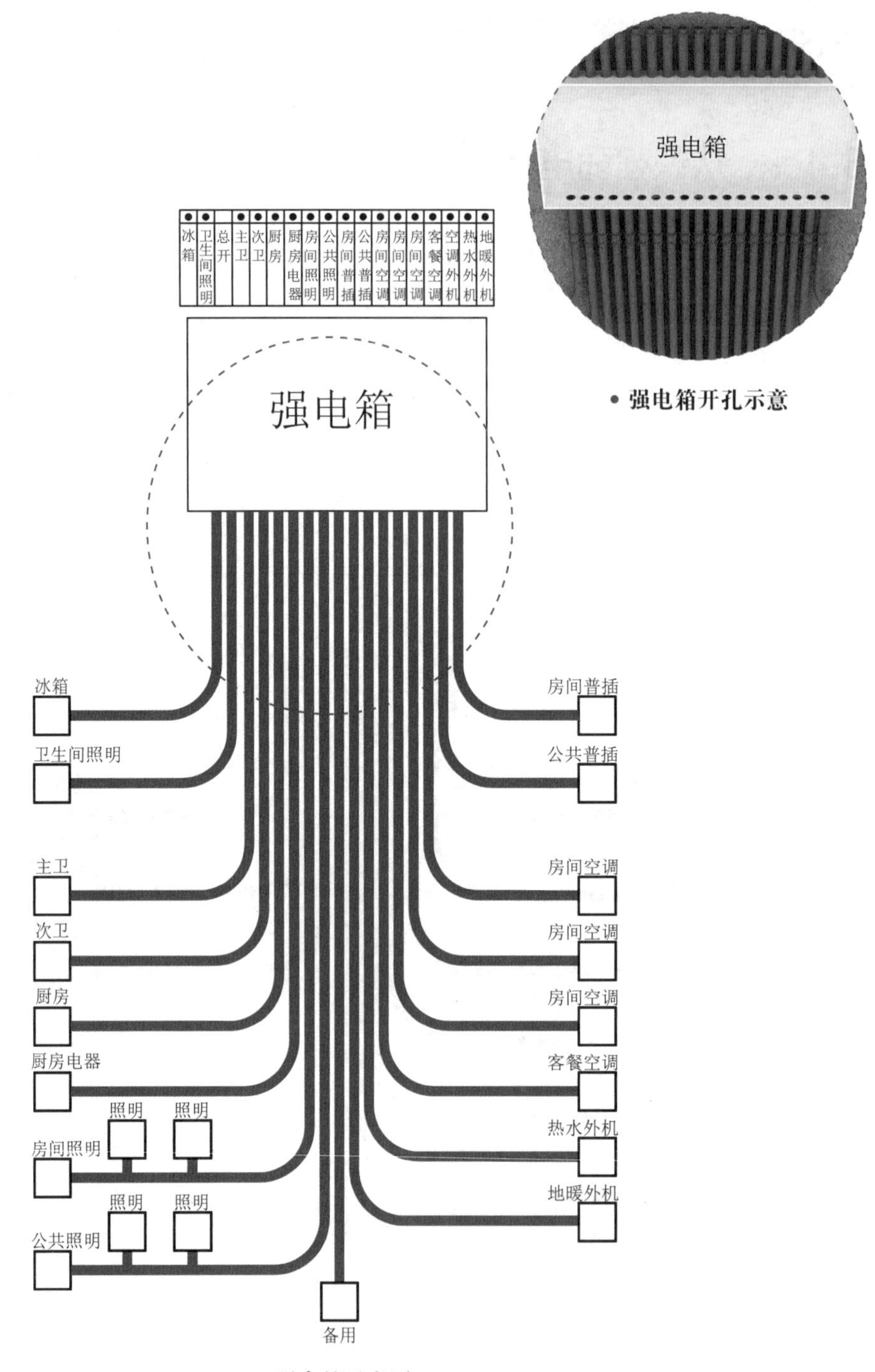
强电箱
冰箱
卫生间照明
总开
主卫
次卫
厨房
厨房电器
房间照明
公共照明
房间普插
公共普插
房间空调
房间空调
房间空调
客餐空调
空调外机
热水外机
地暖外机
冰箱
卫生间照明
主卫
次卫
厨房
厨房电器
照明
照明
房间照明
照明
照明
公共照明
备用
房间普插
公共普插
房间空调
房间空调
房间空调
客餐空调
热水外机
地暖外机
强电箱

• 强电箱开孔示意

• 强电箱示意图

设 计

施工解读

1. 所有强、弱电箱开孔均采取机器开孔，再用螺母进行固定处理，以确保用电安全和视觉美观。

2. 在强、弱电布管时，确保线管横平竖直，强、弱电交接处用锡纸进行包裹，避免强电对弱电信号造成干扰。

6.4.2 强电箱安装注意事项

（1）跃层、分层应分别设置强电箱，强电箱距地高度应为 1.6~1.8m，以避免儿童接触。除照明回路外，其他回路及总控开关应设置漏电保护，同时总控开关应设置过压延时保护，保证回路设置准确，日常使用安全可靠。

（2）电线配管时，应将强电箱的电源、负载管由左至右按顺序排列整齐。

（3）安装强电箱箱体时，应按需要打掉箱体敲落孔的压片，当箱体敲落孔数量不足或孔径与配管管径不相吻合时，可使用开孔机开孔，明装强电箱采用金属膨胀螺栓的方法进行安装。

（4）强电箱安装应横平竖直，在箱体放置后要用尺板找好箱体垂直度，使其符合规定，箱体垂直度的允许偏差是：当箱体高度为 500mm 以下时，不应大于 1.5mm；当箱体高度为 500mm 以上时，不应大于 3mm，配管入箱应顺直，露出长度应小于 5mm。

（5）强电箱内接线应整齐美观、安全可靠，管内导线引入盘面时应理顺整齐，并沿箱体的周边并排布置。

（6）导线与器具连接，接线位置应正确，连接牢固紧密，不伤芯线。

（7）压板连接时，应压紧无松动；螺栓连接时，在同一端子上导线不超过 2 根，防松垫圈等配件应齐全，零线经汇流排（零线端子）连接应无纹接现象。

（8）强电箱面板四周边缘应紧贴墙面，不能缩进抹灰层，也不能突出抹灰层。

（9）强电箱安装完毕后，应将内部杂物清理干净。PVC 管安装好后统一穿电线，检查各个管口的护口是否整齐，如有遗漏和破损，均应补齐和更换。

6.4.3 绝缘电阻测试示范

（1）绝缘电阻测试。绝缘电阻测试包括电气设备和动力，照明线路及其他必须摇测。对线路的绝缘摇测应分两次进行，第一次在穿线和接焊包完成后，在管内穿线分项质量评定时进行；第二次在灯具、设备安装前再进行一次线路绝缘摇测，照明线路绝缘阻值应大于 0.5 MΩ、动力线路绝缘应大于 1.0 MΩ，并应填写相关表格。

（2）等电位联结。在需要等电位联结的高级装修金属部件或零件，如浴缸及浴缸下水、淋浴水龙头、台盆下水及台盆水龙头等，等电位联结线应采用空载电压为 4~24V 的直流或交流电源，测试电流不小于 0.2A，可认为等电位联结是有效的，如发现导通不良的管道连接处，应做跨接线。

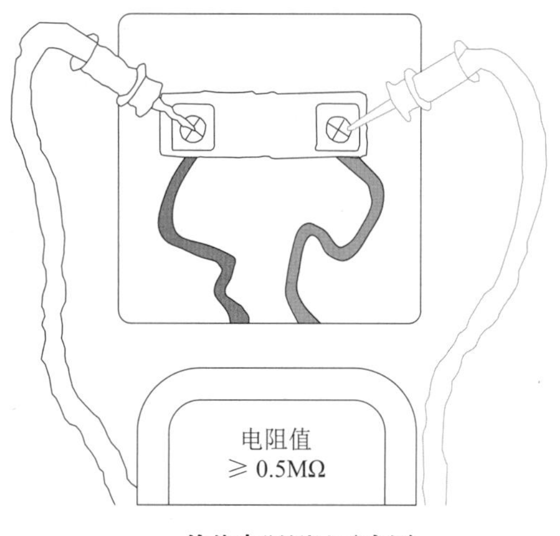
电阻值
≥ 0.5MΩ

• 绝缘电阻测试示意图

6.5 室内开关插座施工安装

开关插座安装前需要准备好专门的安装工具，如测量用的卷尺、水平尺、线坠，钻孔用的电钻、扎锥，以及安装时用的绝缘手套、剥线钳等。

6.5.1 插座安装准备

开关插座的安装需要满足一定的作业条件，要求在墙面刷白、油漆及壁纸等装修工作均完成后才开始，并且电路管道、盒子均已铺设完毕，并完成绝缘摇测。作业时应保证天气晴朗、房屋通风干燥、切断电箱电源。

6.5.2 插座安装过程

为保证电源开关插座的安全耐用性，建议请专业装修工人进行安装。如果自行安装或更换，开关插座盒中的接线必须仔细，不允许出现错接、漏接的情况。安装流程主要分为清洁、接线、固定安装。

第一步，开关插座底盒清洁（处理好安装部位，将底盒内的灰尘与杂物清洁干净）

开关插座安装在木工、油漆工等之后进行，而久置的底盒难免堆积大量灰尘，在安装时应先对开关插座底盒进行清洁，特别是将盒内的灰尘杂质清理干净，并用湿布将盒内残存灰尘擦除。这样做可防止出现特殊杂质影响电路使用的情况。

第二步，电源线处理（将盒内甩出的导线留出维修长度，然后削出线芯）

削线芯时注意不要碰伤线芯，将导线按顺时针方向盘绕在开关或插座对应的接线柱上，然后旋紧压头，要求线芯不得外露。

第三步，插座三线接线方法（三孔插座上接地线，左接零线，右接相线；两眼插座左接零线，右接相线。）

相线接入开关两个孔中的 A 标记孔，再从另一个孔中接出绝缘线接入下面的插座三个孔中的 L 孔内接牢。零线直接接入插座三个孔中的 N 孔内接牢。地线直接接入插座三个孔中的 E 孔内接牢。若零线与地线错接，使用电器时会出现跳闸现象。

第四步，开关插座固定安装（将导线按各自的位置从开关插座的线孔中穿出）

先将盒子内甩出的导线由塑料台的出线孔中穿出，再把塑料台紧贴于墙面用螺丝固定在盒子上。固定好后，将导线按各自的位置从开关插座的线孔中穿出，按接线要求将导线压牢。

第五步，面板安装（用螺丝固定调正面板）

将开关或插座贴于塑料台上，找正并用螺丝固定牢固，盖上装饰板。

6.5.3 图解照明开关、插座

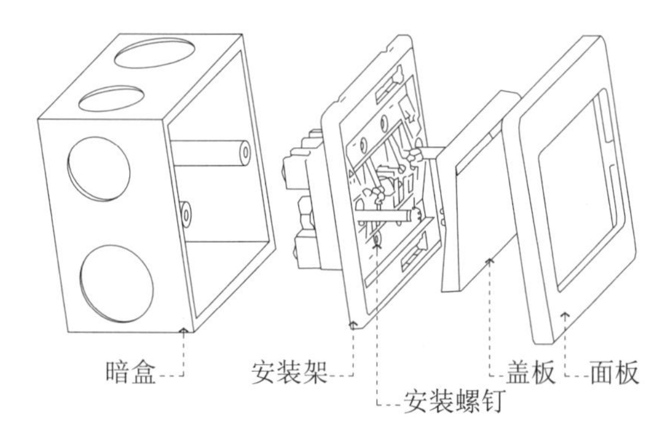
暗盒
安装架
安装螺钉
盖板
面板

• 开关示意图

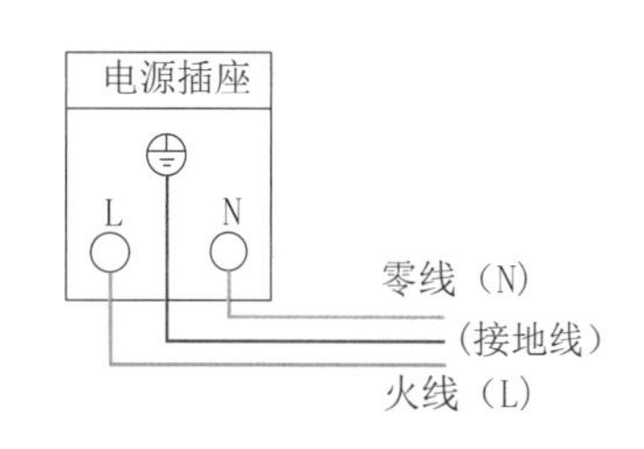
电源插座
L
N
零线（N）
（接地线）
火线（L）

• 插座安装示意图

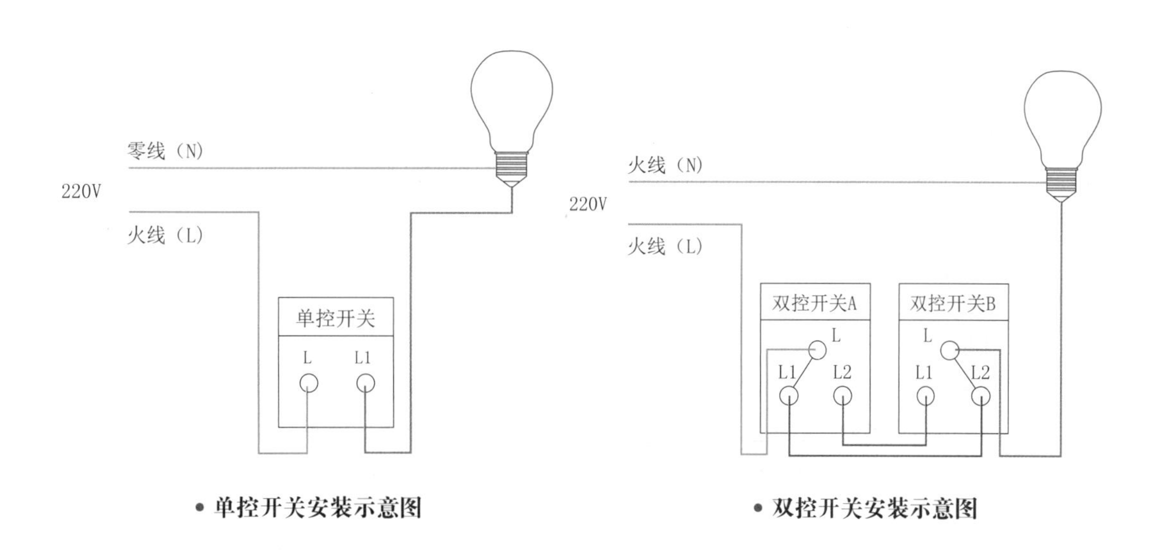
零线（N）
220V
火线（L）
单控开关
L
L1
火线（N）
220V
火线（L）
双控开关A
双控开关B
L
L1
L2
L
L1
L2

• 单控开关安装示意图　　• 双控开关安装示意图

设　计

施工解读

所有插座全部使用接线端子，避免使用黑胶布带来的安全隐患，而且厨房、卫生间主进线单放 $4mm^2$ 专线，以保证大功率设备的安全使用。

6.5.4 智能化家居开关插座

（1）如果觉得某个地方应该有个插座，但是暂时还没想好用处，可以先安装空白面，等到想用的时候再换上需要的插座面板。

（2）有些地方如卫生间、阳台、厨房很容易溅到水，建议加上防溅盒，以保护开关插座不被水溅到。

（3）居家空间如客厅、餐桌等公共区域不建议做地插，预防做卫生的水或天气原因影响地面返潮的水气渗入。

（4）在请设计师设计时，家具的尺寸大小要让设计师按 1：1 比例布置到功能空间中，在设计时先看好所有要买的家具和尺寸，才能避免产生尺寸不合适的问题。

（5）安装智能摄像机可以在主人不在时，时时监控该区域动态。智能摄像机的插座应安装在离地 2200~2400mm 的高度。

6.5.4.1 入户玄关、鞋柜区

（1）所需开关插座

玄关柜：1 个带 USB 的电源插座。

（2）注意事项

必须安装单开双控开关一个，与客厅开关形成双控，方便进出门时开关灯。

6.5.4.2 客厅区

（1）所需开关插座

① 电视机：5 个插座（1 个网络插座 + 1 个 TV 插座 + 3 个电源插座）。

② 沙发两侧：2 个带 USB 的电源插座 +1 个网络插座 +1 个电话插座。

③ 空调：1 个三孔空调专用插座（已装有中央空调的请自行忽略）。

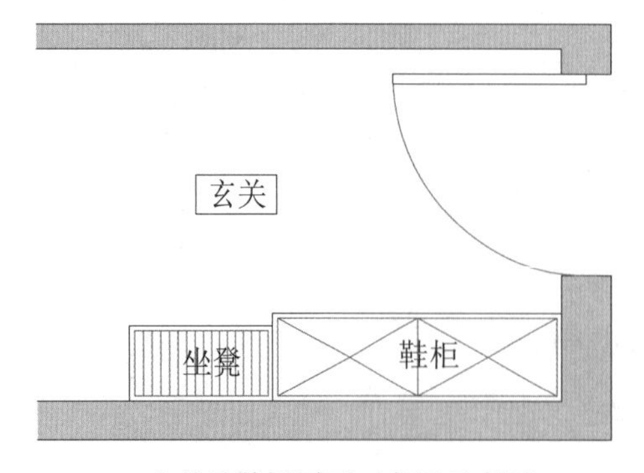
玄关
坐凳
鞋柜

• 玄关及鞋柜区平面布置示意图

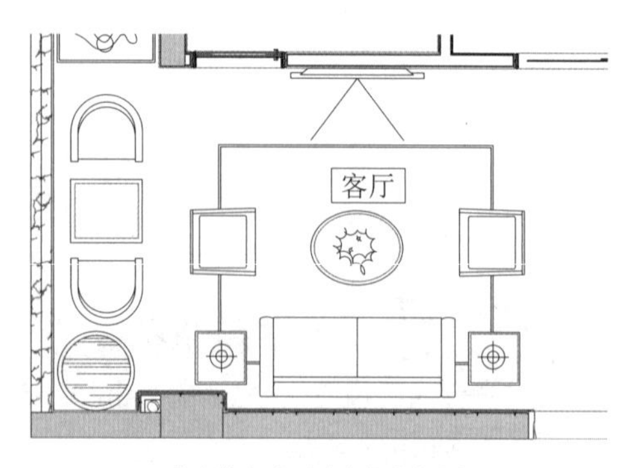
客厅

• 客厅区平面布置示意图

④ 空气净化器：1 个智能插座（已装有中央空气净化器的请自行忽略）。

⑤ 智能摄像机：1 个带电源插座（可远程电脑、手机控制）。

⑥ 饮水机：1 个三孔带开关及防溅盒插座。

⑦ 落地灯：1 个带开关电源插座。

⑧ 感应夜灯：1 个带开关电源插座。

⑨ 可多预留 2 个插座，供电风扇、智能扫地机的移动类电器使用。

（2）注意事项

安装双控开关控制客厅灯，这样可以方便使用。特别注意电视机与沙发两边五孔插座的位置与数量，应便于电视机、落地灯、饮水机等电器的使用，如果想买角几的业主还得考虑此处的插座布置。

6.5.4.3 餐厅区

（1）所需开关插座

① 餐桌边：2 个带开关电源插座，可以偶尔吃火锅、烤串等。

② 感应夜灯：1 个带开关电源插座。

③ 空调：1 个三孔空调专用插座（已装有中央空调的请自行忽略）。

④ 空气净化器：1 个智能插座（已装有中央空气净化器的请自行忽略）。

⑤ 智能摄像机：1 个带电源插座（可远程电脑、手机控制）。

（2）注意事项

不建议在餐桌地面做地插，这主要考虑到人员的安全问题。

6.5.4.4 厨房区

（1）所需开关插座

① 冰箱：1 个三孔冰箱专用带开关插座。

② 油烟机：1 个三孔油烟机专用及防溅盒插座（装在集成吊顶内）。

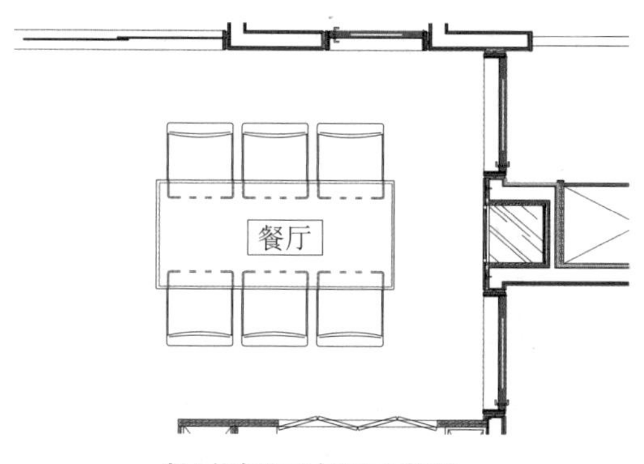
餐厅

• 餐厅区平面布置示意图

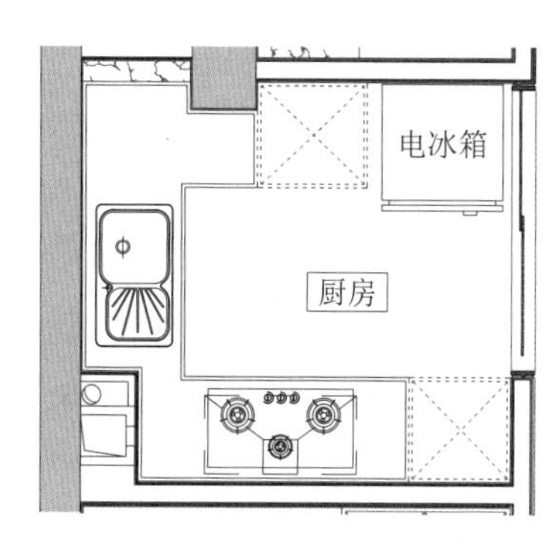
电冰箱
厨房

• 厨房区平面布置示意图

③ 水槽下方：2 个五孔带开关及防溅盒插座（小厨宝、净水器，已装有中央热水器或中央净水器的请自行忽略）。

④ 操作台：2~3 个带开关插座（电饭煲、电水壶、微波炉、榨汁机、烤箱、洗碗机、消毒柜）。

⑤ 电器专用：4 个五孔带开关及防溅盒插座（电饭煲、煲汤、榨汁机等），4 个三孔电器专用插座（烤箱、微波炉、洗碗机、消毒柜等）。

（2）注意事项

① 冰箱插座做不间断电源，周围预留 100mm，以满足它的散热需求。

② 厨房是家电使用的“集中营”。台面上首先要安装油烟机的五孔插座，其次如电饭煲、豆浆机、热水壶等常用插座。

③ 厨房除冰箱插座外，其他电器应做一键断电，避免小孩误触产生危险。

6.5.4.5 卫生间

（1）所需开关插座

① 电热水器：1 个带开关及防溅盒插座（已装有中央热水器的请自行忽略）。

② 镜子边：1 个带开关及防溅盒插座（吹风机、剃须刀、电动牙刷等使用率比较高）。

③ 毛巾、浴巾架：1 个插座。

④ 马桶边：1 个带开关及防溅盒插座。

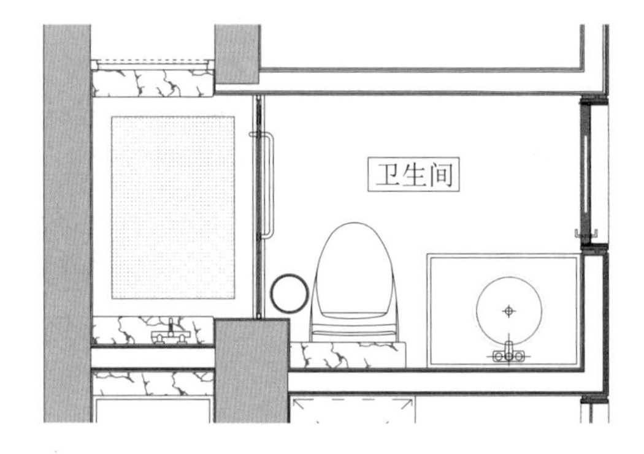
卫生间

• 卫生间平面布置示意图

（2）注意事项

① 毛巾杆自带加热功能，可以自动烘干、防菌防臭。

② 尽量使用防溅水插座，避免洗澡时水溅到插座上，这样既安全，又方便。

③如果留有插座，则可随时安装智能马桶盖。

6.5.4.6 卧室

（1）所需开关插座

① 电视机：5 个插座（1 个网络插座 + 1 个 TV 插座 + 3 个电源插座）。

② 电视墙一侧：2 个带 USB 的电源插座（移动电风扇、落地台灯、智能扫地机等）。

③ 床头两侧：2 个带 USB 的电源插座（一边一个）。

④ 空调：1 个三孔空调专用插座（已装有中

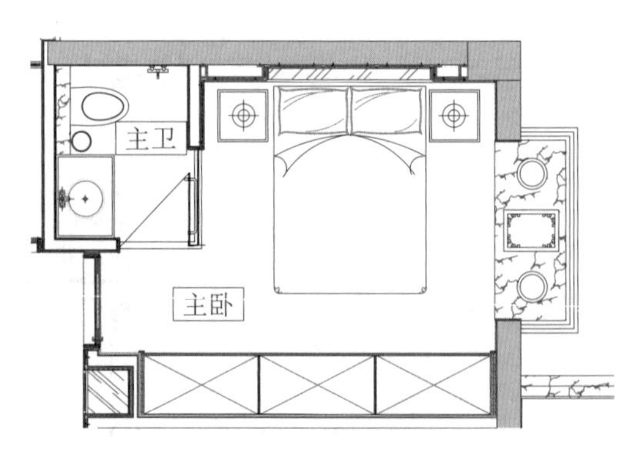
主卫
主卧

• 卧室平面布置示意图

央空调的请自行忽略）。

⑤ 空气净化器：1 个智能插座（已装有中央空气净化器的请自行忽略）。

⑥ 感应夜灯：1 个带开关电源插座。

⑦ 智能摄像机：1 个带电源插座（可远程电脑、手机控制）。

（2）注意事项

① 床头做双控开关，最好做一键打开关闭电视机电源、一键打开关闭主卫生间的灯。

② 主要考虑在床上要使用电子产品，如笔记本电脑、手机等，可以在床头安装 USB 插座，避免电子产品充电线不够用。

6.5.4.7 次卧、老人房

（1）所需开关插座

① 电视机：5 个插座（1 个网络插座 + 1 个电视插座 + 3 个电源插座）。

② 电视墙一侧：2 个带 USB 的电源插座（移动电风扇、落地台灯、智能扫地机等）。

③ 床头两侧 ：2 个带 USB 的电源插座（一边一个）。

④ 紧急报警器：1 个带电源插座（可远程报警控制）。

⑤ 空调：1 个三孔空调专用插座（已装有中央空调的请自行忽略）。

⑥ 空气净化器：1 个智能插座（已装有中央空气净化器的请自行忽略）。

⑦ 感应夜灯：1 个带开关电源插座。

⑧ 智能摄像机：1 个带电源插座（可远程电脑、手机控制）。

（2）注意事项

① 床头做双控开关，做一键打开 / 关闭电视机电源的开关。

② 主要考虑在床上要使用电子产品，如笔记本电脑、手机等，可以在床头安装 USB 插座，避免电子产品充电线不够用。

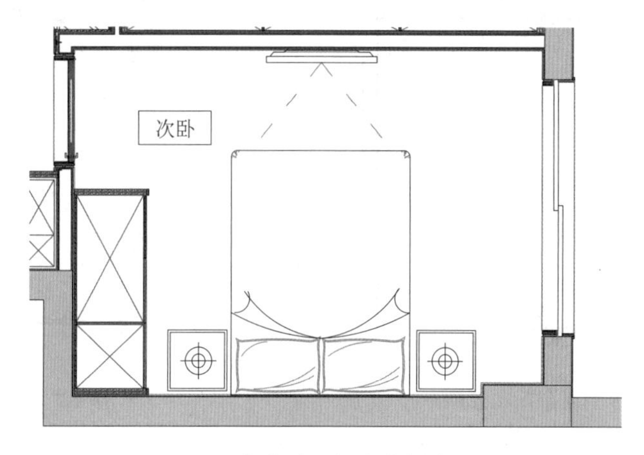
次卧

• 次卧平面布置示意图

6.5.4.8 儿童房

（1）所需开关插座

① 电视机：5 个插座（1 个网络插座 + 1 个电视插座 + 3 个电源插座）。
② 电视墙一侧：2 个带 USB 的电源插座（移动电风扇、落地台灯、智能扫地机等）。
③ 床头两侧：2 个带 USB 的电源插座（一边一个）。
④ 紧急报警器：1 个带电源插座（可远程报警控制）。
⑤ 空调：1 个三孔空调专用插座（已装有中央空调的请自行忽略）。
⑥ 空气净化器：1 个智能插座（已装有中央空气净化器的请自行忽略）。
⑦ 感应夜灯：1 个带开关电源插座。
⑧ 智能摄像机：1 个带电源插座（可远程电脑、手机控制）。

（2）注意事项

床头做双控开关，最好做一键打开 / 关闭电视机电源的开关。

6.5.4.9 书房

（1）所需开关插座

① 书桌：5 个插座（1 个网络插座 + 1 个电话插座 + 3 个带 USB 的电源插座）。
② 其他墙面：2 个带 USB 的电源插座（移动电风扇、落地台灯、智能扫地机等）。
③ 智能摄像机：1 个带电源插座（可远程电脑、手机控制）。

（2）注意事项

书房中不可忽视的就是书桌的插座，最好提前测量书桌尺寸，尽量把五孔插座布置在桌面上，避免在使用电脑时爬到桌子底下拔插头。

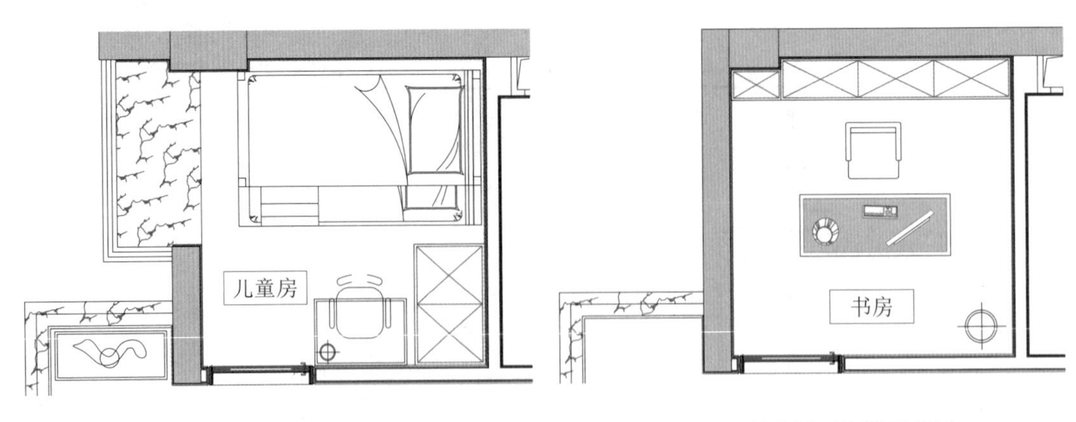
儿童房
书房

• 儿童房平面布置示意图　　• 书房平面布置示意图

6.5.4.10 过道

（1）所需开关插座

① 过道墙：1个电源插座（智能扫地机等）。

② 感应夜灯：1个带开关电源插座。

③ 智能摄像机：1个带电源插座（可远程电脑、手机控制）。

（2）注意事项

床头做双控开关，最好做一键打开/关闭电视机电源的开关。

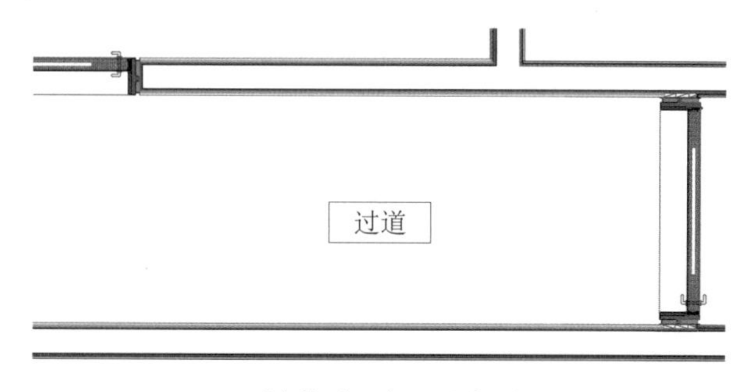
过道

• 过道平面布置示意图

6.5.4.11 洗衣阳台

（1）所需开关插座

① 成人洗衣机：1个三孔洗衣机专用及防溅盒插座。

② 儿童洗衣机：1个三孔洗衣机专用及防溅盒插座。

③ 洗衣池下方：1个五孔带开关及防溅盒插座（主要用于小厨宝，对已装有中央热水器的请自行忽略）。

（2）注意事项

主要考虑洗衣机的使用，最好在洗衣池附近安装五孔插座。

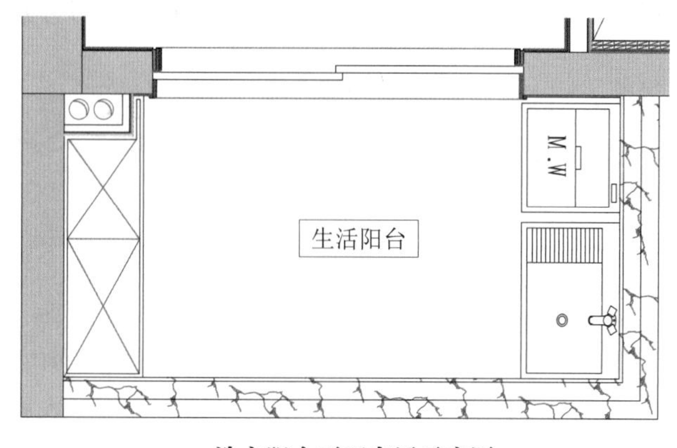
M.W
生活阳台

• 洗衣阳台平面布置示意图

6.5.4.12 室内开关插座的电线安全

强弱电要分开，两者之间应保留一定的距离，保证左零右相。

所有电线接头都应留有 15cm 的余量。

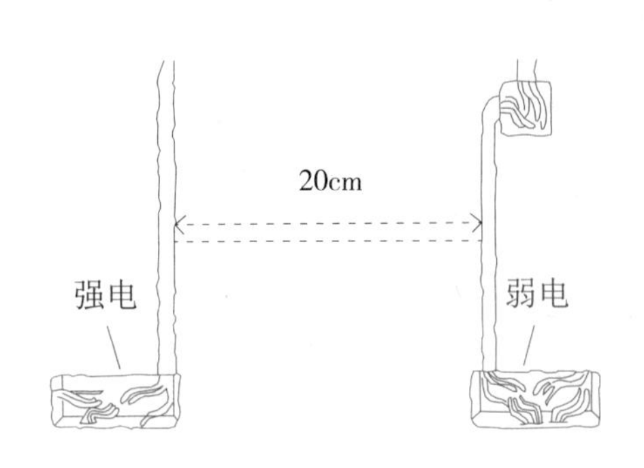
20cm
强电
弱电

• 电线安全示意图（一）

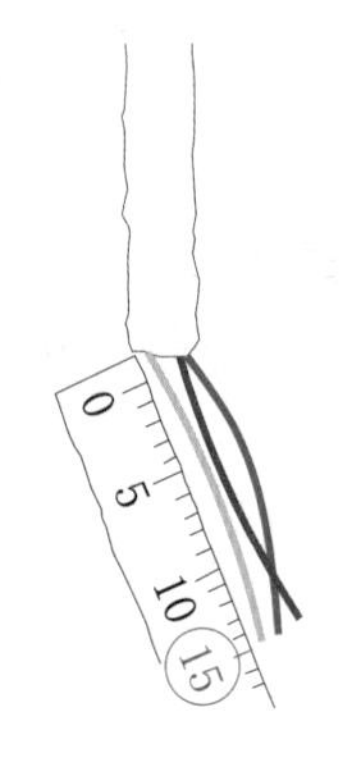
0
5
10
15

• 电线安全示意图（二）

导线在线管内不应有接头和扭结，如遇到转角，应保持电线圆弧状拐弯。

电线穿管时，管内电线的总截面积不应超过管内径面积的 40%。

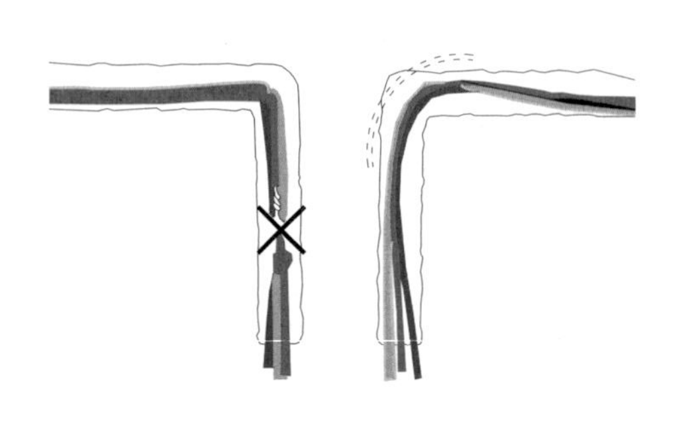

• 电线安全示意图（三）

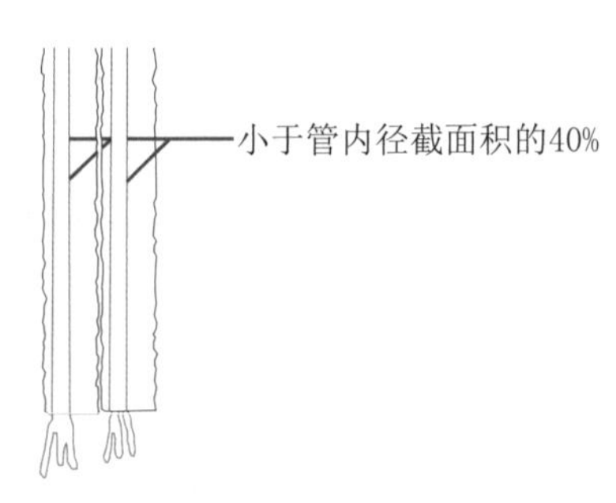
小于管内径截面积的40%

• 电线安全示意图（四）

设 计

施工解读

电线应为活线，用手来回抽线管内的电线，应能轻松灵活地抽动。

6.5.5 强弱电底盒安装铺设工艺

（1）按照设计放样定出强弱电底盒预埋区域的设计完成面。

（2）按照定位的底盒结合完成面的高度，再来决定底盒位置是否要切割，避免底盒离完成面太深，造成影响后期开关、插座面板安装的问题及使用的牢固性。

（3）进行切割打槽，先按照放样的位置进行切割再打槽。

（4）预埋底盒，先用水清洗线槽与底盒，再用水泥砂浆固定底盒，这样就更牢固。

（5）安装底盒时，用水平尺检查底盒的水平面和完成面的高度是否符合设计要求，要注意底盒安装的水平线是否横平垂直，避免影响后期开关、插座面板安装后的平整度和美观性。

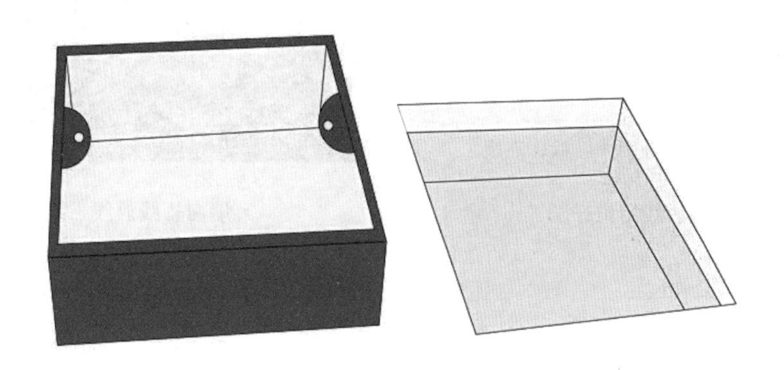

• 强弱电底盒三维示意图（一）

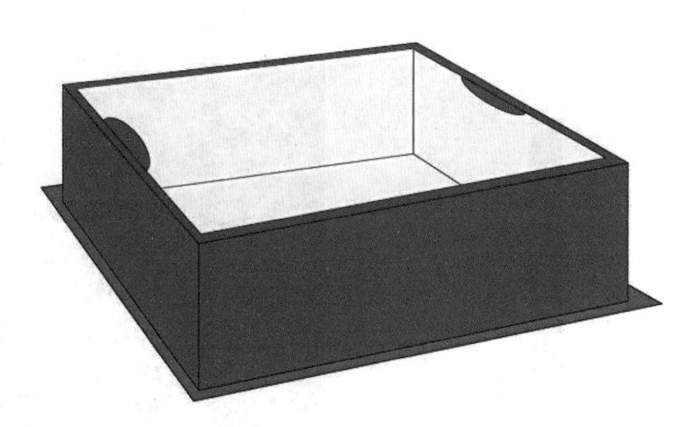

• 强弱电底盒三维示意图（二）

6.5.5.1 墙面管线放线

根据设计要求在墙面相应弹出管线位置，确保所有房间相对应的插座、开关在同一水平线上。

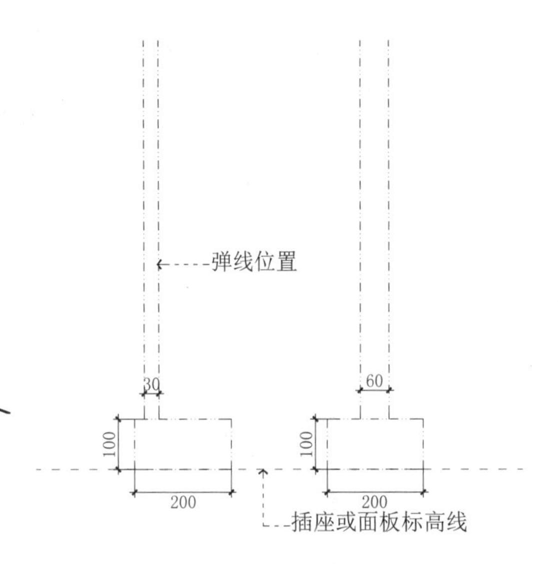

弹线位置
30
60
100
100
200
200
插座或面板标高线

• 墙面管线放线定位详图

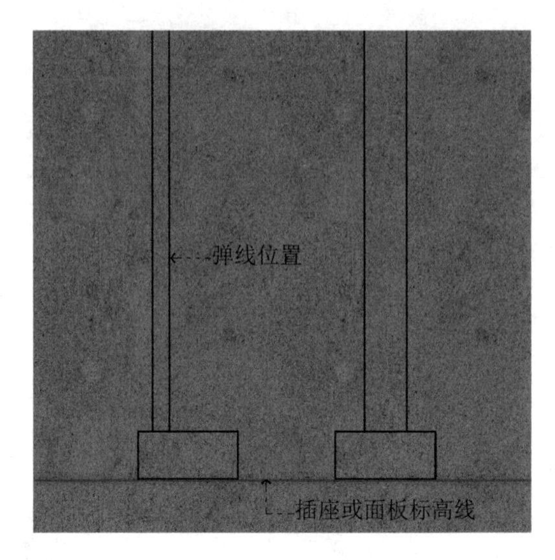

弹线位置
插座或面板标高线

• 墙面管线放线三维示意图

6.5.5.2 墙面管线开槽

在墙上用机器开好线槽和线盒，应横平竖直、边缘整齐，并符合国家规范，墙上开槽深度为30mm。

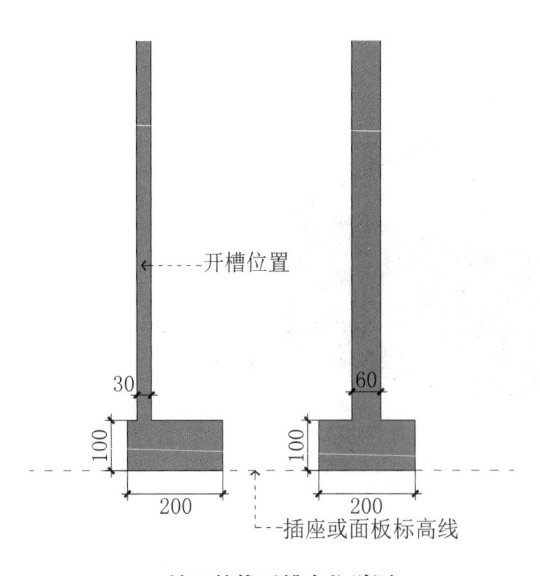

开槽位置
30
60
100
100
200
200
插座或面板标高线

• 墙面管线开槽定位详图

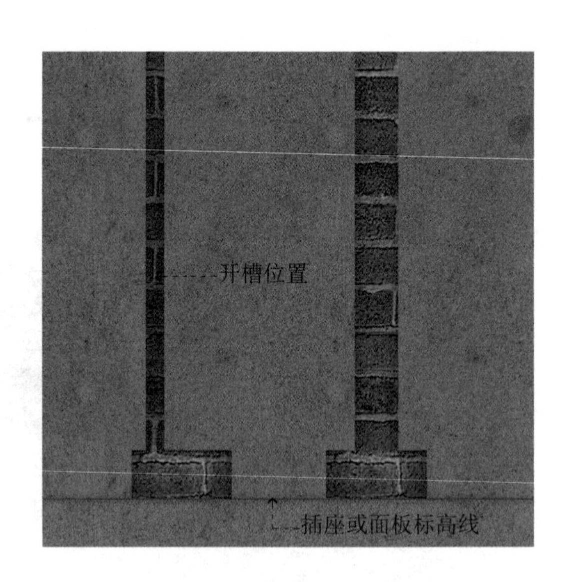

开槽位置
插座或面板标高线

• 墙面管线开槽三维示意图

6.5.5.3 墙面管线布管及预埋暗盒

（1）布管：开好线槽和线盒后，就是布管、预埋线盒，线管需符合国家规范，暗盒四周也应填补了水泥砂浆，以确保平整，与线管之间应套上锁母。

（2）穿线：穿好线之后，在裸露的电线末端套上接线端子，整齐地将线头塞进线盒，应避免线头裸露，以确保施工安全。

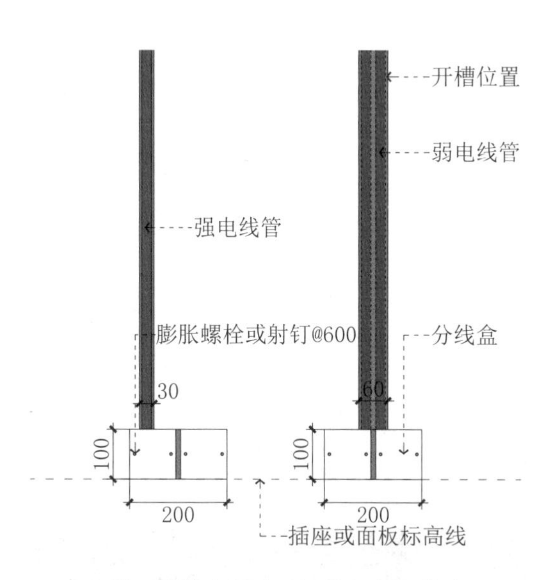
开槽位置
弱电线管
强电线管
膨胀螺栓或射钉@600
分线盒
30
60
100
100
200
200
插座或面板标高线

• 墙面管线布管及预埋暗盒定位详图

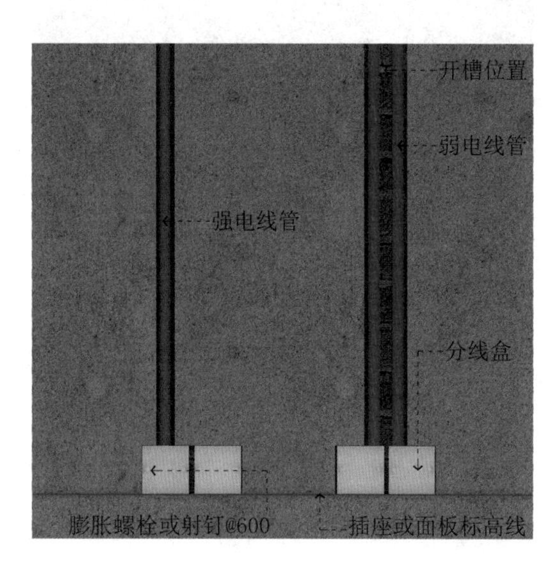
开槽位置
弱电线管
强电线管
分线盒
膨胀螺栓或射钉@600
插座或面板标高线

• 墙面管线布管及预埋暗盒定位三维示意图

6.5.5.4 墙面线槽内水泥砂浆粉刷

根据设计要求在墙面相应线槽内用 1 ：2 水泥砂浆将整个线槽填实，外贴网格布，避免线管发生晃动，并且应将其与墙面抹平，以保证美观，也为以后批腻子做好准备。

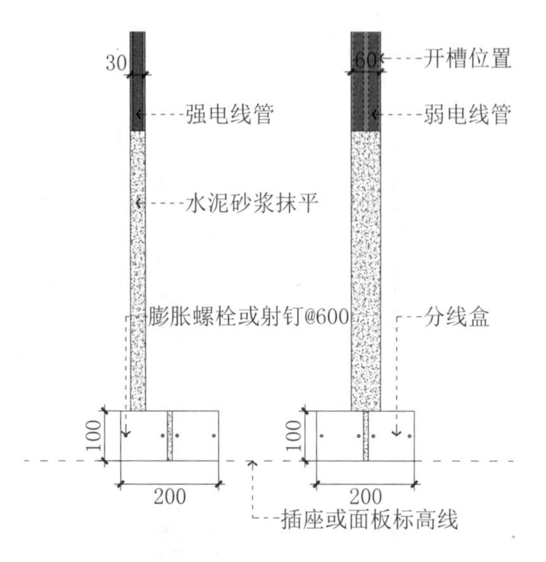

30
60
开槽位置
强电线管
弱电线管
水泥砂浆抹平
膨胀螺栓或射钉@600
分线盒
100
100
200
200
插座或面板标高线

• 墙面线槽内水泥砂浆粉刷立面示意图

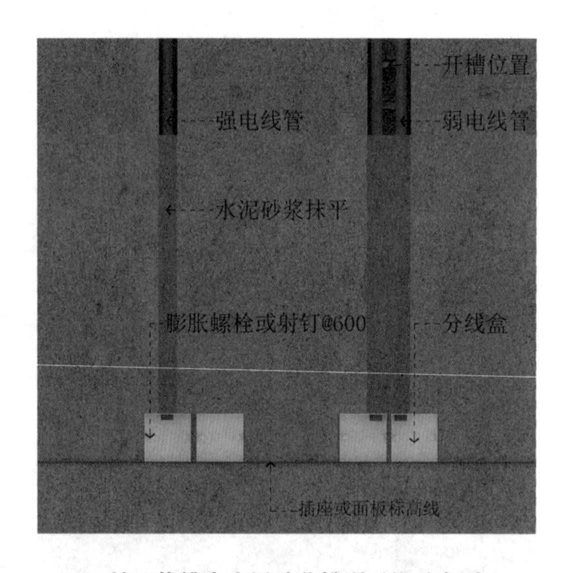

开槽位置
强电线管
弱电线管
水泥砂浆抹平
膨胀螺栓或射钉@600
分线盒
插座或面板标高线

• 墙面线槽内水泥砂浆粉刷三维示意图

设 计

施工解读

底盒与线管用管帽连接，方便以后更换电线不损坏电线绝缘层。

6.5.5.5　墙面管线斜角开槽

根据设计要求在墙面相应弹出管线斜角开槽位置，确保线路发生问题的时候，电线能够抽动自如、便于维修。

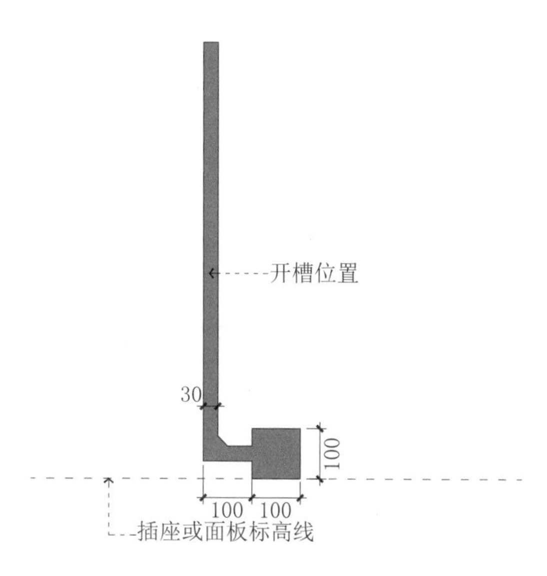

开槽位置
30
100
100
100
插座或面板标高线

• 墙面管线斜角开槽立面示意图

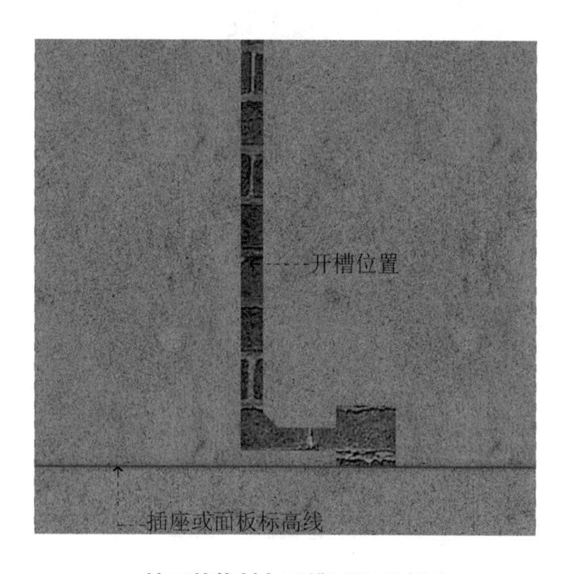

开槽位置
插座或面板标高线

• 墙面管线斜角开槽三维示意图

6.5.6 开关、插座尺寸定位施工要点

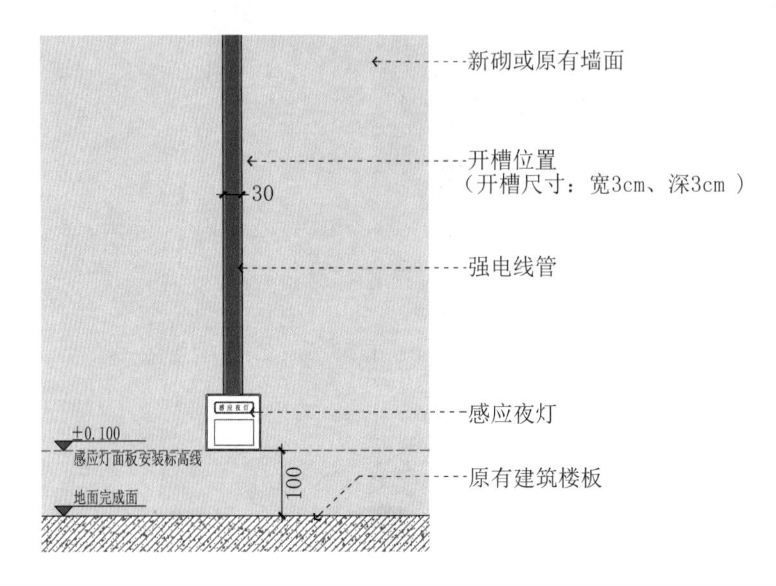
新砌或原有墙面
开槽位置
（开槽尺寸：宽3cm、深3cm ）
30
强电线管
感应夜灯
±0.100
感应灯面板安装标高线
100
原有建筑楼板
地面完成面

• 夜间感应灯定位图

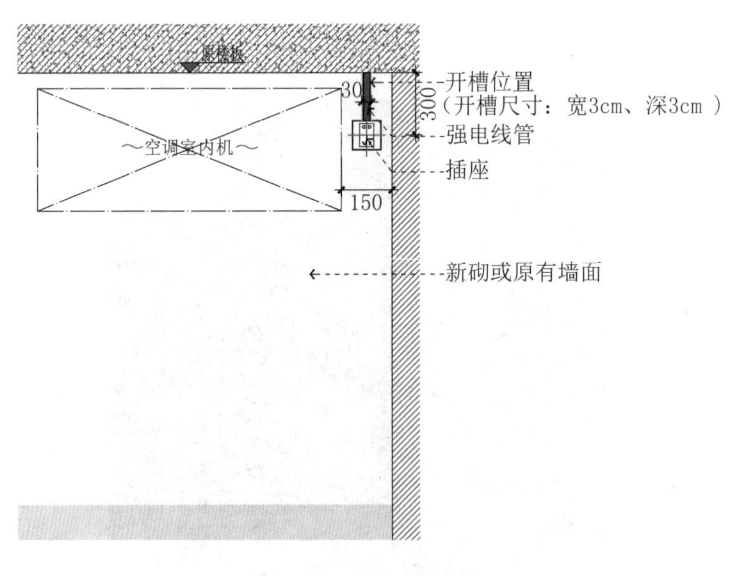
原楼板
30
300
开槽位置
（开槽尺寸：宽3cm、深3cm ）
强电线管
～空调室内机～
插座
150
新砌或原有墙面

• 挂式空调插座定位图

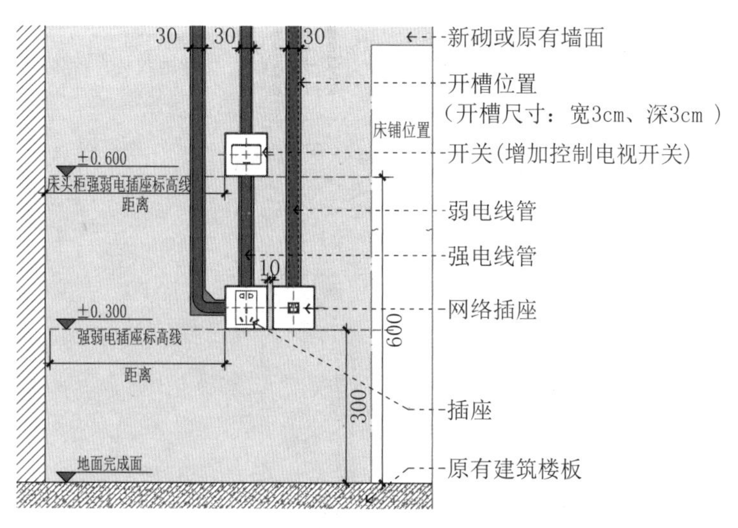
30
30
30
新砌或原有墙面
开槽位置
（开槽尺寸：宽3cm、深3cm ）
床铺位置
±0.600
床头柜强弱电插座标高线
距离
开关(增加控制电视开关)
弱电线管
强电线管
10
网络插座
±0.300
强弱电插座标高线
距离
600
300
插座
地面完成面
原有建筑楼板

• 卧室床头柜强、弱电插座定位图

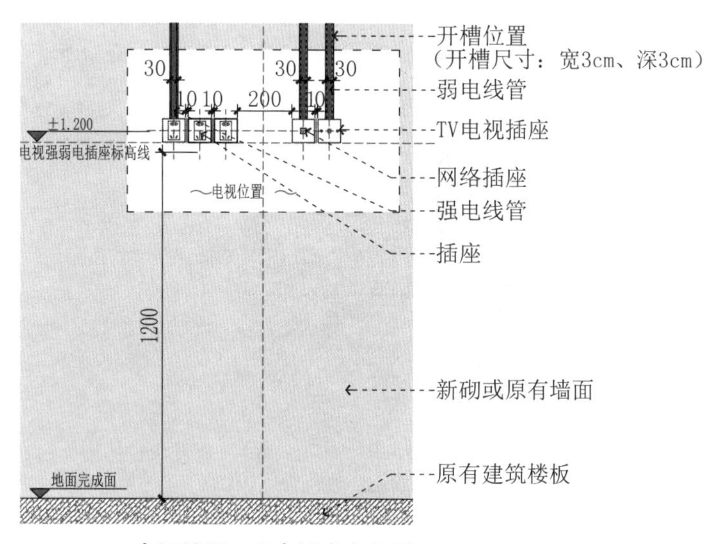
开槽位置
（开槽尺寸：宽3cm、深3cm）
30
30
30
10
10
200
10
弱电线管
±1.200
电视强弱电插座标高线
TV电视插座
网络插座
电视位置
强电线管
插座
1200
新砌或原有墙面
地面完成面
原有建筑楼板

• 电视墙强、弱电插座定位图

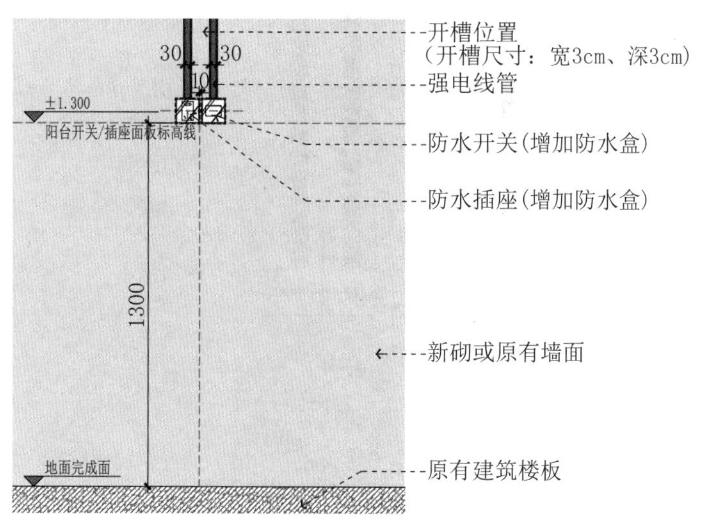
开槽位置
（开槽尺寸：宽3cm、深3cm）
30
30
10
强电线管
±1.300
阳台开关/插座面板标高线
防水开关(增加防水盒)
防水插座(增加防水盒)
1300
新砌或原有墙面
地面完成面
原有建筑楼板

• 阳台开关插座定位图

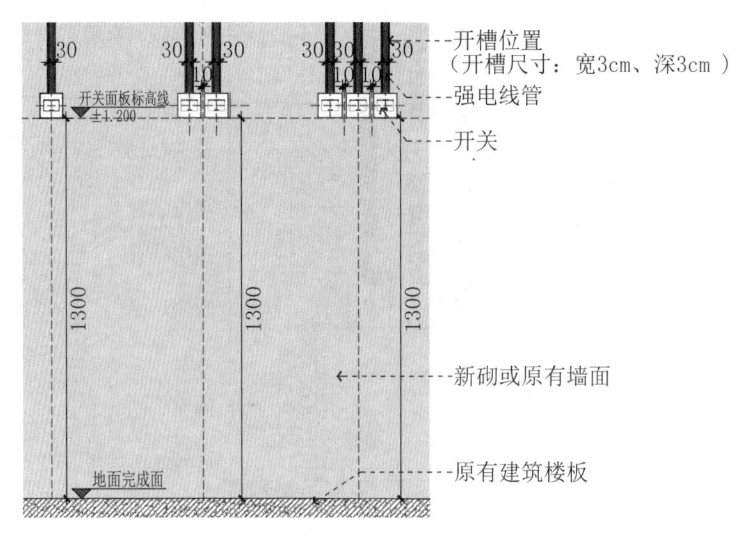
30
30
30
10
30
30
10
10
30
开关面板标高线
±1.200
1300
1300
1300
地面完成面
开槽位置
（开槽尺寸：宽3cm、深3cm ）
强电线管
开关
新砌或原有墙面
原有建筑楼板

• 墙面开关定位图

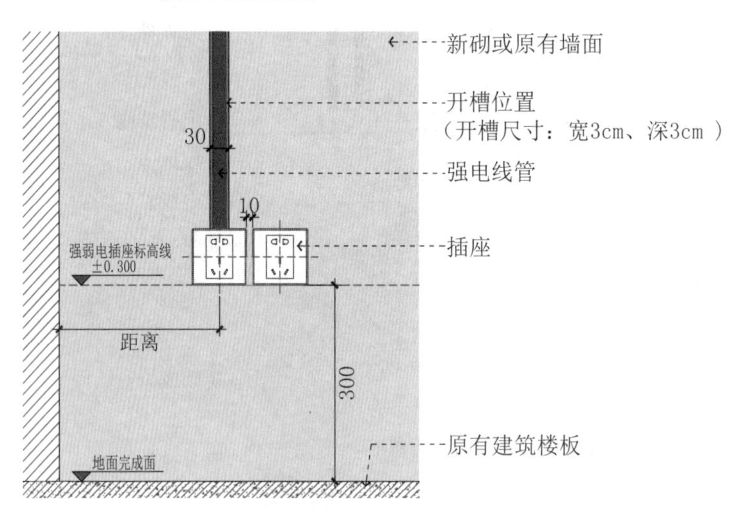
新砌或原有墙面
开槽位置
（开槽尺寸：宽3cm、深3cm ）
30
强电线管
10
插座
强弱电插座标高线
±0.300
距离
300
地面完成面
原有建筑楼板

• 墙面插座定位图

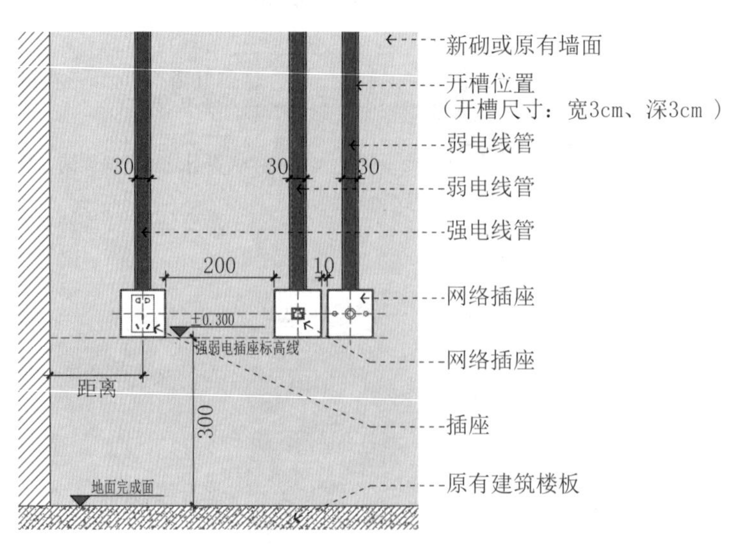
新砌或原有墙面
开槽位置
（开槽尺寸：宽3cm、深3cm ）
弱电线管
30
30
30
弱电线管
强电线管
200
10
网络插座
±0.300
强弱电插座标高线
网络插座
距离
插座
300
地面完成面
原有建筑楼板

• 墙面强、弱电插座定位图

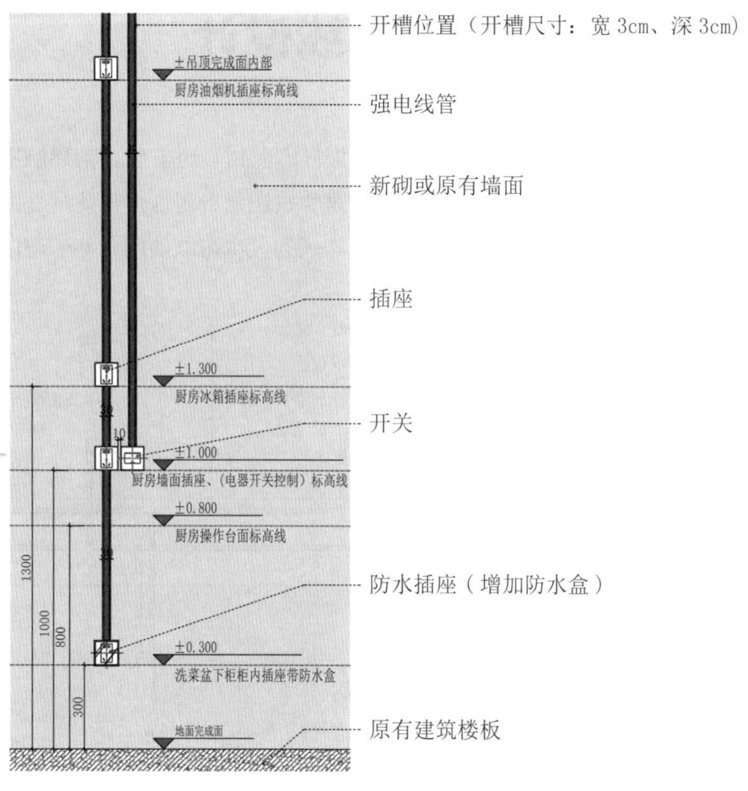
开槽位置（开槽尺寸：宽 3cm、深 3cm）
±吊顶完成面内部
厨房油烟机插座标高线
强电线管
新砌或原有墙面
插座
±1.300
厨房冰箱插座标高线
开关
±1.000
厨房墙面插座、（电器开关控制）标高线
±0.800
厨房操作台面标高线
防水插座（增加防水盒）
±0.300
洗菜盆下柜柜内插座带防水盒
地面完成面
原有建筑楼板
30
10
1300
1000
800
300

• 厨房强电尺寸定位图

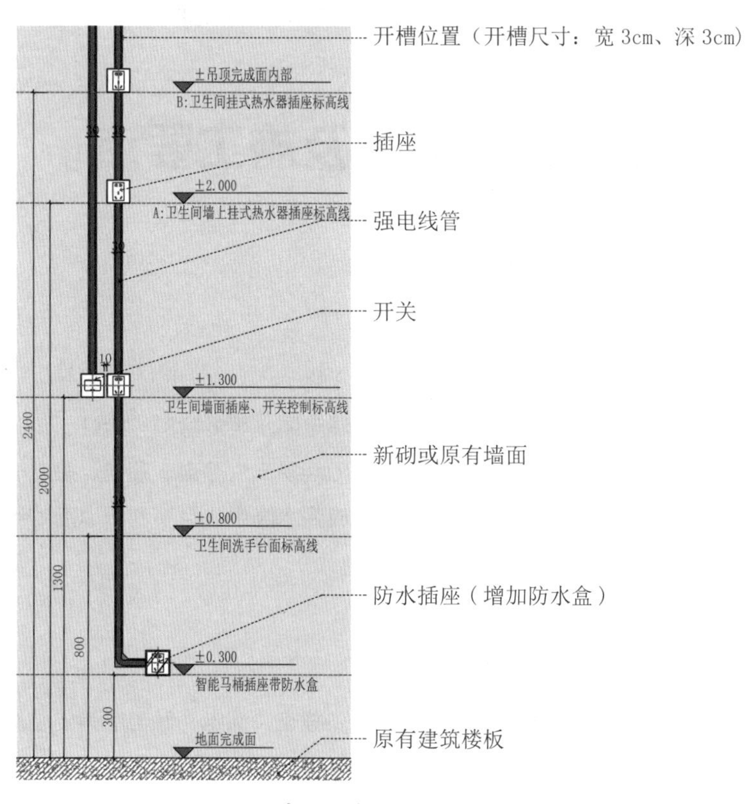
开槽位置（开槽尺寸：宽 3cm、深 3cm）
±吊顶完成面内部
B:卫生间挂式热水器插座标高线
插座
±2.000
A:卫生间墙上挂式热水器插座标高线
强电线管
开关
±1.300
卫生间墙面插座、开关控制标高线
新砌或原有墙面
±0.800
卫生间洗手台面标高线
防水插座（增加防水盒）
±0.300
智能马桶插座带防水盒
地面完成面
原有建筑楼板
30
10
2400
2000
1300
800
300

• 卫生间强电尺寸定位图

6.6 紧急报警系统接线设计

紧急按钮是用在发生紧急情况时及时触发报警的器材，可安装在容易触摸的地方。一般居家安装在卧室床头或公共区容易触摸到的地方。紧急按钮是针对那些身体虚弱的人独自在家时，可以为他们提供额外的安全保障。此外，儿童或年长的人也可以使用，他们可以随时向家人或报警接收中心发送警报信息。

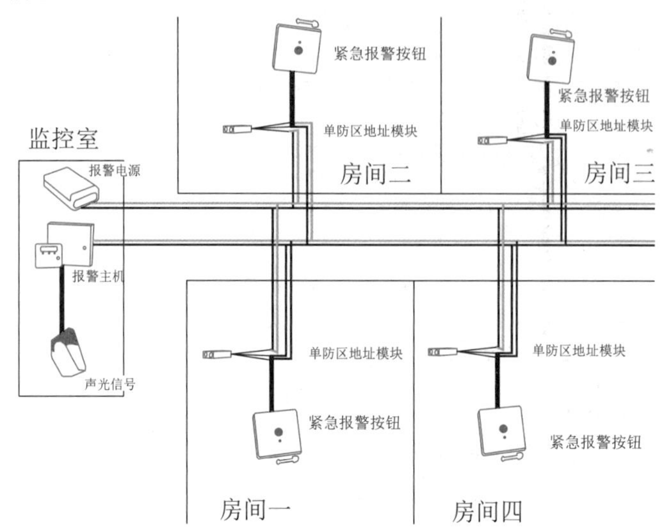
紧急报警按钮
紧急报警按钮
单防区地址模块
单防区地址模块
监控室
报警电源
房间二
房间三
报警主机
单防区地址模块
单防区地址模块
声光信号
紧急报警按钮
紧急报警按钮
房间一
房间四

• 紧急报警系统接线设计示意图

6.7 电位的安全问题及施工要点

6.7.1 电位安全问题

（1）传统强弱电地面铺设容易造成损坏和干扰。

（2）传统的卫浴间水电地面铺设会有发生漏电漏水等危险的可能性。

（3）传统的卫浴间因空气潮湿、电器等原因容易产生静电、漏电、触电等问题。

（4）传统卫浴间冷热进水地面铺设容易造成漏水隐患，且不利于以后的维护。

6.7.2 施工要点

（1）卫生间应采取做局部等电位联结，做防静电、漏电、触电的等电位箱，防患于未然，它是卫浴间用电的安全气囊。

（2）卫浴间水电应采取吊顶铺设，以方便以后维护。

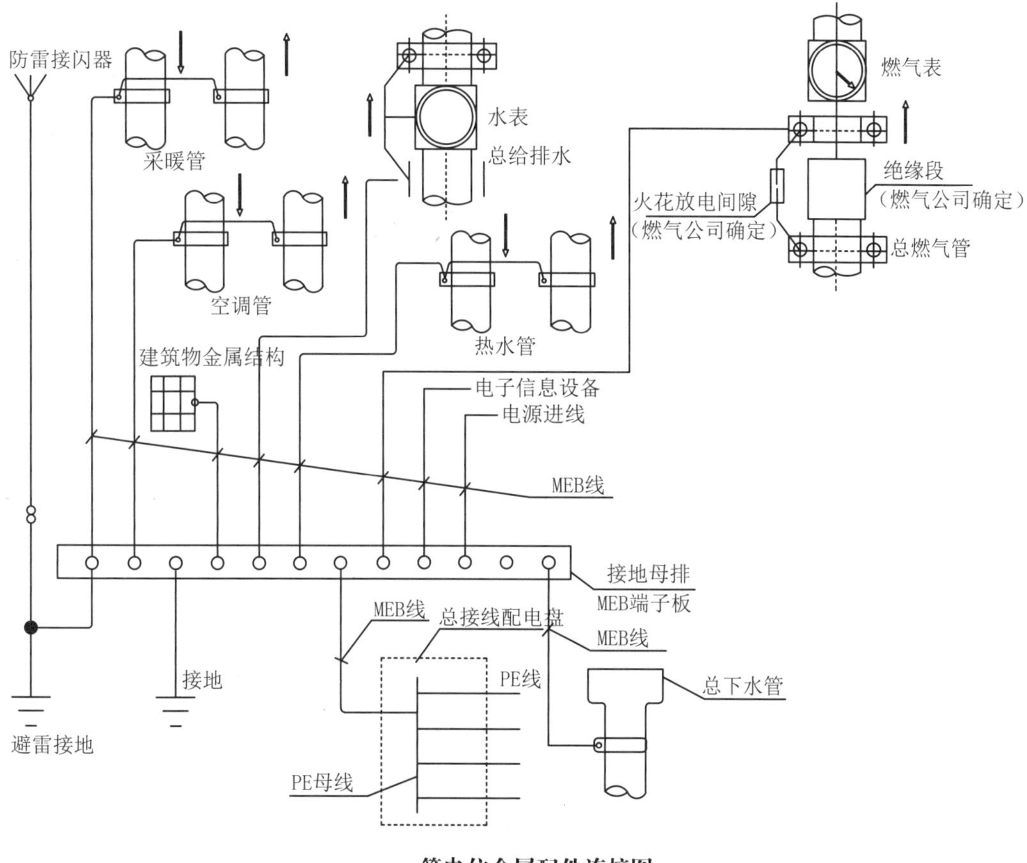
防雷接闪器
采暖管
空调管
水表
总给排水
热水管
燃气表
绝缘段
（燃气公司确定）
火花放电间隙
（燃气公司确定）
总燃气管
建筑物金属结构
电子信息设备
电源进线
MEB线
接地母排
MEB端子板
MEB线
总接线配电盘
MEB线
PE线
总下水管
接地
避雷接地
PE母线

• 等电位金属配件连接图

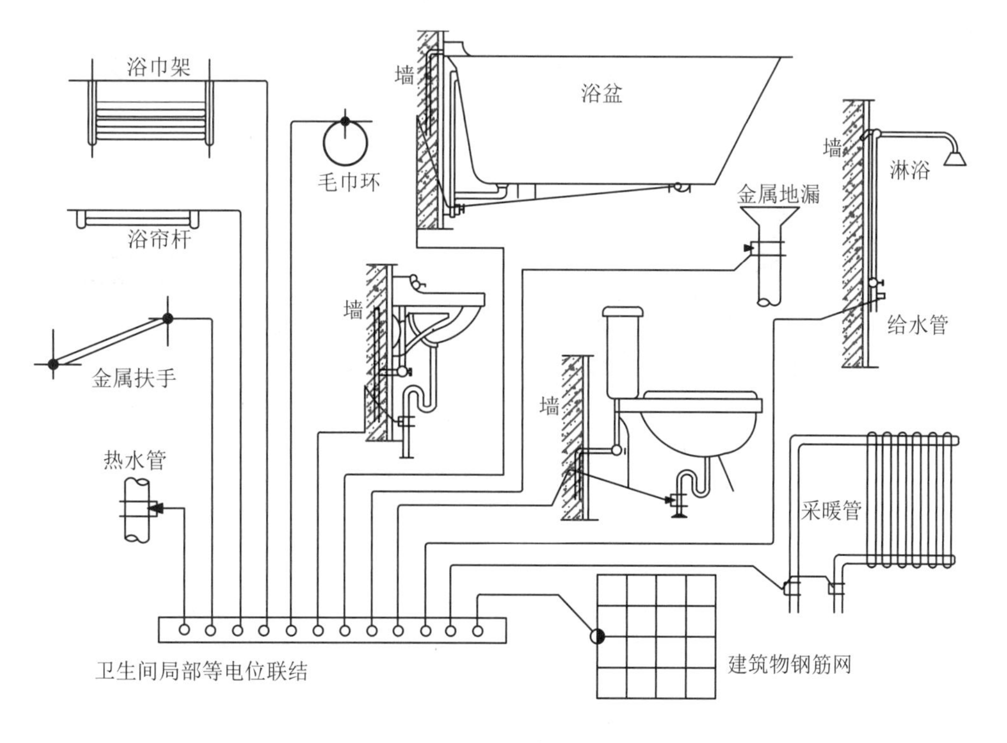
浴巾架
毛巾环
墙
浴盆
墙
淋浴
金属地漏
浴帘杆
墙
给水管
金属扶手
墙
热水管
采暖管
卫生间局部等电位联结
建筑物钢筋网

• 卫生间局部电位示意

6.8 水管施工安装

6.8.1 水管的安装要点与分布

6.8.1.1 水管安装要点

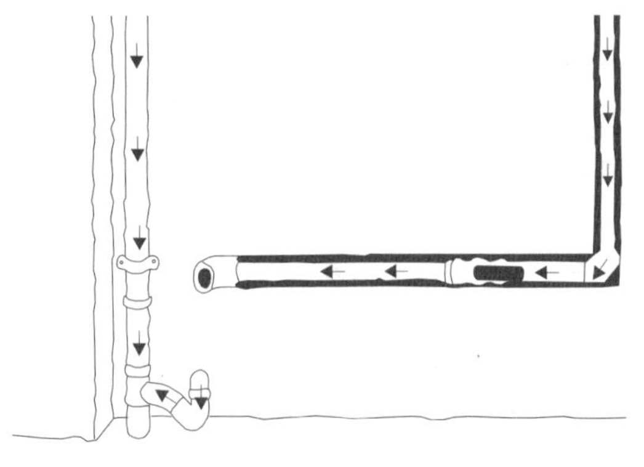

• 水管安装示意图（一）

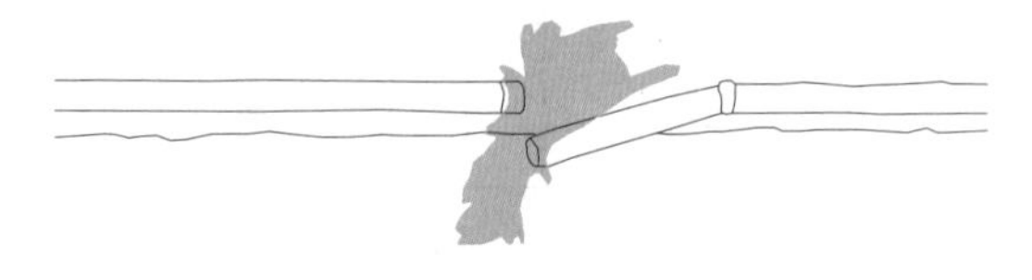

• 水管安装示意图（二）

（1）将试压管段各配水点封堵，缓慢注水，同时将管内的空气排出，管道充满水后再进行水密封性检查。

（2）对系统加压应缓慢升压，升压时间不应小于 10min。

（3）升压至规定的试验压力后，停止加压，稳压 1h，压力降不得超过 0.05MPa，在工作压力 1.15 倍状态下稳定 2h，压力不得超过 0.03MPa。

（4）同时检查多个连接处，不得有渗漏，并在铺地面面饰材料前需重新试压一次。

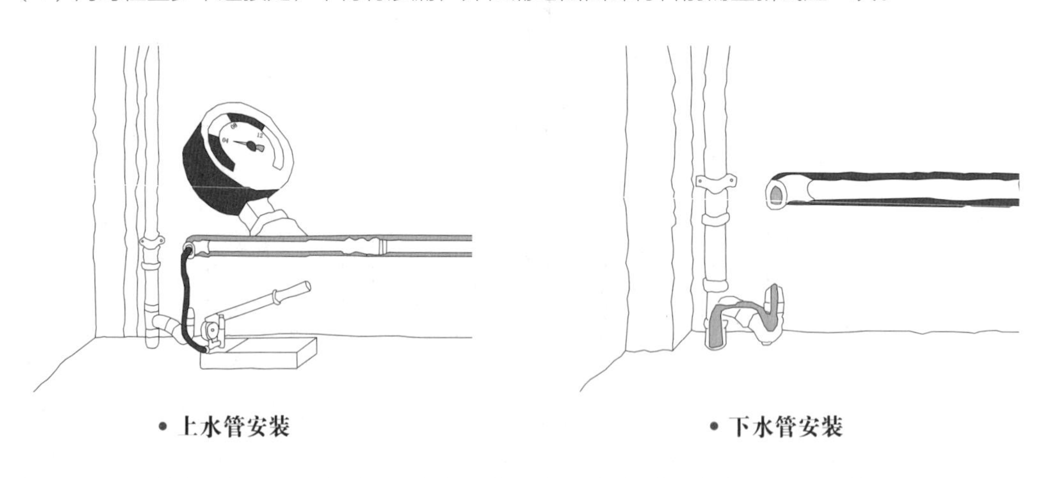

• 上水管安装　　• 下水管安装

设　计

施工解读

1. 上、下水走向要合理，布置应横平竖直，没有过多的转角和接头。
2. 管路必须安装牢固，通水后不能有抖动、松脱现象，连接处无渗漏。
3. 上水管应做打压试验，压强一般不得小于 0.6MPa 封闭 24h 无渗漏，下水管做排水试验，通水应顺畅，不漏水、泛水。

6.8.1.2 水管分布

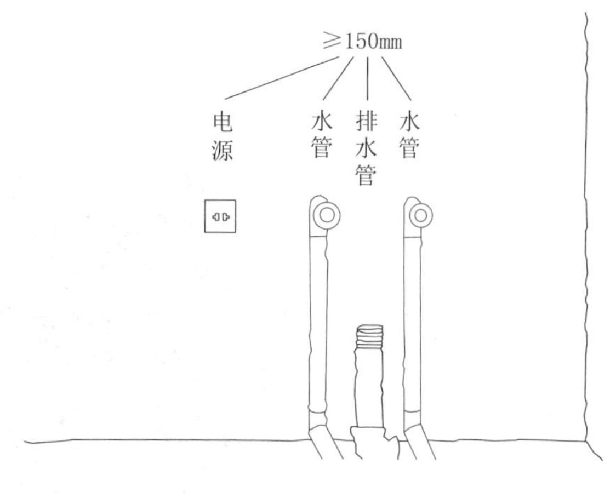
≥150mm
电源
水管
排水管
水管

• 水管分布示意图（一）

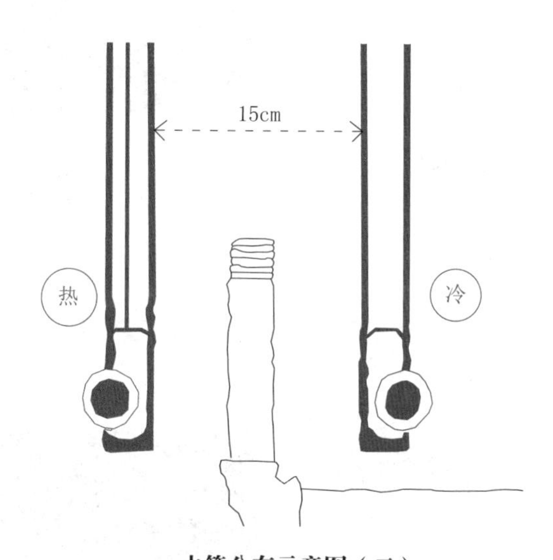
15cm
热
冷

• 水管分布示意图（二）

设 计

施工解读

1. 水管与电源间距≥ 100mm。另外，管材表面应无硬伤划痕，软管无死管。
2. 冷热水管的出水弯头应在同一平面、同一高度上，应左热右冷，相距150~200cm，并处在下水口的正上方。
3. 冷热出水端口安装时必须安装安全阀，不用安全阀在使用时间长时，高压管跟内牙弯头处容易渗水。如果出水口低于砖面，内牙弯头处一旦漏水，就会渗到砖的背面，而且不容易察觉。

6.8.2 水管铺设

6.8.2.1 水管走顶

所有水管全部从顶部布管，突破从地面布管的传统做法，确保万一出现漏水情况能第一时间发现，且维修处理更简单便捷，最大限度地减少用户的损失。

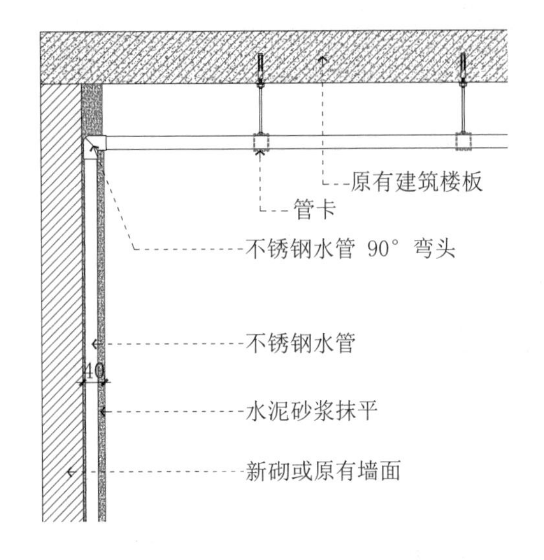

原有建筑楼板
管卡
不锈钢水管 90° 弯头
不锈钢水管
40
水泥砂浆抹平
新砌或原有墙面

• 水管走顶做法示意图

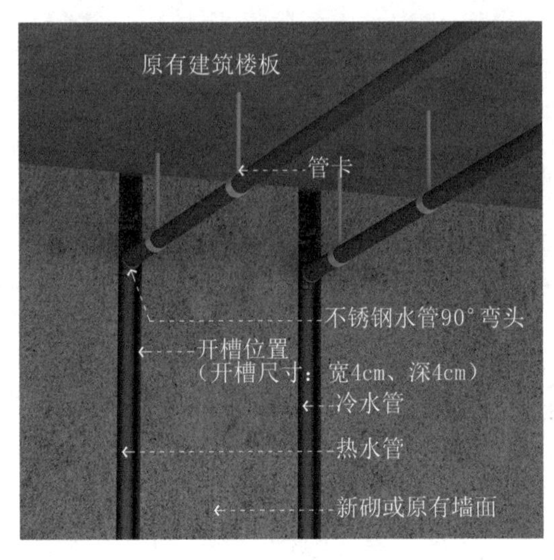

原有建筑楼板
管卡
不锈钢水管90°弯头
开槽位置
（开槽尺寸：宽4cm、深4cm）
冷水管
热水管
新砌或原有墙面

• 水管走顶三维示意图

6.8.2.2 水管固定

所有水管全部先弹线后安装，用管卡固定，每个管卡之间距离 60cm，确保后期使用时水管受力均匀、无异响更不会出现脱落现象。

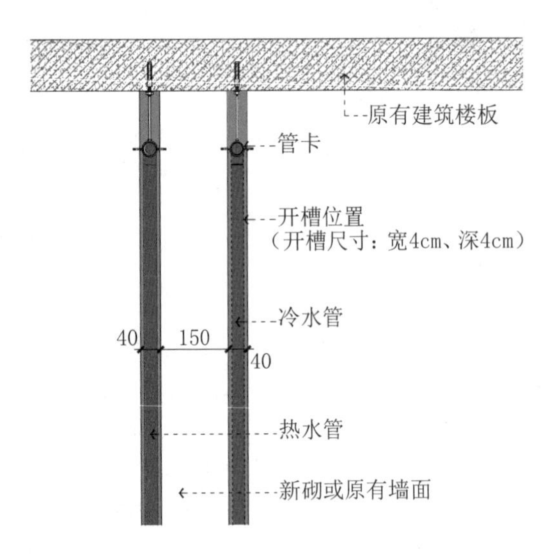

原有建筑楼板
管卡
开槽位置
（开槽尺寸：宽4cm、深4cm）
冷水管
40
150
40
热水管
新砌或原有墙面

• 水管固定做法示意图

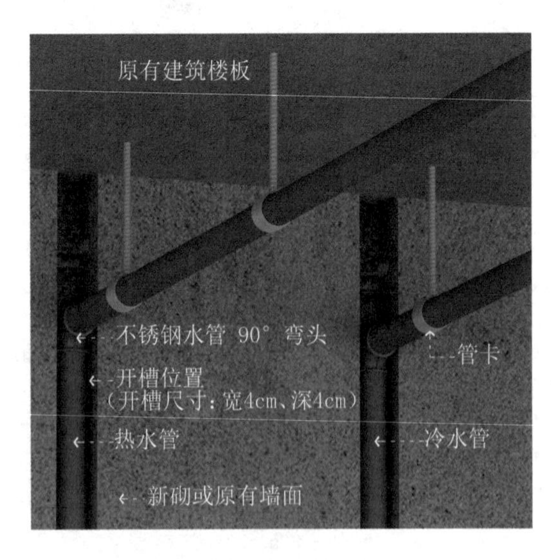

原有建筑楼板
不锈钢水管 90° 弯头
管卡
开槽位置
（开槽尺寸：宽4cm、深4cm）
热水管
冷水管
新砌或原有墙面

• 水管固定三维示意图

6.8.2.3 水管保温

现场安装的裸露给水管应全部进行保温防结露处理，并在接头、转角等处用胶带缠好，确保其完整性，保证热能不流失。

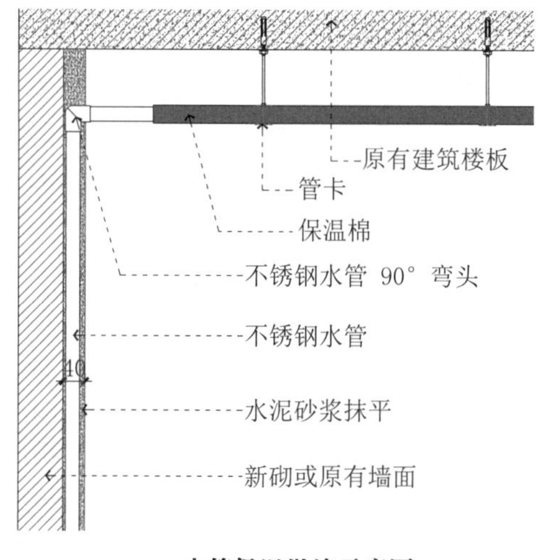
原有建筑楼板
管卡
保温棉
不锈钢水管 90° 弯头
不锈钢水管
40
水泥砂浆抹平
新砌或原有墙面

• 水管保温做法示意图

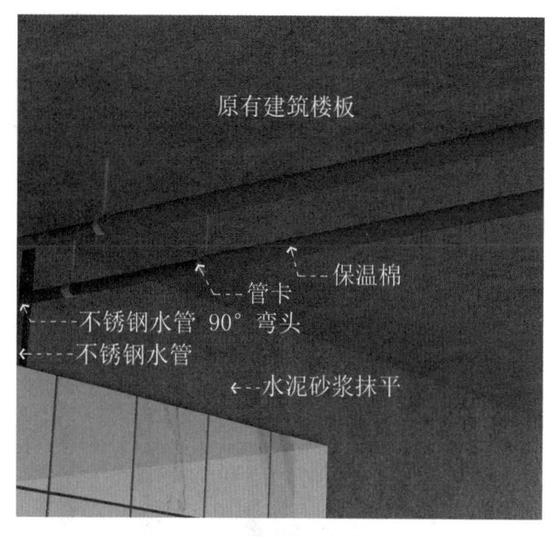
原有建筑楼板
保温棉
管卡
不锈钢水管 90° 弯头
不锈钢水管
水泥砂浆抹平

• 水管保温三维示意图

设 计

施工解读

冷热水管经过保温隔热处理，应做到热水管热量不损失，水温不下降，冷水管不吸热。

6.8.2.4 水管穿墙

要求水管穿墙必须加装套管，避免使用过程中管壁破损导致漏水，可有效延长使用年限。

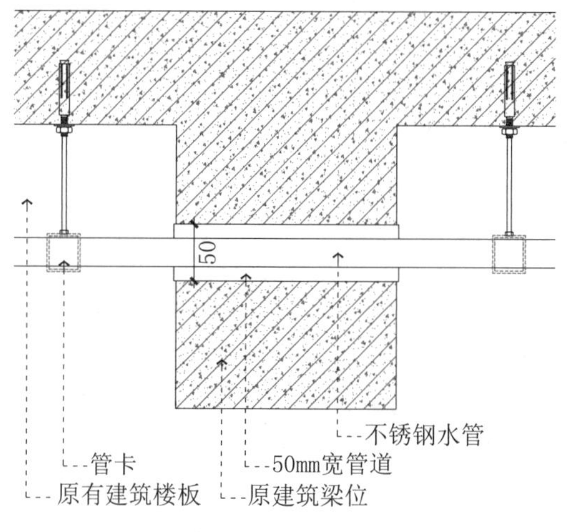
50
不锈钢水管
管卡
50mm宽管道
原有建筑楼板
原建筑梁位

• 水管穿墙示意图

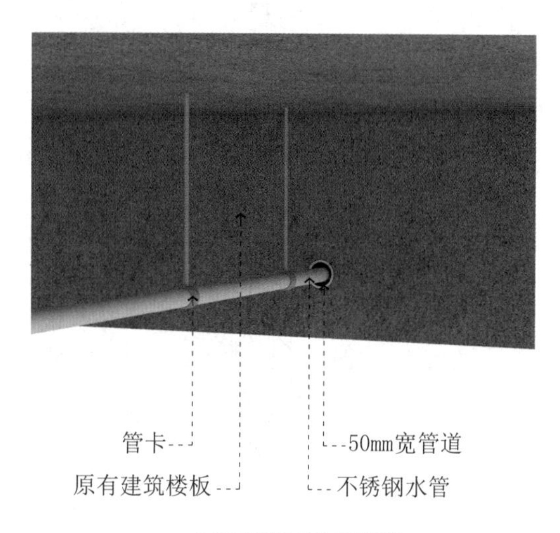
管卡
50mm宽管道
原有建筑楼板
不锈钢水管

• 水管穿墙三维示意图

6.8.3 洗手台盆墙排下水口做法

（1）洗手台盆与地面下水管必须高出柜底板 100mm 以上，便于水管的连接和封口，下水管必须采用硬管，严禁采用软管连接，必须安装相应的存水弯，且保持横平竖直。

（2）台盆与水龙头的连接处必须装有平面橡胶垫圈，以防台盆上水渗入下方，水龙头必须紧固不得松动，在台盆与台面的接触面涂抹一层防潮、防霉硅胶做防渗密封处理。

（3）台盆下水口的溢水口连接下水管的接头处必须密封无渗漏。

（4）洗手台盆墙排下水口离地 450mm，冷热水管平行安装，左热右冷，上热下冷，冷、热出水管口距离 150~200mm。

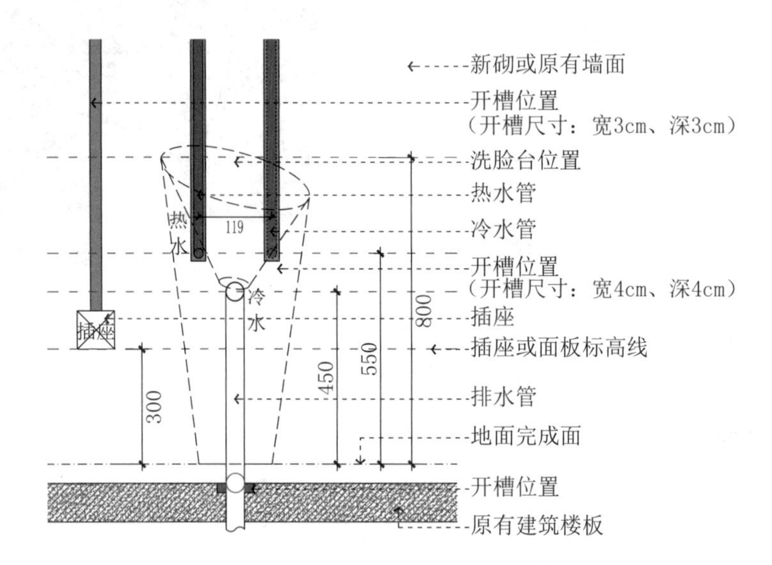
新砌或原有墙面
开槽位置
（开槽尺寸：宽3cm、深3cm）
洗脸台位置
热水管
冷水管
开槽位置
（开槽尺寸：宽4cm、深4cm）
插座
插座或面板标高线
排水管
地面完成面
开槽位置
原有建筑楼板
热水
冷水
插座
119
800
550
450
300

• 洗手台盆墙排下水口做法立面图

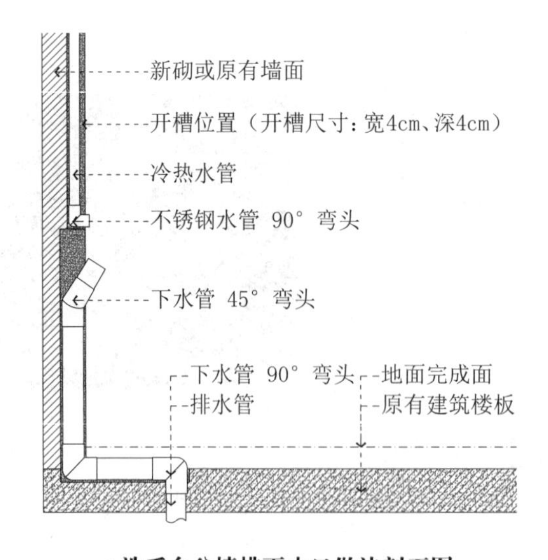
新砌或原有墙面
开槽位置（开槽尺寸：宽4cm、深4cm）
冷热水管
不锈钢水管 90° 弯头
下水管 45° 弯头
下水管 90° 弯头
排水管
地面完成面
原有建筑楼板

• 洗手台盆墙排下水口做法剖面图

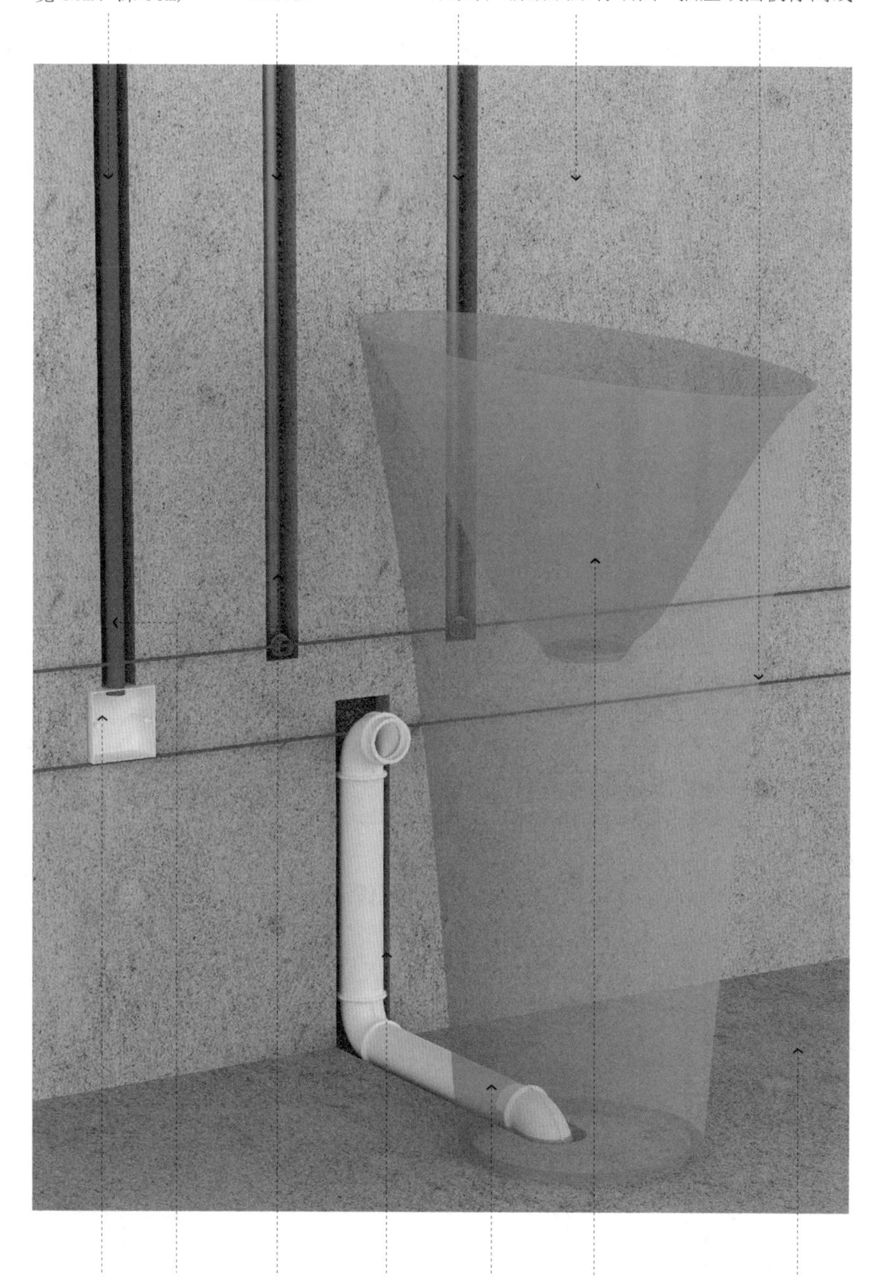
开槽位置
（开槽尺寸：
宽 3cm、深 3cm）
热水管
冷水管
新砌或原有墙面
插座或面板标高线
插座
强电线管
开槽位置
（开槽尺寸：
宽 4cm、深 4cm）
开槽位置
排水管
洗手台位置
原有建筑楼板

• **洗手台盆墙排下水口三维示意图**

6.8.4 马桶安装施工做法

（1）连接进水口的金属软管时，六角螺帽不允许用力过大，稍带紧些即可，待通水时不漏为宜，否则用力过紧会造成螺帽用力过大会引起螺帽开裂，留下以后爆裂漏水的隐患，水箱安装后，必须做防水试漏，并对水位进行调试和检查，水箱水位以低于扳手位 10mm、溢流管不流出水为准，水箱进水阀距地面高度为 150~200mm。

（2）马桶底座两侧底脚螺栓稍带紧些即可，不宜过紧以防底座瓷器开裂，并且用防潮、防霉白色硅胶将底座四周和底座螺栓处做密封处理，盖上相应螺盖。

（3）马桶底座禁止使用水泥砂浆安装，以防水泥的膨胀特性造成底座开裂，施工时严防垃圾掉入坑管内，安装完毕做通水试验并做好保护措施。

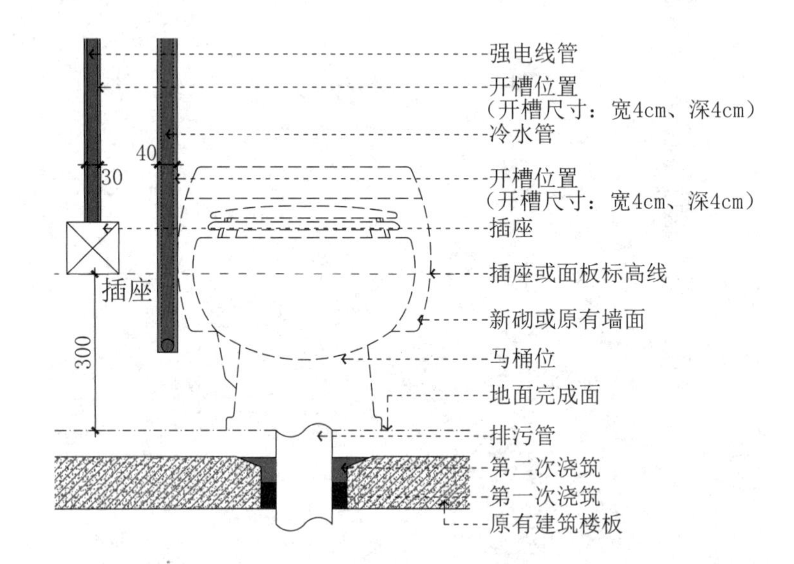
强电线管
开槽位置
（开槽尺寸：宽4cm、深4cm）
冷水管
40
30
开槽位置
（开槽尺寸：宽4cm、深4cm）
插座
插座或面板标高线
插座
新砌或原有墙面
300
马桶位
地面完成面
排污管
第二次浇筑
第一次浇筑
原有建筑楼板

• 马桶安装施工做法立面图

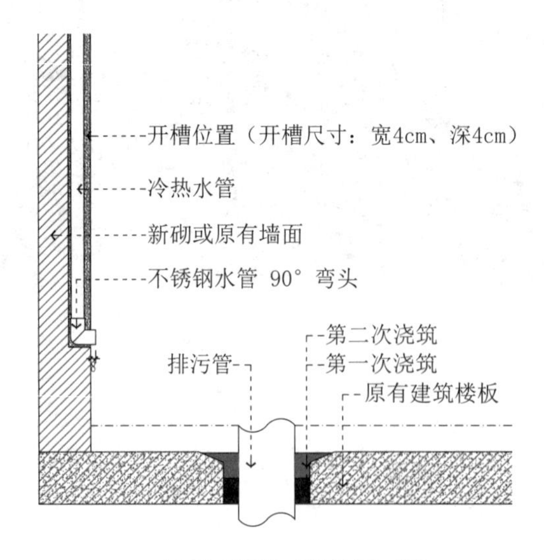
开槽位置（开槽尺寸：宽4cm、深4cm）
冷热水管
新砌或原有墙面
不锈钢水管 90° 弯头
第二次浇筑
排污管
第一次浇筑
原有建筑楼板

• 马桶安装施工做法剖面图

开槽位置
（开槽尺寸：
宽 3cm、深 3cm）
冷水管
新砌或原有墙面
插座或面板标高线
插座
强电线管
开槽位置
（开槽尺寸：
宽 4cm、深 4cm）
马桶位
排污管
原有建筑楼板

• **马桶安装施工三维示意图**

6.8.5 厨房洗菜台盆墙排下水口施工做法

（1）洗菜台盆墙排下水口离地 450mm，冷热水管平行安装，左热右冷，上热下冷，冷、热出水管口距离 150~200mm。

（2）洗菜台盆其他施工做法参见洗手台盆墙排下水口做法。

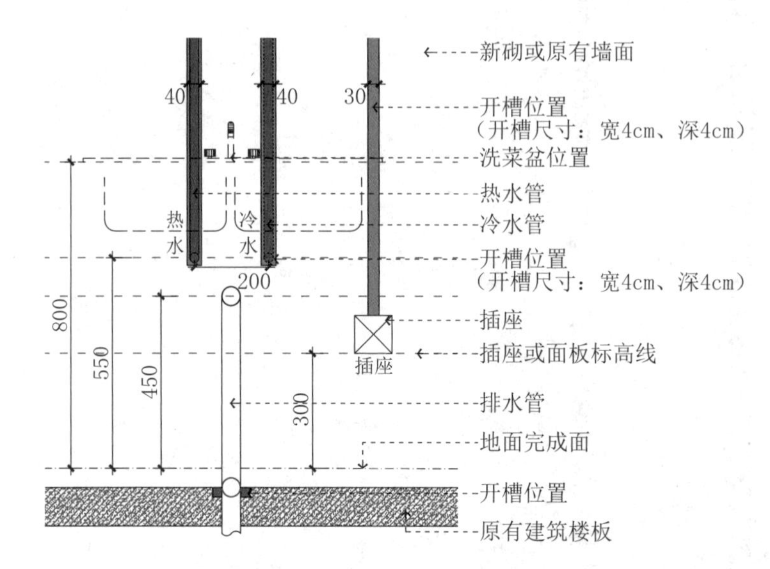

新砌或原有墙面
40
40
30
开槽位置
（开槽尺寸：宽4cm、深4cm）
洗菜盆位置
热水管
冷水管
热水
冷水
开槽位置
（开槽尺寸：宽4cm、深4cm）
200
插座
插座或面板标高线
插座
800
550
450
300
排水管
地面完成面
开槽位置
原有建筑楼板

• 厨房洗菜台盆墙排下水口施工做法立面图

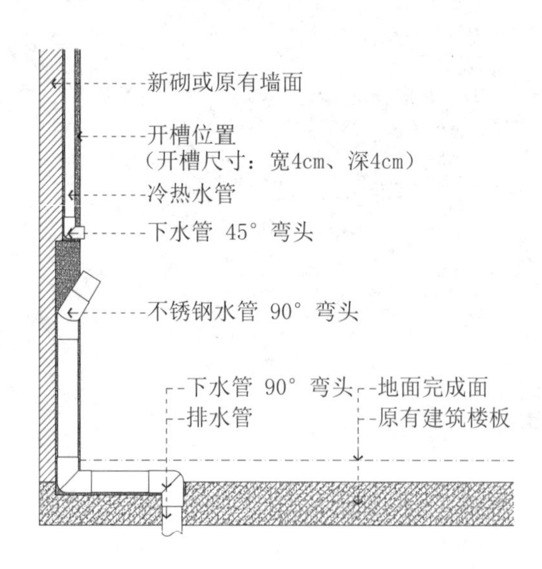

新砌或原有墙面
开槽位置
（开槽尺寸：宽4cm、深4cm）
冷热水管
下水管 45° 弯头
不锈钢水管 90° 弯头
下水管 90° 弯头
排水管
地面完成面
原有建筑楼板

• 厨房洗菜台盆墙排下水口施工做法剖面图

开槽位置
（开槽尺寸：
宽 3cm、深 3cm）
热水管
冷水管
新砌或原有墙面
插座或面板标高线

插座
强电线管
开槽位置
（开槽尺寸：
宽 4cm、深 4cm）
开槽位置
排水管
洗手台位置
原有建筑楼板

• **厨房洗菜台盆墙排下水口三维示意图**

6.8.6 冷热水循环

生活热水是每个家庭都必不可少的，构建一套方便好用的热水循环系统对于居家来说尤为重要，应根据居家的特点（如房间大、卫生间多、跨越楼层等）进行生活热水的线路规划。

优点	缺点
（1）节约时间，龙头一开，热水即来。 （2）节省自来水，减少水资源浪费。由于水管中的冷水很少，打开水龙头时浪费的冷水较少。 （3）节省家庭空间。由于中央热水器或储水罐一般放在阳台上或地下室等地方，不占用日常的家庭生活空间，美化居室	（1）温控模式（全天候都是热水）会造成热水器频繁点火，对于用水不频繁的家庭，这样反而是浪费，这样的家庭使用单次遥控或者按时间段启动功能比较好。 （2）如果室内空间大，热水的管路过长就会造成打开水龙头需要流出很多冷水之后，才能出来热水。气温较低的天气里沐浴者（特别是老人和小孩）极易受凉引发感冒等病症，而且还会造成水、气、电资源的浪费

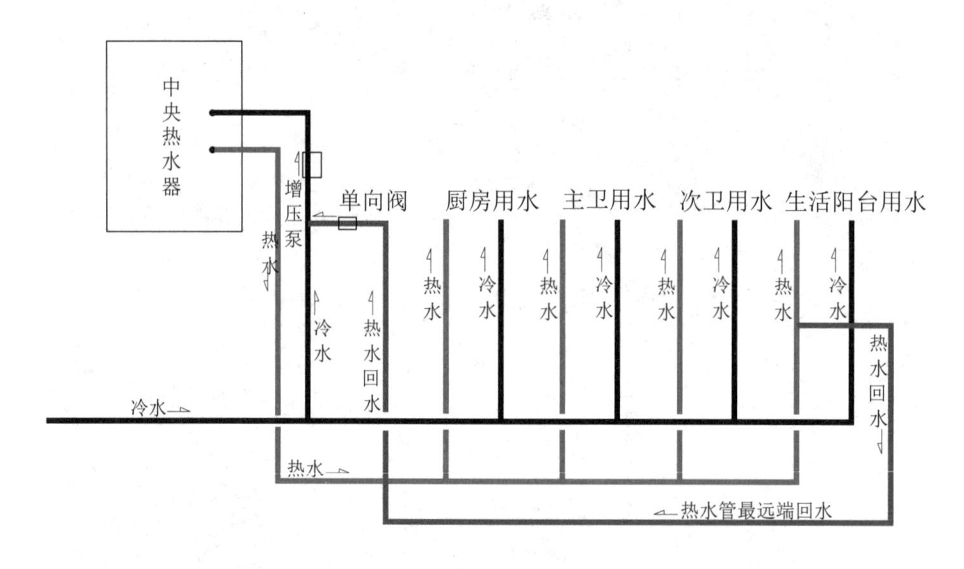
中央热水器
增压泵
单向阀
厨房用水
主卫用水
次卫用水
生活阳台用水
热水
冷水
热水回水
冷水
热水
热水
冷水
热水
冷水
热水
冷水
热水
冷水
热水回水
冷水
热水
热水管最远端回水

• 冷热水循环示意图

建议：（1）针对小户型（1个卫生间）或者虽然是大户型，但是卫生间距离热水器并不远的，可以不用安装热水循环系统。

（2）针对真正需要安装热水循环泵的大户型（含别墅、洋房、跃层，或者有多个卫生间要同时使用的户型）基本都需要安装热水循环泵。

（3）针对大部分上班家庭，每天总会有几个频繁使用热水的时间段的情况（如早上6~7点，晚上8~9点），建议使用“按时间段启动功能”，而不是使用单次遥控或者恒温功能。

第 7 章

室内防水施工工艺三维系统可视化

7.1 墙、地面防水涂料施工工艺说明

7.1.1 施工方法

（1）基层刷 1：0.4 素水泥浆一道（内掺建筑胶）。

（2）然后抹 20 厚 1：3 水泥砂浆找平层。

（3）1.5 厚的水泥基（JS-11）防水涂料。

（4）20 厚 1：2.5 水泥砂浆保护层面层。

7.1.2 材料准备

7.1.2.1 材料

采用 1.5mm 厚 JS-11 聚合物水泥防水涂料，采用涂刷法施工。JS 防水涂料是一种由高分子乳液与无机粉料组成的双组分防水涂料，对进入现场的 JS 防水涂料应按标准取样法抽样复验，合格后才能使用。

7.1.2.2 防水涂料的主要特点

（1）具有较高的抗拉强度和延伸率及良好的柔性。

（2）有较好的耐久性和耐候性。

（3）施工方便、安全，工期短。

7.1.2.3 作业条件

（1）人工准备。为确保防水层质量，卫生间必须由防水专业队伍进行施工，凡从事防水工程的施工人员必须经统一培训考核，并取得上岗证书才能操作。

（2）施工环境。施工环境温度应在 5~35℃，五级以上大风天气不宜施工。

7.1.3 墙地面防水做法

（1）先用塑料袋之类的东西把排污管道口包起来并绑紧，以防堵塞。地漏、套管、卫生洁具根部、阴阳角等部位并应先做防水附加层。

（2）普通墙面防水涂料施工时应上返 30cm，淋浴区墙面防水涂料施工应上返 180cm。一楼厨房、卫生间一定要做防水，防止地面、墙面返潮。

（3）先刷墙面、地面，干透后再刷一遍。然后再检查一下防水层是否存在微孔。如果有，应及时补好。第二遍刷完后，在其没有完全干透前，在表面再轻轻刷上一两层薄薄的防水层（不要加砂）。

（4）防水层应与基层结合牢固，表面应平整，不得有空鼓、裂缝和麻面起砂现象，阴阳角应做成圆弧形。

（5）防水涂层施工完毕后，通知质检部做好 24h 闭水试验。用水泥砂浆做好一个泥门槛，然后在上面倒水进行测试，水高约为 1cm 即可，测试时间为 24h，以楼下没有发现天花板渗水为测试合格。

（6）在进行下道工序施工时，应对已完成的防水涂层做好保护，严防破损。

（7）墙面与地面防水处理应采用柔韧型防水涂料，需纵横涂刷一遍，厚度不低于 1.2mm，以确保防水层的密封性。卫生间湿区（如淋浴房、浴缸）的墙面防水高度不低于 1800mm，干区的墙面防水高度不低于 1200mm；厨房间墙面防水高度不低于 600mm。

（8）阴角部位应用水泥砂浆做 R 角 20mm 半圆形，以保证防水涂料的施工效果。

（9）墙面面层施工完成后，为预防防水层的破坏，需要在地面面层铺贴前对防水层进行检查修复，并再次做蓄水试验（蓄水高 50~80mm，在室内外交接地面外围设临时围槛。）

7.1.4 卫生间施工流程及操作技术要求

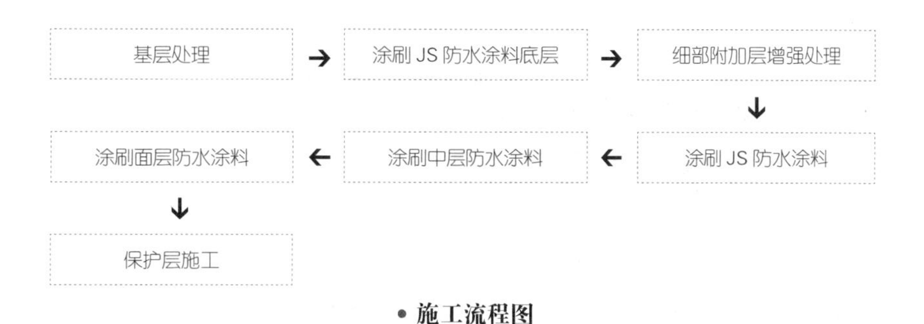
基层处理
涂刷 JS 防水涂料底层
细部附加层增强处理
涂刷 JS 防水涂料
涂刷中层防水涂料
涂刷面层防水涂料
保护层施工

• 施工流程图

（1）基层清理。选用合适的工具将基层清扫干净，不得有浮尘、杂物，不得有水。

（2）滚刷底层涂料。底层涂饰是为了提高涂膜与基层的黏结力，而当基层潮湿或在不吸水的干净的基层上使用时，可不做底涂（具体应视现场情况而定），底涂用量一般为 0.3kg/m^2。

（3）细部附加处理。在地漏、管根、阴阳角等易发生漏水的部位应增加一层加筋布加强处理。首先用橡胶刮或油漆刷厚度均匀地刷一遍 JS 涂料，宽度以 300mm 为宜，并立即粘贴加筋进行加筋增强处理。加筋布粘贴时，应用油漆刷摊平压平整，与下层涂料贴合紧密，搭接宽度为 100mm，表面再涂刷一至二层涂料，使其达到设计要求厚度。

（4）涂刷第一道涂层。细部节点处理完毕且涂膜干燥后，进行第一道大面涂层的施工。涂刷时要均匀，不能有局部沉积，并要多次涂刮使涂料与基层之间不留气泡。

（5）涂刷第二道涂层。在第一道涂层干燥后进行第二道涂层的施工，涂刷的方向应与第一道相互垂直，干燥后再涂刷下一道涂层，直到达到设计厚度。

（6）面层涂膜施工。最后一道涂层采用加水稀释的面涂料滚涂一道，以提高涂膜表面的平整、光洁效果。涂膜收头时应采用防水涂料多遍涂刷，以保证其完好的防水效果。

7.1.5 防水工艺注意事项

（1）卫生间、浴池等处刷防水涂料需考虑地漏、管道、下水平面等问题。地面需同地漏孔洞侧壁处成 80° 左右的角度，以方便污水排放，角度太大会导致水流太快使得垃圾堵塞地漏口。

（2）厨房刷防水涂料需考虑防油污、可擦洗等问题，在涂料选购方面需选择质量较好的产品。

（3）防水层完全干燥后（约 12h）须进行 48h 蓄水试验，如蓄水过程中发现水变浑浊或乳白，说明防水层养护时间不够，防水层已被水溶解、破坏，防水失败，须重做。

7.2 室内防水及找平施工三维可视化工艺思维导图

室内防水及找平施工三维可视化工艺思维导图详见本书附图 5。

7.3 墙地面防水施工工艺（附视频）

7.3.1 墙与地面防水阴阳角 R 角工艺做法

（1）地面与墙面阴角部位喷涂基层处理剂。

（2）地面与墙面阴角部位用溢胶泥做 R 角 20mm 半圆形，以保证防水涂料的施工效果。

（3）贴防水胶带防漏胶增强阴角防裂韧性。

（4）为了预防裂纹及加强阴角处和地面的防水性，应将玻璃纤维网布全面覆盖阴角处和地面。

（5）墙面建议刷 2~3 道以上的防水涂料，涂刷第一道防水时，加水稀释让防水涂料渗透到水泥砂浆内，等待干燥后，再涂刷第二道防水，再等待干燥后，再涂刷第三道防水。墙面管线与门窗处的衔接面最容易出问题，需要对防水涂料特别处理，必要是加一道玻璃纤维网布覆盖，以避免水分渗透。

（6）地面涂刷防水涂料后，再刷一层水泥砂浆保护层或黏土膏，保护已做好的防水层，不会因踩踏而受到破坏。

（7）防水层涂刷不够厚，防水层过薄自然就达不到防水效果，容易出现漏水问题。

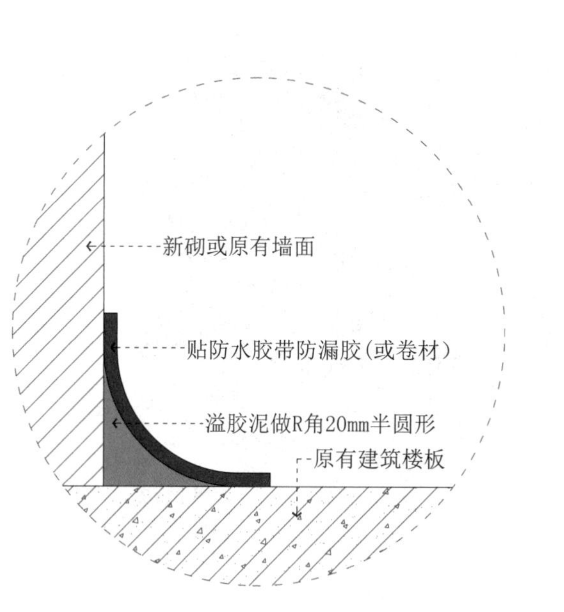
新砌或原有墙面
贴防水胶带防漏胶（或卷材）
溢胶泥做R角20mm半圆形
原有建筑楼板

• 墙与地面防水阴阳角 R 角工艺做法剖面图示意

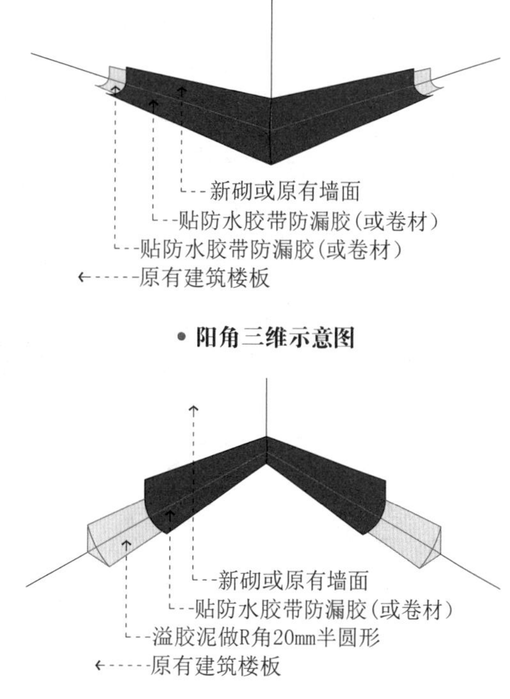
新砌或原有墙面
贴防水胶带防漏胶（或卷材）
贴防水胶带防漏胶（或卷材）
原有建筑楼板

• 阳角三维示意图

新砌或原有墙面
贴防水胶带防漏胶（或卷材）
溢胶泥做R角20mm半圆形
原有建筑楼板

• 阴角三维示意图

7.3.2 墙地面防水（附视频）

扫码看视频
墙地面防水

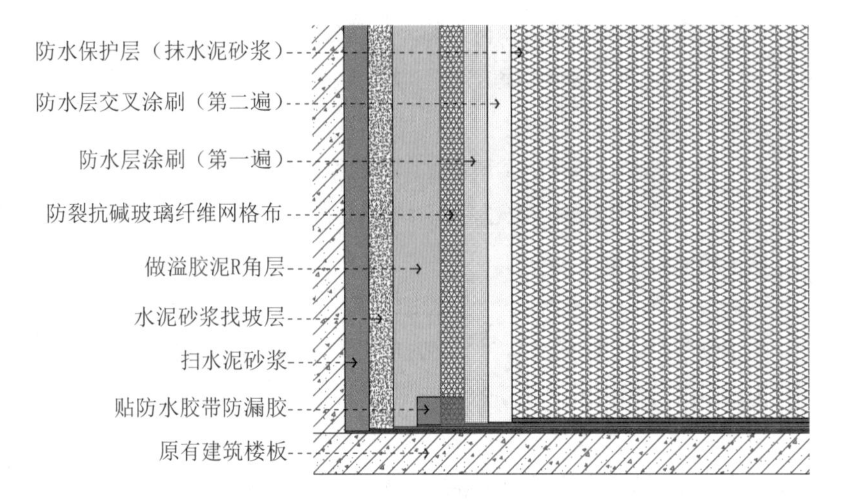
防水保护层（抹水泥砂浆）
防水层交叉涂刷（第二遍）
防水层涂刷（第一遍）
防裂抗碱玻璃纤维网格布
做溢胶泥R角层
水泥砂浆找坡层
扫水泥砂浆
贴防水胶带防漏胶
原有建筑楼板

• 墙地面防水施工示意图

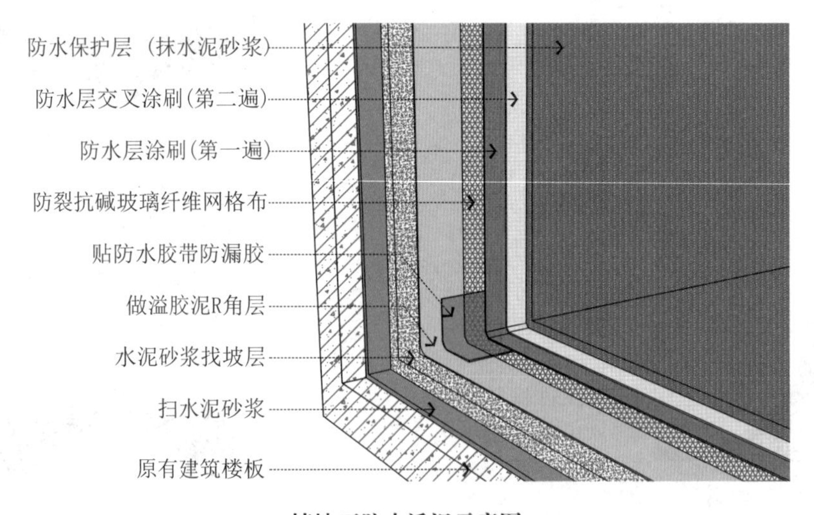
防水保护层（抹水泥砂浆）
防水层交叉涂刷(第二遍)
防水层涂刷(第一遍)
防裂抗碱玻璃纤维网格布
贴防水胶带防漏胶
做溢胶泥R角层
水泥砂浆找坡层
扫水泥砂浆
原有建筑楼板

• 墙地面防水透视示意图

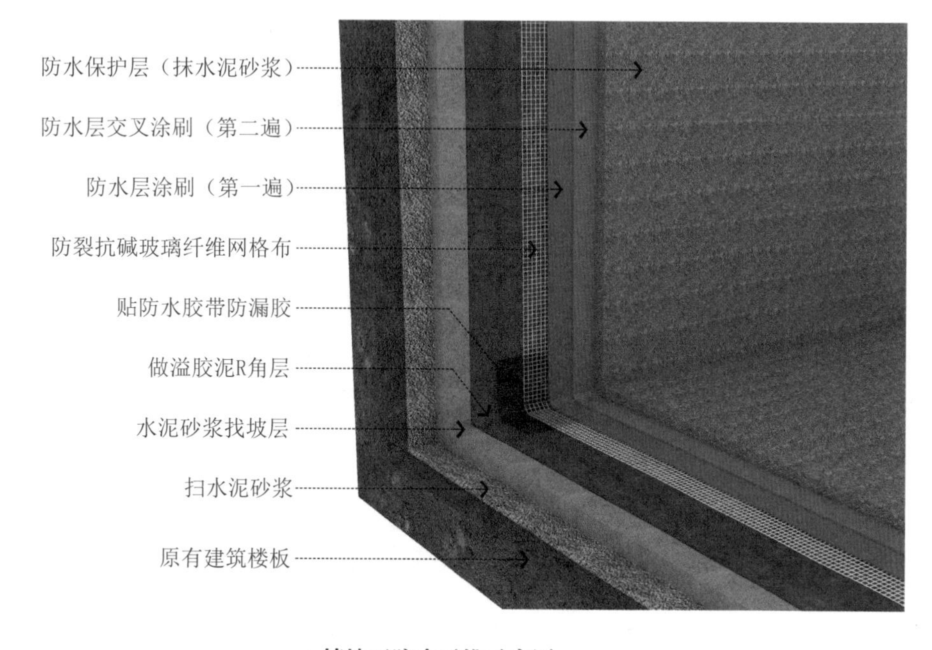
防水保护层（抹水泥砂浆）
防水层交叉涂刷（第二遍）
防水层涂刷（第一遍）
防裂抗碱玻璃纤维网格布
贴防水胶带防漏胶
做溢胶泥R角层
水泥砂浆找坡层
扫水泥砂浆
原有建筑楼板

• 墙地面防水三维示意图

设 计

施工解读

1. 使用选定的优质防水涂料。基层表面应平整，不得有松动、空鼓、起砂、开裂等缺陷，含水率应符合防水材料的施工要求。

2. 做防水处理的注意事项：厨房、卫生间地砖，要先做防水再进行铺贴；地漏、套管、卫生洁具根部、阴阳角等部位，应先做防水附加层；如原来做完防水的，砂浆里要掺合防水剂，有排水的地方要先做好排水坡，保持卫生间无积水和渗水现象；卫生间和厨房的地面要比客厅低 1cm，门口要有门槛石，门槛石的收口要与实木地板相平，如过道、客厅是贴镜面砖的，镜面砖的厚度一般在 4.8cm 左右。

7.4 下沉式卫生间（附视频）

家装施工中，很多人为了图方便和节约成本，直接用建筑垃圾回填下沉式卫生间，却没想到会招致严重的后果，不仅增加了楼板的负荷，还可能会造成地面开裂甚至下沉。另外建筑垃圾由于棱角较多，会破坏下沉式原有楼板的防水和预埋的水管，给后期维修带来麻烦。

（1）陶粒回填要求。深度大于 15cm 的下沉式卫生间需用陶粒材料与混凝土回填。

（2）陶粒具有外壳坚硬、自重轻、吸潮性好的特点，其使用在回填中具有以下几个优势。

① 重量轻，不会对楼板造成压力。

② 陶粒多孔，吸潮性好。

③ 易挖掘，维修更方便。

④ 吸附截污能力强，适用下沉式区域。

回填前先用水泥砂浆固定改造好的管道，并用混凝土填实管道下方间隙，陶粒材料与水泥干拌均匀（水泥与陶粒材料配比为 1：6）洒水湿润后回填，表面振打密实，用厚约 50mm 的水泥砂浆找平，找平中间层加铺 ϕ 3X100 钢丝网，回填层放坡度，坡向地漏方向。

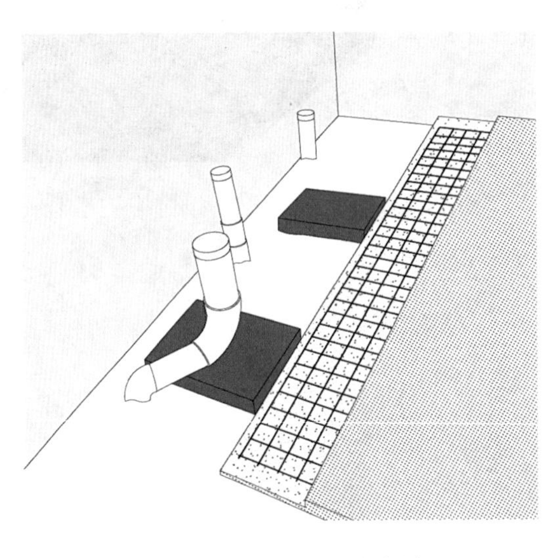

• 下沉式卫生间三维示意图

设 计

施工解读

深度超过 15cm 的下沉式卫生间用陶粒材料和混凝土回填，主要是因为它的重量轻，对楼板不会产生很大压力。

7.4.1 排水、排污管区域泄水坡度

排水、排污管根据设计定位安装后，在找平地面与防水时，需要在排水、排污管区域设置泄水坡度。

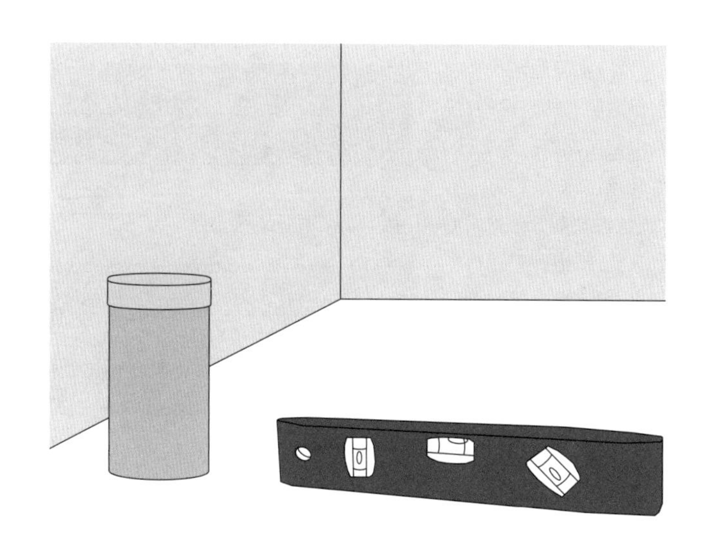

• 排水、排污管区域泄水坡度三维示意图（一）

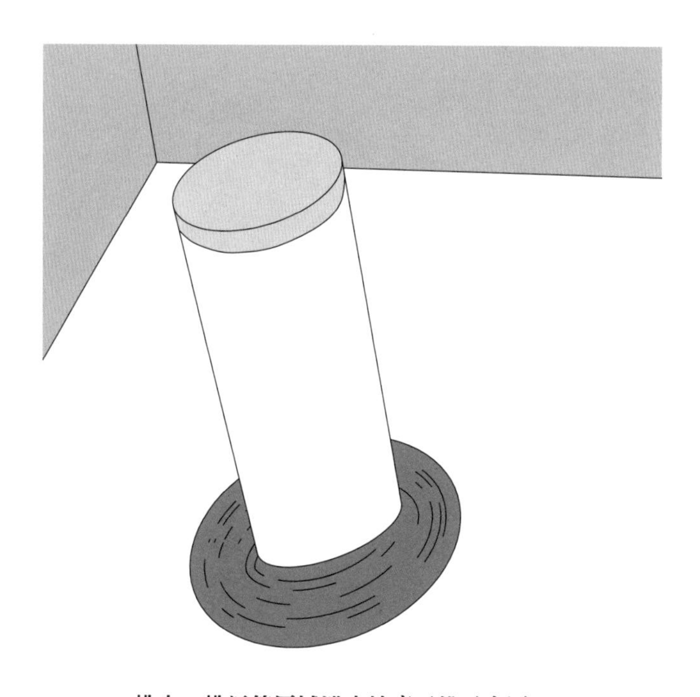

• 排水、排污管区域泄水坡度三维示意图（二）

7.4.2 门槛下防水涂料施工

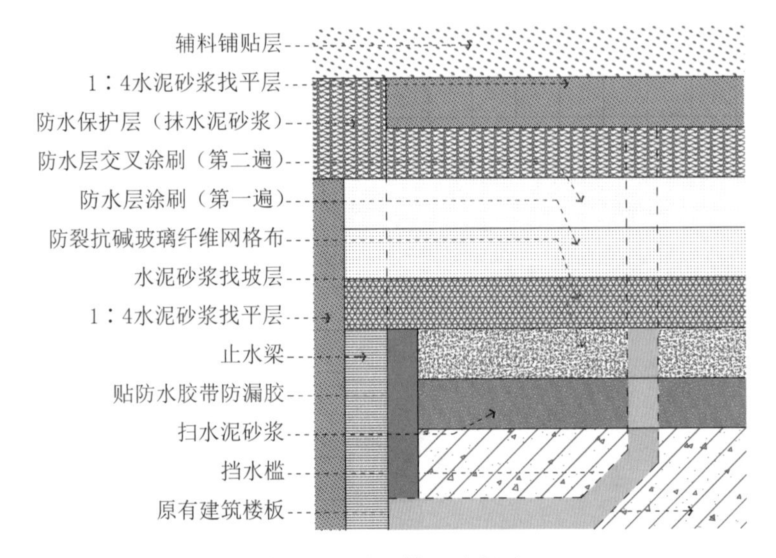
辅料铺贴层
1：4水泥砂浆找平层
防水保护层（抹水泥砂浆）
防水层交叉涂刷（第二遍）
防水层涂刷（第一遍）
防裂抗碱玻璃纤维网格布
水泥砂浆找坡层
1：4水泥砂浆找平层
止水梁
贴防水胶带防漏胶
扫水泥砂浆
挡水槛
原有建筑楼板

• 门槛下防水涂料施工示意图

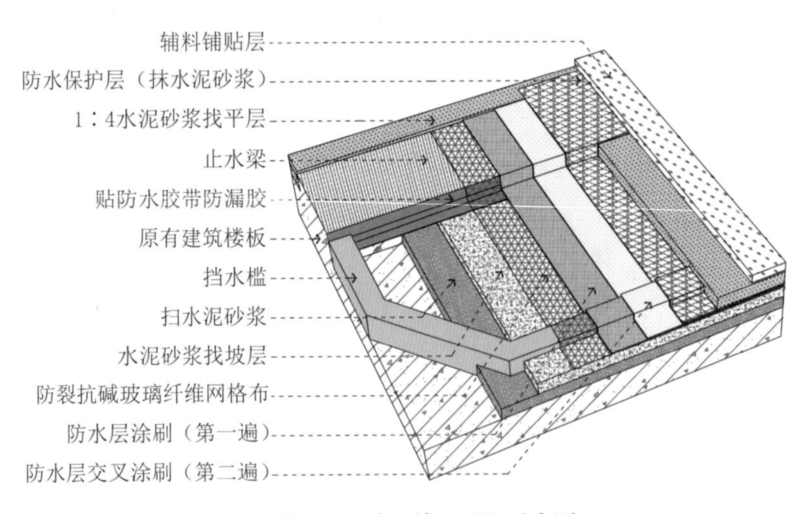
辅料铺贴层
防水保护层（抹水泥砂浆）
1：4水泥砂浆找平层
止水梁
贴防水胶带防漏胶
原有建筑楼板
挡水槛
扫水泥砂浆
水泥砂浆找坡层
防裂抗碱玻璃纤维网格布
防水层涂刷（第一遍）
防水层交叉涂刷（第二遍）

• 门槛下防水涂料施工透视示意图

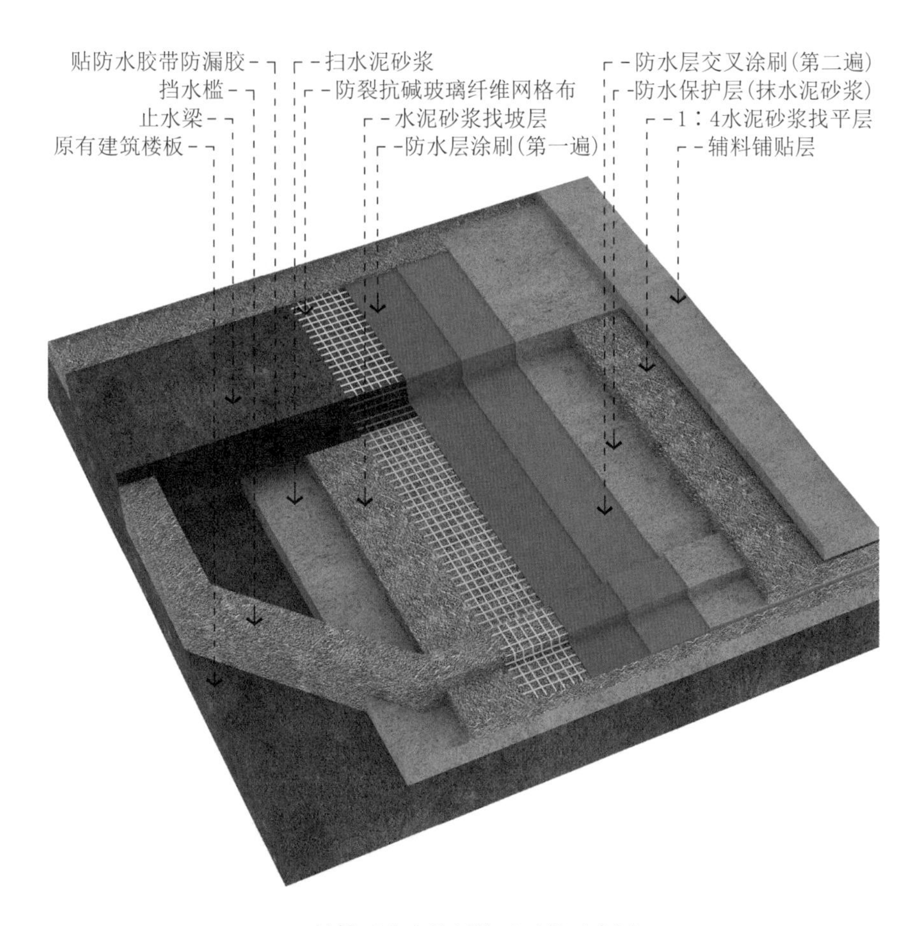
贴防水胶带防漏胶
挡水槛
止水梁
原有建筑楼板
扫水泥砂浆
防裂抗碱玻璃纤维网格布
水泥砂浆找坡层
防水层涂刷(第一遍)
防水层交叉涂刷(第二遍)
防水保护层(抹水泥砂浆)
1∶4水泥砂浆找平层
辅料铺贴层

• 门槛下防水涂料施工三维示意图

设计

施工解读

1. 门槛板下口做止水条，止水条下需凿毛套浆处理，并与地面做统一防水。止水条标高应低于室内地面完成面约 30mm，门槛石用专用黏结剂铺贴。

2. 有防水要求的区域，门洞口位置须在防水层下部，并设置止水带，以阻止水顺着防水层往外渗透。

7.4.3 地面排水、排污施工工艺示意（附视频）

扫码看视频
地面排水、
排污施工
工艺示意

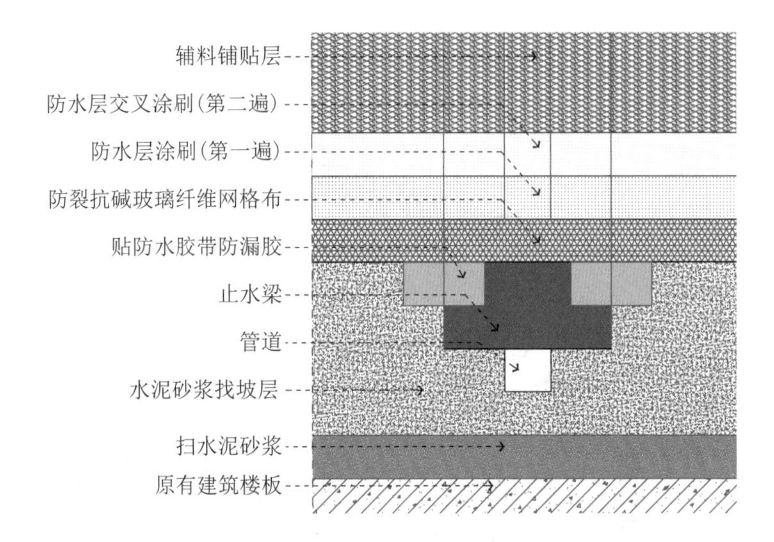
辅料铺贴层
防水层交叉涂刷(第二遍)
防水层涂刷(第一遍)
防裂抗碱玻璃纤维网格布
贴防水胶带防漏胶
止水梁
管道
水泥砂浆找坡层
扫水泥砂浆
原有建筑楼板

• 地面排水、排污施工工艺剖面示意图

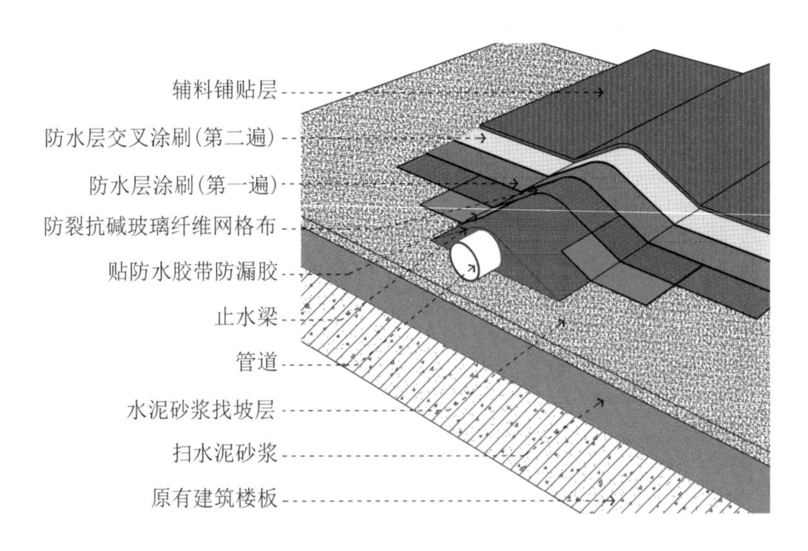
辅料铺贴层
防水层交叉涂刷(第二遍)
防水层涂刷(第一遍)
防裂抗碱玻璃纤维网格布
贴防水胶带防漏胶
止水梁
管道
水泥砂浆找坡层
扫水泥砂浆
原有建筑楼板

• 地面排水、排污施工工艺透视示意图

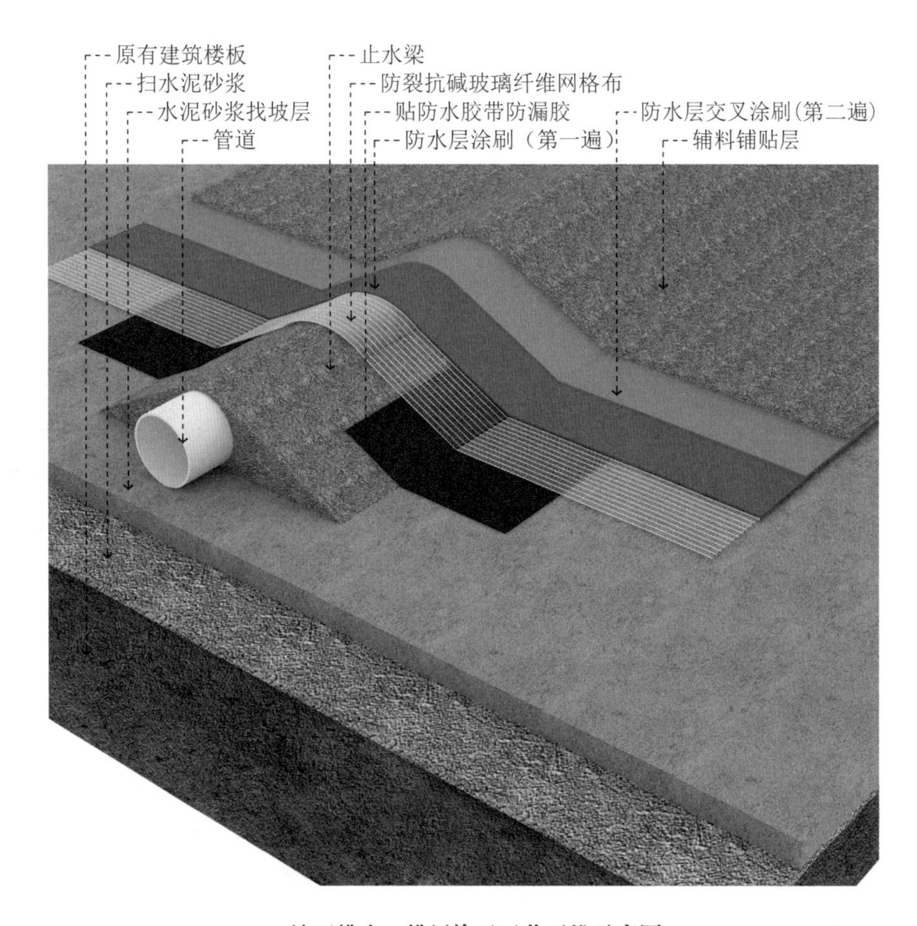
原有建筑楼板
扫水泥砂浆
水泥砂浆找坡层
管道
止水梁
防裂抗碱玻璃纤维网格布
贴防水胶带防漏胶
防水层涂刷（第一遍）
防水层交叉涂刷(第二遍)
辅料铺贴层

• 地面排水、排污施工工艺三维示意图

设 计

施工解读

1. 厨房和卫生间地面上有排水排污管，所以在固定好电线排水排污管的同时也要做1：2水泥砂浆保护层，包住水管及排水排污管并堵实。

2. 为保证厨卫、阳台地面与墙面交接部位的防水施工质量，在地面与墙面阴角四周用1：2水泥砂浆做2cm高的R角。

7.4.4 排水、排污防水涂料施工（附视频）

（1）浇筑新钻孔洞前用钢刷清理洞口，把洞口周围清理干净，清至周边 50~100mm 处。

（2）浇筑细石水泥砂浆前孔洞需用清水浇湿，用水泥、801 胶、水按 1：1：1 的比例混合搅匀，涂刷在孔洞周围。

（3）在新开孔洞楼板底部支模板，用楼层同标号的水泥砂浆浇筑至孔洞内 1/2 深处，混凝土必须浇筑密实。

（4）待混凝土凝固后把孔洞口及周围清理干净并把铁丝剪掉，用水泥搅拌 801 胶涂刷于洞口表面，涂刷在洞口周边 100~150mm 范围，然后再浇筑细石混凝土在低于板面 20mm 处，待凝固后浇水养护并做蓄水试验。待试水验收合格后，方可进入下一道工序，未达标的必须整改。

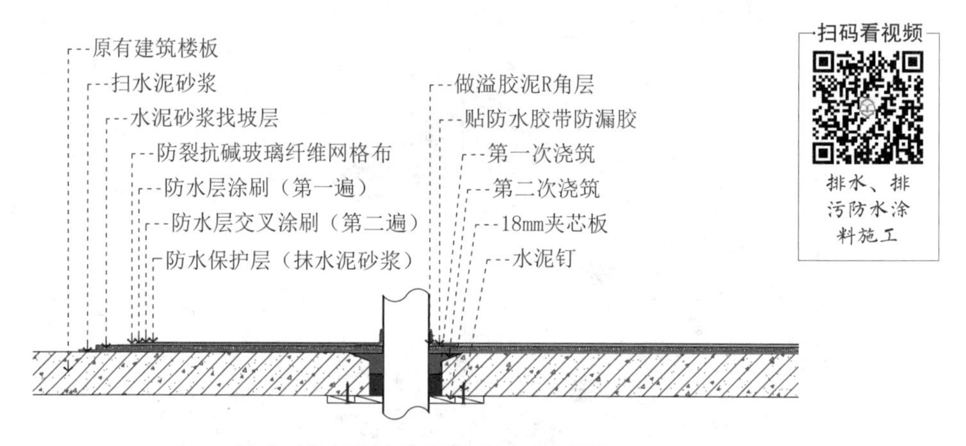
原有建筑楼板
扫水泥砂浆
水泥砂浆找坡层
防裂抗碱玻璃纤维网格布
防水层涂刷（第一遍）
防水层交叉涂刷（第二遍）
防水保护层（抹水泥砂浆）
做溢胶泥R角层
贴防水胶带防漏胶
第一次浇筑
第二次浇筑
18mm夹芯板
水泥钉
扫码看视频
排水、排污防水涂料施工

• 排水、排污防水涂料施工剖面示意图

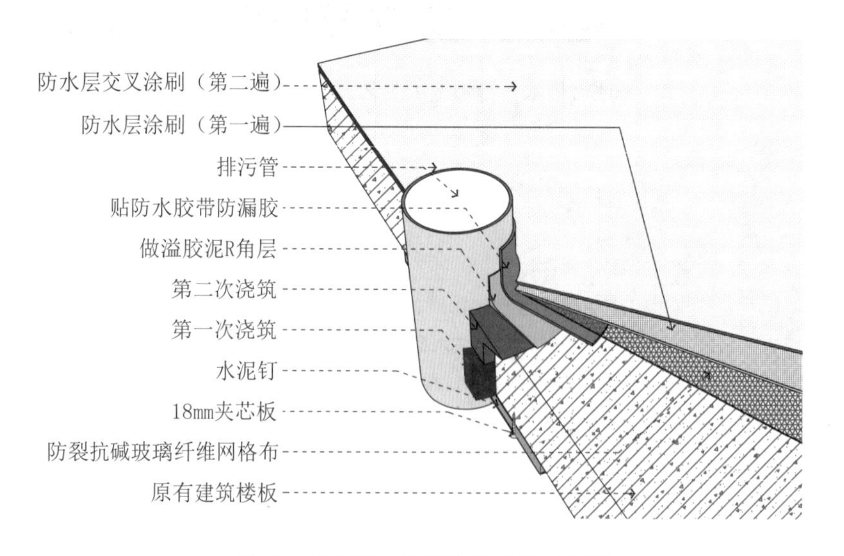
防水层交叉涂刷（第二遍）
防水层涂刷（第一遍）
排污管
贴防水胶带防漏胶
做溢胶泥R角层
第二次浇筑
第一次浇筑
水泥钉
18mm夹芯板
防裂抗碱玻璃纤维网格布
原有建筑楼板

• 排水、排污防水涂料施工透视示意图

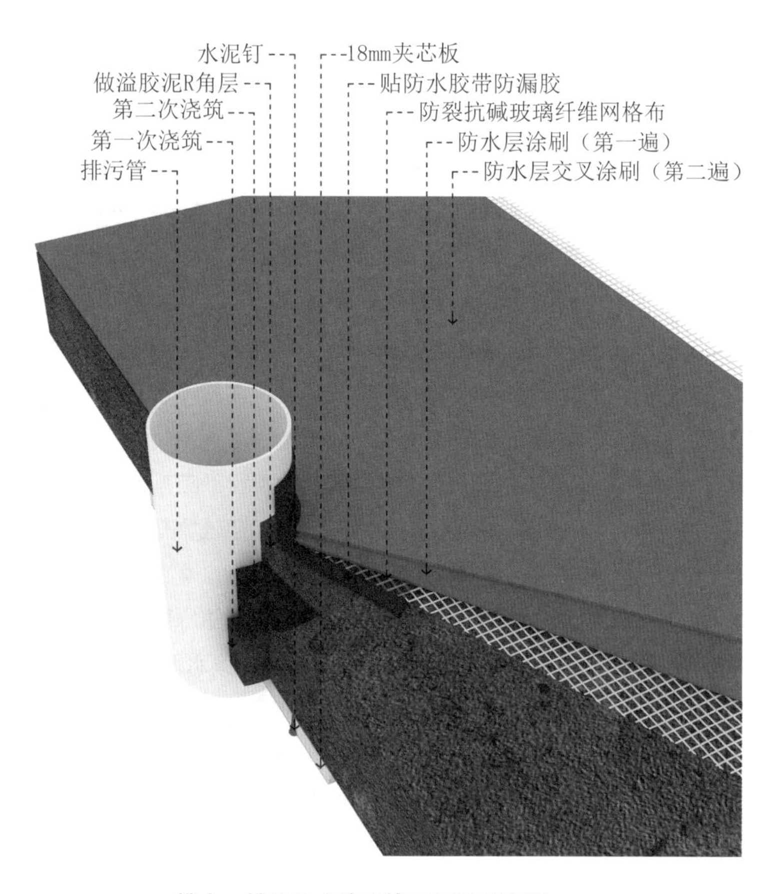
水泥钉
18mm夹芯板
做溢胶泥R角层
贴防水胶带防漏胶
第二次浇筑
防裂抗碱玻璃纤维网格布
第一次浇筑
防水层涂刷（第一遍）
排污管
防水层交叉涂刷（第二遍）

• 排水、排污防水涂料施工三维示意图

设 计

施工解读

明确室内所有排水排污管的开洞，需钻孔进行施工，禁止手工凿孔，新开孔周边100~150mm范围找坡凿毛面处理，并要求分层浇筑水泥砂浆。

7.5 地暖管铺设安装工艺

备料

↓

铺聚苯板

↓

铺反射膜

↓

铺钢丝网

↓

排水管

↓

安装分、集水器

↓

打压试验

↓

找平

↓

调试

• 施工流程图

（1）安装分、集水器。在墙上划线确定分、集水器的安装位置及标高。水平安装时，宜将分水器安装在上，集水器安装在下，中心距宜为 200mm，集水器中心距地面应不小于 300mm。

（2）绝热层的铺设。铺设绝热层的地面应平整、干燥、无杂物。墙面底部要平直，且无积灰现象。

（3）反射层的铺设（纺黏法非织造布 /PET 镀铝膜层）应铺平铺严，接缝处用密封胶带封严。

（4）铺设钢丝网。将钢丝网平整铺设在保温材料上面，要求铺平铺严，边角网丝上翘处需做处理。

（5）地暖管的铺设

① 地暖管应按设计图纸标定的管间距和走线铺设，应保持平直，铺设前应检查管外观质量，管内部不得有杂质。安装间断或完毕时，敞口处应随时封堵。

② 埋设于填充层内的地暖管不应有接头。

③ 地暖管的环路布置不宜穿越填充层的伸缩缝，必须穿越时，伸缩缝处应设长度不小于 400mm 的柔性套管。

④ 地暖管出地面至分水器、集水器连接处。弯管部分不宜露出地面装饰层。地暖管出地面至分、集水器下部球阀接口之间的明装管段，外部应加装塑料套管。套管应高出装饰 150~200mm。

（6）铺设好后需对水管进行首次试压检查。细石混凝土找平后二次试压，地板铺设前再进行第三次试压。

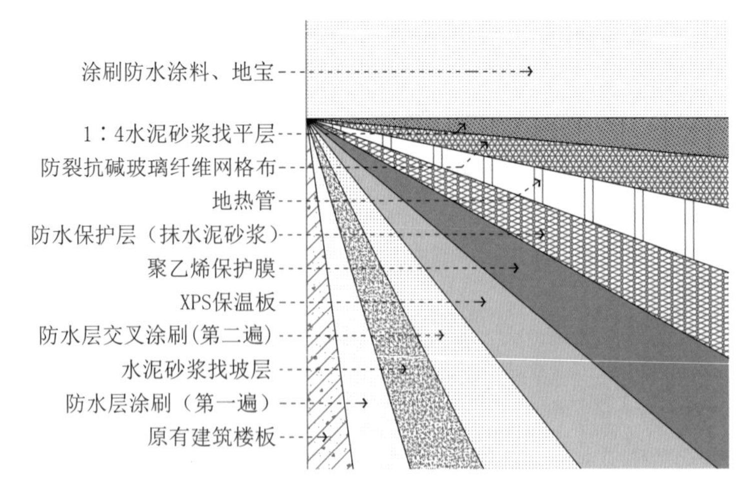

涂刷防水涂料、地宝
1：4水泥砂浆找平层
防裂抗碱玻璃纤维网格布
地热管
防水保护层（抹水泥砂浆）
聚乙烯保护膜
XPS保温板
防水层交叉涂刷(第二遍)
水泥砂浆找坡层
防水层涂刷（第一遍）
原有建筑楼板

• 地暖管铺设安装工艺构造示意图

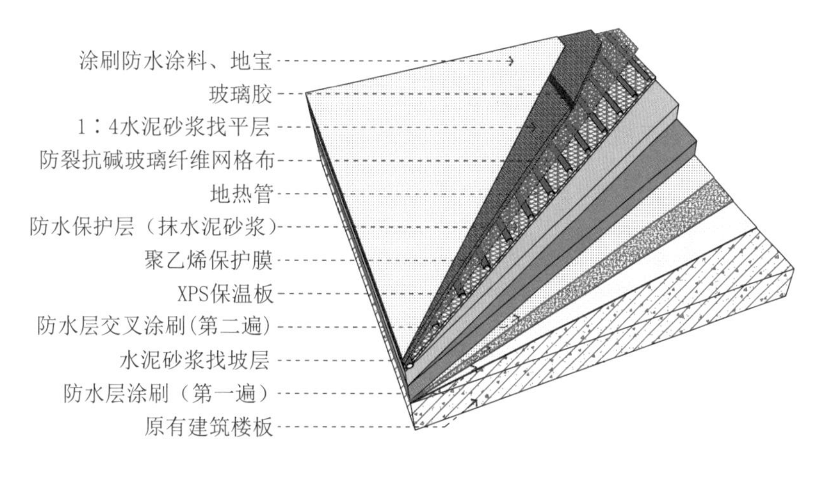
涂刷防水涂料、地宝
玻璃胶
1：4水泥砂浆找平层
防裂抗碱玻璃纤维网格布
地热管
防水保护层（抹水泥砂浆）
聚乙烯保护膜
XPS保温板
防水层交叉涂刷（第二遍）
水泥砂浆找坡层
防水层涂刷（第一遍）
原有建筑楼板

• 地暖管铺设安装工艺透视示意图

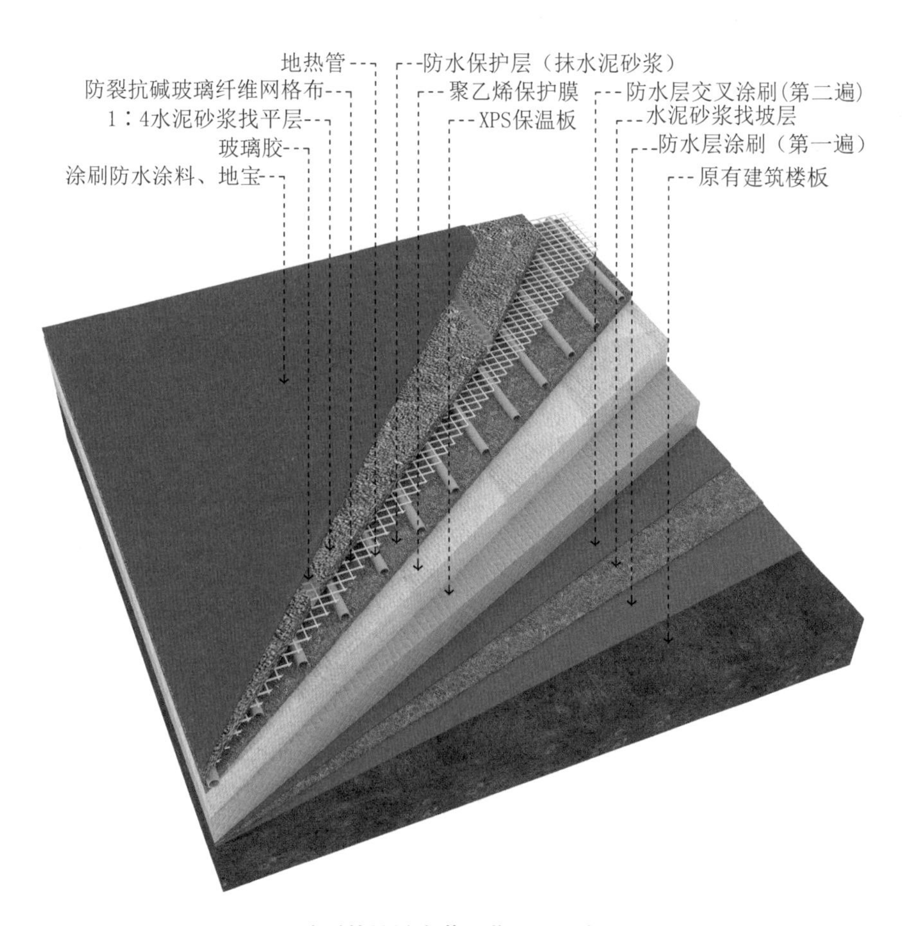
地热管
防裂抗碱玻璃纤维网格布
1：4水泥砂浆找平层
玻璃胶
涂刷防水涂料、地宝
防水保护层（抹水泥砂浆）
聚乙烯保护膜
XPS保温板
防水层交叉涂刷（第二遍）
水泥砂浆找坡层
防水层涂刷（第一遍）
原有建筑楼板

• 地暖管铺设安装工艺三维示意图

7.6 地面自流平施工工艺

水泥自流平地面所用黏结材料一般为普硅水泥、高铝水泥、硅酸盐水泥等。自流平地面就是由材料加水后，可以变成自由流动浆料，根据地势高低不平，能在地面上迅速展开，从而获得高平整度的地坪。

7.6.1 工艺流程

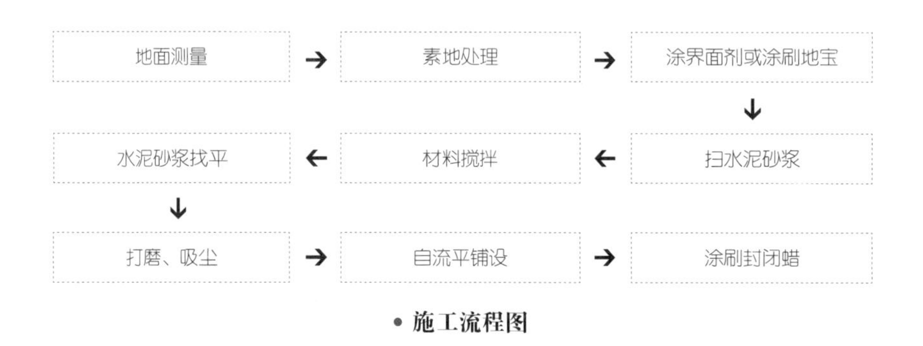
地面测量
素地处理
涂界面剂或涂刷地宝
扫水泥砂浆
材料搅拌
水泥砂浆找平
打磨、吸尘
自流平铺设
涂刷封闭蜡

• 施工流程图

7.6.2 地面自流平施工方法

7.6.2.1 地面测量

采用卷尺对地面进行准确的面积测量，以核定产品的使用数量。采用 2m 靠尺以及楔形尺对地面进行随机检测，并在测绘图及地面上标注出地面平整程序、混凝土强度及起砂、裂缝等情况，进一步完善施工方案。

7.6.2.2 地坪处理

（1）将地坪中污染、凸起和疏松部分打磨掉。

（2）清除污物（包括水）的方法是清扫、吸水吸尘；清除油脂类脱模剂、油化学品、颜料、胶水的方法是用机械方法去除大块的污染物，然后倒上适量的去油污清洗剂，彻底清洗基层。必要时重复上述过程，直至基层清洁。

（3）清灰浆、龟背裂，方法是铲除、敲凿、打磨等。

（4）填补凹陷：深度小于 10mm 的凹陷，用云石机将缝隙切成 U 形槽，用水泥自流平填充灌满。

（5）整修空鼓方法是切除空鼓部位的混凝土砂浆，用水泥自流平砂浆填补平整。

（6）整体地面拉毛处理，增加水泥自流平和地面的接触面积，以防空鼓。

（7）地面处理完毕后，用大型工业吸尘器吸尘。

7.6.2.3 涂刷界面剂

（1）用自流平底涂剂按 1 ：3 的比例兑水稀释封闭地面，混凝土或水泥砂浆地面一般涂刷 2~3 遍。

（2）如果地面有轻度起砂，可以将乳液稀释到 5 倍，连续涂刷 3~4 遍，直到地面不再吸收水分即可施工自流平。

7.6.2.4 材料搅拌

混料采用水泥基自流平泵送机直接搅拌。

7.6.2.5 自流平铺设

（1）水泥基自流平浇筑前应在墙角及柱脚用密封条粘贴，门口、排水口、踏步处用泡沫塑料条封堵，待水泥基自流平施工完毕，取出密封条，用中性聚硅氧烷密封胶进行接缝处理。对变形缝等处粘贴较宽的泡沫塑料条，为防止错位，可用木方或方钢进行固定。

（2）水泥基自流平搅拌后测试流动度，根据测试结果进行用水量调整。将泵管移至作业面一端，沿作业面横向缓慢均匀移动，均匀摊铺浆料，用刮板辅助流平。严禁局部泵浆太多，影响最终找平效果。

（3）当水泥基自流平流出约 500mm 宽范围后，由手持长杆齿形刮板、脚穿钉鞋的操作工人在自流平砂浆表面轻缓地进行第一遍梳理，导出砂浆内部气泡和辅助流平。

（4）当水泥基自流平流出约1000mm宽范围后，由手持长杆针形辊筒、脚穿钉鞋的操作工人在自流平砂浆表面轻缓地进行第二遍梳理和滚压，提高自流平砂浆的密实度。

（5）为减少地面的色差，必须连续施工直到一个伸缩缝内全部摊铺完毕。

（6）铺设过程中，应适当通风，避免强对流空气。要注意遮蔽阳光，避免表面干燥过快而造成开裂。

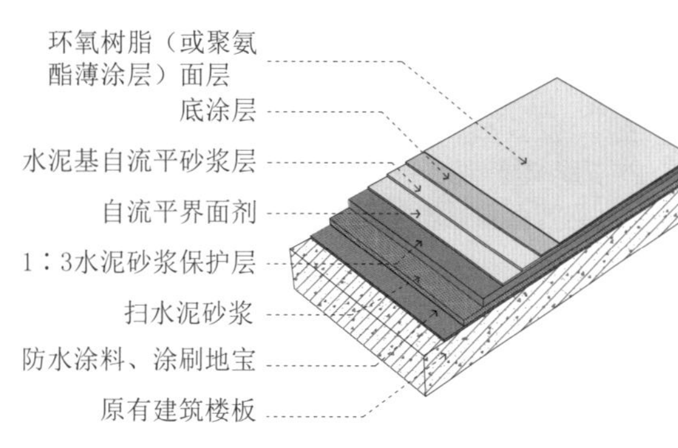
环氧树脂（或聚氨酯薄涂层）面层
底涂层
水泥基自流平砂浆层
自流平界面剂
1∶3水泥砂浆保护层
扫水泥砂浆
防水涂料、涂刷地宝
原有建筑楼板

• 地面自流平施工工艺构造示意图

7.6.2.6 涂刷封闭蜡

自流平水泥施工完毕 12h 后进行打蜡。打蜡要用专用拖把，按照施工的前后干燥程度顺序拖动蜡水。先打底蜡一遍再打面蜡一遍，每打一遍都要等其干透后再进行下一遍的施工。

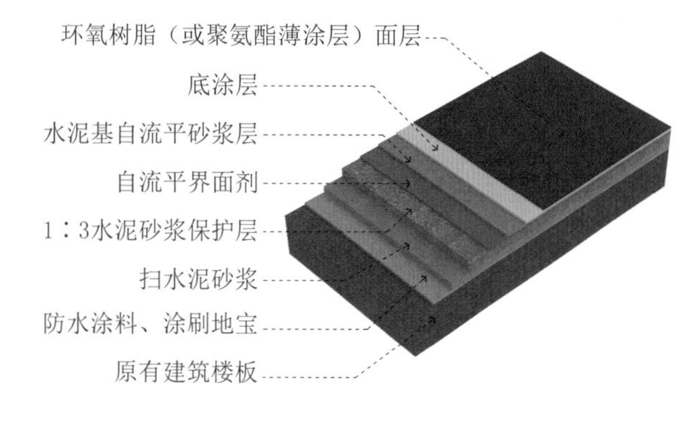
环氧树脂（或聚氨酯薄涂层）面层
底涂层
水泥基自流平砂浆层
自流平界面剂
1∶3水泥砂浆保护层
扫水泥砂浆
防水涂料、涂刷地宝
原有建筑楼板

• 地面自流平施工工艺构造示意图

7.7 地面找平施工工艺（附视频）

扫码看视频
地面找平
施工工艺

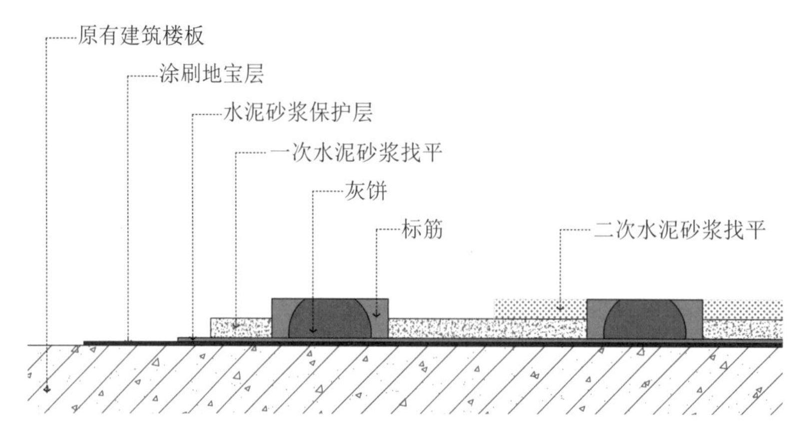
原有建筑楼板
涂刷地宝层
水泥砂浆保护层
一次水泥砂浆找平
灰饼
标筋
二次水泥砂浆找平

• 地面找平剖面图

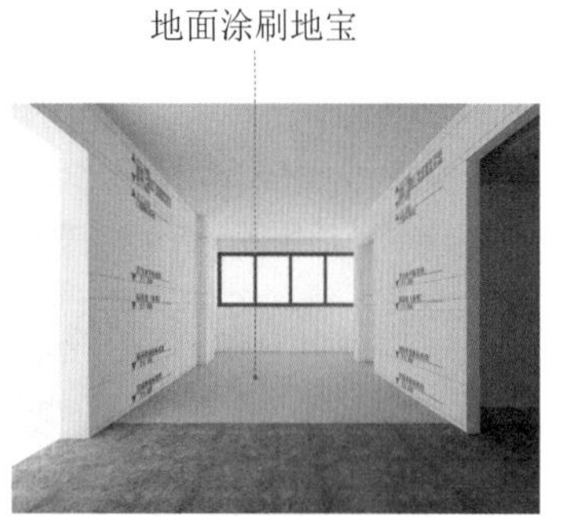
地面涂刷地宝

• 地面涂刷地宝

涂刷水泥砂浆保护层

• 涂刷水泥砂浆保护层

做灰饼

• 做灰饼

做标筋

• 做标筋

一次水泥砂浆找平

• 一次水泥砂浆找平

二次水泥砂浆找平

• 二次水泥砂浆找平

第 8 章

室内瓦工施工工艺三维系统可视化

8.1 室内瓦工施工工艺说明

8.1.1 墙面砖镶贴

（1）准备工作

① 镶砖前必须清除墙面浮砂及油污，如墙面较光滑，须进行凿毛处理，并用素灰浆扫浆一遍。

② 对垂直度及平整度较差的原墙面以及不正的阴阳角，必须事先进行抹灰修正处理，对空鼓、裂缝的原墙面应予以铲除补灰，对原墙面为石灰砂浆墙面的应全部铲除重新抹灰。

③ 墙砖镶贴前必须对品牌、型号、色号进行核对，严禁使用几何尺寸偏差太大、翘曲、缺楞、掉角、釉面损伤、隐裂、色差等缺陷的墙砖。

④ 确认墙砖无缺陷后，用清洁水充分浸泡，浸泡时间为 2h 左右为宜（对墙砖有疑义时，不得用水浸泡，应保持原样，以备更换）。

⑤ 墙砖镶贴前要对原墙进行洒水湿润。

（2）施工方法

① 镶贴前墙面必须隔夜浇水湿润。

② 弹出水平线和垂直线以控制墙面垂直度和墙砖缝隙平直度。

③ 大墙面应先设置标志块以控制墙面平整度。

④ 托板条必须水平、牢固，在镶贴第一层前必须仔细检查无误后方可施工。

⑤ 每块面砖都必须与相邻砖面保持高低一致及平整，面砖间高低误差不能大于 0.5mm，在 2m 直尺范围内间隙不能大于 2mm，所以必须边镶贴边用靠尺进行检测，砂浆刮抹时应做到饱满和厚度一致，以免产生空鼓。

⑥ 如果采取留缝铺贴法施工，镶贴时应使用牙签调整缝隙平直度。

⑦ 面砖粘贴完后应及时清缝，并用棉布或棉丝将面砖表面擦拭干净。

⑧ 勾缝应采用嵌缝剂，严禁使用白水泥，如果有设计要求则可根据设计要求在勾缝材料中适量添加相应的颜料，待嵌缝结束后必须及时将墙砖表面擦拭干净。

（3）施工要求

① 墙砖镶贴时，横、竖缝隙宽度要控制在 1~1.5mm 范围内（允许偏差为 0.5mm）。

② 烟道等突出墙面部位的墙砖，不准裁割拼接，应用整砖套割。

③ 施工中发现镶贴不密实的面砖，必须及时取下重贴，严禁往砖口内塞灰。

④ 墙砖镶贴顺序应自下而上分层镶贴，阴角处不得使用宽度小于 50mm

的窄条，阴角相接处应做到光边压毛边，大面压小面。

⑤ 阳角砖镶贴时，要求牢固无松动，采用 45° 拼角时应做到平直无爆口。

⑥ 镶贴材料可采用 1：2 水泥砂浆（必要时可加 5% 的 801 建筑胶水），灰口厚度掌握在 5~8mm 左右。如果采用纯水泥作为黏结材料，801 建筑胶水也不能超过 5%，灰口厚度不能大于 5mm。

⑦ 镶墙砖时，必须提前进行预排，自上而下计算尺寸，非整砖应放在最下层，排列中横、竖向都不允许出现两行以上的非整砖。

8.1.1.1 墙面石材干挂

（1）对石材要进行挑选，几何尺寸必须准确，颜色应均匀一致，石材均匀、背面平整，不准有缺棱掉角、裂缝等缺陷。

（2）膨胀螺栓钻孔位置要准确，深度在 5.5~6.0cm，下膨胀螺栓前要将孔内灰粉清理干净，螺栓埋设要垂直、牢固。连接铁件要垂直、方正，不准有翘曲，不平的应予以校正。

（3）角钢钻孔必须制备模具，根据模具进行钻孔，石材开槽与角钢钻孔位置必须保持准确一致。

（4）干挂石材的基层表面应坚实、平整，并清扫干净。板材与结构层间应留有 8~9cm 的调整间隙。依石材板块的大小和膨胀螺栓的位置进行抄平放线、分格，并按图纸要求进行编号。

（5）安装石材应由下至上进行，将石材按顺序排列底层板，先上好侧面连接件，调整面板后用大理石干挂胶予以固定。同一水平石材上完后，应检查其表面平整及水平度，待合格后再予以嵌缝，同一部位的石材表面颜色必须均匀一致。

（6）石材周边粘贴防污条后方准嵌入云石胶，以免造成污染。云石胶要嵌填密实、光滑平顺，其颜色与石材颜色一致。

（7）某一部位石材干挂完毕后，应进行检查验收，不合格处应及时进行处理。

8.1.1.2 墙面瓷砖铺贴

（1）厨卫墙面粉刷层应检查，整改至无空鼓现象，垂直度、平整度误差应不大于 3mm，阴阳角方正误差用直角尺测量应不大于 3mm。

（2）淋浴房及浴缸部位墙面应使用防水砂浆进行粉刷。

（3）弹线分格。按图纸要求进行分格弹线，同时进行面层贴标准点的工作，控制面砖出墙尺寸并保证墙面垂直、平整。

（4）排砖。根据大样图及墙面尺寸进行横竖排砖，以保证面砖缝隙均匀，符合设计要求，非整砖应排放在次要部位或阴角处，每面墙不宜有两列非整砖，不能出现宽度小于 1/3 瓷砖的小块瓷砖。

（5）浸砖。面砖镶贴前，首先要将面砖清扫干净，放入清洁水中浸泡 2h 以上，取出待表面晾干或擦干净后方可使用。

（6）镶贴面砖。在同一分段或分块内的面砖，均为自下向上镶贴，从最下第二排瓷砖下口的位置做好靠尺，以此托住第二排瓷砖，在面砖外皮上口拉水平通线作为镶贴的标准。注意淋浴房内墙面应做防水处理。阴角砖应压向正确，阳角线宜做成 45° 角对接。外侧需保留 1.5mm 厚度，以确保墙砖的强度及耐磨性，打磨边缘应做到平直、无裂纹。

（7）粘贴剂采用水泥与陶瓷黏合剂 1：1 配合比，粘贴厚度一般为 6~10mm。粘贴剂应满铺在墙砖背面，一面墙不宜一次铺贴到顶，以防塌落。砂浆初凝后（24h）用专业小锤全面检查，不放过一块。当墙面砖有空鼓时，应取下面砖，铲除原有粘贴砂浆，重新进行铺贴。

（8）瓷砖缝应用专用防霉勾缝剂填满。

8.1.2 地面砖铺贴

（1）施工准备

① 清除基层垃圾，浮砂及油污，隔夜浇水湿润，卫生间铺地砖必须对防水层进行试水后方可操作。

② 检查核对所用地砖的规格、型号及色号，有缺楞、掉角、裂缝、翘曲、色差等表面损伤应严禁使用，釉面砖必须隔夜用清洁水浸透晾干待用。

（2）施工要求及方法

① 干作业施工方法可用 15~20mm 厚或根据实际施工标高采用 1：3 或 1：2：5 炒面灰刮平拍实，然后地砖背面刮素灰进行铺贴。

② 大面积施工应先弹出十字线，总长度超过 3m 时，应先做出标志块以控制标高及平整度。

③ 铺贴砂浆必须饱满，特别注意四边四角，以免出现空鼓。

④ 每铺一块砖用皮锤或木柄轻轻敲击，并用水平尺检测与相邻地砖的平整度，用铁皮校正缝隙后再次敲击平实。

⑤ 铺贴施工时应密切注意泛水方向，不允许出现倒泛水。

⑥ 地砖直线切割宜使用手动切割锯，弧线切割最好在工厂加工，所有切割边沿不得出现爆口。

⑦ 如从门口向里进行铺贴时必须及时架设木跳板，铺贴完 3d 内不许踩踏和重压。

⑧ 在铺贴砂浆基本收水后应及时进行清缝，清缝后立即进行勾缝，勾缝材料

宜采用专用填缝剂，也可采用纯水泥素浆和加 5% 801 建筑胶水。

⑨ 地砖表面的清洗严禁用钢丝球搓擦和用锐器铲刮，对地砖表面的水泥浆及其他污迹可用草酸以及软布进行擦洗。

8.1.2.1 地面瓷砖铺贴

（1）工艺流程

① 地面处理。铺贴地面瓷砖通常是在原楼板地面或垫高地面上施工，如基层表面较光滑应进行凿毛处理，并对地面基层表面进行清理，表面残留的砂浆、尘土和油渍等用钢丝刷刷洗干净，并用水冲洗地面。

② 瓷砖湿润备用。地砖浇水湿润，以保证铺贴后不会因吸走灰浆中水分而粘贴不牢，浸水后的地砖阴干备用，阴干的时间视气温和环境温度而定，以地砖表面有潮湿感，但手按无水迹为准。

③ 地面弹线、分格、定位。地面铺贴常有两种方式，一种是瓷砖接缝与墙面成 45° 角，称为对角定位法；另一种是接缝与墙面平行，称为直角定位法。

④ 弹线时以房间中心为中心，弹出相互垂直的两条定位线，在定位线上按瓷砖的尺寸进行分格，如整个房间可排偶数块瓷砖，则中心线就是瓷砖的对接缝，如排奇数块瓷砖，则中心线在瓷砖的中心位置上，分格、定位时，距墙边留出 200~300mm 作为调整区间。另外注意，若房间内外的铺地材料不同，其交接线设在门板下的中间位置，同时地面铺贴的收边位置不在门口处，也就是说不要使门口处出现不完整的瓷砖块，地面铺贴的收边位置安排在不显眼的墙边。

⑤ 预排瓷砖镶贴前应预排，预排要注意同一地面的横竖排列，不得有一行以上的非整砖。非整砖排在次要部位或阴角处，方法是：对有间隔缝的铺贴，用间隔缝的宽度来调整；对缝铺贴的瓷砖，主要靠次要部位的宽度来调整。

（2）地砖铺贴工艺标准

① 根据设计要求确定地面标高线和平面位置线，按定位线的位置铺贴地砖。清理基层后满铺一层 1：3.5 的水泥砂浆结合层，厚度应小于 40mm。

② 根据定位线在地面按瓷砖缝用施工线在面砖外皮上口拉水平通线作为镶贴的标准，一般按图纸在门口处为整砖，由边缘的整砖开始另一边进行铺贴。

③ 用水泥和陶瓷黏合剂混合拌浆打底铺在地面砖背面，后将地面砖与地面铺贴，并用橡皮锤敲击地面砖，使其与地面压实，并且高度与地面标高线吻合，并随时用水平尺检查平整度，表面平整度允许偏差不大于 2mm，地面砖之间接缝高差偏差不得大于 0.5mm。

④ 铺贴中应注意地面坡向，安装地漏部位标高应最低，其余部位按 1% 的坡度坡向地漏，淋浴房部位坡度可适当加大。安装地漏时应注意排水管切割时不能与结构地面平齐或低于结构面，应测量好结构面与完成面的距离，结合地漏自身的深

度，对排水管进行切割，尽量保证地漏与排水管的自然密接，以防止地漏处的水从此处在地面下向其他地方流动及铺设时水泥砂浆在接合部位掉入排水管。

⑤ 浴缸部位地砖应把地砖铺设伸入浴缸底部 50mm。

⑥ 铺完应进行泼水试验，检查地砖坡向是否正确。

8.1.2.2 地面大理石铺贴

（1）施工准备

① 清除基层垃圾、浮砂及油污。

② 大面积铺设需弹出十字线后进行预排。

③ 根据水平线确定大理石表面的标高。

④ 铺贴前应对石材背面杂质、浮灰进行清除，浅颜色石材的背面要刷防护剂进行防护处理。

⑤ 检查所有板材，凡有明显缺陷的不得使用。

（2）施工要求

① 大面积铺贴必须先做标示块，以控制表面平整与水平。

② 大理石板材安放时需四角同时下落。

③ 板面缝隙宽度无设计要求时不得大于 1mm。

④ 铺贴前应进行预铺，根据要求调整和理顺板面花纹及颜色的搭配。

（3）施工方法

① 采用 15~20mm 厚或根据实际施工标高要求用 1：3 或 1：2：5 的炒面灰刮平拍实，安放大理石前用铁片将炒面灰表层轻轻划松，炒面灰要搅拌均匀，并剔除块状颗粒。

② 大理石安放时用水平尺校正，用皮锤敲击定位后掀起板材浇灌水泥浆，然后进行缝隙调整，如无设计要求缝隙宽度应控制在 1mm 以内。

③ 铺贴次日用水泥素浆灌缝，灌缝时不得直接踩踏板材表面，灌缝料稍干后用干木屑擦净板面。

④ 施工完毕后 3d 内不得踩踏、重击和重压，大理石打蜡须在 7d 后进行。

8.2 室内瓦工施工工艺思维导图

室内瓦工施工三维可视化工艺思维导图详见本书附图 6。

8.3 墙面石材干挂安装工艺

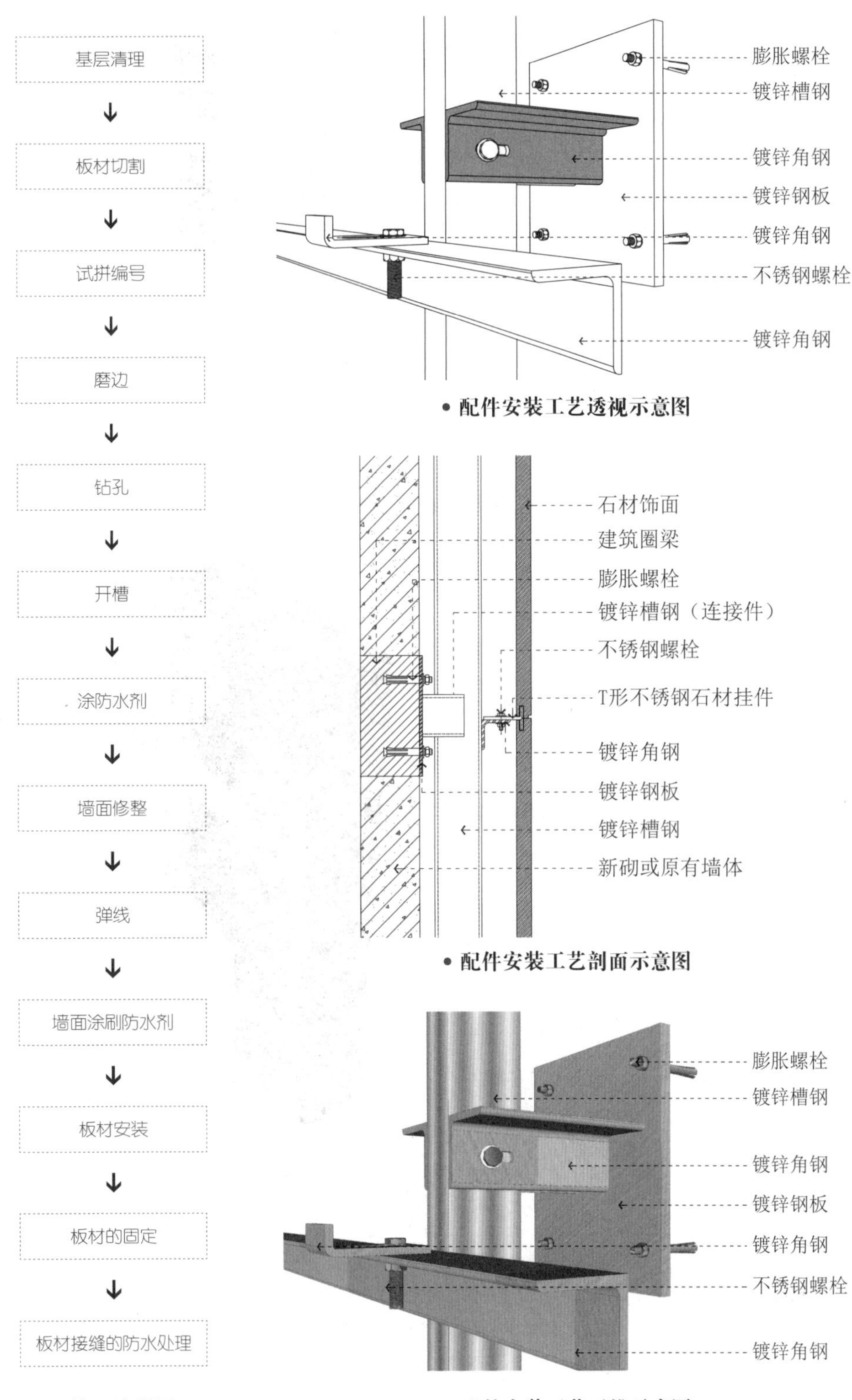
基层清理
板材切割
试拼编号
磨边
钻孔
开槽
涂防水剂
墙面修整
弹线
墙面涂刷防水剂
板材安装
板材的固定
板材接缝的防水处理
膨胀螺栓
镀锌槽钢
镀锌角钢
镀锌钢板
镀锌角钢
不锈钢螺栓
镀锌角钢
石材饰面
建筑圈梁
膨胀螺栓
镀锌槽钢（连接件）
不锈钢螺栓
T形不锈钢石材挂件
镀锌角钢
镀锌钢板
镀锌槽钢
新砌或原有墙体
膨胀螺栓
镀锌槽钢
镀锌角钢
镀锌钢板
镀锌角钢
不锈钢螺栓
镀锌角钢

• 配件安装工艺透视示意图

• 配件安装工艺剖面示意图

• 施工流程图

• 配件安装工艺三维示意图

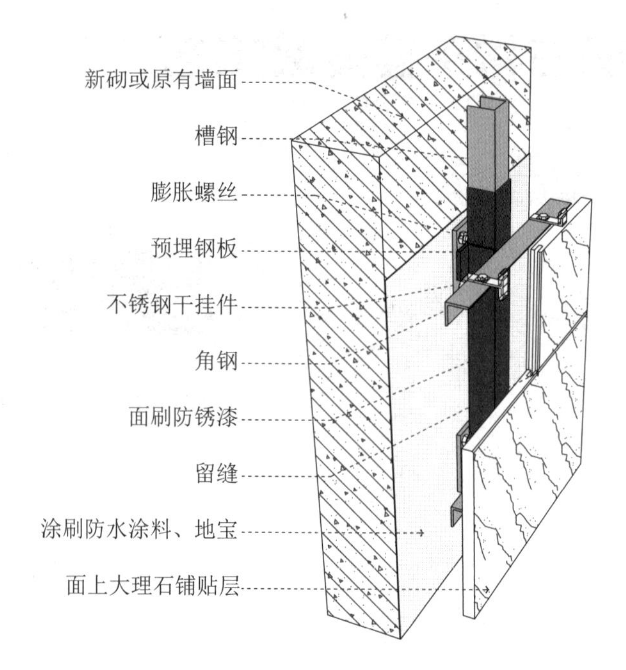
新砌或原有墙面
槽钢
膨胀螺丝
预埋钢板
不锈钢干挂件
角钢
面刷防锈漆
留缝
涂刷防水涂料、地宝
面上大理石铺贴层

• 墙面石材干挂工艺透视图

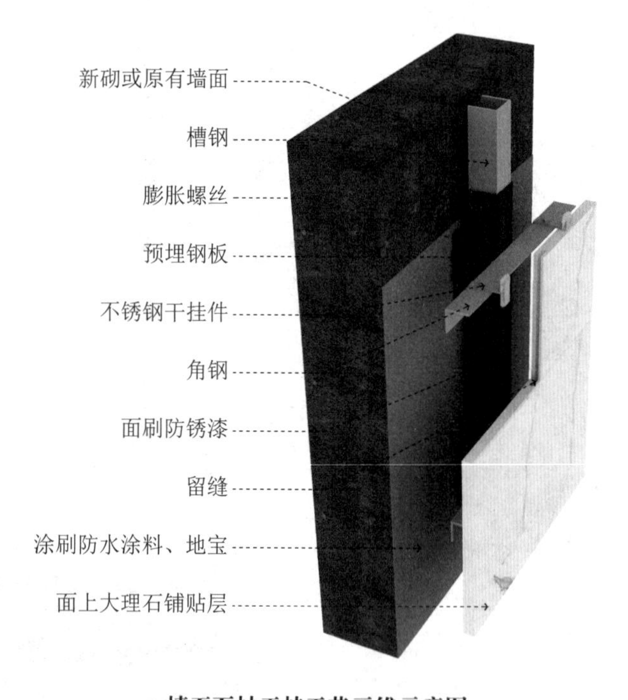
新砌或原有墙面
槽钢
膨胀螺丝
预埋钢板
不锈钢干挂件
角钢
面刷防锈漆
留缝
涂刷防水涂料、地宝
面上大理石铺贴层

• 墙面石材干挂工艺三维示意图

设计 施工解读

对施工人员进行石材干挂技术交底时，应强调技术措施、质量要求和成品保护。弹线必须准确，经复验后方可进行下道工序。固定的角钢和平钢板应安装牢固，并应符合设计要求，石材应用护理剂进行石材六面体防护处理。

8.4 墙面瓷砖铺贴工艺（附视频）

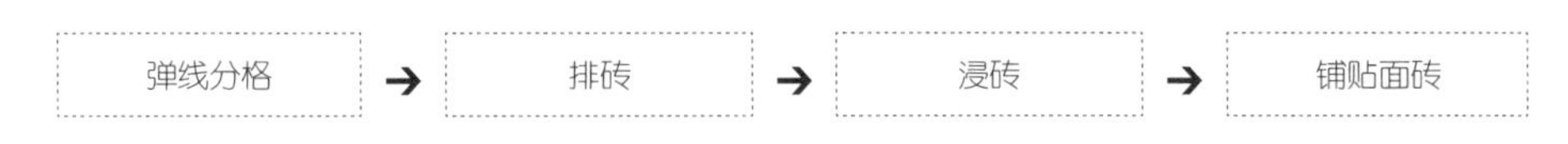
弹线分格
排砖
浸砖
铺贴面砖

• 施工流程图

（1）厨房、卫生间、生活阳台墙面粉刷层需检查，整改至无空鼓，垂直度、平整度误差应不大于 3mm，阴阳角在方正误差用直角尺测量，误差不大于 3mm。

（2）淋浴房及浴缸部位墙面应使用防水砂浆进行粉刷。

（3）瓷砖缝用专用的防霉勾缝剂填满。

① 瓷砖背面涂刷一遍贴砖宝。

② 墙面涂刷一遍贴砖宝。

③ 用 1：2 的水泥砂浆或瓷砖胶铺贴。

④ 墙面砖拼花及斜铺时，必须确保缝隙均匀、勾缝均匀，以保证最终铺贴的美观度。

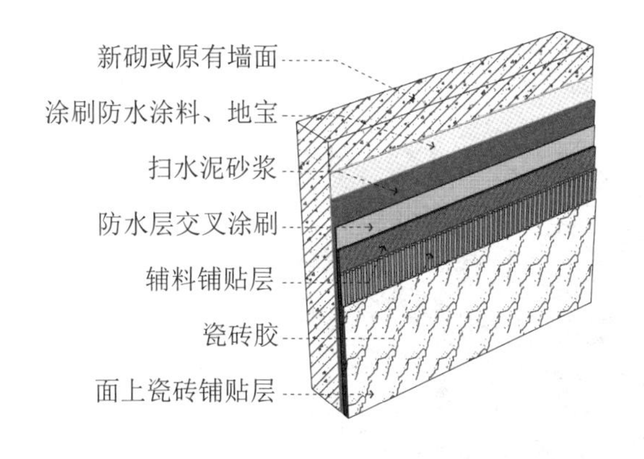
新砌或原有墙面
涂刷防水涂料、地宝
扫水泥砂浆
防水层交叉涂刷
辅料铺贴层
瓷砖胶
面上瓷砖铺贴层

• 墙面瓷砖铺贴工艺透视图

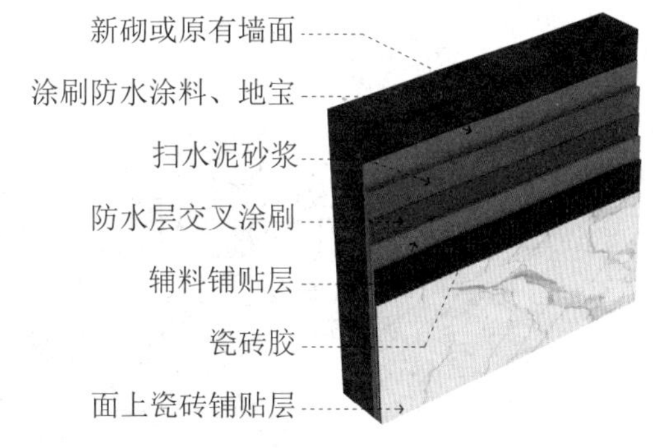
新砌或原有墙面
涂刷防水涂料、地宝
扫水泥砂浆
防水层交叉涂刷
辅料铺贴层
瓷砖胶
面上瓷砖铺贴层

• 墙面瓷砖铺贴工艺三维示意图

设 计

施工解读

1. 墙面砖铺贴前，需先清除墙面基层的浮砂浆和原有乳胶漆等，并淋水湿润墙面空鼓的抹灰层，将抹灰层铲除后重新抹灰修补。若墙面较光滑，需进行凿毛面处理，并用素水泥涂刷一遍。
2. 瓷砖铺贴 24h 后用专用小锤全面检查，当墙面砖有空鼓时，应取下空鼓的面砖，铲除原有铺贴层后重新铺贴。

8.4.1 阳角的处理手法（附视频）

在贴墙面瓷砖的时候会遇到一些 90° 的凸角，这个角被称为阳角。阳角一般有两种处理方法：一种就是两块瓷砖背面倒 45° 后拼成 90° 直角；另一种就是使用阳角线。

（1）阳角线。它是一种用于瓷砖 90° 凸角包角处理的装饰线条。由于阳角线施工简单方便，且可以很好地保护瓷砖，阳角线被广泛地应用在装修中，阳角线的常见材质有 PVC、铝合金、不锈钢三种，无论哪种都与瓷砖存在色差，光洁度也不一致，所以整体感观要差一点，且 PVC 材质时间长了还容易变黄。

（2）阳角线可以很好地保护瓷砖边角，更加安全，可以减少碰撞产生的危害。

（3）碰角。碰角是一种比较传统的阳角处理方式，就是将两块瓷砖都磨成 45° 角，然后瓷砖对角贴上，看似简单却非常考验工人的手艺，可以使整体墙面看起来协调统一，具有很强的装饰性。

（4）真正的碰角施工瓷砖角度也不是固定的 45° ，而是 30° 左右，具体还要看墙角的弧度，只有这样，两片瓷砖的角之间才能留有空隙，可以填补砂浆或黏结剂。

（5）碰角存在一定的危险性，打磨成角后非常容易崩瓷且倒角较为尖利，非常容易发生磕碰。

（6）细节检查。项目品管会对施工细节进行专业检查，如墙地砖空鼓情况、阴阳角垂直直度，漆面等。

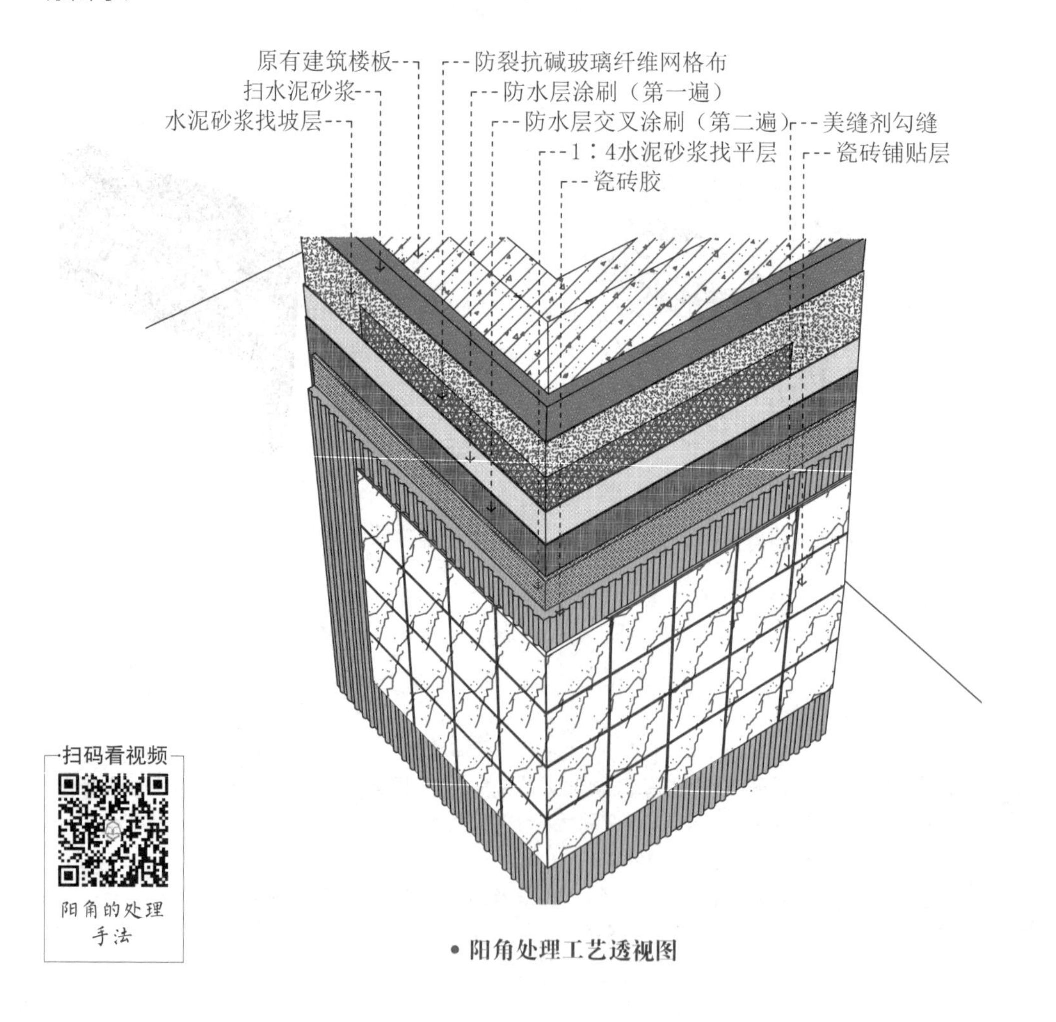
原有建筑楼板
扫水泥砂浆
水泥砂浆找坡层
防裂抗碱玻璃纤维网格布
防水层涂刷（第一遍）
防水层交叉涂刷（第二遍）
美缝剂勾缝
1：4水泥砂浆找平层
瓷砖铺贴层
瓷砖胶
扫码看视频
阳角的处理
手法

• 阳角处理工艺透视图

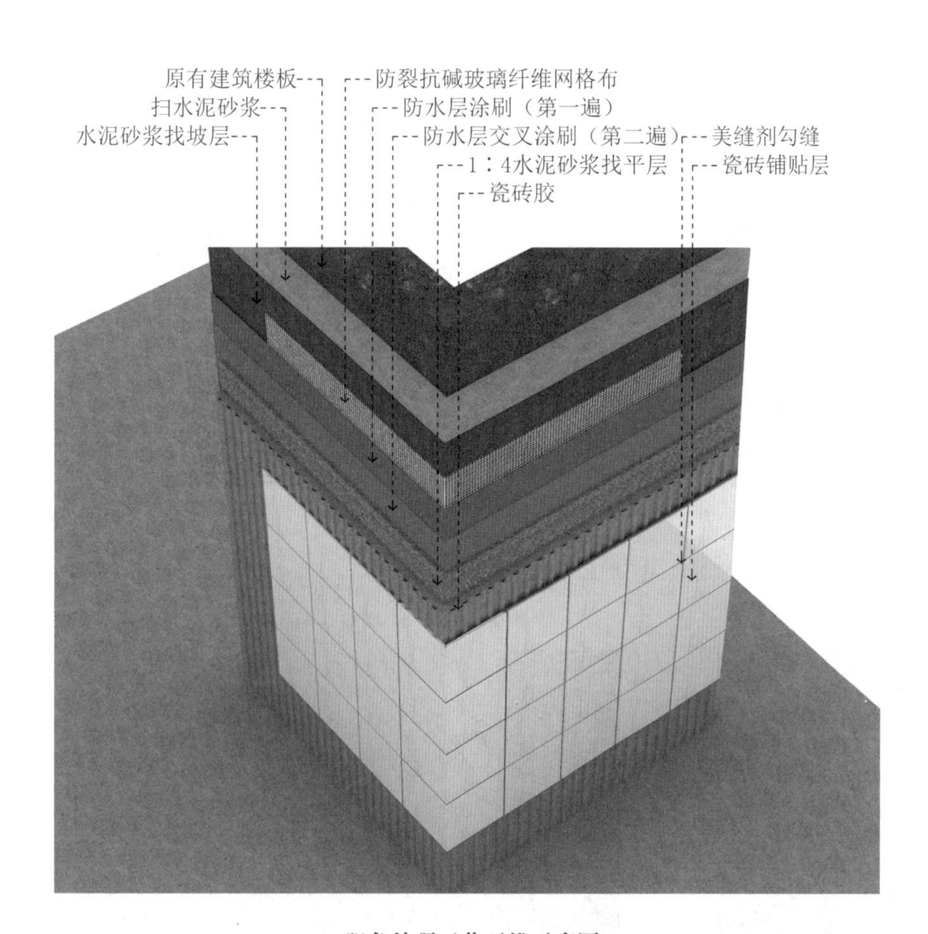
原有建筑楼板
扫水泥砂浆
水泥砂浆找坡层
防裂抗碱玻璃纤维网格布
防水层涂刷（第一遍）
防水层交叉涂刷（第二遍）
1：4水泥砂浆找平层
瓷砖胶
美缝剂勾缝
瓷砖铺贴层

• **阳角处理工艺三维示意图**

8.4.2 墙面与瓷砖与底盒安装工艺（附视频）

（1）86 暗盒与锁扣连接必须用圆孔，锁扣应进入底盒，这样才能使底盒更牢固。

（2）安装底盒要与瓷砖面齐平，也就是说贴完瓷砖以后，底盒和瓷砖的面是相平的。这样安装开关或者插座面板的螺丝就不需要额外配置安装螺丝（因为原装开关和插座是配置了 20~25mm 长度的平头固定螺丝）。但是施工工艺要求高，首先要求开关或者插座底盒在安装时凸出原墙面 3cm 左右（或参照全景放样瓷砖完成面线），而且要求后期在有开关或者插座位置的瓷砖要切割得非常精细。

（3）如果底盒低于瓷砖面，也就是安装底盒时，底盒和原墙面基础稍微出 5~10mm，如果底盒内凹进 5~10mm，这样只会造成后续原装开关插座配置的安装螺丝无法使用，此时应配置 40mm 左右面板螺丝即可。

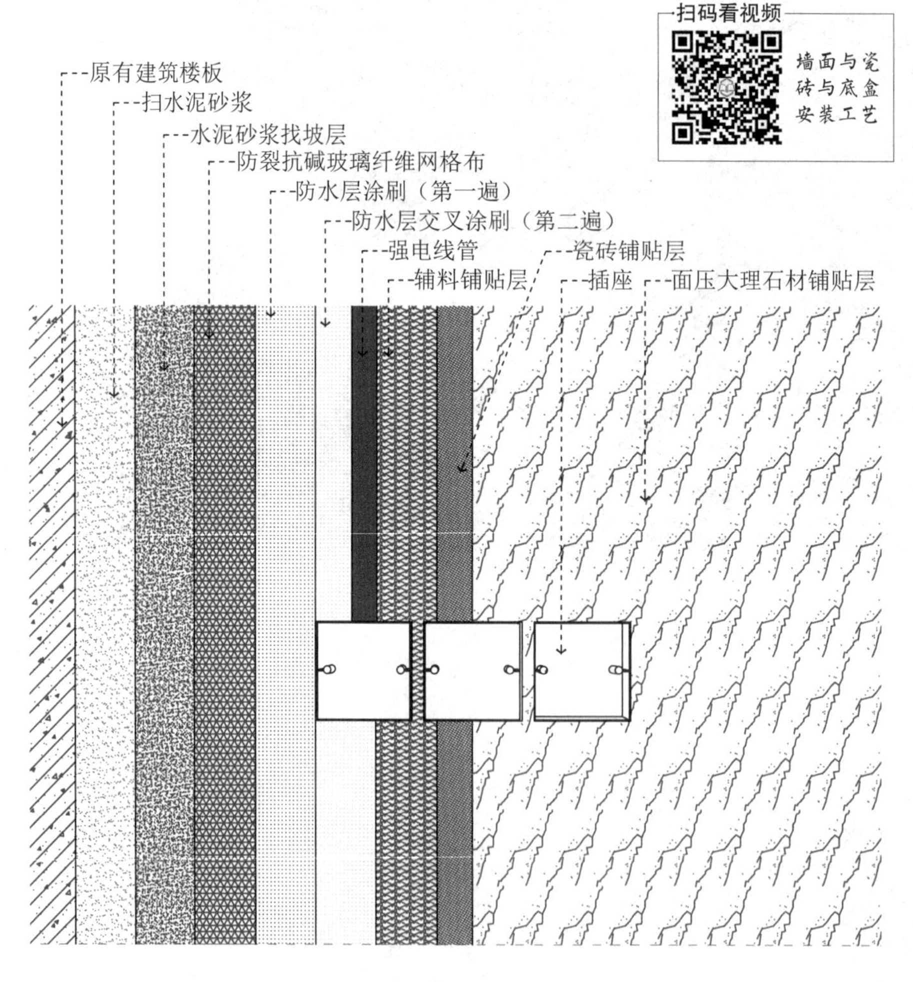
扫码看视频
墙面与瓷砖与底盒安装工艺
原有建筑楼板
扫水泥砂浆
水泥砂浆找坡层
防裂抗碱玻璃纤维网格布
防水层涂刷（第一遍）
防水层交叉涂刷（第二遍）
强电线管
瓷砖铺贴层
辅料铺贴层
插座
面压大理石材铺贴层

• 墙面瓷砖与底盒安装工艺透视图

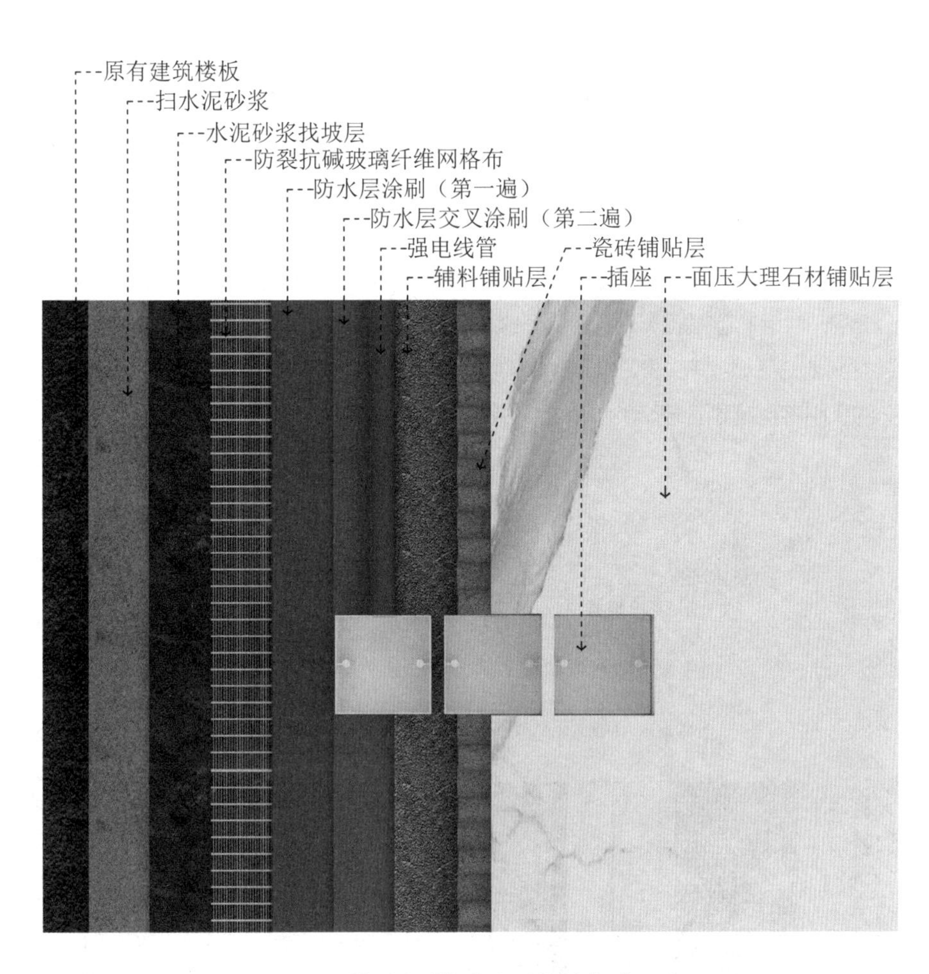
原有建筑楼板
扫水泥砂浆
水泥砂浆找坡层
防裂抗碱玻璃纤维网格布
防水层涂刷（第一遍）
防水层交叉涂刷（第二遍）
强电线管
瓷砖铺贴层
辅料铺贴层
插座
面压大理石材铺贴层

• 墙面瓷砖与底盒三维示意图

设计

施工解读

1. 墙面预埋86型暗盒必须分开布置，底盒与底盒间距应大于1cm，强电底盒与弱电底盒间距应大于20cm，高度必须一致。

2. 86型暗盒无论是在面饰瓷砖还是在石材造型墙开孔时，都必须定位放线，以确保安装后的美观度。

3. 水电线和安装验收。同一房间线盒高差不大于5mm，线盒并列安装高差不大于3mm，面板安装完毕高差不大于1mm。

8.4.3 墙面瓷砖铺贴与进水管开孔工艺（附视频）

（1）暗铺水管的刨沟深度应为水管铺设完成后管壁距粉刷墙面 15mm，并标注固定点，固定点间距不大于 600mm，终端固定点离出水嘴部位不大于 100mm。

（2）厨房水槽、台盆配水点标高为 550mm，冷热出水口间距为 200mm；有橱柜的部位出水点应凸出墙面粉刷层 40mm，其余出水应与完成面平齐或低 5mm 以内。

浴缸龙头配水点标高为 650~680mm，坐标位置在浴缸中心线，冷热出水口间距 150mm；马桶、三角阀配水点标高为 150mm；淋浴龙头标高为 900mm，冷热出水口间距 150mm；淋浴喷头出水口间距 150mm；洗衣机龙头标高为 1100mm；热水器配水点标高应低于热水器底部 200mm，冷热出水口间距 180mm；拖把池龙头标高为 700~750mm。

（3）将水龙头固定在墙面，可用直角龙头挂片将水龙头固定在墙面。接头接法是先将管端口切平，再套上螺帽，然后把管塞插入 PE 管，插紧，将 PE 管超出螺帽 1cm 左右插入接头拧紧即可。

（4）装龙头处开孔必须开成圆孔，不能开成方孔，而且也不能开成 U 形孔，再在 U 形孔中补一块。开孔的大小不能超过管径 2mm 以上，并且出水口边也须与瓷砖平齐。

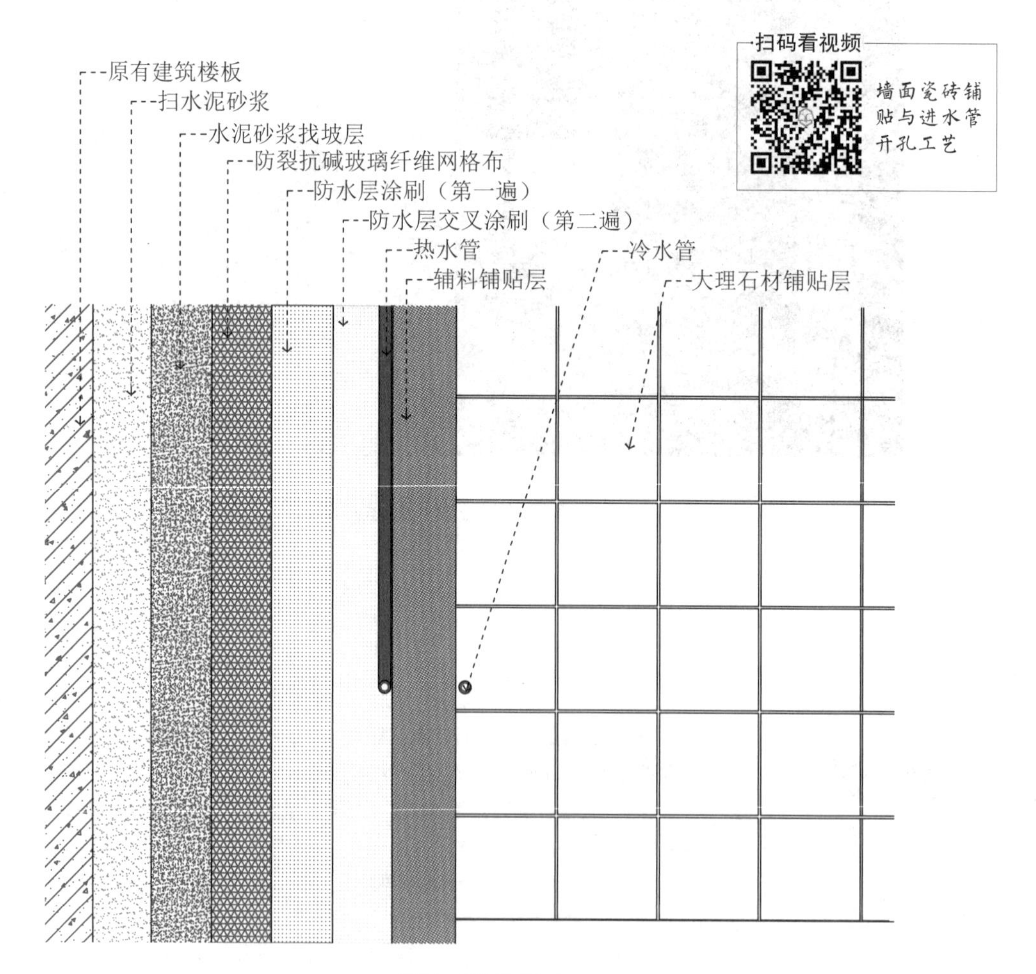
扫码看视频
墙面瓷砖铺贴与进水管开孔工艺
原有建筑楼板
扫水泥砂浆
水泥砂浆找坡层
防裂抗碱玻璃纤维网格布
防水层涂刷（第一遍）
防水层交叉涂刷（第二遍）
热水管
冷水管
辅料铺贴层
大理石材铺贴层

• 开孔工艺示意图

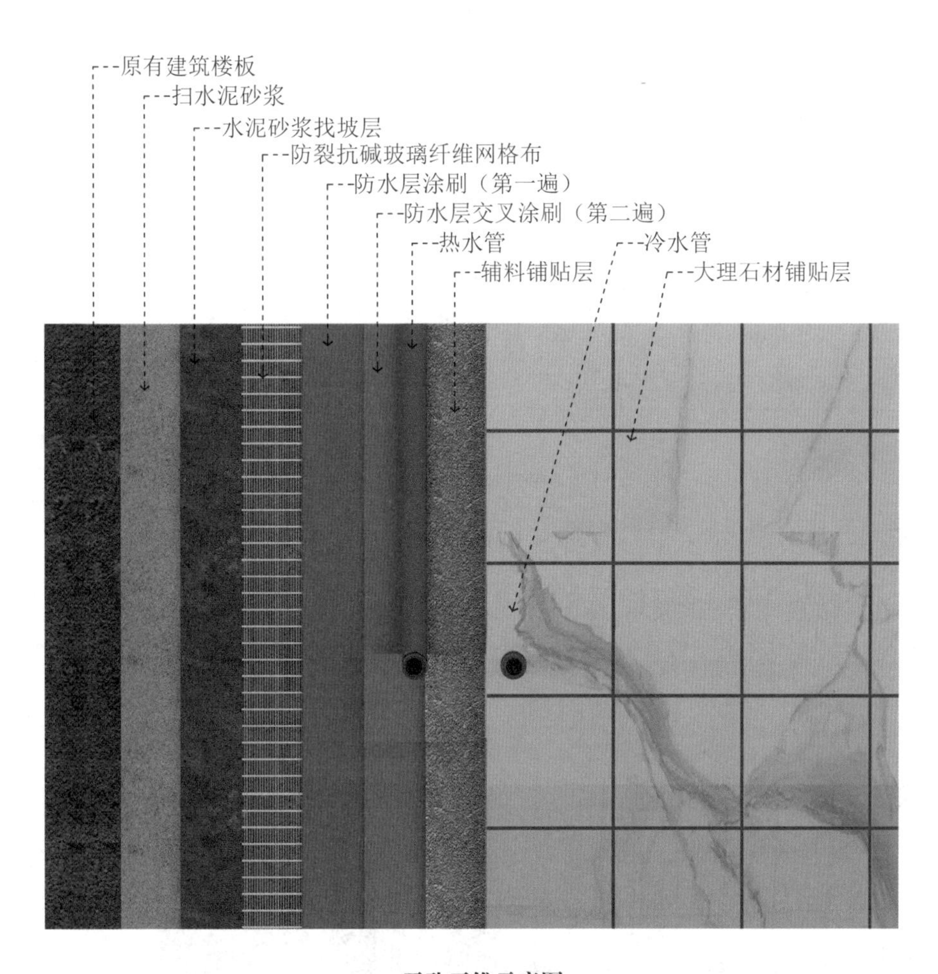
原有建筑楼板
扫水泥砂浆
水泥砂浆找坡层
防裂抗碱玻璃纤维网格布
防水层涂刷（第一遍）
防水层交叉涂刷（第二遍）
热水管
冷水管
辅料铺贴层
大理石材铺贴层

• 开孔三维示意图

设 计

施工解读

无论是安装锅炉还是热水器等设备，需要在瓷砖上开孔时，都必须使用开孔器开孔，确保安装后的美观度。

8.5 墙地面铺贴工艺

8.5.1 墙地面瓷砖铺贴工艺

瓷砖铺贴后的效果很大程度上受到施工的影响，除了传统的施工方法，黏结剂也比较关键，它伸缩性强，若采用薄层施工法，这样施工就更方便、环保，瓷砖黏结也更牢固。

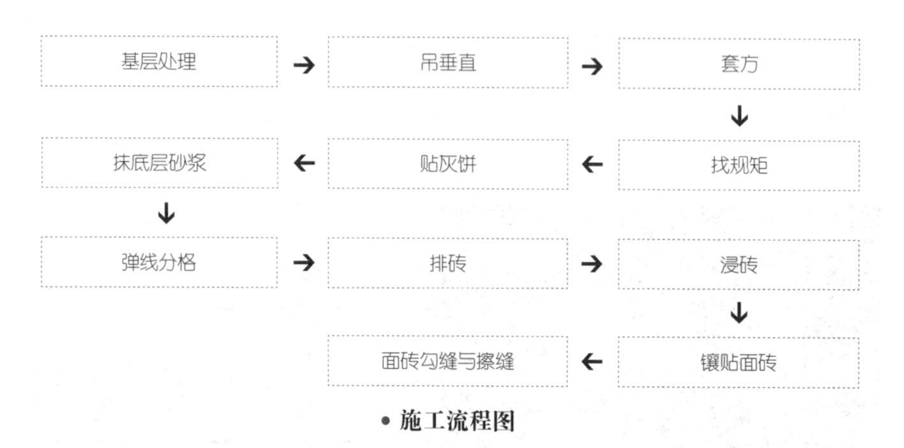
基层处理
吊垂直
套方
找规矩
贴灰饼
抹底层砂浆
弹线分格
排砖
浸砖
镶贴面砖
面砖勾缝与擦缝

• 施工流程图

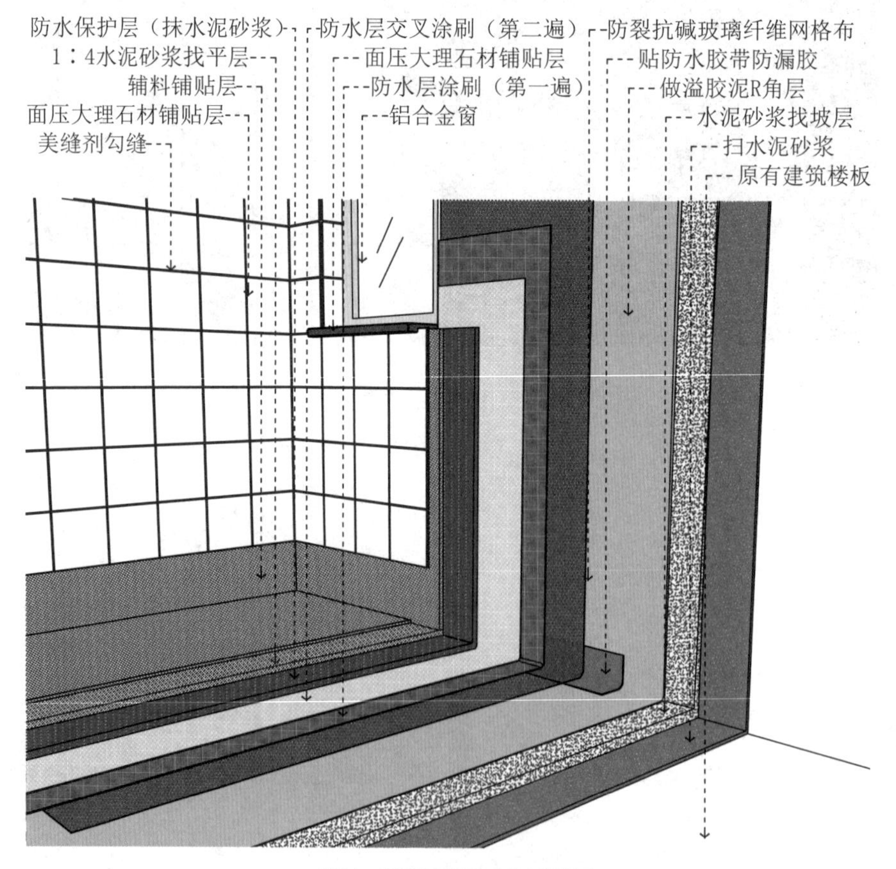
防水保护层（抹水泥砂浆）
1：4水泥砂浆找平层
辅料铺贴层
面压大理石材铺贴层
美缝剂勾缝
防水层交叉涂刷（第二遍）
面压大理石材铺贴层
防水层涂刷（第一遍）
铝合金窗
防裂抗碱玻璃纤维网格布
贴防水胶带防漏胶
做溢胶泥R角层
水泥砂浆找坡层
扫水泥砂浆
原有建筑楼板

• 墙地面瓷砖铺贴工艺透视图

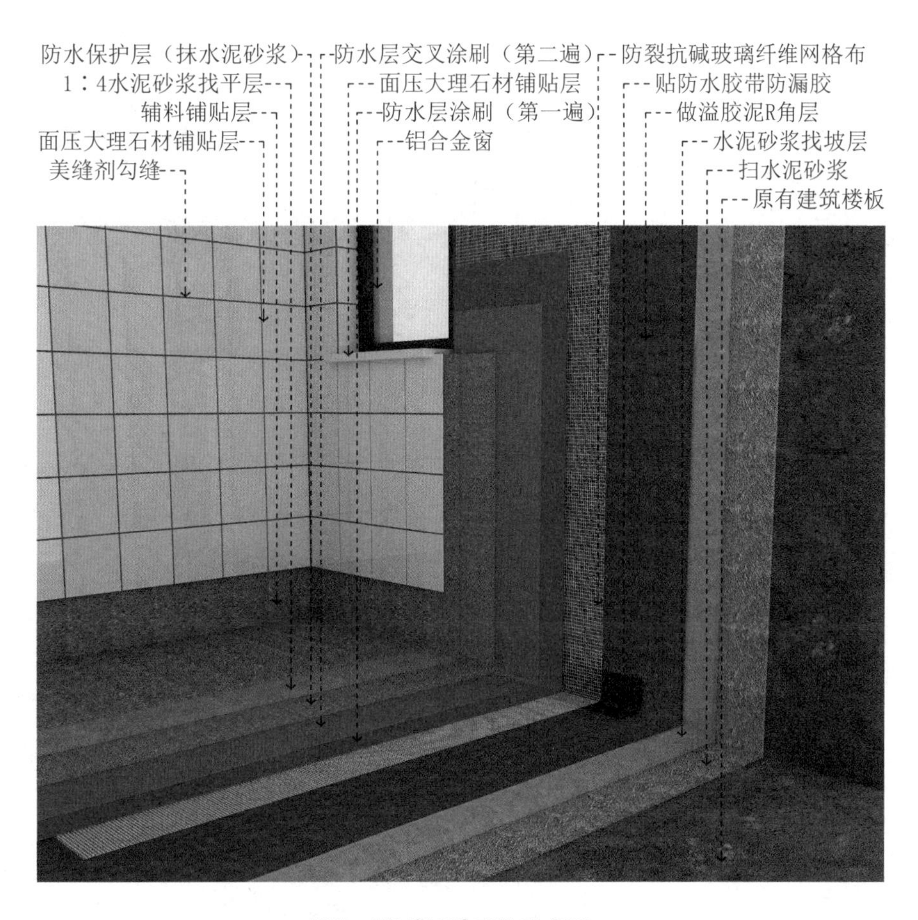
防水保护层（抹水泥砂浆）
防水层交叉涂刷（第二遍）
防裂抗碱玻璃纤维网格布
1：4水泥砂浆找平层
面压大理石材铺贴层
贴防水胶带防漏胶
辅料铺贴层
防水层涂刷（第一遍）
做溢胶泥R角层
面压大理石材铺贴层
铝合金窗
水泥砂浆找坡层
美缝剂勾缝
扫水泥砂浆
原有建筑楼板

• 墙地面瓷砖铺贴三维示意图

设 计

施工解读

铺贴卫生间、厨房和操作阳台的瓷砖时，墙面靠近底部最后一排砖暂时不贴，等地砖铺贴完后再贴，确保用水时水不会顺缝隙渗透至砖下，导致地面出现渗水现象。

8.5.2 墙地面阴角瓷砖铺贴工艺

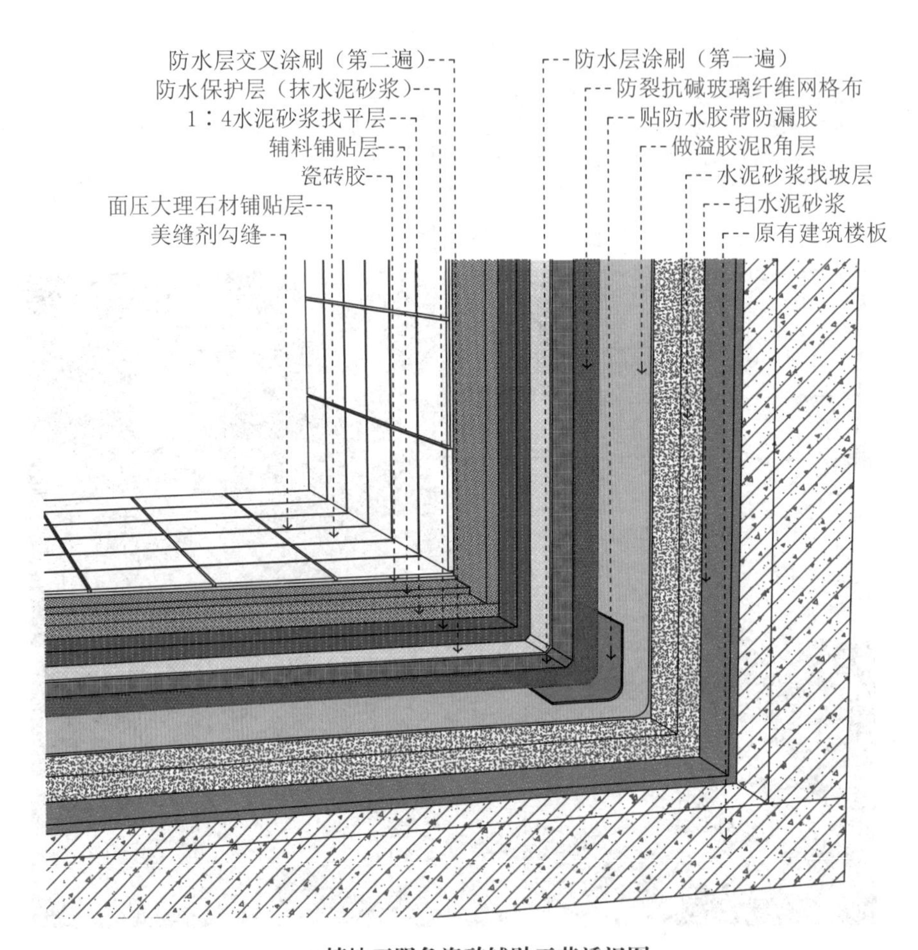
防水层交叉涂刷（第二遍）
防水保护层（抹水泥砂浆）
1：4水泥砂浆找平层
辅料铺贴层
瓷砖胶
面压大理石材铺贴层
美缝剂勾缝
防水层涂刷（第一遍）
防裂抗碱玻璃纤维网格布
贴防水胶带防漏胶
做溢胶泥R角层
水泥砂浆找坡层
扫水泥砂浆
原有建筑楼板

• 墙地面阴角瓷砖铺贴工艺透视图

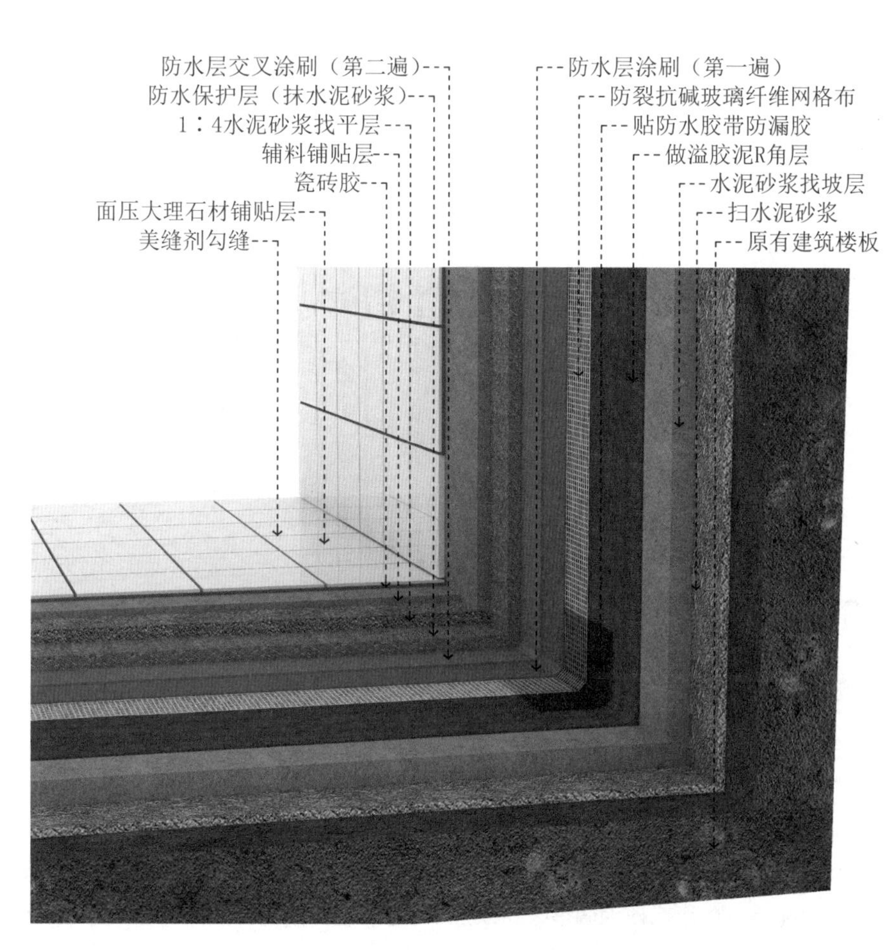
防水层交叉涂刷（第二遍）
防水保护层（抹水泥砂浆）
1：4水泥砂浆找平层
辅料铺贴层
瓷砖胶
面压大理石材铺贴层
美缝剂勾缝
防水层涂刷（第一遍）
防裂抗碱玻璃纤维网格布
贴防水胶带防漏胶
做溢胶泥R角层
水泥砂浆找坡层
扫水泥砂浆
原有建筑楼板

• 墙地面阴角瓷砖铺贴三维示意图

设 计

施工解读

有排水要求的地面坡度应满足排水要求，应无积水和渗水现象，与基宅构件的结合处应严密（泼水后目测，全数检验均应符合要求）。

8.5.3 墙地面阴角石材铺贴工艺

8.5.3.1 工艺流程

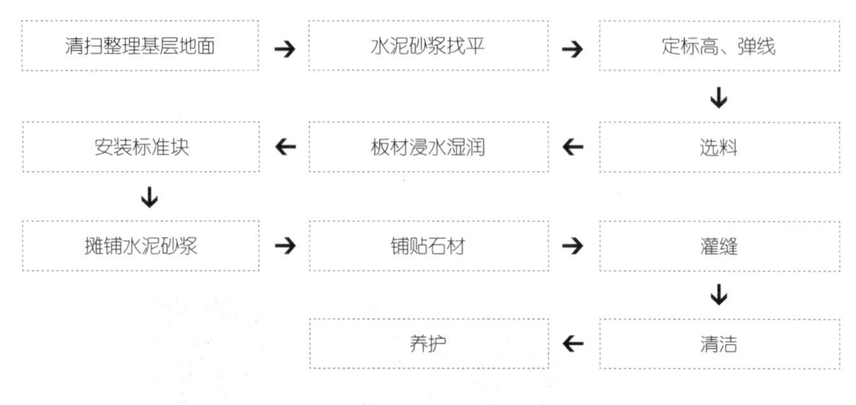
清扫整理基层地面
水泥砂浆找平
定标高、弹线
选料
板材浸水湿润
安装标准块
摊铺水泥砂浆
铺贴石材
灌缝
清洁
养护

• 施工流程图

8.5.3.2 施工要点

（1）铺贴前将板材进行试拼，对花、对色、编号，铺设出的地面花色应一致。

（2）弹线时以房间中心为中心，弹出相互垂直的两条定位线，在定位线上按石材的尺寸进行分格，如整个房间可排偶数块瓷砖，则中心线就是石材的对接缝，如排奇数块，则中心线在石材的中心位置上。分格、定位时，距墙边留出 200~300mm 的距离作为调整区间，另外注意，若房间内外的铺地材料不同，其交接线设在门板下的中间位置，同时地面铺贴的收边位置不在门口处，也就说不要在门口处出现不完整的石材块，地面铺贴的收边位置应安排在不显眼的墙边。

（3）石材镶贴前应预排，预排要注意同一地面应横竖排列，不得有一行以上的非整石材，非整石材应排在次要部位或阴角处。方法是：对有间隔缝的铺贴，用间隔缝的宽度来调整；对缝铺贴的石材，主要靠次要部位的宽度来调整。

（4）踏步板镶贴之前，必须先放楼梯坡度线和各踏步的竖线和水平线。踏步镶贴顺序由下往上，先立板后平板，宜使用体积比为 1：2 的水泥砂浆，其稠度为 15~30mm。

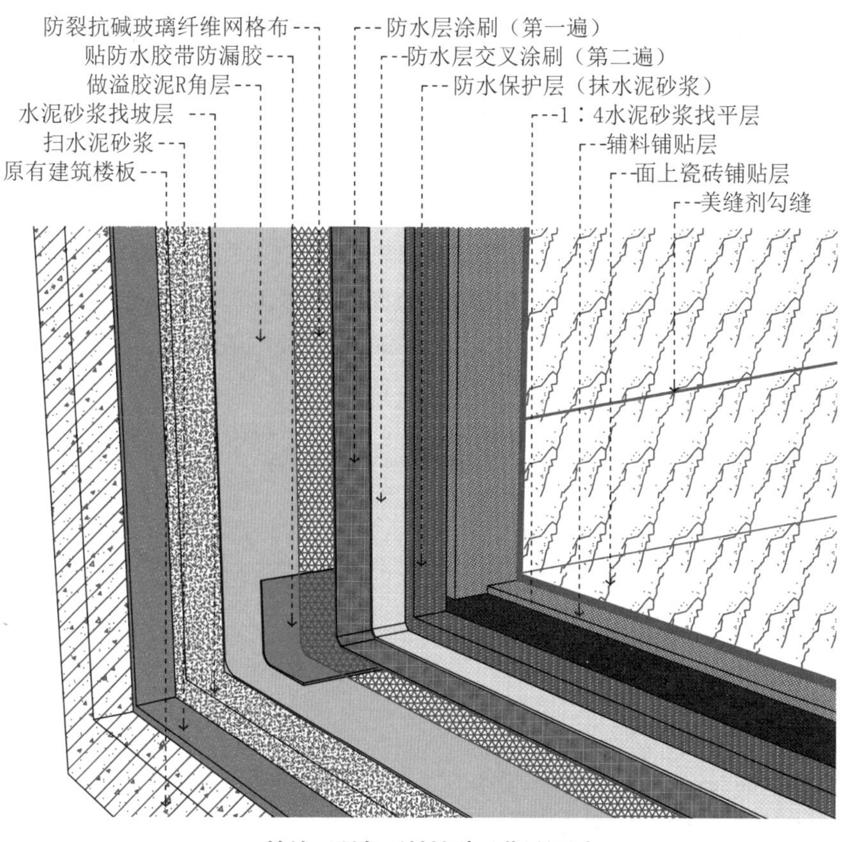
防裂抗碱玻璃纤维网格布
贴防水胶带防漏胶
做溢胶泥R角层
水泥砂浆找坡层
扫水泥砂浆
原有建筑楼板
防水层涂刷（第一遍）
防水层交叉涂刷（第二遍）
防水保护层（抹水泥砂浆）
1：4水泥砂浆找平层
辅料铺贴层
面上瓷砖铺贴层
美缝剂勾缝

• 墙地面阴角石材铺贴工艺透视图

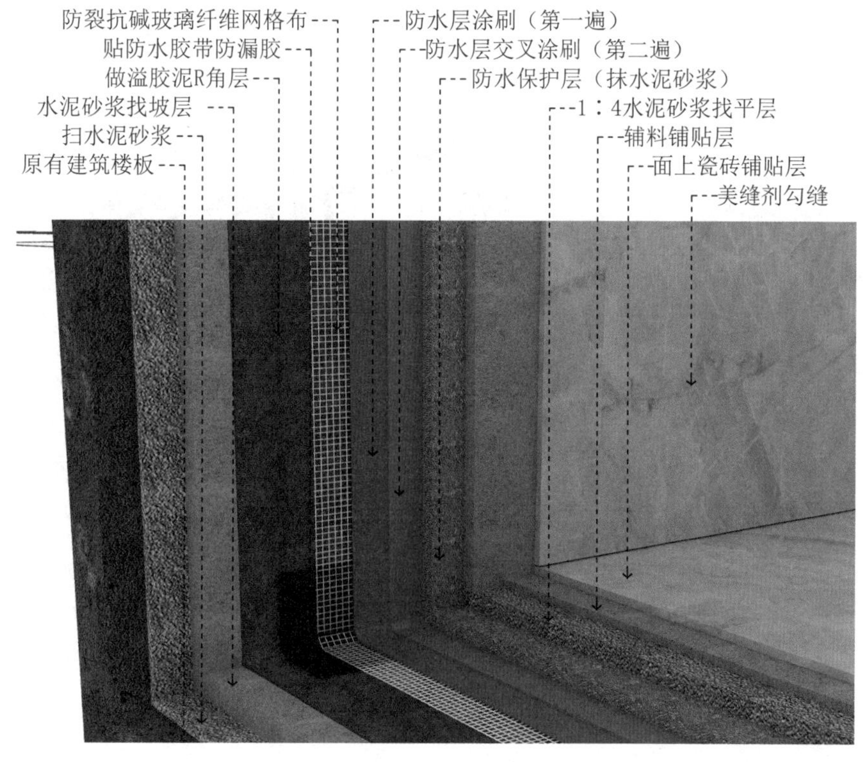
防裂抗碱玻璃纤维网格布
贴防水胶带防漏胶
做溢胶泥R角层
水泥砂浆找坡层
扫水泥砂浆
原有建筑楼板
防水层涂刷（第一遍）
防水层交叉涂刷（第二遍）
防水保护层（抹水泥砂浆）
1：4水泥砂浆找平层
辅料铺贴层
面上瓷砖铺贴层
美缝剂勾缝

• 墙地面阴角石材铺贴三维示意图

8.6 地漏、排水、排污管施工工艺

8.6.1 排水地漏安装工艺

居室中常常会用到水，但是为了不让室内变得潮湿，这就需要在这些地方安上一个地漏，它主要是用作地面排水。但是若安装不当或未做好防水，那么就易产生渗漏现象，正所谓“楼上漏水、楼下遭殃”，卫生间漏水的情况会时常发生，地漏就是其中的重灾害区之一。

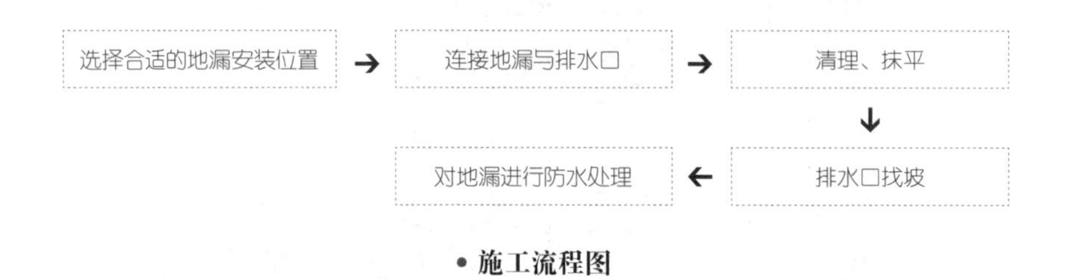
选择合适的地漏安装位置
连接地漏与排水口
清理、抹平
排水口找坡
对地漏进行防水处理

• 施工流程图

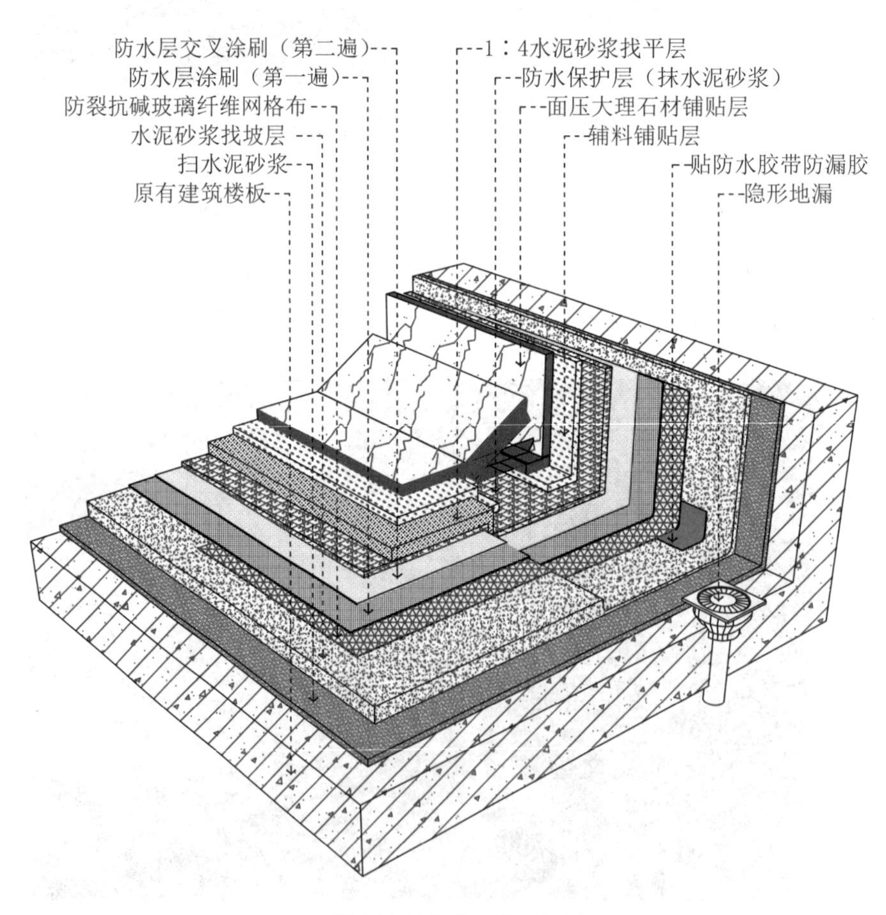
防水层交叉涂刷（第二遍）
防水层涂刷（第一遍）
防裂抗碱玻璃纤维网格布
水泥砂浆找坡层
扫水泥砂浆
原有建筑楼板
1：4水泥砂浆找平层
防水保护层（抹水泥砂浆）
面压大理石材铺贴层
辅料铺贴层
贴防水胶带防漏胶
隐形地漏

• 排水地漏安装工艺透视图

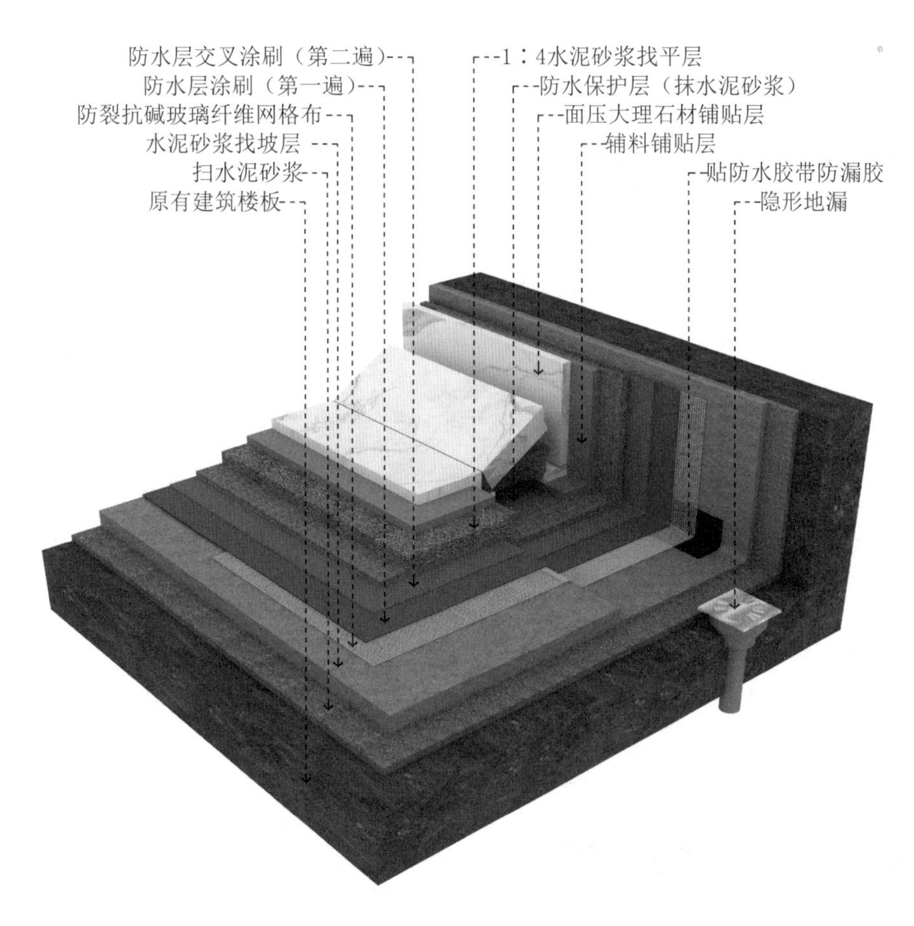
防水层交叉涂刷（第二遍）
防水层涂刷（第一遍）
防裂抗碱玻璃纤维网格布
水泥砂浆找坡层
扫水泥砂浆
原有建筑楼板
1：4水泥砂浆找平层
防水保护层（抹水泥砂浆）
面压大理石材铺贴层
辅料铺贴层
贴防水胶带防漏胶
隐形地漏

• 排水地漏安装三维示意图

设计

施工解读

1. 一般下水管的口径为 50mm，如果是铸铁的管道，那口径就会大一些。为了做好地漏的安装，需要先做好排水口。地漏安装后应低于地平完成面 1.5mm 左右为宜，并在瓷砖的四周侧面进行倒角磨光，这样有利于排水。

2. 找平地面时，地面找平坡度为 1%~2%，50mm 左右的坡度为 3%~5%，周边要留 2mmX2mm 的凹槽。

8.6.2 排水、排污管施工工艺

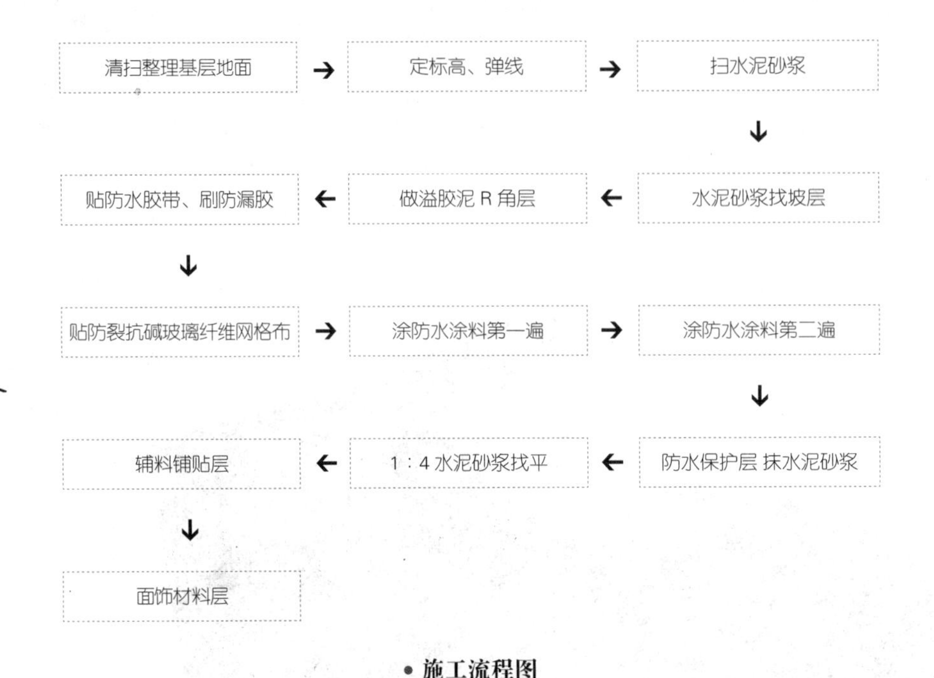
清扫整理基层地面
定标高、弹线
扫水泥砂浆
水泥砂浆找坡层
做溢胶泥R角层
贴防水胶带、刷防漏胶
贴防裂抗碱玻璃纤维网格布
涂防水涂料第一遍
涂防水涂料第二遍
防水保护层 抹水泥砂浆
1：4水泥砂浆找平
铺料铺贴层
面饰材料层

• 施工流程图

8.6.2.1 排水管施工工艺

（1）排水管与排水横支管可用90° 斜三通连接。

（2）横管与横管（或立管）的连接，宜采用45° 或90° 斜三（四）通，不得采用正三（四）通。

（3）立管与排出管的连接，宜采用45° 或90° 弯头。

（4）排水横管应量做直线连接，少拐弯。

（5）排出管宜以最短距离通至主排水管。

（6）排水管立管应尽量避免穿越卧室、公共区等，并避免靠近与卧室相邻的内墙。

（7）排水埋地管道应避免布置在可能受到重物压坏处。

（8）排水管道不得穿过沉降缝、防震缝、烟道和风道。

（9）排水管道应避免穿过伸缩缝，若必须穿过时，应采取相应技术措施，不使管道直接承受拉伸与挤压。

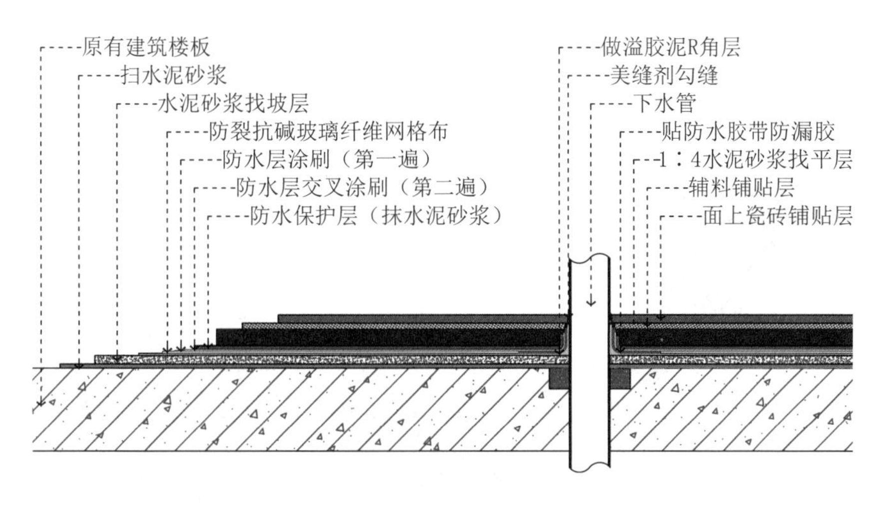
原有建筑楼板
扫水泥砂浆
水泥砂浆找坡层
防裂抗碱玻璃纤维网格布
防水层涂刷（第一遍）
防水层交叉涂刷（第二遍）
防水保护层（抹水泥砂浆）
做溢胶泥R角层
美缝剂勾缝
下水管
贴防水胶带防漏胶
1：4水泥砂浆找平层
辅料铺贴层
面上瓷砖铺贴层

• 排水管施工剖面示意图

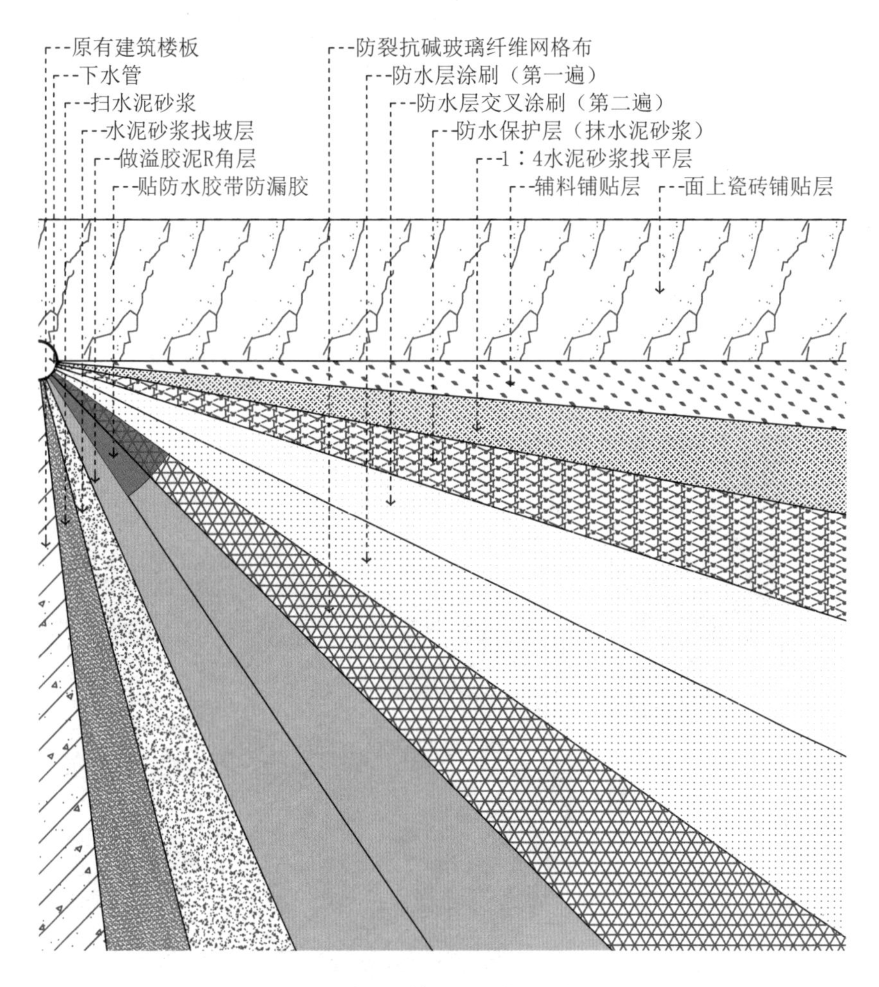
原有建筑楼板
下水管
扫水泥砂浆
水泥砂浆找坡层
做溢胶泥R角层
贴防水胶带防漏胶
防裂抗碱玻璃纤维网格布
防水层涂刷（第一遍）
防水层交叉涂刷（第二遍）
防水保护层（抹水泥砂浆）
1：4水泥砂浆找平层
辅料铺贴层
面上瓷砖铺贴层

• 排水管施工平面解剖图

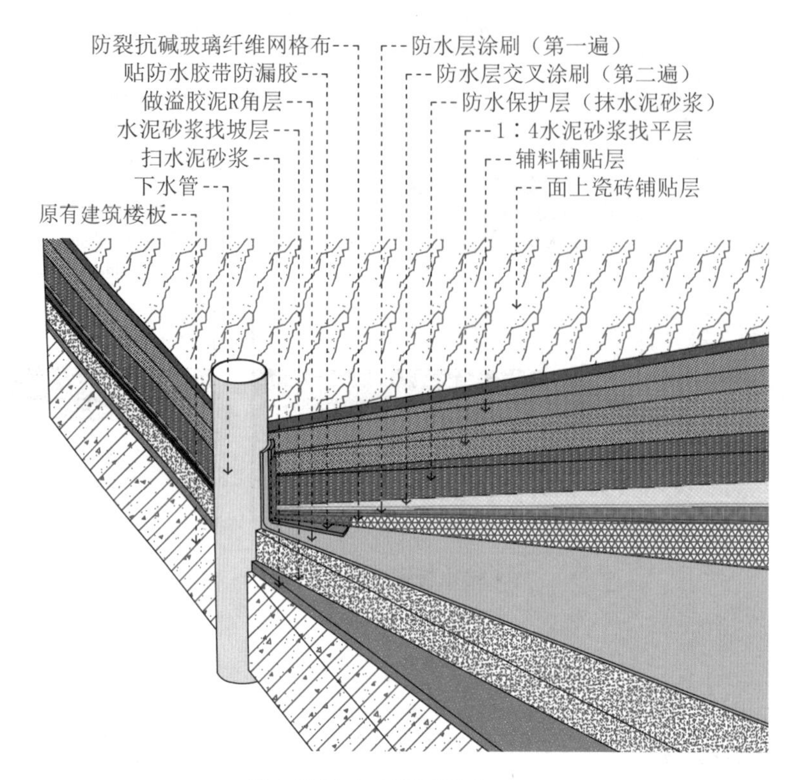
防裂抗碱玻璃纤维网格布
贴防水胶带防漏胶
做溢胶泥R角层
水泥砂浆找坡层
扫水泥砂浆
下水管
原有建筑楼板
防水层涂刷（第一遍）
防水层交叉涂刷（第二遍）
防水保护层（抹水泥砂浆）
1：4水泥砂浆找平层
辅料铺贴层
面上瓷砖铺贴层

• 排水管施工工艺透视图

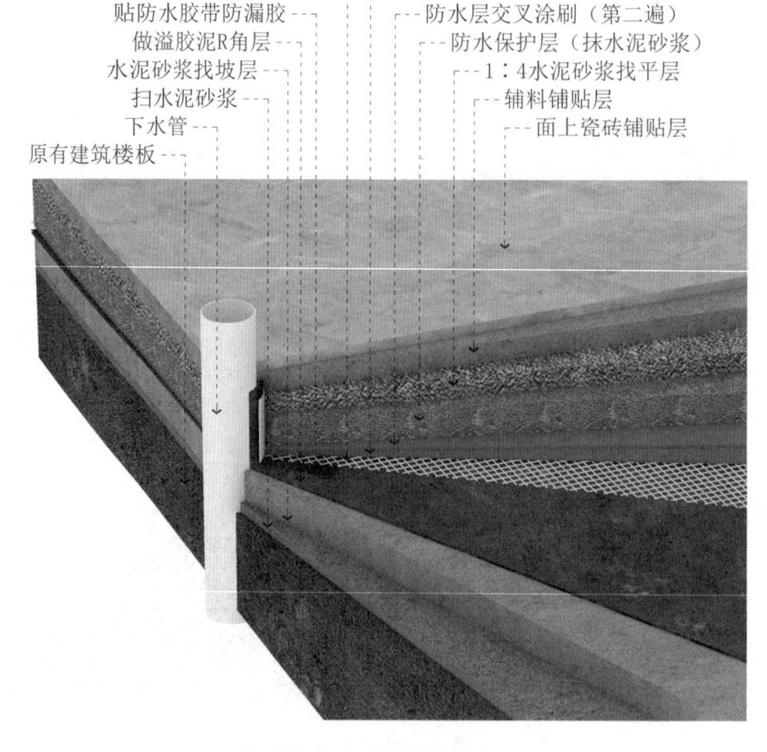
防裂抗碱玻璃纤维网格布
贴防水胶带防漏胶
做溢胶泥R角层
水泥砂浆找坡层
扫水泥砂浆
下水管
原有建筑楼板
防水层涂刷(第一遍)
防水层交叉涂刷（第二遍）
防水保护层（抹水泥砂浆）
1：4水泥砂浆找平层
辅料铺贴层
面上瓷砖铺贴层

• 排水管施工三维示意图

8.6.2.2 排污管阴角施工工艺

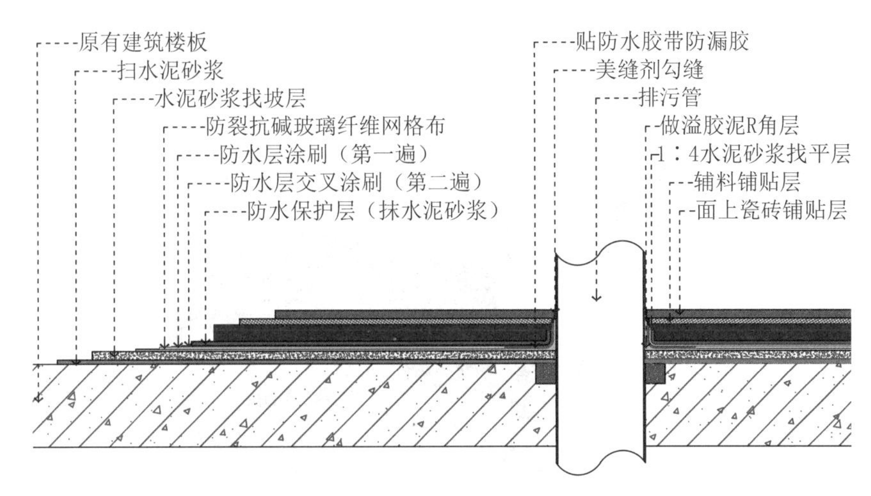
原有建筑楼板
扫水泥砂浆
水泥砂浆找坡层
防裂抗碱玻璃纤维网格布
防水层涂刷（第一遍）
防水层交叉涂刷（第二遍）
防水保护层（抹水泥砂浆）
贴防水胶带防漏胶
美缝剂勾缝
排污管
做溢胶泥R角层
1：4水泥砂浆找平层
辅料铺贴层
面上瓷砖铺贴层

• 排污管阴角施工剖面示意图

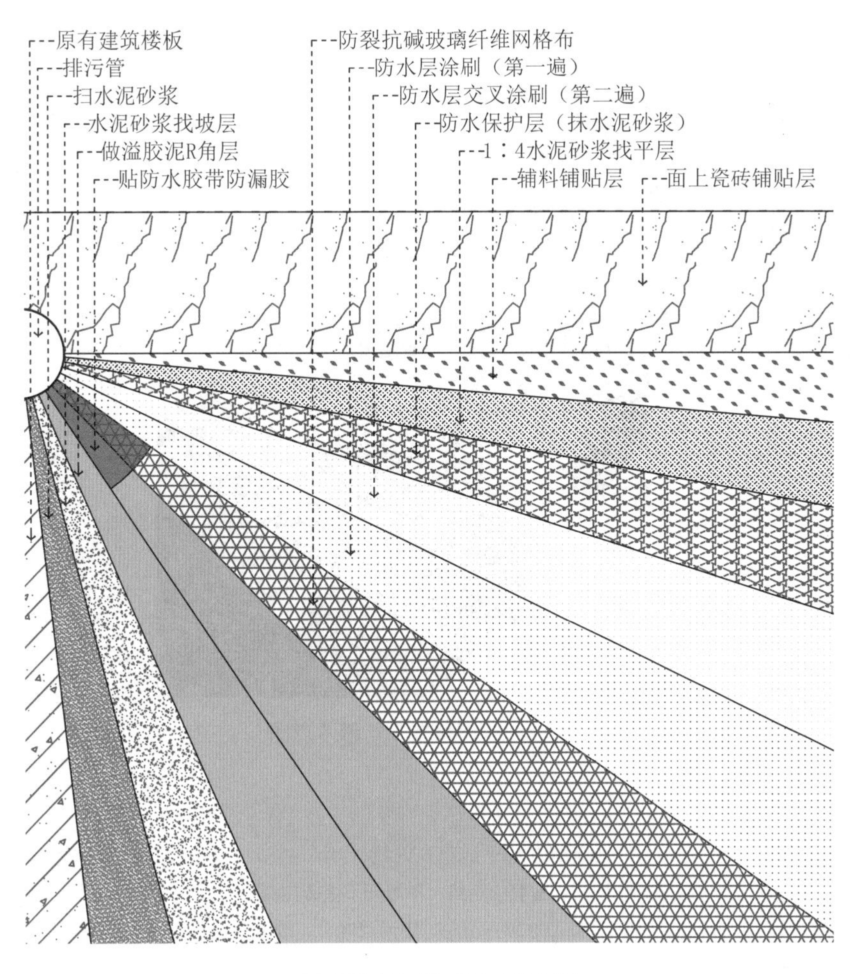
原有建筑楼板
排污管
扫水泥砂浆
水泥砂浆找坡层
做溢胶泥R角层
贴防水胶带防漏胶
防裂抗碱玻璃纤维网格布
防水层涂刷（第一遍）
防水层交叉涂刷（第二遍）
防水保护层（抹水泥砂浆）
1：4水泥砂浆找平层
辅料铺贴层
面上瓷砖铺贴层

• 排污管阴角施工平面解剖图

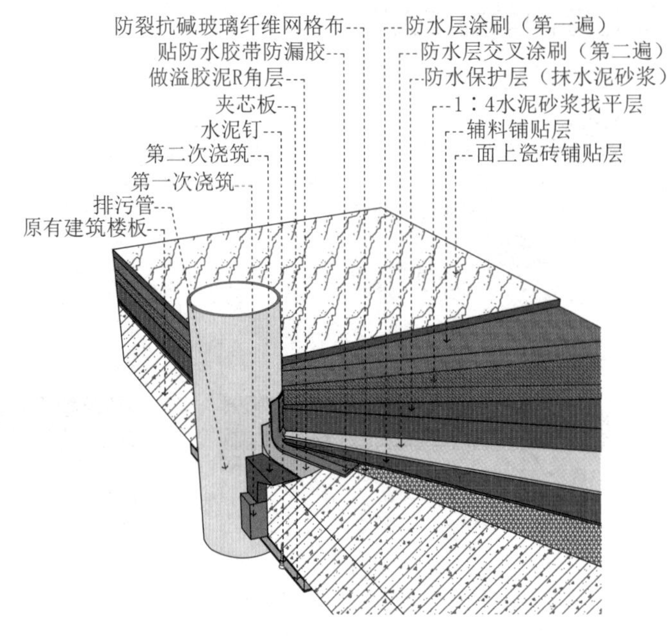
防裂抗碱玻璃纤维网格布
贴防水胶带防漏胶
做溢胶泥R角层
夹芯板
水泥钉
第二次浇筑
第一次浇筑
排污管
原有建筑楼板
防水层涂刷（第一遍）
防水层交叉涂刷（第二遍）
防水保护层（抹水泥砂浆）
1∶4水泥砂浆找平层
辅料铺贴层
面上瓷砖铺贴层

• 排污管阴角施工工艺透视图

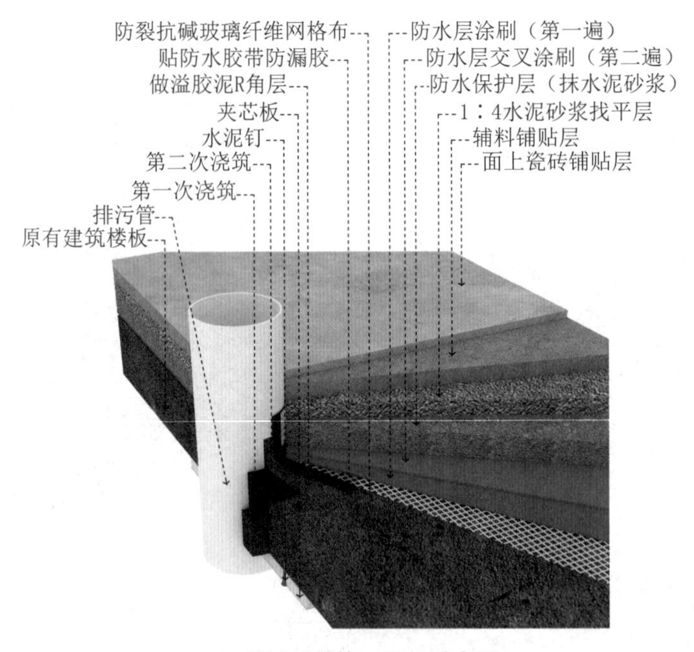
防裂抗碱玻璃纤维网格布
贴防水胶带防漏胶
做溢胶泥R角层
夹芯板
水泥钉
第二次浇筑
第一次浇筑
排污管
原有建筑楼板
防水层涂刷（第一遍）
防水层交叉涂刷（第二遍）
防水保护层（抹水泥砂浆）
1∶4水泥砂浆找平层
辅料铺贴层
面上瓷砖铺贴层

• 排污管阴角施工三维示意图

设计

施工解读

1. 坐便器排污管应高出地面 50~100mm。在安装坐便器时根据马桶型号来确定排污管超出地平完成面的距离，不得低于瓷砖完成面。

2. 卫生间马桶口地砖开口应与排污管吻合，缝隙处用水泥砂浆或堵漏王，并掺防水剂填补。

8.6.3 排水、排污管楼板钻孔施工工艺

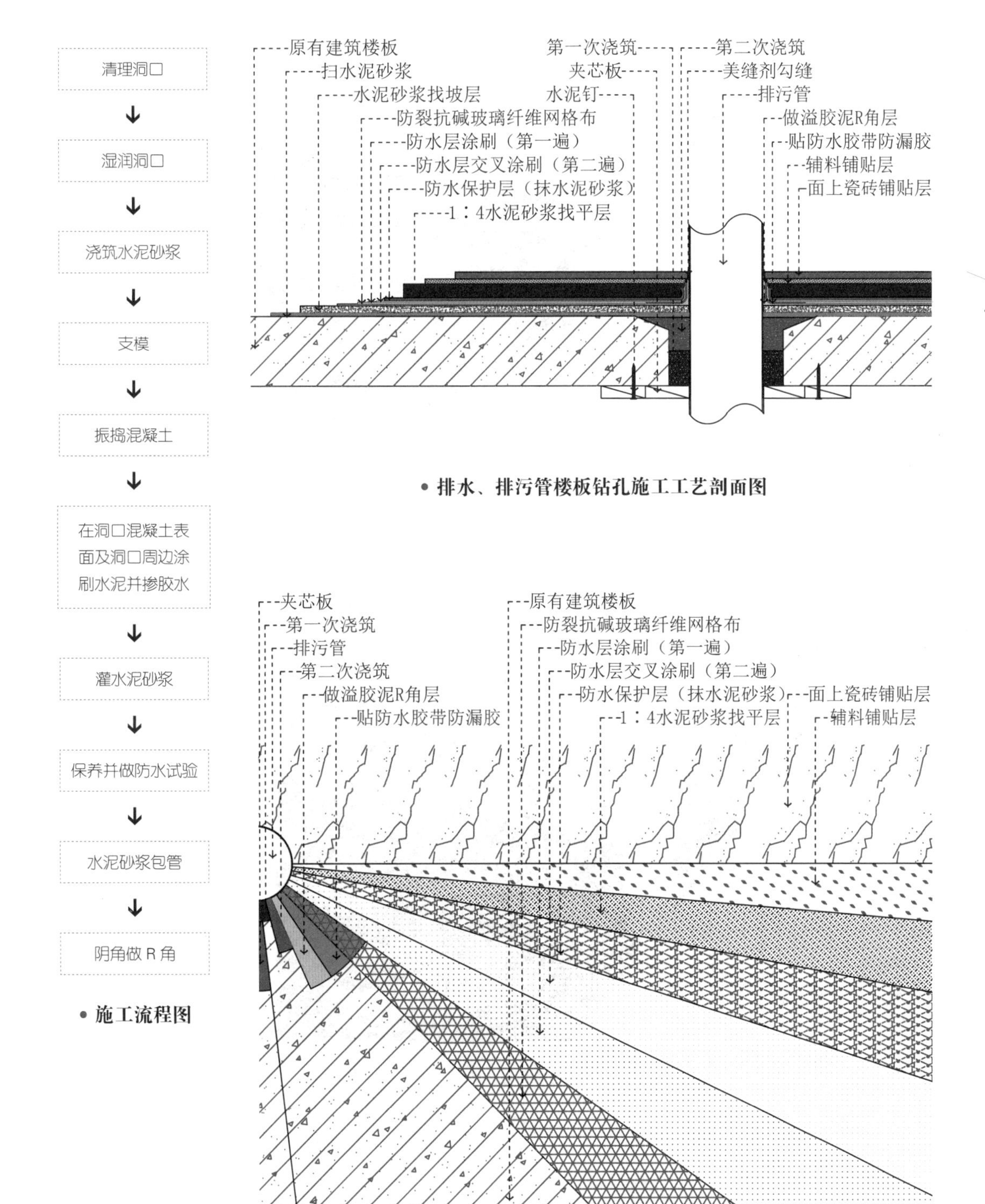
清理洞口
湿润洞口
浇筑水泥砂浆
支模
振捣混凝土
在洞口混凝土表面及洞口周边涂刷水泥并掺胶水
灌水泥砂浆
保养并做防水试验
水泥砂浆包管
阴角做R角
原有建筑楼板
扫水泥砂浆
水泥砂浆找坡层
防裂抗碱玻璃纤维网格布
防水层涂刷（第一遍）
防水层交叉涂刷（第二遍）
防水保护层（抹水泥砂浆）
1∶4水泥砂浆找平层
第一次浇筑
夹芯板
水泥钉
第二次浇筑
美缝剂勾缝
排污管
做溢胶泥R角层
贴防水胶带防漏胶
辅料铺贴层
面上瓷砖铺贴层
排水、排污管楼板钻孔施工工艺剖面图
夹芯板
第一次浇筑
排污管
第二次浇筑
做溢胶泥R角层
贴防水胶带防漏胶
原有建筑楼板
防裂抗碱玻璃纤维网格布
防水层涂刷（第一遍）
防水层交叉涂刷（第二遍）
防水保护层（抹水泥砂浆）
1∶4水泥砂浆找平层
面上瓷砖铺贴层
辅料铺贴层

• 施工流程图

• 排水、排污管楼板钻孔施工工艺平面解剖图

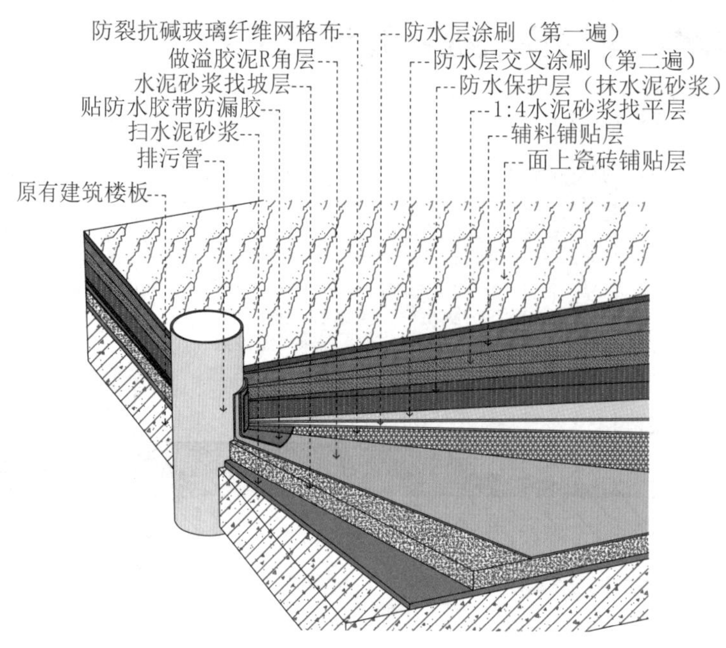
防裂抗碱玻璃纤维网格布
做溢胶泥R角层
水泥砂浆找坡层
贴防水胶带防漏胶
扫水泥砂浆
排污管
原有建筑楼板
防水层涂刷（第一遍）
防水层交叉涂刷（第二遍）
防水保护层（抹水泥砂浆）
1:4水泥砂浆找平层
辅料铺贴层
面上瓷砖铺贴层

• 排水、排污管楼板钻孔施工工艺透视图

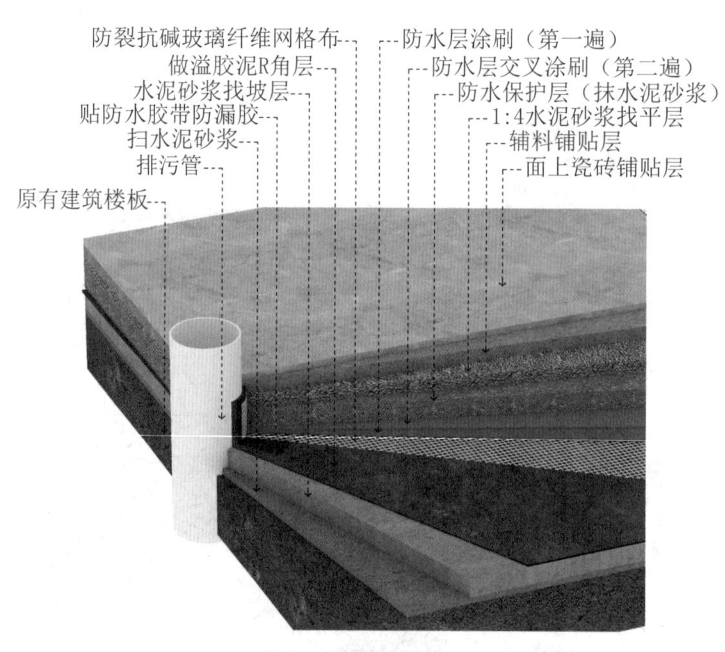
防裂抗碱玻璃纤维网格布
做溢胶泥R角层
水泥砂浆找坡层
贴防水胶带防漏胶
扫水泥砂浆
排污管
原有建筑楼板
防水层涂刷（第一遍）
防水层交叉涂刷（第二遍）
防水保护层（抹水泥砂浆）
1:4水泥砂浆找平层
辅料铺贴层
面上瓷砖铺贴层

• 排水、排污管楼板钻孔三维示意图

设计 施工解读

1. 所有排水、排污管的开洞都需用钻孔机进行施工，禁止手工凿孔。封孔洞时周边 100~150mm 范围内找坡度并毛面处理，且要分层浇筑水泥砂浆。

2. 为保证厨卫、阳台地面与墙面交接部位的防水施工质量，在地面与墙面四周的阴角应用 1∶2 水泥砂浆做高为 2cm 的 R 角。

8.7 卫生间瓦工施工工艺（附视频）

8.7.1 卫生间布置

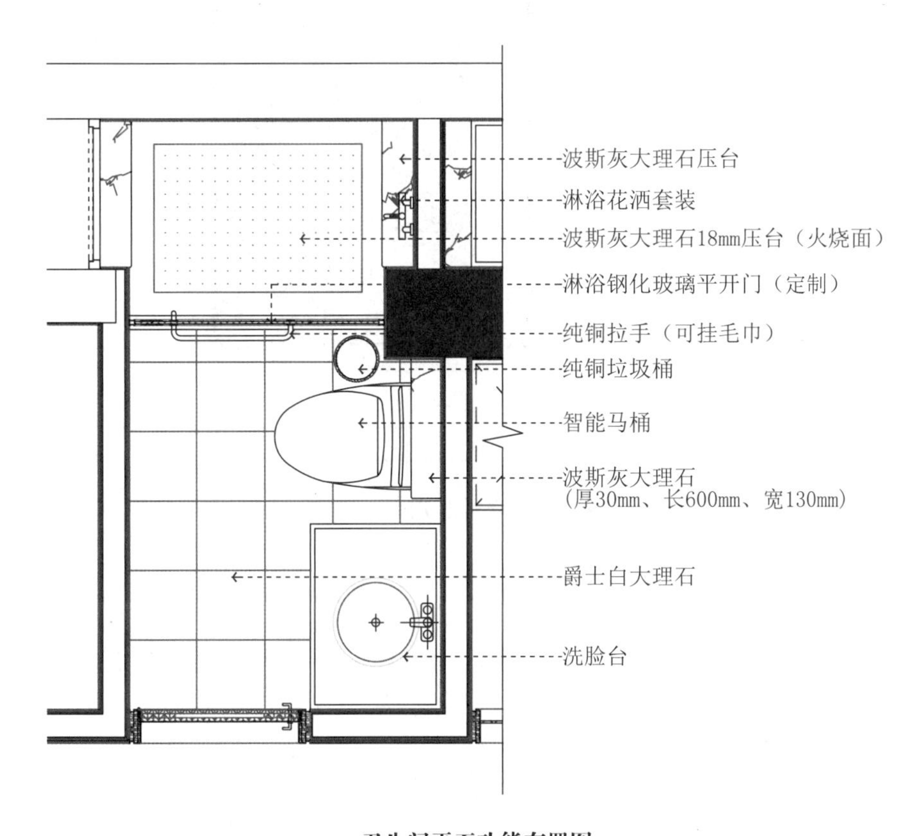
波斯灰大理石压台
淋浴花洒套装
波斯灰大理石18mm压台（火烧面）
淋浴钢化玻璃平开门（定制）
纯铜拉手（可挂毛巾）
纯铜垃圾桶
智能马桶
波斯灰大理石
（厚30mm、长600mm、宽130mm）
爵士白大理石
洗脸台

• 卫生间平面功能布置图

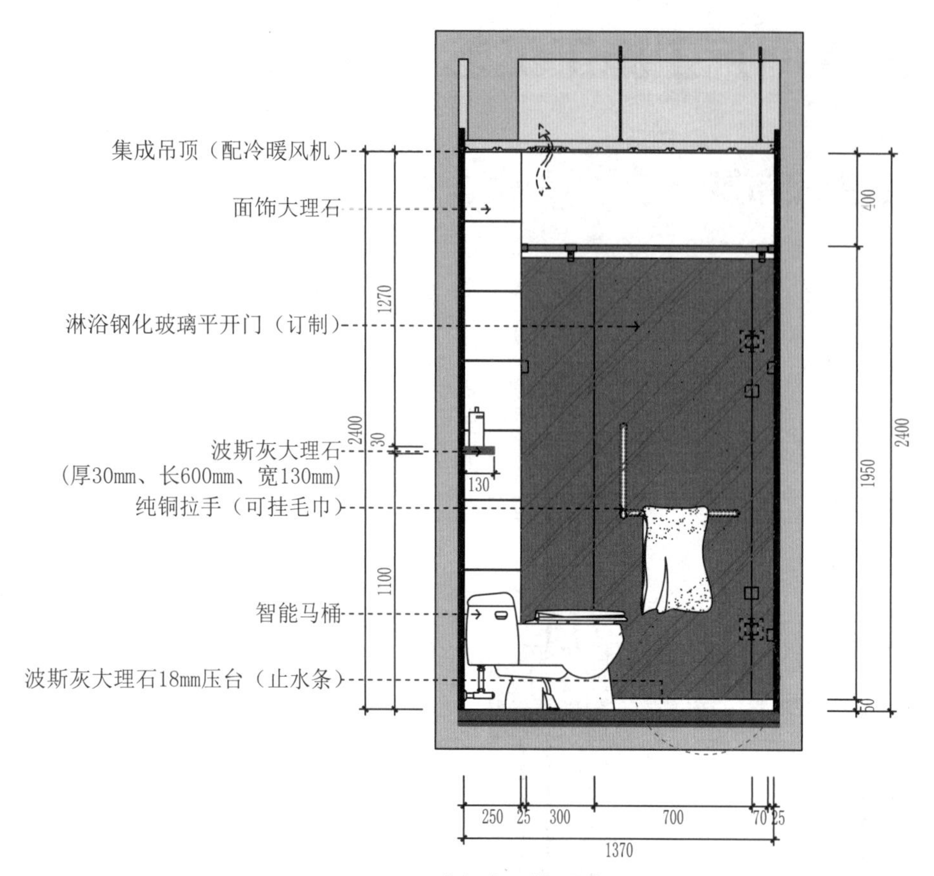
集成吊顶（配冷暖风机）
面饰大理石
淋浴钢化玻璃平开门（订制）
波斯灰大理石
（厚30mm、长600mm、宽130mm）
纯铜拉手（可挂毛巾）
智能马桶
波斯灰大理石18mm压台（止水条）
400
1270
2400
30
130
1100
1950
2400
50
250
25
300
700
70
25
1370

• 卫生间立面施工图

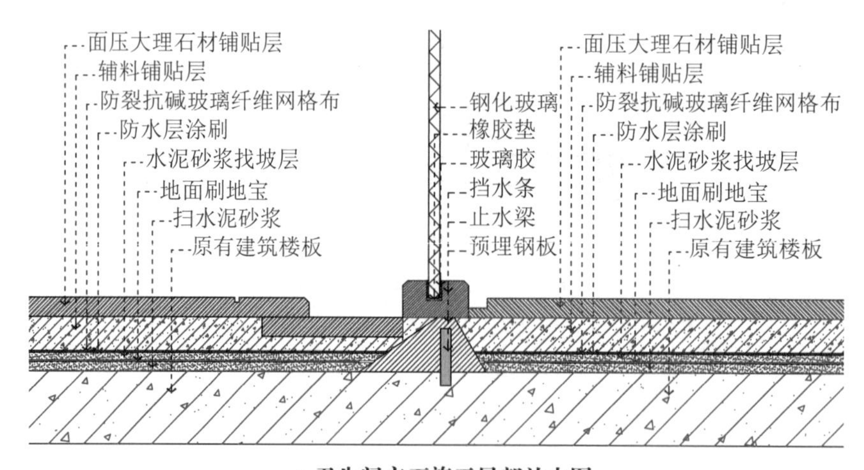
面压大理石材铺贴层
辅料铺贴层
防裂抗碱玻璃纤维网格布
防水层涂刷
水泥砂浆找坡层
地面刷地宝
扫水泥砂浆
原有建筑楼板
钢化玻璃
橡胶垫
玻璃胶
挡水条
止水梁
预埋钢板
面压大理石材铺贴层
辅料铺贴层
防裂抗碱玻璃纤维网格布
防水层涂刷
水泥砂浆找坡层
地面刷地宝
扫水泥砂浆
原有建筑楼板

• 卫生间立面施工局部放大图

设计

施工解读

1. 淋浴房地面材料铺贴应采用湿铺，严禁干铺。

2. 卫生间地面的完成面线、大理石挡水条的铺贴线，一定要准确放到位，要结合卫生间的墙地砖排版图进行。

8.7.2 卫生间防水钢条施工工艺

8.7.2.1 材料准备和要求

（1）特制止水钢条模板：规格为 60mm × 5mm，热镀锌制品 。

（2）防水剂、地宝涂料。

（3）水泥砂浆。

（4）网格布。

（5）钢筋。

（6）施工工具，包括切割机、榔头、钻子、钢卷尺、钢板抹子、塑料桶、铝合金条、毛刷等。

8.7.2.2 工艺工法流程

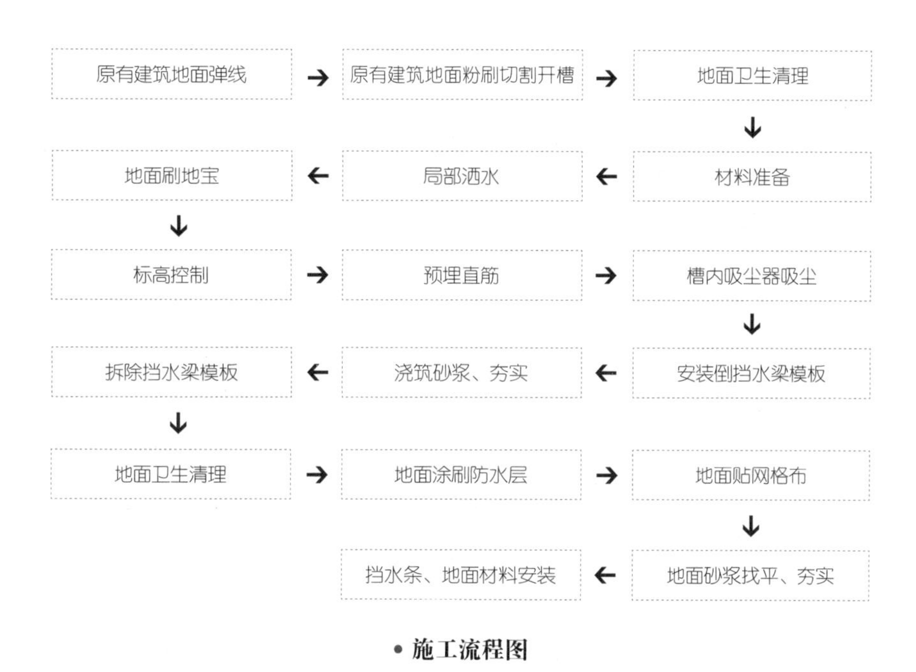
原有建筑地面弹线
原有建筑地面粉刷切割开槽
地面卫生清理
材料准备
局部洒水
地面刷地宝
标高控制
预埋直筋
槽内吸尘器吸尘
安装倒挡水梁模板
浇筑砂浆、夯实
拆除挡水梁模板
地面卫生清理
地面涂刷防水层
地面贴网格布
地面砂浆找平、夯实
挡水条、地面材料安装

• 施工流程图

8.7.2.3 注意事项

（1）注意地面的开槽深度、尺寸大小，以达到钢筋埋入楼板内深度不小于 2cm 为宜，钢筋按控制标高摆放好，防水砂浆呈三角形夯实，面层加网格布压平、收光。

（2）顺直度用铝合金条检查，误差不得过 3mm。

（3）注意止水钢条模板的安装高度以墙面 1m 高水平参照线为基准下去 96cm，正常卫生间完成面与卧室、客厅高低差为 1.5~2cm，也就是说止水梁的标高比卫生间地砖高 2~3cm。

（4）卫生间如设置地暖可以先做止水坎，止水坎标高略高些（计算出卫生间完成面标高）。

（5）止水钢条模板的安装位置为淋浴房 U 形大理石盖板的位置。

8.7.2.4 验收

（1）钢条末端伸入墙内不低于 2cm。防水钢条标高超出完成面 2~3cm。

（2）砂浆面层需平整，三角形防水砂浆底边为 6cm。

（3）验收合格后进行防水层、保护层的施工。

（4）墙地砖铺贴完成后，验收合格后进行成品保护。

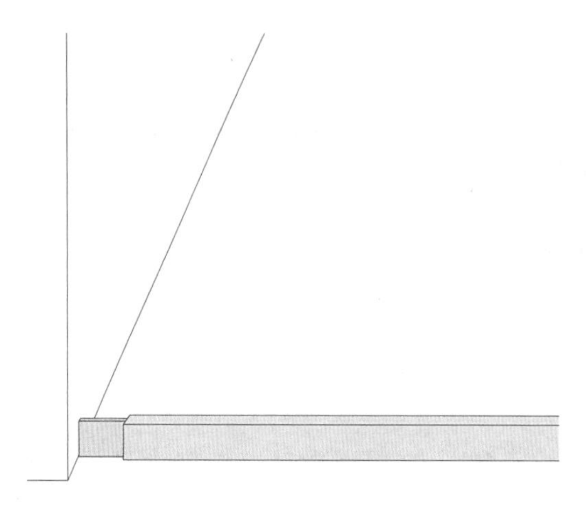

• 防水钢条示意图

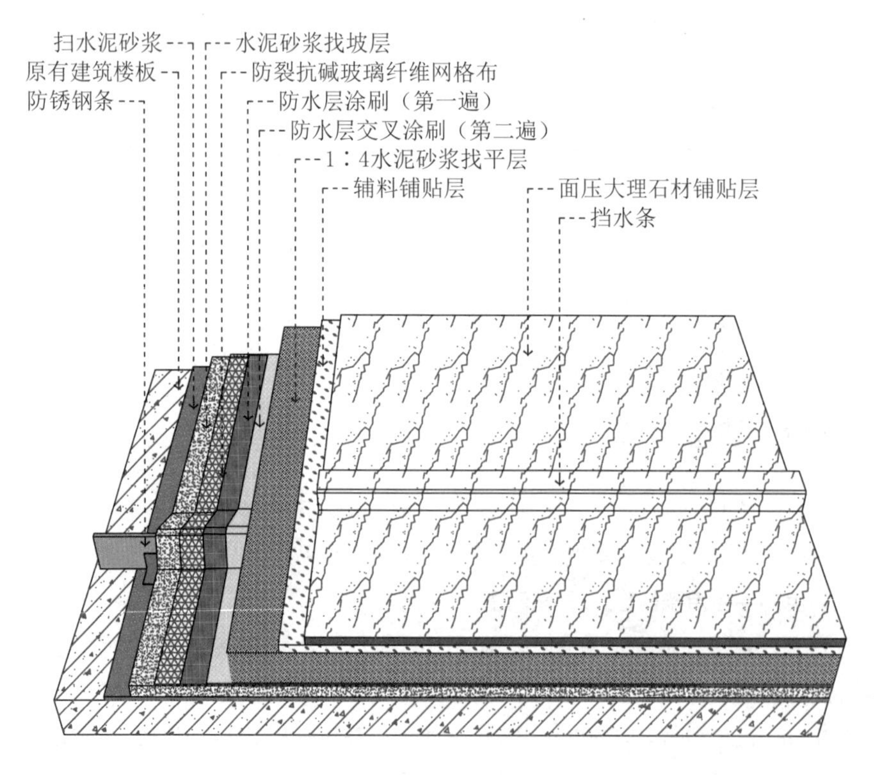
扫水泥砂浆
原有建筑楼板
防锈钢条
水泥砂浆找坡层
防裂抗碱玻璃纤维网格布
防水层涂刷（第一遍）
防水层交叉涂刷（第二遍）
1：4水泥砂浆找平层
辅料铺贴层
面压大理石材铺贴层
挡水条

• 防水钢条透视图

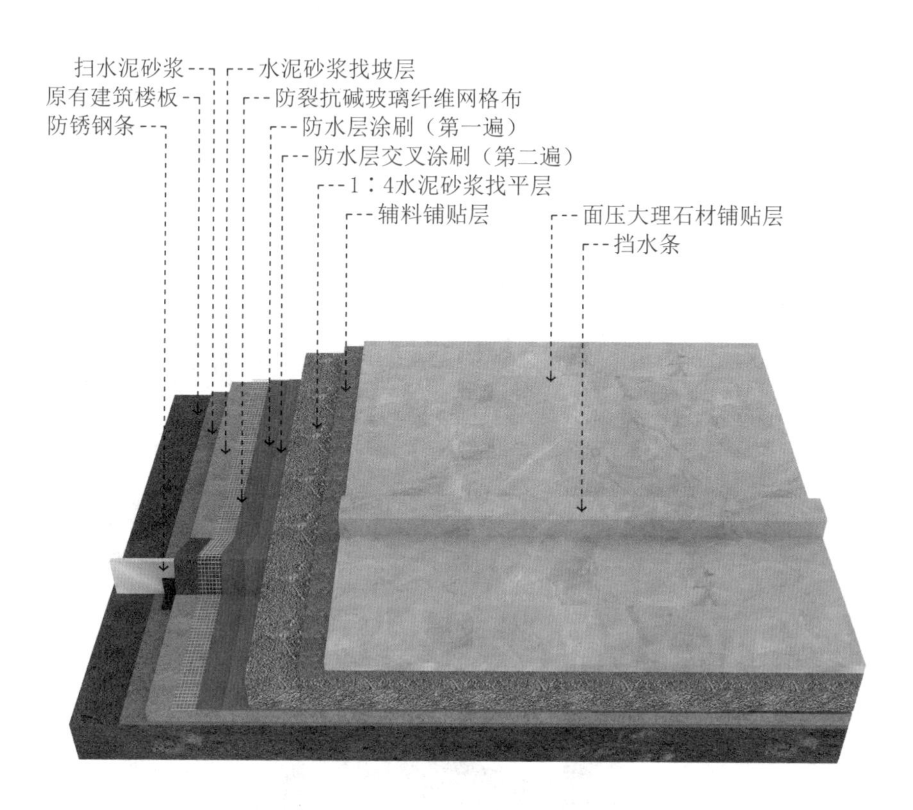
扫水泥砂浆
原有建筑楼板
防锈钢条
水泥砂浆找坡层
防裂抗碱玻璃纤维网格布
防水层涂刷（第一遍）
防水层交叉涂刷（第二遍）
1：4水泥砂浆找平层
辅料铺贴层
面压大理石材铺贴层
挡水条

• 防水钢条三维示意图

设计

施工解读

1. 通常来说，防水钢条标高高于卫生间完成面 2~3cm。

2. 若卫生间内的干湿区完成面有高低差，或者石材挡水条采用 L 形的，那防水钢条就不能高于地面完成面。

8.7.3 淋浴反水梁与玻璃固定施工工艺（附视频）

清扫整理基层地面
定标高、弹线
切割粉刷层
基层地面吸尘
预埋钢筋
倒水泥砂浆
扫水泥砂浆（涂第一遍地宝、防水）
水泥砂浆找平
做溢胶泥 R 角层
贴防水胶带防漏胶
贴防裂抗碱玻璃纤维网格布
涂防水涂料（第一遍）
涂防水涂料（第二遍）
防水保护层（抹水泥砂浆）
1：4 水泥砂浆找平
辅料铺贴层
面饰材料层
预埋玻璃卡件
铺贴橡胶垫
固定玻璃
打防霉防潮玻璃胶
清理卫生
成品保护

• 施工流程图

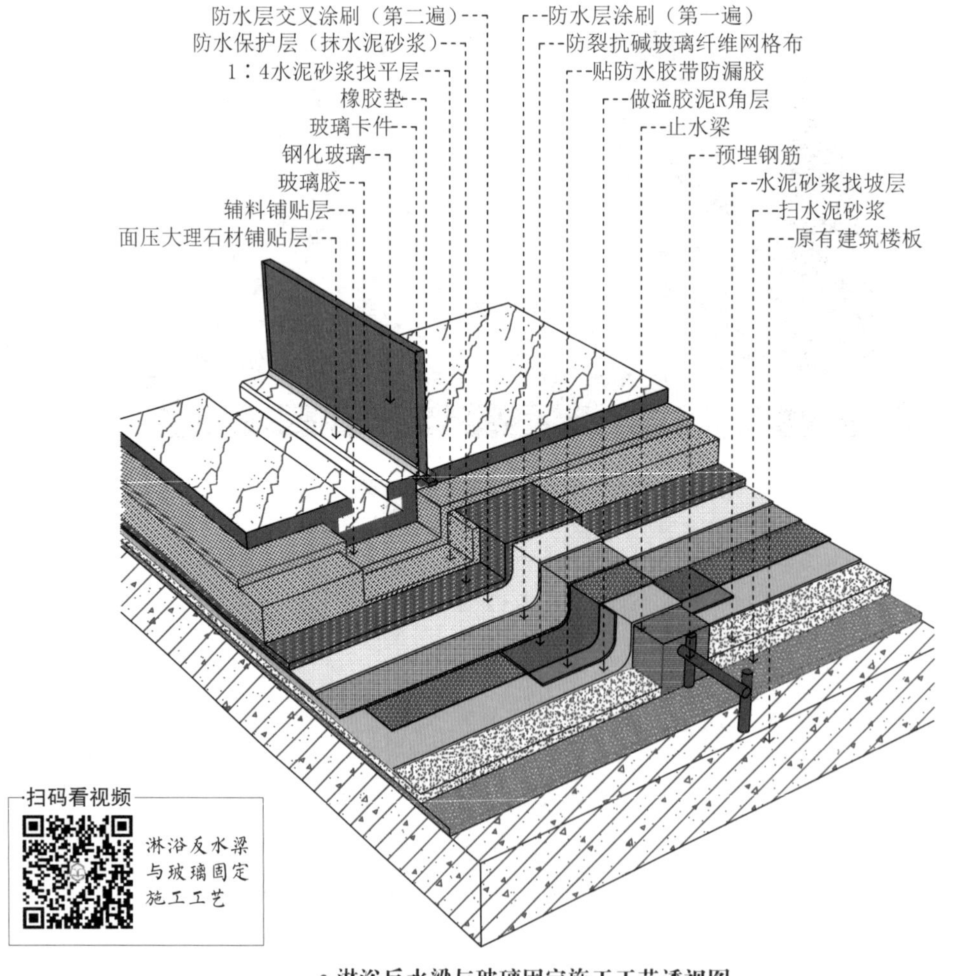

防水层交叉涂刷（第二遍）
防水保护层（抹水泥砂浆）
1：4水泥砂浆找平层
橡胶垫
玻璃卡件
钢化玻璃
玻璃胶
辅料铺贴层
面压大理石材铺贴层
防水层涂刷（第一遍）
防裂抗碱玻璃纤维网格布
贴防水胶带防漏胶
做溢胶泥R角层
止水梁
预埋钢筋
水泥砂浆找坡层
扫水泥砂浆
原有建筑楼板
扫码看视频
淋浴反水梁与玻璃固定施工工艺

• 淋浴反水梁与玻璃固定施工工艺透视图

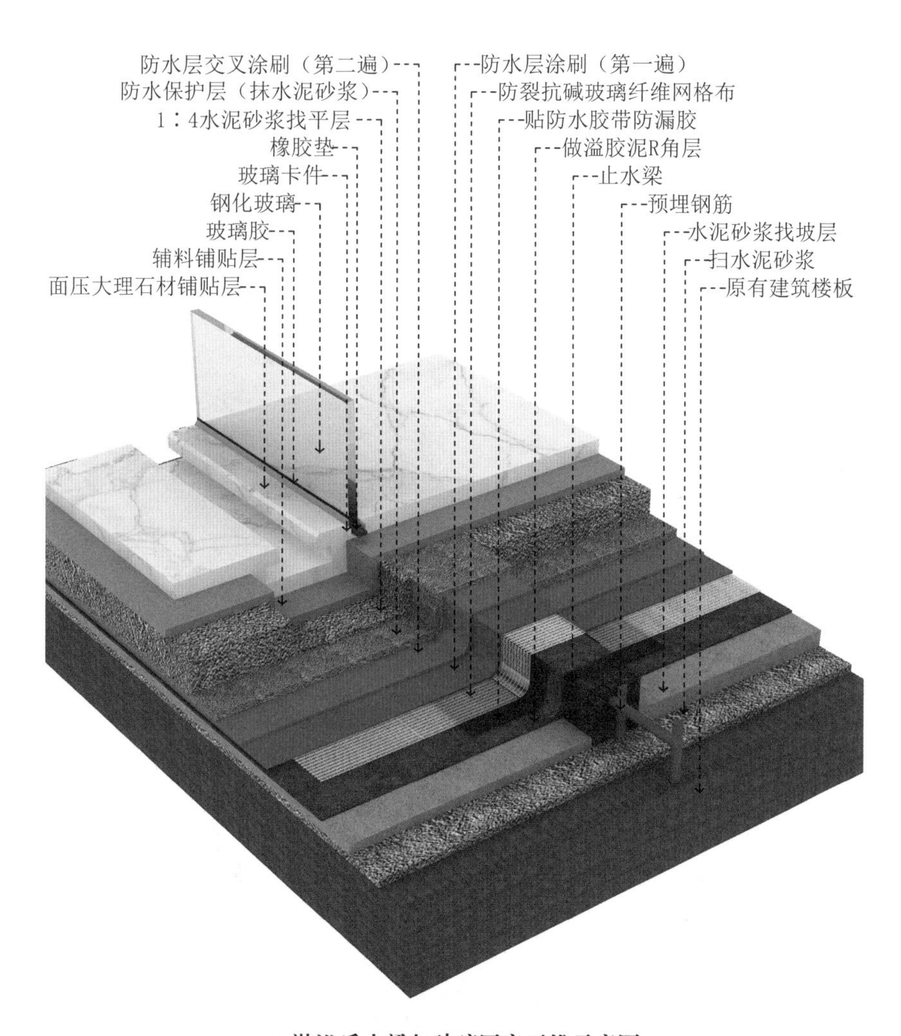
防水层交叉涂刷（第二遍）
防水保护层（抹水泥砂浆）
1：4水泥砂浆找平层
橡胶垫
玻璃卡件
钢化玻璃
玻璃胶
辅料铺贴层
面压大理石材铺贴层
防水层涂刷（第一遍）
防裂抗碱玻璃纤维网格布
贴防水胶带防漏胶
做溢胶泥R角层
止水梁
预埋钢筋
水泥砂浆找坡层
扫水泥砂浆
原有建筑楼板

• 淋浴反水梁与玻璃固定三维示意图

8.7.4 淋浴挡水器与玻璃固定施工工艺

清扫整理基层地面
定标高、弹线
切割粉刷层
基层地面吸尘
预埋钢板
倒水泥砂浆
扫水泥砂浆（涂第一遍地宝、防水）
水泥砂浆找平
做溢胶泥 R 角层
贴防水胶带防漏胶
贴防裂抗碱玻璃纤维网格布
涂防水涂料（第一遍）
涂防水涂料（第二遍）
防水保护层（抹水泥砂浆）
1：4 水泥砂浆找平
辅料铺贴层
面饰材料层
预埋挡水条
预埋玻璃卡件
铺贴橡胶垫
固定玻璃
打防霉防潮玻璃胶
清理卫生
成品保护

• 施工流程图

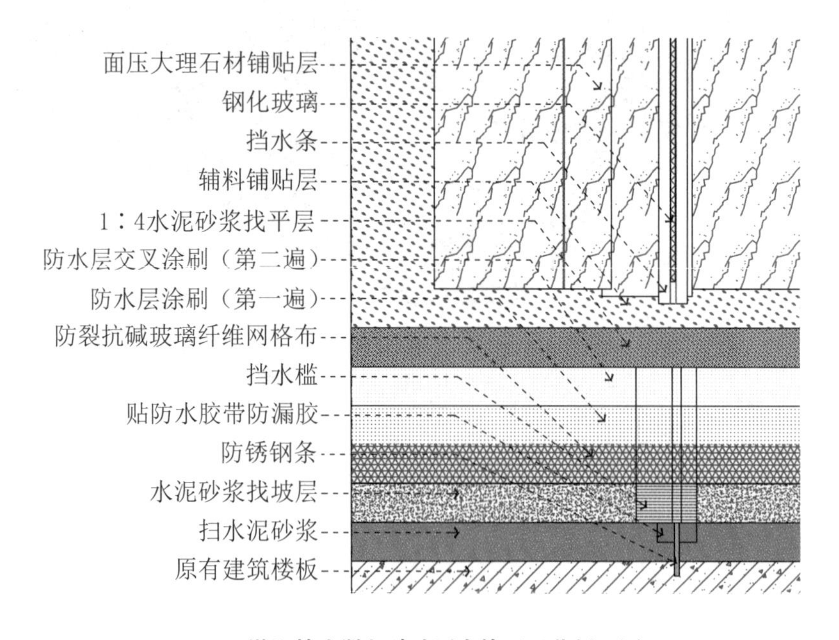
面压大理石材铺贴层
钢化玻璃
挡水条
辅料铺贴层
1：4水泥砂浆找平层
防水层交叉涂刷（第二遍）
防水层涂刷（第一遍）
防裂抗碱玻璃纤维网格布
挡水槛
贴防水胶带防漏胶
防锈钢条
水泥砂浆找坡层
扫水泥砂浆
原有建筑楼板

• 淋浴挡水器与玻璃固定施工工艺剖面图

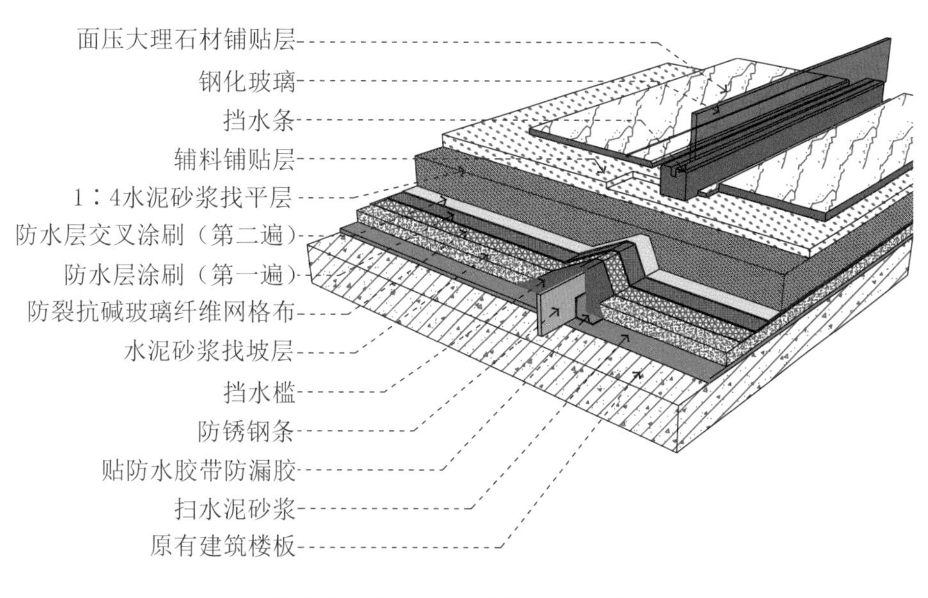
面压大理石材铺贴层
钢化玻璃
挡水条
辅料铺贴层
1：4水泥砂浆找平层
防水层交叉涂刷（第二遍）
防水层涂刷（第一遍）
防裂抗碱玻璃纤维网格布
水泥砂浆找坡层
挡水槛
防锈钢条
贴防水胶带防漏胶
扫水泥砂浆
原有建筑楼板

• 淋浴挡水器与玻璃固定施工工艺透视图

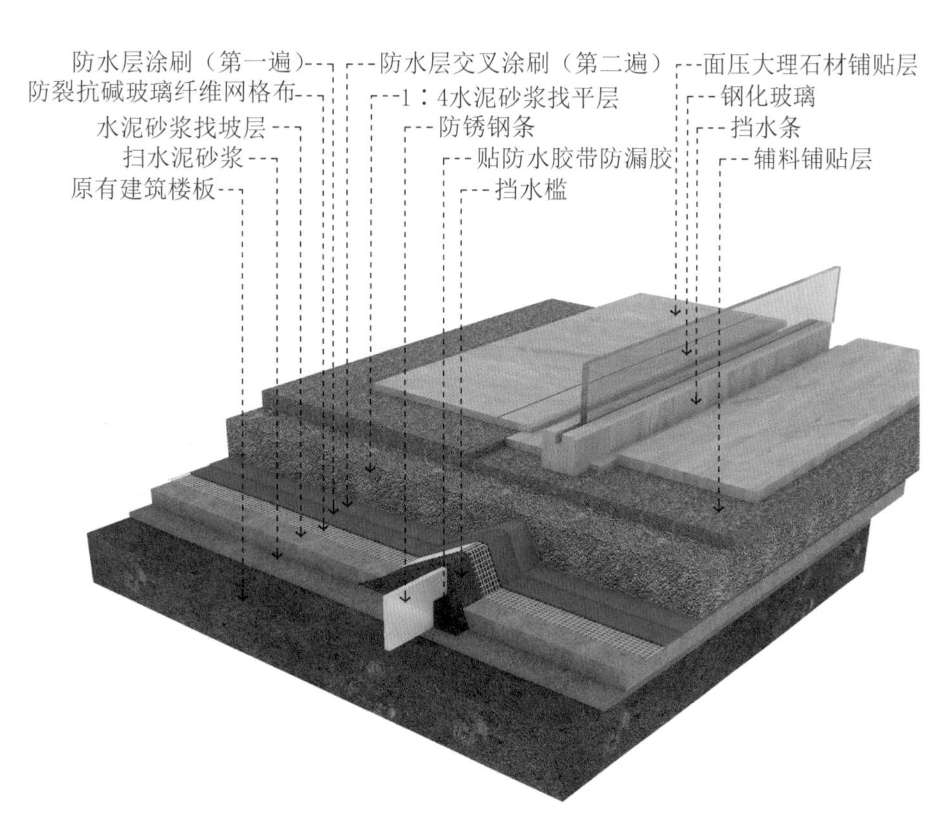
防水层涂刷（第一遍）
防裂抗碱玻璃纤维网格布
水泥砂浆找坡层
扫水泥砂浆
原有建筑楼板
防水层交叉涂刷（第二遍）
1：4水泥砂浆找平层
防锈钢条
贴防水胶带防漏胶
挡水槛
面压大理石材铺贴层
钢化玻璃
挡水条
辅料铺贴层

• 淋浴挡水器与玻璃固定施工三维示意图

8.7.5 淋浴房地面门槛反梁施工工艺

清扫整理基层地面
定标高、弹线
切割粉刷层
基层地面吸尘
止水槛预埋（钢板）
止水槛倒水泥砂浆
扫水泥砂浆（涂第一遍地宝、防水）
做溢胶泥 R 角层
贴防水胶带防漏胶
贴防裂抗碱玻璃纤维网格布
涂防水涂料（第一遍）
涂防水涂料（第二遍）
防水保护层（抹水泥砂浆）
1：4 水泥砂浆找平
辅料铺贴层
铺贴面饰材料层
清理卫生
成品保护

• 施工流程图

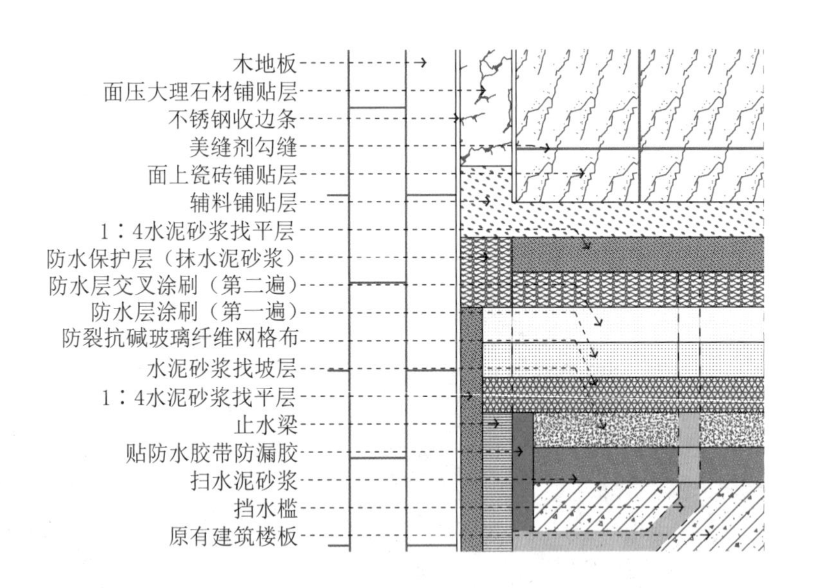

木地板
面压大理石材铺贴层
不锈钢收边条
美缝剂勾缝
面上瓷砖铺贴层
辅料铺贴层
1：4水泥砂浆找平层
防水保护层（抹水泥砂浆）
防水层交叉涂刷（第二遍）
防水层涂刷（第一遍）
防裂抗碱玻璃纤维网格布
水泥砂浆找坡层
1：4水泥砂浆找平层
止水梁
贴防水胶带防漏胶
扫水泥砂浆
挡水槛
原有建筑楼板

• 淋浴房地面门槛反梁施工工艺剖面图

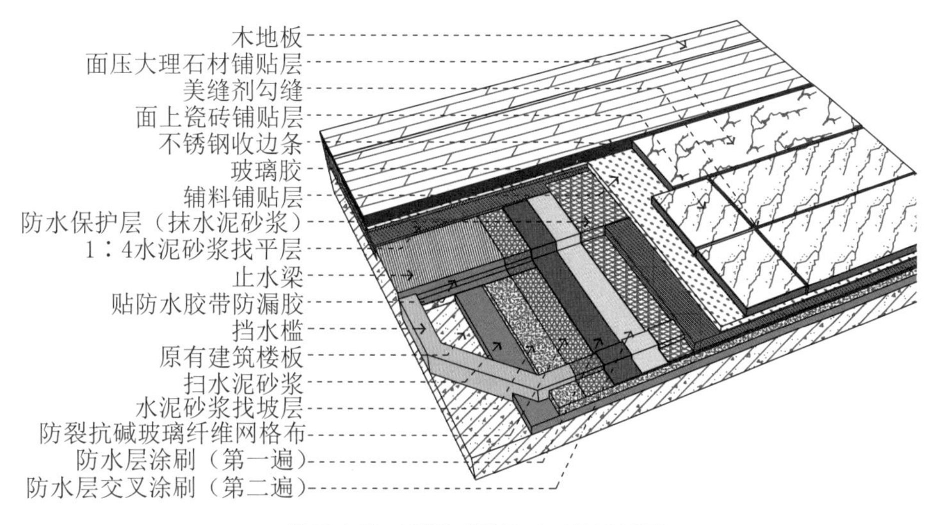
木地板
面压大理石材铺贴层
美缝剂勾缝
面上瓷砖铺贴层
不锈钢收边条
玻璃胶
辅料铺贴层
防水保护层（抹水泥砂浆）
1：4水泥砂浆找平层
止水梁
贴防水胶带防漏胶
挡水槛
原有建筑楼板
扫水泥砂浆
水泥砂浆找坡层
防裂抗碱玻璃纤维网格布
防水层涂刷（第一遍）
防水层交叉涂刷（第二遍）

• 淋浴房地面门槛反梁施工工艺透视图

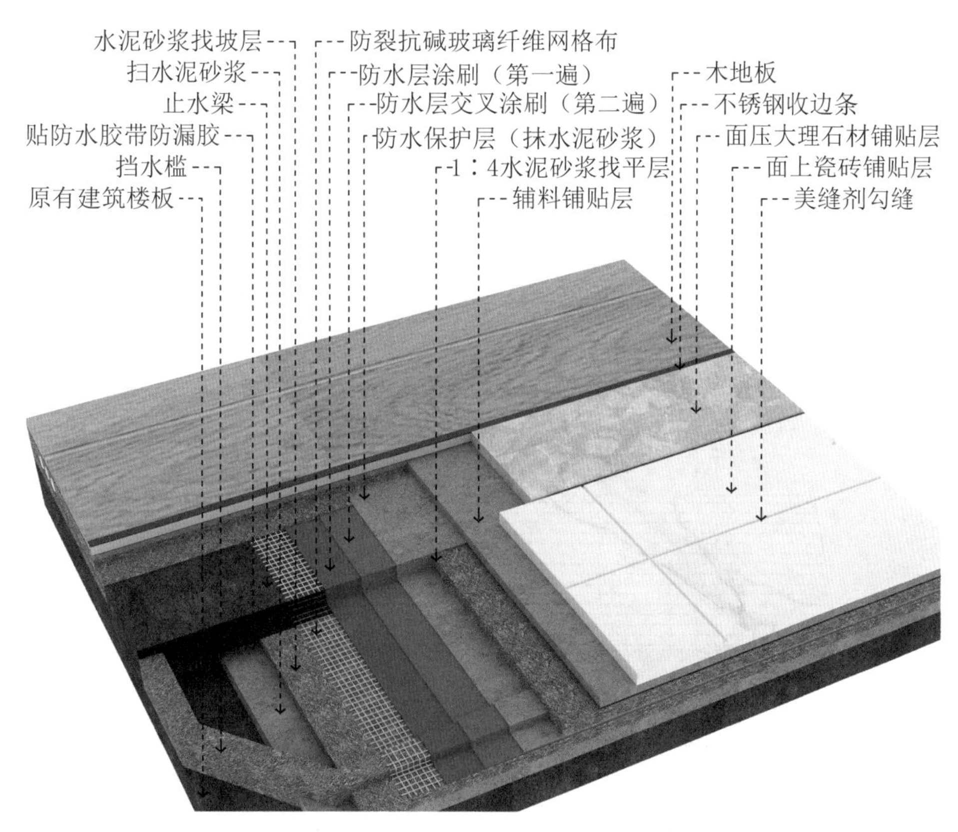
水泥砂浆找坡层
扫水泥砂浆
止水梁
贴防水胶带防漏胶
挡水槛
原有建筑楼板
防裂抗碱玻璃纤维网格布
防水层涂刷（第一遍）
防水层交叉涂刷（第二遍）
防水保护层（抹水泥砂浆）
1：4水泥砂浆找平层
辅料铺贴层
木地板
不锈钢收边条
面压大理石材铺贴层
面上瓷砖铺贴层
美缝剂勾缝

• 淋浴房地面门槛反梁施工三维示意图

设 计

施工解读

有防水要求的区域、门洞位置，须在防水层下部设置止水带，以防止水分顺着防水层往外渗透。

8.8 门槛施工工艺

8.8.1 地面门槛反梁施工工艺

清扫整理基层地面
定标高、弹线
切割粉刷层
基层地面吸尘
门槛止水反梁预埋钢筋
门槛止水反梁倒水泥砂浆
扫水泥砂浆（涂第一遍地宝、防水）
做溢胶泥 R 角层
贴防水胶带防漏胶
贴防裂抗碱玻璃纤维网格布
涂防水涂料（第一遍）
涂防水涂料（第二遍）
防水保护层（抹水泥砂浆）
1：4 水泥砂浆找平
辅料铺贴层
铺贴面饰材料层
清理卫生
成品保护

• 施工流程图

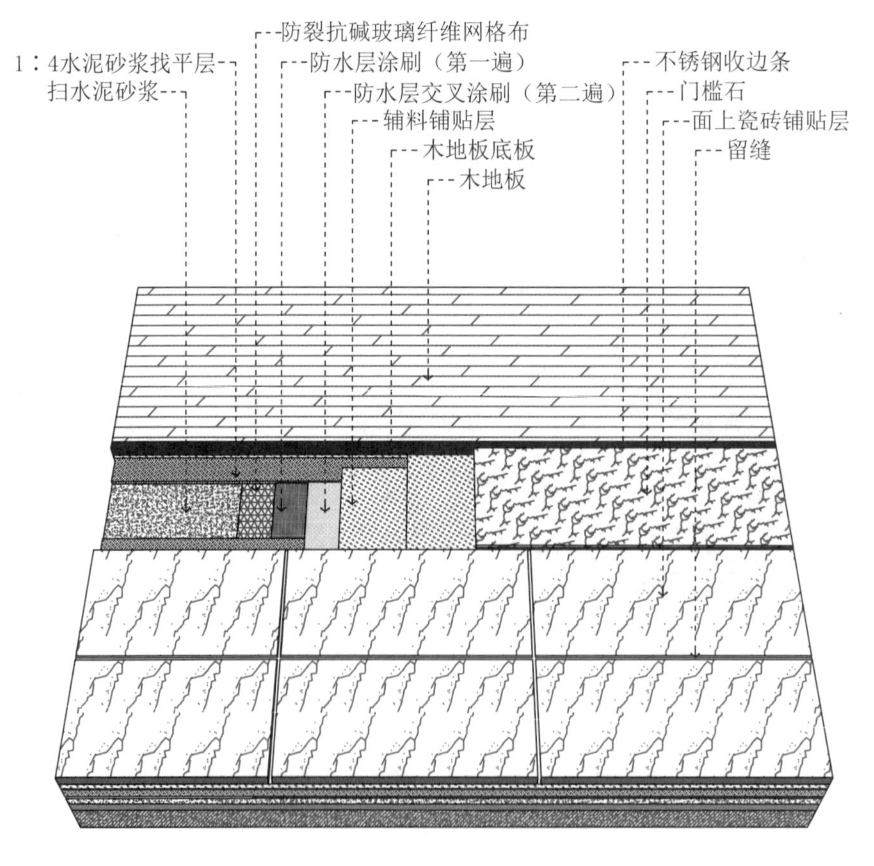

防裂抗碱玻璃纤维网格布
1：4水泥砂浆找平层
防水层涂刷（第一遍）
扫水泥砂浆
防水层交叉涂刷（第二遍）
辅料铺贴层
木地板底板
木地板
不锈钢收边条
门槛石
面上瓷砖铺贴层
留缝

• 地面门槛反梁施工工艺透视图

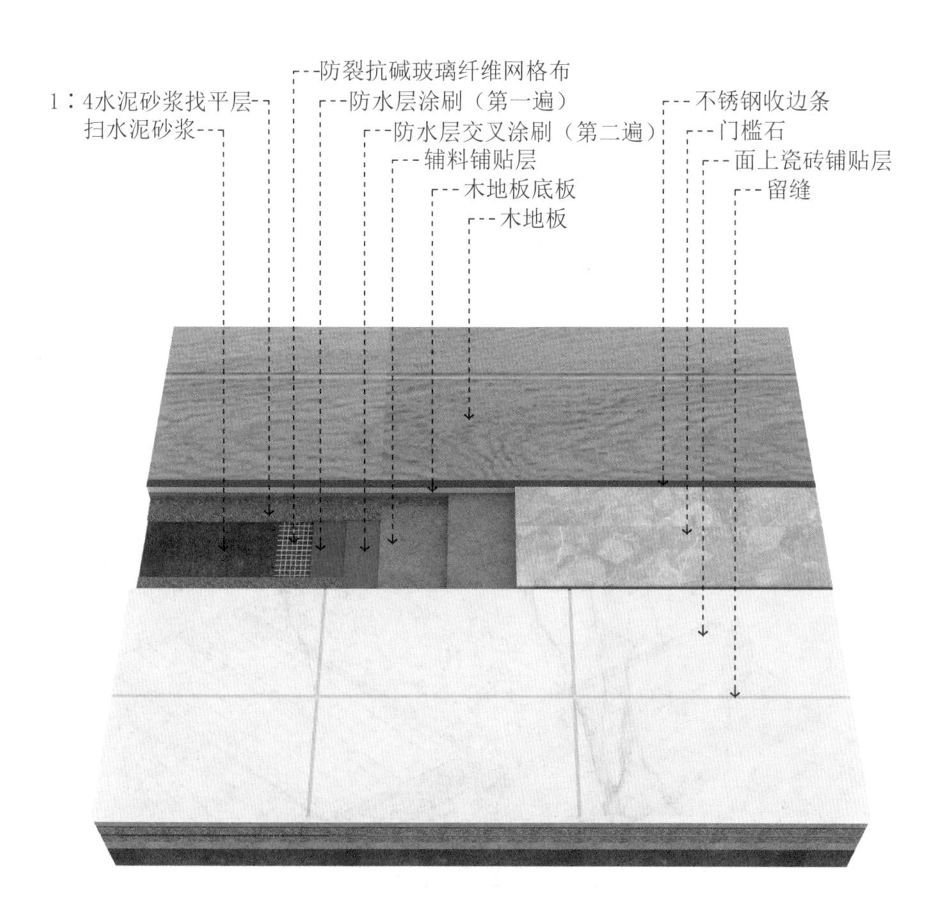
防裂抗碱玻璃纤维网格布
1：4水泥砂浆找平层
防水层涂刷（第一遍）
不锈钢收边条
扫水泥砂浆
防水层交叉涂刷（第二遍）
门槛石
辅料铺贴层
面上瓷砖铺贴层
木地板底板
留缝
木地板

• 地面门槛反梁施工三维示意图

8.8.2 公共区地面与房内门槛石安装工艺

8.8.2.1 门槛石与木地板收口

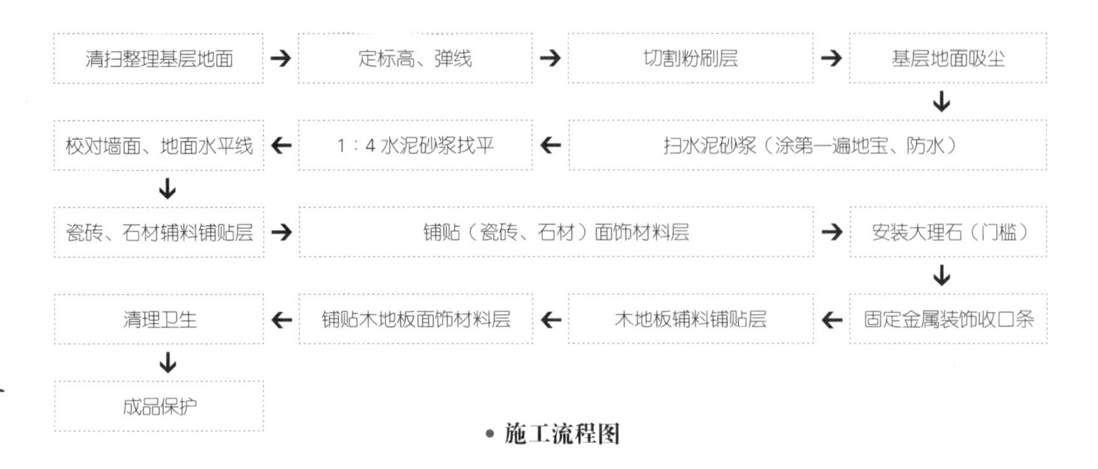

清扫整理基层地面
定标高、弹线
切割粉刷层
基层地面吸尘
扫水泥砂浆（涂第一遍地宝、防水）
1：4 水泥砂浆找平
校对墙面、地面水平线
瓷砖、石材辅料铺贴层
铺贴（瓷砖、石材）面饰材料层
安装大理石（门槛）
固定金属装饰收口条
木地板辅料铺贴层
铺贴木地板面饰材料层
清理卫生
成品保护

• 施工流程图

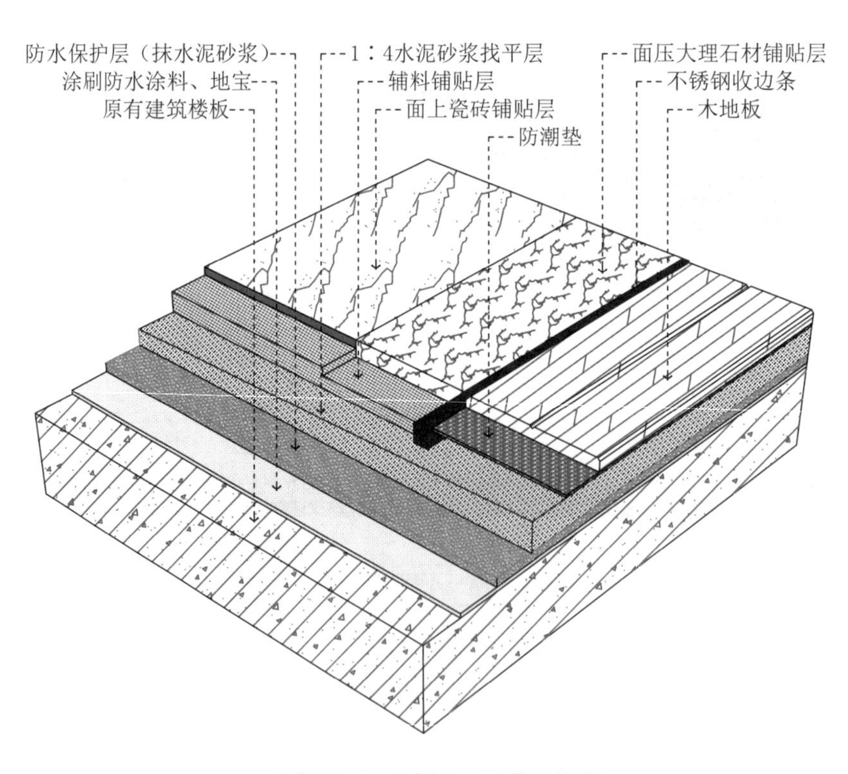

防水保护层（抹水泥砂浆）
涂刷防水涂料、地宝
原有建筑楼板
1∶4水泥砂浆找平层
辅料铺贴层
面上瓷砖铺贴层
防潮垫
面压大理石材铺贴层
不锈钢收边条
木地板

• 门槛石与木地板收口工艺透视图

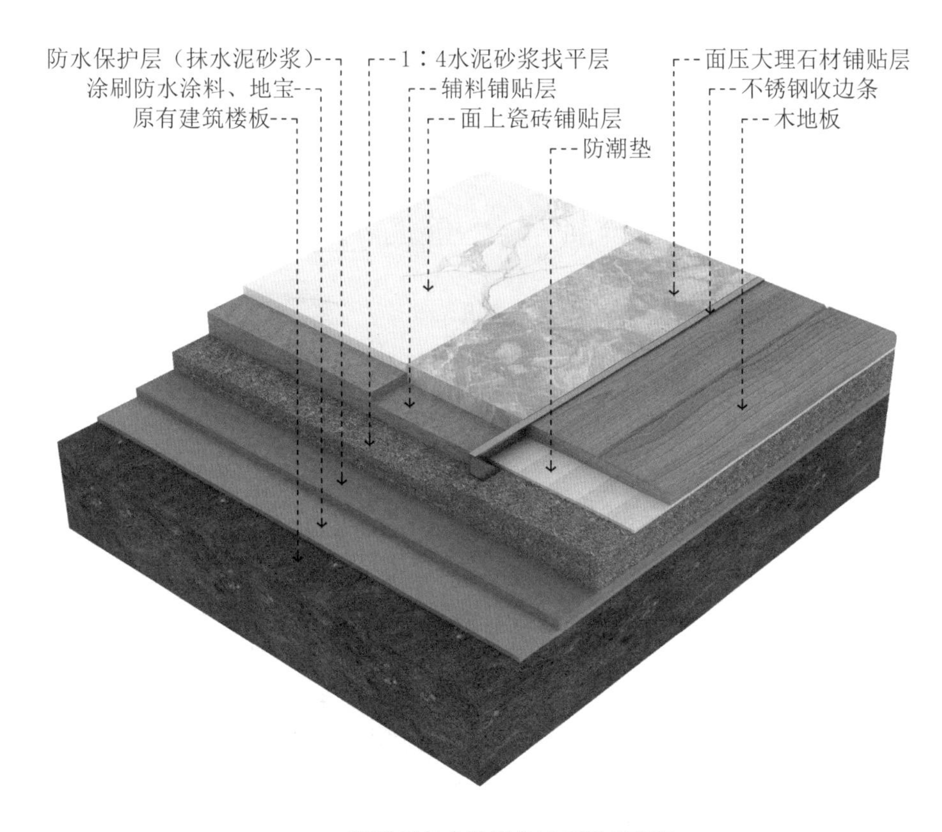
防水保护层（抹水泥砂浆）
涂刷防水涂料、地宝
原有建筑楼板
1：4水泥砂浆找平层
辅料铺贴层
面上瓷砖铺贴层
防潮垫
面压大理石材铺贴层
不锈钢收边条
木地板

• 门槛石与木地板收口三维示意图

8.8.2.2 大理石门槛安装

清扫整理基层地面
定标高、弹线
切割粉刷层
基层地面吸尘
门槛止水反梁预埋钢筋
门槛止水反梁倒水泥砂浆
扫水泥砂浆（涂第一遍地宝、防水）
做溢胶泥 R 角层
贴防水胶带防漏胶
贴防裂抗碱玻璃纤维网格布
涂防水涂料（第一遍）
涂防水涂料（第二遍）
防水保护层（抹水泥砂浆）
1：4 水泥砂浆找平
校对墙面、地面水平线
瓷砖、石材铺料铺贴层
铺贴瓷砖、石材面饰材料层
安装大理石（门槛）
固定金属装饰收口条
木地板铺料铺贴层
铺贴木地板面饰材料层
清理卫生
成品保护

• 施工流程图

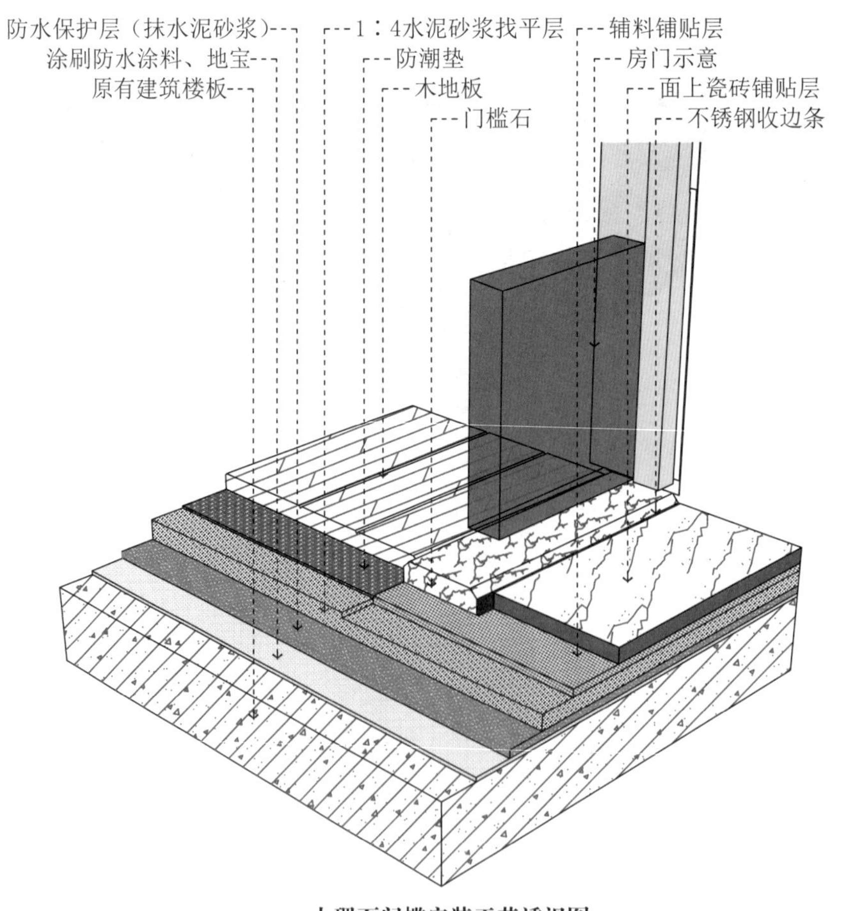
防水保护层（抹水泥砂浆）
涂刷防水涂料、地宝
原有建筑楼板
1：4水泥砂浆找平层
防潮垫
木地板
门槛石
辅料铺贴层
房门示意
面上瓷砖铺贴层
不锈钢收边条

• 大理石门槛安装工艺透视图

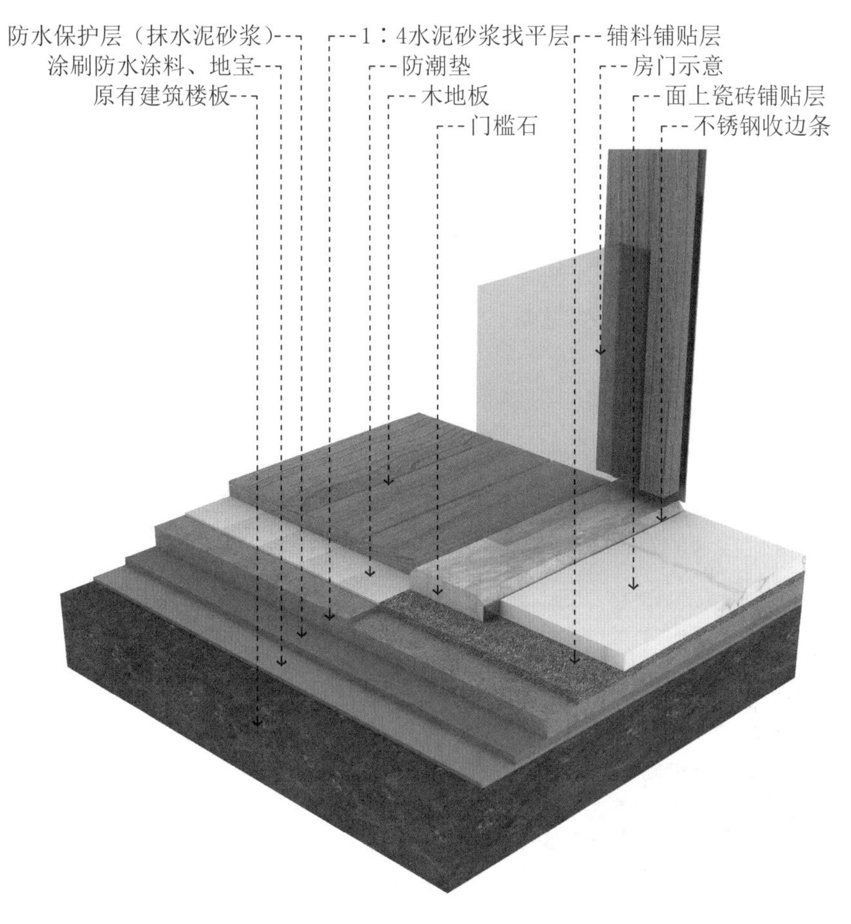
防水保护层（抹水泥砂浆）
涂刷防水涂料、地宝
原有建筑楼板
1：4水泥砂浆找平层
防潮垫
木地板
门槛石
辅料铺贴层
房门示意
面上瓷砖铺贴层
不锈钢收边条

• 大理石门槛安装工艺三维示意图

设计

施工解读

1. 一般而言，在入户、洗手间和厨房的门洞下需要做大理石门槛，门槛应高于地面。大理石门槛与卫生间完成面的高度为 20mm，与厨房的完成面高度为 10mm，如果门槛的两边，一面是地砖，另一面是实木地板的话，大理石与地板之间需留 4~5mm 的缝隙，用专用五金（或铜）扣条做收口过桥衔接。

2. 地砖及大理石门槛铺贴完成后，应暂时保护房间及阳台入口门槛，防止工人进入踩踏，等地面完全干燥、固化后进入，一般为 48h。

8.8.3 阳台地面与室内门槛石安装工艺

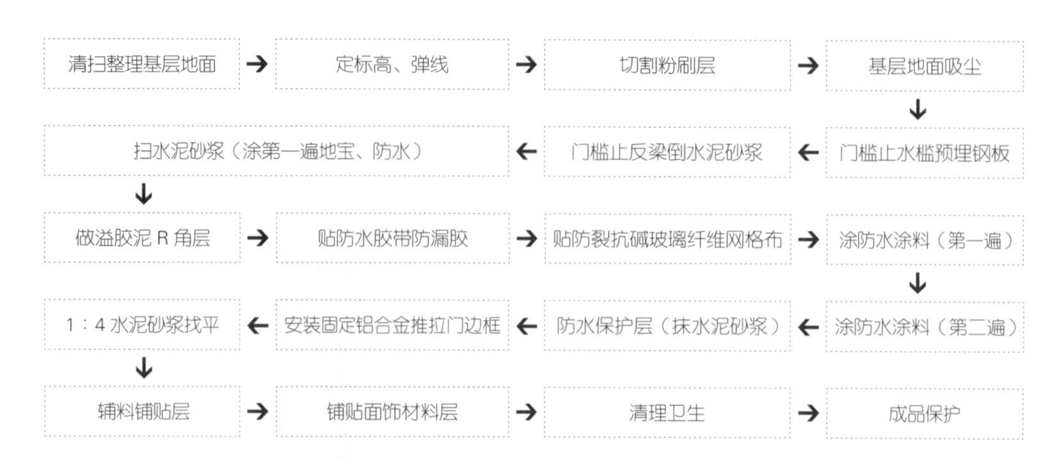
清扫整理基层地面
定标高、弹线
切割粉刷层
基层地面吸尘
门槛止水槛预埋钢板
门槛止反梁倒水泥砂浆
扫水泥砂浆（涂第一遍地宝、防水）
做溢胶泥 R 角层
贴防水胶带防漏胶
贴防裂抗碱玻璃纤维网格布
涂防水涂料（第一遍）
涂防水涂料（第二遍）
防水保护层（抹水泥砂浆）
安装固定铝合金推拉门边框
1：4 水泥砂浆找平
辅料铺贴层
铺贴面饰材料层
清理卫生
成品保护

• 施工流程图

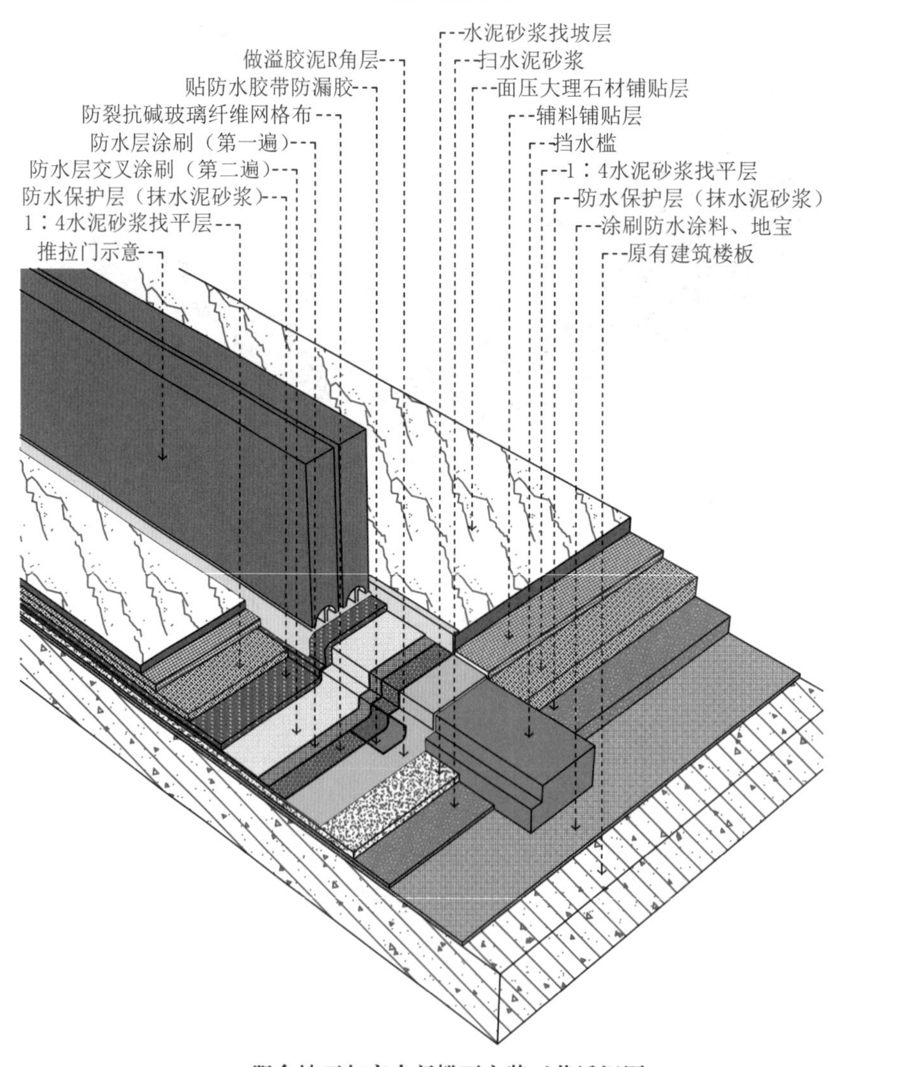
水泥砂浆找坡层
扫水泥砂浆
面压大理石材铺贴层
辅料铺贴层
挡水槛
1：4水泥砂浆找平层
防水保护层（抹水泥砂浆）
涂刷防水涂料、地宝
原有建筑楼板
做溢胶泥R角层
贴防水胶带防漏胶
防裂抗碱玻璃纤维网格布
防水层涂刷（第一遍）
防水层交叉涂刷（第二遍）
防水保护层（抹水泥砂浆）
1：4水泥砂浆找平层
推拉门示意

• 阳台地面与室内门槛石安装工艺透视图

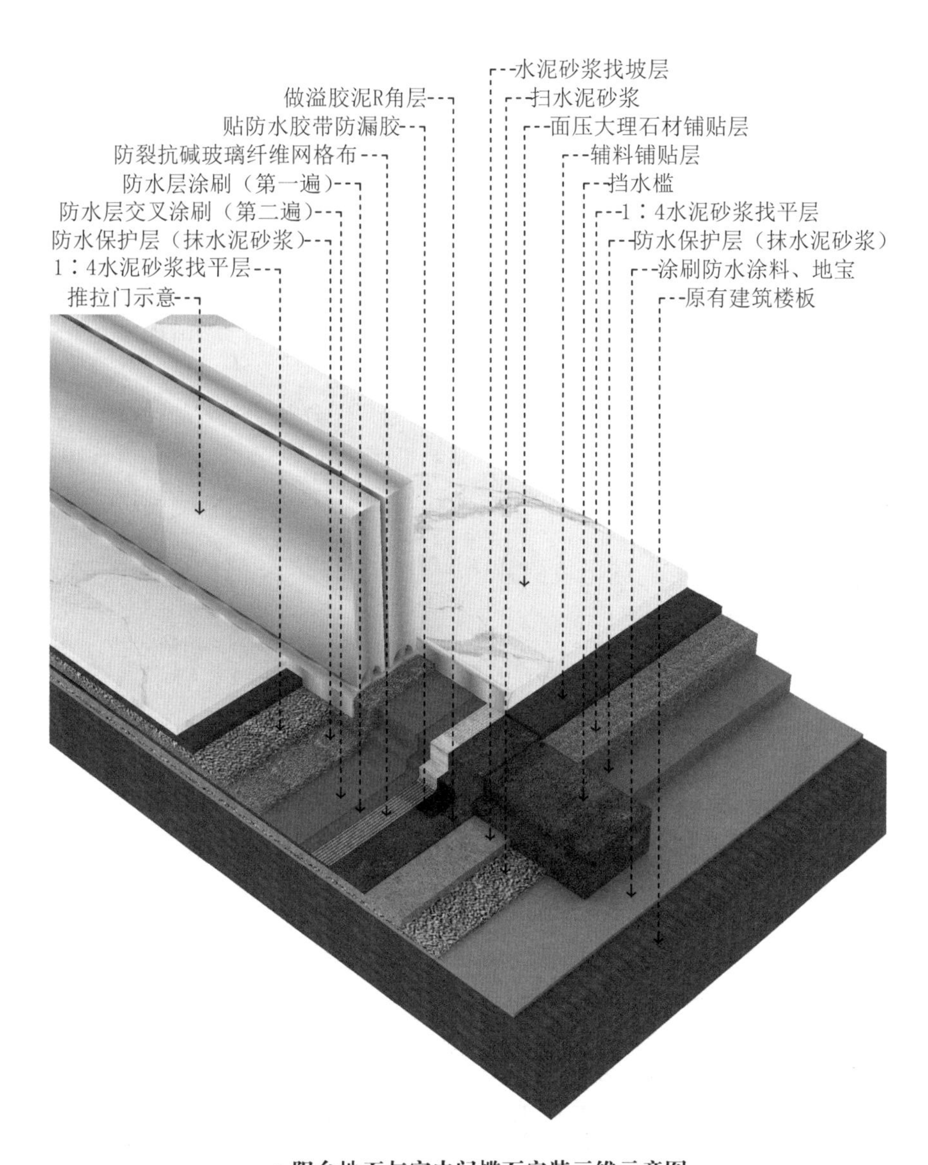
水泥砂浆找坡层
做溢胶泥R角层
扫水泥砂浆
贴防水胶带防漏胶
面压大理石材铺贴层
防裂抗碱玻璃纤维网格布
辅料铺贴层
防水层涂刷（第一遍）
挡水槛
防水层交叉涂刷（第二遍）
1：4水泥砂浆找平层
防水保护层（抹水泥砂浆）
防水保护层（抹水泥砂浆）
1：4水泥砂浆找平层
涂刷防水涂料、地宝
推拉门示意
原有建筑楼板

• 阳台地面与室内门槛石安装三维示意图

设 计

施工解读

1. 阳台地面基层需要细石混凝土进行找平，并做找坡处理，找坡率为 0.3%~0.5%。
2. 铺设时用专用锯齿状批刀背面刮专用黏结剂或水泥砂浆进行铺贴，结合层厚度为 10~15mm。

8.9 其他工艺（附视频）

8.9.1 墙地面石材与木地板、瓷砖收口工艺

8.9.1.1 石材与瓷砖收口工艺

清扫整理基层地面
定标高、弹线
切割粉刷层
基层地面吸尘
扫水泥砂浆（涂第一遍地宝、防水）
1：4 水泥砂浆找平
校对墙面、地面水平线
石材辅料铺贴层
铺贴面饰（石材）材料层
固定金属装饰收口条
瓷砖辅料铺贴层
铺贴面饰（瓷砖）材料层
清理卫生
成品保护

• 施工流程图

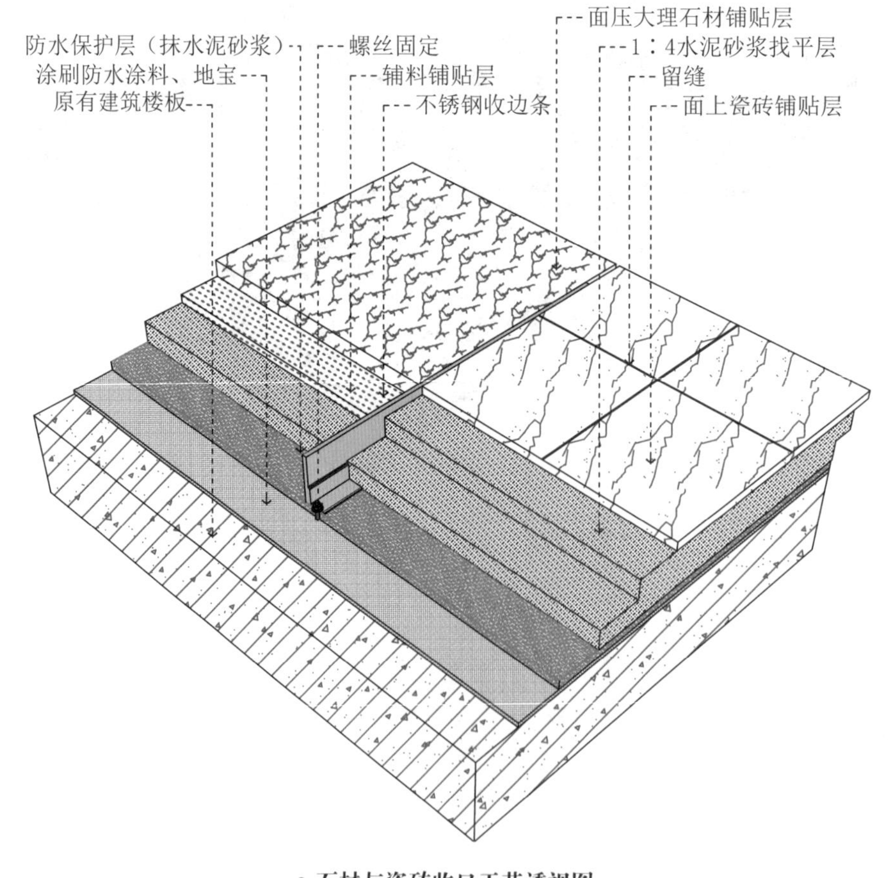
防水保护层（抹水泥砂浆）
涂刷防水涂料、地宝
原有建筑楼板
螺丝固定
辅料铺贴层
不锈钢收边条
面压大理石材铺贴层
1：4水泥砂浆找平层
留缝
面上瓷砖铺贴层

• 石材与瓷砖收口工艺透视图

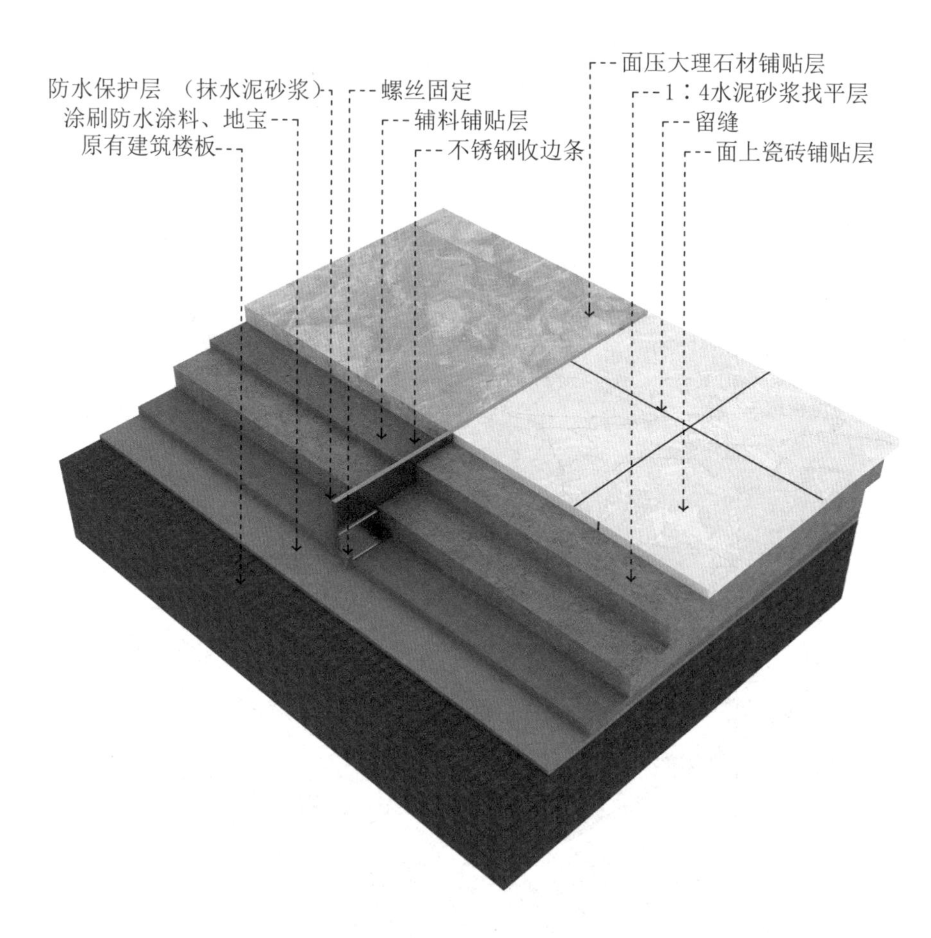
防水保护层 （抹水泥砂浆）
涂刷防水涂料、地宝
原有建筑楼板
螺丝固定
辅料铺贴层
不锈钢收边条
面压大理石材铺贴层
1：4水泥砂浆找平层
留缝
面上瓷砖铺贴层

• 石材与瓷砖收口工艺三维示意图

8.9.1.2 石材与木地板收口工艺

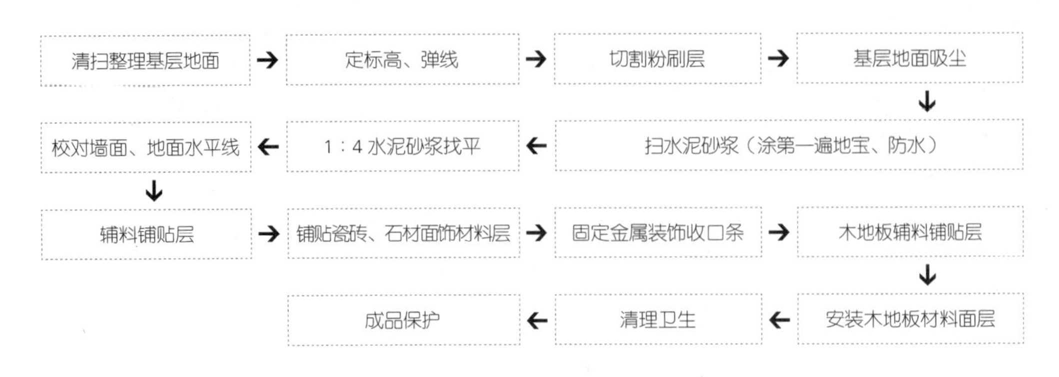
清扫整理基层地面
定标高、弹线
切割粉刷层
基层地面吸尘
扫水泥砂浆（涂第一遍地宝、防水）
1：4 水泥砂浆找平
校对墙面、地面水平线
辅料铺贴层
铺贴瓷砖、石材面饰材料层
固定金属装饰收口条
木地板辅料铺贴层
安装木地板材料面层
清理卫生
成品保护

• 施工流程图

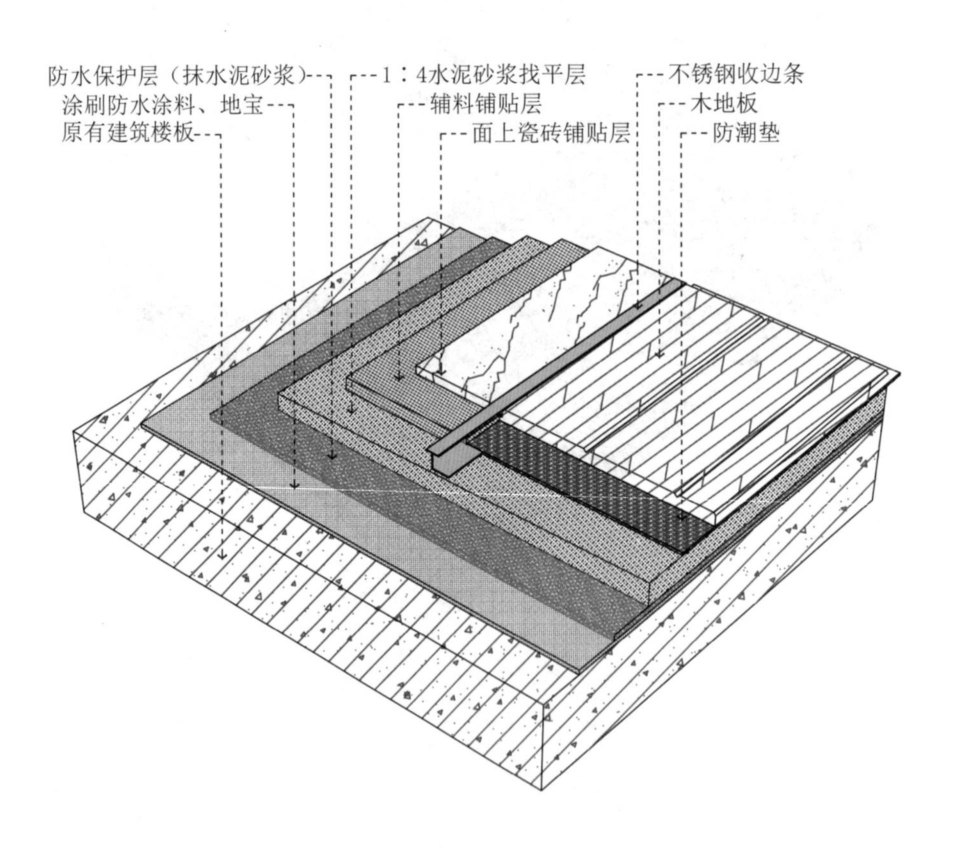
防水保护层（抹水泥砂浆）
涂刷防水涂料、地宝
原有建筑楼板
1：4水泥砂浆找平层
辅料铺贴层
面上瓷砖铺贴层
不锈钢收边条
木地板
防潮垫

• 石材与木地板收口工艺透视图

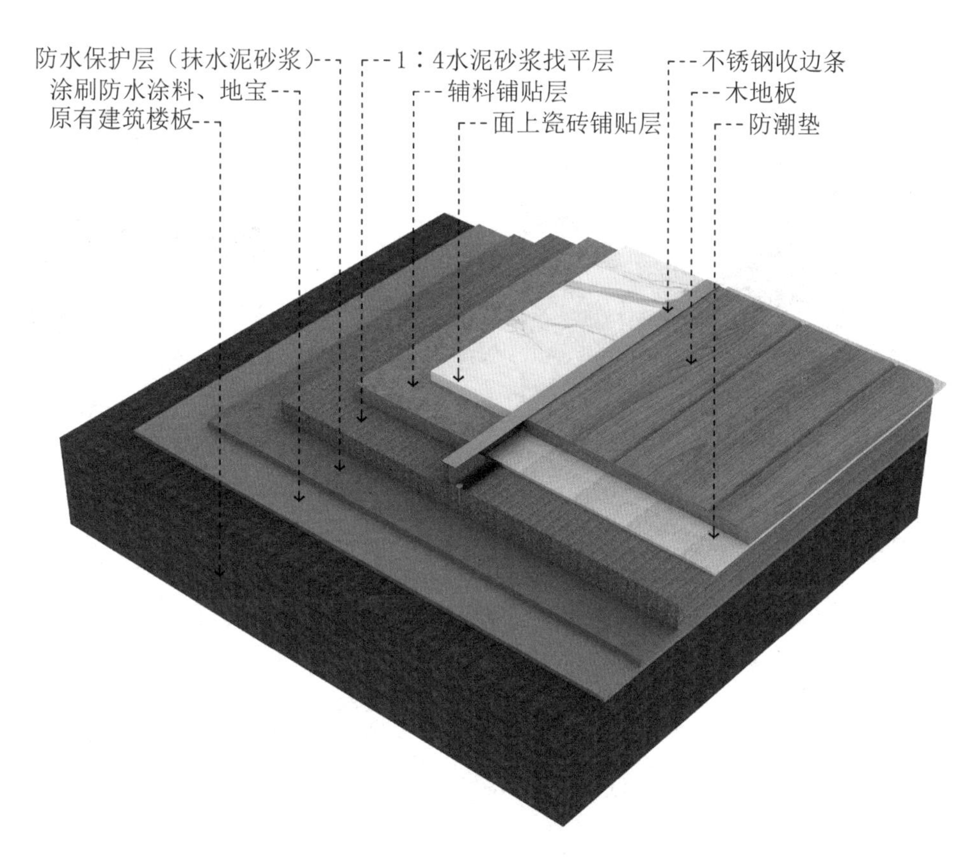
防水保护层（抹水泥砂浆）
涂刷防水涂料、地宝
原有建筑楼板
1：4水泥砂浆找平层
辅料铺贴层
面上瓷砖铺贴层
不锈钢收边条
木地板
防潮垫

• 石材与木地板收口工艺三维示意图

8.9.1.3 瓷砖与石材阴阳角收口工艺

(1) 瓷砖、石材与墙面收口

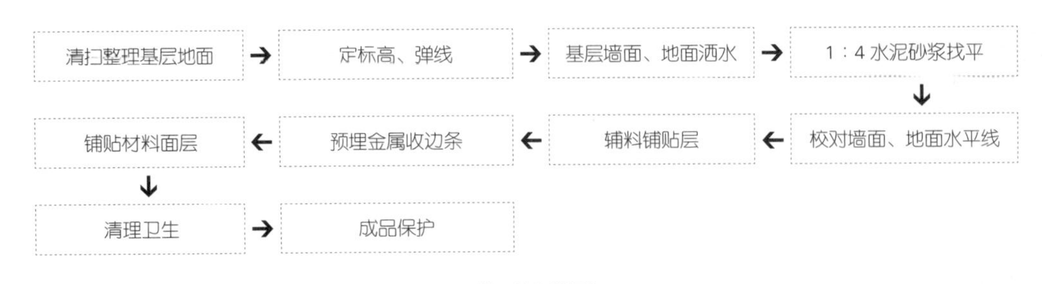
清扫整理基层地面
定标高、弹线
基层墙面、地面洒水
1：4 水泥砂浆找平
校对墙面、地面水平线
辅料铺贴层
预埋金属收边条
铺贴材料面层
清理卫生
成品保护

• 施工流程图

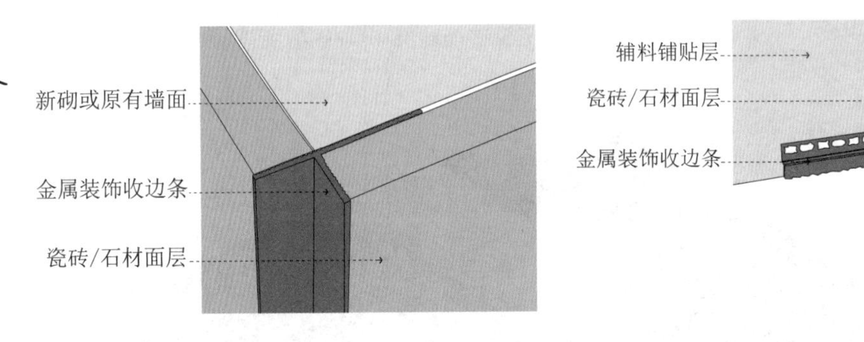
新砌或原有墙面
金属装饰收边条
瓷砖/石材面层
辅料铺贴层
瓷砖/石材面层
金属装饰收边条

• 阳角收口工艺　　• 阴角收口工艺

(2) 瓷砖、石材与玻璃面收口

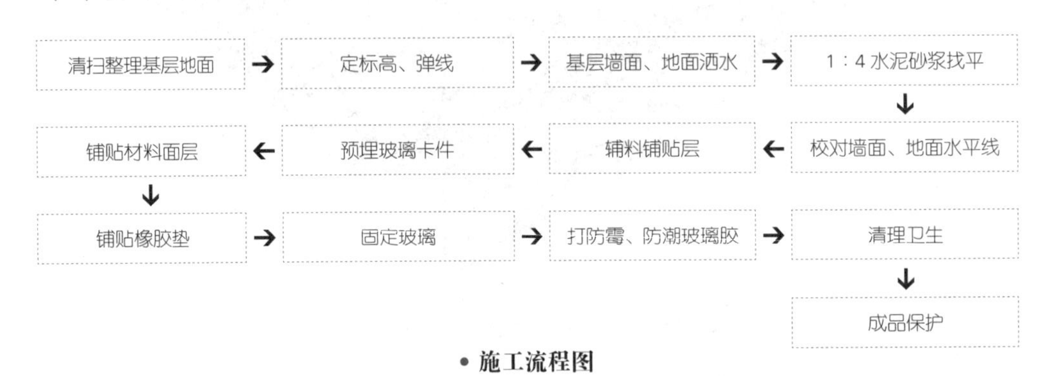
清扫整理基层地面
定标高、弹线
基层墙面、地面洒水
1：4 水泥砂浆找平
校对墙面、地面水平线
辅料铺贴层
预埋玻璃卡件
铺贴材料面层
铺贴橡胶垫
固定玻璃
打防霉、防潮玻璃胶
清理卫生
成品保护

• 施工流程图

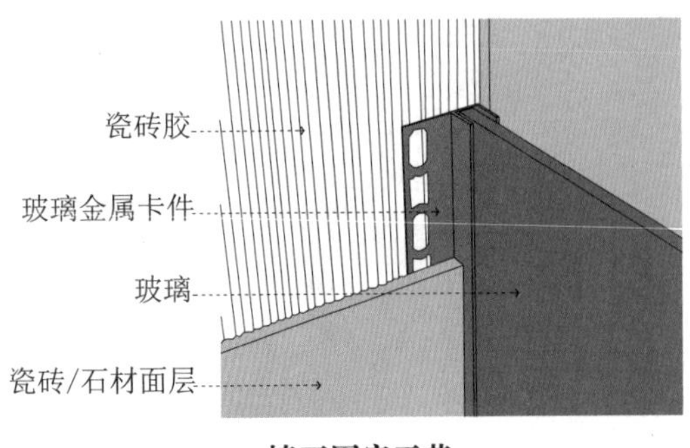
瓷砖胶
玻璃金属卡件
玻璃
瓷砖/石材面层

• 墙面固定工艺

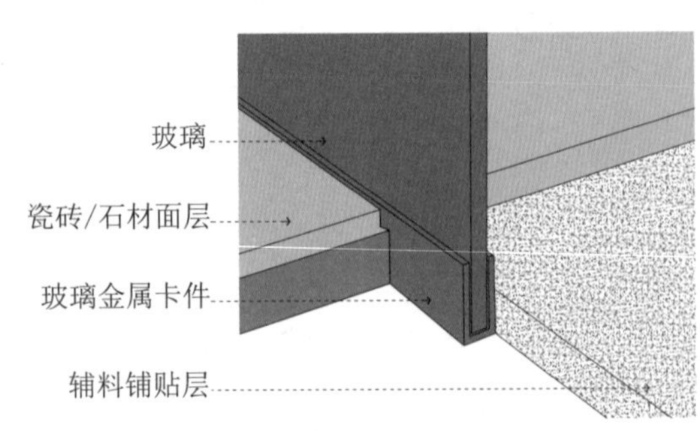
玻璃
瓷砖/石材面层
玻璃金属卡件
辅料铺贴层

• 地面固定工艺

8.9.1.4 金属条收口工艺

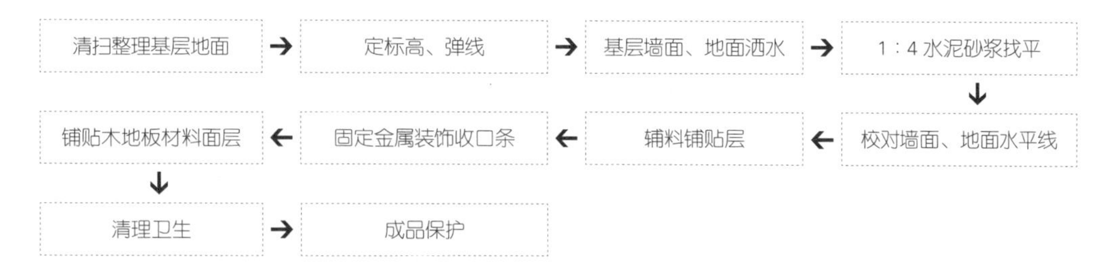
清扫整理基层地面
定标高、弹线
基层墙面、地面洒水
1：4 水泥砂浆找平
校对墙面、地面水平线
辅料铺贴层
固定金属装饰收口条
铺贴木地板材料面层
清理卫生
成品保护

• 施工流程图

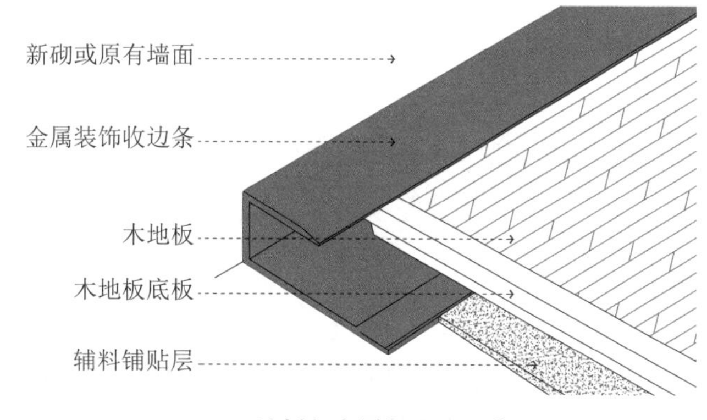
新砌或原有墙面
金属装饰收边条
木地板
木地板底板
辅料铺贴层

• 地板与金属条收口工艺

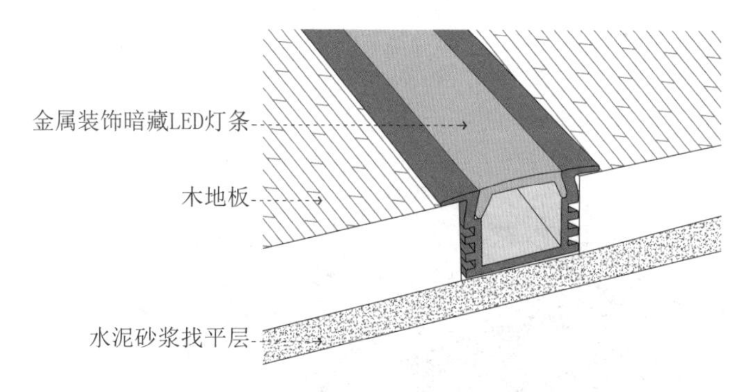
金属装饰暗藏LED灯条
木地板
水泥砂浆找平层

• 地板与金属灯条收口工艺

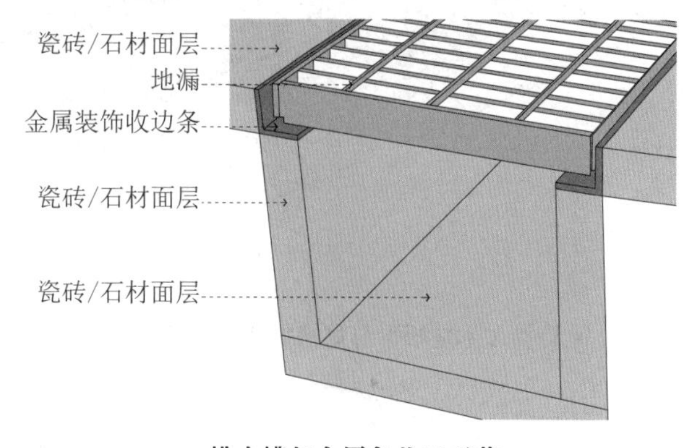
瓷砖/石材面层
地漏
金属装饰收边条
瓷砖/石材面层
瓷砖/石材面层

• 排水槽与金属条收口工艺

8.9.2 地面（木地板）与灯槽安装工艺

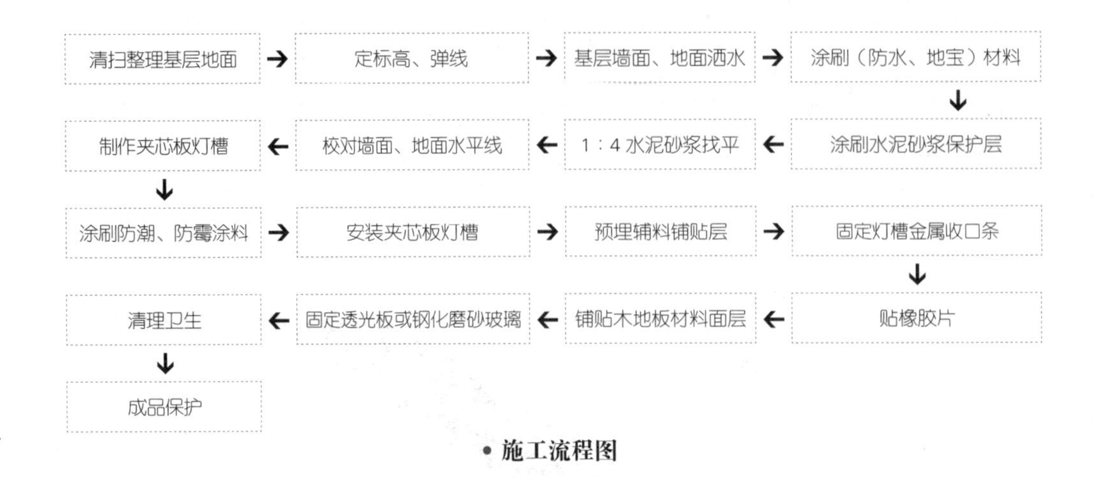
清扫整理基层地面
定标高、弹线
基层墙面、地面洒水
涂刷（防水、地宝）材料
涂刷水泥砂浆保护层
1：4 水泥砂浆找平
校对墙面、地面水平线
制作夹芯板灯槽
涂刷防潮、防霉涂料
安装夹芯板灯槽
预埋辅料铺贴层
固定灯槽金属收口条
贴橡胶片
铺贴木地板材料面层
固定透光板或钢化磨砂玻璃
清理卫生
成品保护

• 施工流程图

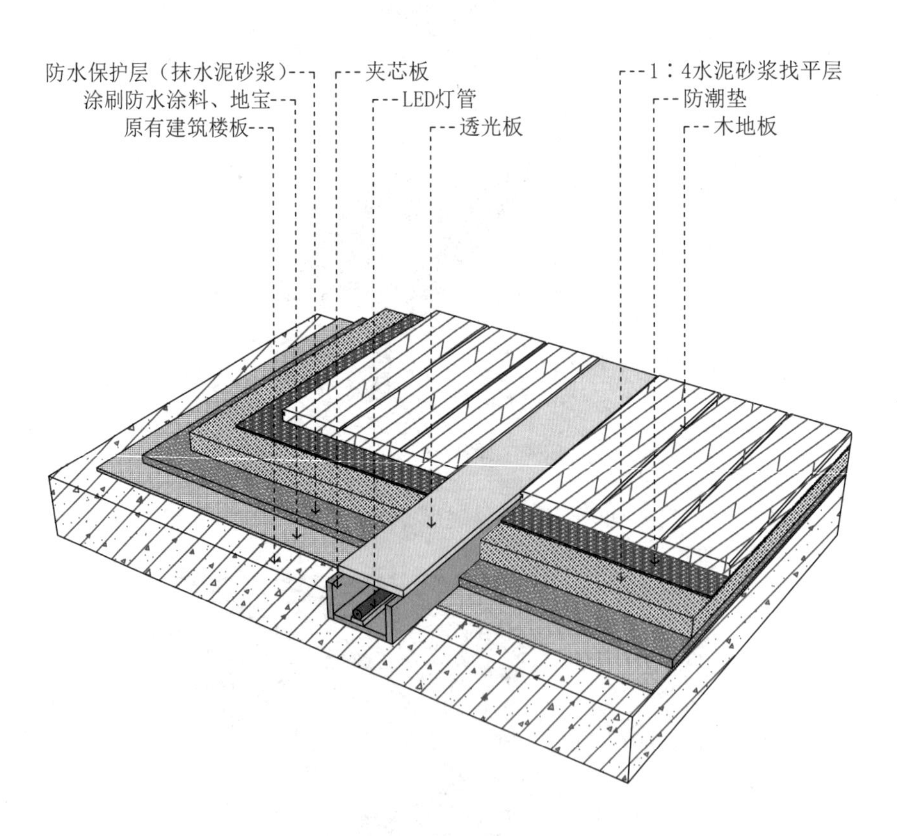
防水保护层（抹水泥砂浆）
涂刷防水涂料、地宝
原有建筑楼板
夹芯板
LED灯管
透光板
1：4水泥砂浆找平层
防潮垫
木地板

• 地面（木地板）与灯槽安装工艺透视图

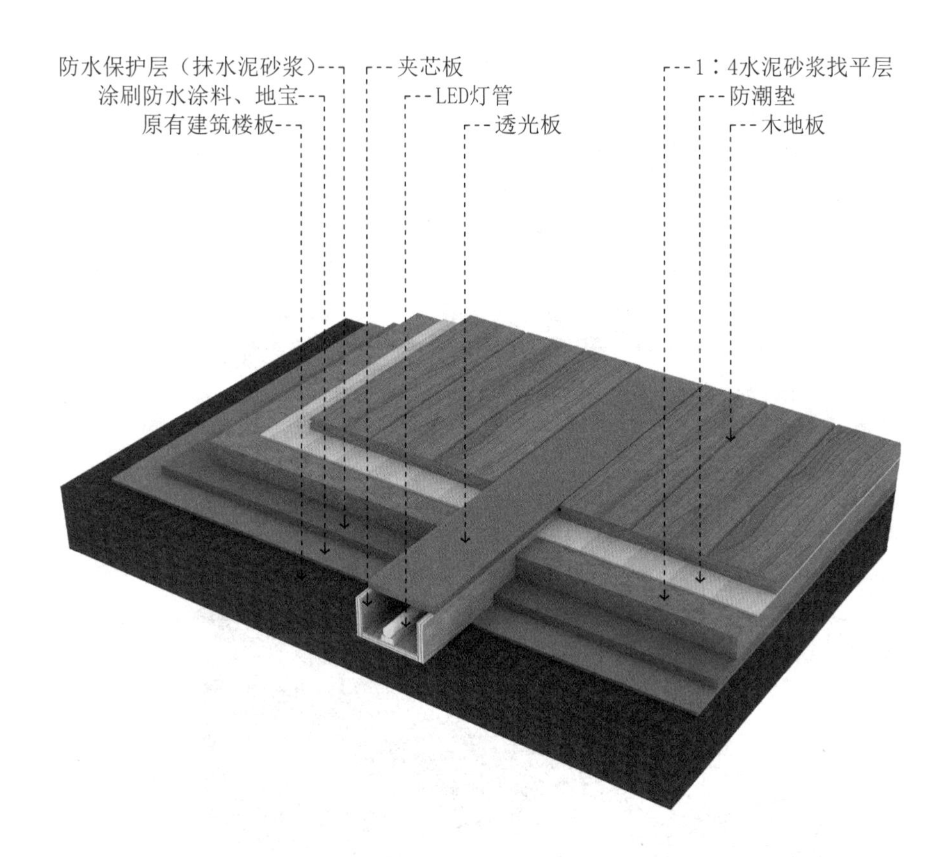
防水保护层（抹水泥砂浆）
涂刷防水涂料、地宝
原有建筑楼板
夹芯板
LED灯管
透光板
1：4水泥砂浆找平层
防潮垫
木地板

• 地面（木地板）与灯槽安装工艺三维示意图

8.9.3 窗台大理石压台工艺（附视频）

清扫整理基层地面
定标高、弹线
基层地面吸尘
扫水泥砂浆（涂第一遍地宝、防水）
贴防水胶带防漏胶
贴防裂抗碱玻璃纤维网格布
涂防水涂料（第一遍）
涂防水涂料（第二遍）
防水保护层（抹水泥砂浆）
1：4 水泥砂浆找平
辅料铺贴层
铺贴面饰材料层
清理卫生
成品保护

• 施工流程图

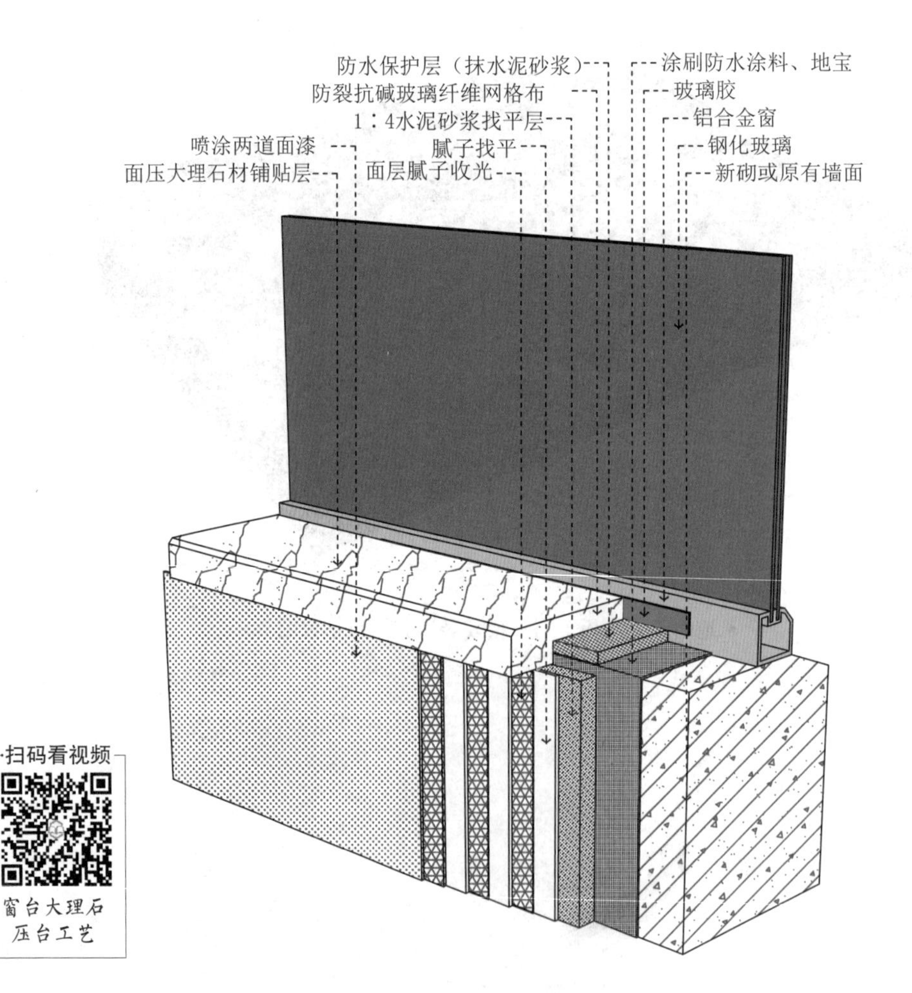
防水保护层（抹水泥砂浆）
防裂抗碱玻璃纤维网格布
1：4水泥砂浆找平层
喷涂两道面漆
腻子找平
面压大理石材铺贴层
面层腻子收光
涂刷防水涂料、地宝
玻璃胶
铝合金窗
钢化玻璃
新砌或原有墙面

扫码看视频

窗台大理石压台工艺

• 窗台大理石压台工艺透视图

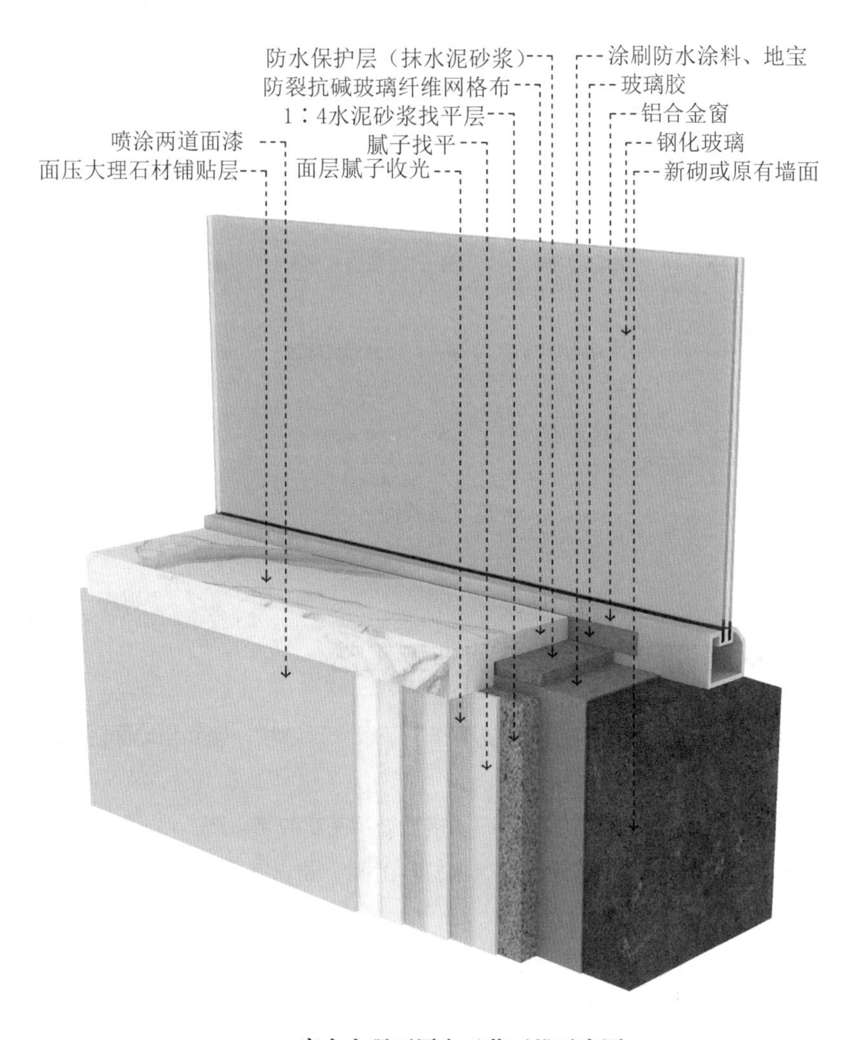
防水保护层（抹水泥砂浆）
防裂抗碱玻璃纤维网格布
1：4水泥砂浆找平层
喷涂两道面漆
腻子找平
面压大理石材铺贴层
面层腻子收光
涂刷防水涂料、地宝
玻璃胶
铝合金窗
钢化玻璃
新砌或原有墙面

• 窗台大理石压台工艺三维示意图

设计

施工解读

1. 按图纸设计要求进行窗台板测量，测量中应注意比实际窗台尺寸增加双边宽度和两侧边耳长度，拐角窗部位应注意大理石的拼缝方向。
2. 素水泥浆在结构窗台满批至 5~10mm 厚，把切割后的成品窗台板放置到位，用皮榔头轻轻敲击，使大理石窗台板与水泥浆、结构窗台紧密黏合，用水平尺进行测量，确保窗台板安装水平。
3. 注意安装窗台板后不能全部遮盖铝合金窗框，窗框外露尺寸在同一室内应一致，一般不能小于 10mm。

8.9.4 地暖安装施工工艺

清扫整理基层地面
定标高、弹线
扫水泥砂浆（涂第一遍地宝、防水）
水泥砂浆找平
涂抹第二遍防水层
XPS 保温板
聚乙烯保护膜
水泥砂浆找平层
铺设地热管
安装分水器
打压试压
铺防裂抗碱玻璃纤维网格布
分格填玻璃胶
1：4 水泥砂浆找平层
设备调试
涂地宝、防水
铺贴辅料层
铺设面饰层

• 施工流程图

8.9.4.1 地面瓷砖的地暖安装施工工艺

（1）绝热层的铺设。铺设绝热层的地面应平整、干燥、无杂物，墙面与地面阴阳角处应平直，且无积灰现象。

（2）反射层（PET 镀铝膜层）应铺平铺严，接缝处用密封胶带封严。

（3）铺设钢丝网。将钢丝网平整铺设在保温材料上面，要求铺平铺严，边角网丝上翘处需做处理。

（4）地暖管的铺设

① 地暖管应按设计图纸标定的管间距和走向铺设，应保持平直，铺设前应检查管外观质量，管内部不得有杂质。安装间断或完毕时，管口处应随时封堵。

② 预埋于地面填充层内的地暖管不应有接头。

③ 地暖管的环路布置不宜穿越填充层内的伸缩缝，必须穿越时，伸缩缝处应设长度不小于 400mm 的柔性套管。

④ 地暖管出地面至分水器、集水器连接处的弯管部分不宜露出地面装饰层。地暖管出地面至分、集水器下部球阀接口之间的明装管段，外部应加装塑料套管，套管应高出装饰面 150~200mm。

（5）铺设好后需对水管进行首次试压检查，用细石混凝土找平后二次试压，地板铺设前再进行第三次试压。

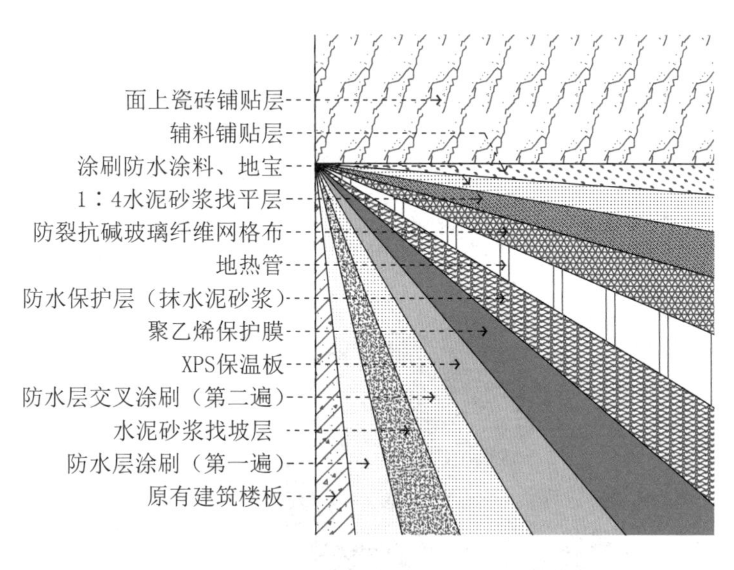
面上瓷砖铺贴层
辅料铺贴层
涂刷防水涂料、地宝
1：4水泥砂浆找平层
防裂抗碱玻璃纤维网格布
地热管
防水保护层（抹水泥砂浆）
聚乙烯保护膜
XPS保温板
防水层交叉涂刷（第二遍）
水泥砂浆找坡层
防水层涂刷（第一遍）
原有建筑楼板

• **地面瓷砖的地暖安装施工工艺平面解剖图**

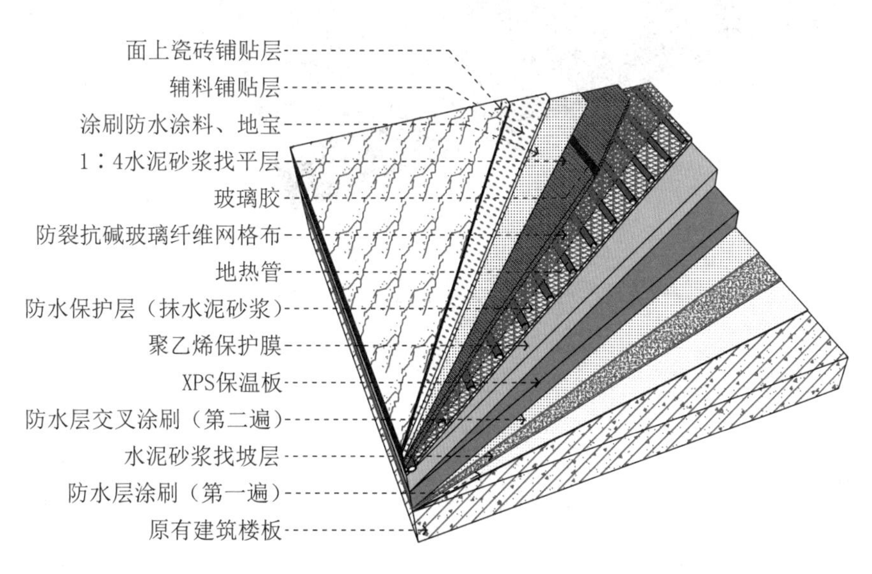
面上瓷砖铺贴层
辅料铺贴层
涂刷防水涂料、地宝
1：4水泥砂浆找平层
玻璃胶
防裂抗碱玻璃纤维网格布
地热管
防水保护层（抹水泥砂浆）
聚乙烯保护膜
XPS保温板
防水层交叉涂刷（第二遍）
水泥砂浆找坡层
防水层涂刷（第一遍）
原有建筑楼板

• **地面瓷砖的地暖安装施工工艺透视图**

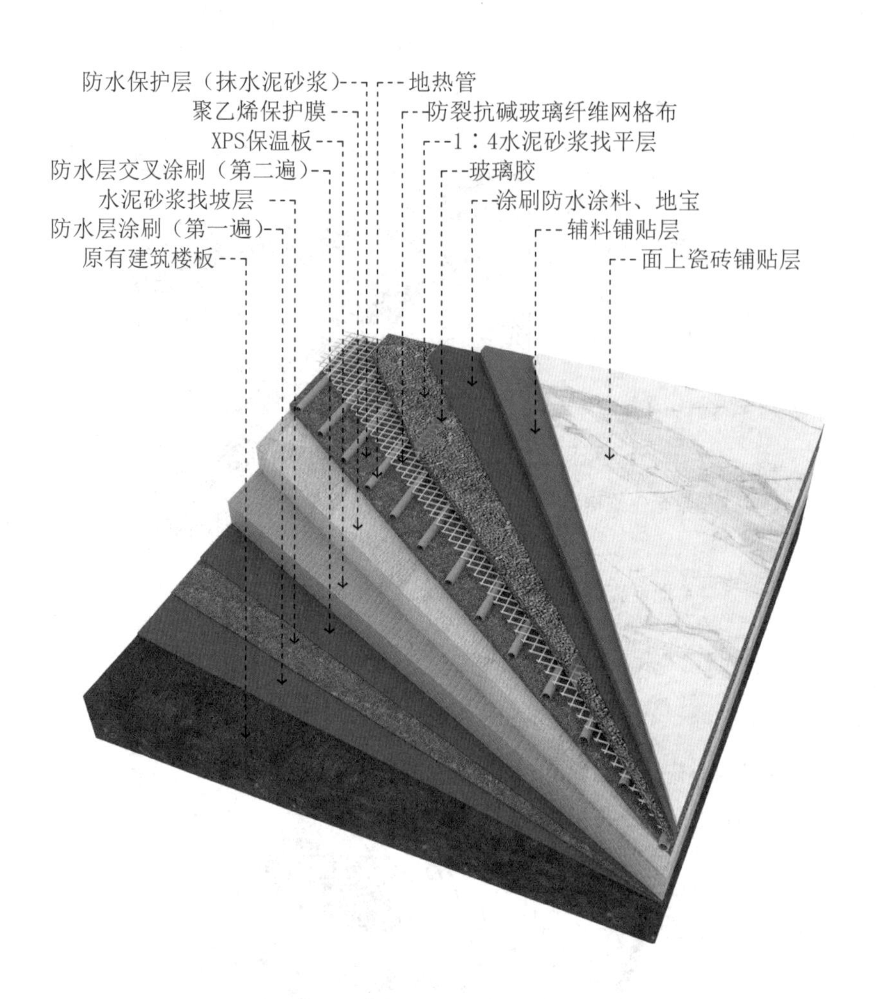
防水保护层（抹水泥砂浆）
聚乙烯保护膜
XPS保温板
防水层交叉涂刷（第二遍）
水泥砂浆找坡层
防水层涂刷（第一遍）
原有建筑楼板
地热管
防裂抗碱玻璃纤维网格布
1：4水泥砂浆找平层
玻璃胶
涂刷防水涂料、地宝
辅料铺贴层
面上瓷砖铺贴层

• 地面瓷砖的地暖安装施工工艺三维示意图

设 计

施工解读

安装分、集水器的注意点：在墙上放线确定分、集水器安装位置及标高；水平安装时，宜将分水器安装在上，集水器安装在下，中心距宜为200mm，集水器中心距地面不应小于300mm。

8.9.4.2 地面木地板的地暖安装施工工艺

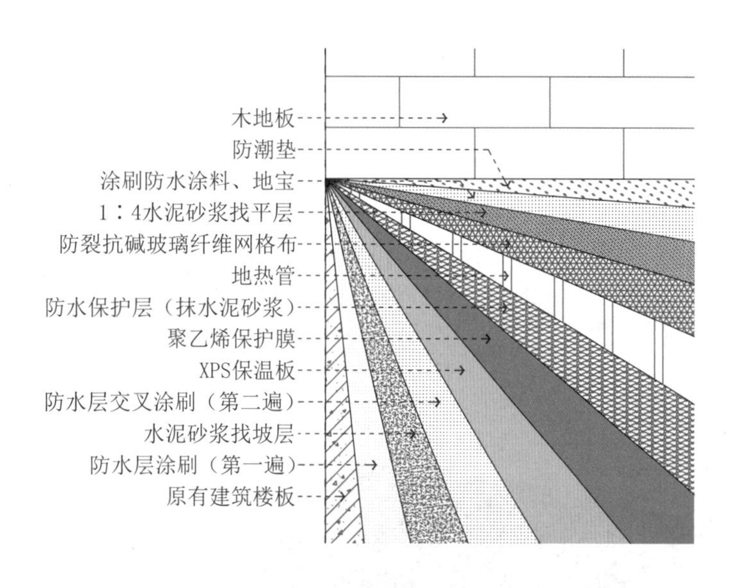
木地板
防潮垫
涂刷防水涂料、地宝
1：4水泥砂浆找平层
防裂抗碱玻璃纤维网格布
地热管
防水保护层（抹水泥砂浆）
聚乙烯保护膜
XPS保温板
防水层交叉涂刷（第二遍）
水泥砂浆找坡层
防水层涂刷（第一遍）
原有建筑楼板

• 地面木地板的地暖安装工艺剖面图

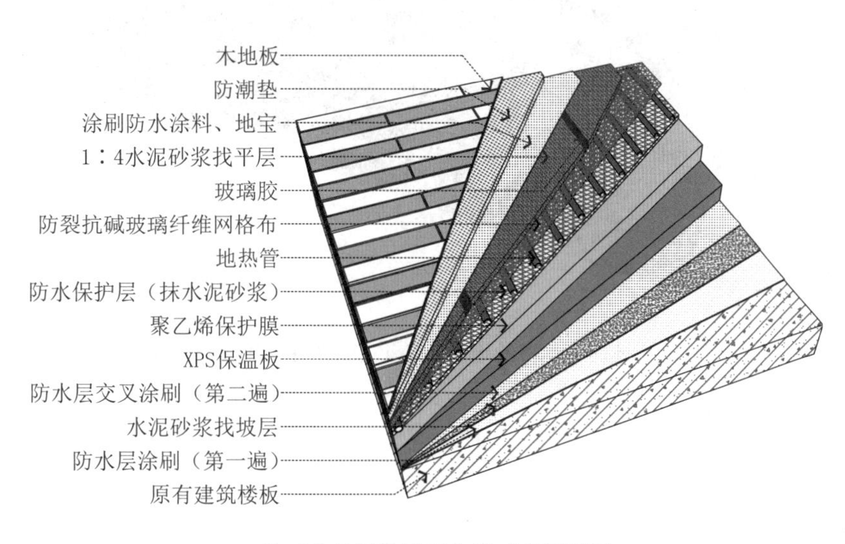
木地板
防潮垫
涂刷防水涂料、地宝
1：4水泥砂浆找平层
玻璃胶
防裂抗碱玻璃纤维网格布
地热管
防水保护层（抹水泥砂浆）
聚乙烯保护膜
XPS保温板
防水层交叉涂刷（第二遍）
水泥砂浆找坡层
防水层涂刷（第一遍）
原有建筑楼板

• 地面木地板的地暖安装工艺透视图

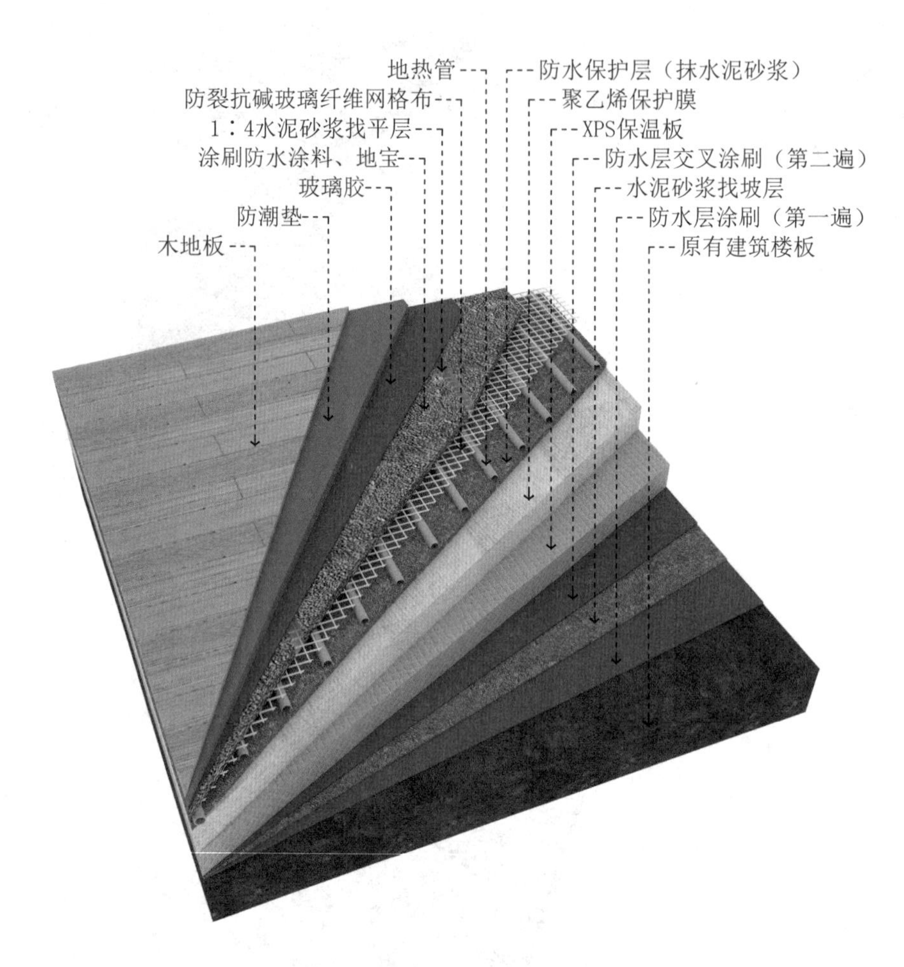
地热管
防裂抗碱玻璃纤维网格布
1：4水泥砂浆找平层
涂刷防水涂料、地宝
玻璃胶
防潮垫
木地板
防水保护层（抹水泥砂浆）
聚乙烯保护膜
XPS保温板
防水层交叉涂刷（第二遍）
水泥砂浆找坡层
防水层涂刷（第一遍）
原有建筑楼板

• 地面木地板的地暖安装工艺三维示意图

第 9 章

室内木工施工工艺三维系统可视化

9.1 设计说明

9.1.1 家装木工施工工艺流程

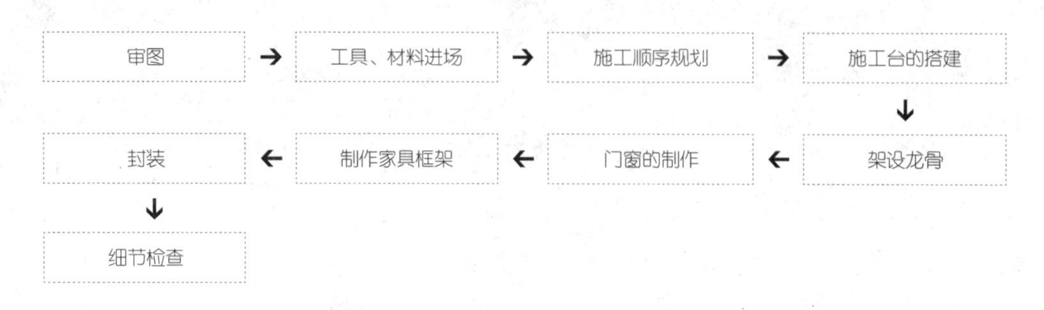
审图
工具、材料进场
施工顺序规划
施工台的搭建
架设龙骨
门窗的制作
制作家具框架
封装
细节检查

• 施工流程图

9.1.1.1 审图

当泥工施工结束后，木工进场的第一步就是要先看设计图纸，了解整个空间之中具体要制作什么木制品，根据所制作出来的木制品数量计算出总体用料情况。

9.1.1.2 工具、材料进场

清理施工现场，在了解用料后，木工工具及所需要的材料就可以进场了。

9.1.1.3 施工顺序规划

因木工施工的内容很多，所以在木工施工正式开始前，木作人员应对其施工顺序做一个详细规划。

9.1.1.4 施工台的搭建

施工台的搭建是木工施工正式开始前不可缺少的工作，木工施工台的搭建是用于切割板以及板材的造型与平整度的处理等。

9.1.1.5 架设龙骨

一般情况下，木工施工人员将所有的准备工作就绪后，第一项就应进行吊顶与墙面轻钢龙骨与木龙骨架的架设。

9.1.1.6 门窗的制作

门窗的制作也包括门套与窗套的制作。

9.1.1.7 制作家具框架

木工施工需要制作厨房橱柜、电视柜、衣柜、书柜、边柜、酒柜等的框架。

9.1.1.8 封装

在木工施工制作完木制品后，则需对其整个木制品表面进行细节封装。

9.1.1.9 细节检查

木制品表面封装后，细节上的检查也是必不可少的，应该有对其木制品表层细节修补的过程。

对于木工施工，需注意以下几点。

（1）用材必须真材实料，不能以次充好，严格按预算、图纸执行。

（2）所有新做砖墙及靠卫生间墙面做的木饰物，如衣柜、造型墙面，必须在砖墙及夹板面分别刷两遍防潮漆后才能进行下一道工序。

（3）在原墙面上做木饰物，如门套、窗套、地脚线等，必须贴一层防潮纸。

（4）实木线条及饰面板在同一视线面上时，必须颜色协调、纹理相对。

（5）实木门套线、窗套线、台口套线、收口边线与饰面板的收口线必须紧密、牢固、平整。

（6）家具门、衣柜内侧面口、抽屉墙、门遮暗边必须用实木扁线收口（无内衬面板除外）。

（7）家具、实木、地脚线、吊顶、地板各有严格的操作标准。

9.1.2 轻钢龙骨石膏板吊顶施工工艺

9.1.2.1 材料及构配件要求

（1）轻钢骨架分U形骨架和T形骨架两种，并按其能承受的荷载分为上人和不上人两种。

（2）轻钢骨架主件为大、中、小龙骨；配件有吊挂件、连接件、挂插件。

（3）零配件：有吊杆、花篮螺丝、射钉、自攻螺钉。

（4）按设计说明可选用各种罩面板、铝压缝条或塑料压缝条，其材料品种、规格、质量应符合设计要求。

（5）黏结剂：应按主材的性能选用，使用前做黏结试验。

9.1.2.2 主要机具

电锯、无齿锯、射钉、手锯、手刨子、钳子、螺丝刀、扳子、方尺、钢尺、钢水平尺等。

9.1.2.3 质量标准

（1）主控项目

① 轻钢骨架和罩面板的材质、品种、式样、规格应符合设计要求。吊顶标高、尺寸、起拱和造型应符合设计要求。

② 轻钢龙骨架的吊杆、龙骨安装必须位置正确、连接牢固、无松动。

③ 吊杆、龙骨的材质、规格、安装间距及连接方式应符合设计要求。金属吊杆、龙骨应经过表面防腐或防锈处理。

④ 罩面板应无脱层、翘曲、折裂、缺棱掉角等缺陷，安装必须整齐。

⑤ 实木装饰线条要顺直、间距一致。

（2）一般项目

① 整面轻钢龙骨架应顺直、无弯曲、无变形；吊挂件、连接件应符合产品组合的要求；吊杆、龙骨的接缝应均匀一致，接缝应吻合，表面应平整，无翘曲、锤印。木质吊杆、龙骨应顺直，无劈裂、变形。

② 罩面板应表面平整、洁净、颜色一致，无污染等缺陷。

③ 饰面板上的灯具、烟感器、喷淋头、风口箅子等设备的位置应合理、美观，与饰面板的交接应吻合、严密。

（3）允许偏差项目见下表。

类别	项目	允许偏差 /mm		检查方法
		石膏板	木饰面	
龙骨	龙骨间距	2	2	尺量检查
	龙骨平直	3	2	尺量检查
	起拱高度	+10	+10	拉线尺量
	龙骨四周水平	+5	+5	尺量或水准仪检查
	表面平整	2	1.5	2m 靠尺和塞尺检查
板条	接缝平直	3	1.5	拉 5m 线检查
	接缝高低差	1	1	直尺和塞尺检查
	顶棚四周水平	+5	+3	拉线或水准仪检查
	压条平直	—	1	拉 5m 线检查
	压条间距	—	2	尺量检查

9.2 室内木工施工工艺思维导图

室内木工施工三维可视化工艺思维导图详见本书附图 7。

9.3 吊顶龙骨施工工艺

9.3.1 吊顶轻钢龙骨施工工艺

9.3.1.1 认识轻钢龙骨

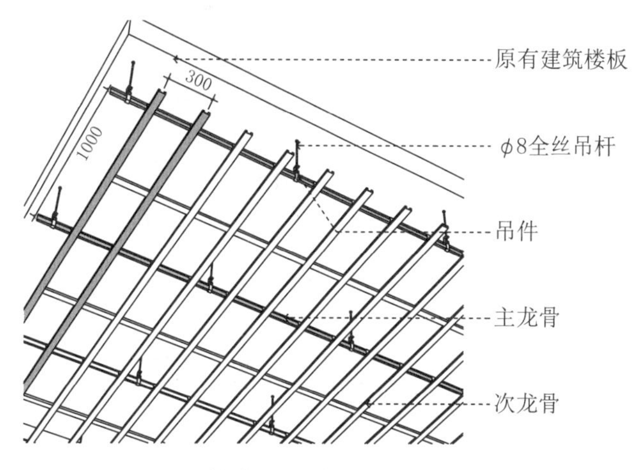

300
1000
原有建筑楼板
ϕ8全丝吊杆
吊件
主龙骨
次龙骨

• 吊顶轻钢龙骨施工工艺透视图

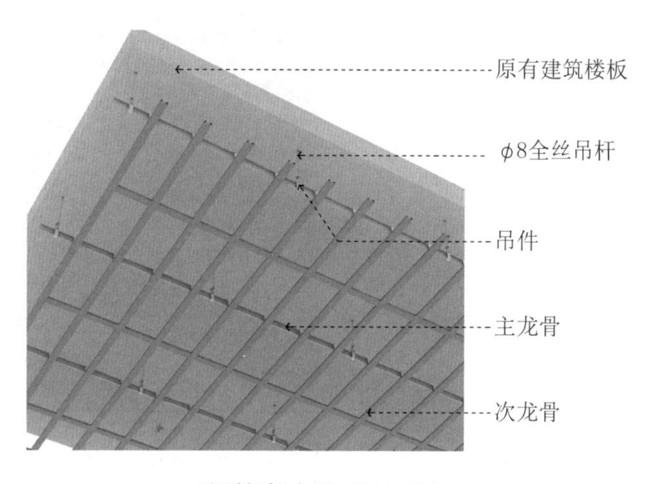

原有建筑楼板
ϕ8全丝吊杆
吊件
主龙骨
次龙骨

• 吊顶轻钢龙骨三维示意图

设 计

施工解读

1. 轻钢龙骨吊顶主吊筋间距＜1000mm，副吊筋间距≤300mm，以确保吊顶的稳定性、牢固性和安全性。

2. 主龙骨与专业管道和大型灯饰发生冲突时，应将主龙骨断开，端头增加吊杆固定，必要时附加主龙骨。次龙骨分档必须按图纸要求进行，四边龙骨贴墙边，所有卡扣、配件位置要准确牢固。

9.3.1.2 吊顶侧板处理制作施工工艺

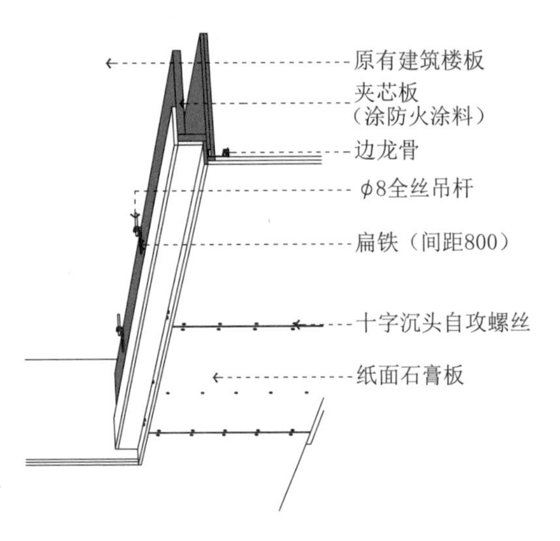
原有建筑楼板
夹芯板
（涂防火涂料）
边龙骨
ϕ8全丝吊杆
扁铁（间距800）
十字沉头自攻螺丝
纸面石膏板

• 吊顶侧板处理制作施工做法透视图

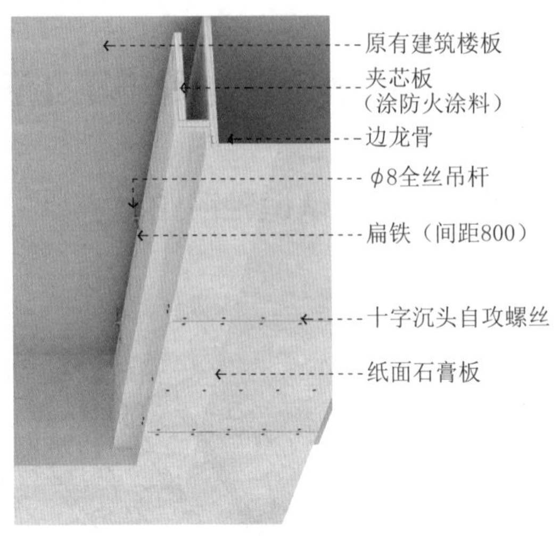
原有建筑楼板
夹芯板
（涂防火涂料）
边龙骨
ϕ8全丝吊杆
扁铁（间距800）
十字沉头自攻螺丝
纸面石膏板

• 吊顶侧板处理制作施工三维示意图

9.3.1.3 双铆钉固定施工工艺

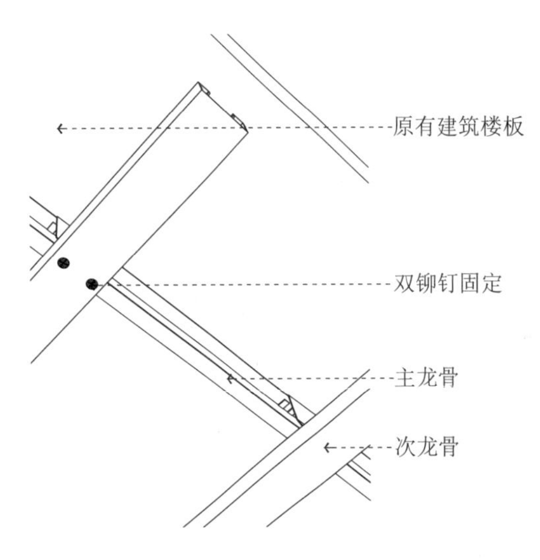
原有建筑楼板
双铆钉固定
主龙骨
次龙骨

• 双铆钉固定施工做法透视图

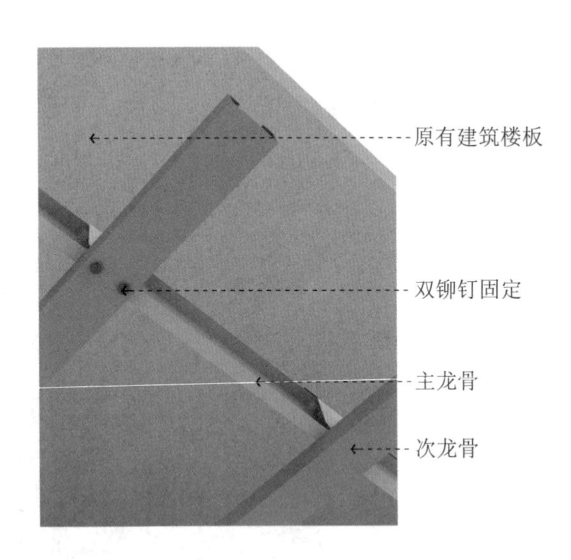
原有建筑楼板
双铆钉固定
主龙骨
次龙骨

• 双铆钉固定施工三维示意图

设 计

施工解读

1. 吊顶下挂侧板均采用轻钢龙骨覆石膏板，100cm 以内不便采用轻钢龙骨的则采用 OSB 板代替；反光灯槽及窗帘盒使用 OSB 板内衬。
2. 在进行居室装修吊顶施工时，采用德系 60 型轻钢龙骨。在安装连接部位时，统一采用双铆钉固定连接工艺，以保证整体框架更牢固、安全系数更高。

9.3.2 U 形轻钢龙骨吊顶做法

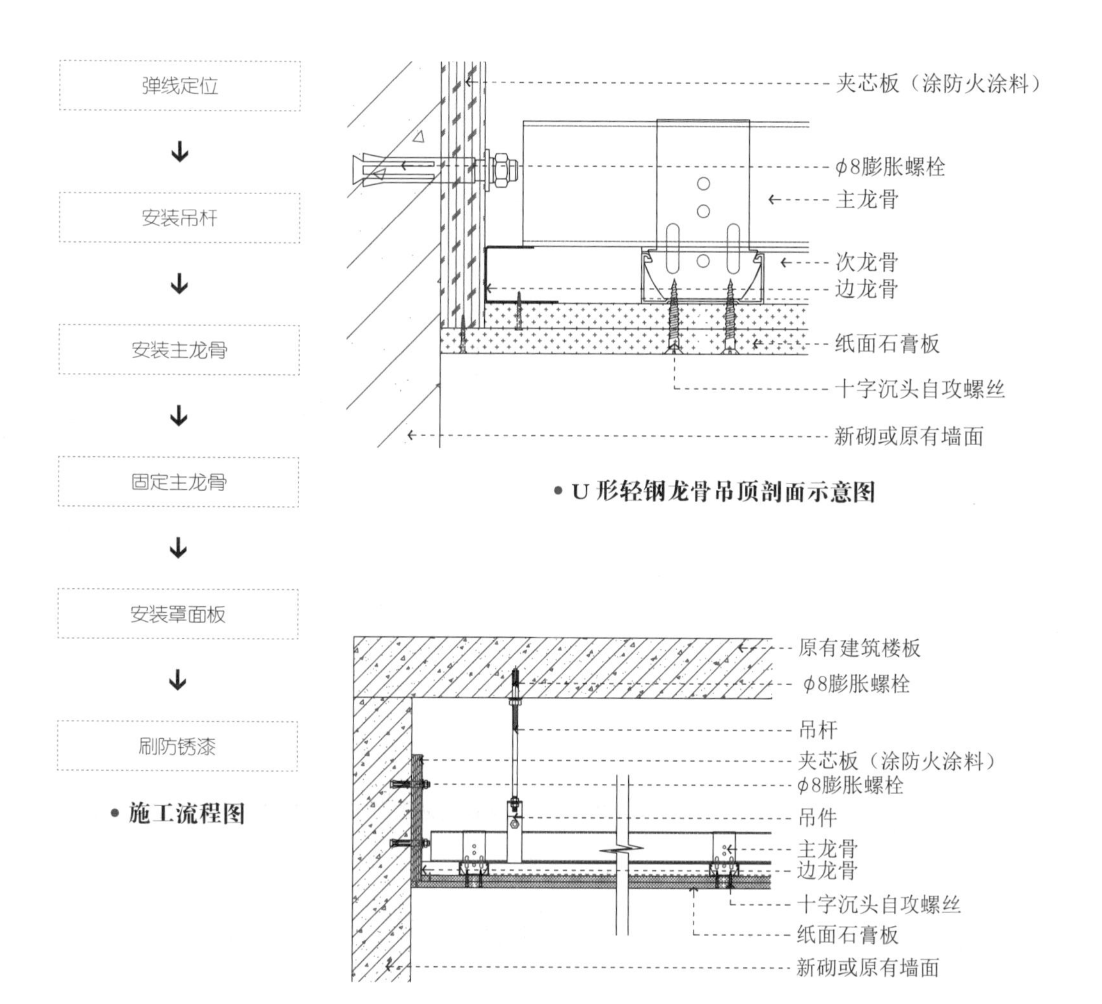
弹线定位
安装吊杆
安装主龙骨
固定主龙骨
安装罩面板
刷防锈漆
夹芯板（涂防火涂料）
φ8膨胀螺栓
主龙骨
次龙骨
边龙骨
纸面石膏板
十字沉头自攻螺丝
新砌或原有墙面
原有建筑楼板
φ8膨胀螺栓
吊杆
夹芯板（涂防火涂料）
φ8膨胀螺栓
吊件
主龙骨
边龙骨
十字沉头自攻螺丝
纸面石膏板
新砌或原有墙面

• 施工流程图

• U 形轻钢龙骨吊顶剖面示意图

• 沿主龙骨方向的剖面

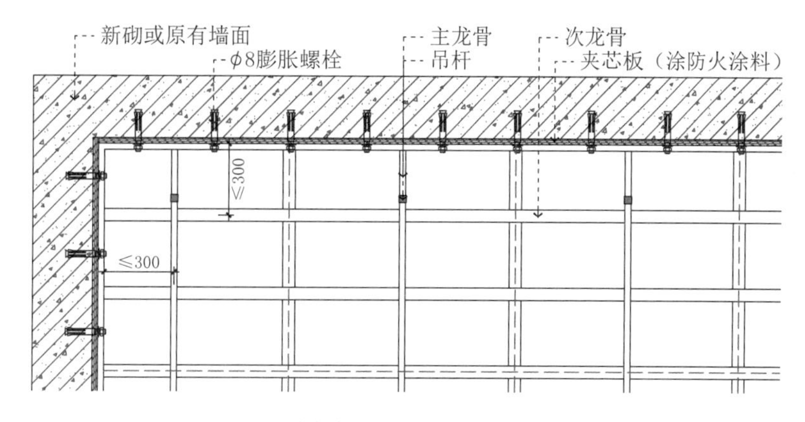
新砌或原有墙面
φ8膨胀螺栓
主龙骨
吊杆
次龙骨
夹芯板（涂防火涂料）
≤300
≤300

• U 形轻钢龙骨吊顶平面布置图

9.3.2.1 U 形轻钢龙骨构造

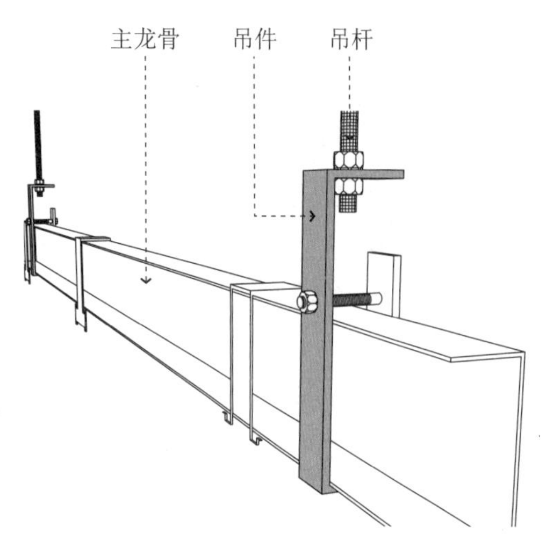
主龙骨
吊件
吊杆

• U 形轻钢龙骨构造图

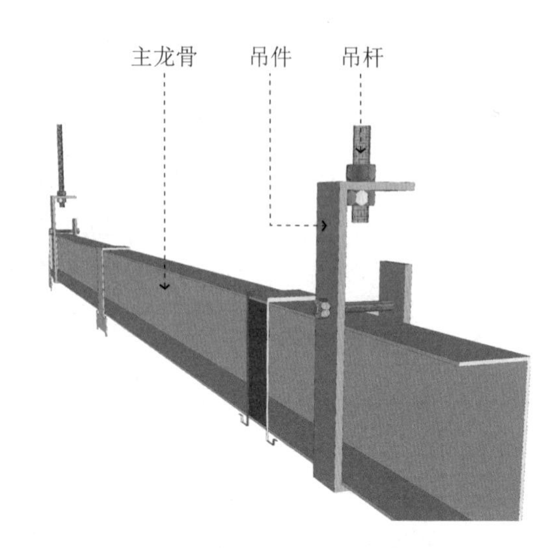
主龙骨
吊件
吊杆

• U 形轻钢龙骨构造三维示意图

• 边龙骨转角示意图

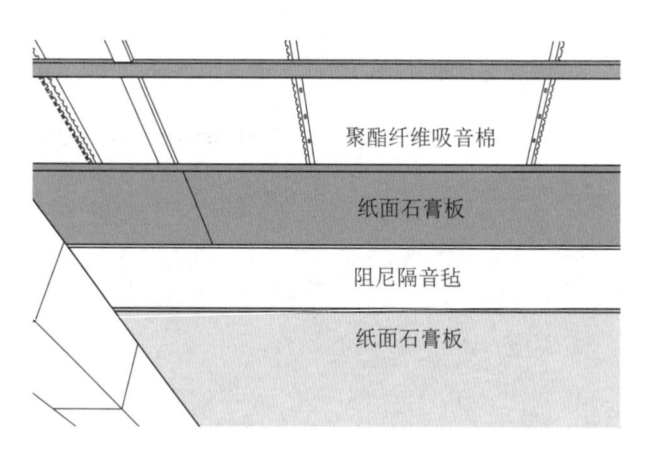
聚酯纤维吸音棉
纸面石膏板
阻尼隔音毡
纸面石膏板

• 吊顶隔音示意图

设 计

施工解读

边龙骨转角不断开。

9.3.2.2 龙骨固定

（1）边龙骨与次龙骨固定

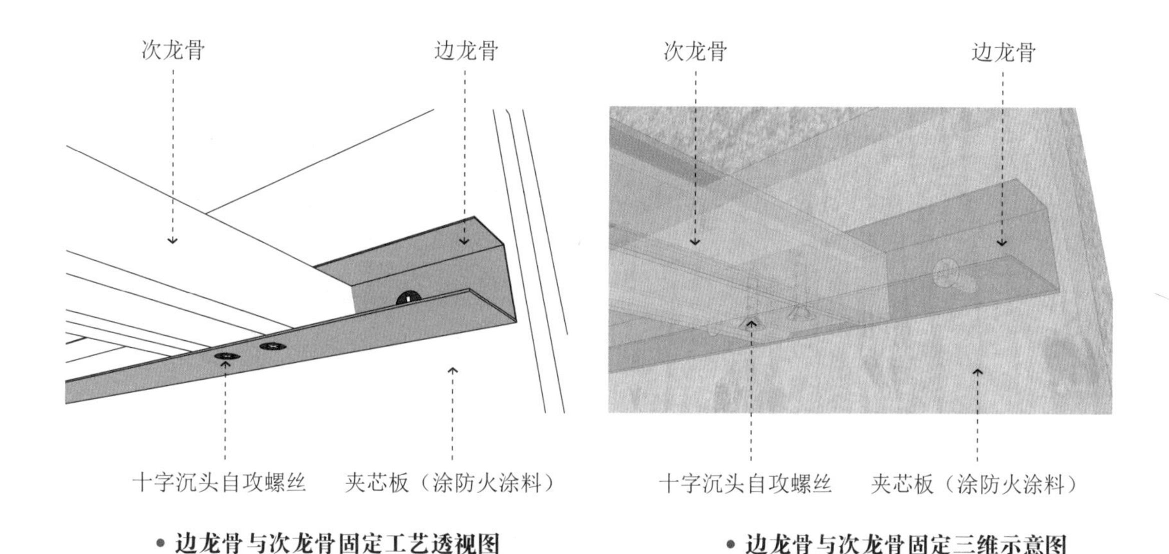
次龙骨
边龙骨
十字沉头自攻螺丝
夹芯板（涂防火涂料）
次龙骨
边龙骨
十字沉头自攻螺丝
夹芯板（涂防火涂料）

• 边龙骨与次龙骨固定工艺透视图　　• 边龙骨与次龙骨固定三维示意图

（2）边龙骨与墙体固定

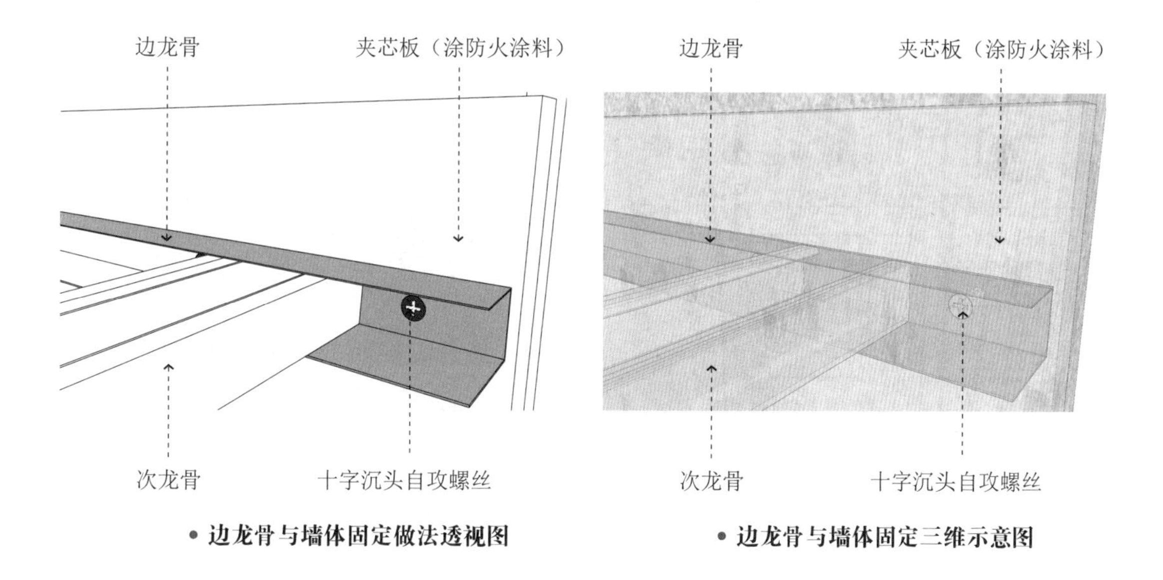
边龙骨
夹芯板（涂防火涂料）
次龙骨
十字沉头自攻螺丝
边龙骨
夹芯板（涂防火涂料）
次龙骨
十字沉头自攻螺丝

• 边龙骨与墙体固定做法透视图　　• 边龙骨与墙体固定三维示意图

设　计

施工解读

1. 用十字沉头自攻螺丝固定次龙骨，需使用两颗抽芯铆钉固定。
2. 用十字沉头自攻螺丝固定边龙骨，自攻螺间距≥ 400mm。
3. 墙面固定夹芯板主要是调整墙面与吊顶完成面的水平线及加固，需刷防霉防潮防火涂料。

9.3.2.3 龙骨安装位置

（1）石膏板十字沉头自攻螺丝固定

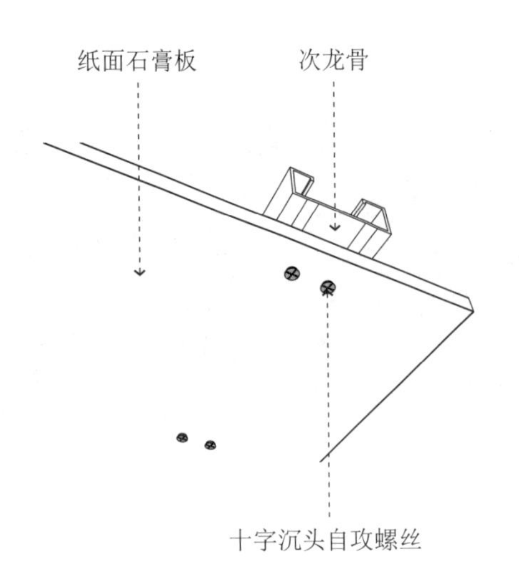
纸面石膏板
次龙骨
十字沉头自攻螺丝

• 石膏板十字沉头自攻螺丝固定做法透视图

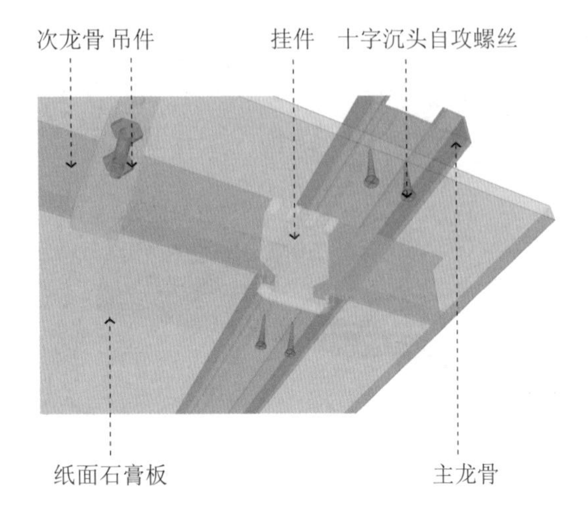
次龙骨
吊件
挂件
十字沉头自攻螺丝
纸面石膏板
主龙骨

• 石膏板十字沉头自攻螺丝固定三维示意图

（2）吊顶潮湿区域次龙骨

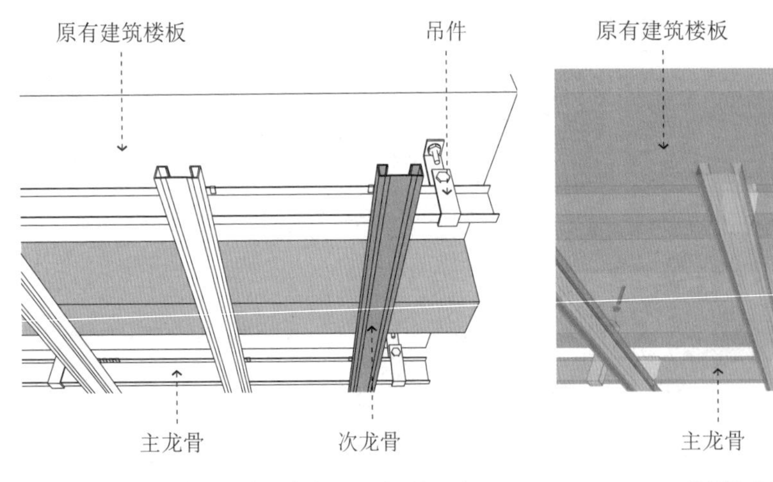
原有建筑楼板
吊件
主龙骨
次龙骨

• 吊顶潮湿区域次龙骨做法透视图

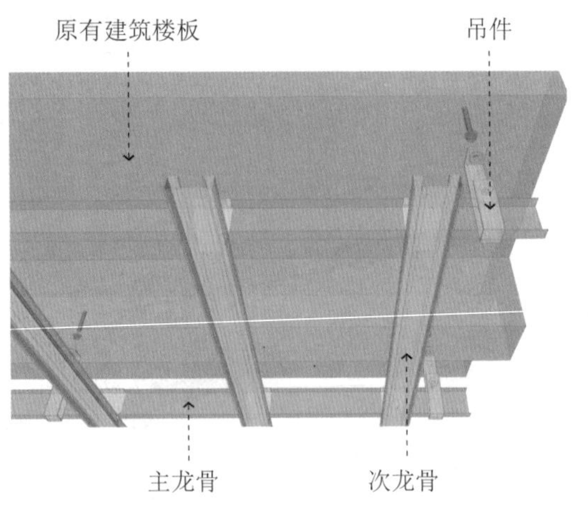
原有建筑楼板
吊件
主龙骨
次龙骨

• 吊顶潮湿区域次龙骨三维示意图

设 计

施工解读

吊顶潮湿区域次龙骨间距不大于 300mm。

（3）过道主龙骨

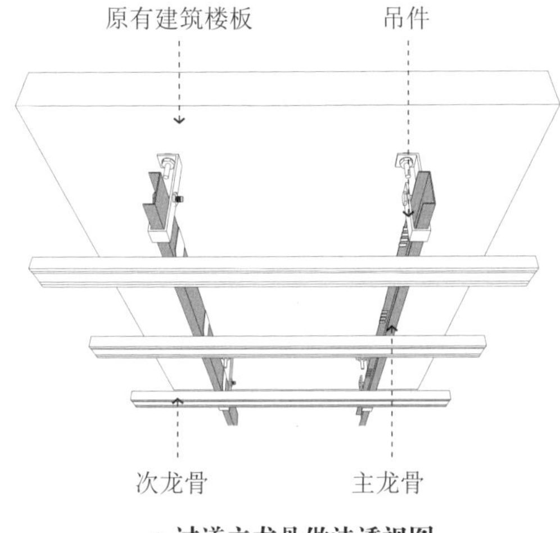
原有建筑楼板
吊件
次龙骨
主龙骨

• **过道主龙骨做法透视图**

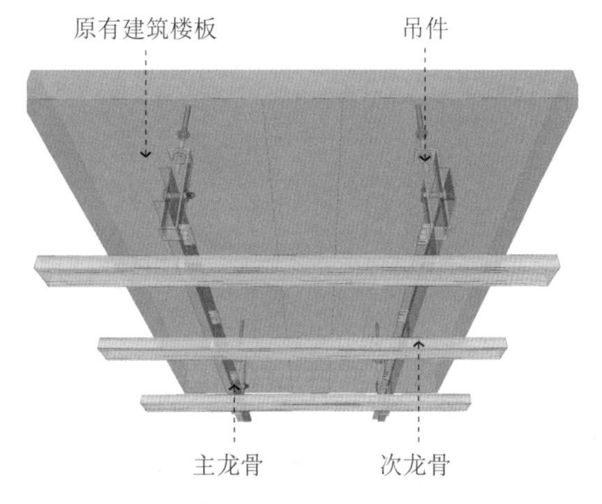
原有建筑楼板
吊件
主龙骨
次龙骨

• **过道主龙骨三维示意图**

设 计

施工解读

过道吊顶主龙骨不小于 2 根。

（4）吊顶主龙骨

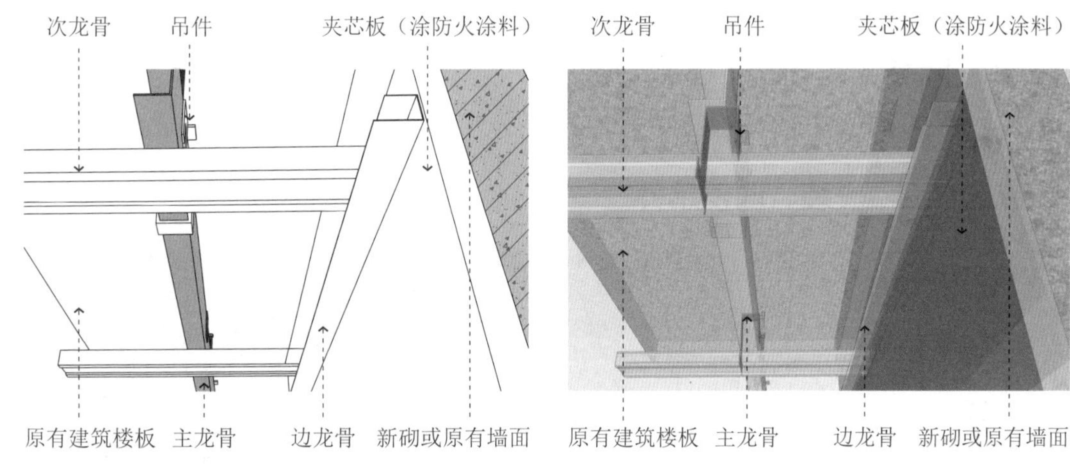
次龙骨
吊件
夹芯板（涂防火涂料）
原有建筑楼板
主龙骨
边龙骨
新砌或原有墙面

• **吊顶主龙骨做法透视图**

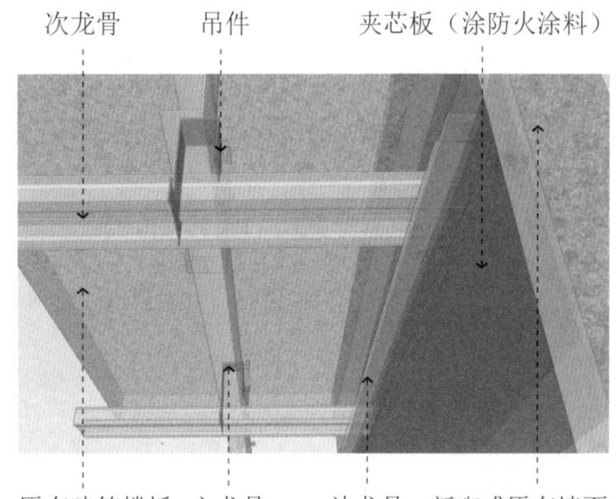
次龙骨
吊件
夹芯板（涂防火涂料）
原有建筑楼板
主龙骨
边龙骨
新砌或原有墙面

• **吊顶主龙骨三维示意图**

设 计

施工解读

吊顶主龙骨离墙间距不得超过 300mm。

9.3.3 吊顶轻钢龙骨过梁施工

定标高、弹线
定位吊杆
按定位钻孔
预埋膨胀螺栓
安装固定吊杆
安装、调整吊件
安装、调整主龙骨
安装、调整主龙骨挂件
安装、调整次龙骨

• 施工流程图

9.3.3.1 安装固定吊杆

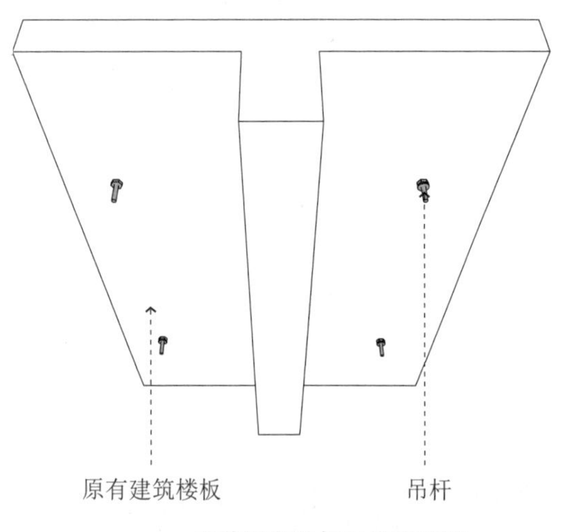
原有建筑楼板
吊杆

• 安装固定吊杆工艺透视图

原有建筑楼板　　吊杆

• 安装固定吊杆三维示意图

9.3.3.2 安装、调整吊件

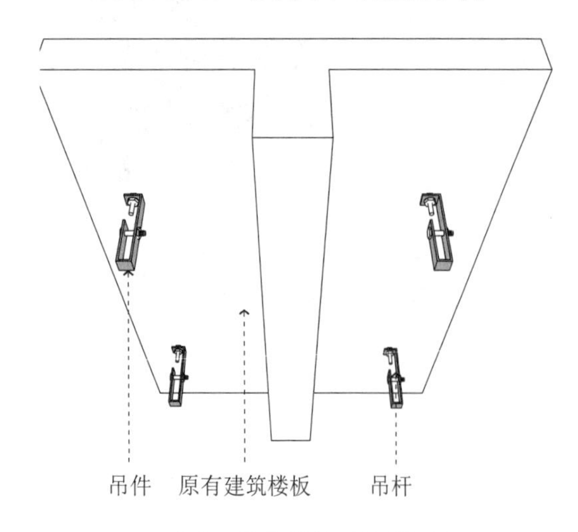
吊件
原有建筑楼板
吊杆

• 安装、调整吊件工艺透视图

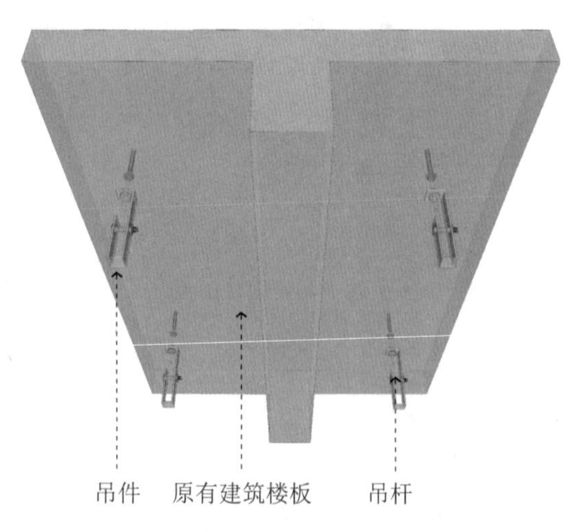
吊件
原有建筑楼板
吊杆

• 安装、调整吊件三维示意图

9.3.3.3 安装、调整主龙骨挂件

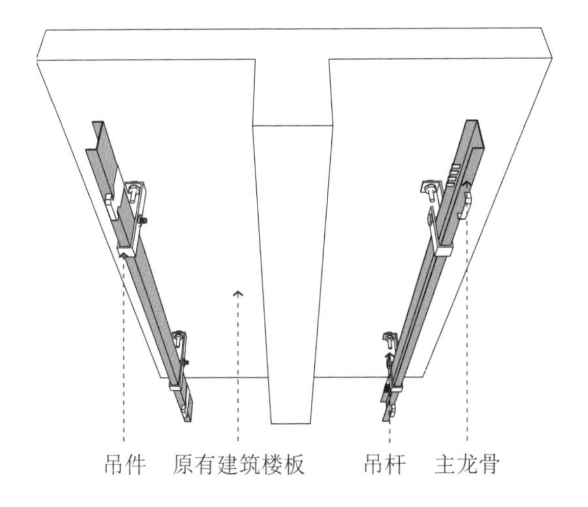
吊件
原有建筑楼板
吊杆
主龙骨

• 安装、调整主龙骨挂件工艺透视图

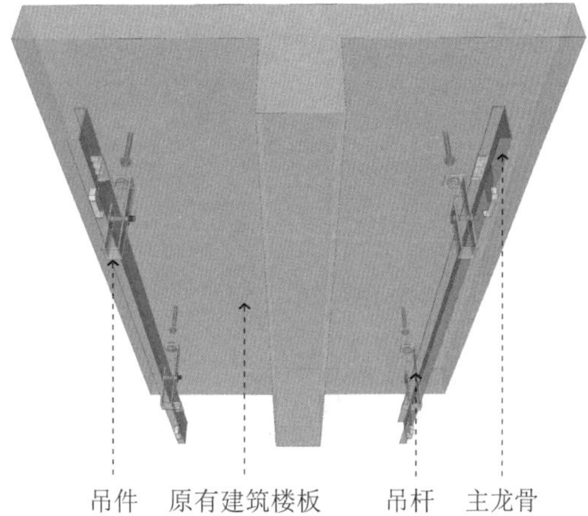
吊件
原有建筑楼板
吊杆
主龙骨

• 安装、调整主龙骨挂件三维示意图

9.3.3.4 安装、调整次龙骨

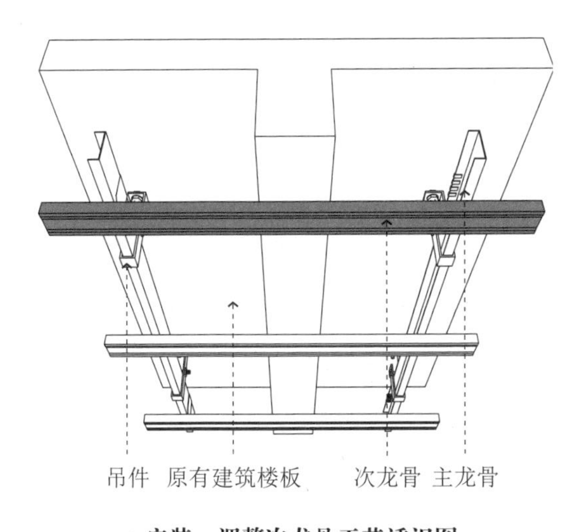
吊件
原有建筑楼板
次龙骨
主龙骨

• 安装、调整次龙骨工艺透视图

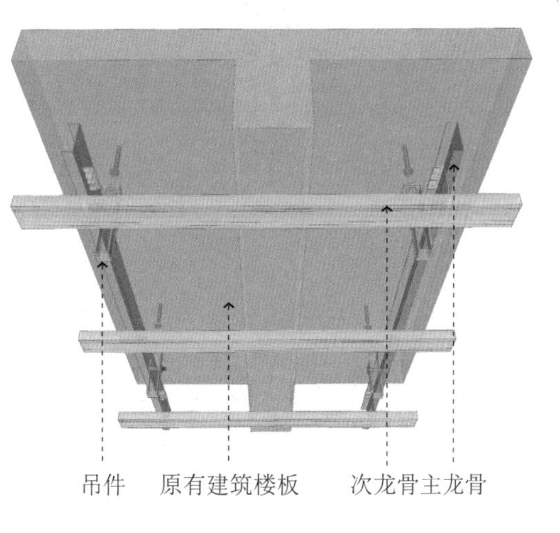
吊件
原有建筑楼板
次龙骨主龙骨

• 安装、调整次龙骨三维示意图

设 计

施工解读

吊顶罩面完成后，为了结构的稳定性，次龙骨需过梁安装。

9.4 吊顶灯槽

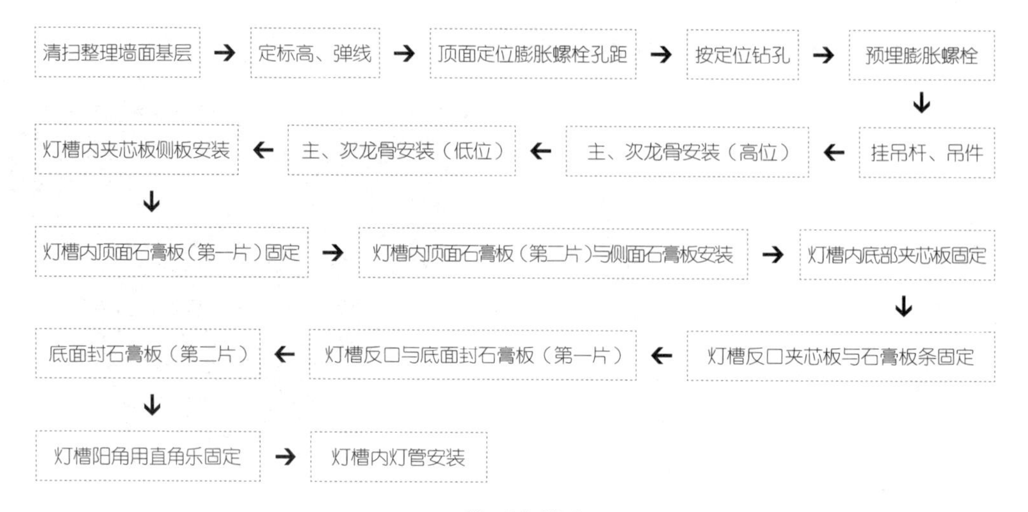
清扫整理墙面基层
定标高、弹线
顶面定位膨胀螺栓孔距
按定位钻孔
预埋膨胀螺栓
挂吊杆、吊件
主、次龙骨安装（高位）
主、次龙骨安装（低位）
灯槽内夹芯板侧板安装
灯槽内顶面石膏板（第一片）固定
灯槽内顶面石膏板（第二片）与侧面石膏板安装
灯槽内底部夹芯板固定
灯槽反口夹芯板与石膏板条固定
灯槽反口与底面封石膏板（第一片）
底面封石膏板（第二片）
灯槽阳角用直角乐固定
灯槽内灯管安装

• 施工流程图

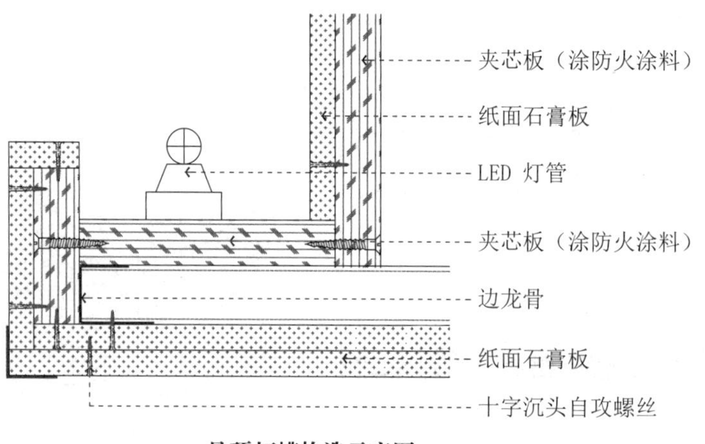
夹芯板（涂防火涂料）
纸面石膏板
LED 灯管
夹芯板（涂防火涂料）
边龙骨
纸面石膏板
十字沉头自攻螺丝

• 吊顶灯槽构造示意图

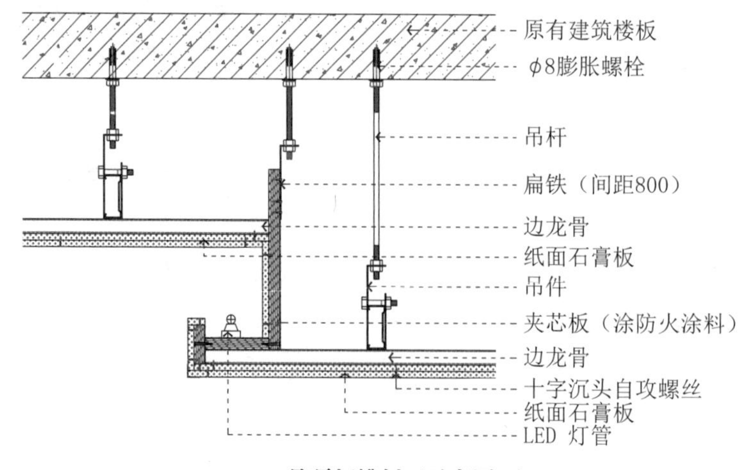
原有建筑楼板
ϕ8膨胀螺栓
吊杆
扁铁（间距800）
边龙骨
纸面石膏板
吊件
夹芯板（涂防火涂料）
边龙骨
十字沉头自攻螺丝
纸面石膏板
LED 灯管

• 吊顶灯槽剖面示意图

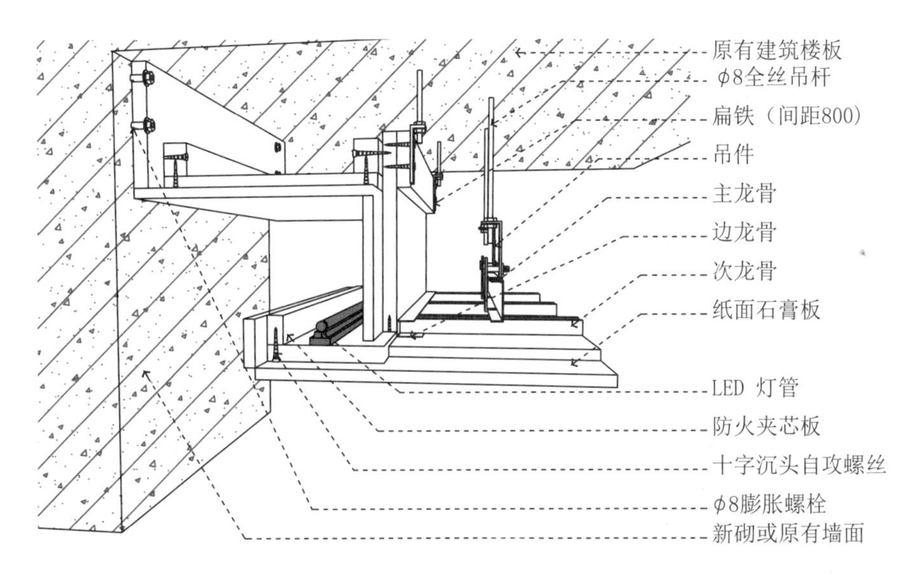
原有建筑楼板
φ8全丝吊杆
扁铁（间距800）
吊件
主龙骨
边龙骨
次龙骨
纸面石膏板
LED 灯管
防火夹芯板
十字沉头自攻螺丝
φ8膨胀螺栓
新砌或原有墙面

• 吊顶灯槽工艺透视图

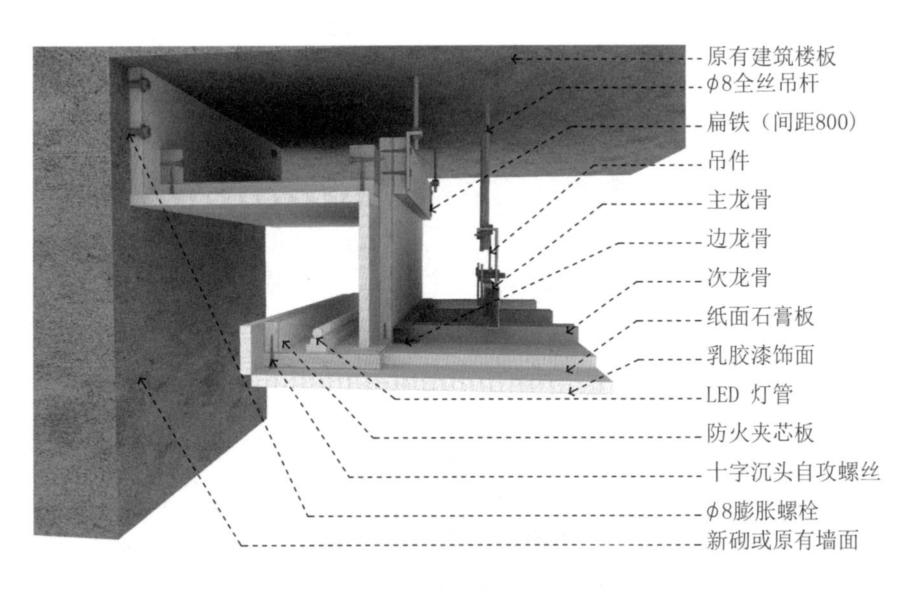
原有建筑楼板
φ8全丝吊杆
扁铁（间距800）
吊件
主龙骨
边龙骨
次龙骨
纸面石膏板
乳胶漆饰面
LED 灯管
防火夹芯板
十字沉头自攻螺丝
φ8膨胀螺栓
新砌或原有墙面

• 吊顶灯槽三维示意图

设 计

施工解读

1. 灯槽木质部分应做六面涂刷防火涂料、防火处理。细木工板未与石膏板接触的一侧涂刷防火涂料，木枕必须经防腐液浸泡。

2. 木龙骨与顶棚固定采用锤击式膨胀钉，与墙面固定采用地板钉，钉间距为400~500mm。

9.4.1 吊顶灯槽安装施工工艺

9.4.1.1 挂吊杆、吊件

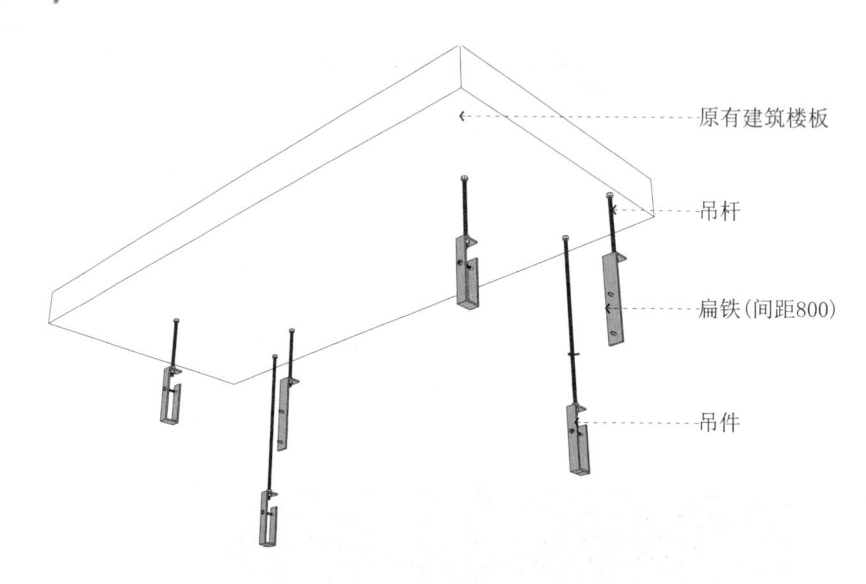
原有建筑楼板
吊杆
扁铁(间距800)
吊件

• 挂吊杆、吊件工艺透视图

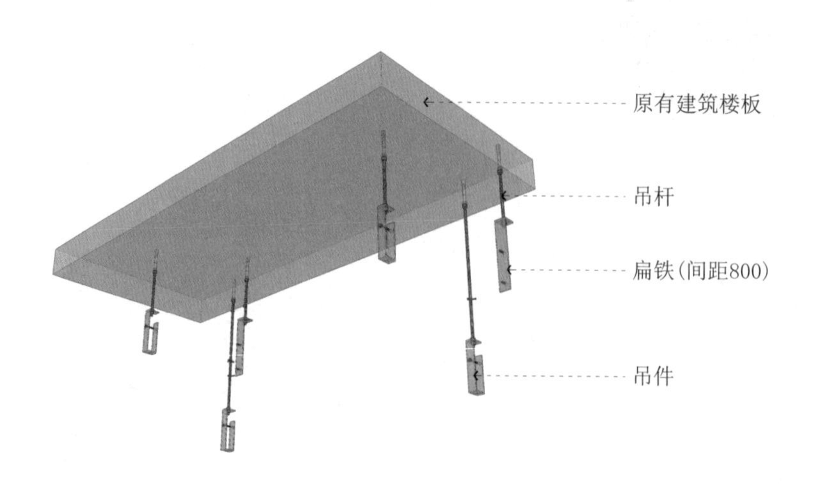
原有建筑楼板
吊杆
扁铁(间距800)
吊件

• 挂吊杆、吊件三维示意图

9.4.1.2 低、高位主、次龙骨安装

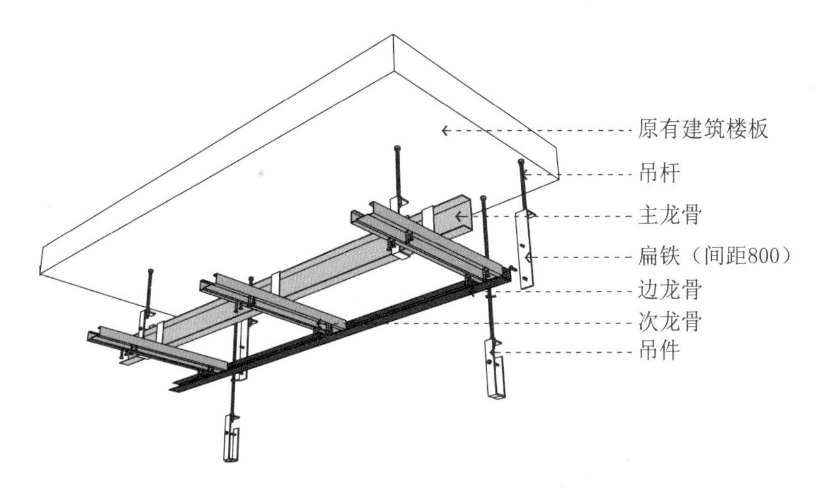
原有建筑楼板
吊杆
主龙骨
扁铁（间距800）
边龙骨
次龙骨
吊件

• 低位龙骨安装工艺示意图

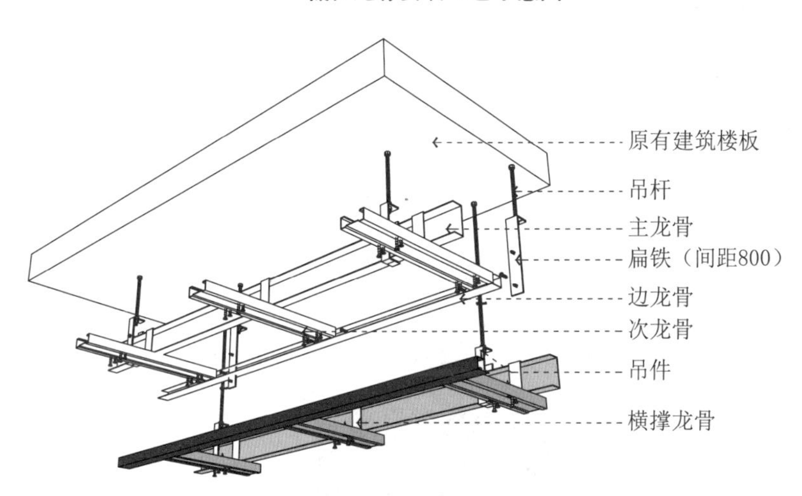
原有建筑楼板
吊杆
主龙骨
扁铁（间距800）
边龙骨
次龙骨
吊件
横撑龙骨

• 高位龙骨安装工艺示意图

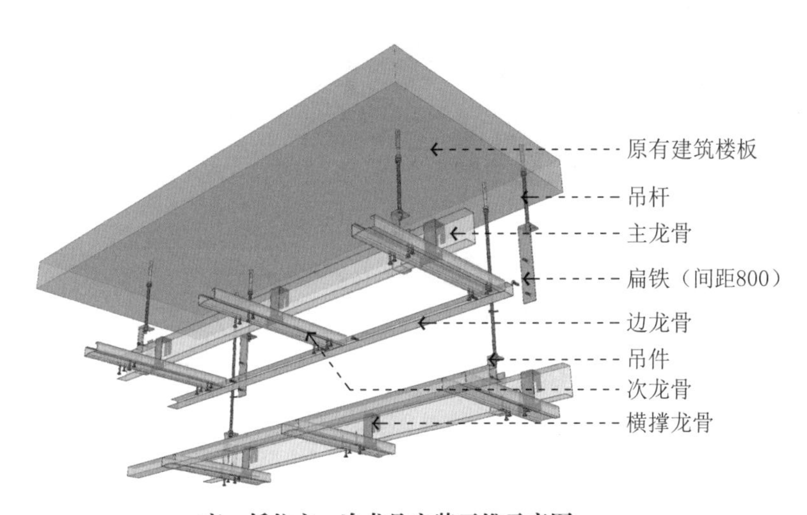
原有建筑楼板
吊杆
主龙骨
扁铁（间距800）
边龙骨
吊件
次龙骨
横撑龙骨

• 高、低位主、次龙骨安装三维示意图

9.4.1.3　灯槽内夹芯板侧板安装

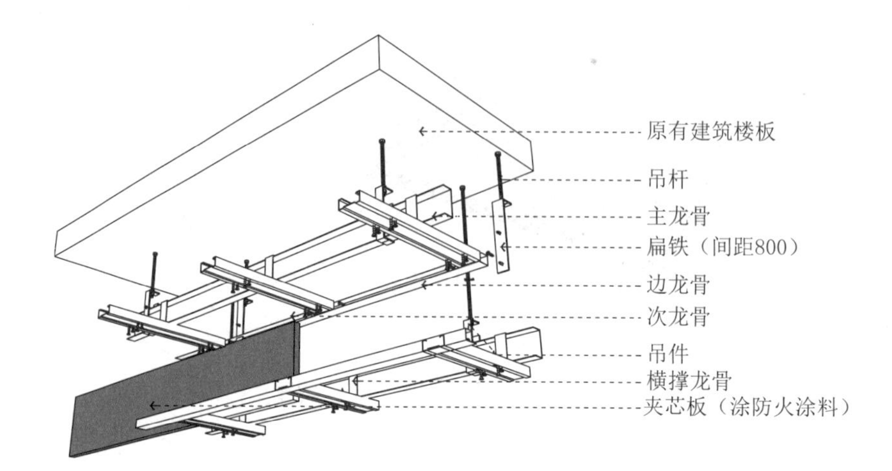
原有建筑楼板
吊杆
主龙骨
扁铁（间距800）
边龙骨
次龙骨
吊件
横撑龙骨
夹芯板（涂防火涂料）

• 灯槽内夹芯板侧板安装工艺透视图

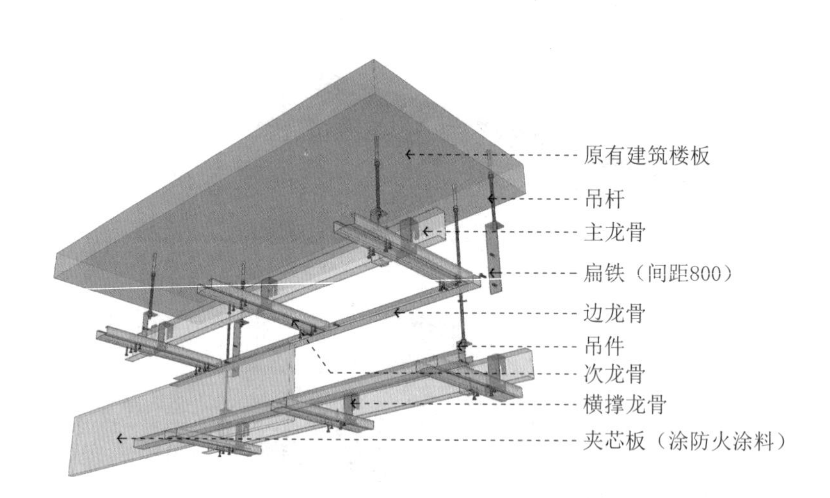
原有建筑楼板
吊杆
主龙骨
扁铁（间距800）
边龙骨
吊件
次龙骨
横撑龙骨
夹芯板（涂防火涂料）

• 灯槽内夹芯板侧板安装三维示意图

9.4.1.4 灯槽内顶面石膏板固定

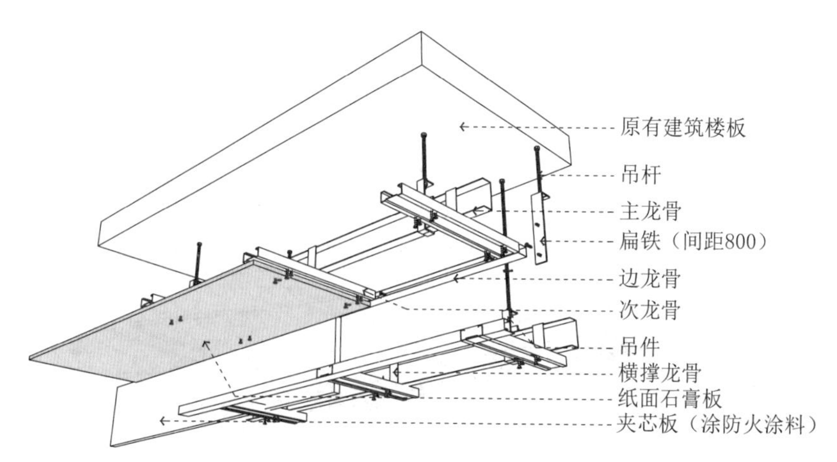
原有建筑楼板
吊杆
主龙骨
扁铁（间距800）
边龙骨
次龙骨
吊件
横撑龙骨
纸面石膏板
夹芯板（涂防火涂料）

• 安装第一片石膏板

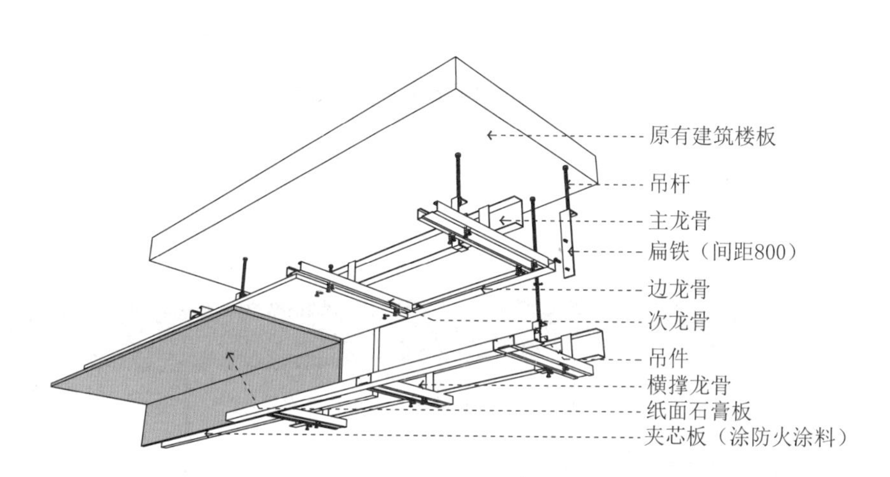
原有建筑楼板
吊杆
主龙骨
扁铁（间距800）
边龙骨
次龙骨
吊件
横撑龙骨
纸面石膏板
夹芯板（涂防火涂料）

• 安装第二片石膏板

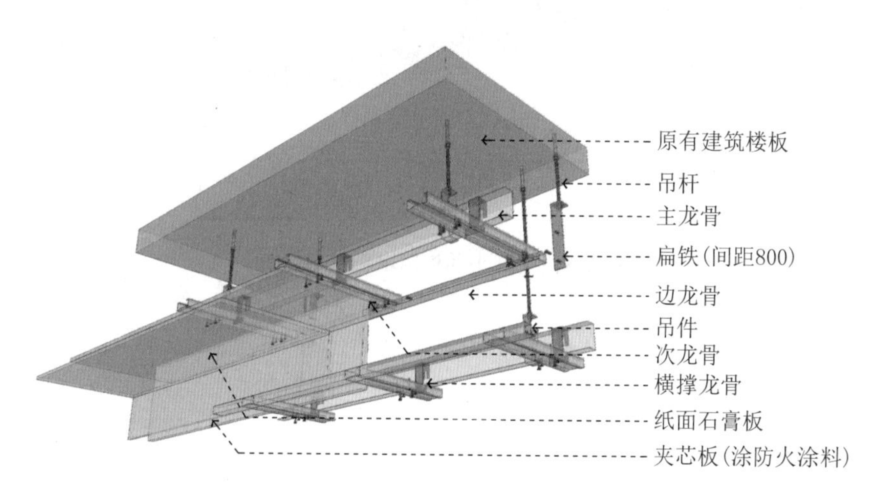
原有建筑楼板
吊杆
主龙骨
扁铁(间距800)
边龙骨
吊件
次龙骨
横撑龙骨
纸面石膏板
夹芯板(涂防火涂料)

• 灯槽内顶面石膏板固定三维示意图

9.4.1.5 灯槽内底部夹芯板固定

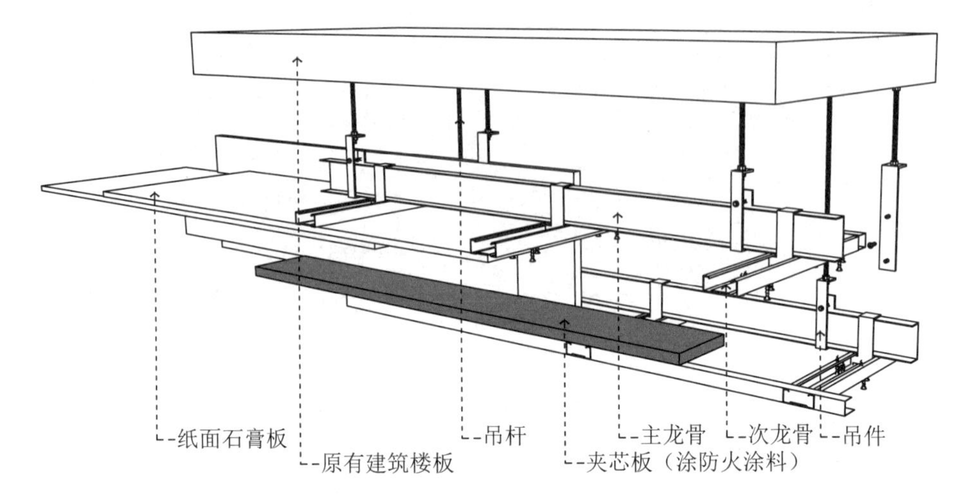
纸面石膏板
原有建筑楼板
吊杆
夹芯板（涂防火涂料）
主龙骨
次龙骨
吊件

• 灯槽内底部夹芯板固定工艺透视图

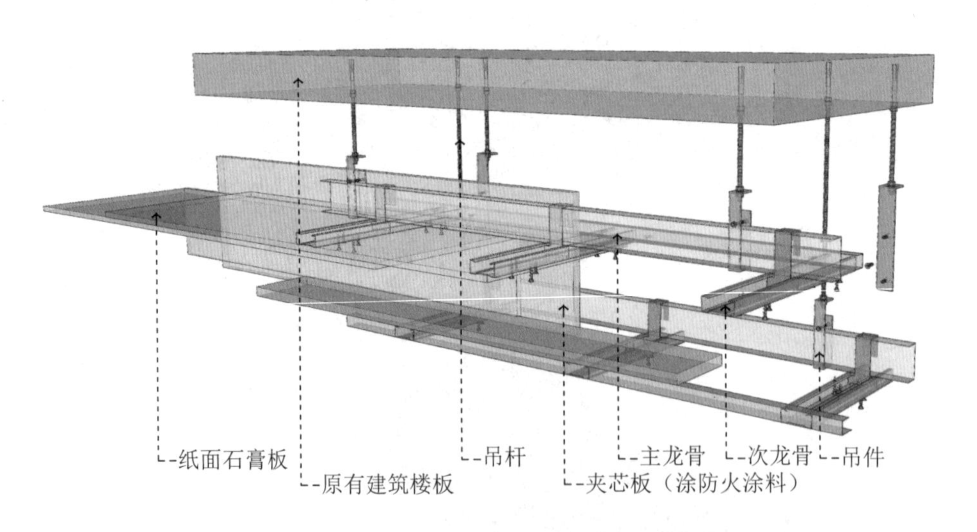
纸面石膏板
原有建筑楼板
吊杆
夹芯板（涂防火涂料）
主龙骨
次龙骨
吊件

• 灯槽内底部夹芯板固定三维示意图

9.4.1.6 灯槽反口夹芯板与石膏板条固定

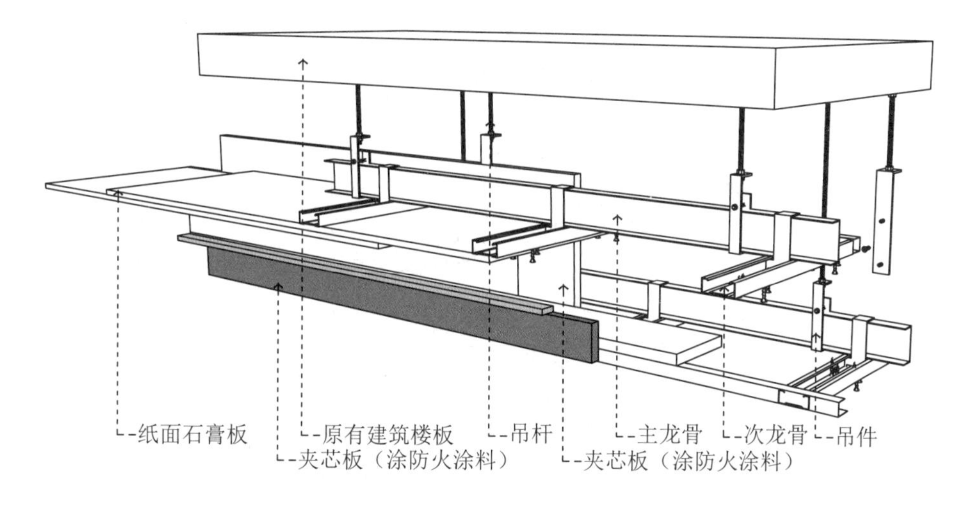
纸面石膏板
原有建筑楼板
吊杆
主龙骨
次龙骨
吊件
夹芯板（涂防火涂料）
夹芯板（涂防火涂料）

• 灯槽反口夹芯板与石膏板条固定工艺透视图

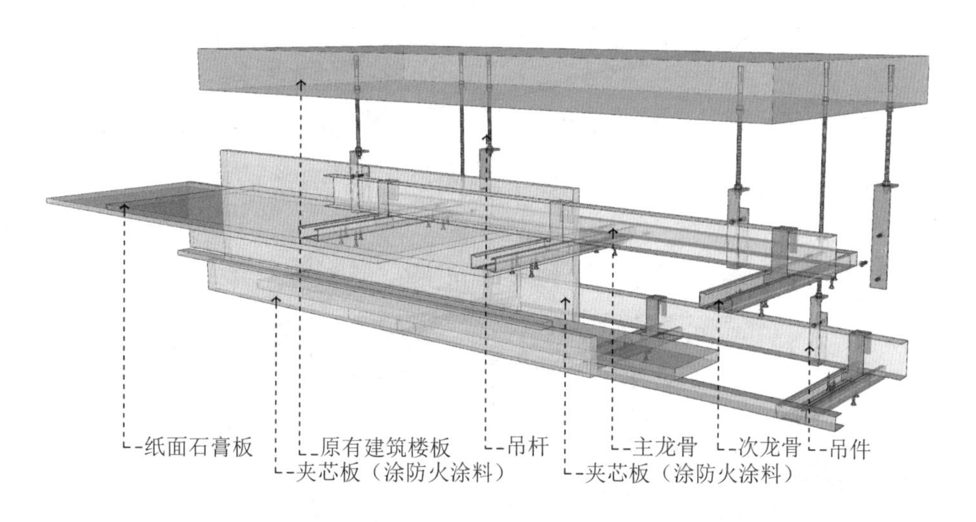
纸面石膏板
原有建筑楼板
吊杆
主龙骨
次龙骨
吊件
夹芯板（涂防火涂料）
夹芯板（涂防火涂料）

• 灯槽反口夹芯板与石膏板条固定三维示意图

9.4.1.7 灯槽反口与底面封石膏板

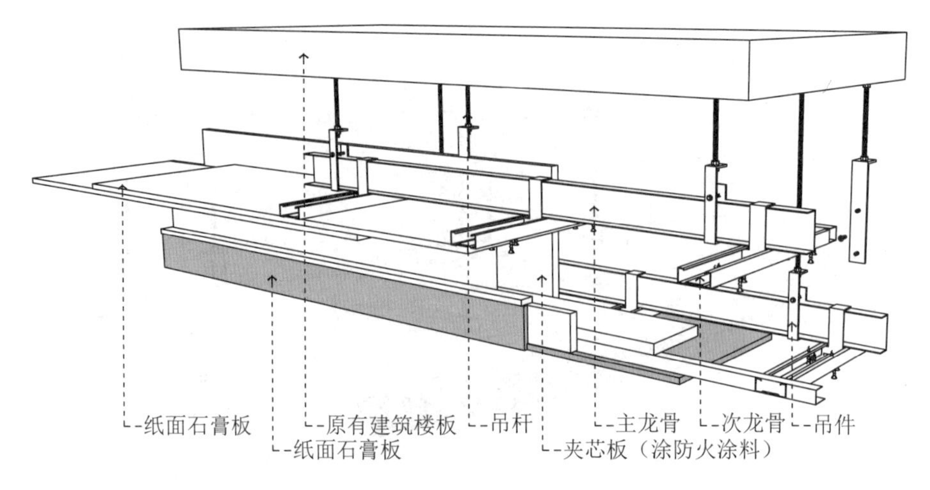
纸面石膏板
原有建筑楼板
吊杆
主龙骨
次龙骨
吊件
纸面石膏板
夹芯板（涂防火涂料）

• 封第一片石膏板

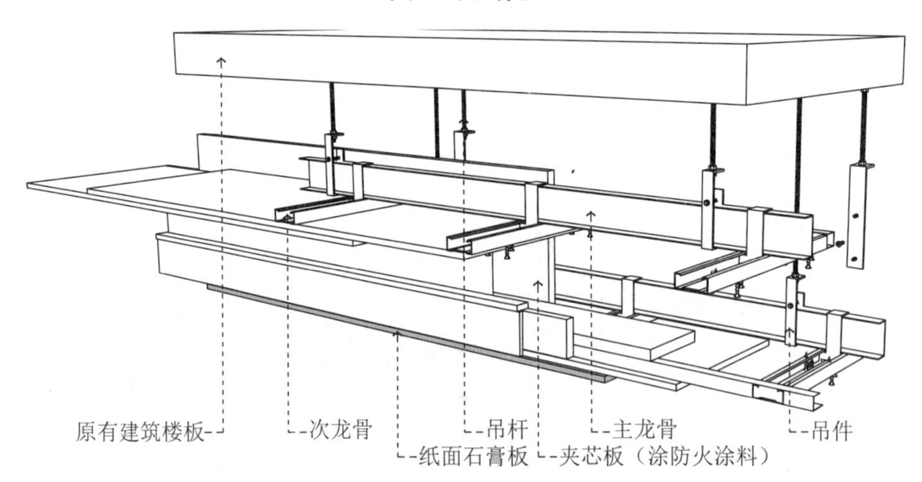
原有建筑楼板
次龙骨
吊杆
主龙骨
吊件
纸面石膏板
夹芯板（涂防火涂料）

• 封第二片石膏板

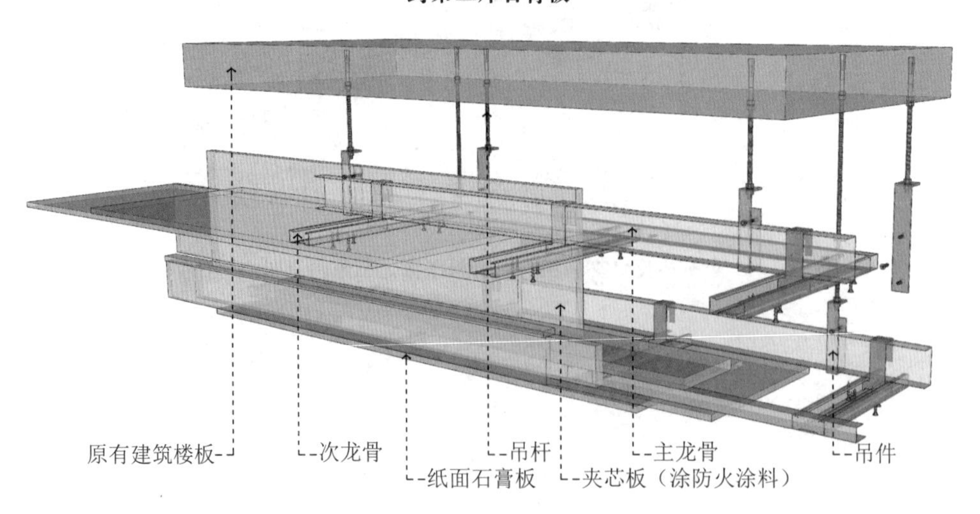
原有建筑楼板
次龙骨
吊杆
主龙骨
吊件
纸面石膏板
夹芯板（涂防火涂料）

• 灯槽反口与底面封石膏板三维示意图

9.4.1.8 灯槽内灯管安装

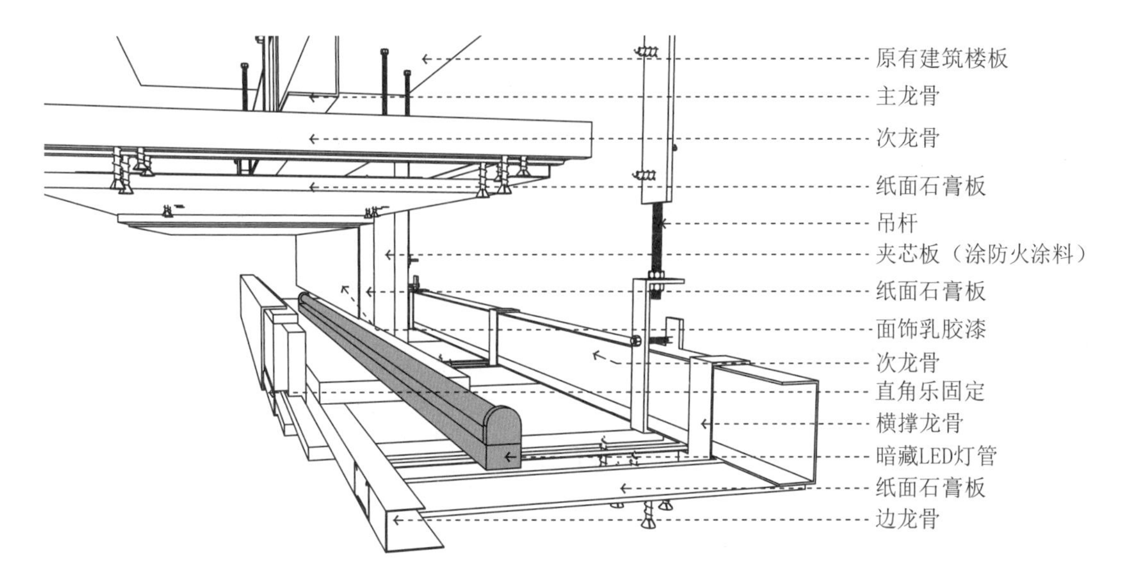
原有建筑楼板
主龙骨
次龙骨
纸面石膏板
吊杆
夹芯板（涂防火涂料）
纸面石膏板
面饰乳胶漆
次龙骨
直角乐固定
横撑龙骨
暗藏LED灯管
纸面石膏板
边龙骨

• 灯槽内灯管安装工艺透视图

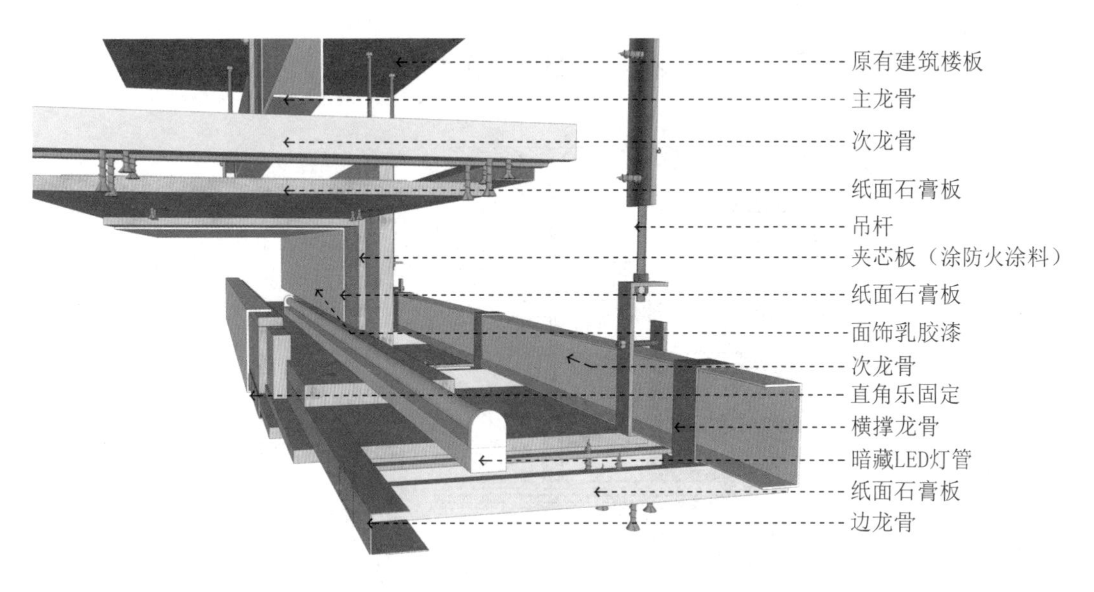
原有建筑楼板
主龙骨
次龙骨
纸面石膏板
吊杆
夹芯板（涂防火涂料）
纸面石膏板
面饰乳胶漆
次龙骨
直角乐固定
横撑龙骨
暗藏LED灯管
纸面石膏板
边龙骨

• 灯槽内灯管安装三维示意图

9.4.2 吊顶灯槽石膏线安装施工工艺流程

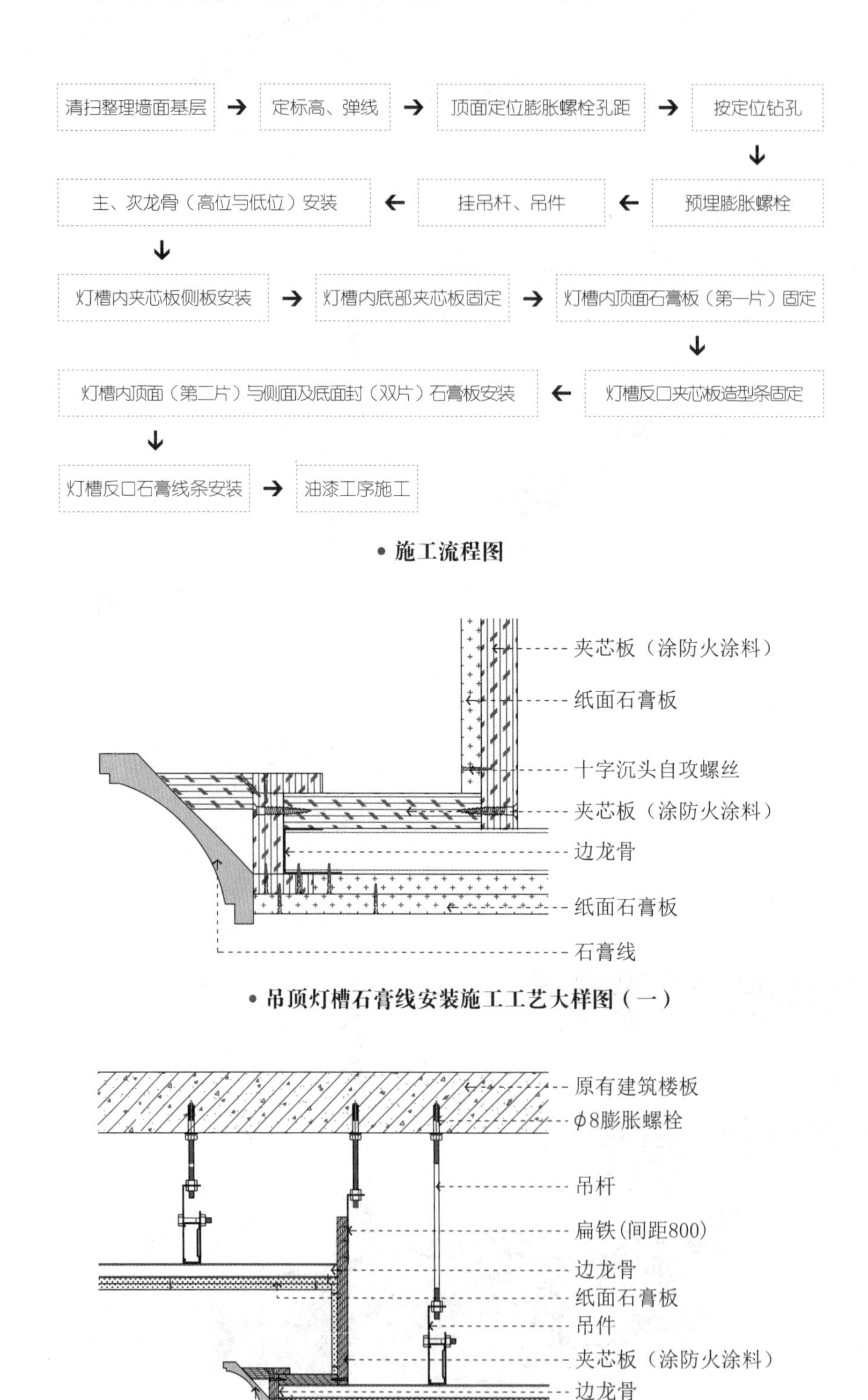
清扫整理墙面基层
定标高、弹线
顶面定位膨胀螺栓孔距
按定位钻孔
预埋膨胀螺栓
挂吊杆、吊件
主、次龙骨（高位与低位）安装
灯槽内夹芯板侧板安装
灯槽内底部夹芯板固定
灯槽内顶面石膏板（第一片）固定
灯槽反口夹芯板造型条固定
灯槽内顶面（第二片）与侧面及底面封（双片）石膏板安装
灯槽反口石膏线条安装
油漆工序施工

• 施工流程图

夹芯板（涂防火涂料）
纸面石膏板
十字沉头自攻螺丝
夹芯板（涂防火涂料）
边龙骨
纸面石膏板
石膏线

• 吊顶灯槽石膏线安装施工工艺大样图（一）

原有建筑楼板
ϕ8膨胀螺栓
吊杆
扁铁(间距800)
边龙骨
纸面石膏板
吊件
夹芯板（涂防火涂料）
边龙骨
十字沉头自攻螺丝
纸面石膏板
石膏线

• 吊顶灯槽石膏线安装施工工艺大样图（二）

9.4.2.1 主、次龙骨（高位与低位）安装

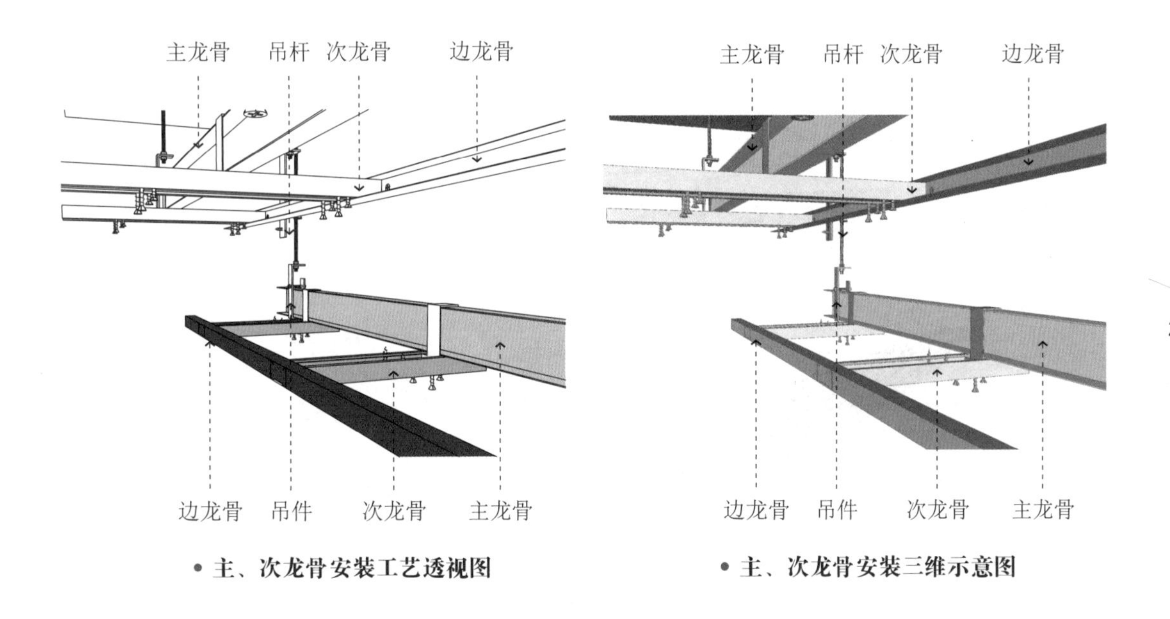
主龙骨
吊杆
次龙骨
边龙骨
边龙骨
吊件
次龙骨
主龙骨
主龙骨
吊杆
次龙骨
边龙骨
边龙骨
吊件
次龙骨
主龙骨

• 主、次龙骨安装工艺透视图

• 主、次龙骨安装三维示意图

9.4.2.2 灯槽内夹芯板侧板、底板安装和固定

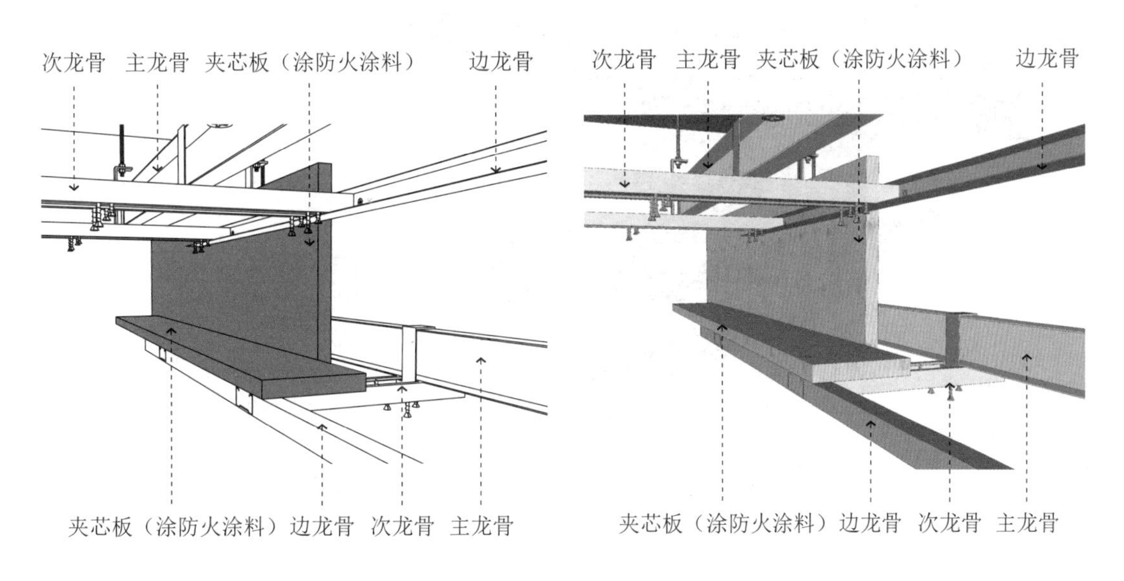
次龙骨
主龙骨
夹芯板（涂防火涂料）
边龙骨
夹芯板（涂防火涂料）
边龙骨
次龙骨
主龙骨
次龙骨
主龙骨
夹芯板（涂防火涂料）
边龙骨
夹芯板（涂防火涂料）
边龙骨
次龙骨
主龙骨

• 灯槽内夹芯板侧板、底板安装和固定工艺透视图

• 灯槽内夹芯板侧板、底板安装和固定三维示意图

9.4.2.3 灯槽内顶面石膏板（第一片）和灯槽反口夹芯板造型条固定

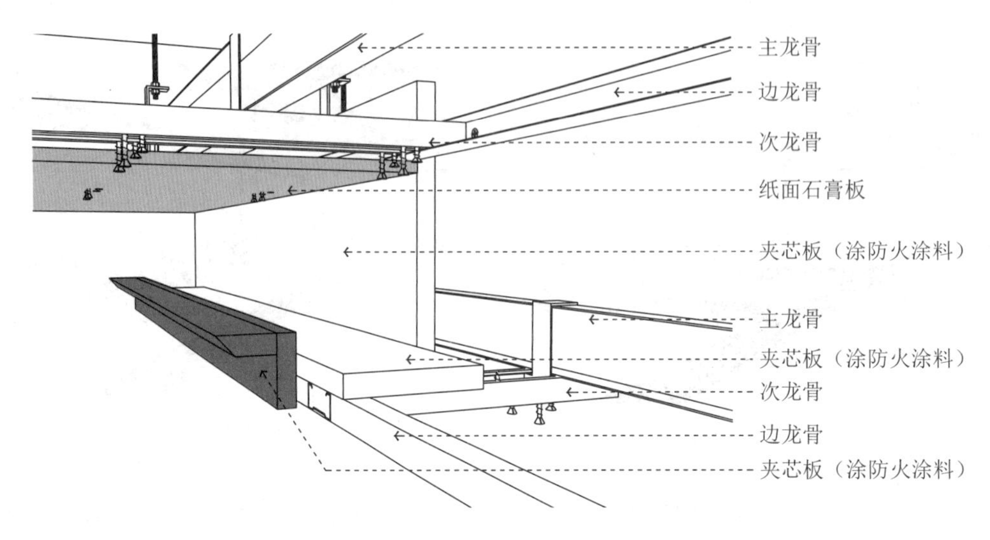
主龙骨
边龙骨
次龙骨
纸面石膏板
夹芯板（涂防火涂料）
主龙骨
夹芯板（涂防火涂料）
次龙骨
边龙骨
夹芯板（涂防火涂料）

• 灯槽内顶面石膏板（第一片）和灯槽反口夹芯板造型条固定工艺透视图

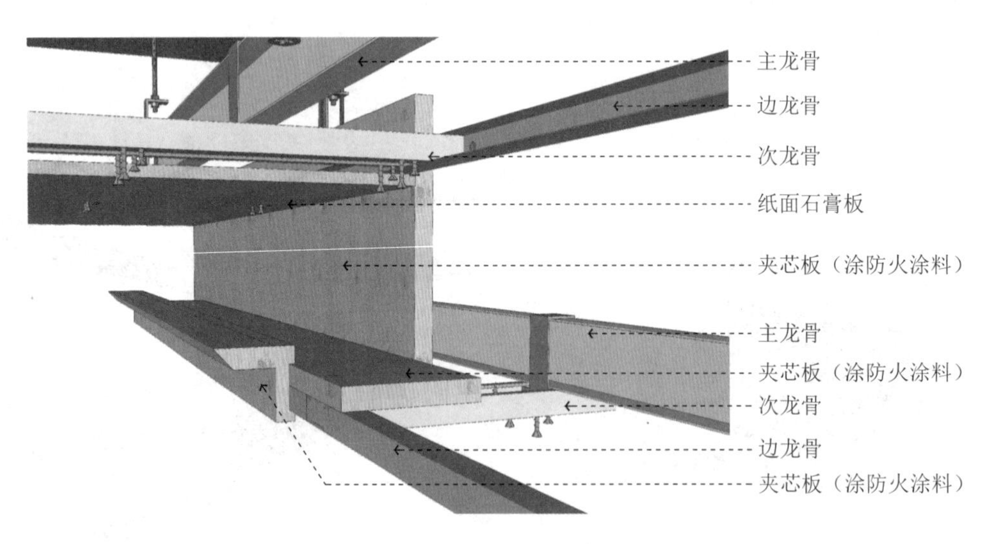
主龙骨
边龙骨
次龙骨
纸面石膏板
夹芯板（涂防火涂料）
主龙骨
夹芯板（涂防火涂料）
次龙骨
边龙骨
夹芯板（涂防火涂料）

• 灯槽内顶面石膏板（第一片）和灯槽反口夹芯板造型条固定三维示意图

9.4.2.4 灯槽内顶面（第二片）与侧面及底面封（双片）石膏板安装

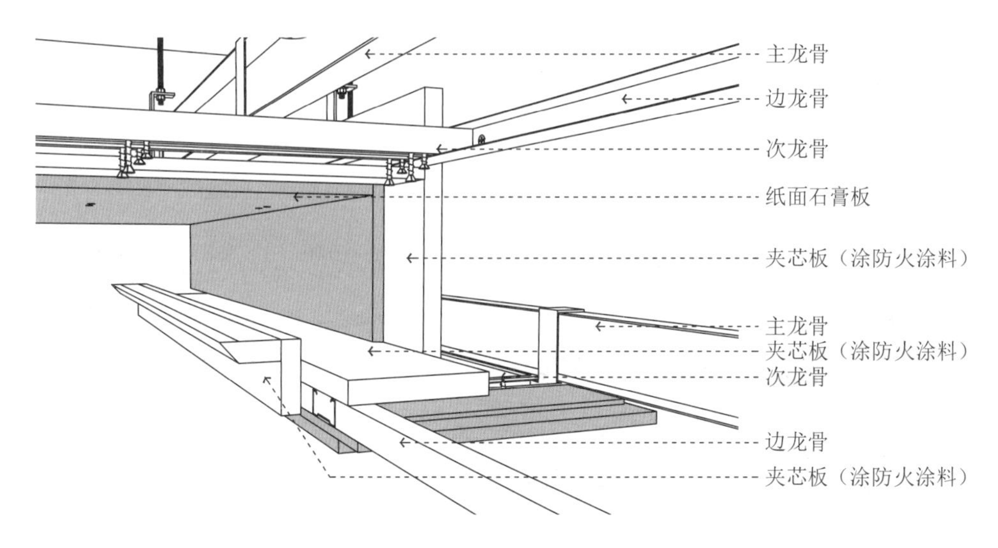
主龙骨
边龙骨
次龙骨
纸面石膏板
夹芯板（涂防火涂料）
主龙骨
夹芯板（涂防火涂料）
次龙骨
边龙骨
夹芯板（涂防火涂料）

• 灯槽内顶面（第二片）与侧面及底面封（双片）石膏板安装工艺透视图

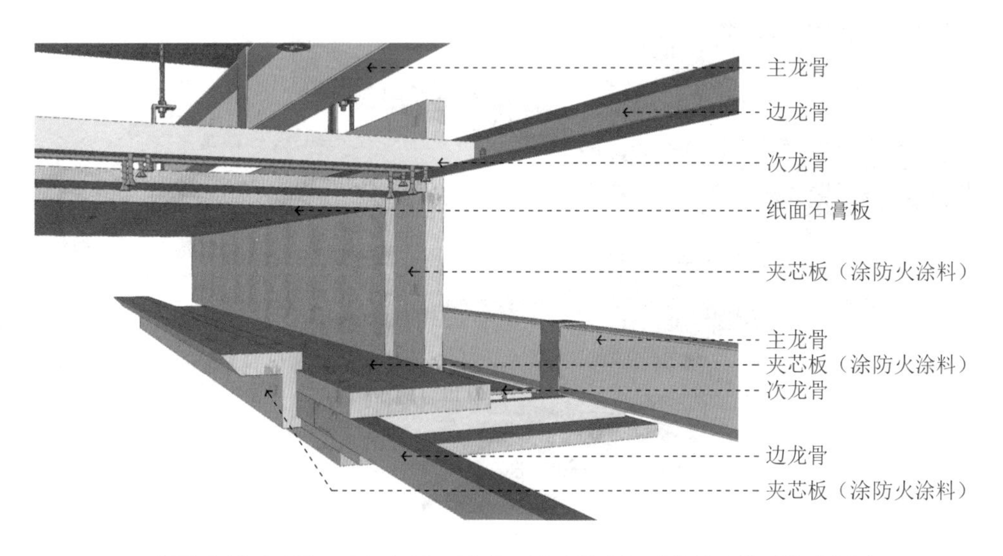
主龙骨
边龙骨
次龙骨
纸面石膏板
夹芯板（涂防火涂料）
主龙骨
夹芯板（涂防火涂料）
次龙骨
边龙骨
夹芯板（涂防火涂料）

• 灯槽内顶面（第二片）与侧面及底面封（双片）石膏板安装三维示意图

9.4.2.5 灯槽反口石膏线条安装

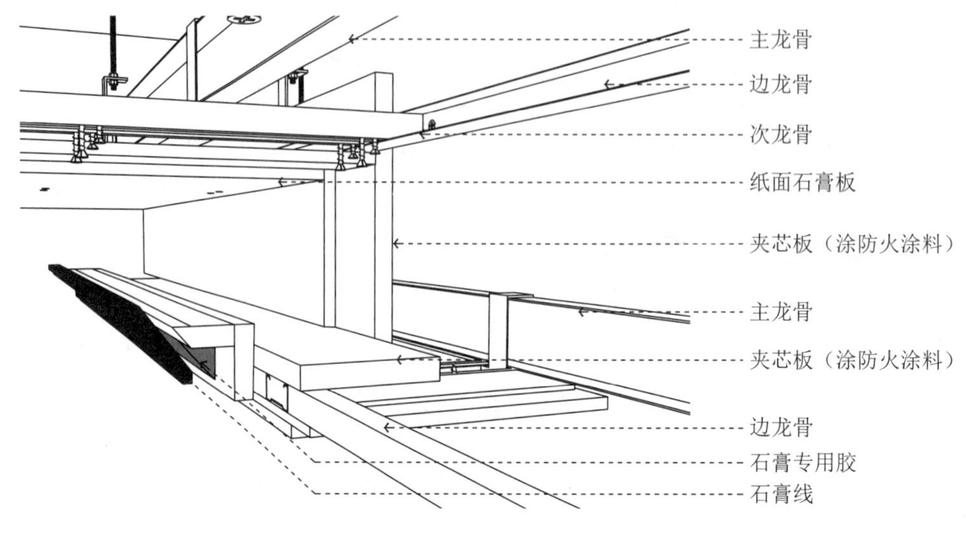
主龙骨
边龙骨
次龙骨
纸面石膏板
夹芯板（涂防火涂料）
主龙骨
夹芯板（涂防火涂料）
边龙骨
石膏专用胶
石膏线

• 灯槽反口石膏线条安装工艺透视图

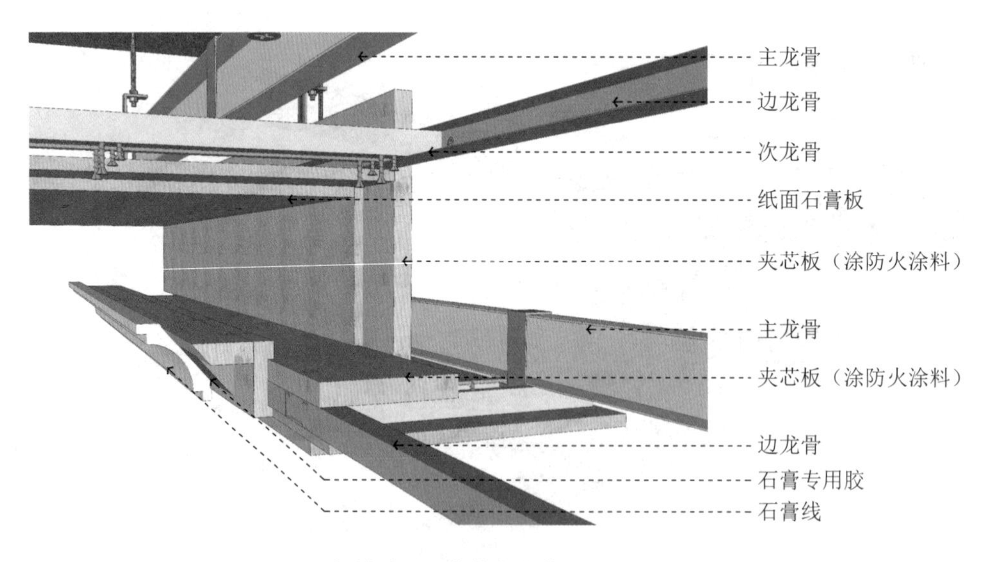
主龙骨
边龙骨
次龙骨
纸面石膏板
夹芯板（涂防火涂料）
主龙骨
夹芯板（涂防火涂料）
边龙骨
石膏专用胶
石膏线

• 灯槽反口石膏线条安装三维示意图

9.4.2.6 油漆工序施工

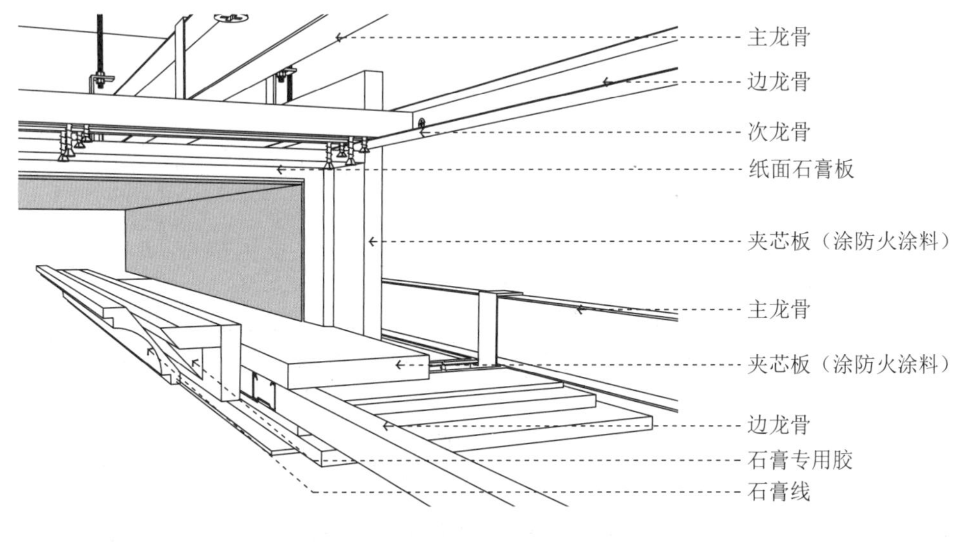
主龙骨
边龙骨
次龙骨
纸面石膏板
夹芯板（涂防火涂料）
主龙骨
夹芯板（涂防火涂料）
边龙骨
石膏专用胶
石膏线

• 油漆工序施工工艺透视图

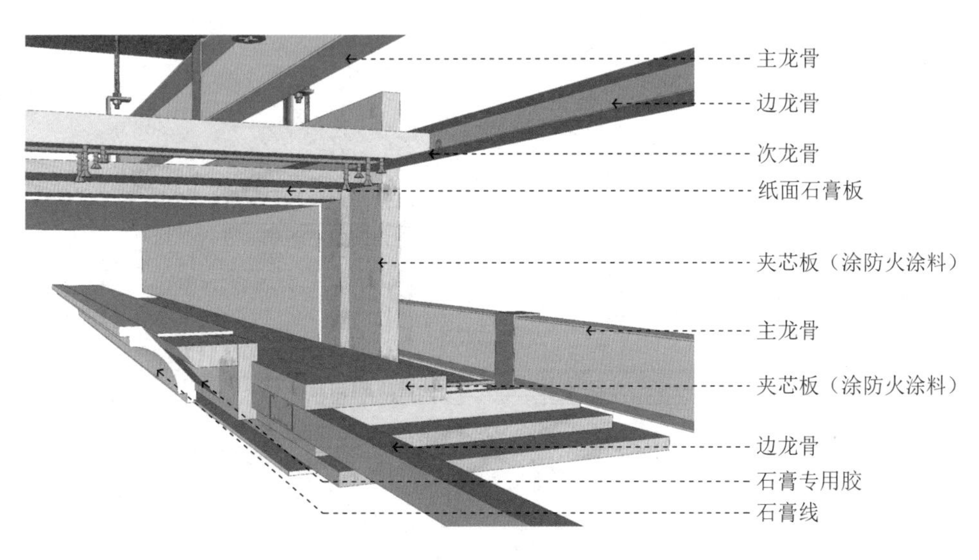
主龙骨
边龙骨
次龙骨
纸面石膏板
夹芯板（涂防火涂料）
主龙骨
夹芯板（涂防火涂料）
边龙骨
石膏专用胶
石膏线

• 油漆工序施工三维示意图

9.4.3 吊顶灯槽面饰钢化玻璃施工工艺流程

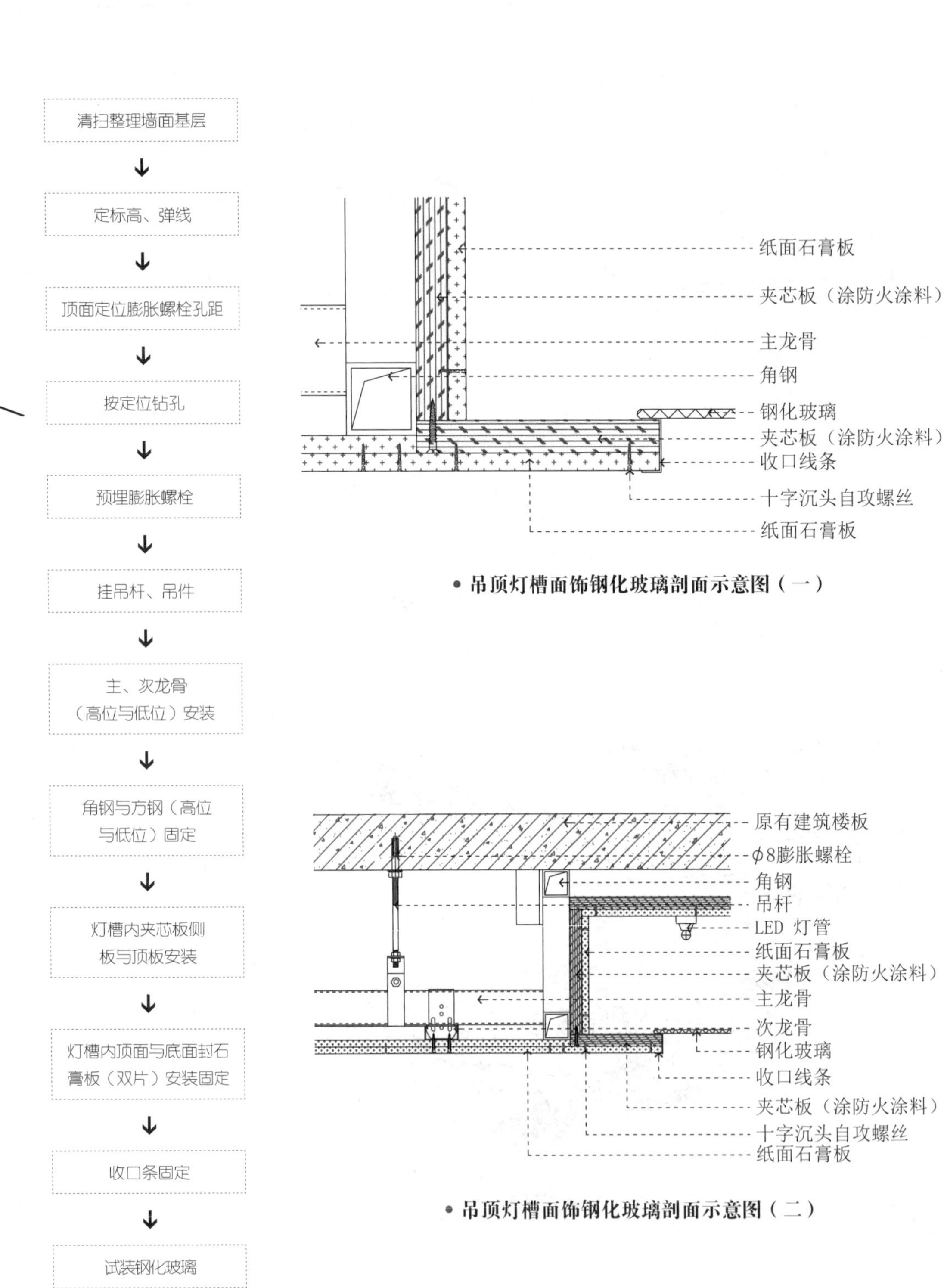
清扫整理墙面基层
定标高、弹线
顶面定位膨胀螺栓孔距
按定位钻孔
预埋膨胀螺栓
挂吊杆、吊件
主、次龙骨（高位与低位）安装
角钢与方钢（高位与低位）固定
灯槽内夹芯板侧板与顶板安装
灯槽内顶面与底面封石膏板（双片）安装固定
收口条固定
试装钢化玻璃
纸面石膏板
夹芯板（涂防火涂料）
主龙骨
角钢
钢化玻璃
夹芯板（涂防火涂料）
收口线条
十字沉头自攻螺丝
纸面石膏板
原有建筑楼板
φ8膨胀螺栓
角钢
吊杆
LED 灯管
纸面石膏板
夹芯板（涂防火涂料）
主龙骨
次龙骨
钢化玻璃
收口线条
夹芯板（涂防火涂料）
十字沉头自攻螺丝
纸面石膏板

• 吊顶灯槽面饰钢化玻璃剖面示意图（一）

• 吊顶灯槽面饰钢化玻璃剖面示意图（二）

• 施工流程图

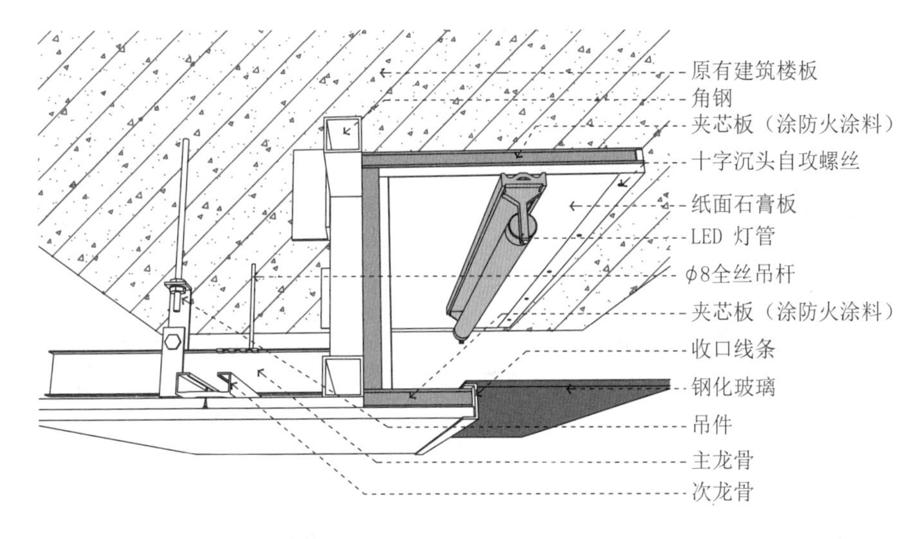
原有建筑楼板
角钢
夹芯板（涂防火涂料）
十字沉头自攻螺丝
纸面石膏板
LED 灯管
φ8全丝吊杆
夹芯板（涂防火涂料）
收口线条
钢化玻璃
吊件
主龙骨
次龙骨

• 吊顶灯槽面饰钢化玻璃工艺透视图

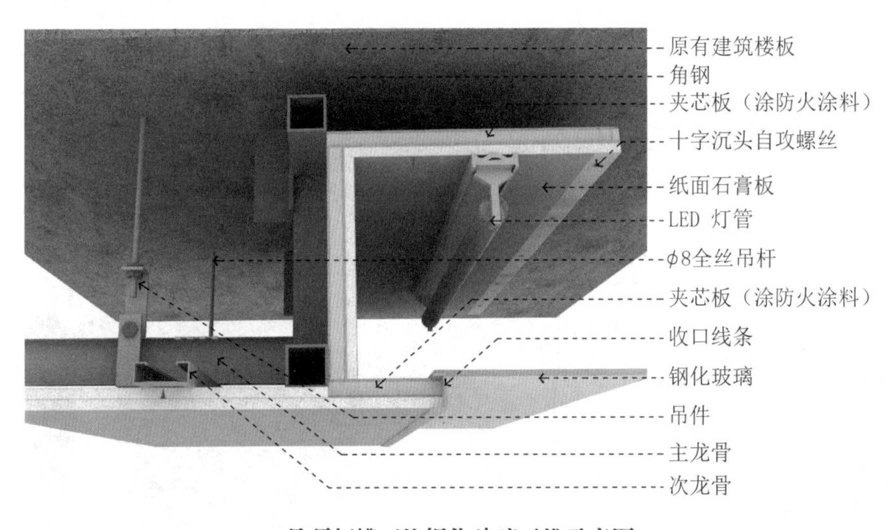
原有建筑楼板
角钢
夹芯板（涂防火涂料）
十字沉头自攻螺丝
纸面石膏板
LED 灯管
φ8全丝吊杆
夹芯板（涂防火涂料）
收口线条
钢化玻璃
吊件
主龙骨
次龙骨

• 吊顶灯槽面饰钢化玻璃三维示意图

设 计

施工解读

1. 灯槽木质部分应做防腐、防火处理。
2. 灯槽细木工板顶板与侧板拼缝处应错开 500mm，以免开裂。

9.4.3.1 角钢与方钢（高位与低位）固定

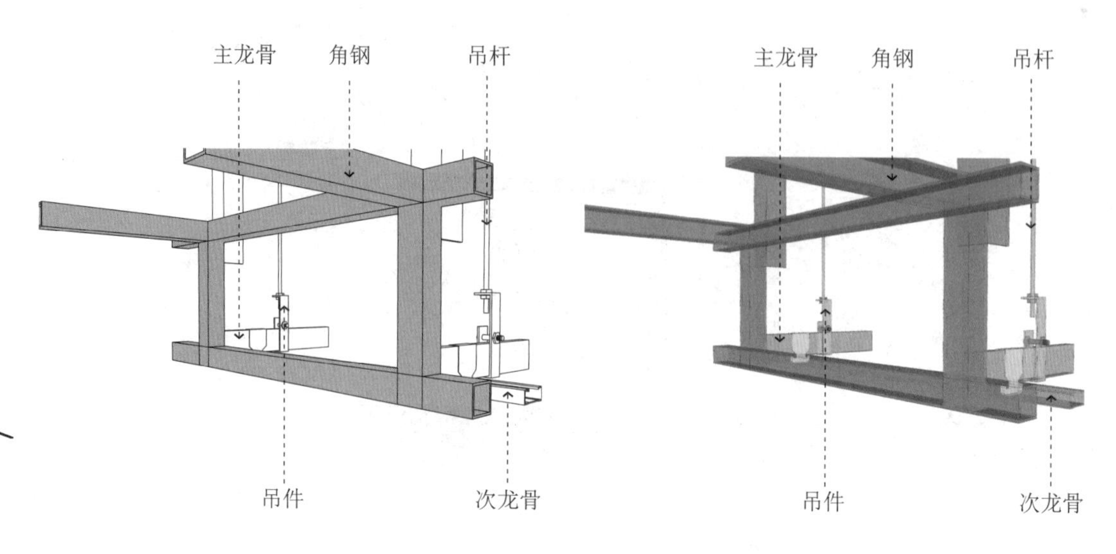
主龙骨
角钢
吊杆
吊件
次龙骨
主龙骨
角钢
吊杆
吊件
次龙骨

• 角钢与方钢固定工艺透视图　　• 角钢与方钢固定三维示意图

9.4.3.2 灯槽内夹芯板侧板与顶板安装

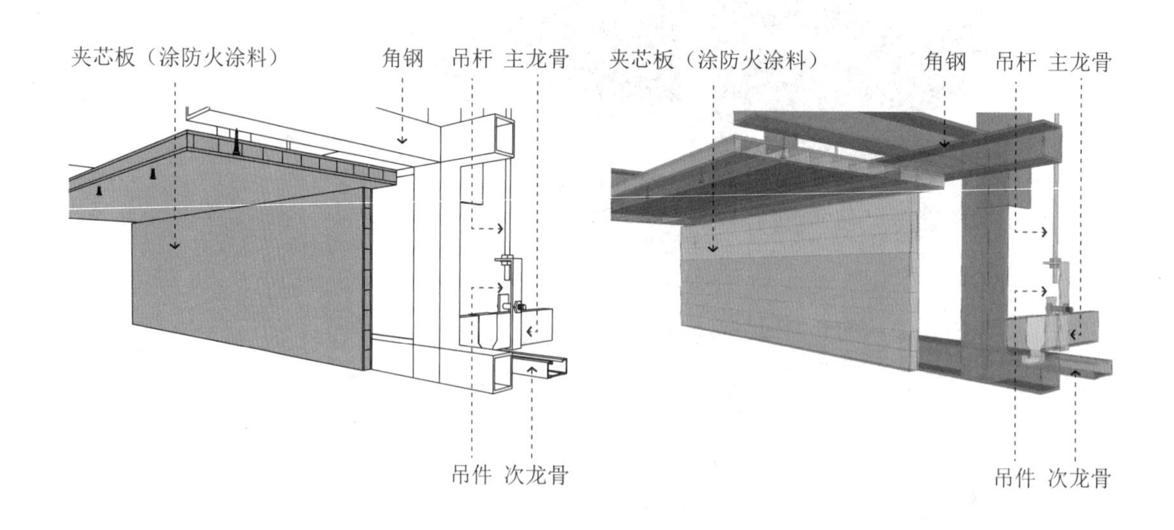
夹芯板（涂防火涂料）
角钢
吊杆
主龙骨
吊件
次龙骨
夹芯板（涂防火涂料）
角钢
吊杆
主龙骨
吊件
次龙骨

• 灯槽内夹芯板侧板与顶板安装工艺透视图　　• 灯槽内夹芯板侧板与顶板安装三维示意图

9.4.3.3 灯槽内顶面与底面封石膏板（双片）安装固定

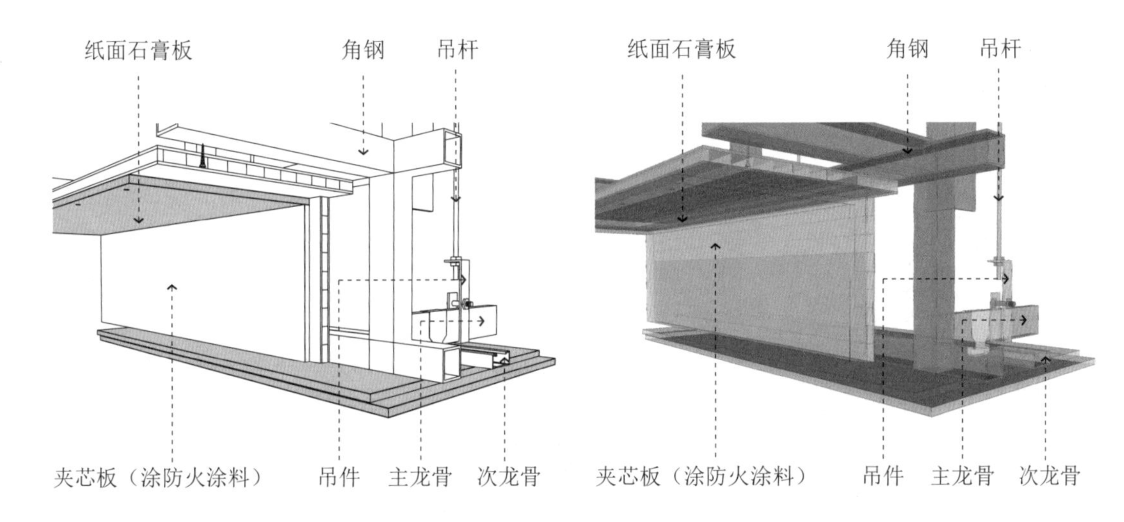
纸面石膏板
角钢
吊杆
夹芯板（涂防火涂料）
吊件
主龙骨
次龙骨
纸面石膏板
角钢
吊杆
夹芯板（涂防火涂料）
吊件
主龙骨
次龙骨

• 灯槽内顶面与底面封石膏板（双片）安装固定工艺透视图

• 灯槽内顶面与底面封石膏板（双片）安装固定三维示意图

9.4.3.4 试装钢化玻璃

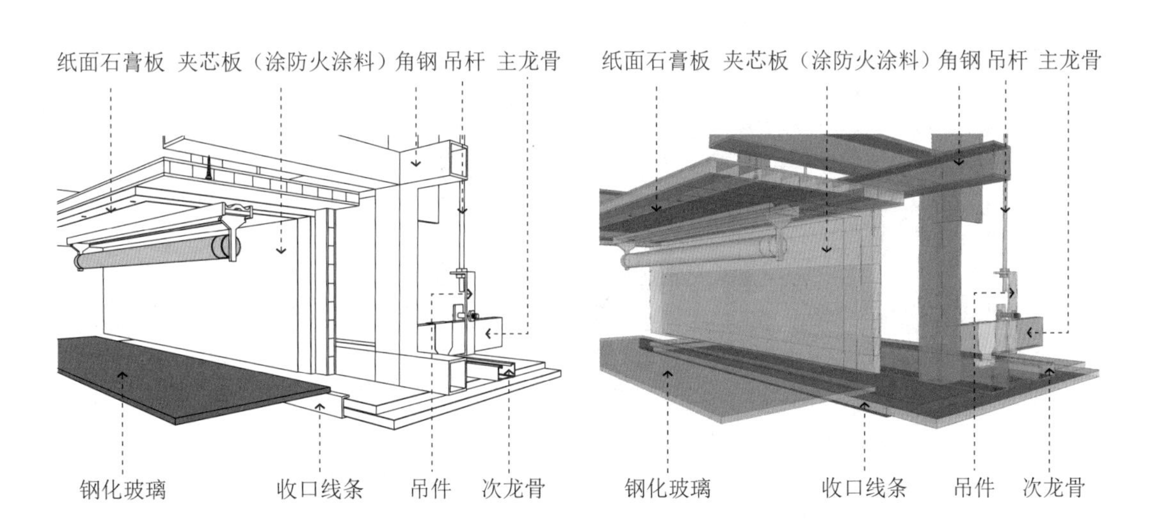
纸面石膏板
夹芯板（涂防火涂料）
角钢
吊杆
主龙骨
钢化玻璃
收口线条
吊件
次龙骨
纸面石膏板
夹芯板（涂防火涂料）
角钢
吊杆
主龙骨
钢化玻璃
收口线条
吊件
次龙骨

• 试装钢化玻璃工艺透视图

• 试装钢化玻璃三维示意图

9.4.4 吊顶灯槽面饰透光软膜施工工艺

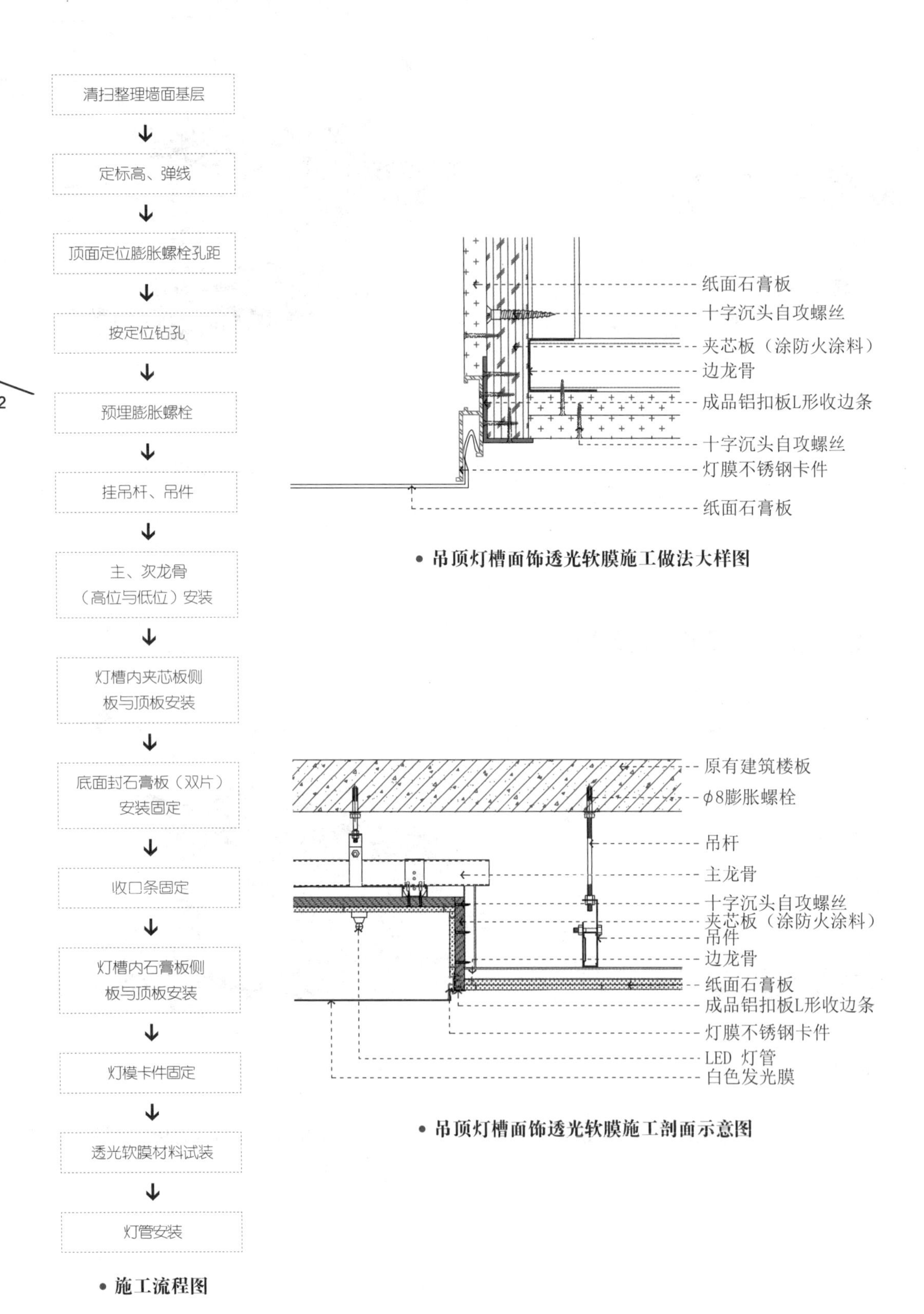
清扫整理墙面基层
定标高、弹线
顶面定位膨胀螺栓孔距
按定位钻孔
预埋膨胀螺栓
挂吊杆、吊件
主、次龙骨（高位与低位）安装
灯槽内夹芯板侧板与顶板安装
底面封石膏板（双片）安装固定
收口条固定
灯槽内石膏板侧板与顶板安装
灯模卡件固定
透光软膜材料试装
灯管安装
纸面石膏板
十字沉头自攻螺丝
夹芯板（涂防火涂料）
边龙骨
成品铝扣板L形收边条
十字沉头自攻螺丝
灯膜不锈钢卡件
纸面石膏板
原有建筑楼板
ϕ8膨胀螺栓
吊杆
主龙骨
十字沉头自攻螺丝
夹芯板（涂防火涂料）
吊件
边龙骨
纸面石膏板
成品铝扣板L形收边条
灯膜不锈钢卡件
LED 灯管
白色发光膜

• 吊顶灯槽面饰透光软膜施工做法大样图

• 吊顶灯槽面饰透光软膜施工剖面示意图

• 施工流程图

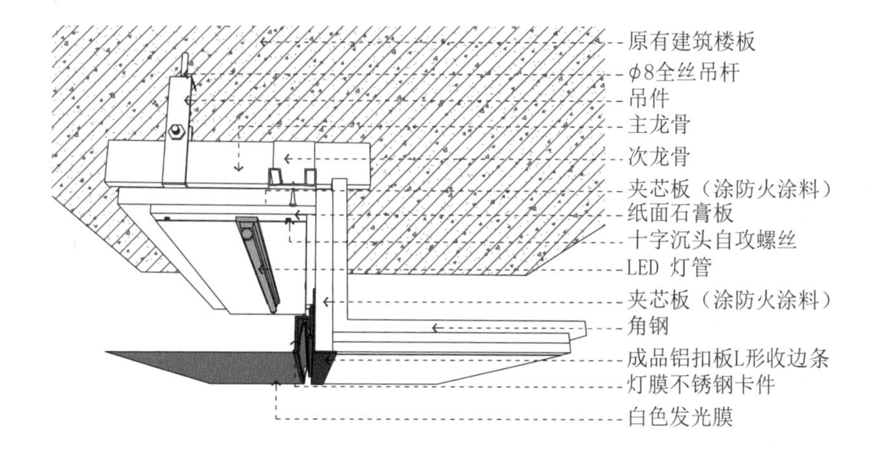
原有建筑楼板
φ8全丝吊杆
吊件
主龙骨
次龙骨
夹芯板（涂防火涂料）
纸面石膏板
十字沉头自攻螺丝
LED 灯管
夹芯板（涂防火涂料）
角钢
成品铝扣板L形收边条
灯膜不锈钢卡件
白色发光膜

• 吊顶灯槽面饰透光软膜施工工艺透视图

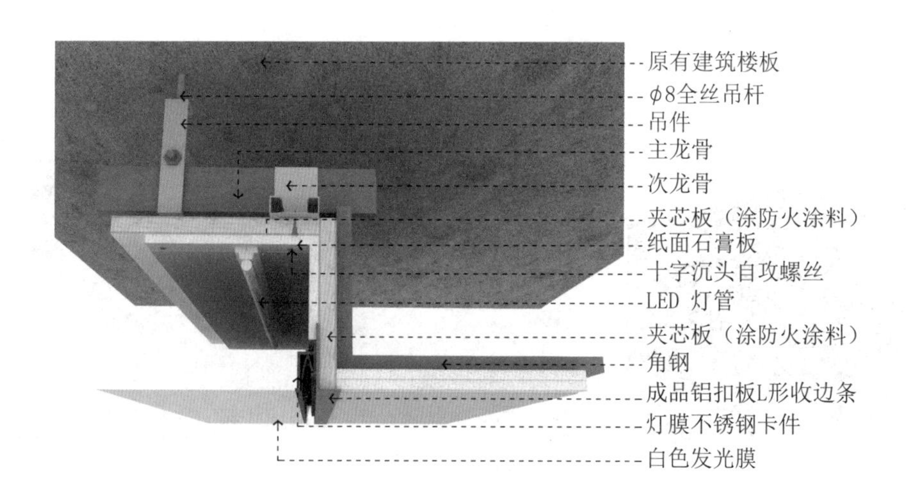
原有建筑楼板
φ8全丝吊杆
吊件
主龙骨
次龙骨
夹芯板（涂防火涂料）
纸面石膏板
十字沉头自攻螺丝
LED 灯管
夹芯板（涂防火涂料）
角钢
成品铝扣板L形收边条
灯膜不锈钢卡件
白色发光膜

• 吊顶灯槽面饰透光软膜施工三维示意图

9.4.4.1 主、次龙骨（高位与低位）安装

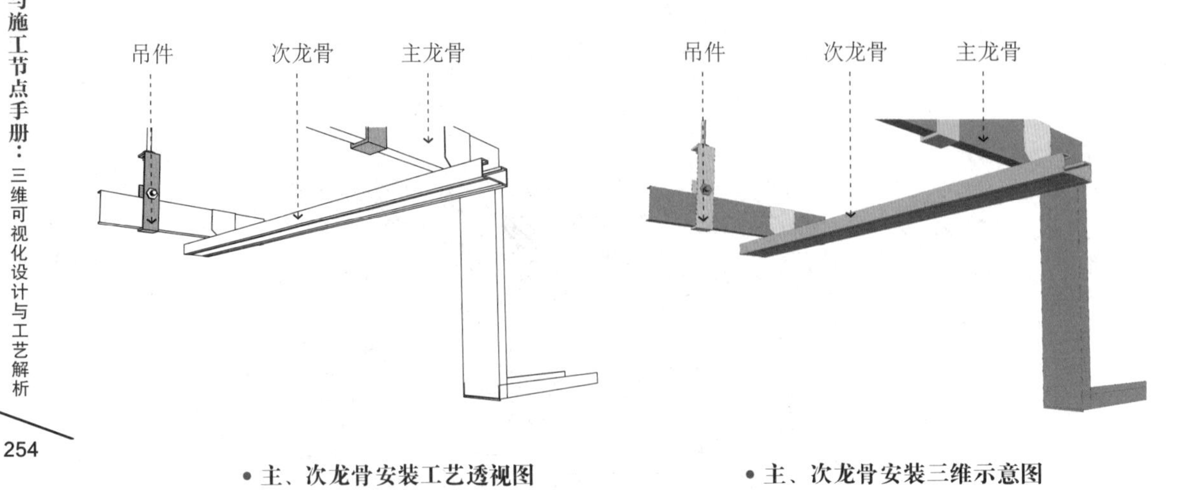
吊件
次龙骨
主龙骨
吊件
次龙骨
主龙骨

• 主、次龙骨安装工艺透视图　　• 主、次龙骨安装三维示意图

9.4.4.2 灯槽内夹芯板侧板与顶板安装

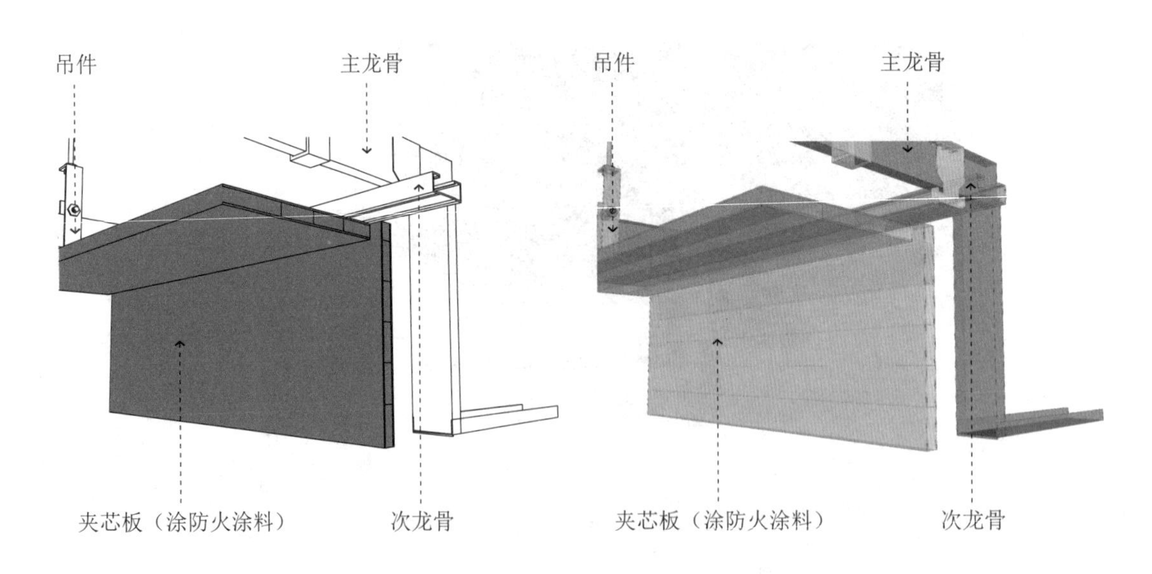
吊件
主龙骨
夹芯板（涂防火涂料）
次龙骨
吊件
主龙骨
夹芯板（涂防火涂料）
次龙骨

• 灯槽内夹芯板侧板与顶板安装工艺透视图　　• 灯槽内夹芯板侧板与顶板安装三维示意图

9.4.4.3 底面封石膏板（双片）安装固定

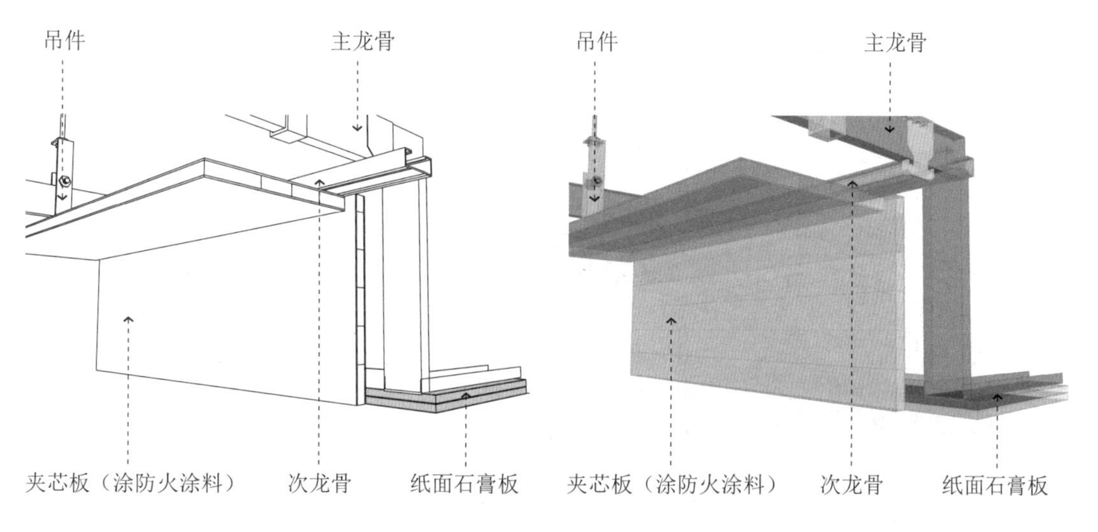
吊件
主龙骨
夹芯板（涂防火涂料）
次龙骨
纸面石膏板
吊件
主龙骨
夹芯板（涂防火涂料）
次龙骨
纸面石膏板

• 底面封石膏板（双片）安装工艺透视图

• 底面封石膏板（双片）安装三维示意图

9.4.4.4 收口条固定

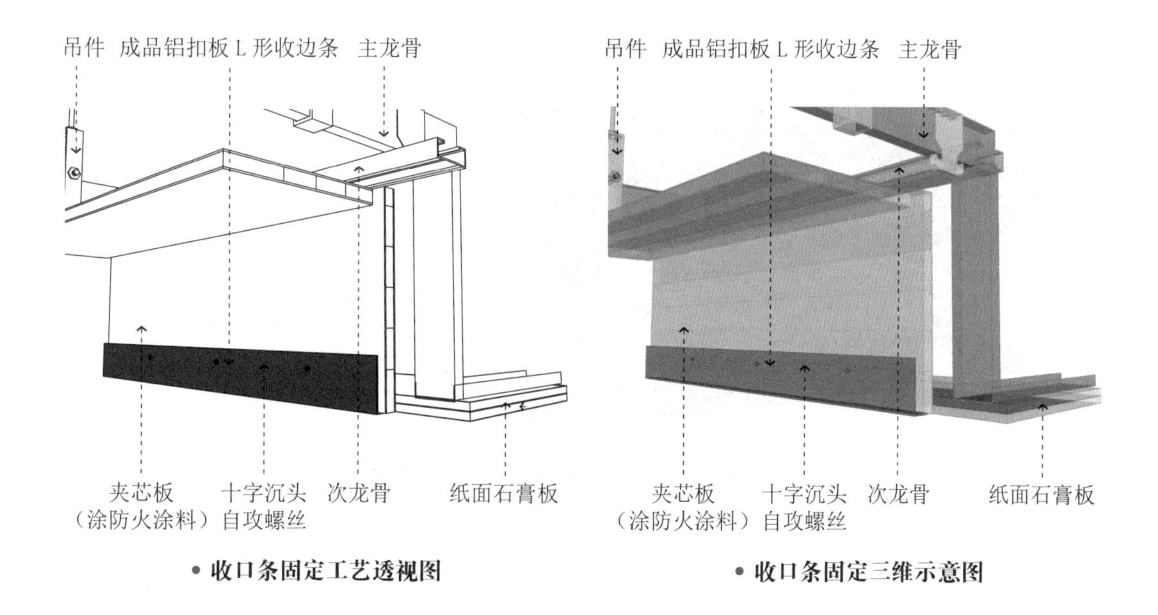
吊件
成品铝扣板L形收边条
主龙骨
夹芯板
（涂防火涂料）
十字沉头
自攻螺丝
次龙骨
纸面石膏板
吊件
成品铝扣板L形收边条
主龙骨
夹芯板
（涂防火涂料）
十字沉头
自攻螺丝
次龙骨
纸面石膏板

• 收口条固定工艺透视图

• 收口条固定三维示意图

9.4.4.5 灯槽内石膏板侧板与顶板安装

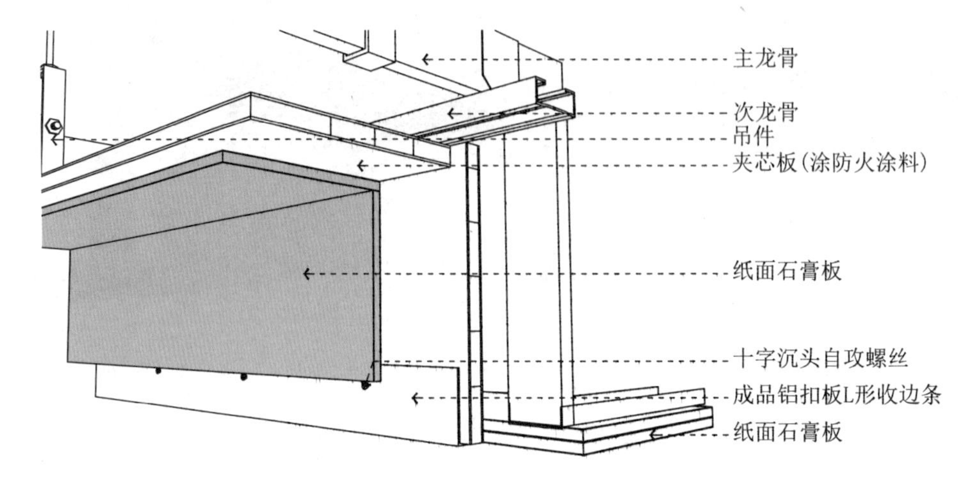
主龙骨
次龙骨
吊件
夹芯板(涂防火涂料)
纸面石膏板
十字沉头自攻螺丝
成品铝扣板L形收边条
纸面石膏板

• 灯槽内石膏板侧板与顶板安装工艺透视图

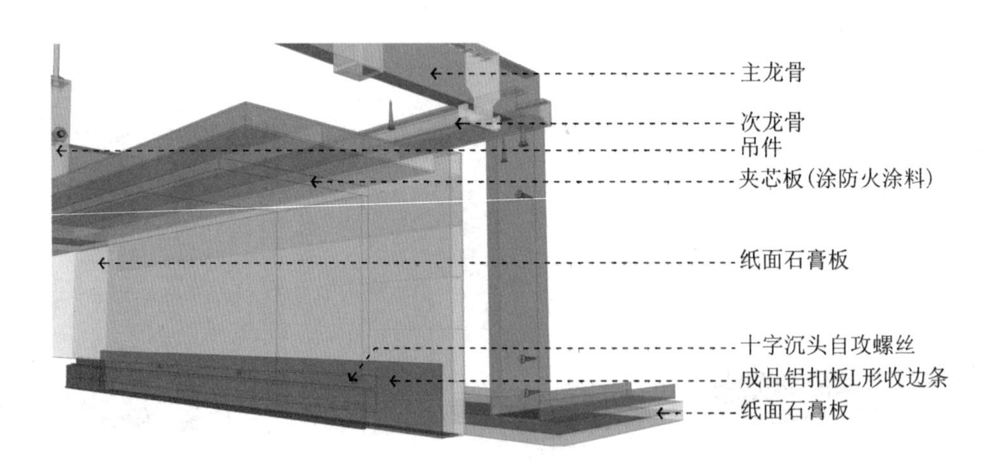
主龙骨
次龙骨
吊件
夹芯板(涂防火涂料)
纸面石膏板
十字沉头自攻螺丝
成品铝扣板L形收边条
纸面石膏板

• 灯槽内石膏板侧板与顶板安装三维示意图

9.4.4.6 灯模卡件固定

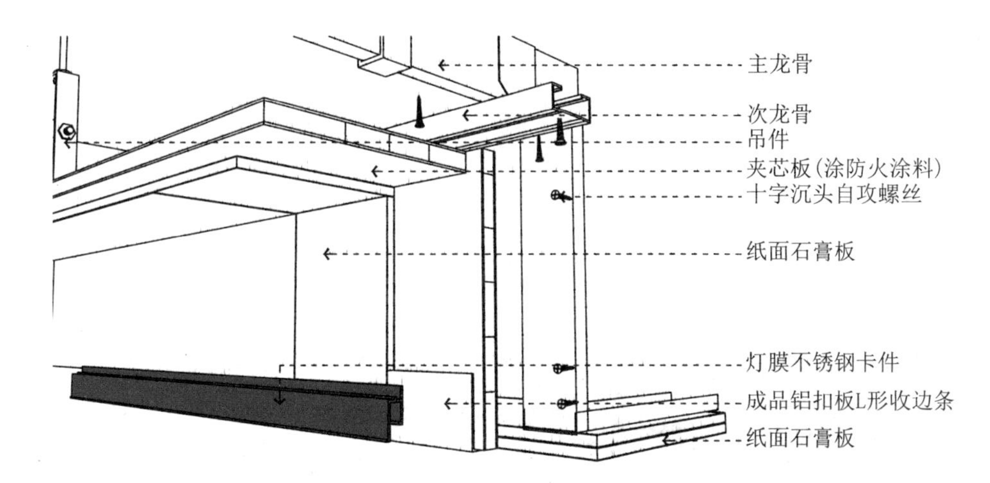
主龙骨
次龙骨
吊件
夹芯板(涂防火涂料)
十字沉头自攻螺丝
纸面石膏板
灯膜不锈钢卡件
成品铝扣板L形收边条
纸面石膏板

• 灯模卡件固定工艺透视图

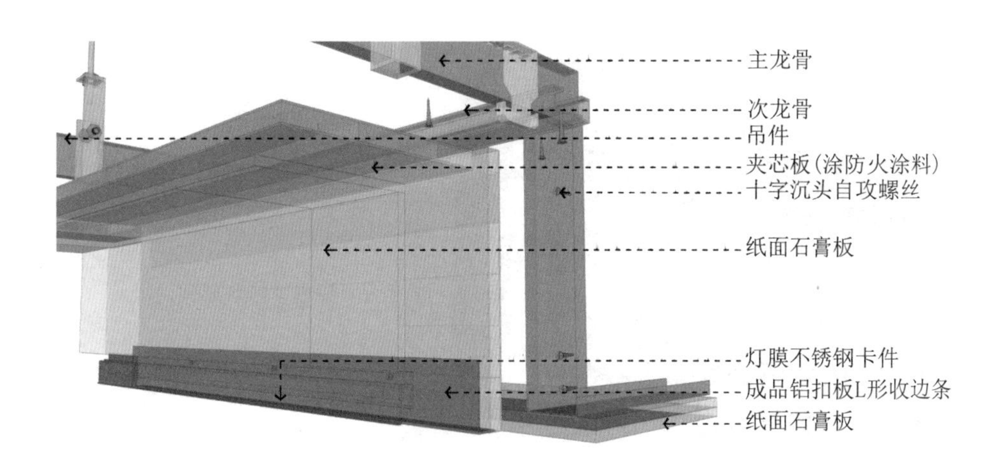
主龙骨
次龙骨
吊件
夹芯板(涂防火涂料)
十字沉头自攻螺丝
纸面石膏板
灯膜不锈钢卡件
成品铝扣板L形收边条
纸面石膏板

• 灯模卡件固定三维示意图

9.4.4.7 透光软膜材料试装

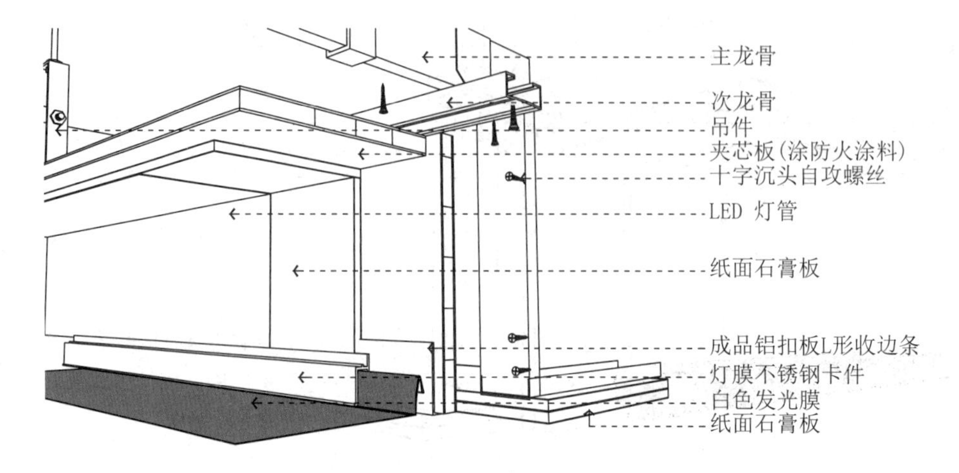
主龙骨
次龙骨
吊件
夹芯板(涂防火涂料)
十字沉头自攻螺丝
LED 灯管
纸面石膏板
成品铝扣板L形收边条
灯膜不锈钢卡件
白色发光膜
纸面石膏板

• 透光软膜材料试装工艺透视图

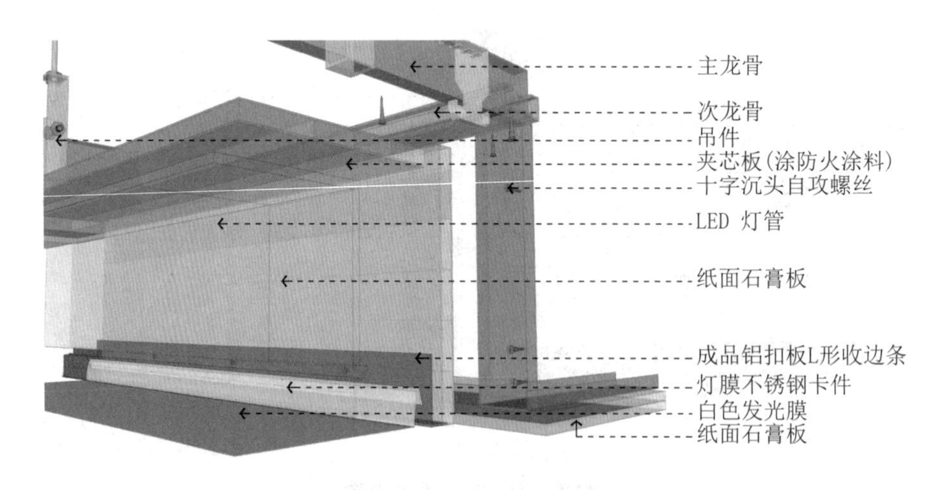
主龙骨
次龙骨
吊件
夹芯板(涂防火涂料)
十字沉头自攻螺丝
LED 灯管
纸面石膏板
成品铝扣板L形收边条
灯膜不锈钢卡件
白色发光膜
纸面石膏板

• 透光软膜材料试装三维示意图

9.4.4.8 灯管安装

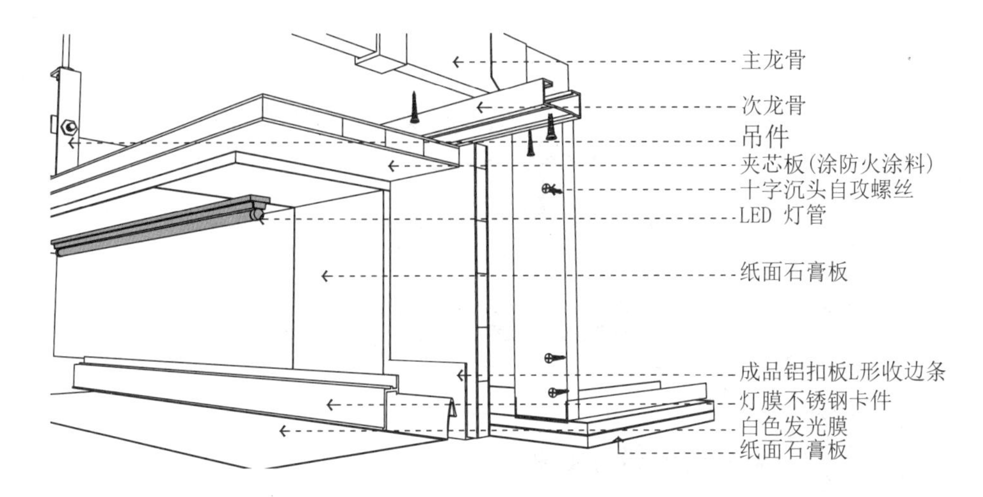
主龙骨
次龙骨
吊件
夹芯板(涂防火涂料)
十字沉头自攻螺丝
LED 灯管
纸面石膏板
成品铝扣板L形收边条
灯膜不锈钢卡件
白色发光膜
纸面石膏板

• 灯管安装工艺透视图

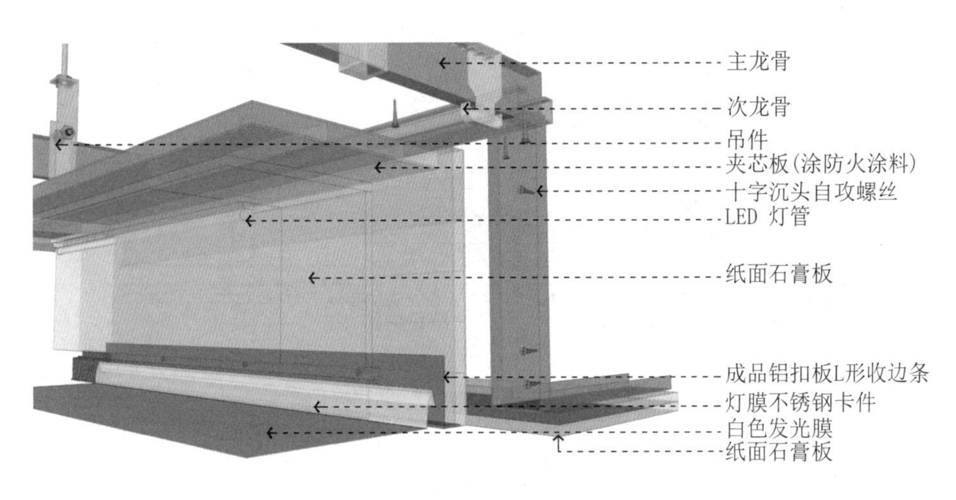
主龙骨
次龙骨
吊件
夹芯板(涂防火涂料)
十字沉头自攻螺丝
LED 灯管
纸面石膏板
成品铝扣板L形收边条
灯膜不锈钢卡件
白色发光膜
纸面石膏板

• 灯管安装三维示意图

9.5 吊顶空调

9.5.1 空调侧进出风口制作施工工艺

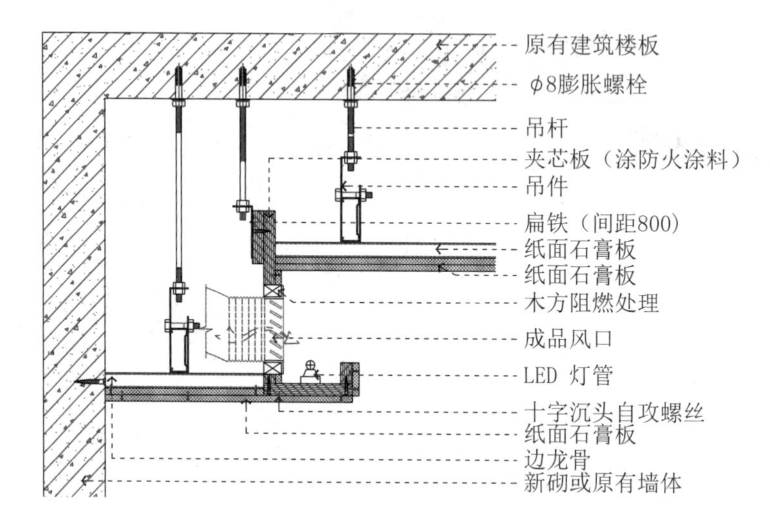
原有建筑楼板
φ8膨胀螺栓
吊杆
夹芯板（涂防火涂料）
吊件
扁铁（间距800）
纸面石膏板
纸面石膏板
木方阻燃处理
成品风口
LED 灯管
十字沉头自攻螺丝
纸面石膏板
边龙骨
新砌或原有墙体

• 空调侧进出风口制作施工做法大样图

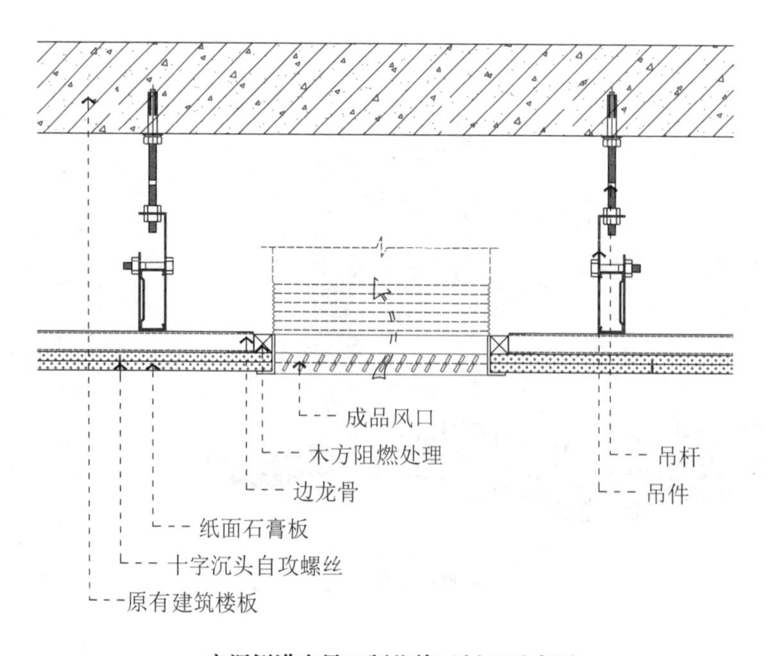
成品风口
木方阻燃处理
边龙骨
纸面石膏板
十字沉头自攻螺丝
原有建筑楼板
吊杆
吊件

• 空调侧进出风口制作施工剖面示意图

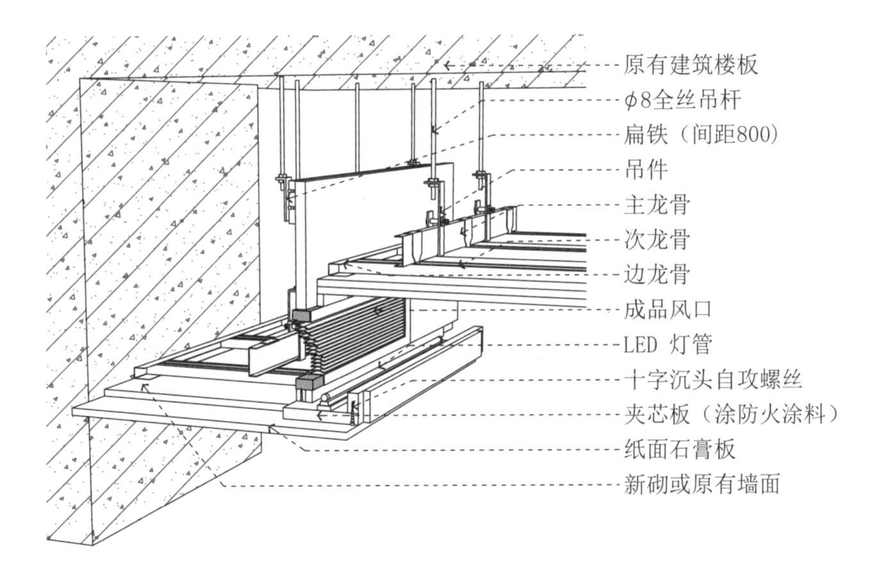
原有建筑楼板
ϕ8全丝吊杆
扁铁（间距800）
吊件
主龙骨
次龙骨
边龙骨
成品风口
LED 灯管
十字沉头自攻螺丝
夹芯板（涂防火涂料）
纸面石膏板
新砌或原有墙面

• 空调侧进出风口制作施工工艺透视图

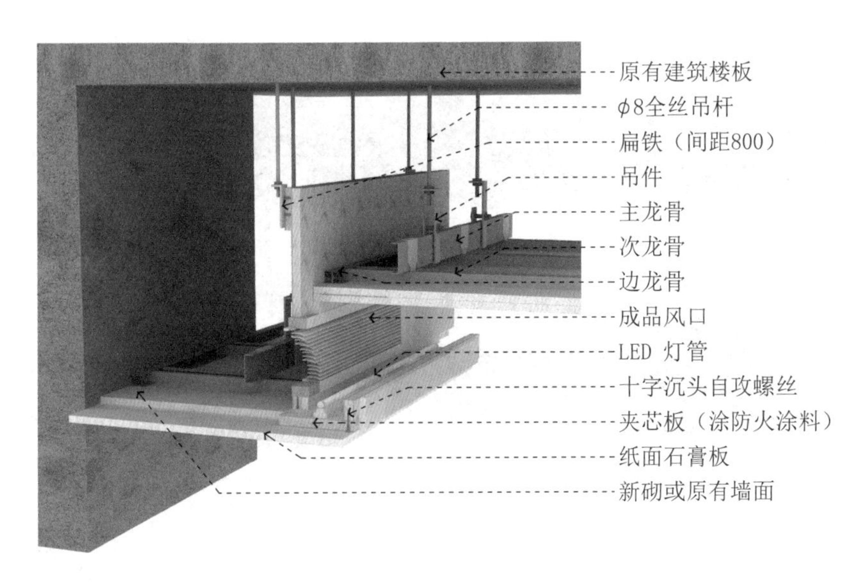
原有建筑楼板
ϕ8全丝吊杆
扁铁（间距800）
吊件
主龙骨
次龙骨
边龙骨
成品风口
LED 灯管
十字沉头自攻螺丝
夹芯板（涂防火涂料）
纸面石膏板
新砌或原有墙面

• 空调侧进出风口制作施工三维示意图

9.5.2 空调下进出风口制作施工工艺流程

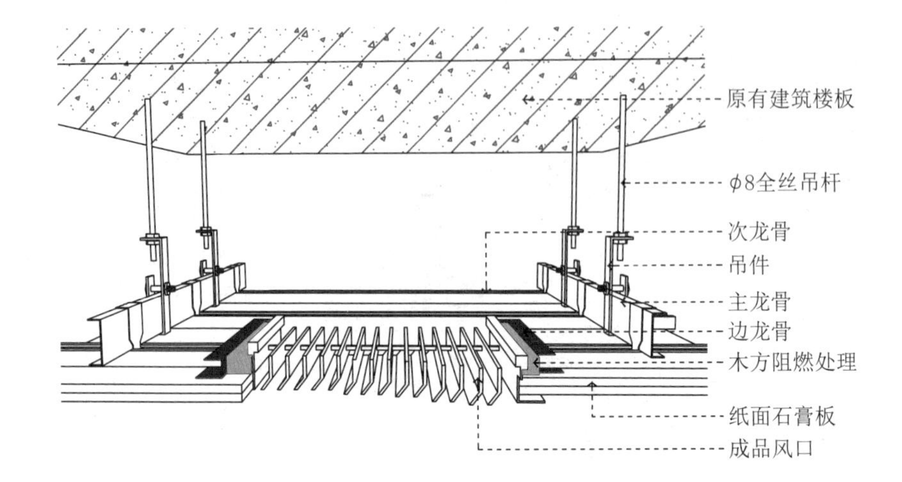
原有建筑楼板
ϕ8全丝吊杆
次龙骨
吊件
主龙骨
边龙骨
木方阻燃处理
纸面石膏板
成品风口

• 空调下进出风口制作施工工艺透视图（一）

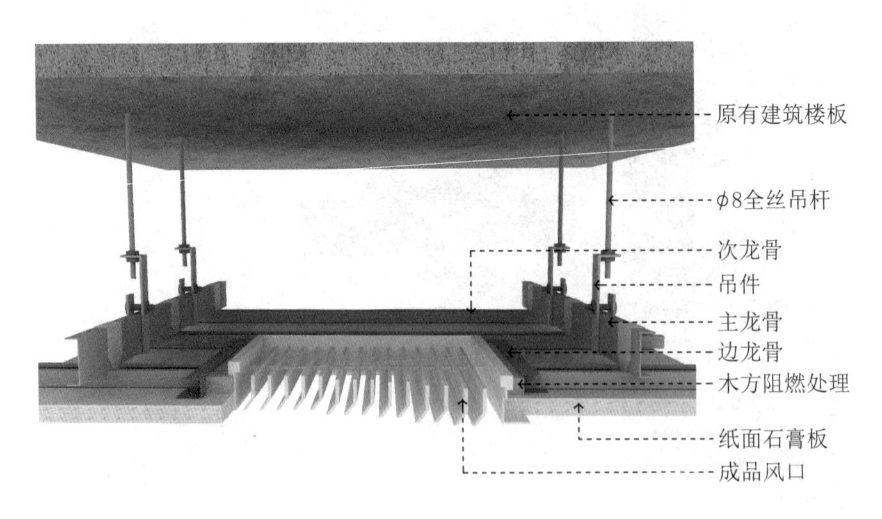
原有建筑楼板
ϕ8全丝吊杆
次龙骨
吊件
主龙骨
边龙骨
木方阻燃处理
纸面石膏板
成品风口

• 空调下进出风口制作施工工艺三维示意图（一）

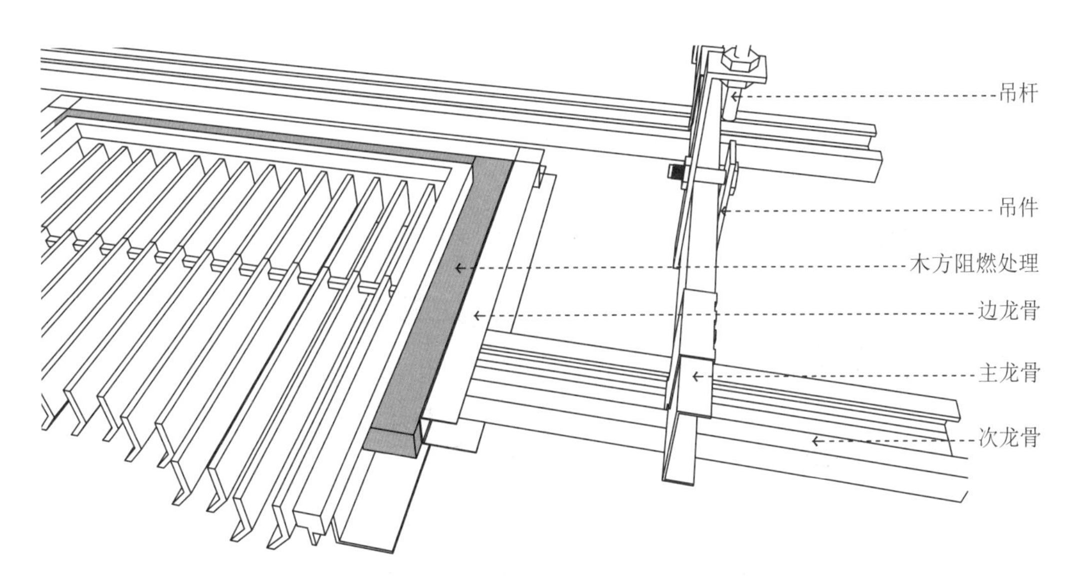
吊杆
吊件
木方阻燃处理
边龙骨
主龙骨
次龙骨

• 空调下进出风口制作施工工艺透视图（二）

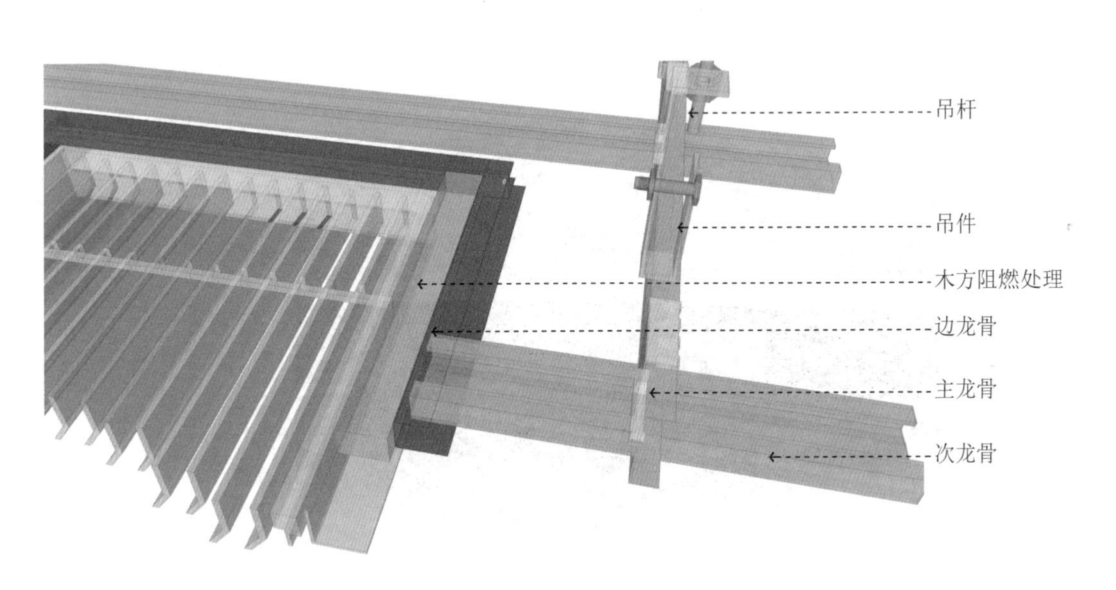
吊杆
吊件
木方阻燃处理
边龙骨
主龙骨
次龙骨

• 空调下进出风口制作施工工艺三维示意图（二）

9.5.3 吊顶空调风管固定施工工艺流程

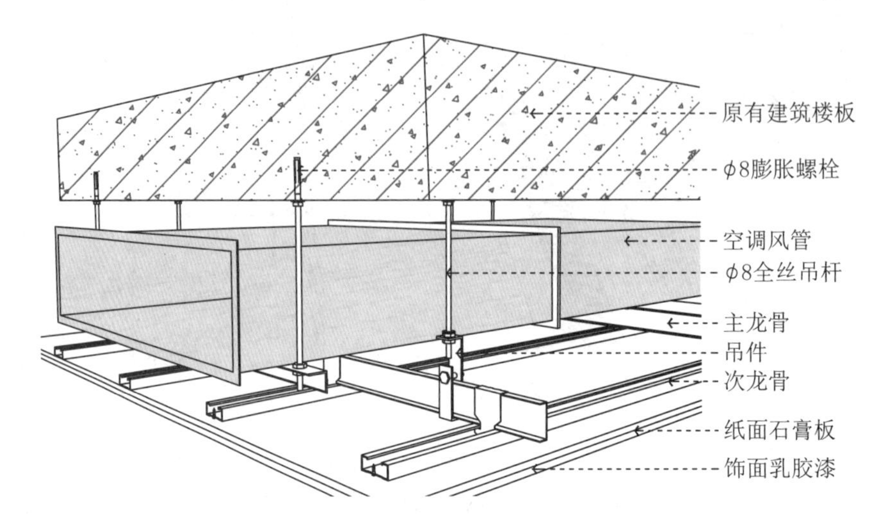
原有建筑楼板
φ8膨胀螺栓
空调风管
φ8全丝吊杆
主龙骨
吊件
次龙骨
纸面石膏板
饰面乳胶漆

• 吊顶空调风管固定工艺透视图

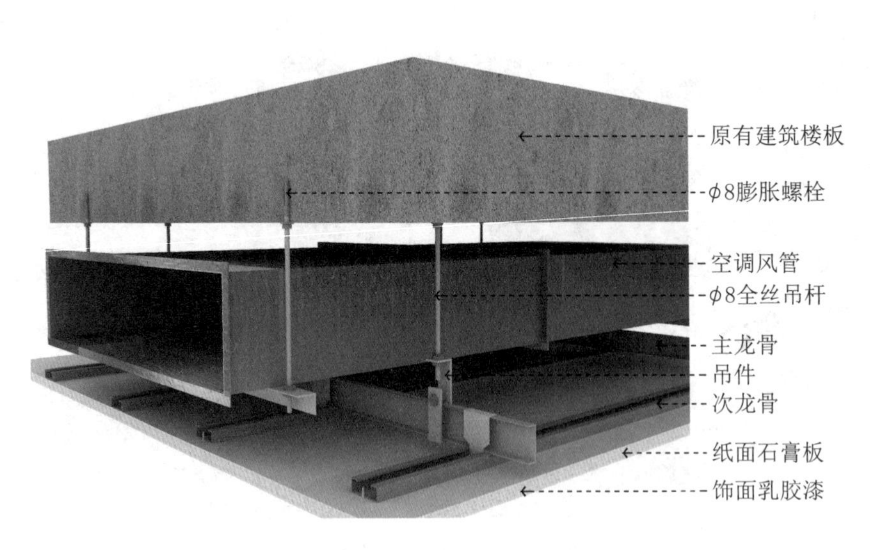
原有建筑楼板
φ8膨胀螺栓
空调风管
φ8全丝吊杆
主龙骨
吊件
次龙骨
纸面石膏板
饰面乳胶漆

• 吊顶空调风管固定三维示意图

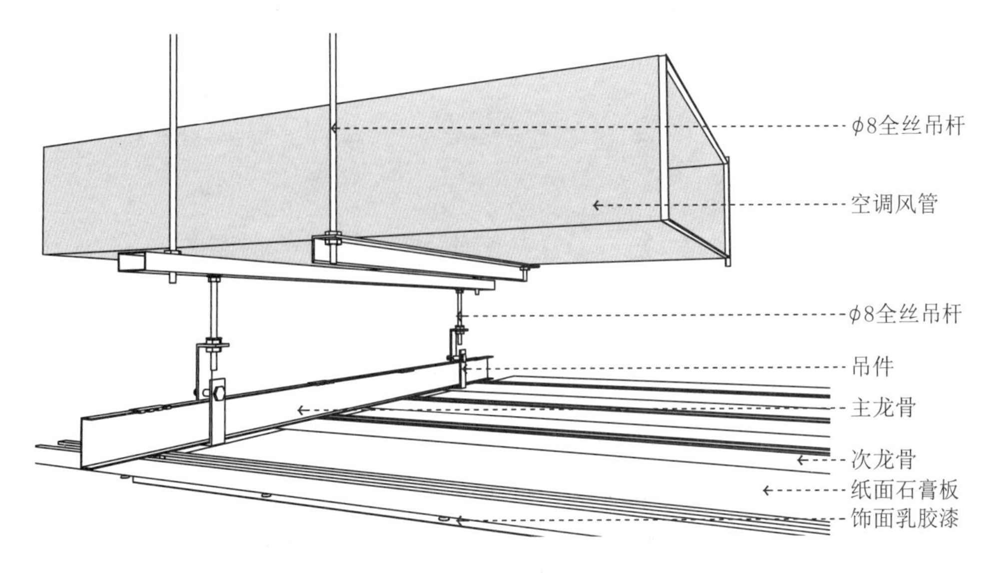
φ8全丝吊杆
空调风管
φ8全丝吊杆
吊件
主龙骨
次龙骨
纸面石膏板
饰面乳胶漆

• 吊顶空调风管固定工艺透视图

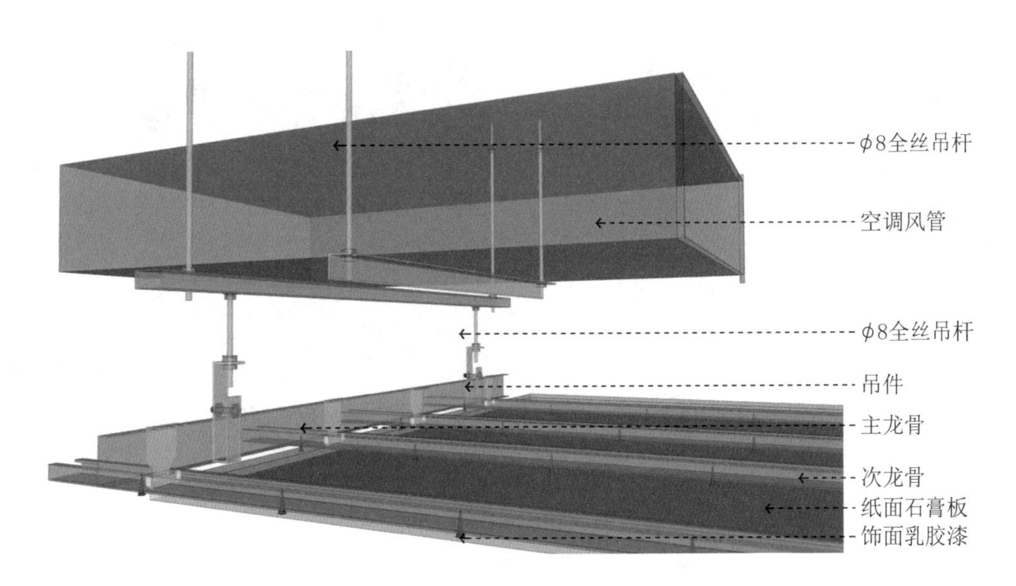
φ8全丝吊杆
空调风管
φ8全丝吊杆
吊件
主龙骨
次龙骨
纸面石膏板
饰面乳胶漆

• 吊顶空调风管固定三维示意图

9.6 吊顶面

9.6.1 吊顶罩面板制作施工工艺流程

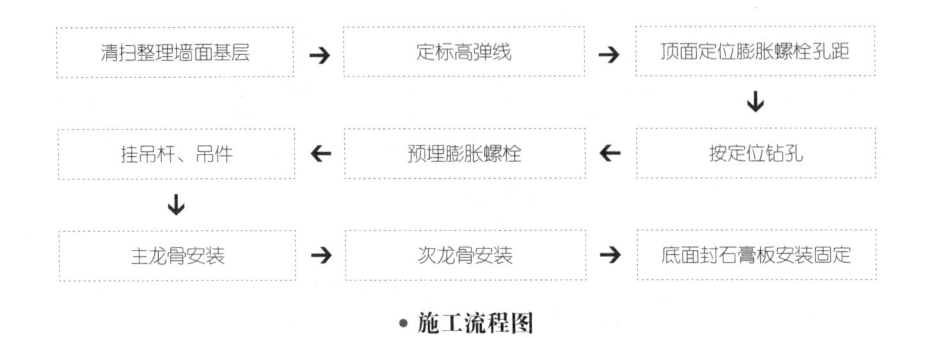
清扫整理墙面基层
定标高弹线
顶面定位膨胀螺栓孔距
按定位钻孔
预埋膨胀螺栓
挂吊杆、吊件
主龙骨安装
次龙骨安装
底面封石膏板安装固定

• 施工流程图

石膏板第一层与第二层拼缝应错开安装并加胶水粘接，且石膏板与周围墙或柱应留有 3mm 的槽口，采用弹性腻子批嵌，以使石膏板能伸缩位移。面层一般为双层纸面石膏板或防水石膏板（FC 板），面层必须与龙骨连接牢固、平整，缝隙控制在 5~8mm。

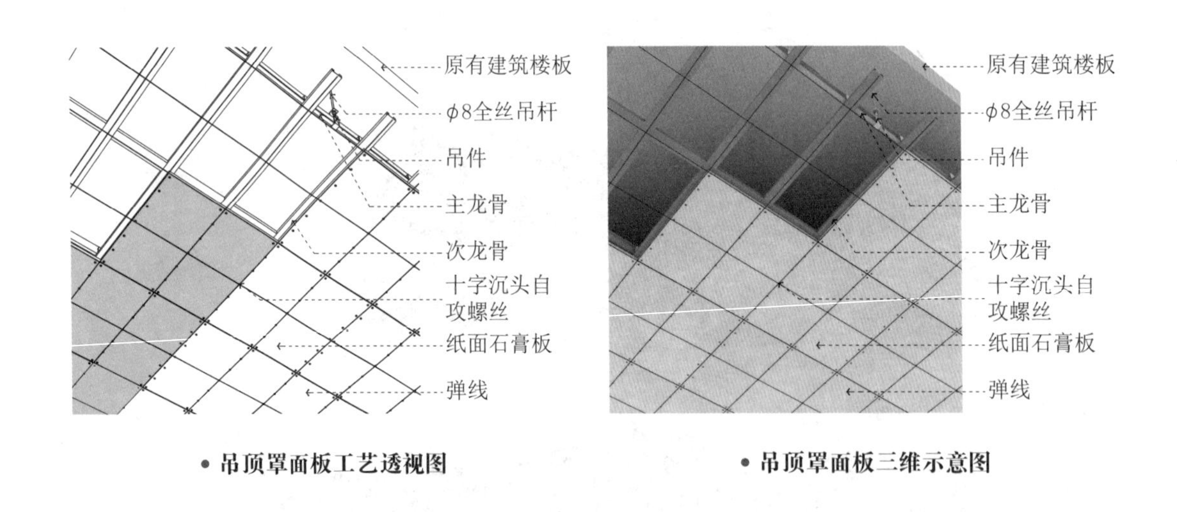
原有建筑楼板
φ8全丝吊杆
吊件
主龙骨
次龙骨
十字沉头自攻螺丝
纸面石膏板
弹线
原有建筑楼板
φ8全丝吊杆
吊件
主龙骨
次龙骨
十字沉头自攻螺丝
纸面石膏板
弹线

• 吊顶罩面板工艺透视图　　• 吊顶罩面板三维示意图

设 计

施工解读

1. 石膏板吊顶固定，全部弹线后采用可耐福磷化处理的自攻螺丝，禁止用枪钉固定，以防后期乳胶漆施工导致钉眼生锈。

2. 石膏板接缝处不允许在对角线上（十字搭接），避免乳胶漆漆面后期出现开裂。

9.6.1.1 挂吊杆、吊件

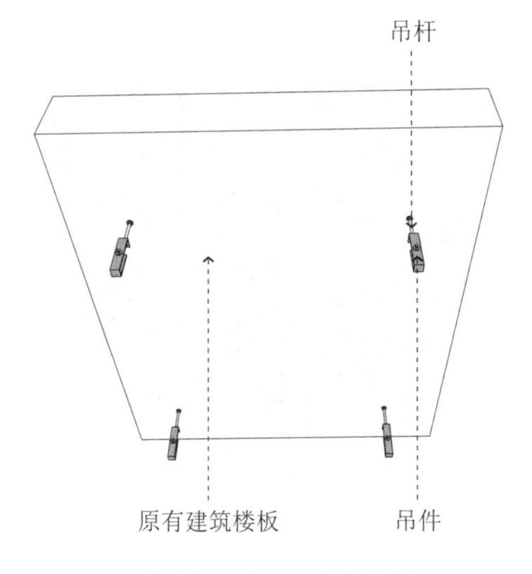
吊杆
原有建筑楼板
吊件

• 挂吊杆、吊件工艺透视图

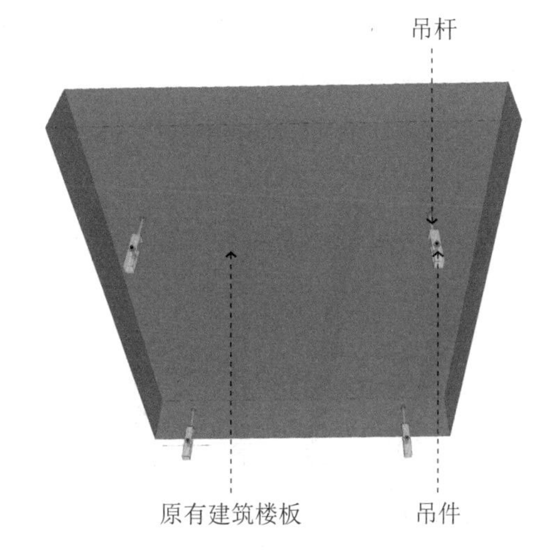
吊杆
原有建筑楼板
吊件

• 挂吊杆、吊件三维示意图

9.6.1.2 主龙骨安装

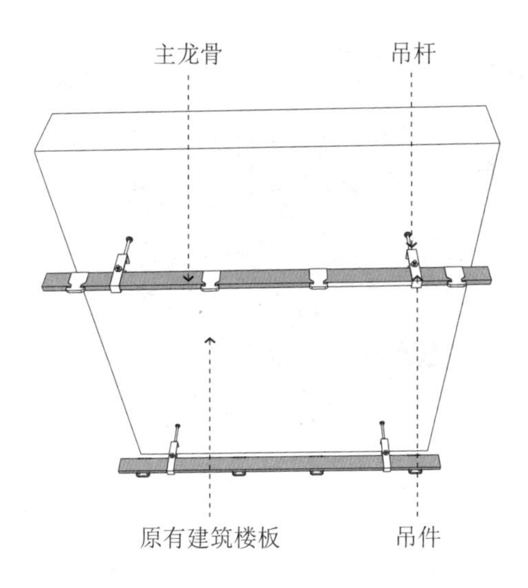
主龙骨
吊杆
原有建筑楼板
吊件

• 主龙骨安装工艺透视图

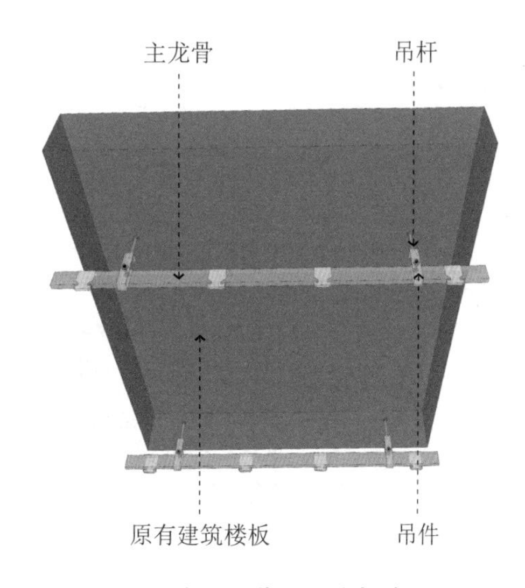
主龙骨
吊杆
原有建筑楼板
吊件

• 主龙骨安装三维示意图

9.6.1.3 次龙骨安装

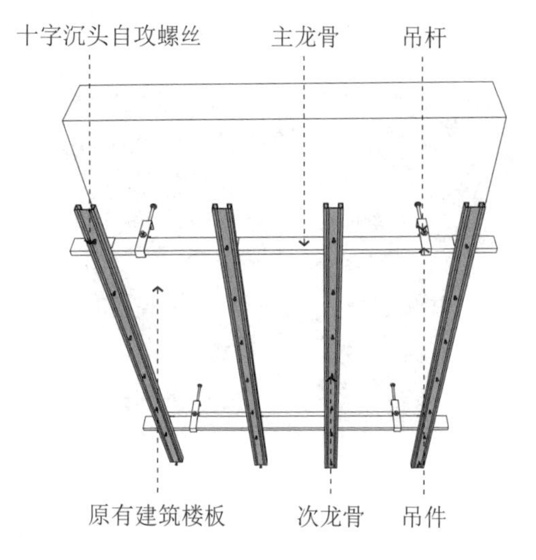
十字沉头自攻螺丝
主龙骨
吊杆
原有建筑楼板
次龙骨
吊件

• 次龙骨安装工艺透视图

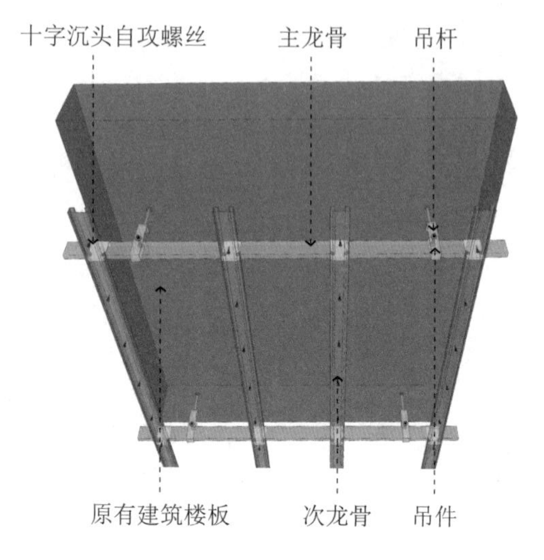
十字沉头自攻螺丝
主龙骨
吊杆
原有建筑楼板
次龙骨
吊件

• 次龙骨安装三维示意图

9.6.1.4 底面封石膏板安装固定

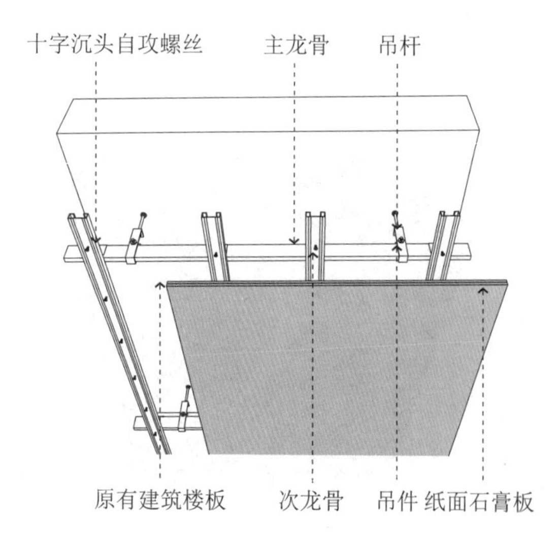
十字沉头自攻螺丝
主龙骨
吊杆
原有建筑楼板
次龙骨
吊件
纸面石膏板

• 底面封石膏板安装固定工艺透视图

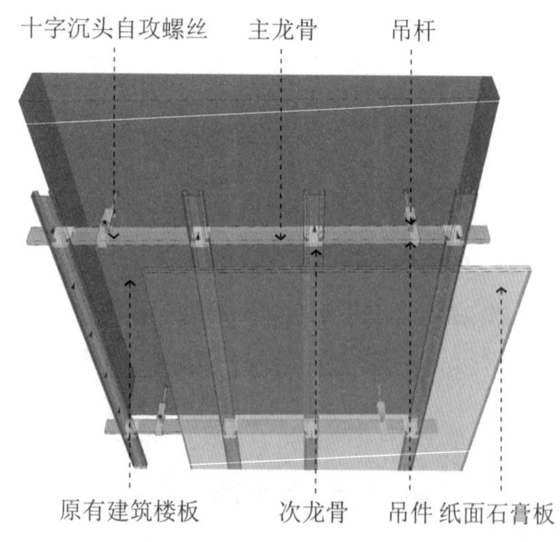
十字沉头自攻螺丝
主龙骨
吊杆
原有建筑楼板
次龙骨
吊件
纸面石膏板

• 底面封石膏板安装固定三维示意图

9.6.2 吊顶 U 形安装夹硅酸钙板平吊施工工艺流程

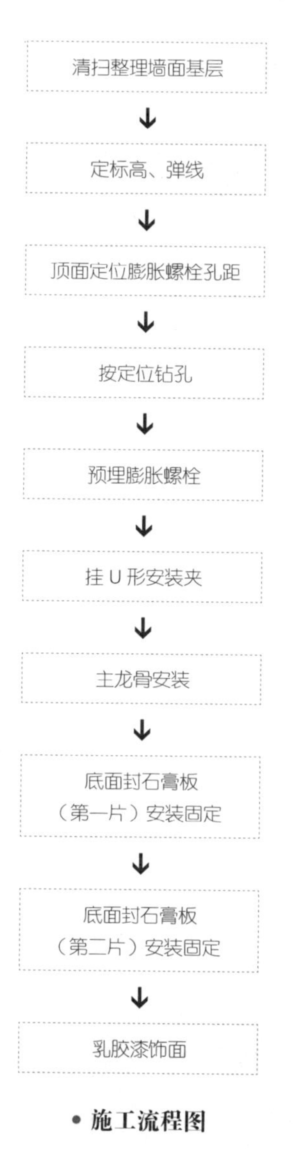
清扫整理墙面基层
定标高、弹线
顶面定位膨胀螺栓孔距
按定位钻孔
预埋膨胀螺栓
挂 U 形安装夹
主龙骨安装
底面封石膏板
（第一片）安装固定
底面封石膏板
（第二片）安装固定
乳胶漆饰面

• **施工流程图**

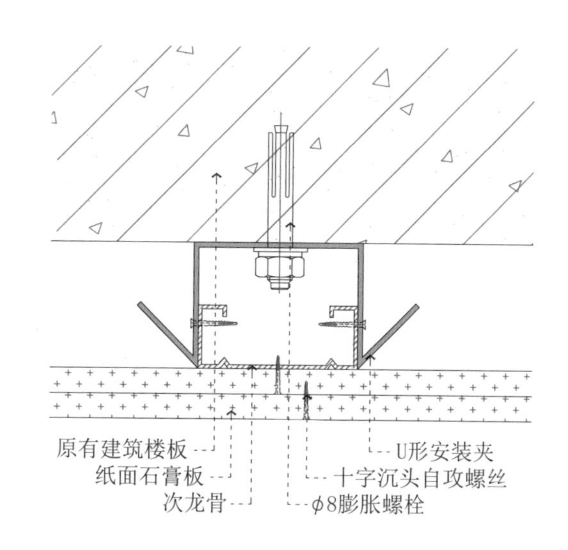
原有建筑楼板
纸面石膏板
次龙骨
U形安装夹
十字沉头自攻螺丝
ϕ8膨胀螺栓

• **吊顶 U 形安装夹硅酸钙板平吊施工做法大样图**

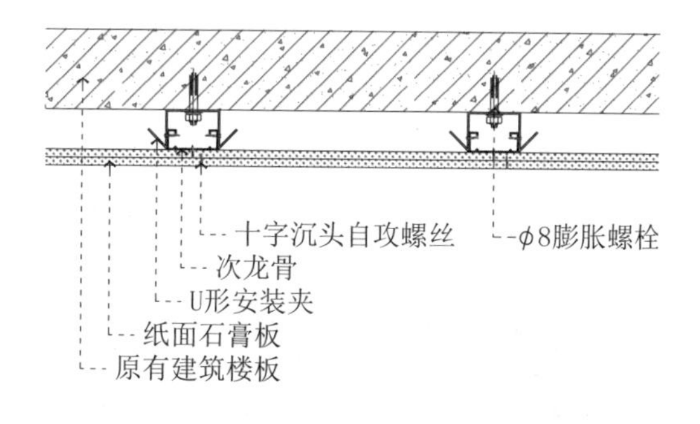
十字沉头自攻螺丝
ϕ8膨胀螺栓
次龙骨
U形安装夹
纸面石膏板
原有建筑楼板

• **吊顶 U 形安装夹硅酸钙板平吊施工剖面示意图**

设 计

施工解读

1. 面层一般为双层纸面石膏板或防水石膏板（FC 板），必须与龙骨连接牢固、平整，缝隙控制在 5~8mm。
2. 石膏板第一层与第二层拼缝应错开安装并加胶水粘接。

9.6.2.1 挂U形安装夹

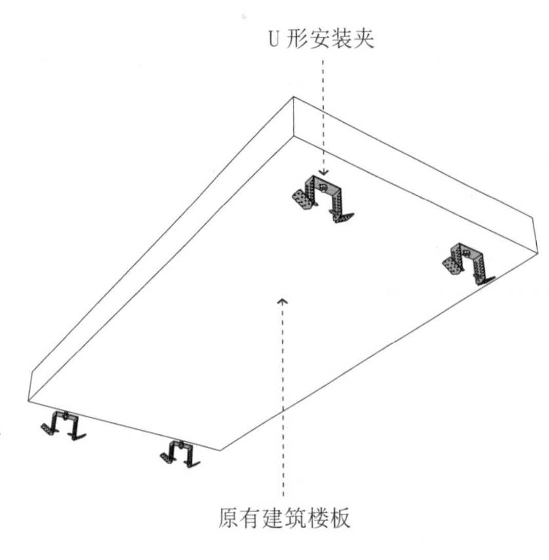
U形安装夹
原有建筑楼板

• 挂U形安装夹工艺透视图

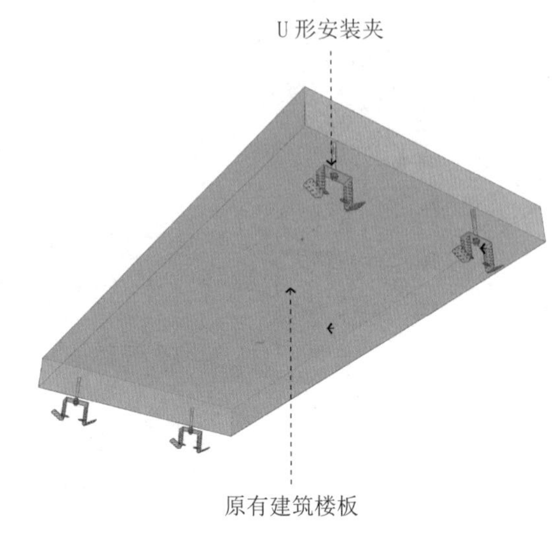
U形安装夹
原有建筑楼板

• 挂U形安装夹三维示意图

9.6.2.2 主龙骨安装

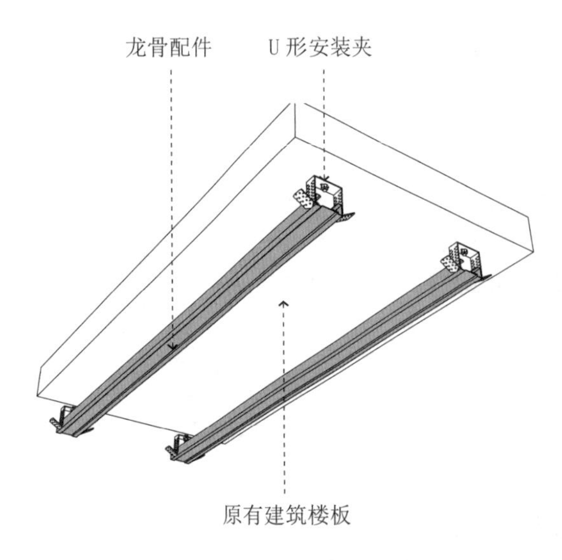
龙骨配件
U形安装夹
原有建筑楼板

• 主龙骨安装工艺透视图

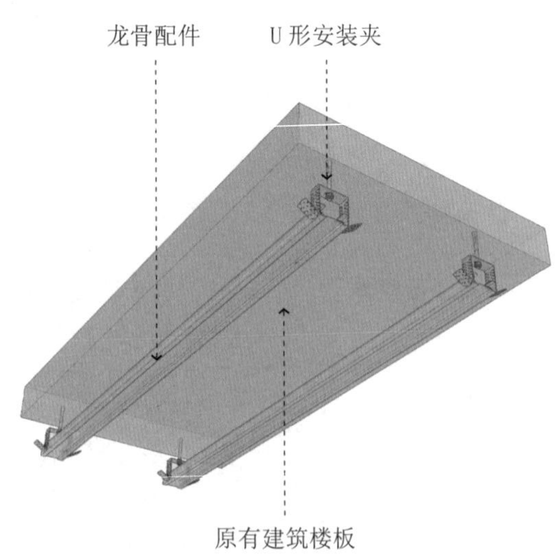
龙骨配件
U形安装夹
原有建筑楼板

• 主龙骨安装三维示意图

9.6.2.3 底面封石膏板安装固定

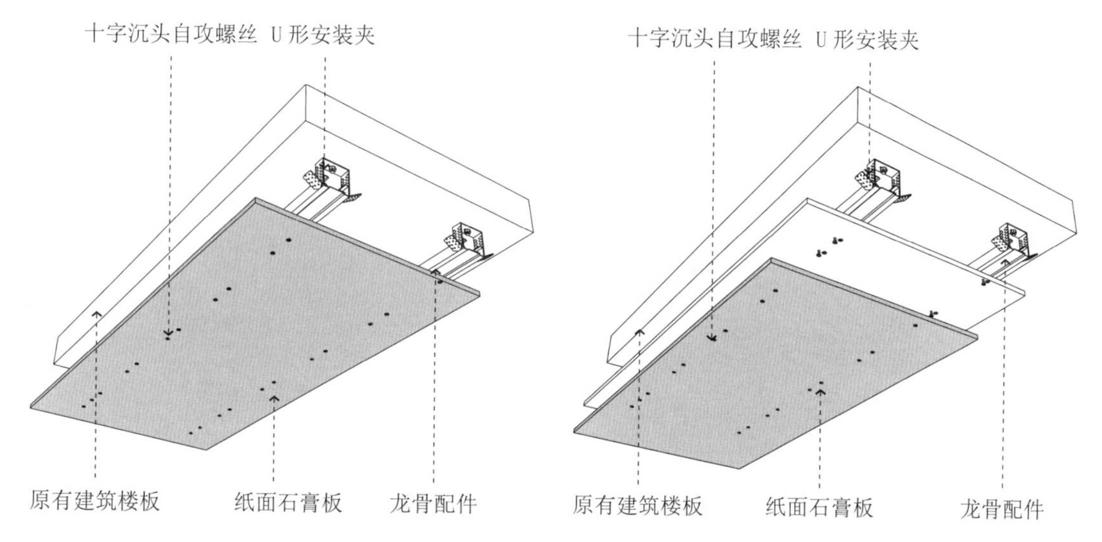
十字沉头自攻螺丝 U形安装夹
原有建筑楼板
纸面石膏板
龙骨配件
十字沉头自攻螺丝 U形安装夹
原有建筑楼板
纸面石膏板
龙骨配件

• 底面封（第一片）石膏板安装固定工艺透视图

• 底面封（第二片）石膏板安装固定工艺透视图

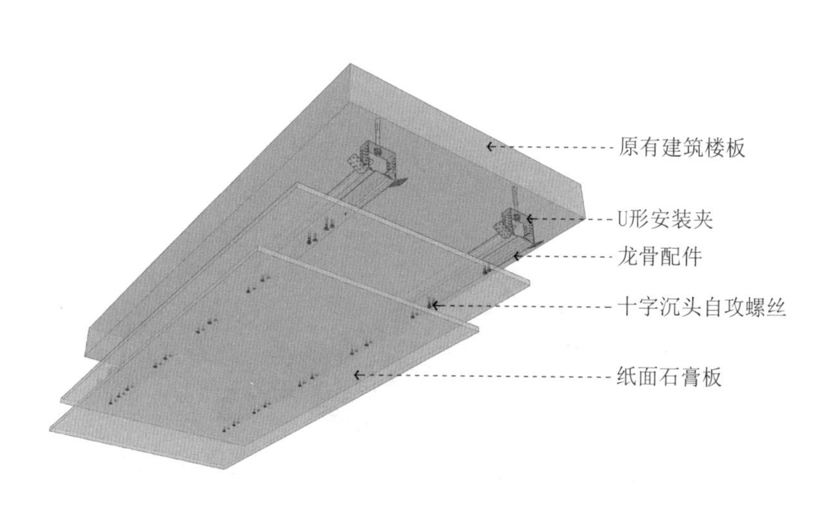
原有建筑楼板
U形安装夹
龙骨配件
十字沉头自攻螺丝
纸面石膏板

• 底面封石膏板安装固定三维示意图

9.6.2.4 乳胶漆饰面

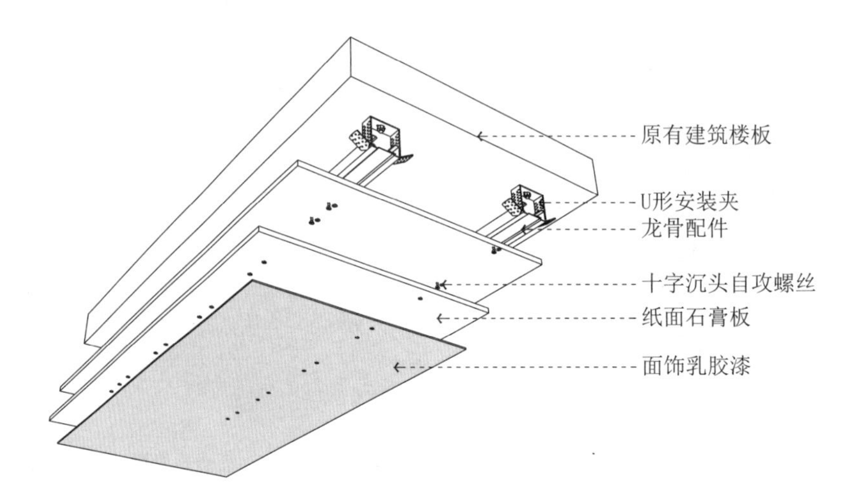
原有建筑楼板
U形安装夹
龙骨配件
十字沉头自攻螺丝
纸面石膏板
面饰乳胶漆

• 乳胶漆饰面工艺透视图

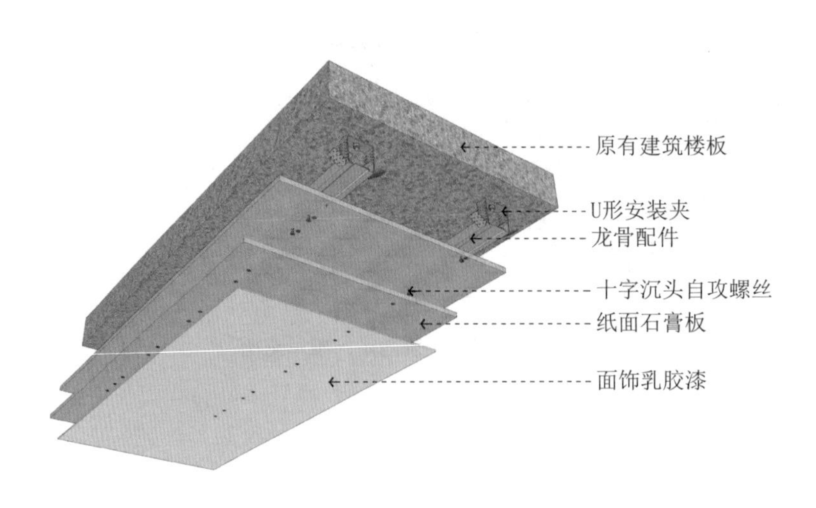
原有建筑楼板
U形安装夹
龙骨配件
十字沉头自攻螺丝
纸面石膏板
面饰乳胶漆

• 乳胶漆饰面三维示意图

9.6.3 石膏吊顶基本工艺

9.6.3.1 防锈漆点锈

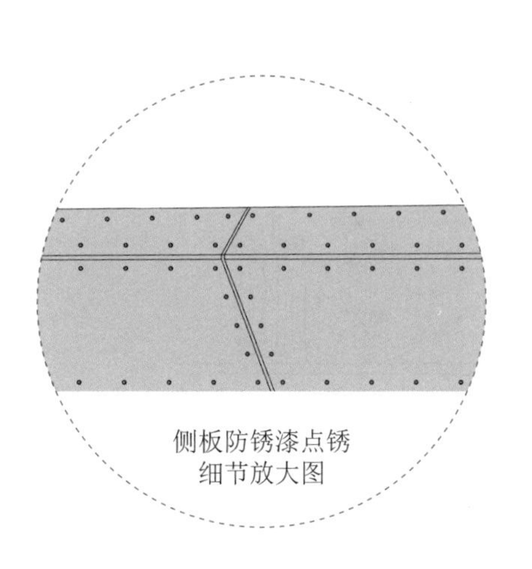
侧板防锈漆点锈
细节放大图

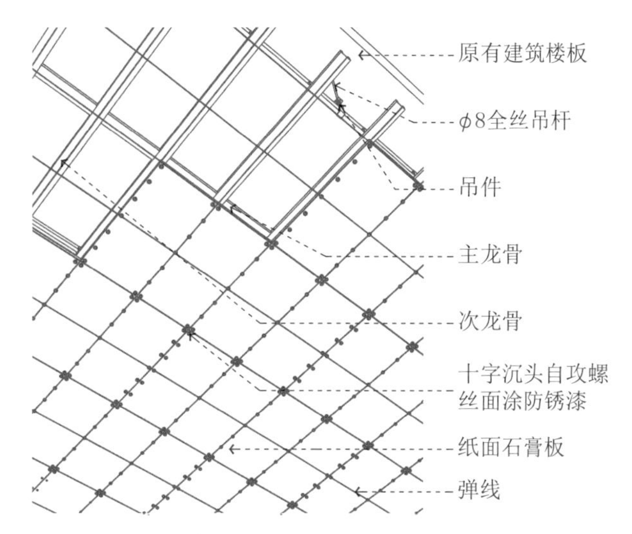
原有建筑楼板
ϕ8全丝吊杆
吊件
主龙骨
次龙骨
十字沉头自攻螺
丝面涂防锈漆
纸面石膏板
弹线

• 平吊顶防锈漆点锈工艺透视图

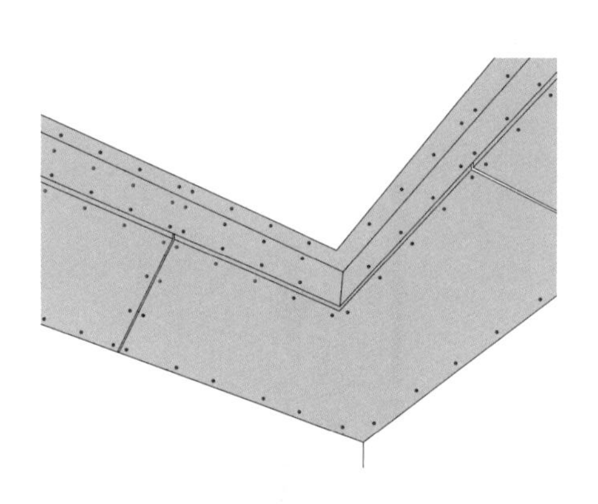

• 侧板防锈漆点锈示意图

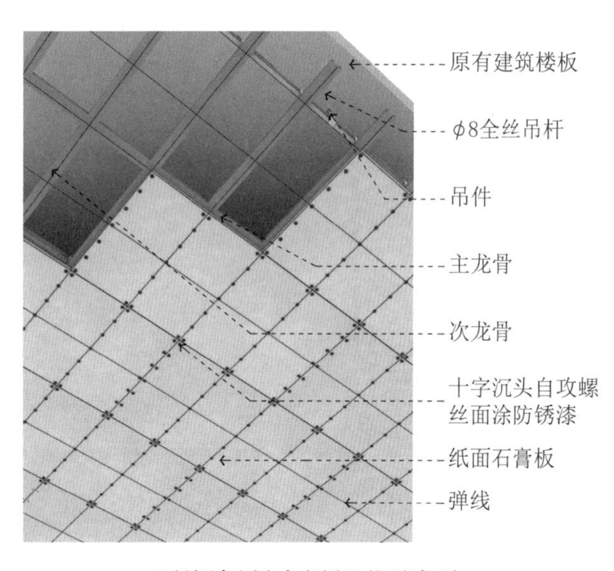
原有建筑楼板
ϕ8全丝吊杆
吊件
主龙骨
次龙骨
十字沉头自攻螺
丝面涂防锈漆
纸面石膏板
弹线

• 平吊顶防锈漆点锈三维示意图

设 计

施工解读

自攻螺钉沉入石膏板 0.5~1mm，钉眼处使用防锈漆点锈，干燥后采用防锈漆调和石膏批刮钉眼。

9.6.3.2 石膏板U形槽

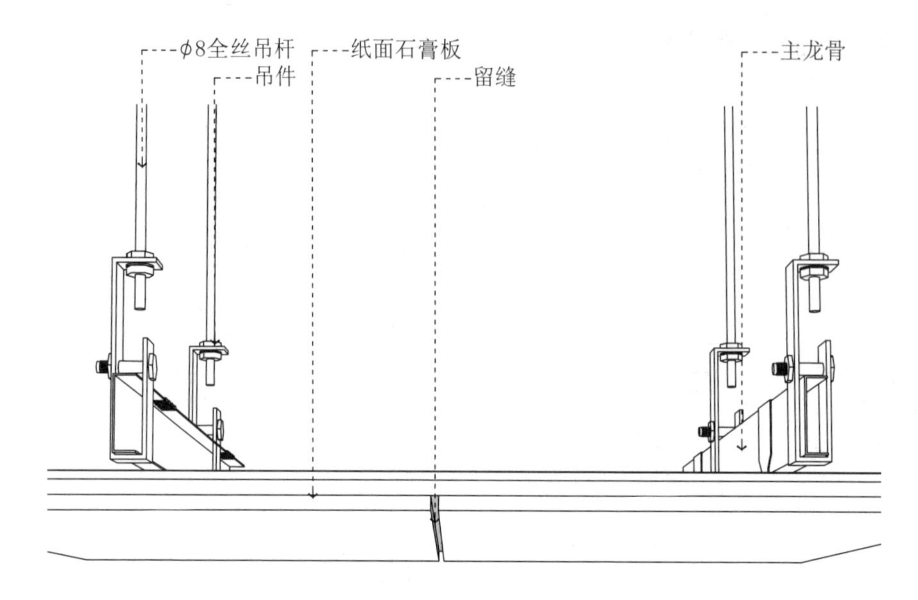
ϕ8全丝吊杆
吊件
纸面石膏板
留缝
主龙骨

• 石膏板U形槽工艺透视图

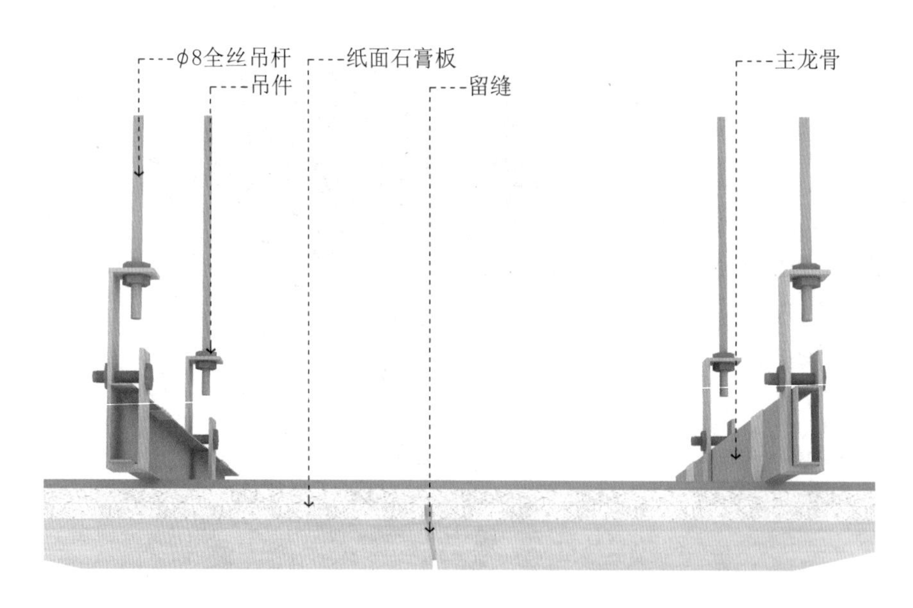
ϕ8全丝吊杆
吊件
纸面石膏板
留缝
主龙骨

• 石膏板U形槽三维示意图

设 计

施工解读

石膏板拼缝之间采用U形槽工艺，使后期拼缝间能够充分填充腻子，确保后期乳胶漆面不开裂。

9.6.3.3 螺丝固定

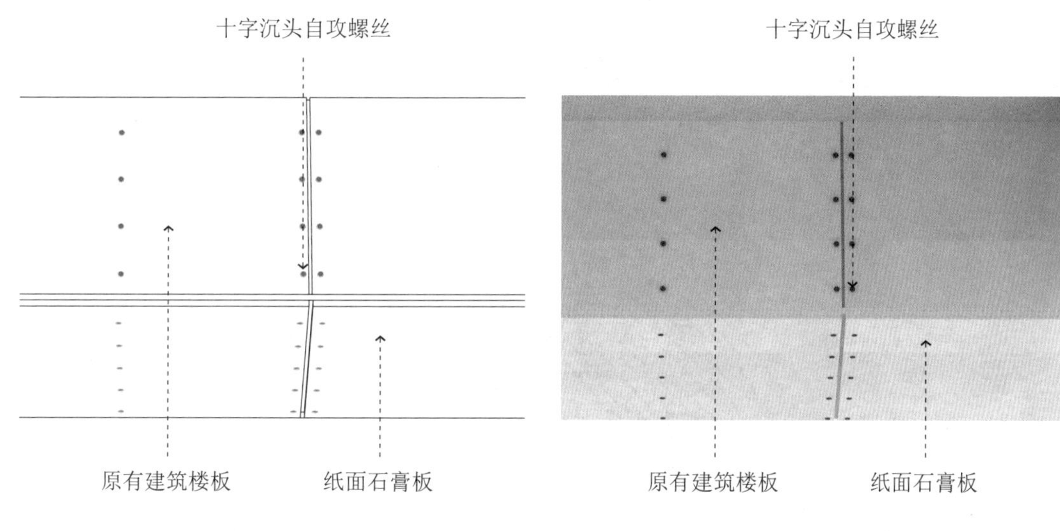
十字沉头自攻螺丝
十字沉头自攻螺丝
原有建筑楼板
纸面石膏板
原有建筑楼板
纸面石膏板

• 螺丝固定工艺透视图　　• 螺丝固定三维示意图

9.6.3.4 吊顶拼接

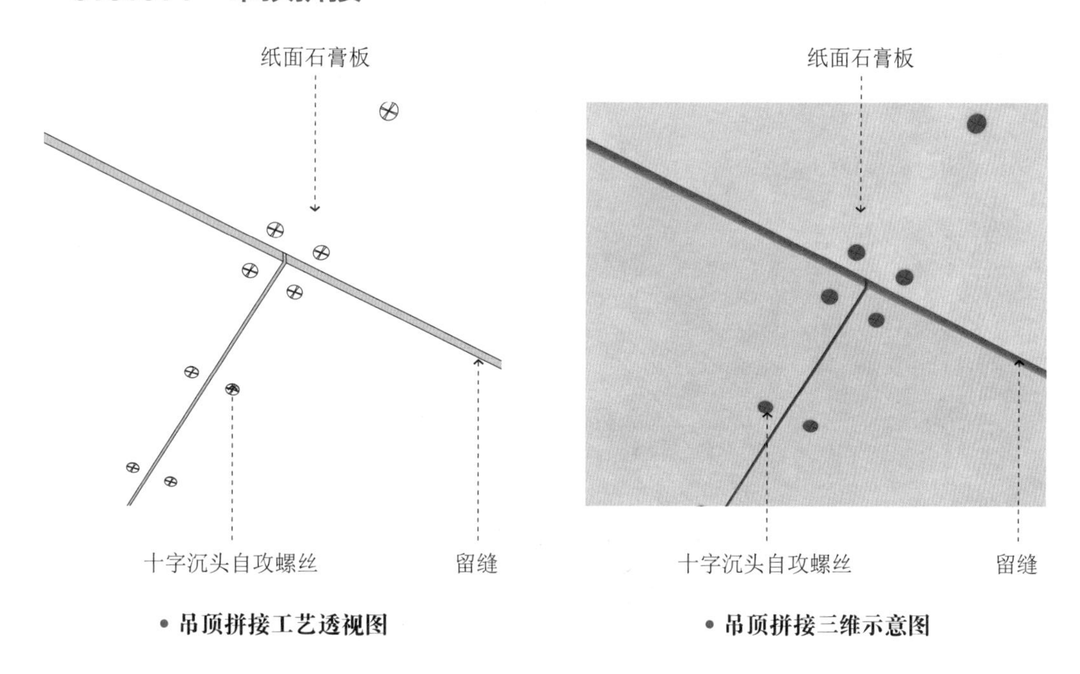
纸面石膏板
纸面石膏板
十字沉头自攻螺丝
留缝
十字沉头自攻螺丝
留缝

• 吊顶拼接工艺透视图　　• 吊顶拼接三维示意图

设　计

施工解读

1. 石膏板吊顶固定，全部弹线后采用可耐福磷化处理的自攻螺丝，禁止用枪钉固定，以防后期乳胶胶漆施工导致钉眼生锈。

2. 石膏板接缝处不允许在对角线上（十字搭接），以避免乳胶漆漆面后期出现开裂。

9.7 吊顶其他工艺施工流程

9.7.1 吊顶与石膏线条安装

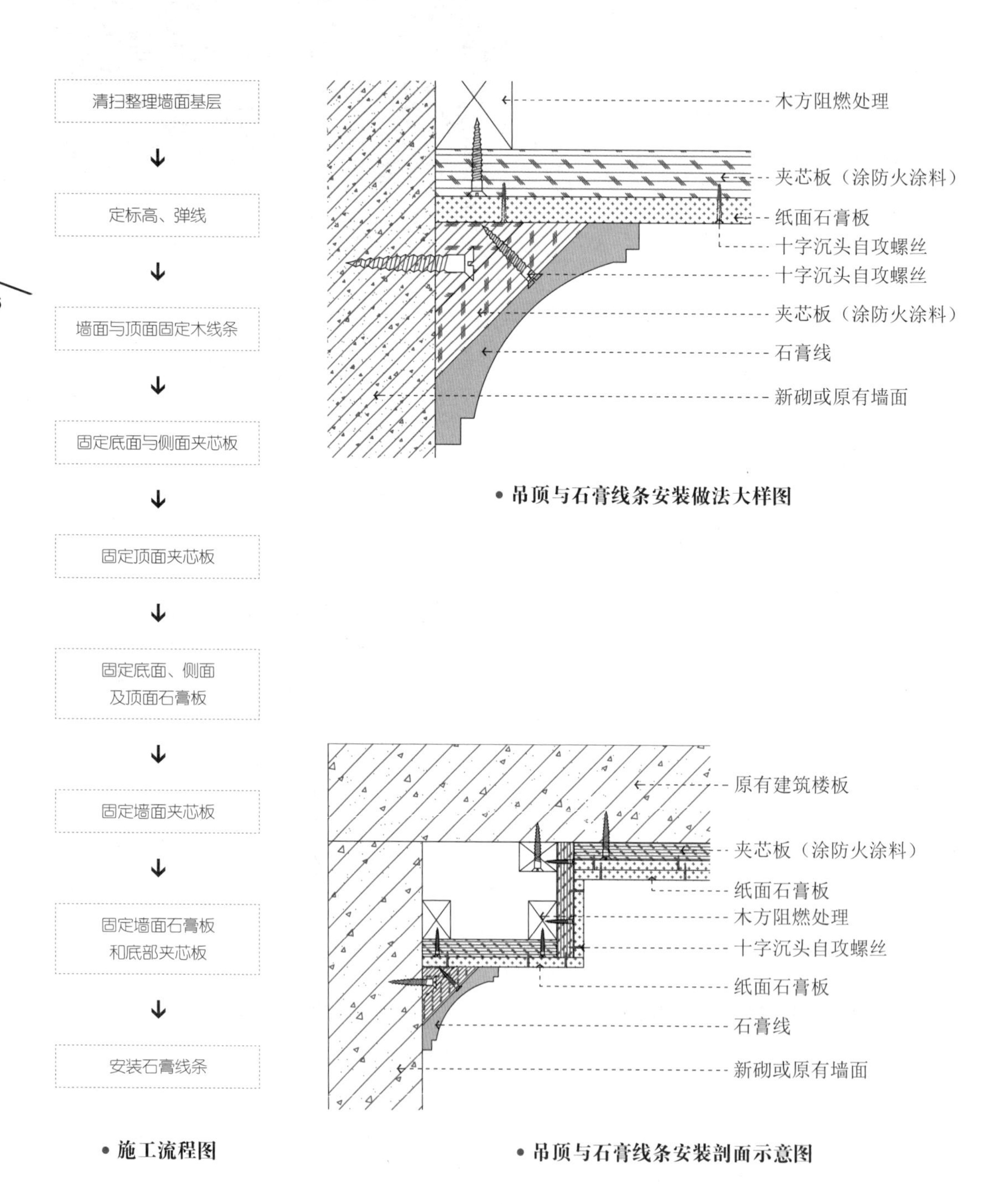

清扫整理墙面基层
定标高、弹线
墙面与顶面固定木线条
固定底面与侧面夹芯板
固定顶面夹芯板
固定底面、侧面及顶面石膏板
固定墙面夹芯板
固定墙面石膏板和底部夹芯板
安装石膏线条
木方阻燃处理
夹芯板（涂防火涂料）
纸面石膏板
十字沉头自攻螺丝
十字沉头自攻螺丝
夹芯板（涂防火涂料）
石膏线
新砌或原有墙面
原有建筑楼板
夹芯板（涂防火涂料）
纸面石膏板
木方阻燃处理
十字沉头自攻螺丝
纸面石膏板
石膏线
新砌或原有墙面

• 吊顶与石膏线条安装做法大样图

• 施工流程图

• 吊顶与石膏线条安装剖面示意图

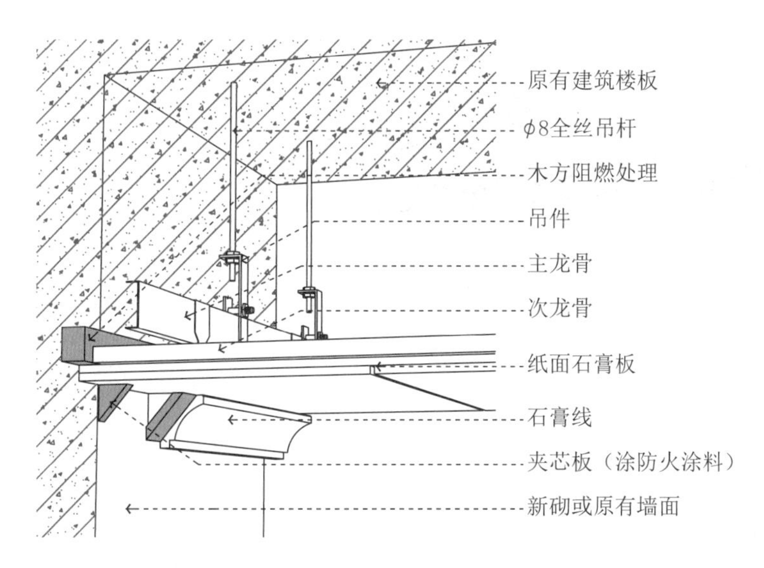
原有建筑楼板
ϕ8全丝吊杆
木方阻燃处理
吊件
主龙骨
次龙骨
纸面石膏板
石膏线
夹芯板（涂防火涂料）
新砌或原有墙面

• 吊顶与石膏线条安装做法透视图

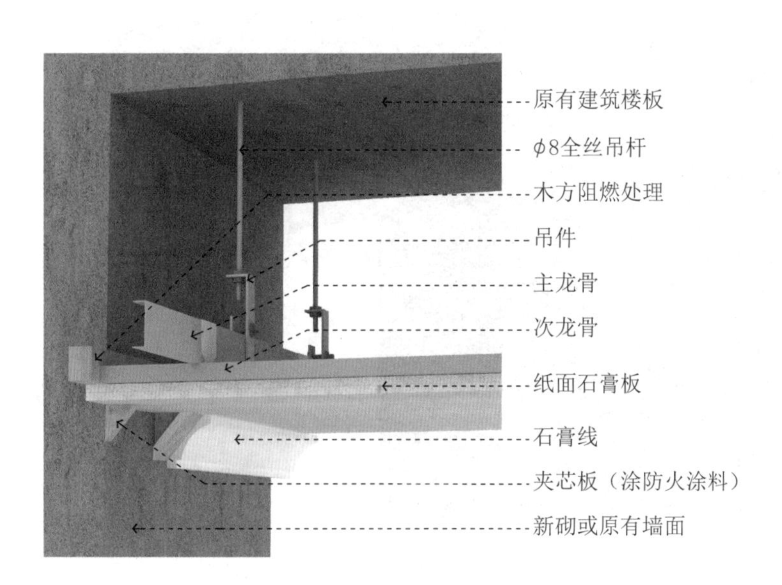
原有建筑楼板
ϕ8全丝吊杆
木方阻燃处理
吊件
主龙骨
次龙骨
纸面石膏板
石膏线
夹芯板（涂防火涂料）
新砌或原有墙面

• 吊顶与石膏线条安装三维示意图

9.7.1.1 墙面与顶面固定木线条

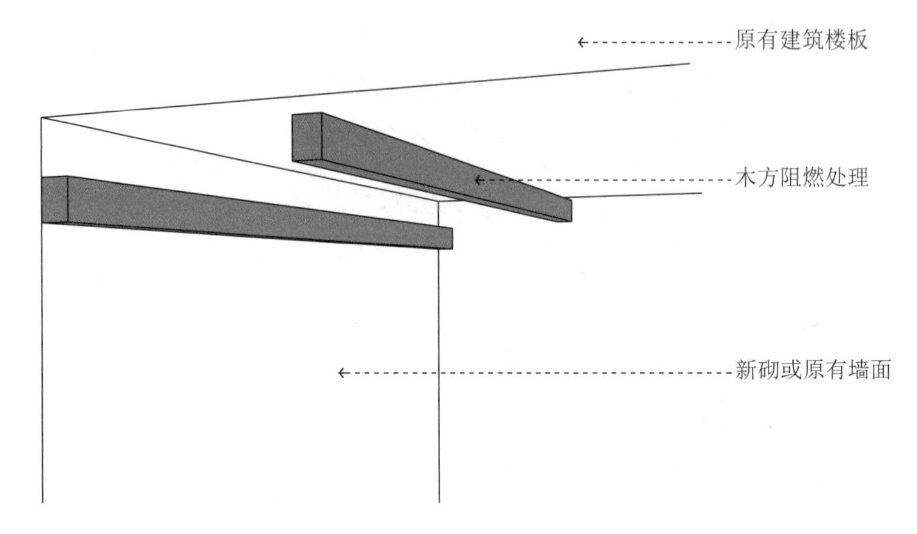
原有建筑楼板
木方阻燃处理
新砌或原有墙面

• 墙面与顶面固定木线条做法透视图

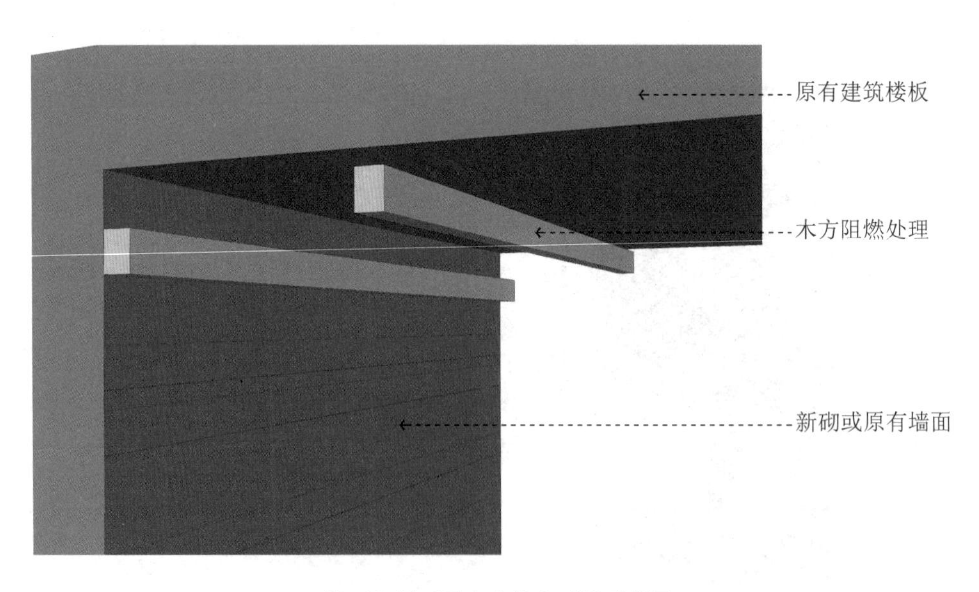
原有建筑楼板
木方阻燃处理
新砌或原有墙面

• 墙面与顶面固定木线条三维示意图

9.7.1.2 固定底面、侧面和顶面夹芯板

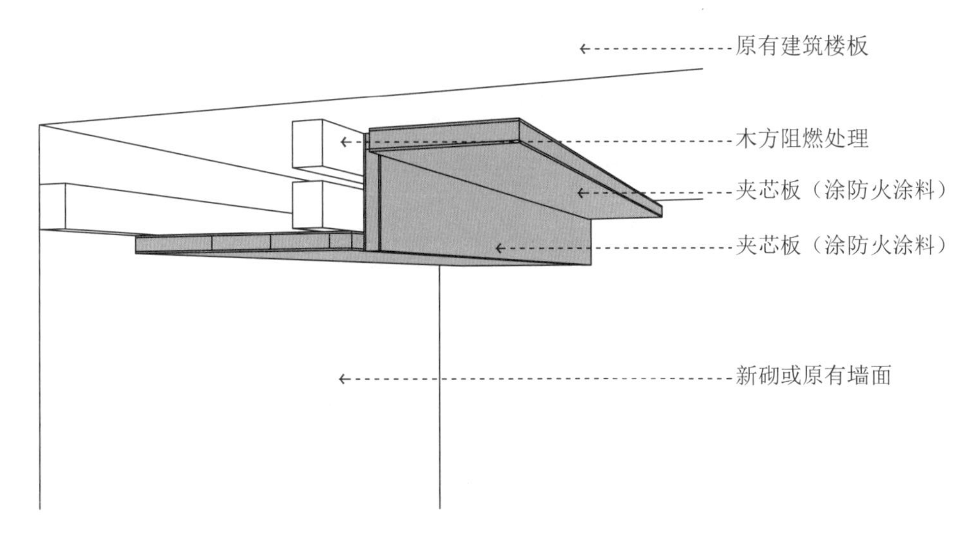
原有建筑楼板
木方阻燃处理
夹芯板（涂防火涂料）
夹芯板（涂防火涂料）
新砌或原有墙面

• 固定底面、侧面和顶面夹芯板做法透视图

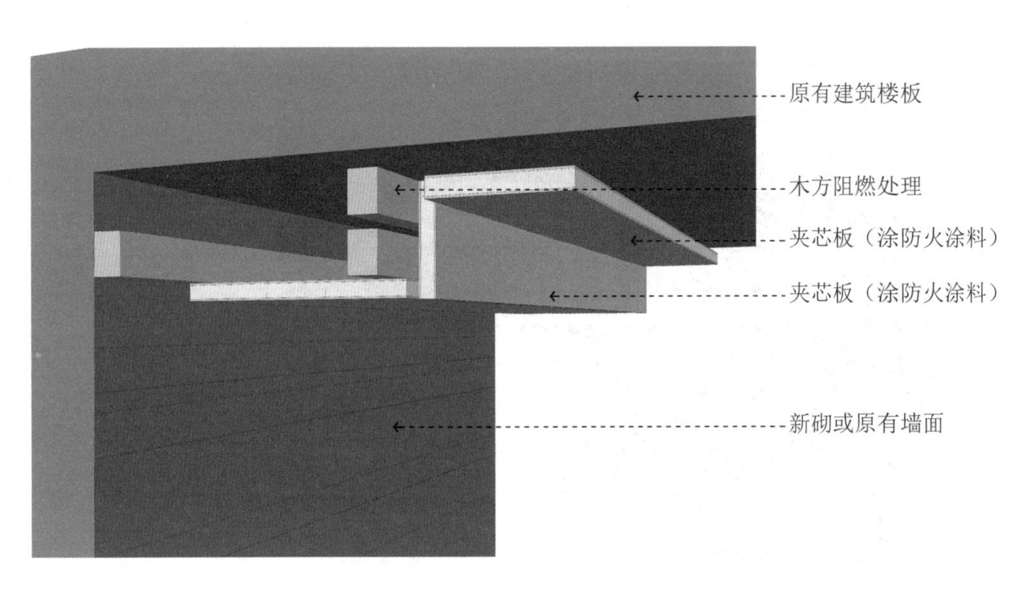
原有建筑楼板
木方阻燃处理
夹芯板（涂防火涂料）
夹芯板（涂防火涂料）
新砌或原有墙面

• 固定底面、侧面和顶面夹芯板三维示意图

9.7.1.3 固定底面、侧面及顶面石膏板

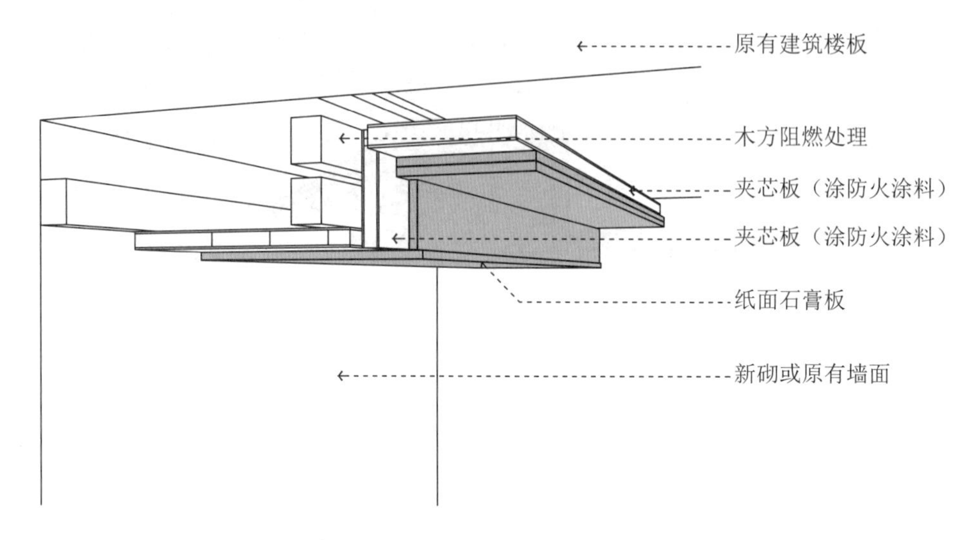
原有建筑楼板
木方阻燃处理
夹芯板（涂防火涂料）
夹芯板（涂防火涂料）
纸面石膏板
新砌或原有墙面

• 固定底面、侧面及顶面石膏板做法透视图

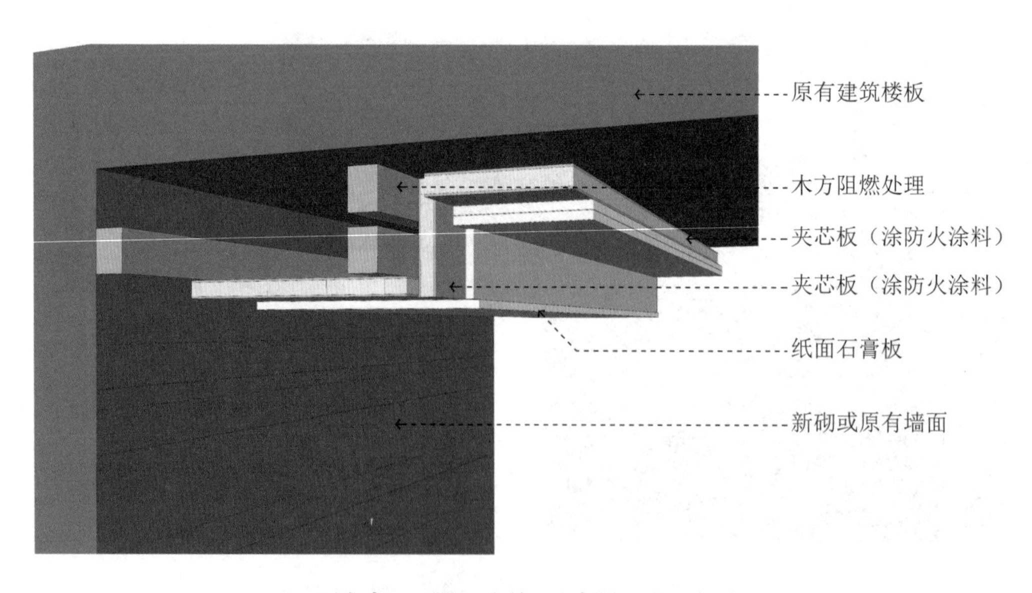
原有建筑楼板
木方阻燃处理
夹芯板（涂防火涂料）
夹芯板（涂防火涂料）
纸面石膏板
新砌或原有墙面

• 固定底面、侧面及顶面石膏板三维示意图

9.7.1.4 固定墙面夹芯板和底部夹芯板

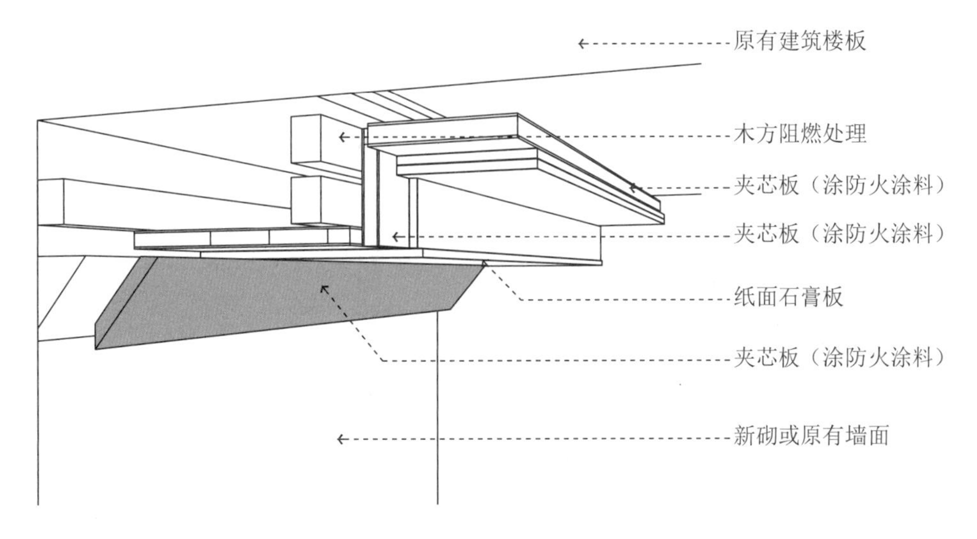
原有建筑楼板
木方阻燃处理
夹芯板（涂防火涂料）
夹芯板（涂防火涂料）
纸面石膏板
夹芯板（涂防火涂料）
新砌或原有墙面

• 固定墙面夹芯板和底部夹芯板做法透视图

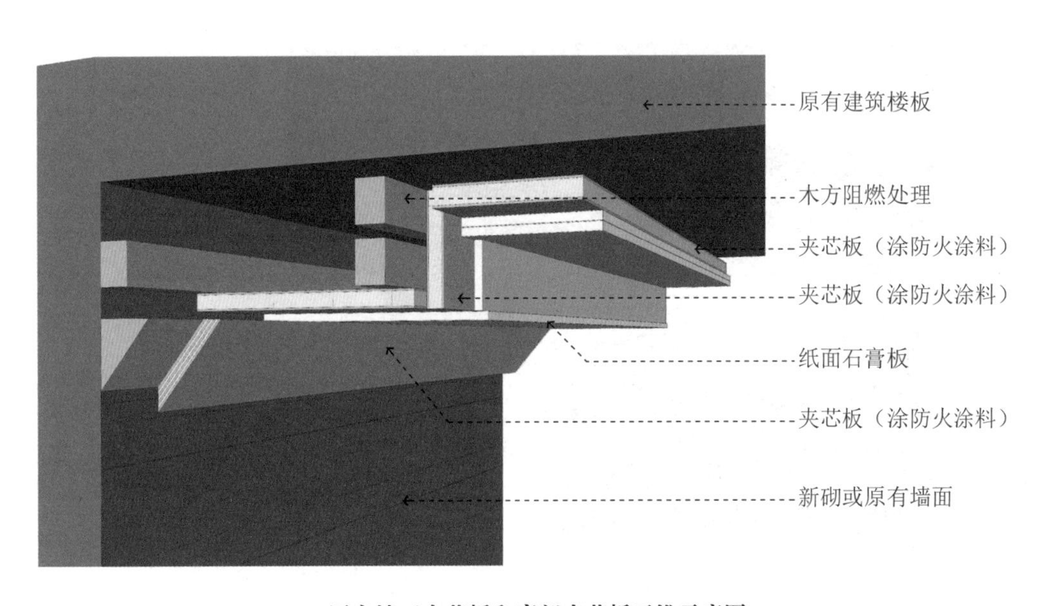
原有建筑楼板
木方阻燃处理
夹芯板（涂防火涂料）
夹芯板（涂防火涂料）
纸面石膏板
夹芯板（涂防火涂料）
新砌或原有墙面

• 固定墙面夹芯板和底部夹芯板三维示意图

9.7.1.5 安装石膏线条

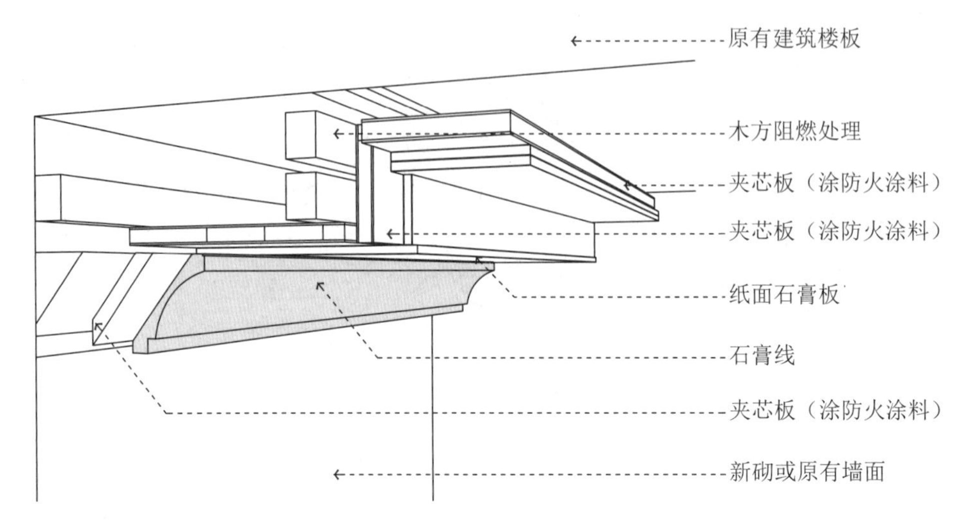
原有建筑楼板
木方阻燃处理
夹芯板（涂防火涂料）
夹芯板（涂防火涂料）
纸面石膏板
石膏线
夹芯板（涂防火涂料）
新砌或原有墙面

• 安装石膏线条做法透视图

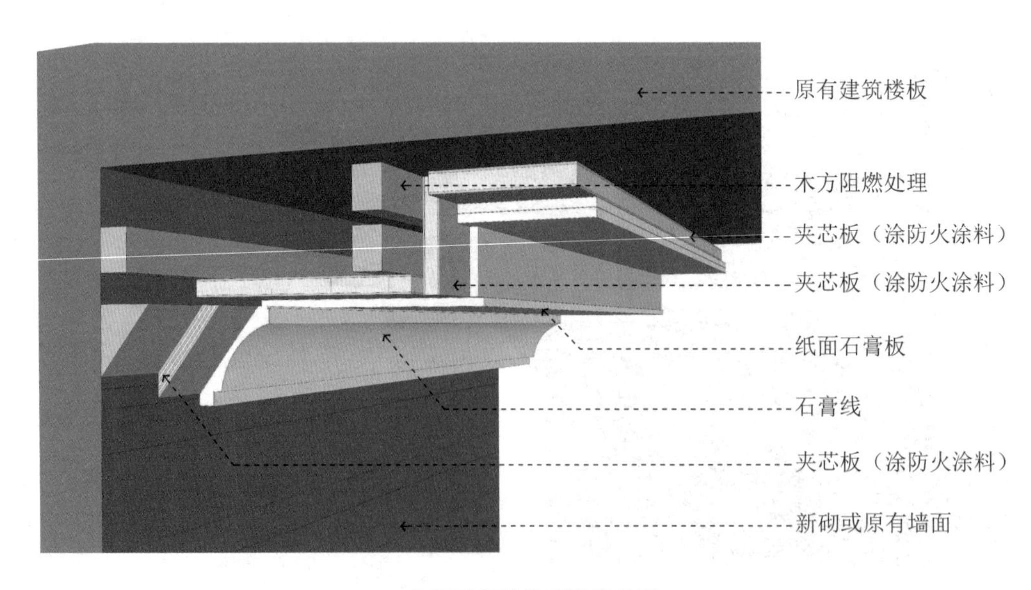
原有建筑楼板
木方阻燃处理
夹芯板（涂防火涂料）
夹芯板（涂防火涂料）
纸面石膏板
石膏线
夹芯板（涂防火涂料）
新砌或原有墙面

• 安装石膏线条三维示意图

9.7.2 吊顶检修口制作施工

厨房采用防水石膏板吊顶，在油烟机排烟口部位全部预留检修口，以便于后期维修。

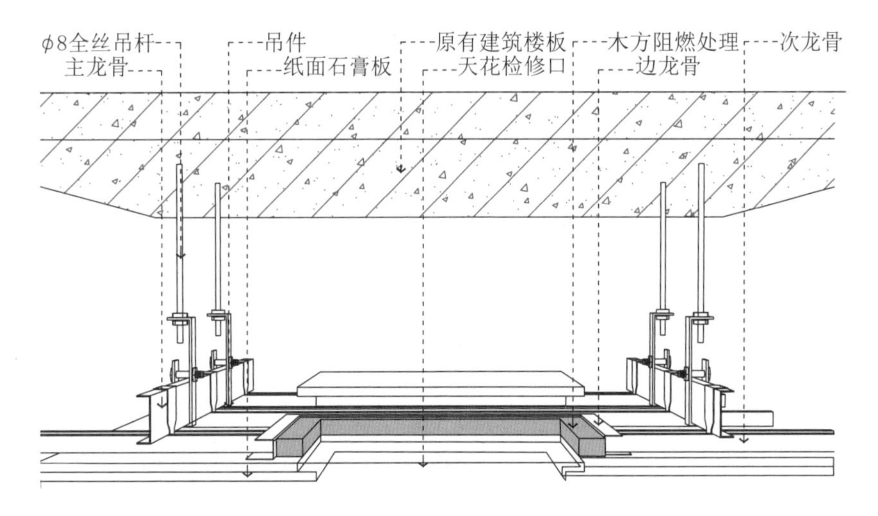
φ8全丝吊杆
主龙骨
吊件
纸面石膏板
原有建筑楼板
天花检修口
木方阻燃处理
边龙骨
次龙骨

• 吊顶检修口制作施工工艺透视图

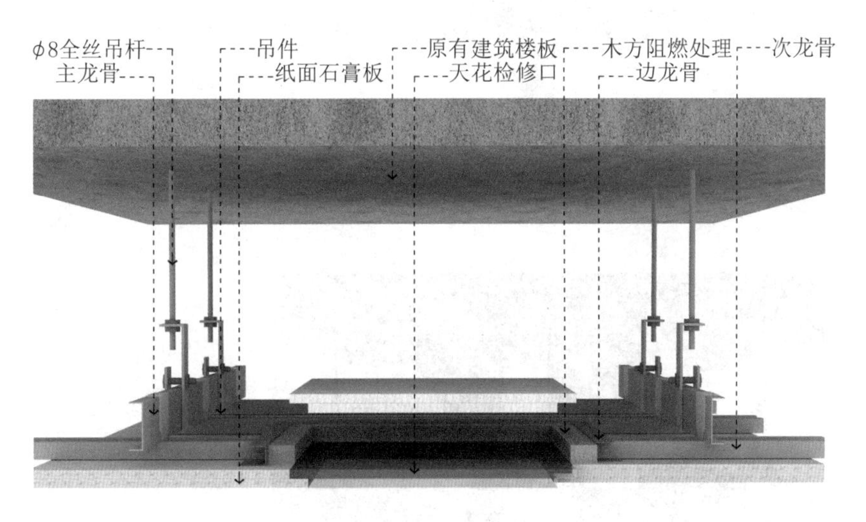
φ8全丝吊杆
主龙骨
吊件
纸面石膏板
原有建筑楼板
天花检修口
木方阻燃处理
边龙骨
次龙骨

• 吊顶检修口制作施工三维示意图

9.7.3 吊顶玻璃固定施工工艺流程

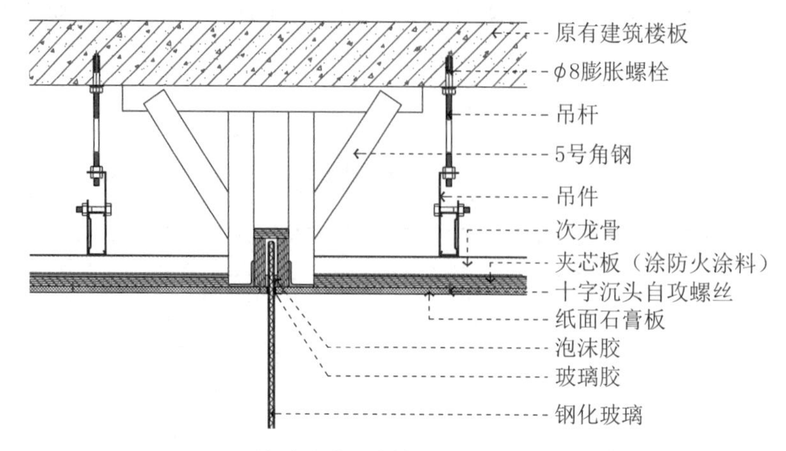
原有建筑楼板
φ8膨胀螺栓
吊杆
5号角钢
吊件
次龙骨
夹芯板（涂防火涂料）
十字沉头自攻螺丝
纸面石膏板
泡沫胶
玻璃胶
钢化玻璃

• 吊顶玻璃固定施工做法大样图

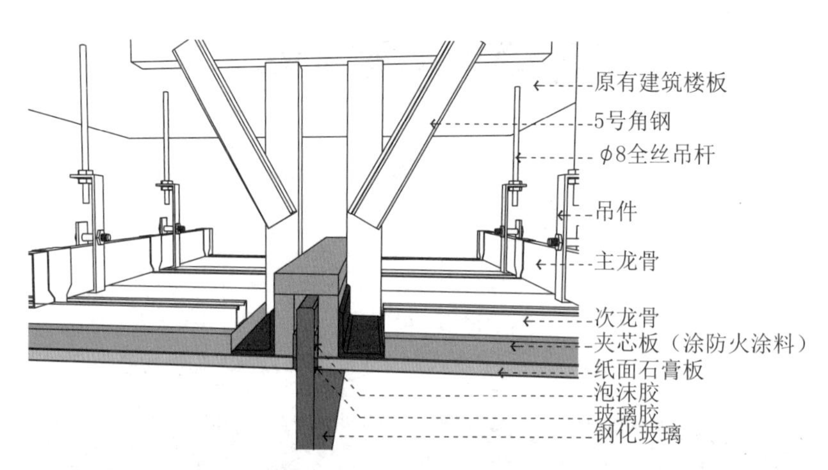
原有建筑楼板
5号角钢
φ8全丝吊杆
吊件
主龙骨
次龙骨
夹芯板（涂防火涂料）
纸面石膏板
泡沫胶
玻璃胶
钢化玻璃

• 吊顶玻璃固定施工工艺透视图

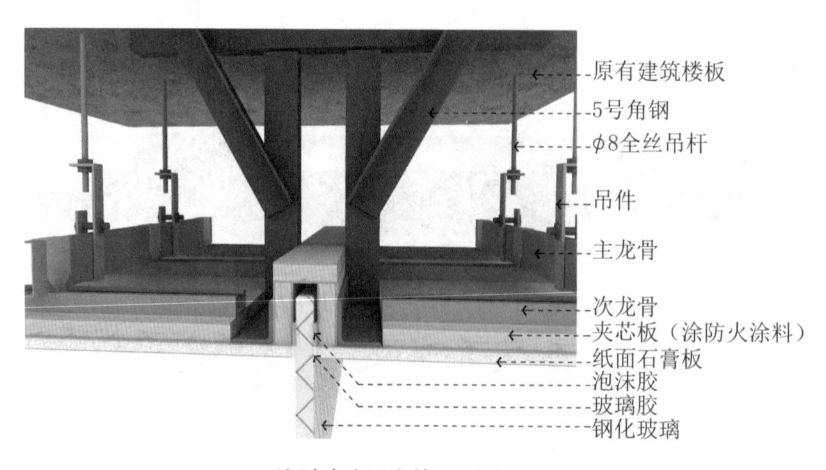
原有建筑楼板
5号角钢
φ8全丝吊杆
吊件
主龙骨
次龙骨
夹芯板（涂防火涂料）
纸面石膏板
泡沫胶
玻璃胶
钢化玻璃

• 吊顶玻璃固定施工三维示意图

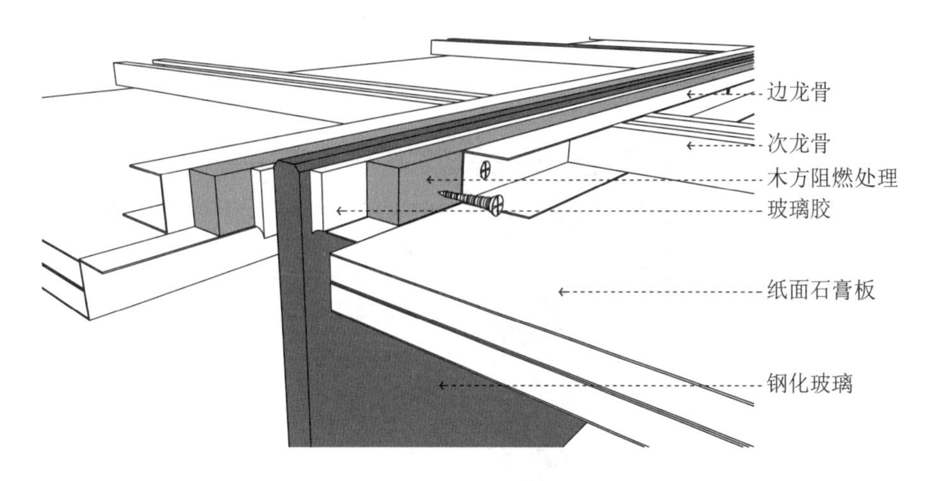
边龙骨
次龙骨
木方阻燃处理
玻璃胶
纸面石膏板
钢化玻璃

• 吊顶玻璃工艺透视图（一）

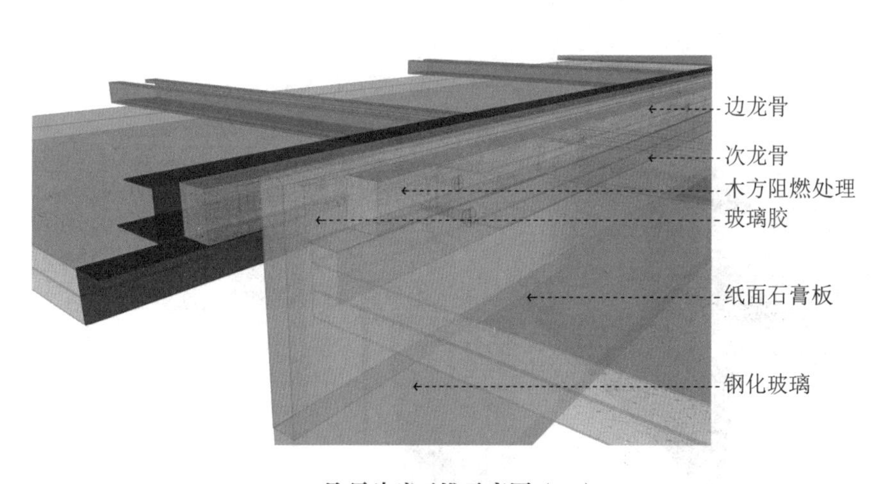
边龙骨
次龙骨
木方阻燃处理
玻璃胶
纸面石膏板
钢化玻璃

• 吊顶玻璃三维示意图（一）

设 计

施工解读

1. 面层一般为双层纸面石膏板或防水石膏板（FC 板），面层必须与龙骨连接牢固、平整，缝隙控制在 5~8mm。
2. 石膏板第一层与第二层拼缝应错开安装并加胶水粘接。
3. 自攻螺丝应陷入石膏板表面 0.5~1mm 深度为宜，钉距中间不得大于 200mm，螺钉与板边距离应为 10 ~ 15mm。

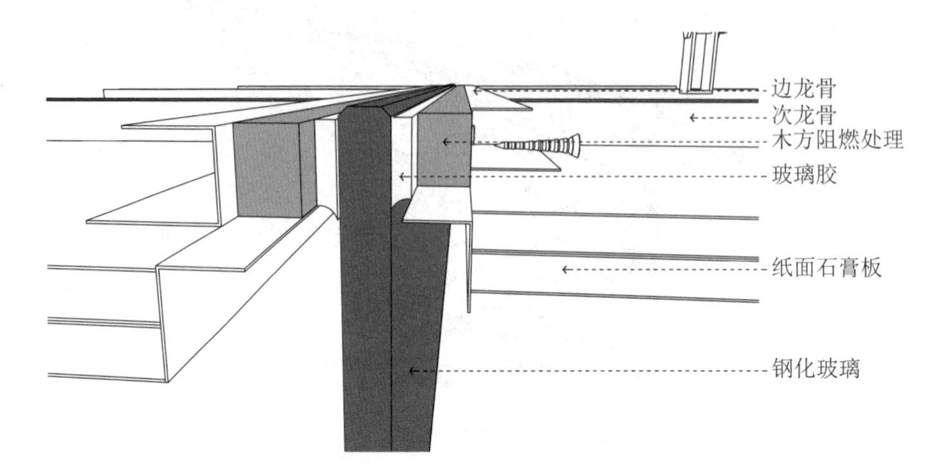
边龙骨
次龙骨
木方阻燃处理
玻璃胶
纸面石膏板
钢化玻璃

• 吊顶玻璃工艺透视图（二）

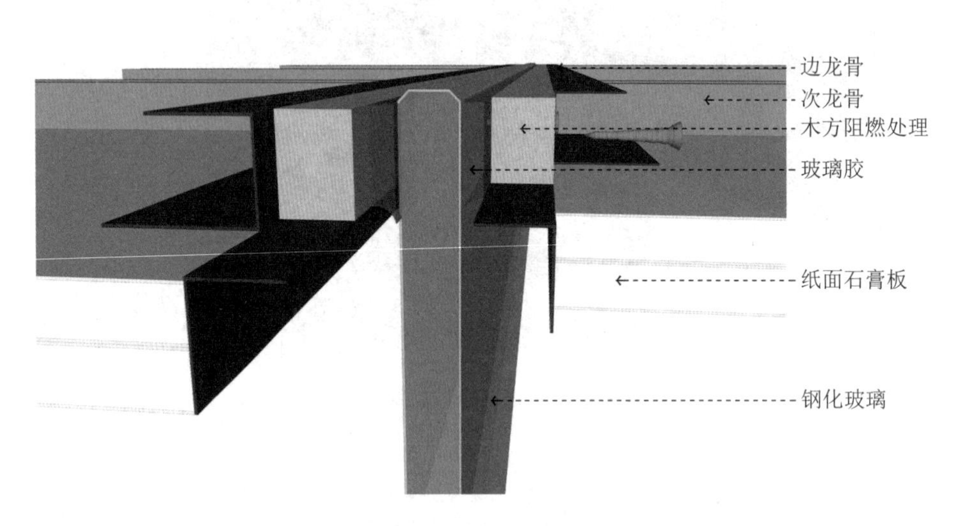
边龙骨
次龙骨
木方阻燃处理
玻璃胶
纸面石膏板
钢化玻璃

• 吊顶玻璃三维示意图（二）

9.7.4 墙面与吊顶阴角收口

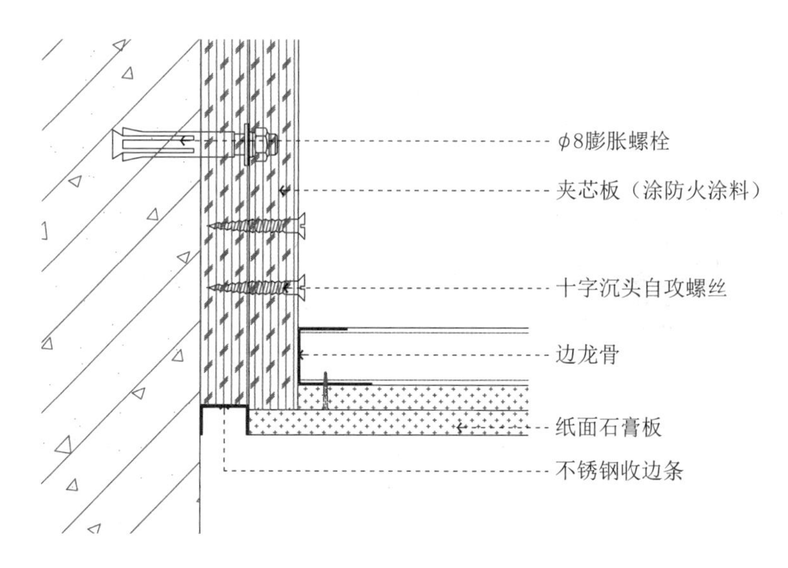
ϕ8膨胀螺栓
夹芯板（涂防火涂料）
十字沉头自攻螺丝
边龙骨
纸面石膏板
不锈钢收边条

• 墙面与吊顶阴角收口做法大样图

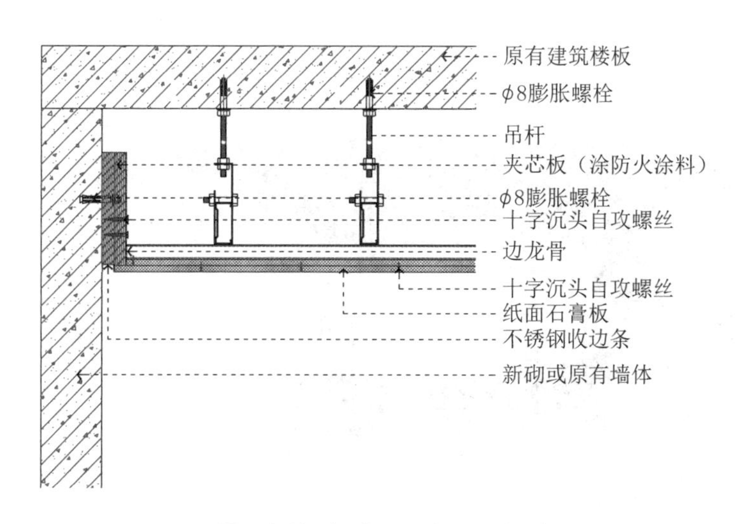
原有建筑楼板
ϕ8膨胀螺栓
吊杆
夹芯板（涂防火涂料）
ϕ8膨胀螺栓
十字沉头自攻螺丝
边龙骨
十字沉头自攻螺丝
纸面石膏板
不锈钢收边条
新砌或原有墙体

• 墙面与吊顶阴角收口剖面示意图

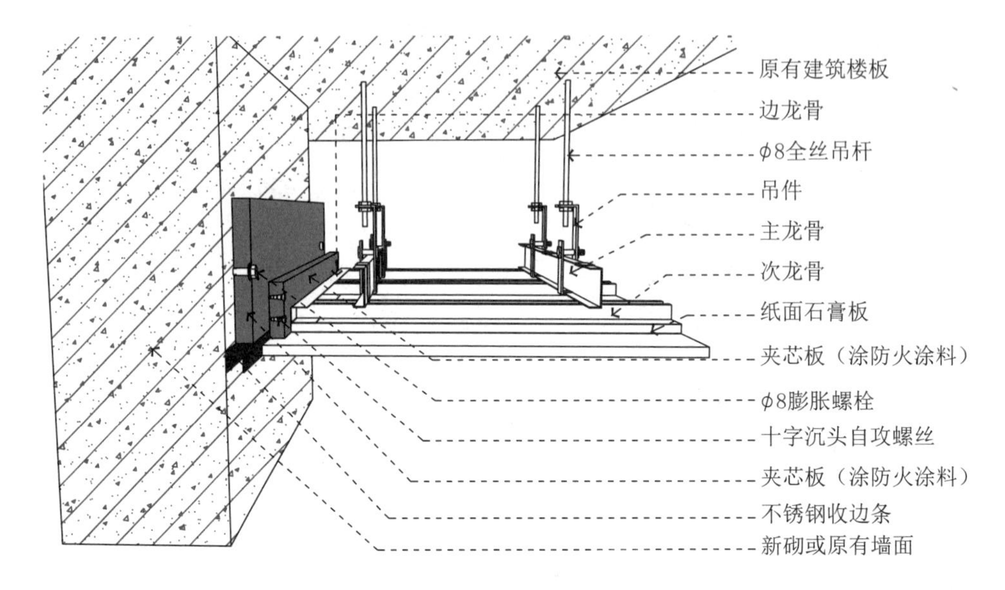
原有建筑楼板
边龙骨
φ8全丝吊杆
吊件
主龙骨
次龙骨
纸面石膏板
夹芯板（涂防火涂料）
φ8膨胀螺栓
十字沉头自攻螺丝
夹芯板（涂防火涂料）
不锈钢收边条
新砌或原有墙面

• 墙面与吊顶阴角收口工艺透视图

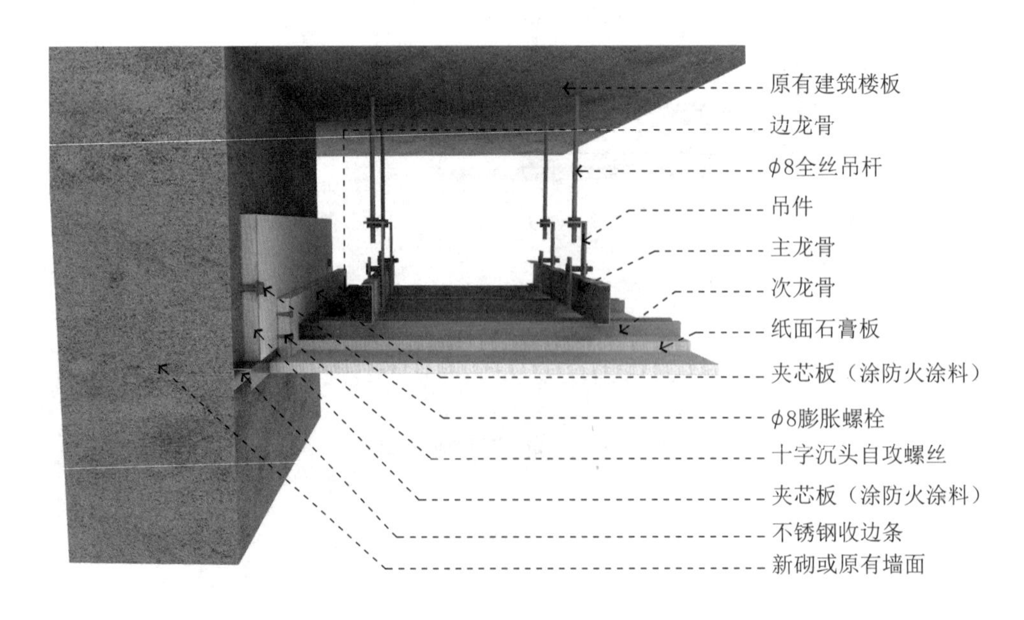
原有建筑楼板
边龙骨
φ8全丝吊杆
吊件
主龙骨
次龙骨
纸面石膏板
夹芯板（涂防火涂料）
φ8膨胀螺栓
十字沉头自攻螺丝
夹芯板（涂防火涂料）
不锈钢收边条
新砌或原有墙面

• 墙面与吊顶阴角收口三维示意图

9.7.5 灯带转角处施工工艺

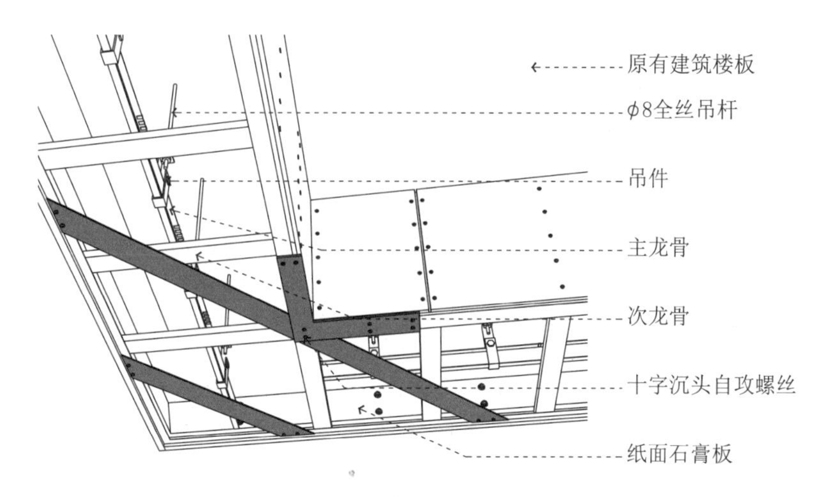
原有建筑楼板
ϕ8全丝吊杆
吊件
主龙骨
次龙骨
十字沉头自攻螺丝
纸面石膏板

• 灯带转角处施工工艺透视图

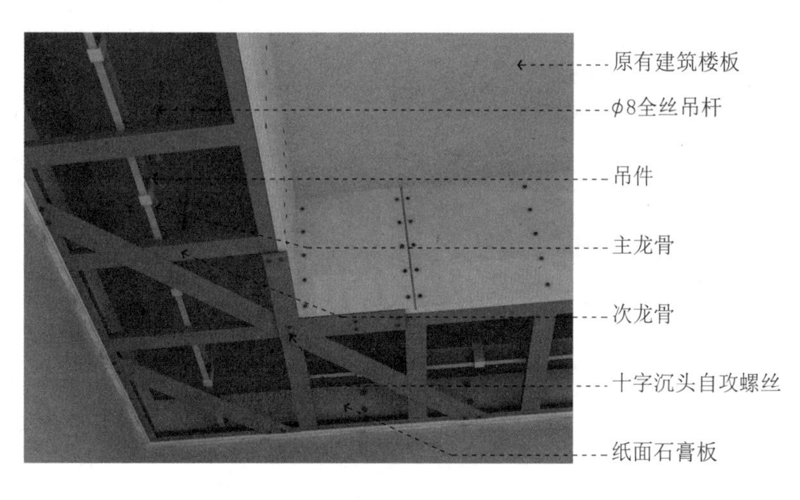
原有建筑楼板
ϕ8全丝吊杆
吊件
主龙骨
次龙骨
十字沉头自攻螺丝
纸面石膏板

• 灯带转角处施工三维示意图

设 计

施工解读

1. 灯槽挂板用三角形的方式固定。
2. 增加高差挂板转角处的龙骨设置。
3. 在阴角转角处增加 L 形铝板加固。
4. 木龙骨六面涂刷防火涂料，细木工板未与石膏板接触的一侧涂刷防火涂料，木枕必须经防腐液浸泡，与顶棚固定采用锤击式膨胀钉，与墙面固定采用地板钉，钉间距为 400~500mm。

9.7.6 吊顶筒灯灯孔制作

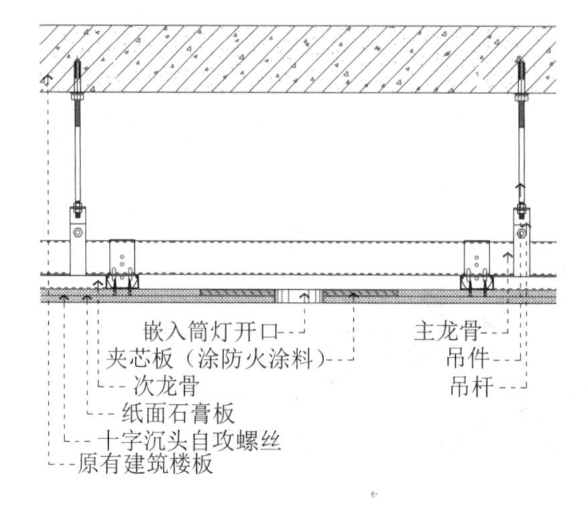
嵌入筒灯开口
夹芯板（涂防火涂料）
次龙骨
纸面石膏板
十字沉头自攻螺丝
原有建筑楼板
主龙骨
吊件
吊杆

• 吊顶筒灯灯孔制作做法剖面图

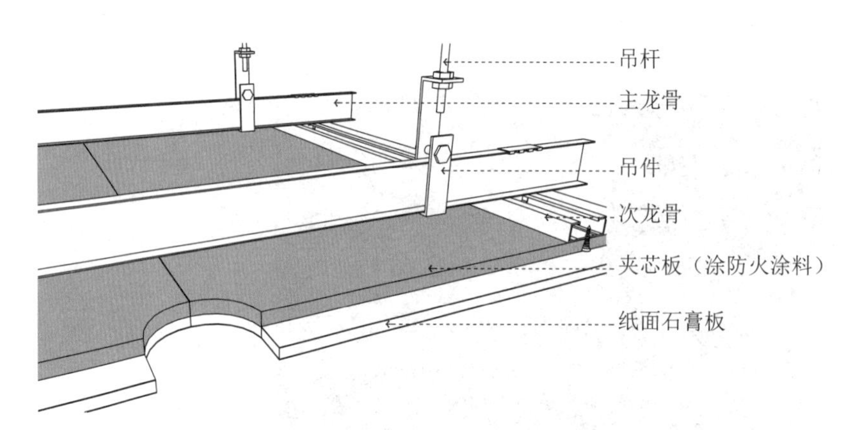
吊杆
主龙骨
吊件
次龙骨
夹芯板（涂防火涂料）
纸面石膏板

• 吊顶筒灯灯孔制作工艺透视图

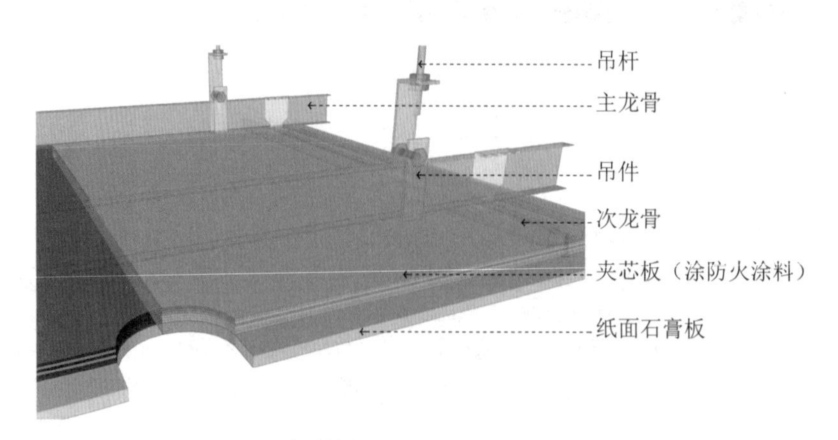
吊杆
主龙骨
吊件
次龙骨
夹芯板（涂防火涂料）
纸面石膏板

• 吊顶筒灯灯孔制作三维示意图

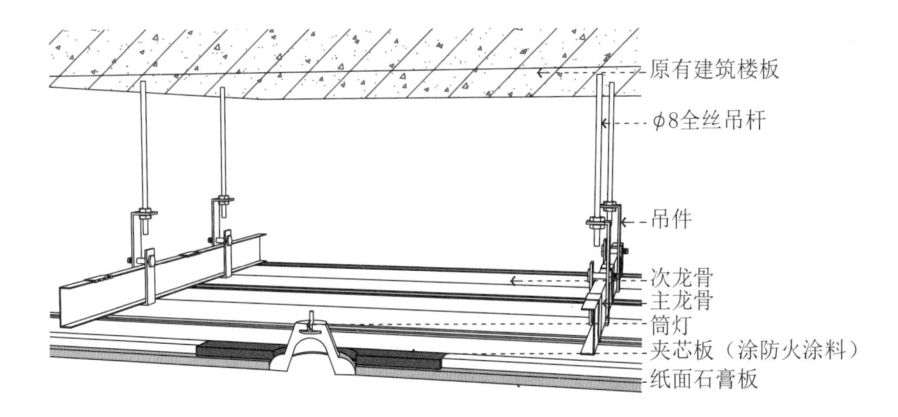
原有建筑楼板
ϕ8全丝吊杆
吊件
次龙骨
主龙骨
筒灯
夹芯板（涂防火涂料）
纸面石膏板

• 吊顶筒灯灯孔制作工艺透视图

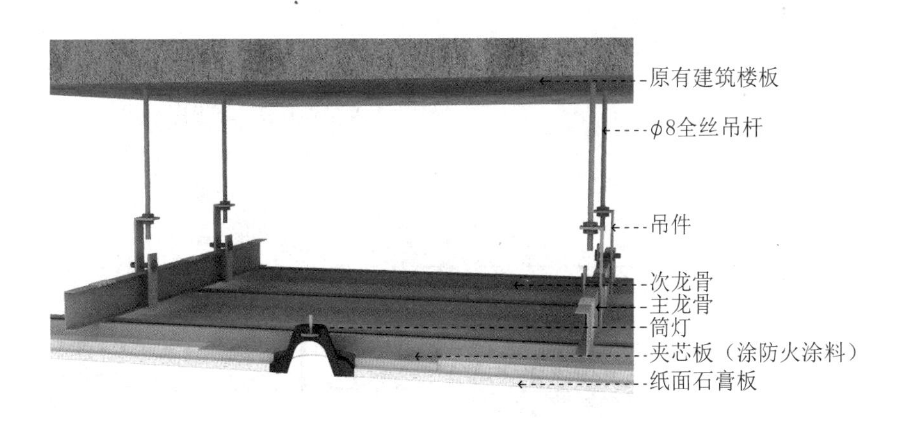
原有建筑楼板
ϕ8全丝吊杆
吊件
次龙骨
主龙骨
筒灯
夹芯板（涂防火涂料）
纸面石膏板

• 吊顶筒灯灯孔制作三维示意图

设 计

施工解读

需安装轻型吊灯的部位，应预设 400mm × 400mm 双层 10mm 多层板，板面与龙骨面齐平（多层板需采用 ϕ8 镀锌吊杆单独固定于结构楼板底面，并与吊顶龙骨固定连接），吊顶质量不宜超过 60kg。

9.7.7 窗帘盒制作施工工艺

为确保窗帘安装牢固，窗帘盒顶板应采用 18mm 的多层板，用膨胀螺栓加固；窗帘盒外侧需增加一层石膏板，石膏板与细木工板夹层需涂满白胶，以防止开裂。暗设窗帘盒木质部分应做防腐、防火处理。

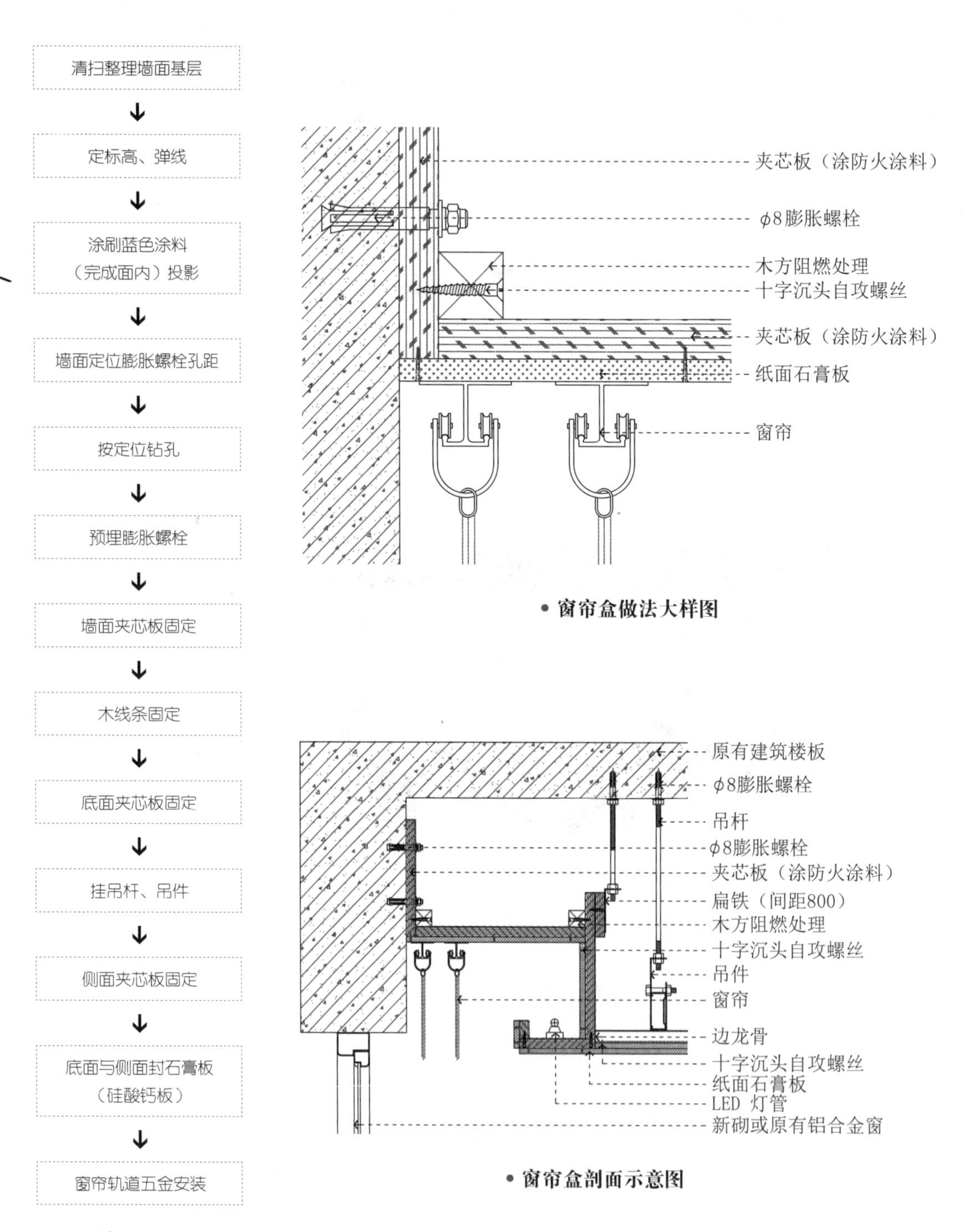
清扫整理墙面基层
定标高、弹线
涂刷蓝色涂料
（完成面内）投影
墙面定位膨胀螺栓孔距
按定位钻孔
预埋膨胀螺栓
墙面夹芯板固定
木线条固定
底面夹芯板固定
挂吊杆、吊件
侧面夹芯板固定
底面与侧面封石膏板
（硅酸钙板）
窗帘轨道五金安装
夹芯板（涂防火涂料）
ϕ8膨胀螺栓
木方阻燃处理
十字沉头自攻螺丝
夹芯板（涂防火涂料）
纸面石膏板
窗帘
原有建筑楼板
ϕ8膨胀螺栓
吊杆
ϕ8膨胀螺栓
夹芯板（涂防火涂料）
扁铁（间距800）
木方阻燃处理
十字沉头自攻螺丝
吊件
窗帘
边龙骨
十字沉头自攻螺丝
纸面石膏板
LED 灯管
新砌或原有铝合金窗

• 窗帘盒做法大样图

• 窗帘盒剖面示意图

• 施工流程图

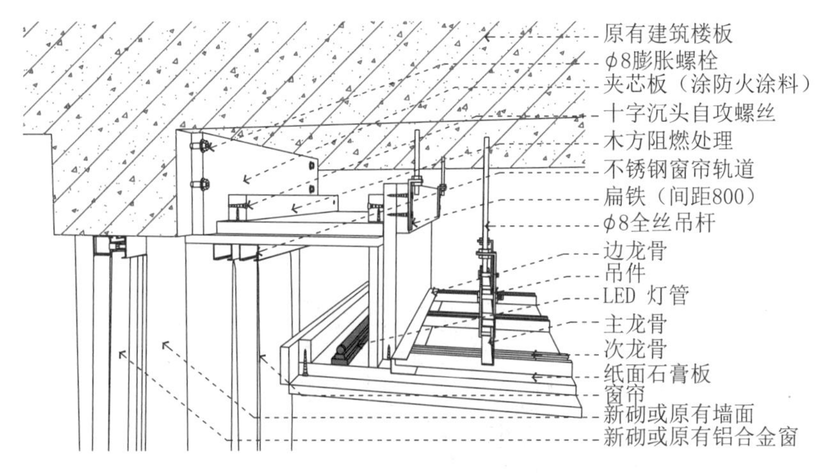
原有建筑楼板
φ8膨胀螺栓
夹芯板（涂防火涂料）
十字沉头自攻螺丝
木方阻燃处理
不锈钢窗帘轨道
扁铁（间距800）
φ8全丝吊杆
边龙骨
吊件
LED 灯管
主龙骨
次龙骨
纸面石膏板
窗帘
新砌或原有墙面
新砌或原有铝合金窗

• 窗帘盒工艺透视图

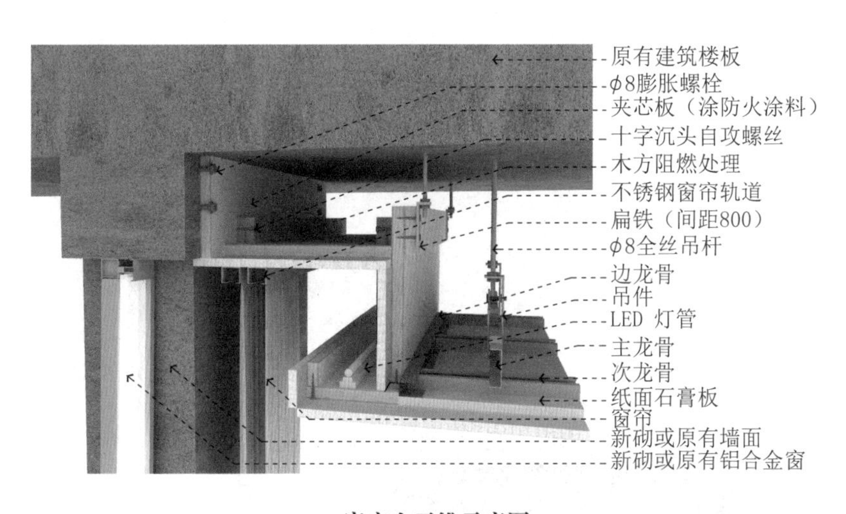
原有建筑楼板
φ8膨胀螺栓
夹芯板（涂防火涂料）
十字沉头自攻螺丝
木方阻燃处理
不锈钢窗帘轨道
扁铁（间距800）
φ8全丝吊杆
边龙骨
吊件
LED 灯管
主龙骨
次龙骨
纸面石膏板
窗帘
新砌或原有墙面
新砌或原有铝合金窗

• 窗帘盒三维示意图

设 计

施工解读

1. 窗帘盒宽度应符合设计要求，当设计无要求时，窗帘盒宜伸出窗口两侧 200~300mm，窗帘盒中线应对准窗口中线，并使两端伸出窗口长度相同。窗帘盒下沿应平齐或略低。
2. 基层内部木龙骨固定，主要增加基础的牢固性。
3. 木龙骨固定时，需要用地板钉墙面、顶棚，钉间距为 400~500mm。
4. 窗帘盒细木工板与侧板拼缝处应错开 500mm 左右，纸面石膏板面层拼缝与细木工板拼缝应错开 500mm，以免开裂。

9.7.7.1 墙面夹芯板、木线条固定

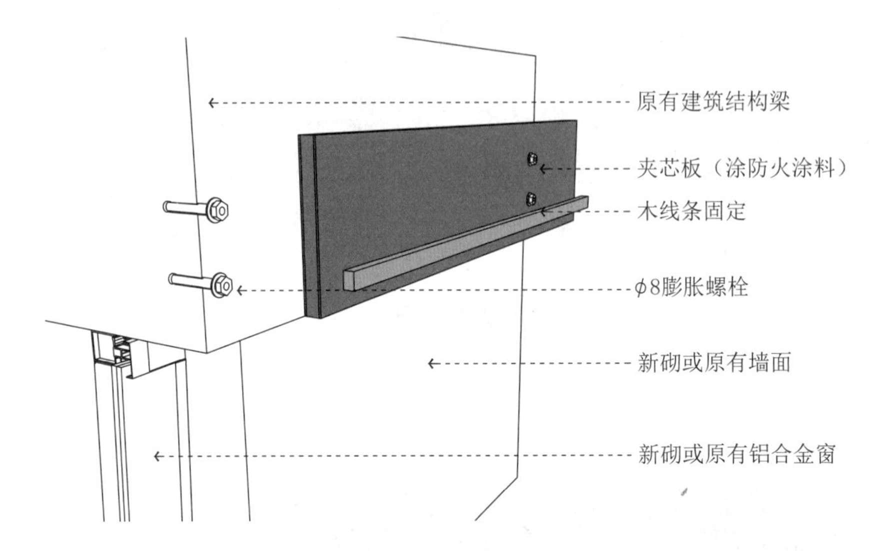
原有建筑结构梁
夹芯板（涂防火涂料）
木线条固定
φ8膨胀螺栓
新砌或原有墙面
新砌或原有铝合金窗

• 墙面夹芯板、木线条固定工艺透视图

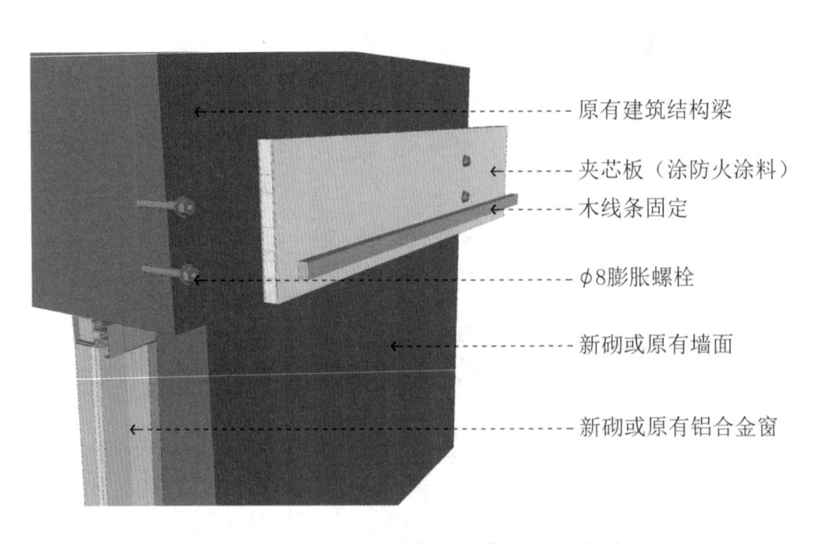
原有建筑结构梁
夹芯板（涂防火涂料）
木线条固定
φ8膨胀螺栓
新砌或原有墙面
新砌或原有铝合金窗

• 墙面夹芯板、木线条固定三维示意图

9.7.7.2 底面夹芯板固定

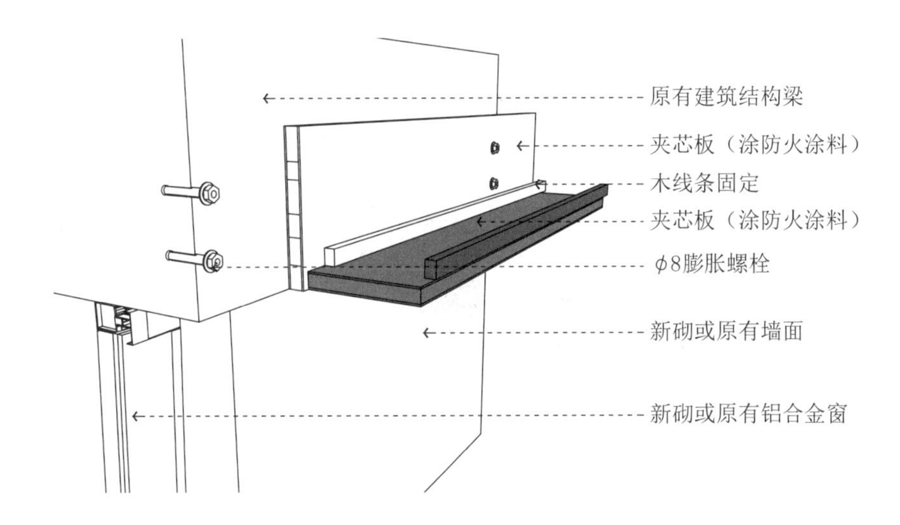
原有建筑结构梁
夹芯板（涂防火涂料）
木线条固定
夹芯板（涂防火涂料）
ϕ8膨胀螺栓
新砌或原有墙面
新砌或原有铝合金窗

• 底面夹芯板固定工艺透视图

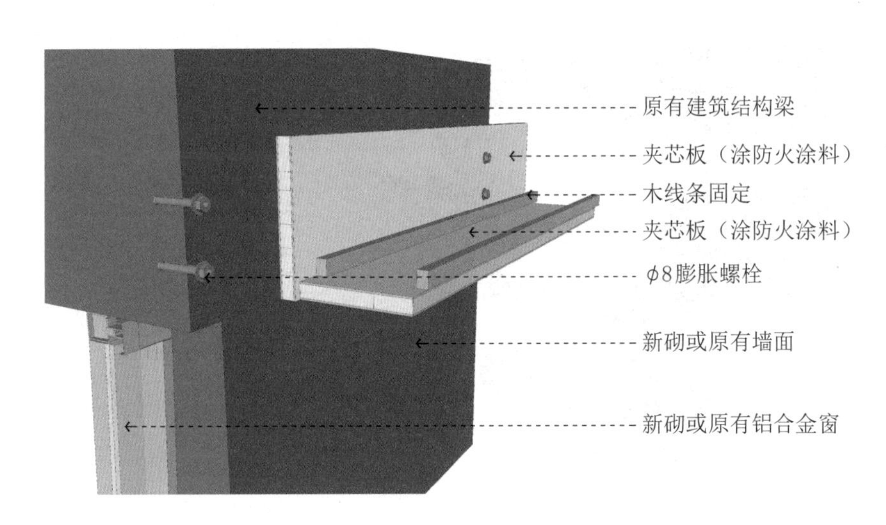
原有建筑结构梁
夹芯板（涂防火涂料）
木线条固定
夹芯板（涂防火涂料）
ϕ8膨胀螺栓
新砌或原有墙面
新砌或原有铝合金窗

• 底面夹芯板固定三维示意图

设 计

施工解读

1. 墙面固定夹芯板需刷防霉、防潮、防火涂料。
2. 夹芯板做基础主要是调整墙面与吊顶完成面的水平线及加固。

9.7.7.3 侧面夹芯板固定

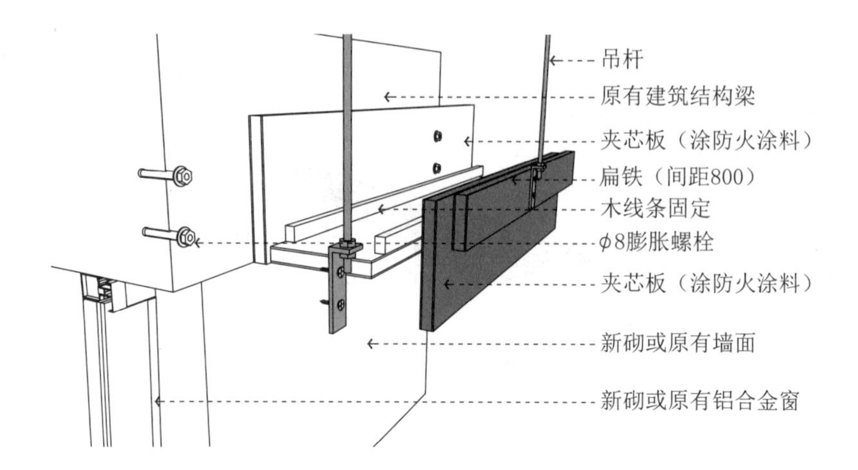
吊杆
原有建筑结构梁
夹芯板（涂防火涂料）
扁铁（间距800）
木线条固定
ϕ8膨胀螺栓
夹芯板（涂防火涂料）
新砌或原有墙面
新砌或原有铝合金窗

• 侧面夹芯板固定工艺透视图

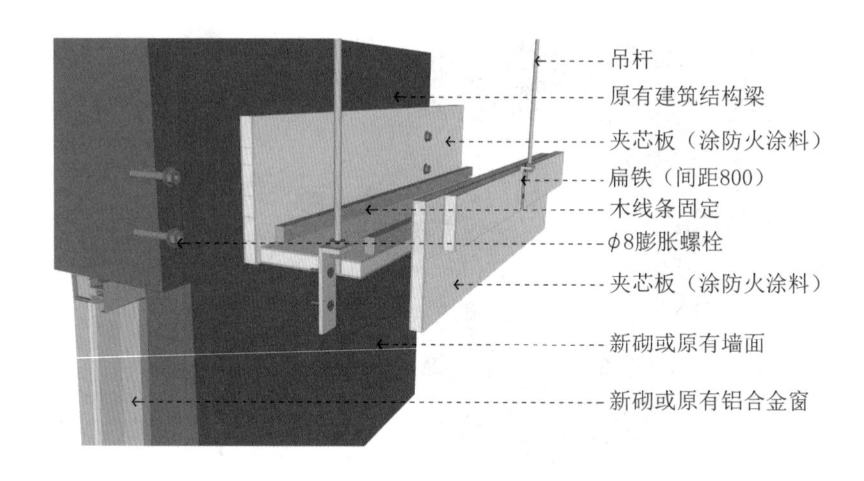
吊杆
原有建筑结构梁
夹芯板（涂防火涂料）
扁铁（间距800）
木线条固定
ϕ8膨胀螺栓
夹芯板（涂防火涂料）
新砌或原有墙面
新砌或原有铝合金窗

• 侧面夹芯板固定三维示意图

设 计

施工解读

使用吊筋承载窗帘箱的质量，安装时用自攻螺丝固定在细木工板上，吊筋与吊筋间距不大于 1200mm，吊筋直径为 8mm。

9.7.7.4 底面与侧面封石膏板（硅酸钙板）

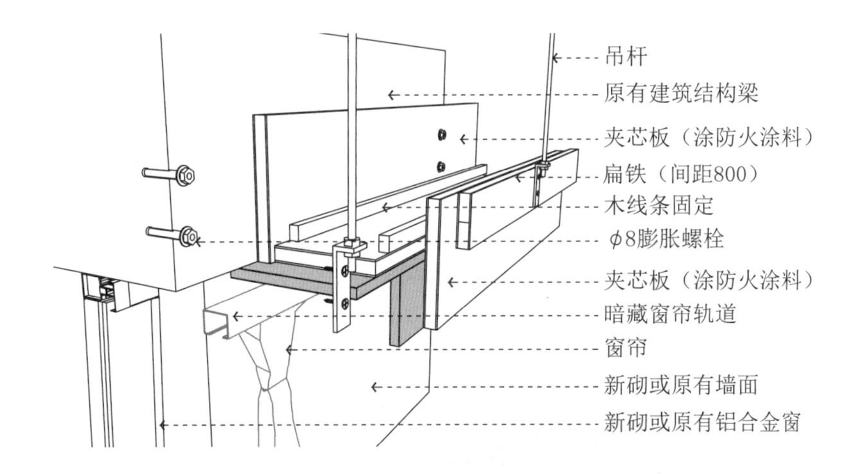
吊杆
原有建筑结构梁
夹芯板（涂防火涂料）
扁铁（间距800）
木线条固定
ϕ8膨胀螺栓
夹芯板（涂防火涂料）
暗藏窗帘轨道
窗帘
新砌或原有墙面
新砌或原有铝合金窗

• 底面与侧面封石膏板（硅酸钙板）工艺透视图

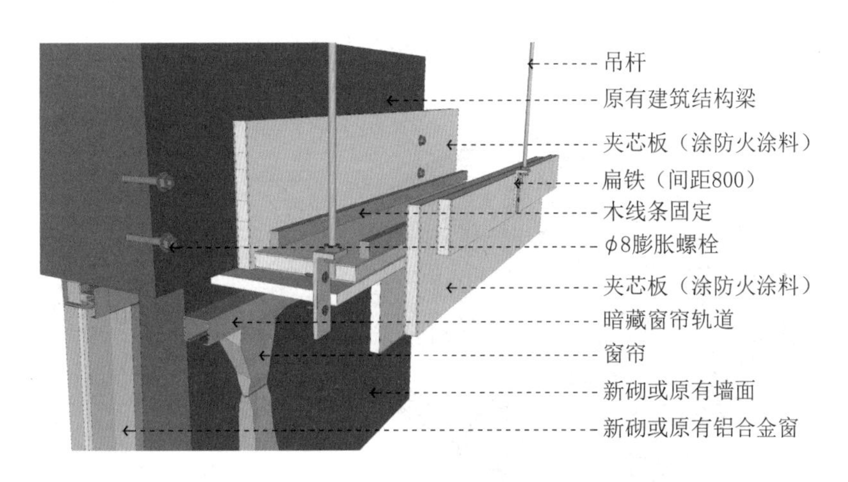
吊杆
原有建筑结构梁
夹芯板（涂防火涂料）
扁铁（间距800）
木线条固定
ϕ8膨胀螺栓
夹芯板（涂防火涂料）
暗藏窗帘轨道
窗帘
新砌或原有墙面
新砌或原有铝合金窗

• 底面与侧面封石膏板（硅酸钙板）三维示意图

9.8 地面木作工艺

9.8.1 地面铺贴木地板施工工艺

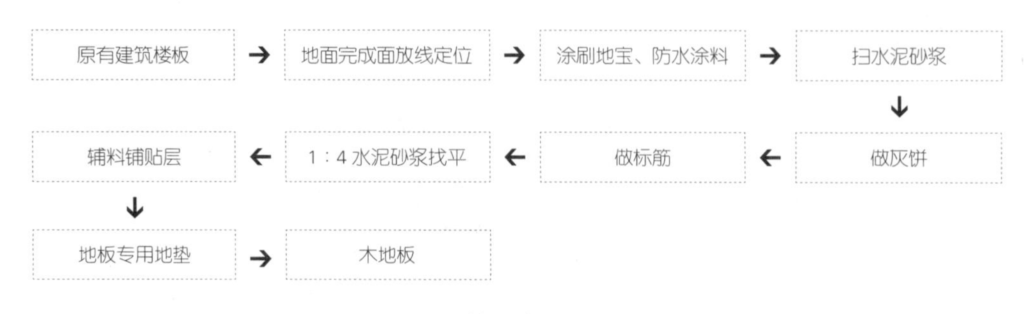
原有建筑楼板
地面完成面放线定位
涂刷地宝、防水涂料
扫水泥砂浆
做灰饼
做标筋
1：4 水泥砂浆找平
辅料铺贴层
地板专用地垫
木地板

• 施工流程图

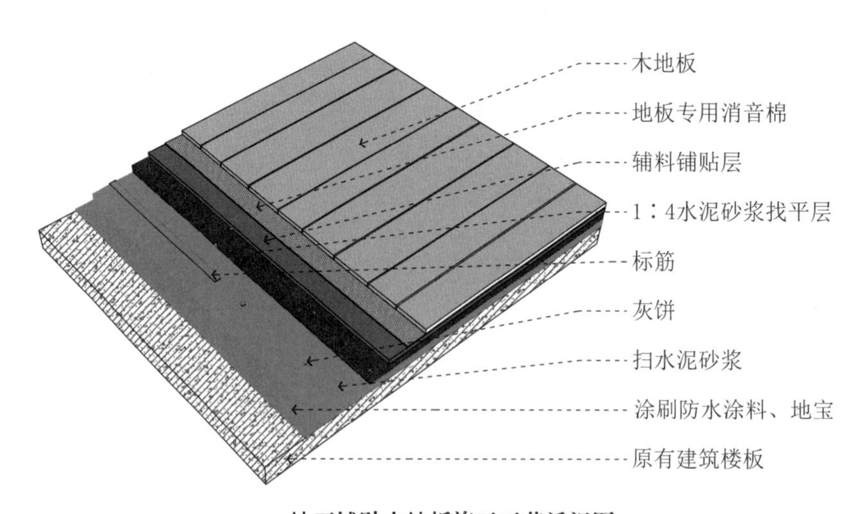
木地板
地板专用消音棉
辅料铺贴层
1：4水泥砂浆找平层
标筋
灰饼
扫水泥砂浆
涂刷防水涂料、地宝
原有建筑楼板

• 地面铺贴木地板施工工艺透视图

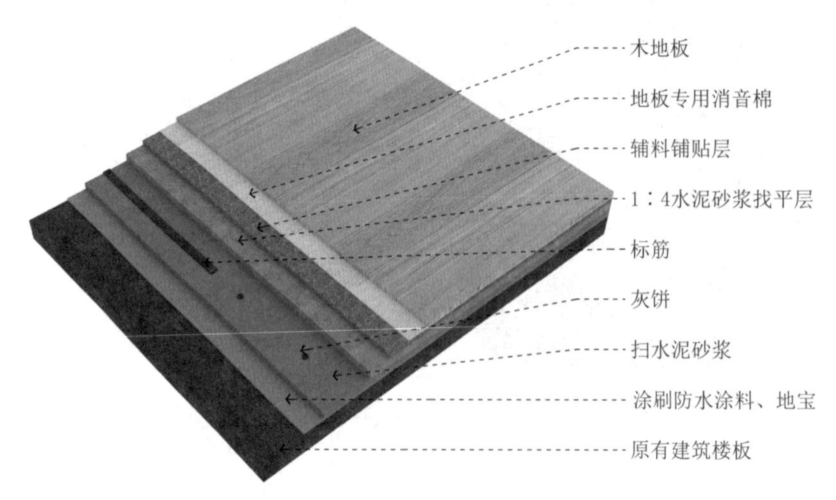
木地板
地板专用消音棉
辅料铺贴层
1：4水泥砂浆找平层
标筋
灰饼
扫水泥砂浆
涂刷防水涂料、地宝
原有建筑楼板

• 地面铺贴木地板施工三维示意图

9.8.2 墙面硬包与地面收口

原有建筑墙面
墙面完成面放线定位
涂刷地宝、防水涂料
条形夹芯板调整基础
封夹芯板
制作(固定)45°木线条
硬包板安装墙面
不锈钢收口条安装

• 施工流程图

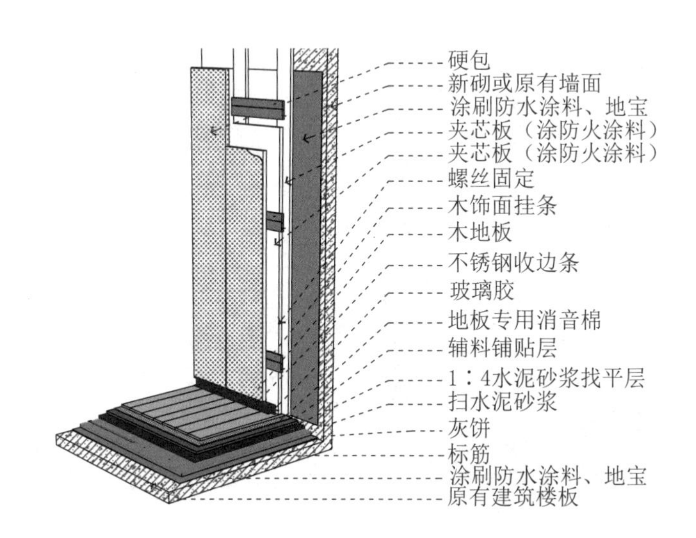

硬包
新砌或原有墙面
涂刷防水涂料、地宝
夹芯板（涂防火涂料）
夹芯板（涂防火涂料）
螺丝固定
木饰面挂条
木地板
不锈钢收边条
玻璃胶
地板专用消音棉
辅料铺贴层
1：4水泥砂浆找平层
扫水泥砂浆
灰饼
标筋
涂刷防水涂料、地宝
原有建筑楼板

• 墙面硬包与地面收口工艺透视图

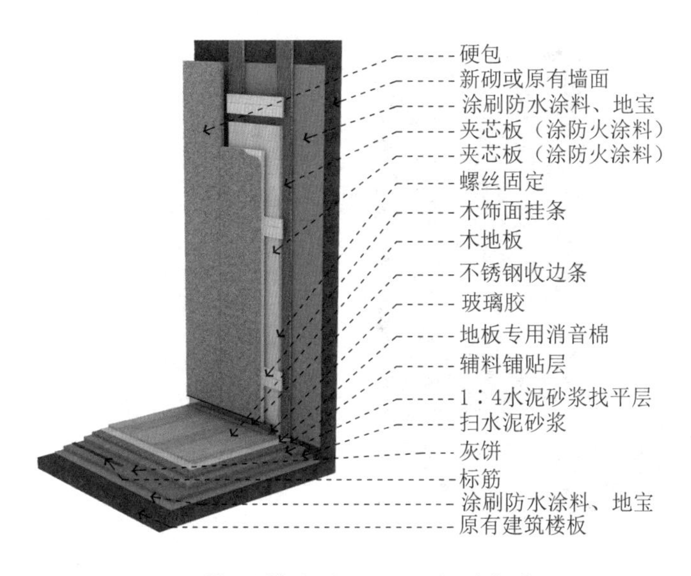

硬包
新砌或原有墙面
涂刷防水涂料、地宝
夹芯板（涂防火涂料）
夹芯板（涂防火涂料）
螺丝固定
木饰面挂条
木地板
不锈钢收边条
玻璃胶
地板专用消音棉
辅料铺贴层
1：4水泥砂浆找平层
扫水泥砂浆
灰饼
标筋
涂刷防水涂料、地宝
原有建筑楼板

• 墙面硬包与地面收口三维示意图

9.8.3 墙面护墙板与地面收口

原有建筑墙面
墙面完成面放线定位
涂刷地宝、防水涂料
条形夹芯板调整基础
封夹芯板
制作（固定）45° 木线条
护墙板安装墙面
不锈钢收口条安装

• 施工流程图

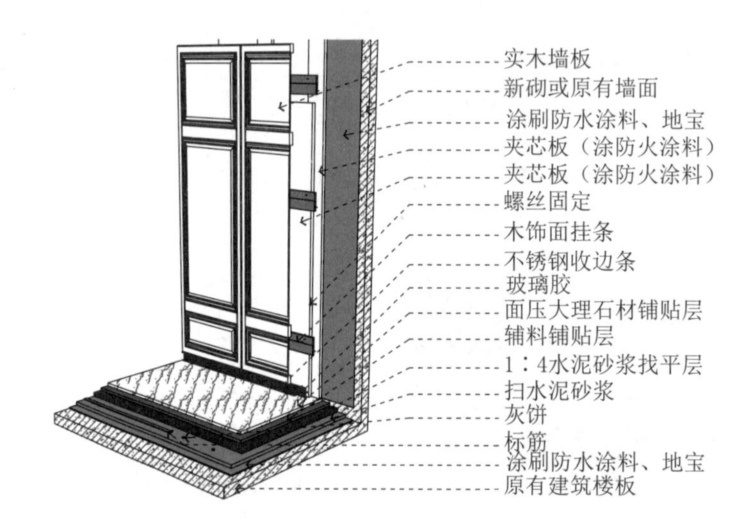
实木墙板
新砌或原有墙面
涂刷防水涂料、地宝
夹芯板（涂防火涂料）
夹芯板（涂防火涂料）
螺丝固定
木饰面挂条
不锈钢收边条
玻璃胶
面压大理石材铺贴层
辅料铺贴层
1∶4水泥砂浆找平层
扫水泥砂浆
灰饼
标筋
涂刷防水涂料、地宝
原有建筑楼板

• 墙面护墙板与地面收口工艺透视图

实木墙板
新砌或原有墙面
涂刷防水涂料、地宝
夹芯板（涂防火涂料）
夹芯板（涂防火涂料）
螺丝固定
木饰面挂条
不锈钢收边条
玻璃胶
面压大理石材铺贴层
辅料铺贴层
1∶4水泥砂浆找平层
扫水泥砂浆
灰饼
标筋
涂刷防水涂料、地宝
原有建筑楼板

• 墙面护墙板与地面收口三维示意图

9.8.4 墙面石材与地面石材踢脚线收口工艺

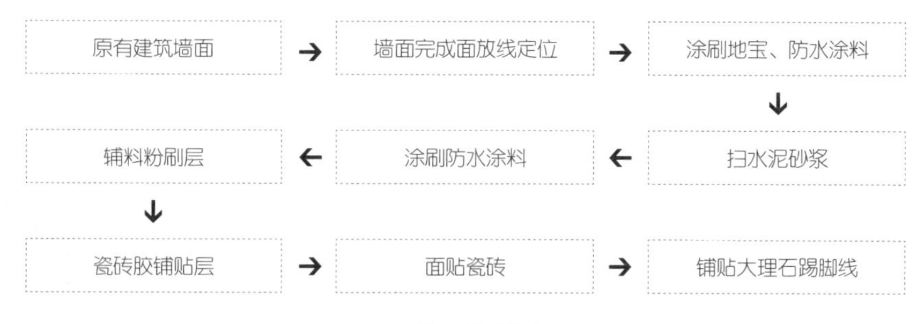
原有建筑墙面
墙面完成面放线定位
涂刷地宝、防水涂料
扫水泥砂浆
涂刷防水涂料
铺料粉刷层
瓷砖胶铺贴层
面贴瓷砖
铺贴大理石踢脚线

• 施工流程图

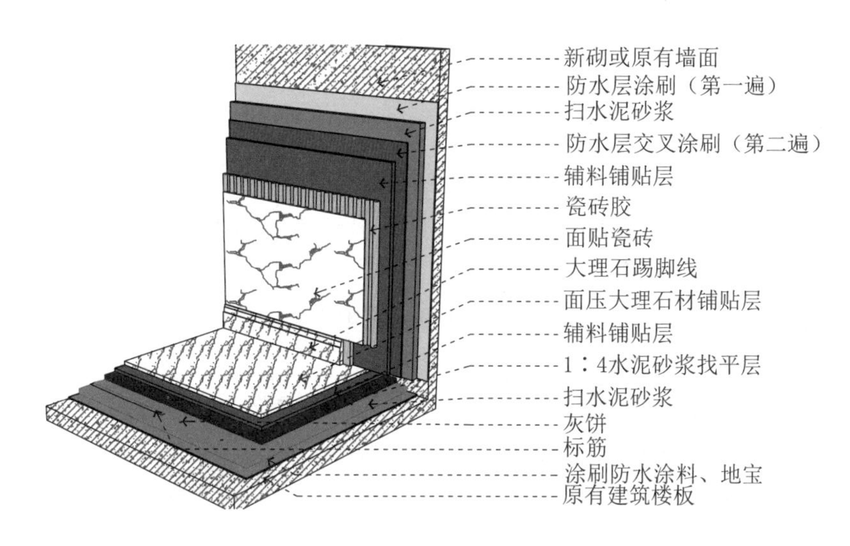
新砌或原有墙面
防水层涂刷（第一遍）
扫水泥砂浆
防水层交叉涂刷（第二遍）
辅料铺贴层
瓷砖胶
面贴瓷砖
大理石踢脚线
面压大理石材铺贴层
辅料铺贴层
1：4水泥砂浆找平层
扫水泥砂浆
灰饼
标筋
涂刷防水涂料、地宝
原有建筑楼板

• 墙面石材与地面石材踢脚线收口工艺透视图

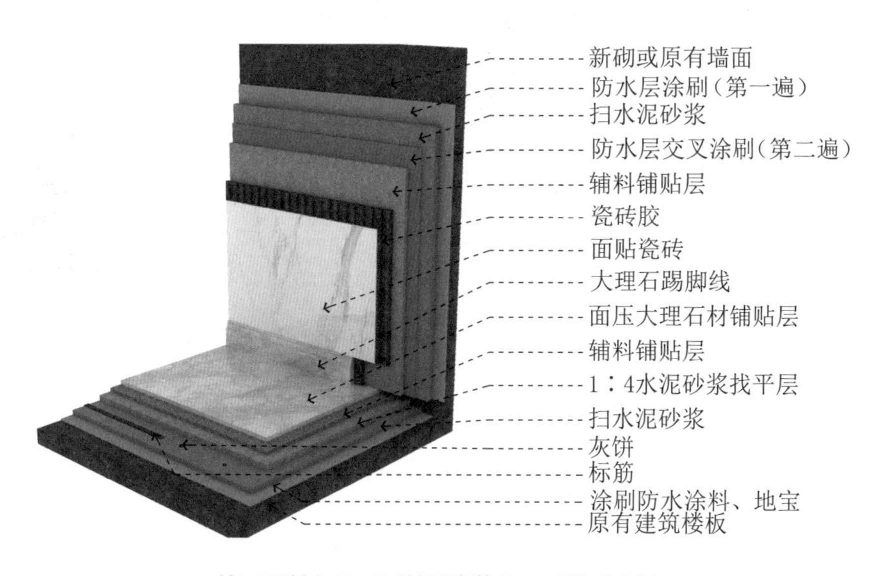
新砌或原有墙面
防水层涂刷（第一遍）
扫水泥砂浆
防水层交叉涂刷（第二遍）
辅料铺贴层
瓷砖胶
面贴瓷砖
大理石踢脚线
面压大理石材铺贴层
辅料铺贴层
1：4水泥砂浆找平层
扫水泥砂浆
灰饼
标筋
涂刷防水涂料、地宝
原有建筑楼板

• 墙面石材与地面石材踢脚线收口三维示意图

9.9 门套基础制作施工工艺（附视频）

9.9.1 门套制作施工工艺（附视频）

扫码看视频
门套制作
施工工艺

（1）检查土建预留门洞是否符合门套尺寸要求，如不符合应修补整改后施工。

（2）门套基层为双层细木工板的应用木工专用胶水黏合后压制成型，按设计尺寸和实际厚度进行配料，门套超出墙体 2mm（厨房、卫生间门套应超出墙体 20mm），同一门框横、竖板规格应统一。

（3）木套门应做好防腐处理。

（4）木套门固定木楔预设，在门洞左右两侧及顶部用 ϕ12 冲击钻头钻孔，把 14mm× 14mm× 80mm 的木楔敲入孔内，固定点上下间距不大于 450mm、不小于 400mm，同一高度应并排设 2 只。

（5）门套固定。把预制好的门套用镀锌铁钉固定在木楔上，固定时需吊线校正，门套高度和宽度与规定尺寸误差不大于 1mm。

（6）门套下部应与地面悬空，底部高于地面 20mm，厨卫门套底部高于门槛 10mm，下部 200mm 应做防潮处理。

（7）同一墙面上有多个门套时，门套侧面要在同一平面。同一室内门套标高应统一尺寸。

（8）门套与墙面缝隙用发泡剂封堵，面层用水泥砂浆粉刷平整。

（9）固定门套的铁钉需用防锈漆进行防锈处理。

9.9.2 实木门套线（附视频）

扫码看视频
门套局部制
作施工工艺

门洞墙面完成面放线定位
涂刷防水涂料
固定门套夹芯板（调平门洞）
安装门套实木多层板
安装门套线

• 施工流程图

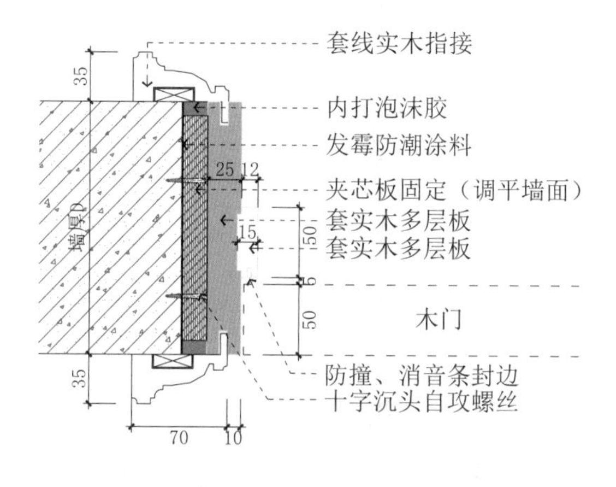
套线实木指接
内打泡沫胶
发霉防潮涂料
夹芯板固定（调平墙面）
套实木多层板
套实木多层板
木门
防撞、消音条封边
十字沉头自攻螺丝
墙厚D
35
25
12
15
50
6
50
35
70
10

• 实木门套线剖面图示意

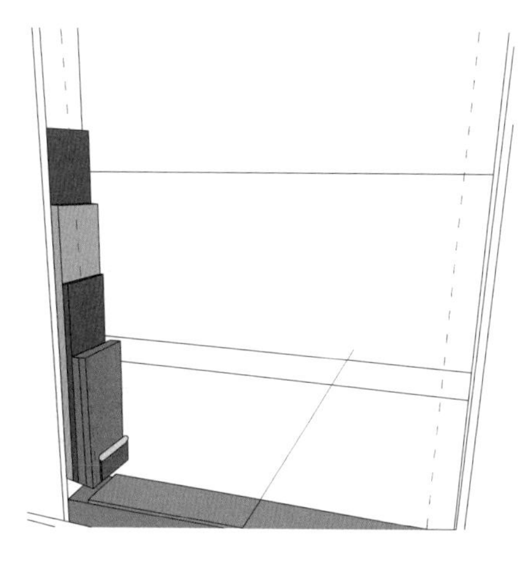

• 实木门套线工艺透视图

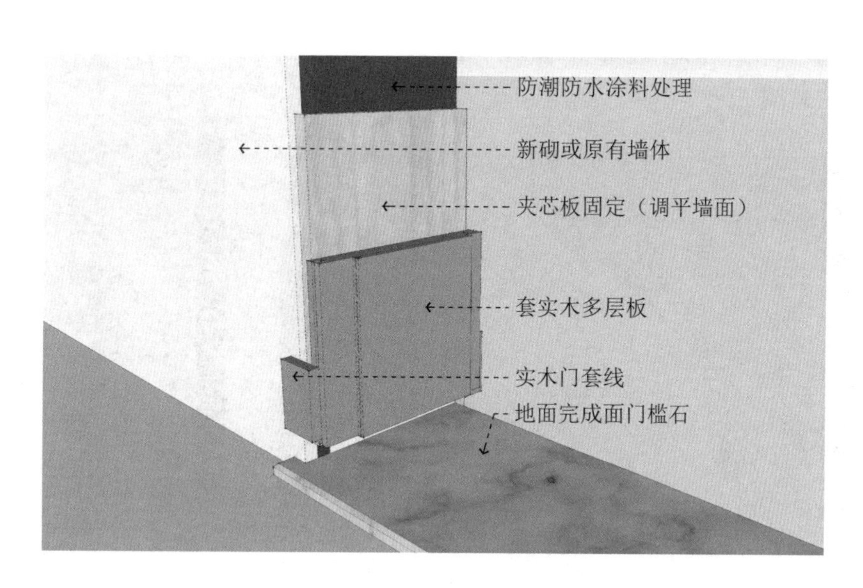
防潮防水涂料处理
新砌或原有墙体
夹芯板固定（调平墙面）
套实木多层板
实木门套线
地面完成面门槛石

• 实木门套线三维示意图

设 计

施工解读

基层板底部应与门槛石完成面留 2cm 的缝，缝隙用柔性防水胶填补。木饰面板底部与门槛石完成面留 2cm 的缝，以防止水气渗入门套内引起油漆面变形发霉。

9.9.3 玫瑰金收边条

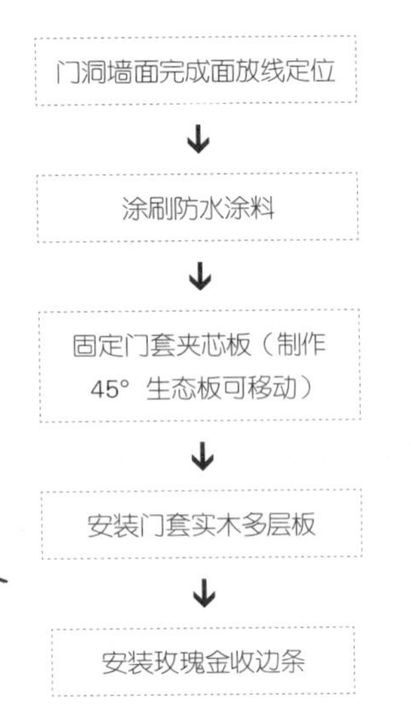
门洞墙面完成面放线定位
涂刷防水涂料
固定门套夹芯板（制作45° 生态板可移动）
安装门套实木多层板
安装玫瑰金收边条

• 施工流程图

新砌或原有墙体
十字沉头自攻螺丝
生态板
生态板固定门套（可移动）
实木门套
玻璃胶
1mm亚光玫瑰金收边
房门示意
离地20mm
地面完成面门槛石

• 玫瑰金收边条做法透视图

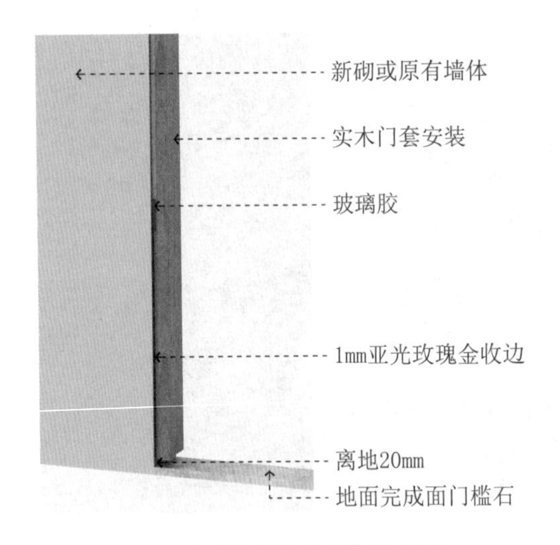
新砌或原有墙体
实木门套安装
玻璃胶
1mm亚光玫瑰金收边
离地20mm
地面完成面门槛石

• 玫瑰金收边条局部放大图

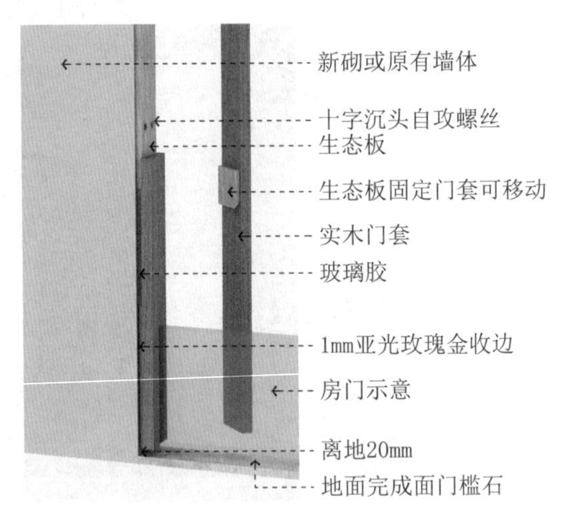
新砌或原有墙体
十字沉头自攻螺丝
生态板
生态板固定门套可移动
实木门套
玻璃胶
1mm亚光玫瑰金收边
房门示意
离地20mm
地面完成面门槛石

• 玫瑰金收边条三维示意图

设 计

施工解读

亚光玫瑰金收边条需选购 1mm 厚以上的才不会变形。

第 10 章

室内涂料施工工艺三维系统可视化

10.1 室内涂料施工工艺说明

传统装修工程中的边角都是采用水泥包砂角的手工施工方法，既费时又耗材，稍有不慎，极易造成垂直面失准或墙面凹凸不平的情形发生，而且这样制成的边角牢度差，一不小心碰撞即成缺角，修补时费工费时费料又不美观。现在的做法是将高强度的型材预埋在阴阳墙角处，不但美观碰不坏，还可起到加强筋的作用，提高墙角两侧的强度。并且改变了传统装修中的复杂的墙面批刮材料及流程，简化施工工艺。阴阳角护角处理，确保阴阳角的垂直美观，优质抗裂纤维布满铺，确保墙面无裂痕。此外，天花板以及脚下的地板砖，靠近墙的阴阳角处理也同样不可马虎。

10.1.1 阴阳角施工方法

阴阳角的制作应分两次弹线，先用墨线弹好阴角的一面。弹墨线时，两人各站在阴阳角的两头，把墨线扯直后找出最高点再弹墨线，这样处理的阴角才不会有小弯。注意：阴阳角制作时，两边必须弹墨线，测量阴角时，拉 5m 线检查（不足 5m 拉通线检查），阴角的直度应在 3mm 以内，阳角方正度要“0”对“0”（即无误差）。

（1）检查墙角的垂直度与墙面的平整度，清理工作面，发现误差过大，铲除突起、补平凹陷。

（2）在每个竖向阴阳角处用线坠放垂直线进行弹线处理，并以阴阳角垂直线为基准向两边 500mm 分别放一条平行于阴阳角垂直线的平行线，此线定义为阴阳角标准线。

（3）制作专用水泥浆。将白水泥与木胶以 3：1 的比例混合搅拌，添加适量的老粉（也可用快干粉替代）和 801 胶水，搅拌均匀。

（4）用专用水泥浆抹平墙角和墙面，并保持浆体一定的厚度。

（5）检查建筑护角的平直度和韧性；如受专业限制，建议选择购买拥有一定知名度的品牌产品。

（6）将护角紧贴墙角，找准水平垂直。

（7）浆体从冲孔处溢出为宜；如考虑加强牢度，建议用钉子加以固定。

（8）应将溢出冲孔处的水泥浆轻轻抹平。

（9）稍干后，再刷一层专业浆并抹平。

（10）自然风干后（一般要 48h 左右，如遇雨季可适当延长），用砂纸稍微打磨，再刷一层腻子老粉。

（11）墙面批刮腻子前用粉刷石膏对阴阳角两边 500mm 以内进行找平，找平至用 2m 靠尺垂直方向进行检测误差不超过 2mm 为标准。阴阳角向两边 500mm 以外用粉刷石膏或腻子找顺找平。

（12）用腻子沿墨线把角修直，待干后，用 2m L 形铝合金靠尺一人拉一头，从阴角的一边平行推向阴角，推到角时，轻轻来回抽动一下后平行刮出，这样处理的阴角才不会有小弯。待干后，检查阴阳角是否合格，依据垂直线检查阴阳角处墙面平整度，误差在 5mm 以内用墙衬找平，误差超过 5mm 的必须用石膏找平。

（13）最后，可以选择刷涂料或者张贴墙纸等饰面材料。

10.1.1.1　阳角处理注意事项

在吊顶、墙角、门窗等阳角处用铝合金靠尺或用水平仪的垂直线，以阳角相对较高的位置为参照，使铝合金直尺靠紧阳角另一面墙面，垂直度误差不大于 2mm，另一人用调制好的腻子以铝合金为平面，在阳角处进行批嵌，批嵌平整后把铝合金沿墙面平移拿开，刮净铝合金直尺上的残留，其他阴阳角也用同样的方法施工。

10.1.1.2　阴角处理注意事项

（1）铲除凸出部位粉刷层或黏附物，在凹部用刮板对应墨线进行批嵌。

（2）已批嵌阴角一面需等风干后，再进行弹线。之后，另一面以同样方法进行批嵌，直到符合验收标准。

10.1.2　吊顶造型涂料施工注意事项

（1）检查墙面、吊顶有无异物，避免墙面、吊顶有附着物而影响涂料工序施工效果。

（2）门窗玻璃、管道设备、试水试压均确认完毕，并对门窗及框、玻璃等成品及半成品应在油漆施工前进行保护，以防被污染或被破坏。

（3）检查墙面、顶棚平整度及是否有裂缝、麻面、空鼓、脱壳、分离等现象，若有则用水泥砂浆进行修补，对石膏板面的自攻螺丝进行防锈处理。

（4）若墙面、吊顶上发现有油污最好刮除，并打掉一层水泥层，以免造成腻子与涂料层无法附着，产生凸起的现象。

（5）墙面有线槽的地方和新旧墙交界处必须贴护墙宝。

（6）所有的阴阳角用水平仪检查一遍，凸出部分先进行清除。阳角护角条要用水平仪做，阳角边冲筋做垂直线，用 2m 长尺检查。

（7）阴角用铝合金长尺来拉，做到顺直，用标准面来拉，避免打磨时起砂。

（8）没有角线的地方，以最高点为准，用红外线弹墨斗线。因阴阳角做起来以后，墙角和边角会有平整度的落差，需要过尺或用大批刀拉。

（9）做阳角不能麻砂底，避免打磨起砂，用标准面加白乳胶。

（10）面漆因漆膜薄、遮盖力较差，因此适合在刮腻子平整度好的墙面上使用，若在底子较差墙面上做面漆，会出现波浪、凹坑等现象。

（11）水泥漆在施工前要将漆料搅拌均匀，避免后期色彩不均匀。

10.1.3 墙面涂料施工注意事项

（1）墙面、吊顶应基本干燥，基层含水率不得大于 10%。

（2）过墙管道、孔洞、阴阳角应提前处理完毕，并确保墙面干燥。

（3）检查管线粉刷及新旧粉刷层交界处有无裂缝，如有裂缝需做防裂处理，确认合格后才能进行下一道工序。

10.2 室内涂料施工工艺思维导图

室内涂料施工三维可视化工艺思维导图详见本书附图 8。

10.3 涂料阴阳角处理（附视频）

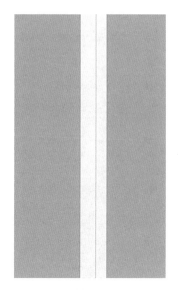

• 阴角护角安装

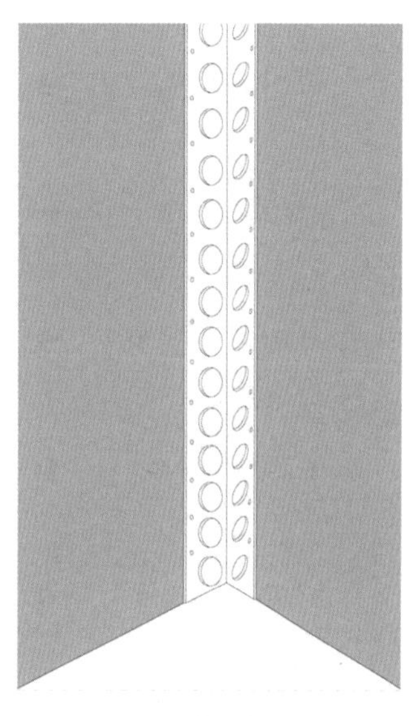

• 阴角护角批刮腻子

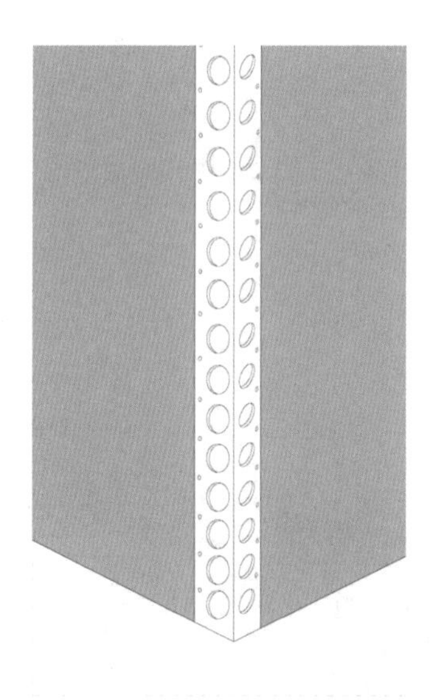

• 阳角护角安装

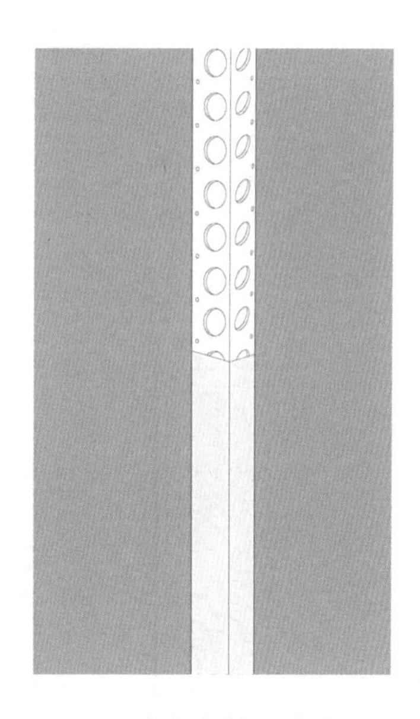

• 阳角护角抹平腻子

设 计

施工解读

1. 房间阴阳角必须垂直，用激光投线仪检测，误差应≤ 3mm。

2. 查验阳角是否顺直，可以使用激光标线仪。顺着放线仪打出的垂直线，看阴阳角线与打出的垂直线是否重合，如果重合，说明这个阴阳角处理合格。

10.3.1 吊顶造型涂料阴阳角工艺处理（附视频）

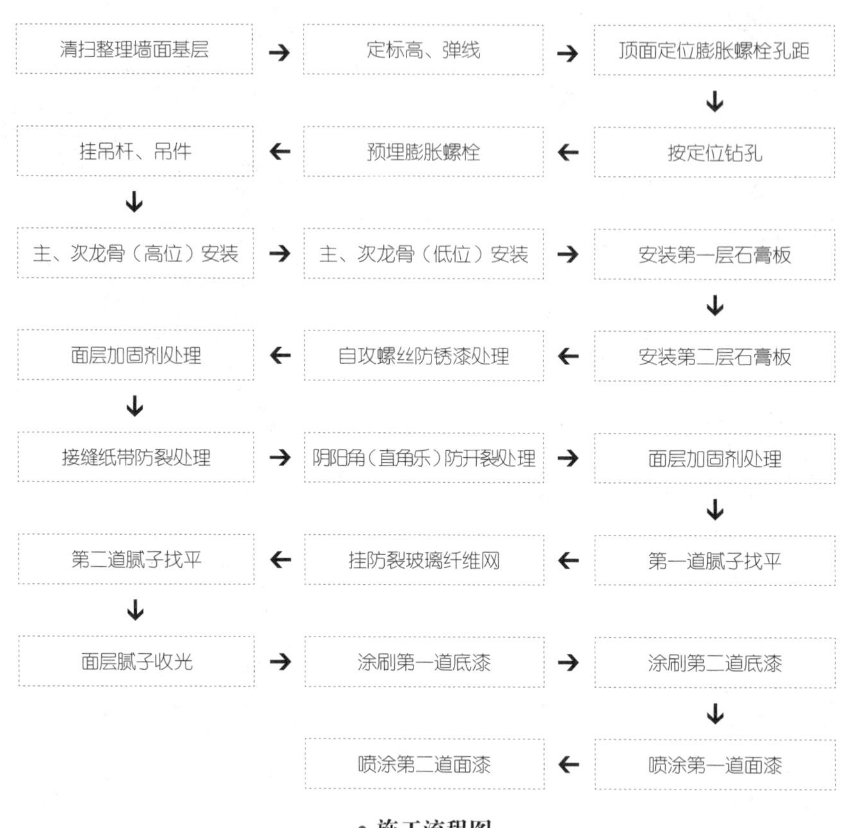
清扫整理墙面基层
定标高、弹线
顶面定位膨胀螺栓孔距
按定位钻孔
预埋膨胀螺栓
挂吊杆、吊件
主、次龙骨（高位）安装
主、次龙骨（低位）安装
安装第一层石膏板
安装第二层石膏板
自攻螺丝防锈漆处理
面层加固剂处理
接缝纸带防裂处理
阴阳角（直角乐）防开裂处理
面层加固剂处理
第一道腻子找平
挂防裂玻璃纤维网
第二道腻子找平
面层腻子收光
涂刷第一道底漆
涂刷第二道底漆
喷涂第一道面漆
喷涂第二道面漆

• 施工流程图

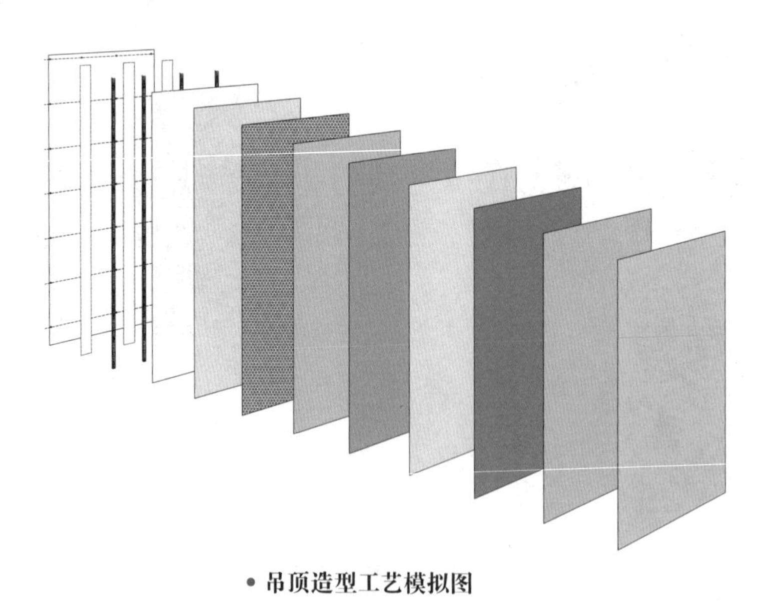

• 吊顶造型工艺模拟图

扫码看视频
吊顶造型涂料阴阳角工艺处理

10.3.1.1 安装第一、二层石膏板

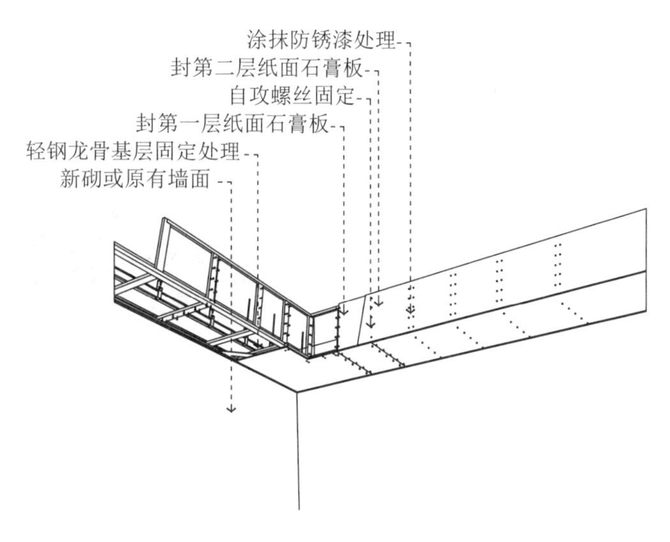
涂抹防锈漆处理
封第二层纸面石膏板
自攻螺丝固定
封第一层纸面石膏板
轻钢龙骨基层固定处理
新砌或原有墙面

• 安装第一、二层石膏板做法透视图

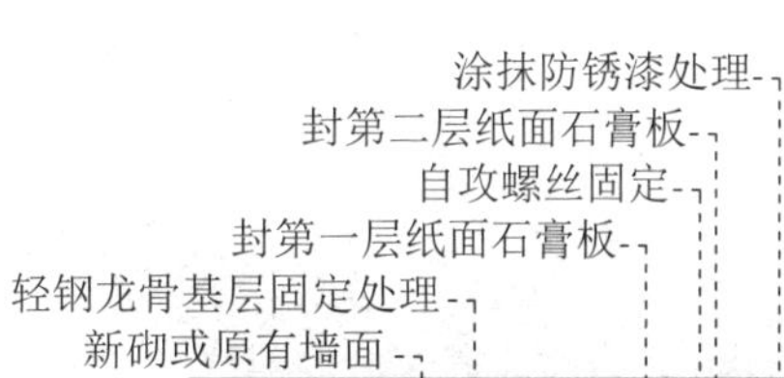
涂抹防锈漆处理
封第二层纸面石膏板
自攻螺丝固定
封第一层纸面石膏板
轻钢龙骨基层固定处理
新砌或原有墙面

• 安装第一、二层石膏板三维示意图

10.3.1.2 自攻螺丝防锈漆处理

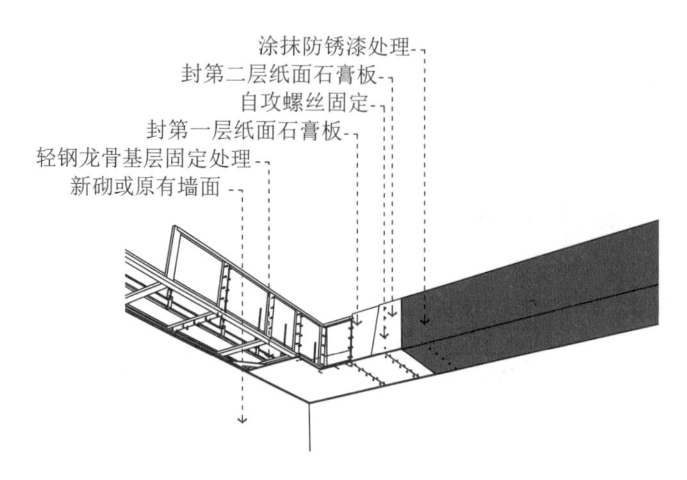
涂抹防锈漆处理
封第二层纸面石膏板
自攻螺丝固定
封第一层纸面石膏板
轻钢龙骨基层固定处理
新砌或原有墙面

• 自攻螺丝防锈漆处理做法透视图

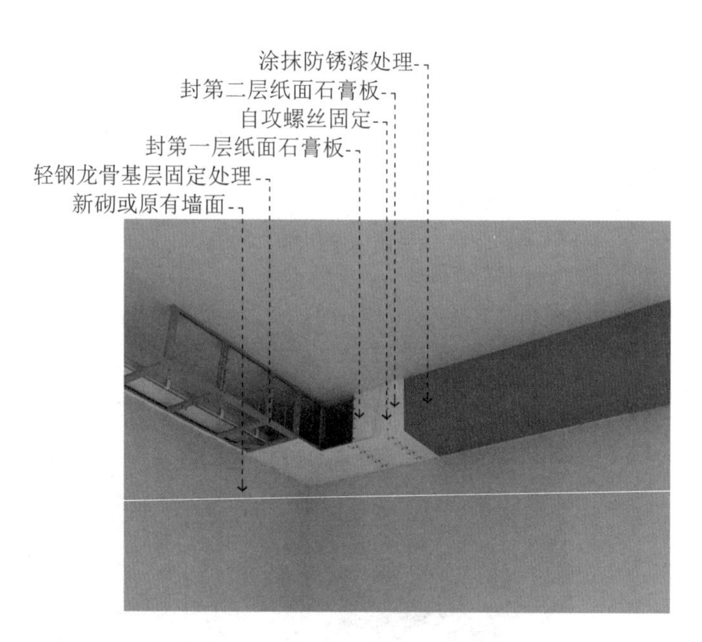
涂抹防锈漆处理
封第二层纸面石膏板
自攻螺丝固定
封第一层纸面石膏板
轻钢龙骨基层固定处理
新砌或原有墙面

• 自攻螺丝防锈漆处理三维示意图

设 计

施工解读

检查墙面、顶棚平整度及是否有裂缝、麻面、空鼓、脱壳、分离等现象，用水泥砂浆进行修补，对石膏板面的自攻螺丝进行防锈处理。

10.3.1.3 面层加固剂处理

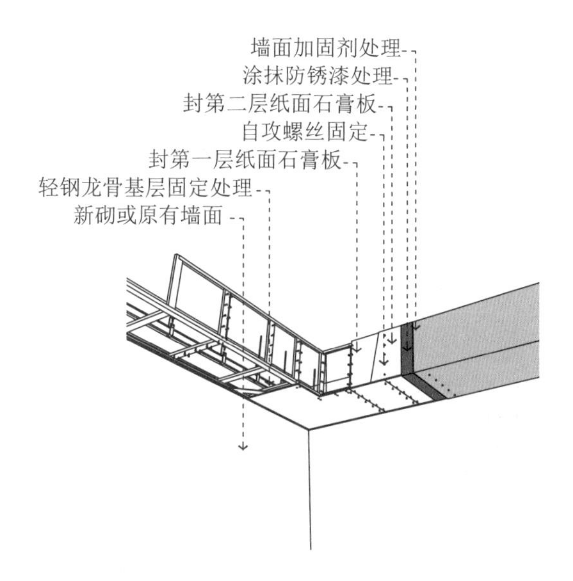
墙面加固剂处理
涂抹防锈漆处理
封第二层纸面石膏板
自攻螺丝固定
封第一层纸面石膏板
轻钢龙骨基层固定处理
新砌或原有墙面

• 面层加固剂处理做法透视图

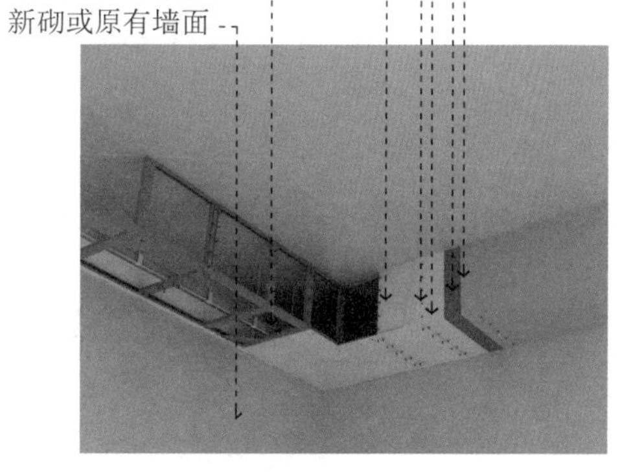
墙面加固剂处理
涂抹防锈漆处理
封第二层纸面石膏板
自攻螺丝固定
封第一层纸面石膏板
轻钢龙骨基层固定处理
新砌或原有墙面

• 面层加固剂处理三维示意图

10.3.1.4 接缝纸带防裂处理

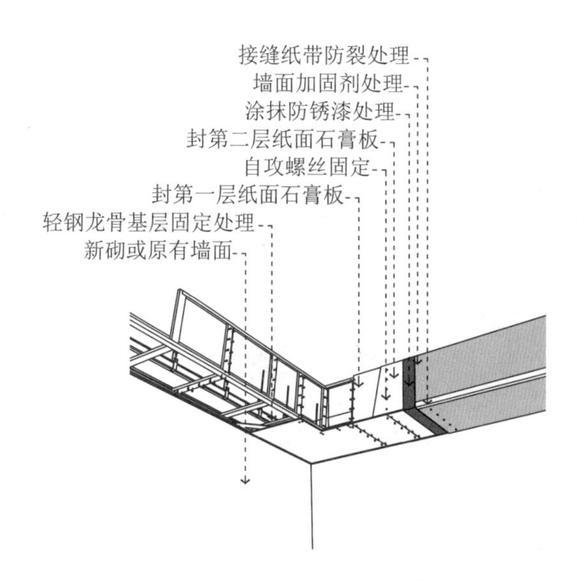
接缝纸带防裂处理
墙面加固剂处理
涂抹防锈漆处理
封第二层纸面石膏板
自攻螺丝固定
封第一层纸面石膏板
轻钢龙骨基层固定处理
新砌或原有墙面

• 接缝纸带防裂处理做法透视图

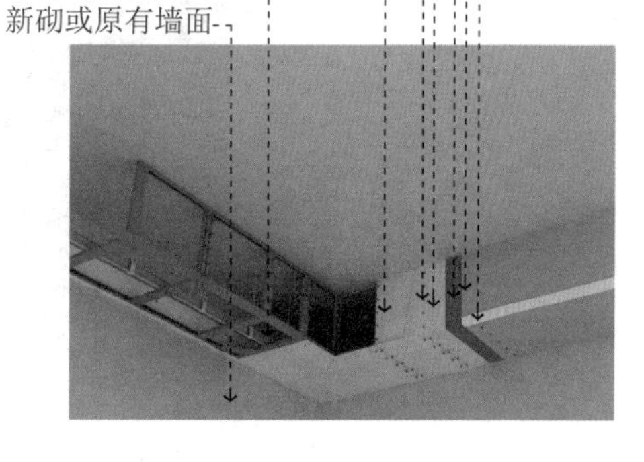
接缝纸带防裂处理
墙面加固剂处理
涂抹防锈漆处理
封第二层纸面石膏板
自攻螺丝固定
封第一层纸面石膏板
轻钢龙骨基层固定处理
新砌或原有墙面

• 接缝纸带防裂处理三维示意图

10.3.1.5 阴阳角（直角乐）防开裂处理

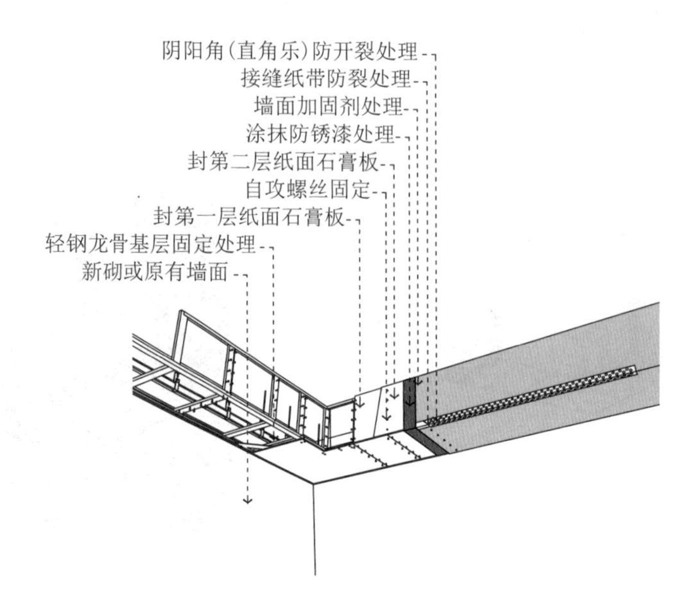
阴阳角(直角乐)防开裂处理
接缝纸带防裂处理
墙面加固剂处理
涂抹防锈漆处理
封第二层纸面石膏板
自攻螺丝固定
封第一层纸面石膏板
轻钢龙骨基层固定处理
新砌或原有墙面

• 阴阳角（直角乐）防开裂处理做法透视图

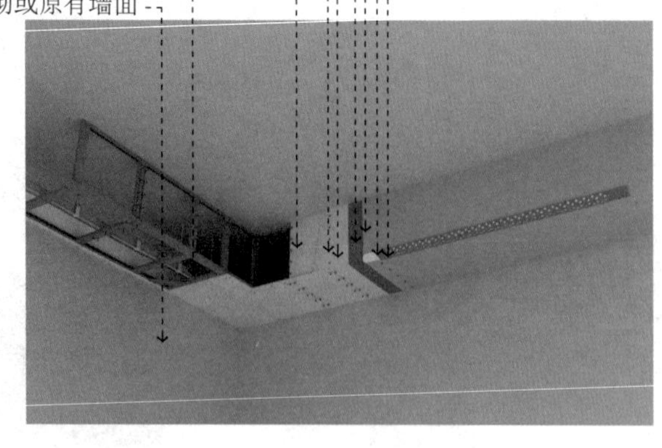
阴阳角(直角乐)防开裂处理
接缝纸带防裂处理
墙面加固剂处理
涂抹防锈漆处理
封第二层纸面石膏板
自攻螺丝固定
封第一层纸面石膏板
轻钢龙骨基层固定处理
新砌或原有墙面

• 阴阳角（直角乐）防开裂处理三维示意图

10.3.1.6 面层加固剂处理

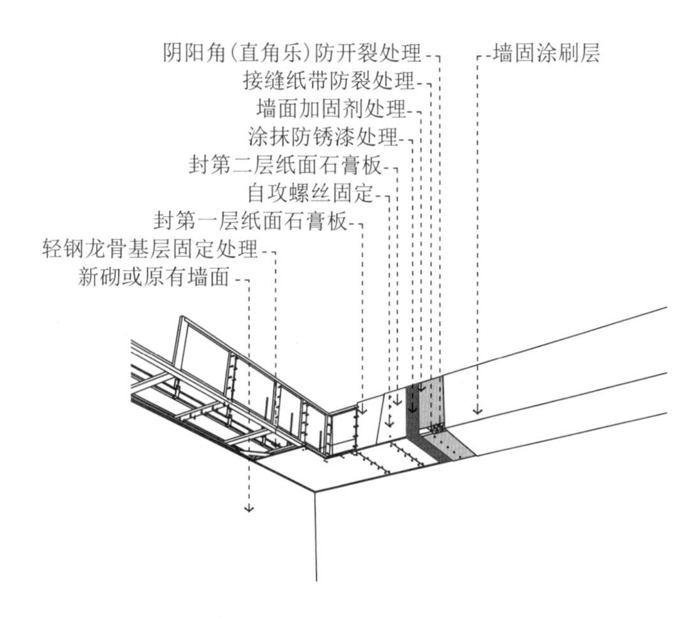
阴阳角(直角乐)防开裂处理
接缝纸带防裂处理
墙面加固剂处理
涂抹防锈漆处理
封第二层纸面石膏板
自攻螺丝固定
封第一层纸面石膏板
轻钢龙骨基层固定处理
新砌或原有墙面
墙固涂刷层

• 面层加固剂处理做法透视图

阴阳角(直角乐)防开裂处理
接缝纸带防裂处理
墙面加固剂处理
涂抹防锈漆处理
封第二层纸面石膏板
自攻螺丝固定
封第一层纸面石膏板
轻钢龙骨基层固定处理
新砌或原有墙面
墙固涂刷层
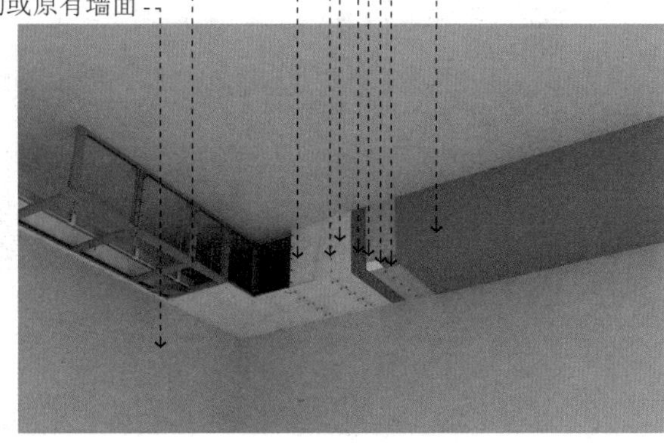

• 面层加固剂处理三维示意图

10.3.1.7 第一道腻子找平

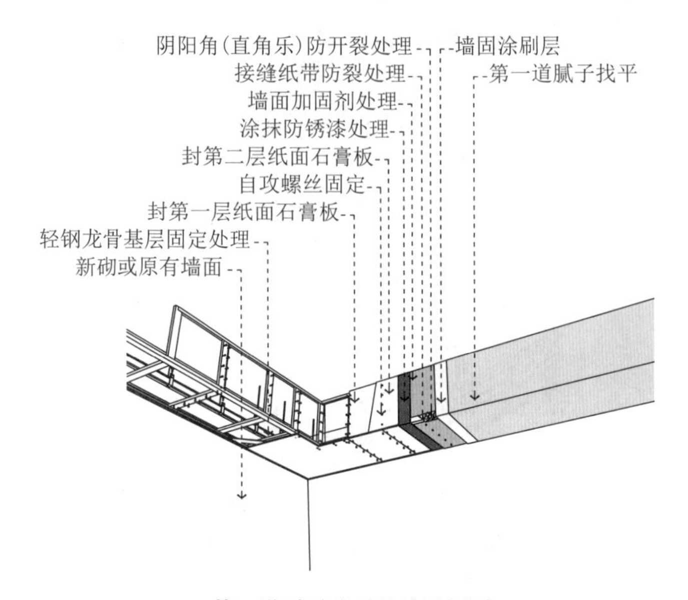
阴阳角(直角乐)防开裂处理
墙固涂刷层
接缝纸带防裂处理
第一道腻子找平
墙面加固剂处理
涂抹防锈漆处理
封第二层纸面石膏板
自攻螺丝固定
封第一层纸面石膏板
轻钢龙骨基层固定处理
新砌或原有墙面

• 第一道腻子找平做法透视图

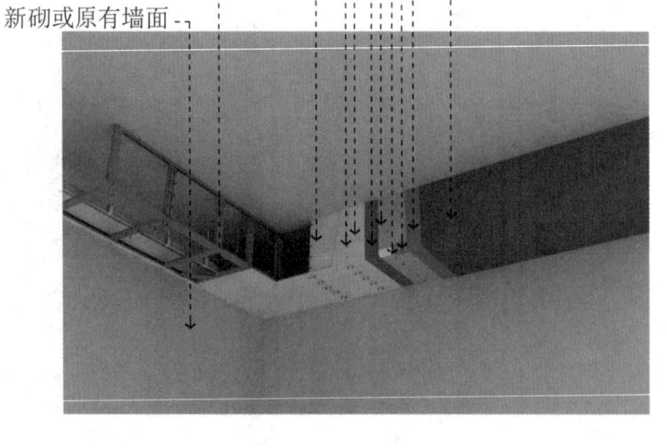
阴阳角(直角乐)防开裂处理
墙固涂刷层
接缝纸带防裂处理
第一道腻子找平
墙面加固剂处理
涂抹防锈漆处理
封第二层纸面石膏板
自攻螺丝固定
封第一层纸面石膏板
轻钢龙骨基层固定处理
新砌或原有墙面

• 第一道腻子找平三维示意图

10.3.1.8 挂防裂玻璃纤维网

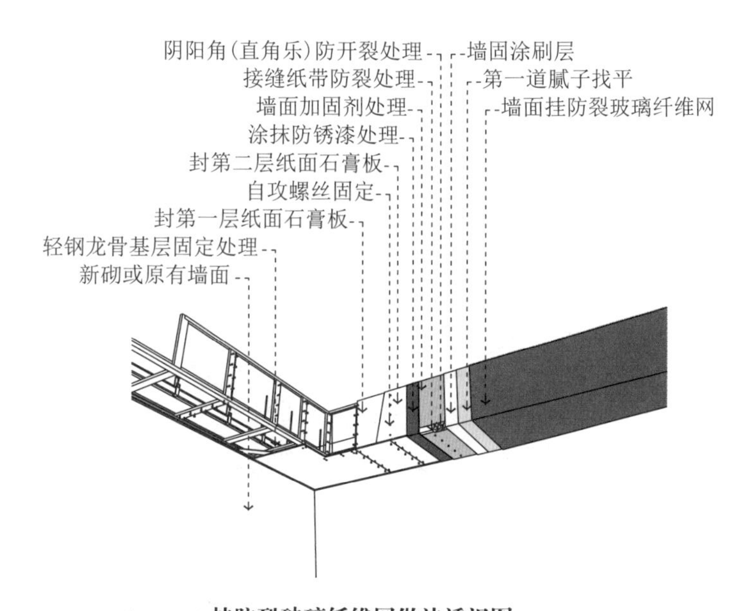
阴阳角(直角乐)防开裂处理
接缝纸带防裂处理
墙面加固剂处理
涂抹防锈漆处理
封第二层纸面石膏板
自攻螺丝固定
封第一层纸面石膏板
轻钢龙骨基层固定处理
新砌或原有墙面
墙固涂刷层
第一道腻子找平
墙面挂防裂玻璃纤维网

• 挂防裂玻璃纤维网做法透视图

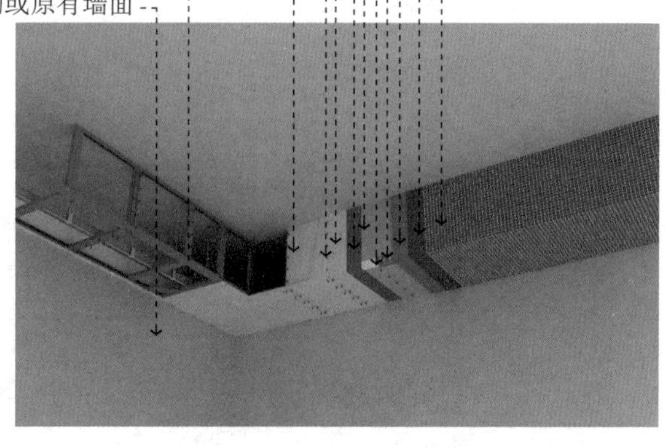
阴阳角(直角乐)防开裂处理
接缝纸带防裂处理
墙面加固剂处理
涂抹防锈漆处理
封第二层纸面石膏板
自攻螺丝固定
封第一层纸面石膏板
轻钢龙骨基层固定处理
新砌或原有墙面
墙固涂刷层
第一道腻子找平
墙面挂防裂玻璃纤维网

• 挂防裂玻璃纤维网三维示意图

10.3.1.9 第二道腻子找平

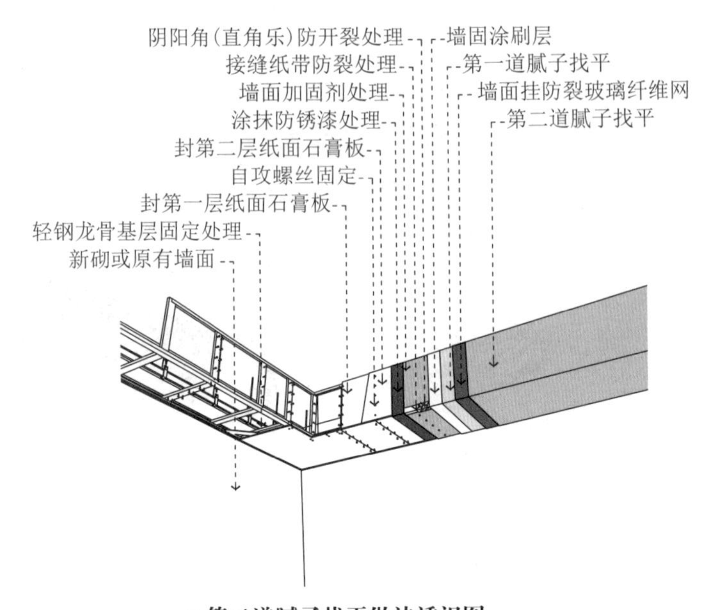
阴阳角(直角乐)防开裂处理
接缝纸带防裂处理
墙面加固剂处理
涂抹防锈漆处理
封第二层纸面石膏板
自攻螺丝固定
封第一层纸面石膏板
轻钢龙骨基层固定处理
新砌或原有墙面
墙固涂刷层
第一道腻子找平
墙面挂防裂玻璃纤维网
第二道腻子找平

• 第二道腻子找平做法透视图

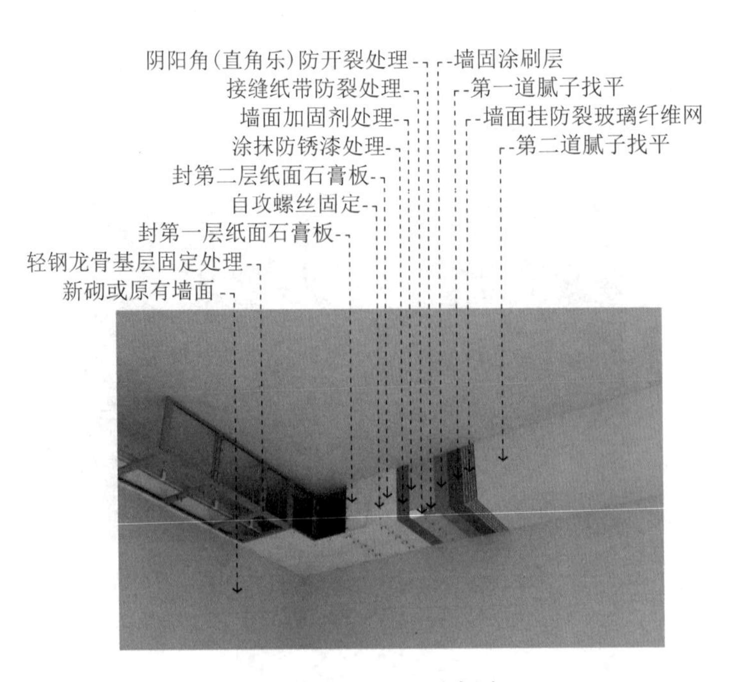
阴阳角(直角乐)防开裂处理
接缝纸带防裂处理
墙面加固剂处理
涂抹防锈漆处理
封第二层纸面石膏板
自攻螺丝固定
封第一层纸面石膏板
轻钢龙骨基层固定处理
新砌或原有墙面
墙固涂刷层
第一道腻子找平
墙面挂防裂玻璃纤维网
第二道腻子找平

• 第二道腻子找平三维示意图

10.3.1.10 面层腻子收光

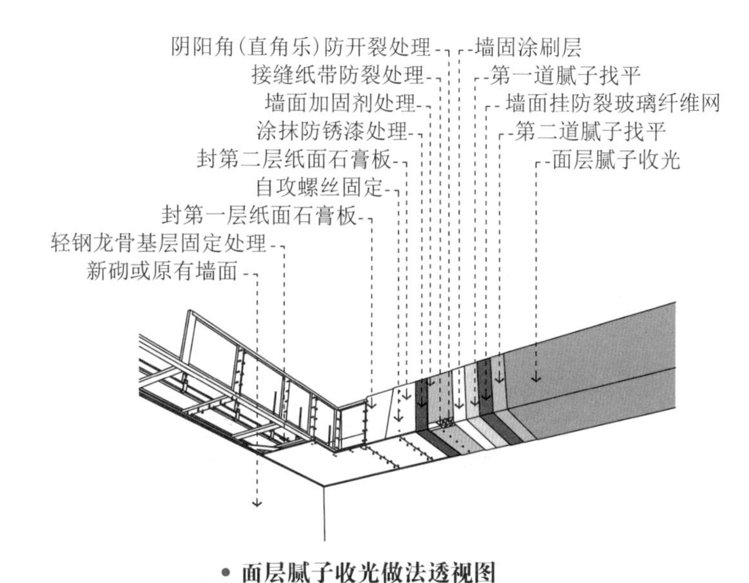
阴阳角(直角乐)防开裂处理
接缝纸带防裂处理
墙面加固剂处理
涂抹防锈漆处理
封第二层纸面石膏板
自攻螺丝固定
封第一层纸面石膏板
轻钢龙骨基层固定处理
新砌或原有墙面
墙固涂刷层
第一道腻子找平
墙面挂防裂玻璃纤维网
第二道腻子找平
面层腻子收光

• 面层腻子收光做法透视图

阴阳角(直角乐)防开裂处理
接缝纸带防裂处理
墙面加固剂处理
涂抹防锈漆处理
封第二层纸面石膏板
自攻螺丝固定
封第一层纸面石膏板
轻钢龙骨基层固定处理
新砌或原有墙面
墙固涂刷层
第一道腻子找平
墙面挂防裂玻璃纤维网
第二道腻子找平
面层腻子收光
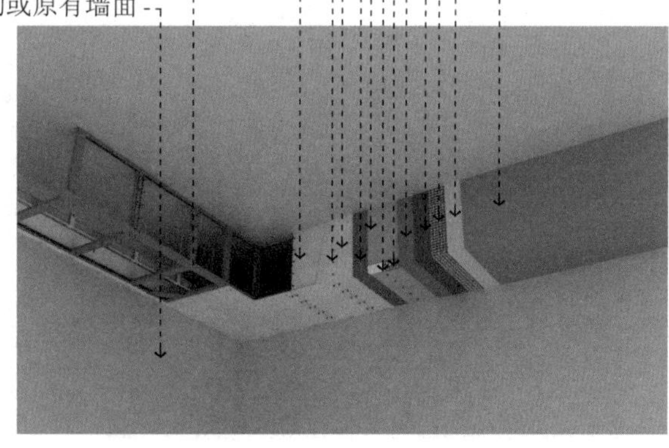

• 面层腻子收光三维示意图

设 计

施工解读

由于腻子干燥后会收缩，所以第一次刮腻子后必须等 4h 后再重复做第二次刮腻子，干燥后再次打磨并清洁，并检查墙面是否平整。

10.3.1.11 涂刷两道底漆和面漆

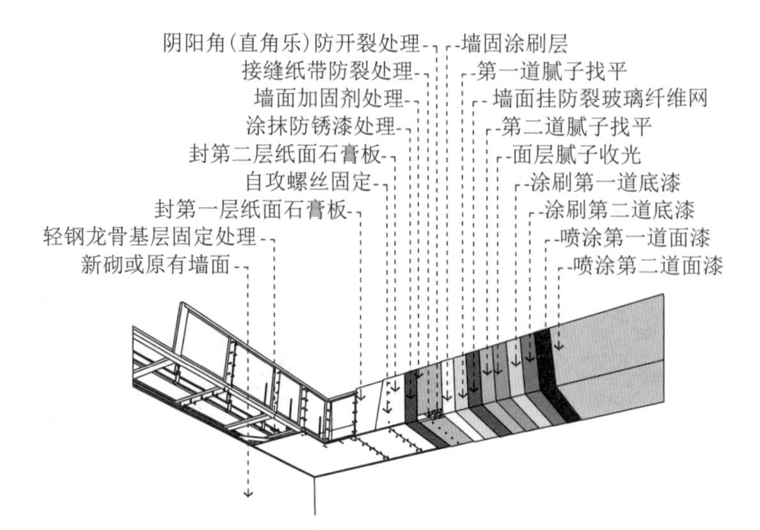
阴阳角（直角乐）防开裂处理
接缝纸带防裂处理
墙面加固剂处理
涂抹防锈漆处理
封第二层纸面石膏板
自攻螺丝固定
封第一层纸面石膏板
轻钢龙骨基层固定处理
新砌或原有墙面
墙固涂刷层
第一道腻子找平
墙面挂防裂玻璃纤维网
第二道腻子找平
面层腻子收光
涂刷第一道底漆
涂刷第二道底漆
喷涂第一道面漆
喷涂第二道面漆

• 涂刷两道底漆和面漆做法透视图

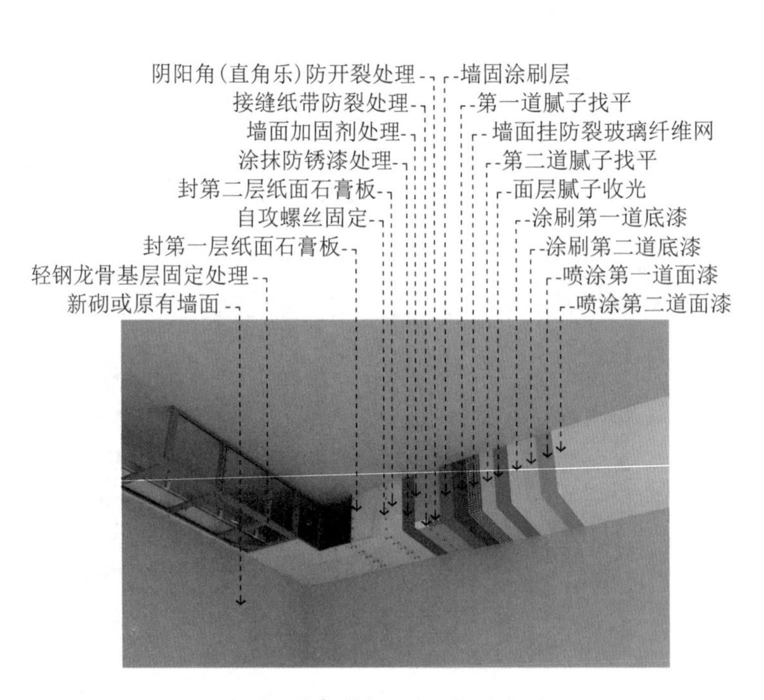
阴阳角（直角乐）防开裂处理
接缝纸带防裂处理
墙面加固剂处理
涂抹防锈漆处理
封第二层纸面石膏板
自攻螺丝固定
封第一层纸面石膏板
轻钢龙骨基层固定处理
新砌或原有墙面
墙固涂刷层
第一道腻子找平
墙面挂防裂玻璃纤维网
第二道腻子找平
面层腻子收光
涂刷第一道底漆
涂刷第二道底漆
喷涂第一道面漆
喷涂第二道面漆

• 涂刷两道底漆和面漆三维示意图

设 计

施工解读

1. 喷涂底漆与面漆前，应多次打磨墙面、吊顶，以确保后期做底漆与面漆的平整性，提高面漆的效果。

2. 选择涂料时，公共区域或手经常触摸到的地方建议选用含抗污的涂料，耐刷洗且保色性强；如儿童房等建议选用具有净味分解功能的涂料；如室内潮湿区域建议选择防潮、防霉性好的涂料。

10.3.2 墙面涂料与阴阳角工艺处理（附视频）

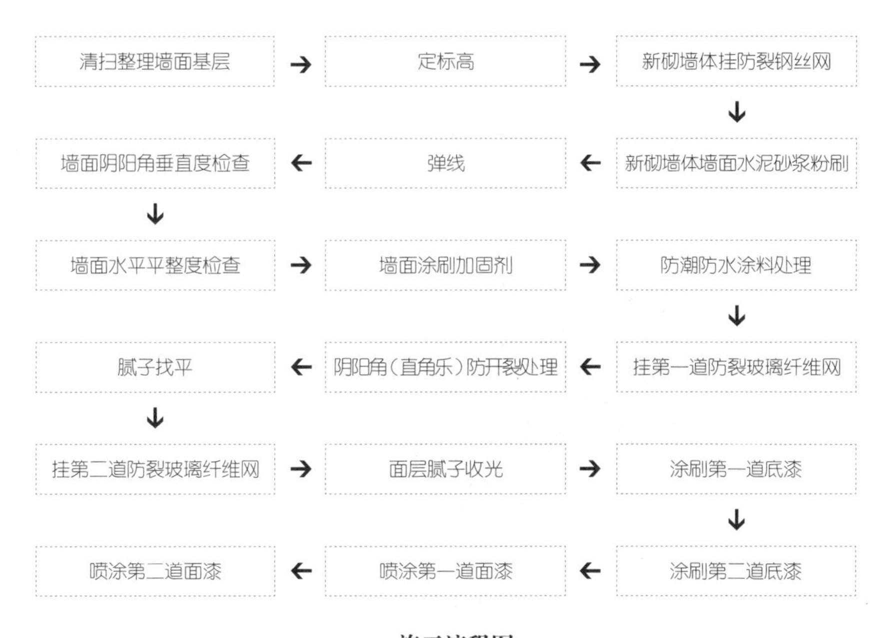
清扫整理墙面基层
定标高
新砌墙体挂防裂钢丝网
新砌墙体墙面水泥砂浆粉刷
弹线
墙面阴阳角垂直度检查
墙面水平平整度检查
墙面涂刷加固剂
防潮防水涂料处理
挂第一道防裂玻璃纤维网
阴阳角（直角乐）防开裂处理
腻子找平
挂第二道防裂玻璃纤维网
面层腻子收光
涂刷第一道底漆
涂刷第二道底漆
喷涂第一道面漆
喷涂第二道面漆

• 施工流程图

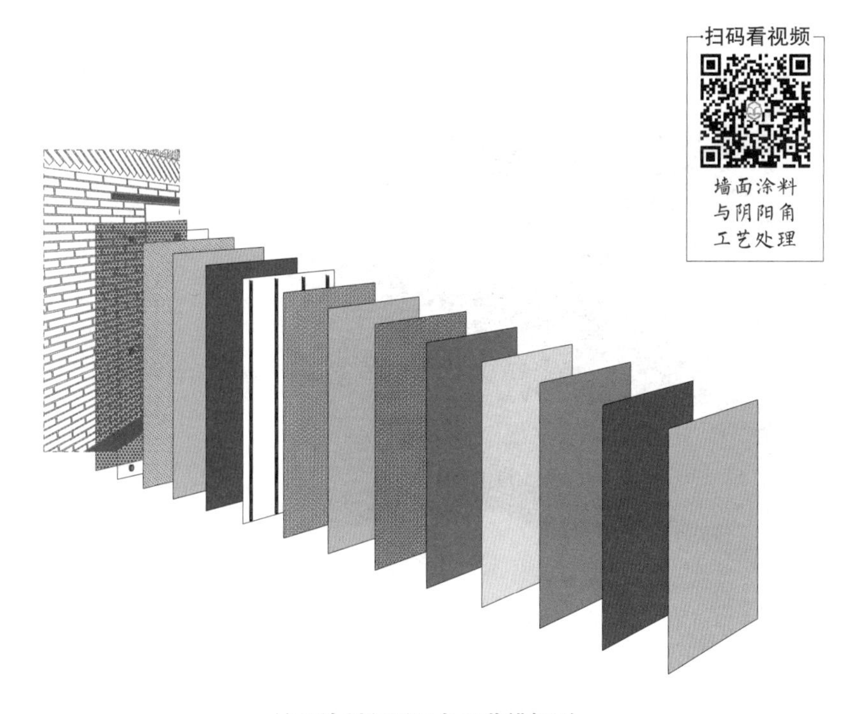
扫码看视频
墙面涂料
与阴阳角
工艺处理

• 墙面涂料与阴阳角工艺模拟图

10.3.2.1 新砌墙体挂防裂钢丝网

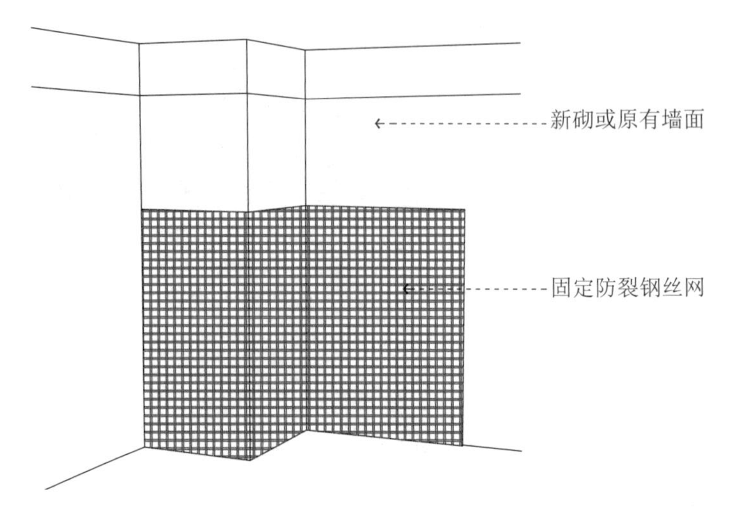
新砌或原有墙面
固定防裂钢丝网

• 新砌墙体挂防裂钢丝网做法透视图

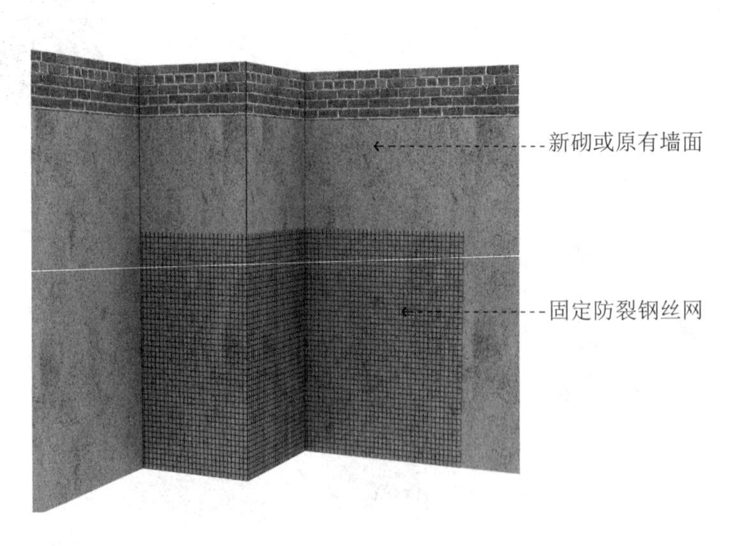
新砌或原有墙面
固定防裂钢丝网

• 新砌墙体挂防裂钢丝网三维示意图

10.3.2.2 新砌墙体墙面水泥砂浆粉刷

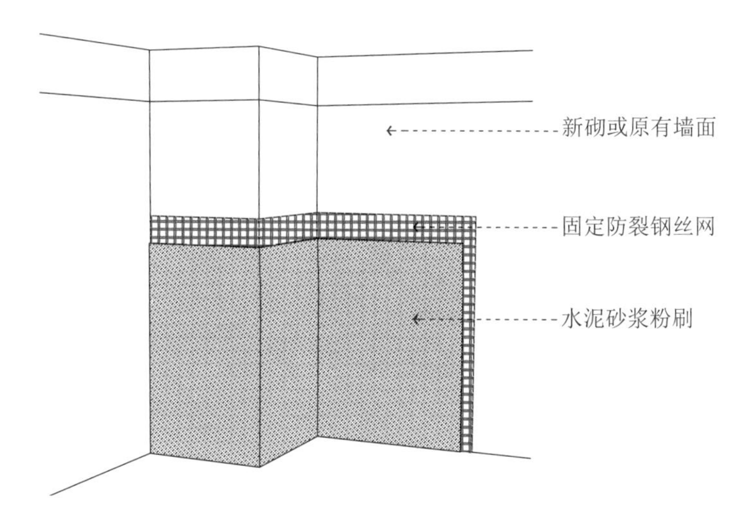
新砌或原有墙面
固定防裂钢丝网
水泥砂浆粉刷

• 新砌墙体墙面水泥砂浆粉刷做法透视图

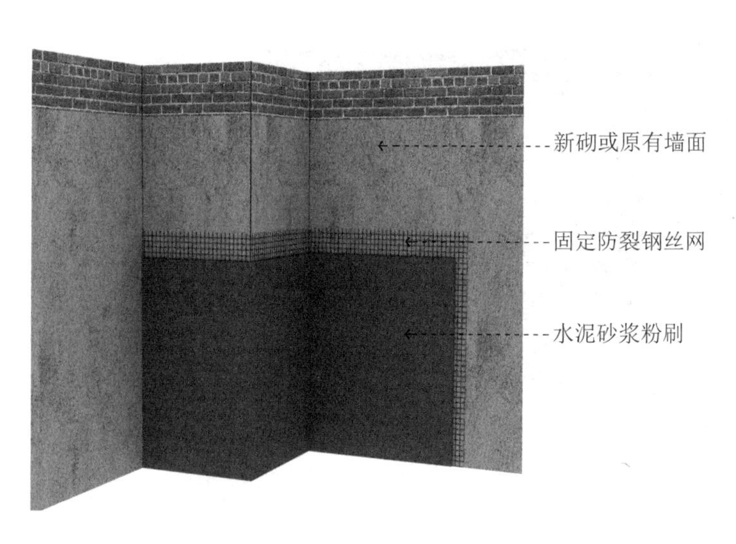
新砌或原有墙面
固定防裂钢丝网
水泥砂浆粉刷

• 新砌墙体墙面水泥砂浆粉刷三维示意图

10.3.2.3 墙面涂刷加固剂

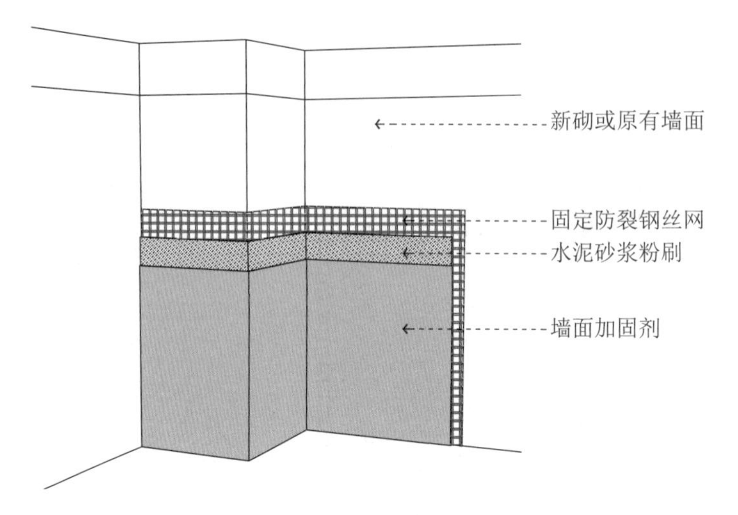
新砌或原有墙面
固定防裂钢丝网
水泥砂浆粉刷
墙面加固剂

• 墙面涂刷加固剂做法透视图

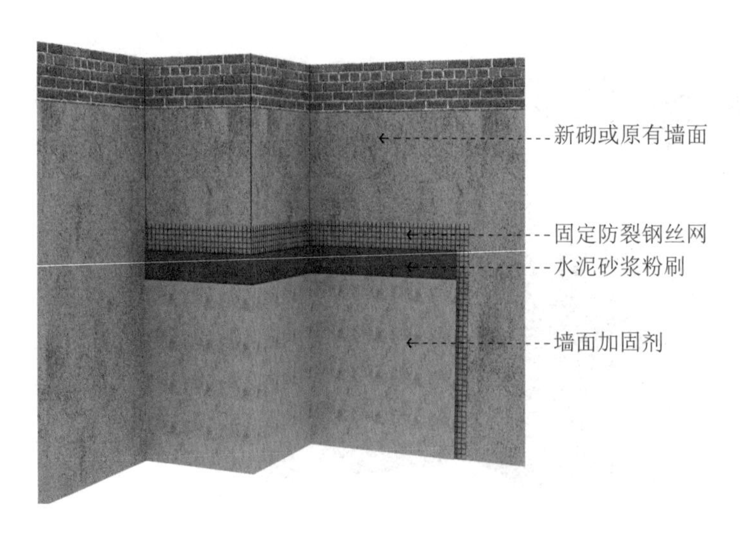
新砌或原有墙面
固定防裂钢丝网
水泥砂浆粉刷
墙面加固剂

• 墙面涂刷加固剂三维示意图

10.3.2.4 防潮防水涂料处理

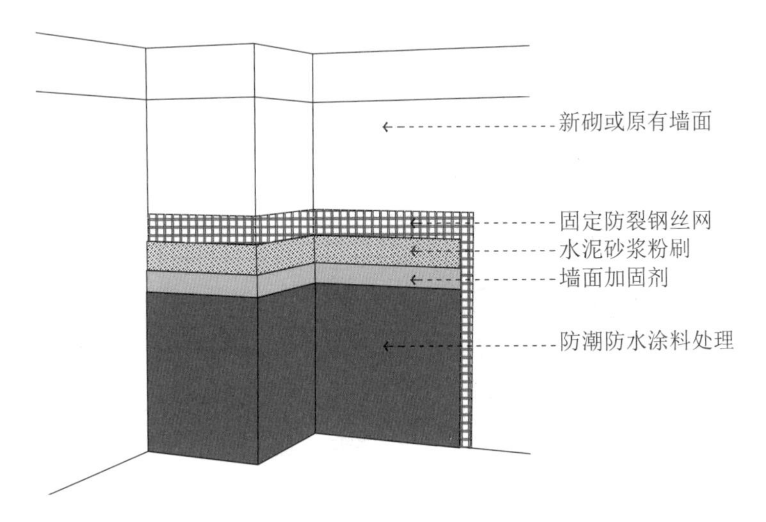
新砌或原有墙面
固定防裂钢丝网
水泥砂浆粉刷
墙面加固剂
防潮防水涂料处理

• 防潮防水涂料处理做法透视图

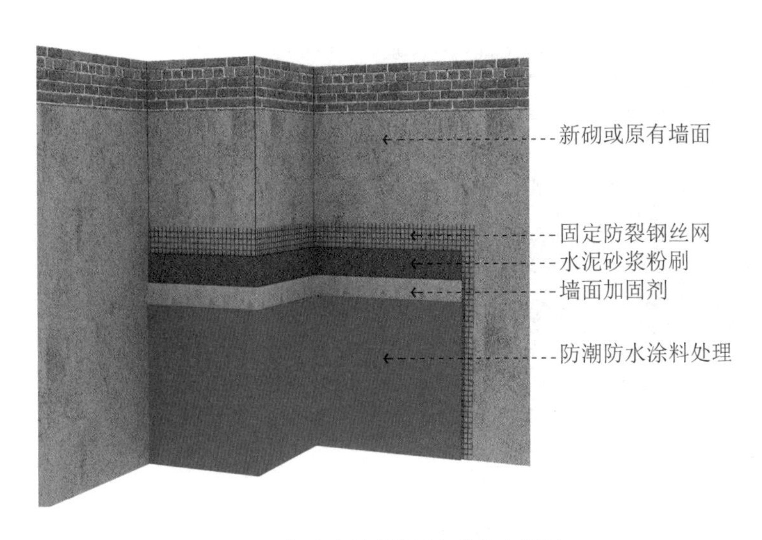
新砌或原有墙面
固定防裂钢丝网
水泥砂浆粉刷
墙面加固剂
防潮防水涂料处理

• 防潮防水涂料处理三维示意图

10.3.2.5 挂第一道防裂玻璃纤维网

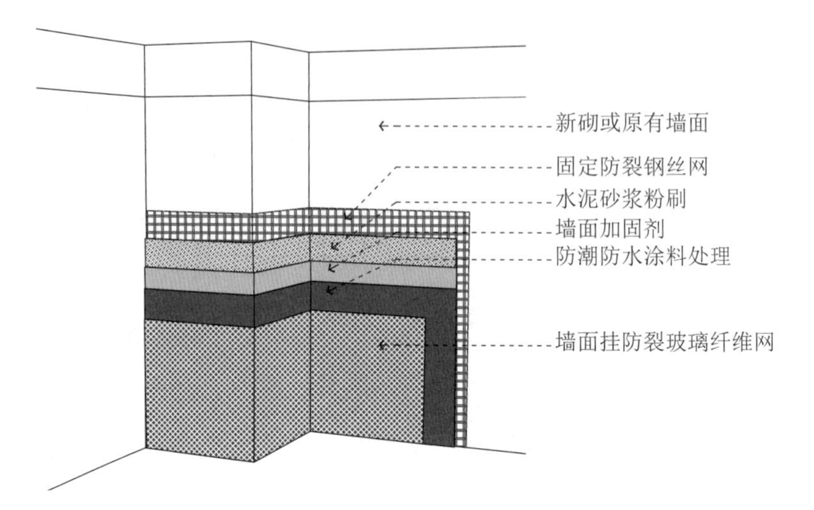
新砌或原有墙面
固定防裂钢丝网
水泥砂浆粉刷
墙面加固剂
防潮防水涂料处理
墙面挂防裂玻璃纤维网

• 挂第一道防裂玻璃纤维网做法透视图

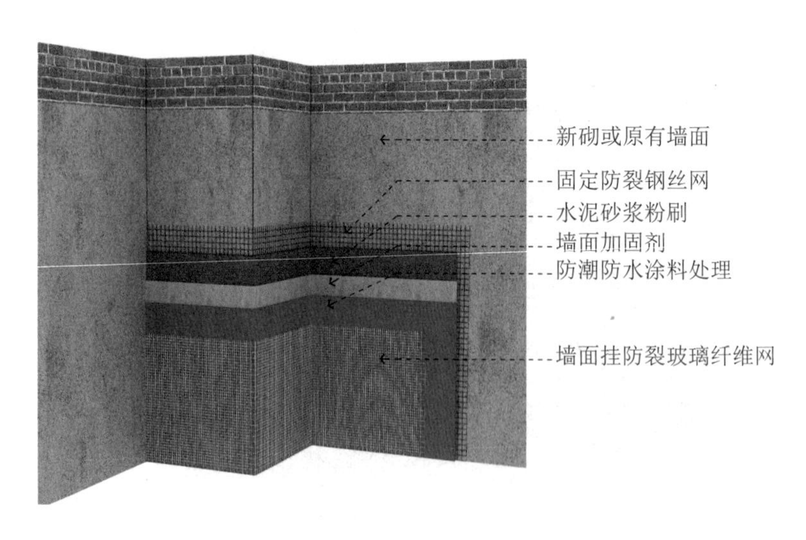
新砌或原有墙面
固定防裂钢丝网
水泥砂浆粉刷
墙面加固剂
防潮防水涂料处理
墙面挂防裂玻璃纤维网

• 挂第一道防裂玻璃纤维网三维示意图

10.3.2.6　阴阳角（直角乐）防开裂处理

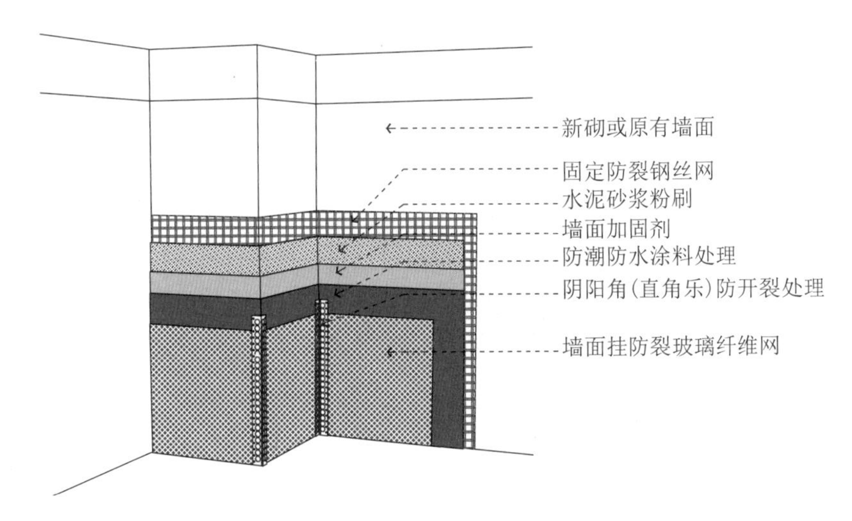
新砌或原有墙面
固定防裂钢丝网
水泥砂浆粉刷
墙面加固剂
防潮防水涂料处理
阴阳角(直角乐)防开裂处理
墙面挂防裂玻璃纤维网

• 阴阳角（直角乐）防开裂处理做法透视图

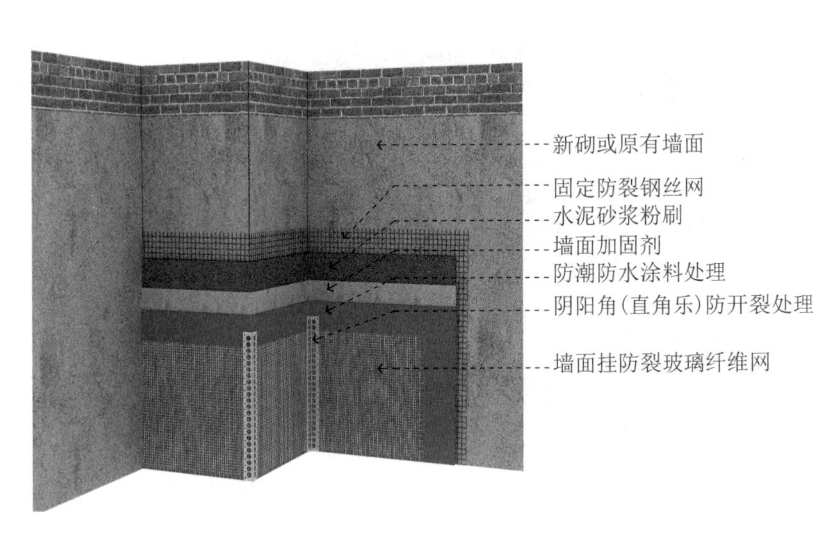
新砌或原有墙面
固定防裂钢丝网
水泥砂浆粉刷
墙面加固剂
防潮防水涂料处理
阴阳角(直角乐)防开裂处理
墙面挂防裂玻璃纤维网

• 阴阳角（直角乐）防开裂处理三维示意图

10.3.2.7 腻子找平

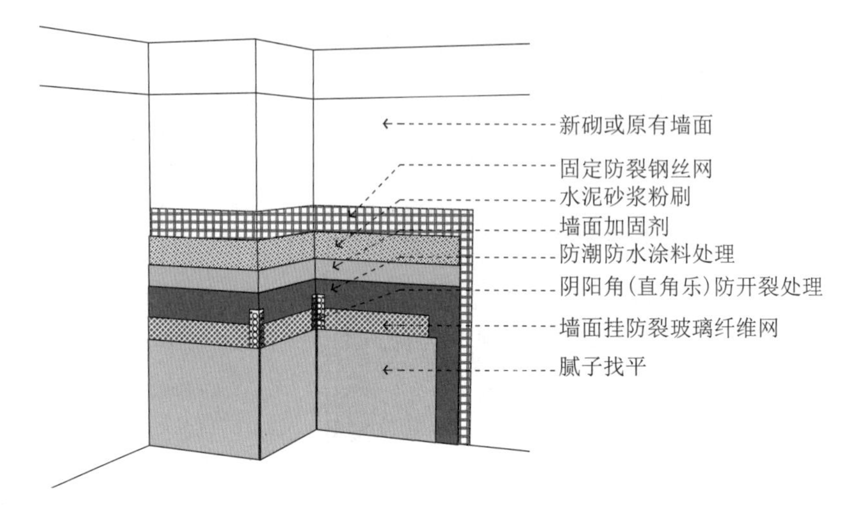
新砌或原有墙面
固定防裂钢丝网
水泥砂浆粉刷
墙面加固剂
防潮防水涂料处理
阴阳角(直角乐)防开裂处理
墙面挂防裂玻璃纤维网
腻子找平

• 腻子找平做法透视图

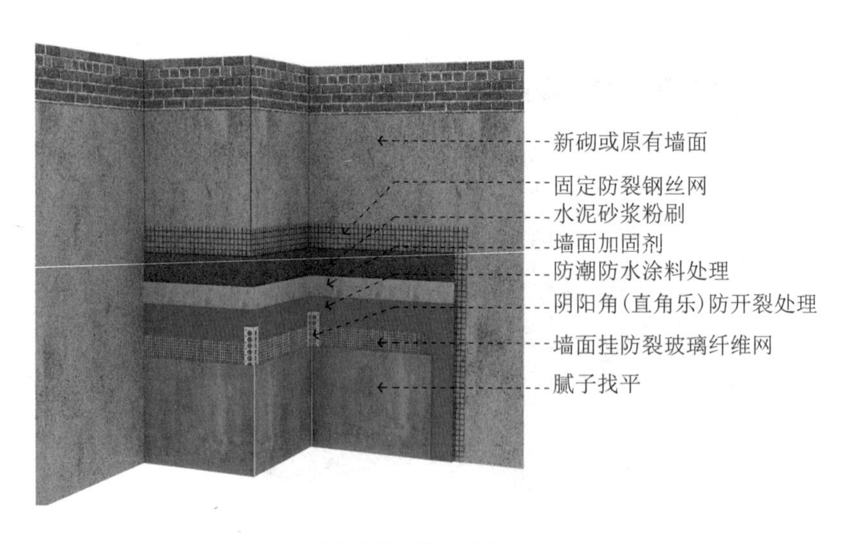
新砌或原有墙面
固定防裂钢丝网
水泥砂浆粉刷
墙面加固剂
防潮防水涂料处理
阴阳角(直角乐)防开裂处理
墙面挂防裂玻璃纤维网
腻子找平

• 腻子找平三维示意图

10.3.2.8 挂第二道防裂玻璃纤维网

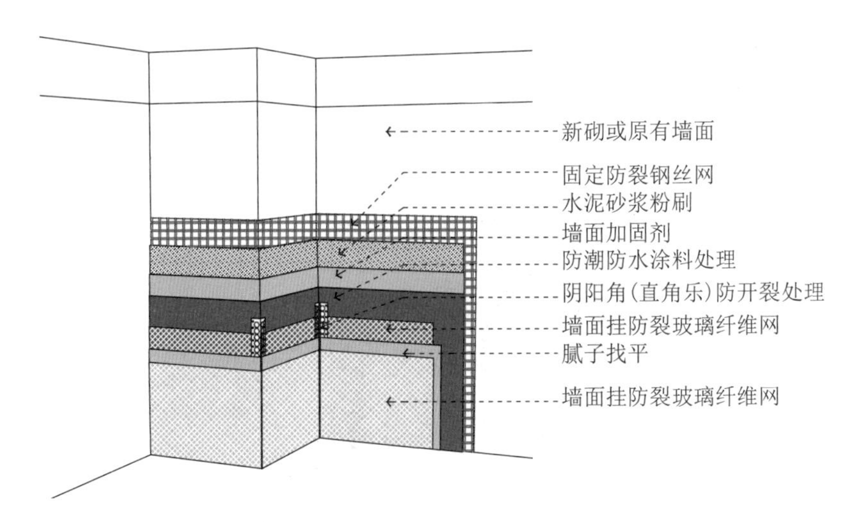
新砌或原有墙面
固定防裂钢丝网
水泥砂浆粉刷
墙面加固剂
防潮防水涂料处理
阴阳角(直角乐)防开裂处理
墙面挂防裂玻璃纤维网
腻子找平
墙面挂防裂玻璃纤维网

• 挂第二道防裂玻璃纤维网做法透视图

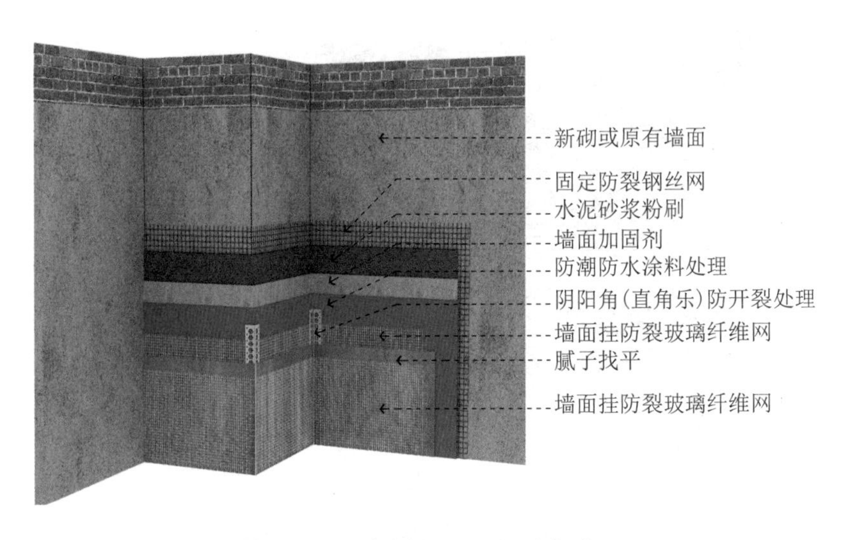
新砌或原有墙面
固定防裂钢丝网
水泥砂浆粉刷
墙面加固剂
防潮防水涂料处理
阴阳角(直角乐)防开裂处理
墙面挂防裂玻璃纤维网
腻子找平
墙面挂防裂玻璃纤维网

• 挂第二道防裂玻璃纤维网三维示意图

10.3.2.9 面层腻子收光

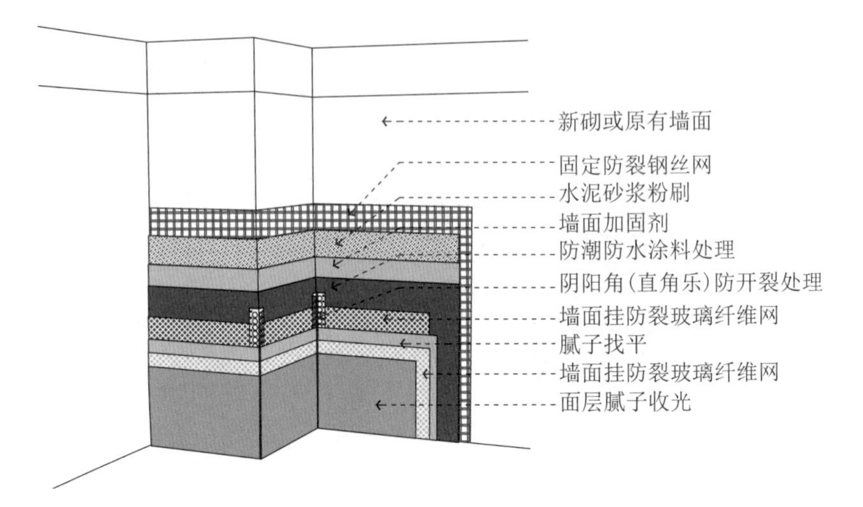
新砌或原有墙面
固定防裂钢丝网
水泥砂浆粉刷
墙面加固剂
防潮防水涂料处理
阴阳角(直角乐)防开裂处理
墙面挂防裂玻璃纤维网
腻子找平
墙面挂防裂玻璃纤维网
面层腻子收光

• 面层腻子收光做法透视图

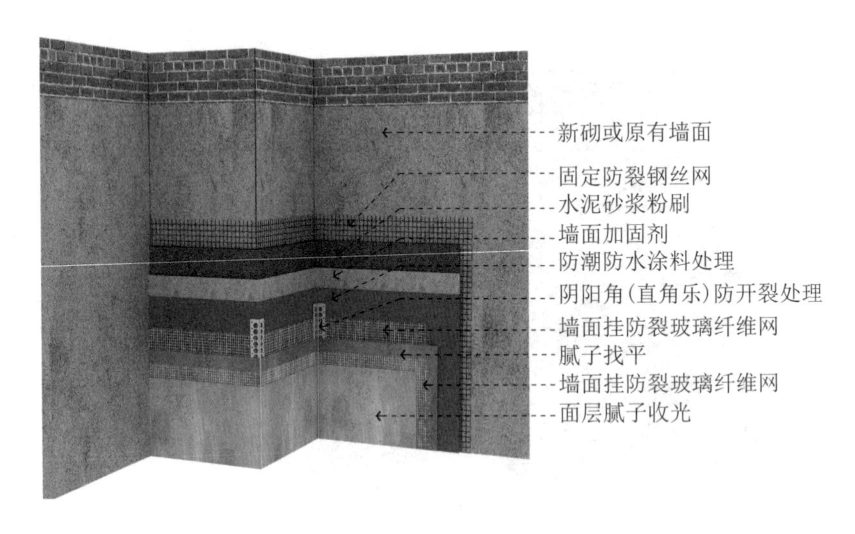
新砌或原有墙面
固定防裂钢丝网
水泥砂浆粉刷
墙面加固剂
防潮防水涂料处理
阴阳角(直角乐)防开裂处理
墙面挂防裂玻璃纤维网
腻子找平
墙面挂防裂玻璃纤维网
面层腻子收光

• 面层腻子收光三维示意图

10.3.2.10 涂刷底漆

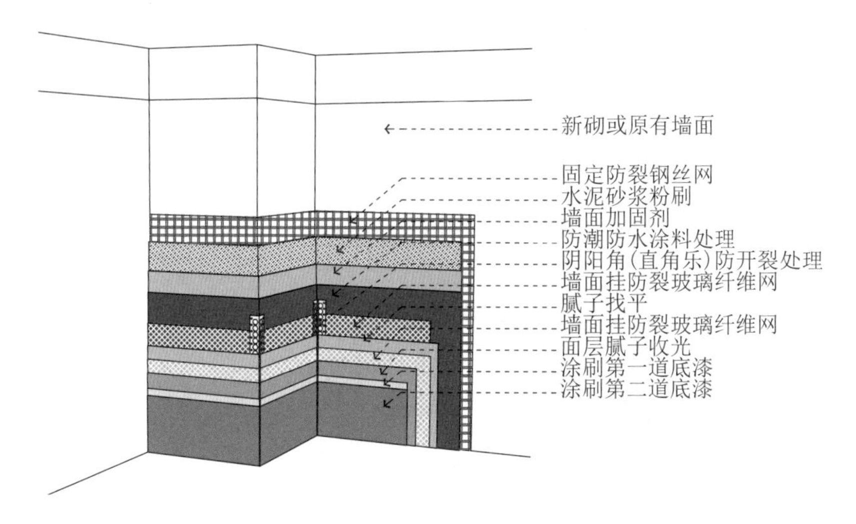
新砌或原有墙面
固定防裂钢丝网
水泥砂浆粉刷
墙面加固剂
防潮防水涂料处理
阴阳角(直角乐)防开裂处理
墙面挂防裂玻璃纤维网
腻子找平
墙面挂防裂玻璃纤维网
面层腻子收光
涂刷第一道底漆
涂刷第二道底漆

• 涂刷底漆做法透视图

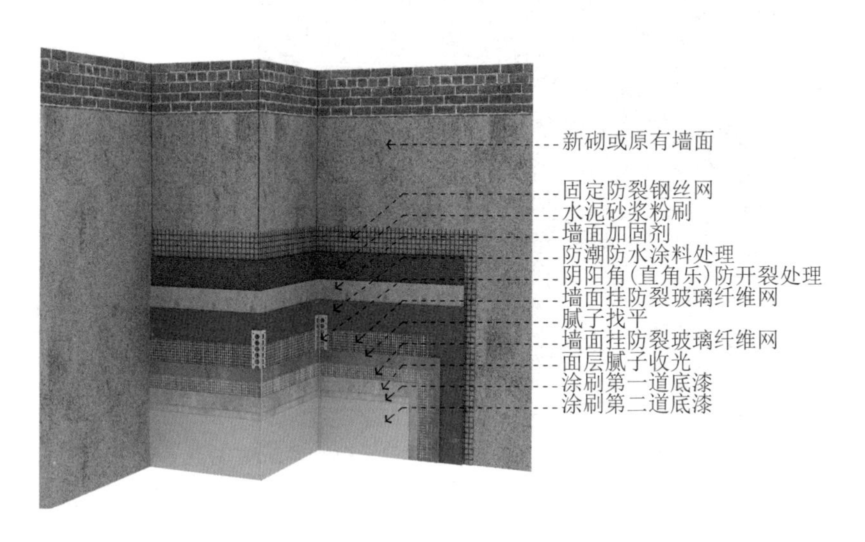
新砌或原有墙面
固定防裂钢丝网
水泥砂浆粉刷
墙面加固剂
防潮防水涂料处理
阴阳角(直角乐)防开裂处理
墙面挂防裂玻璃纤维网
腻子找平
墙面挂防裂玻璃纤维网
面层腻子收光
涂刷第一道底漆
涂刷第二道底漆

• 涂刷底漆三维示意图

10.3.2.11 喷涂面漆

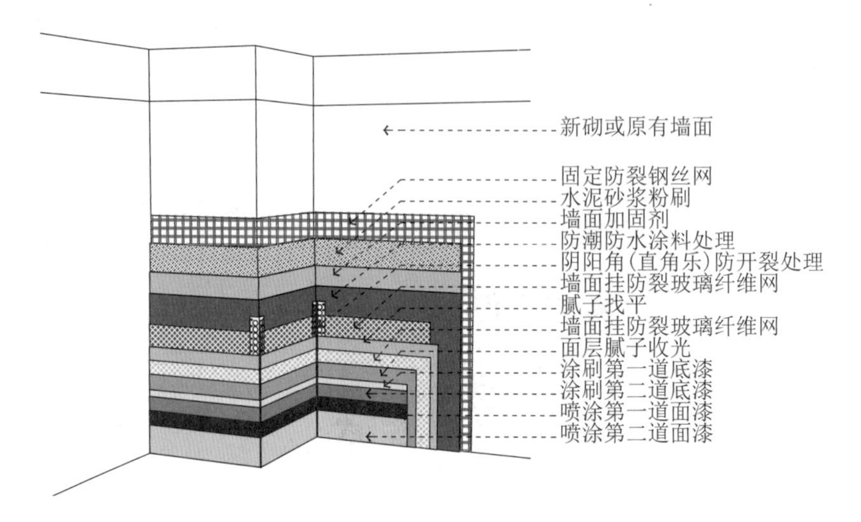
新砌或原有墙面
固定防裂钢丝网
水泥砂浆粉刷
墙面加固剂
防潮防水涂料处理
阴阳角(直角乐)防开裂处理
墙面挂防裂玻璃纤维网
腻子找平
墙面挂防裂玻璃纤维网
面层腻子收光
涂刷第一道底漆
涂刷第二道底漆
喷涂第一道面漆
喷涂第二道面漆

• 喷涂面漆做法透视图

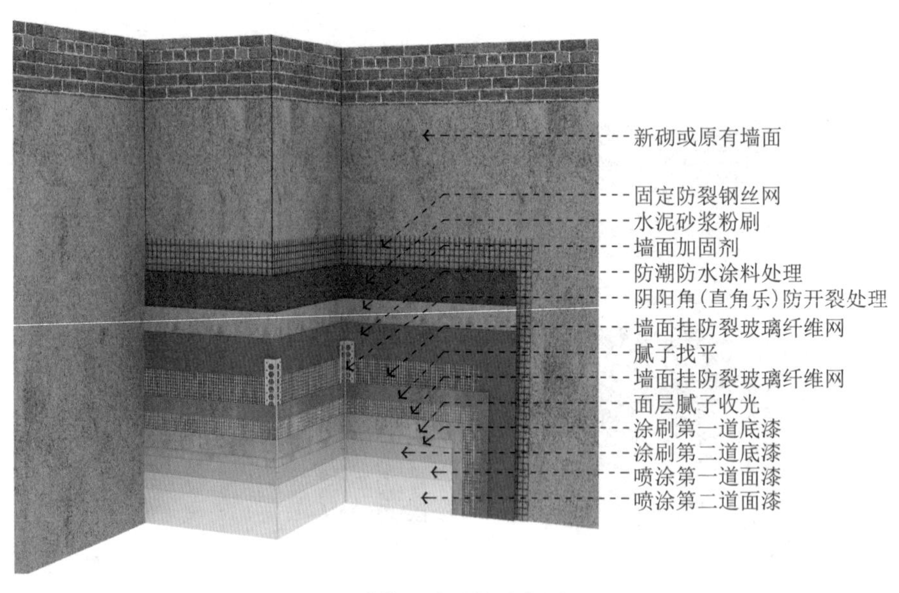
新砌或原有墙面
固定防裂钢丝网
水泥砂浆粉刷
墙面加固剂
防潮防水涂料处理
阴阳角(直角乐)防开裂处理
墙面挂防裂玻璃纤维网
腻子找平
墙面挂防裂玻璃纤维网
面层腻子收光
涂刷第一道底漆
涂刷第二道底漆
喷涂第一道面漆
喷涂第二道面漆

• 喷涂面漆三维示意图